CMHS
廣東省社會科學院
海洋史研究中心 主办

中文社会科学引文索引
（CSSCI）来源集刊
AMI（集刊）核心集刊

中国历史研究院
Chinese Academy of History
学 术 性 集 刊 资 助

【第二十三辑】

海洋史研究

Studies of Maritime History Vol.23

大 西 洋 史 专 辑

李庆新　张烨凯 / 本辑主编

《海洋史研究》学术委员会

主　　编　李庆新（广东省社会科学院　广东外语外贸大学）

副 主 编　周　鑫（常务）　王　潞（常务）　刘志强
　　　　　陈博翼　罗燚英　江伟涛

编　　务　杨　芹（主任）　吴婉惠（主任）
　　　　　周　鑫　王　潞　罗燚英　王一娜
　　　　　江伟涛　申　斌　蔡香玉（特邀）
　　　　　张烨凯（特邀）　林旭鸣　刘璐璐
　　　　　彭崇超　欧阳琳浩

目　录

专题论文

学术述评

导言：在大西洋内部发现大西洋史

张烨凯*

一

自二战以来，大西洋史在欧美学界已发展成为一个成熟的专门研究领域。它兴起于二战后、壮大于20世纪70年代前后，自20世纪90年代以降呈现百花齐放的趋势。领域的成熟与多元化也促使研究者对其展开一系列批判性反思。2002年，大卫·阿米蒂奇（David Armitage）在《大西洋史的三个概念》一文中从地理空间角度对相关研究进行归纳总结与理论思考。[①] 此后，包括伯纳德·贝林（Bernard Bailyn）、艾莉森·盖姆斯（Alison Games）、威廉·奥莱利（William O'Reilly）、菲利普·D. 摩尔根（Philip D. Morgan）、杰克·P. 格林（Jack P. Greene）等一批学者回顾了大西洋史的发展历程、优长与不足。[②] 在此基础上，包括施诚与魏涛在内的中国学者也梳理了此领域的发

* 作者张烨凯，美国布朗大学历史系博士候选人。

① 见本辑收录的长文《大西洋史的三个概念》。

② Bernard Bailyn, *Atlantic History: Concept and Contours*, Cambridge: Harvard University Press, 2005; Alison Games, "Atlantic History: Definitions, Challenges, and Opportunities," *The American Historical Review*, 111, 3 (2006), pp. 741-757; William O'Reilly, "Genealogies of Atlantic History," *Atlantic Studies*, 1, 1 (2004), pp. 66-84; Philip D. Morgan and Jack P. Greene, "Introduction: The Present State of Atlantic History," in Jack P. Greene and Philip D. Morgan, eds., *Atlantic History: A Critical Appraisal*, Oxford: Oxford University Press, 2009, pp. 3-33.

展脉络与研究成就。①

这些学术史反思中有几大要点值得留意。首先，“大西洋史”作为一个史学概念不仅意味着一个近似于布罗代尔式地中海的地理范畴，也不仅是大西洋周边国家与地区历史的综合，而是一系列强调大西洋世界中的联系与动态（Atlantic connections and dynamics）的历史诠释方法。② 其次，在地理空间上大西洋史需更重视两个方向的发展。一部分学者认为，大西洋史应当在全球语境下展开研究，探讨大西洋与包括印度洋在内的全球其他地区的联系。③ 另一部分学者认为，20 世纪的大西洋史过于侧重北大西洋，而新一代研究者应更强调将南大西洋的各种联系与动态纳入研究版图中。④ 最后，一批受到后殖民史学思潮影响的学者则指出，传统的大西洋史研究带有强烈的欧洲中心论色彩。艾伦·卡拉斯（Alan Karras）指出，传统的大西洋史以欧洲为中心研究商贸交往，将美洲视为欧洲殖民与 18 世纪末革命时期国族形成的平台，并将非洲视为欧洲人掌控的美洲种植园中的奴隶劳动力的来源。⑤ 保罗·科恩（Paul Cohen）认为，“大西洋史”作为一种史学概念具有强烈的欧洲中心和殖民主义倾向，学者们需要深刻地重新思考此概念使之能够有效地诠释美洲原住民的历史。⑥ 为本专辑供稿的奥莱利便在早前的一篇英文学术综述中精辟归纳了这种后殖民批判思潮：“对于一些批评者而

① 施诚：《方兴未艾的大西洋史》，《史学理论研究》2015 年第 4 期；魏涛：《二战以来欧美学界大西洋史的研究路径和发展趋势》，《世界历史》2022 年第 3 期。

② Trevor Burnard, *The Atlantic in World History, 1490-1830*, London: Bloomsbury Academic, 2020, pp. 3-4. 另见 Bernard Bailyn, “Introduction: Reflections on Some Major Themes,” in Bernard Bailyn and Patricia L. Denault, eds., *Soundings in Atlantic History: Latent Structures and Intellectual Currents, 1500-1830*, Cambridge: Harvard University Press, 2009, pp. 1-3。

③ Alison Games, “Atlantic Constraints and Global Opportunities,” *History Compass*, 1, 1 (2003); Nicholas Canny, “Atlantic History and Global History,” in Jack P. Greene and Philip D. Morgan, eds., *Atlantic History: A Critical Appraisal*, Oxford: Oxford University Press, 2009, pp. 317-336. 另见大卫·阿米蒂奇在本辑中的文章《全球语境下的大西洋史》。

④ Jorge Cañizares-Esguerra, “Some Caveats about the ‘Atlantic’ Paradigm,” *History Compass*, 1, 4 (2003). 另见路易斯·菲利普·德阿伦卡斯特罗在本辑中的长文《埃塞俄比亚洋——历史与史学，1600—1975 年》。

⑤ Alan Karras, “The Atlantic World as a Unit of Study,” in Alan L. Karras, J. R. McNeill, eds., *Atlantic American Societies: From Columbus through Abolition*, London: Routeledge, 1992, pp. 1-15. 另见 Ian K. Steele, “Bernard Balyn's American Atlantic,” *History and Theory*, 46, 1 (2007), pp. 48-58。

⑥ Paul Cohen, “Was There an Amerindian Atlantic? Reflections on the Limits of a Historiographical Concept,” *History of European Ideas*, 34, 4 (2008), pp. 388-410.

言，大西洋史不过是对若干‘其他细节’给予礼貌的观照，以新殖民的、政治正确的方式重新书写欧洲史。”① 在一定程度上，这股思潮也与对南大西洋的强调有所联系。

上述三种反思中，中国学人对前两者业已熟悉，但对第三股后殖民史学浪潮的了解仍不充分。② 应当承认，这股批判声音确有其中肯之处。大西洋史在二战后欧美学界兴起的政治思想前奏是美国政论作家沃尔特·李普曼（Walter Lippmann）倡导的“大西洋共同体”（Atlantic Community）观念。它深刻地影响了北约的形成与马歇尔计划的实施。在大西洋史早期发展壮大的过程中，雅克·戈德肖（Jacuqes Godechot）与 R. R. 帕尔默（R. R. Palmer）强调以大西洋视角探讨法国大革命与美国革命，突出民主、自由等思想在大西洋世界的扩散；伯纳德·贝林关注北美新英格兰商人的大西洋贸易、欧洲人向北美的移民，又与戈登·伍德（Gordon Wood）、J. G. A. 波考克（J. G. A. Pocock）等学者一道在美国革命背景下探讨了共和主义与公民人文主义从欧洲向美洲的传播。③ 活跃于 20 世纪 60 年代至 80 年代的一批学者，如约翰·H. 艾略特爵士（Sir John H. Elliott）、拉尔夫·戴维斯（Ralph Davis）、约翰·J. 麦卡斯克（John J. McCusker）与拉塞尔·R. 梅纳德（Russell R. Menard）、理查德·邓恩（Richard Dunn）、杰克·格林等人，则从征服与殖民、大西洋经济体系、种植园经济、宪制体制构建等角度探索了近代早期列强在大西洋世界尤其是北大西洋世界的殖民扩张与帝国形成。④ 这些研究关注的历史行为主体是欧洲人，采取的研究视角也是欧洲本位视角，而这类研究的主导地位又令大西洋史好像是一部“近代早期西欧列强在北大西洋

① William O'Reilly, “Genealogies of Atlantic History,” *Atlantic Studies*, 1, 1 (2004), p. 69.

② 一个例外是李鹏涛《“黑色大西洋”：近年来国外学界有关非洲在大西洋史中的地位与作用的研究》，《史学理论研究》2020 年第 1 期。

③ 魏涛：《二战以来欧美学界大西洋史的研究路径和发展趋势》，《世界历史》2022 年第 3 期；Bernard Bailyn, *Atlantic History: Concept and Contours*, Cambridge: Harvard University Press, 2005, pp. 1-56。

④ John H. Elliott, *Imperial Spain, 1469-1716*, New York: St Martin's Press, 1964; Ralph Davis, *The Rise of the Atlantic Economies*, Ithaca: Cornell University Press, 1973; John J. McCusker and Russell R. Menard, *The Economy of British America, 1607-1789*, Chapel Hill: The University of North Carolina Press, 1985; Richard S. Dunn, *Sugar and Slaves: The Rise of the Planter Class in the English West Indies, 1624-1713*, Chapel Hill: The University of North Carolina Press, 1972; Jack P. Greene, *Peripheries and Center: Constitutional Development in the Extended Polities of the British Empire and the United States, 1607-1788*, Athens: University of Georgia Press, 1986.

的殖民扩张、思想流传、帝国形成的历史”。因此，以“欧洲中心论”批判这种经典大西洋史学不无道理。不过，后殖民史学浪潮对当今欧美学界尤其是美国学界的大西洋史研究已经产生深远影响。任何一种史论都不是无源之水、无本之木。当批判欧洲中心论已成为大西洋史学史的一个话题时，就意味着已有一大批作品对所谓“欧洲中心论的大西洋史”进行反驳。从史学实践的角度而言，这种后殖民批判体现在对“黑色大西洋”与“红色大西洋”的书写中。

“黑色大西洋”强调研究非洲人在大西洋史上的境遇及影响。尽管菲利普·柯廷（Philip Curtin）、大卫·埃尔蒂斯（David Eltis）、大卫·理查德森（David Richardson）等前代学者对大西洋奴隶贸易的统计在大西洋史研究中举足轻重，但20世纪90年代以来的研究更强调从社会史、文化史等维度，在相对微观的层面展开研究，聚焦于非洲人的具体境遇及主体性。“黑色大西洋”的概念最早由著名非裔学者保罗·吉尔罗伊（Paul Gilroy）在1993年出版的《黑色大西洋：现代性与双重意识》一书中提出。他在书中探讨了奴隶贸易导致非洲黑人的强迫迁徙而产生的文化遗产，强调了大西洋作为一个更大的分析单元打破了欧洲、美洲、非洲的边界，分析非裔身份、音乐文化、政治思想在跨大西洋大流散（diaspora）语境中的发展，呼吁以非洲为中心研究非裔文化。[①] 这样的观念深刻重塑了大西洋奴隶贸易研究。研究“中段航程”（Middle Passage）的学者受吉尔罗伊的影响最深，强调从非洲到美洲的大流散过程对非洲人身份的再造。斯蒂芬妮·斯莫尔伍德（Stephanie Smallwood）的《咸水奴隶制：从非洲到美洲流散的“中段航程”》与詹姆斯·斯威特（James Sweet）的《多明戈斯·阿尔瓦雷斯：非洲疗愈与大西洋世界思想史》就是相关研究的代表性著作。一些学者强调大西洋奴隶贸易对北美资本主义发展的重要作用时，往往落脚于黑奴在种植园经济中的具体劳作境遇及在此语境下黑奴对奴隶制压迫的抵抗。[②] 在突出非洲人主体性与主观能动性方面，约翰·K. 桑顿（John K. Thornton）从文

① Paul Gilroy, *The Black Atlantic: Modernity and Double Consciousness*, Cambridge: Harvard University Press, 1993.

② 比如 Jennifer L. Morgan, *Laboring Women: Reproduction and Gender in New World Slavery*, Philadelphia: University of Pennsylvania Press, 2004; Caitlin Rosenthal, "Slavery's Scientific Management: Masters and Managers," in Sven Beckert and Seth Rockman, eds., *Slavery's Capitalism: A New History of American Economic Development*, Philadelphia: University of Pennsylvania Press, 2016, pp. 62-86。

化与物质交流的角度强调了普通非洲人塑造大西洋世界中的联系的重要性。[①] 另一些学者，如大卫·理查德森、文森特·布朗（Vincent Brown）等人，则研究了黑奴在奴隶船以及美洲殖民地通过暴力起义反抗奴隶制的努力。[②] 不过，强调非洲人在大西洋史上的境遇，乃至于突出非洲人的主体性与能动性，不得不面临史料的严峻限制。一方面，诸如奥拉达·艾奎亚诺（Olaudah Equiano）及索罗门·诺瑟普（Solomon Northup）自述等由非洲人留下的一手史料十分稀少；另一方面，欧洲人留下的相关史料又往往带有自身偏见，因此詹姆斯·斯威特也专门探讨了如何挖掘、重审史料的问题。[③] 上述关于"黑色大西洋"的研究，鲜明反映了20世纪90年代以来大西洋史学界对欧洲中心论色彩的后殖民挑战。

"红色大西洋"指的是以强调美洲原住民的主体性及以此为视角书写大西洋史的实践。这一概念最初由马库斯·雷迪克（Marcus Rediker）提出，用以概述近代早期大西洋世界各色属下阶层暴力反抗压迫的激进主义历史叙事。[④] 此概念后来被研究北美原住民史的学者杰斯·韦沃（Jace Weaver）借用，专指红肤色的北美原住民在大西洋世界的流散。韦沃在《红色大西洋：跨大洋的文化交流》一文中指出，以切诺基人为代表的北美原住民并不完全是以奴隶和受害者的身份被动卷入大西洋经济体系的。在一定程度上他们也自觉地自西向东进入大西洋世界，利用与欧洲人的物质、文化交流为本民族谋取生存空间。[⑤] 韦沃的研究引起了知名同行尼尔·索尔兹伯里（Neal

---

① John K. Thornton, *Africa and Africans in the Making of the Atlantic World, 1400 - 1800*, Cambridge: Cambridge University Press, 1998.

② David Richardson, "Shipboard Revolts, African Authority, and the Atlantic Slave Trade," *The William and Mary Quarterly*, 58, 1 (2001), pp. 69-92; Vincent Brown, *Tacky's Revolt: The Story of an Atlantic Slave War*, Cambridge: The Belknap Press, 2020.

③ 见本辑所收《错误的身份？奥拉达·艾奎亚诺、多明戈斯·阿尔瓦雷斯和海外非裔研究的方法论挑战》一文及 James H. Sweet, "Reimagining the African-Atlantic Archive: Method, Concept, Epistemology, Ontology," *The Journal of African History*, 55, 2 (2014), pp. 147-159。

④ 关于雷迪克的"红色大西洋"概念，参见 Marcus Rediker, "The Red Atlantic; or, 'a Terrible Blast Swept over the Heaving Sea'," in Bernhard Klein and Gesa Mackenthun, eds., *Sea Changes: Historicizing the Ocean*, New York: Routeledge, 2004, pp. 111-131; Peter Linebaugh and Marcus Rediker, *The Many-Headed Hydra: Sailors, Slaves, Commoners, and the Hidden History of the Revolutionary Atlantic*, Boston: Beacon Press, 2000。

⑤ Jace Weaver, "The Red Atlantic: Transoceanic Cultural Exchanges," *The American Indian Quarterly*, 35, 3 (2011), pp. 418-463.

Salisbury）的留意。索尔兹伯里以万帕诺亚格人（Wampanoags）提斯宽图姆（Tisquantum）为例强调，虽然部分原住民对外部世界抱持着普世主义的开放心态，主动融入大西洋世界的经济、文化网络，但这种主观能动性在面对欧洲帝国的殖民侵略时并不能完全赋予他们权力，更多的是反映一种艰难图存的境况。[①] 韦沃后来在专著《红色大西洋：美洲原住民与现代世界的形成，1000—1927》中进一步完善了他的论点，在承认殖民压迫、跨民族交往的前提下强调原住民在大西洋世界中的主体性与主观能动性，而将欧洲视为客体参照系。[②] 这部作品也在北美原住民史研究者中引发了较大反响，《美洲研究学刊》甚至专门开辟圆桌讨论栏目对其进行评介。[③] 不论韦沃和索尔兹伯里的分歧如何，二人的论点都扎根于 20 世纪 80 年代以降北美学界原住民史研究的主流，不再以欧洲人为新世界带来文明开化的殖民叙事书写原住民与欧洲人互动的历史，而是正视原住民的主体性：美洲在哥伦布到来前自有一段历史，对美洲原住民而言欧洲人是陌生的新来者与侵略者，双方的交往伴随着两种世界观的沟通、妥协乃至暴力碰撞。[④] 如果说大西洋史为原住民史带来了移民、物质文化交流等海洋史维度的新气象，“红色大西洋”的研究取径则以原住民为本位，同“黑色大西洋”一道对大西洋史中传统的欧洲帝国扩张与思想流传的欧洲中心研究取径造成了强有力的冲击。[⑤]

后殖民思潮影响下的“黑色大西洋”与“红色大西洋”研究无疑丰富了欧美学界的大西洋史研究，但这并不是说大西洋史百花齐放的局面只由这

---

① Neal Salisbury, “Treacherous Waters: Tisquantum, the Red Atlantic, and the Beginnings of Plymouth Colony,” *Early American Literature*, 26, 1 (2021), pp. 51-73.

② Jace Weaver, *The Red Atlantic: American Indigenes and the Making of the Modern World, 1000-1927*, Chapel Hill: The University of North Carolina Press, 2014.

③ Linford D. Fisher, Caroline Dodds Pennock, Rebecca Earle, Natalie Zacek, Jace Weaver, “Roundtable: Jace Weaver, *The Red Atlantic: American Indigenes and the Making of the Modern World, 1000-1927*,” *Journal of American Studies*, 50, 4 (2016), pp. 1109-1128.

④ 一些代表性学者包括詹姆斯·阿克斯特尔（James Axtell）、科林·G. 加洛韦（Colin G. Calloway）、丹尼尔·K. 里克特（Daniel K. Richter）、尼尔·索尔兹伯里等人。较全面且易于入门的专著有 Colin G. Calloway, *New Worlds for All: Indians, Europeans, and the Remaking of Early America*, Baltimore: The Johns Hopkins University Press, 1997; Daniel K. Richter, *Facing East from Indian Country: A Native History of Early America*, Cambridge: Harvard University Press, 2001。

⑤ 除韦沃的作品外，相关成果的总结还可参考 Kevin Terraciano, “Voices from the Other Side: Native Perspectives from New Spain, Peru, and North America,” in Nicholas Canny and Philip Morgan, eds., *The Oxford Handbook of the Atlantic World, 1450-1850*, Oxford: Oxford University Press, 2011, pp. 252-270。

种后殖民史学浪潮推进。新一代学者对帝国史的推陈出新，环境史对大西洋史研究的介入，以及采取“从下往上看历史”的视角研究大西洋世界中的欧洲人及欧洲文化，[①] 都对大西洋史研究的拓展起到了积极的作用。但这些研究与后殖民史学浪潮有共通之处，即在近代早期西欧列强在北大西洋的殖民扩张、思想流传、帝国形成的脉络之外书写大西洋史。而就对欧洲中心论的质疑、对视角转换的强调以及对史料的重新思考而言，“黑色大西洋”与“红色大西洋”研究无疑是观点最鲜明、冲击力最强的潮流。

二

有鉴于此，本辑所收录的专题论文与学术述评主要侧重于在介绍重要的概念与研究框架基础上突出以“黑色大西洋”“红色大西洋”为主调的后殖民史学新成果，同时兼及环境史以及采取“从下往上看历史”视角对欧洲人的大西洋史进行研究。我们一方面强调对后殖民史学新成果尤其是史料分析方法的吸收，另一方面不以二元对立的视角看待大西洋世界中殖民者与被殖民者的历史，而是指出后殖民史学相关方法与其他研究方向的互通性，并以“在大西洋内部发现大西洋史”来理解这种互通性。

专题论文的第一组 5 篇文章集中展现了当代欧美学界大西洋史研究的若干重要概念与当代史学史和史学方法的发展。大卫·阿米蒂奇的姊妹篇归纳了大西洋史研究的六种有用视角。《大西洋史的三个概念》一文最初发表于 2002 年。阿米蒂奇在总结二战后至 21 世纪初的诸多大西洋史研究时提出了三

① 关于帝国史的新成果可参见但不限于 Lauren Benton，*A Search for Sovereignty：Law and Geography in European Empires，1400–1900*，Cambridge：Cambridge University Press，2009；Christian J. Koot，*Empire at the Periphery：British Colonists，Anglo-Dutch Trade，and the Development of the British Atlantic，1621–1713*，New York：New York University Press，2011。关于生态史、环境史的介入，可参见 Alfred W. Crosby，*Ecological Imperialism：The Biological Expansion of Europe，900–1900*，Cambridge：Cambridge University Press，1986；J. R. McNeill，*Mosquito Empires：Ecology and War in the Greater Caribbean，1620–1914*，Cambridge：Cambridge University Press，2010。另见本辑收录的弗吉尼亚·德约翰·安德森的论文及对查尔斯·曼恩（Charles Mann）两部专著的评述。比较全面的中文史学史梳理可参见陈思仁《大西洋史：一个史学史及其生态研究考察》，《成大历史学报》2011 年第 41 期。马库斯·雷迪克以“从下往上看历史”的视角研究大西洋世界中的欧洲人及欧洲文化的代表，尽管他的研究也涉猎黑奴。另见 Johan Heinsen，*Mutiny in the Danish Atlantic World：Convicts，Sailors and a Dissonant Empire*，London：Bloomsbury Academic，2017。

个基于地理范畴的概念：环绕大西洋水域发生的、超越国家乃至帝国疆界的环大西洋史（circum-Atlantic history），强调历史比较与国家形成（state building）、帝国形成（empire building）的跨大西洋史（trans-Atlantic history），研究大西洋世界内部具有独特性的地方及其与更广阔地域相互联系的大西洋内史（cis-Atlantic history）。大西洋史在此后十数年的发展中日新月异，阿米蒂奇又提出三种新的分类：大西洋内部史（infra-Atlantic history）、大西洋水下史（sub-Atlantic history）和大西洋外部史（extra-Atlantic history）。相较于大西洋内史，大西洋内部史更强调特定地域尤其是海陆边陲地区自身的界限、独特性以及人类活动及历史视角的冲突，在一定程度上反映了大西洋世界中不同政治经济势力相互竞争、被剥削族群抵抗欧洲帝国体系的历史现实及相关研究进展。大西洋水下史将大西洋这样一个自然实体本身作为研究对象，显然受到晚近兴起的环境史、科学史、动物史等领域的影响。大西洋外部史则反映了大西洋史研究者对全球史的追求，强调探索大西洋与外部世界，如太平洋和印度洋的联系。威廉·奥莱利在《大西洋世界与德国：德国对大西洋史兴趣的起源及发展》一文中从以往较少涉及的德国史学界的视角为我们呈现了大西洋史的发展。一战后德国国内不同的政治潮流刺激了学界对“大西洋世界”这一观念的构想，并深刻影响了不同学术潮流的价值取向。二战后德国历史学者对欧洲与美洲联系的反思则催生了一大批大西洋史研究作品，这有利于我们在更广阔的海洋史语境中理解德国和德国人的历史。

针对以往侧重北大西洋与欧洲帝国的大西洋史书写，路易斯·菲利普·德阿伦卡斯特罗与詹姆斯·斯威特的两篇经典文章则分别从史学史与研究方法方面给予了有力的补充。阿伦卡斯特罗强调，传统的大西洋史只是以西北欧帝国扩张为主线的北大西洋史，其颇有以局部替代全局之嫌。史称“埃塞俄比亚洋”的南大西洋既有其独特性，近代以来对南大西洋的历史记载与研究也十分丰硕。以南大西洋为主的葡属大西洋世界、巴西对南大西洋的影响、非洲殖民与奴隶贸易以及非裔巴西人等研究视角无不说明南大西洋史也是大西洋史不可或缺的一部分。斯威特以卷入奴隶制的非洲遗民的身份入手探究了大西洋史中对海外非裔研究的方法论问题。因强迫迁徙跨越大西洋而流散于美洲的非洲人具有多重且模糊的身份，无法简单地用“族裔”、“克里奥尔化”或非洲文化的“留存”概括。他们在非洲故土的独特身份有别于同在非洲的其他地方人群，但在横跨大西洋的过程中又因他人视角和自身对具体境遇的因应获得了多种身份标签，包括抹杀其地方独特性的“非洲人”身份。因此，研究者需要在具体语境中审视不同身份是如何人为构造与再造的，只有在个体的生命历程中揭示其多重身份的往复与冲突，才能对非洲及非裔在大西洋世界中的作用有更全面的考量。

第二组 5 篇专题论文为我们在帝国形成、大西洋革命等传统视域外研究大西洋史提供了若干地域及话题概览。它们侧重于“从下往上书写历史”（history from below），展现传统大西洋史书写所忽略的族群的历史。艾伦·弗雷斯特在《长 18 世纪中的法国与大西洋世界》一文中梳理了法属大西洋世界的兴衰。法属大西洋世界因殖民地贸易与奴隶贸易兴起，在受到 18 世纪中后期的一系列战争及法国大革命的冲击后瓦解。相比于美法“姊妹革命”的视角，作者特别强调奴隶贸易在法属大西洋兴衰过程中的作用。同时，作者也在文末为中国读者提供了法属大西洋相关一手史料的宝贵信息。埃丝特·迈尔斯的论文梳理了 17 世纪苏格兰人在尼德兰大西洋世界中的活动。以往对英伦三岛与尼德兰共和国关系的研究往往专注于英格兰一国，但迈尔斯的研究说明，即便苏格兰人并未像英格兰人那样建立起一个有形的大西洋帝国，他们仍能凭借与尼德兰共和国长期以来的商贸与宗教联系在尼德兰大西洋世界中开创一片天地。威姆·克娄斯特全景式地展现了尼德兰水手在尼德兰大西洋世界中的命运，尤其是他们在巴西殖民地得失中扮演的角色。胡佳竹和马克·汉纳的两篇论文探究了中世纪晚期至近代早期英格兰海盗问题的延续与嬗变。尽管海盗是大西洋史和西方流行文化中经久不衰的话题，但汉纳仍在其论文中提出了新的洞见。他在梳理前人研究后指出，活跃于近代早期大西洋世界的英格兰海盗并不尽然是脱离主流社会的海上浪人。海盗与陆上社区的关系往往是紧密而暧昧的。这不仅在于近代早期国家对私掠（privateering）的授权以及私掠与海盗行为（priracy）的模糊界限，更在于海盗在陆上社区谋生存，因此也十分看重自身在陆上社区中的形象。海盗与陆上社区的这种紧密而暧昧的关系并非近代早期大西洋世界的新生产物，而是有着悠久的历史传统。胡佳竹的论文表明，中世纪晚期东北大西洋东岸的海盗、海商与国家海洋军事力量之间存在相互纠缠、相互转换的复杂关系，王权对海盗行为的态度是灵活善变的。因此，尽管英格兰海盗在近代早期的活动范围大为扩张，成为一种环大西洋的历史现象，但海盗与陆上社区的关系仍与中世纪传统密不可分。上述 5 篇地域及话题概览论文从一些重要侧面反映了近年来大西洋史研究的新趋势：转向奴隶、美洲原住民、水手等以往被忽视的属下阶层，主要殖民列强以外的民族，探索人口流散等新的社会史议题，并从海陆关系等新视角重新理解、诠释大西洋史中的经典话题。

第三组5篇专题论文以更具体的实证研究呈现了跨大西洋的联系、邂逅与不平等。弗吉尼亚·德约翰·安德森的《菲利普国王的牧群：早期新英格兰的印第安人、殖民者与畜牧问题》是将北美殖民史与动物史相结合的先驱之作。尽管安德森在文中并未明确言及“大西洋史”的框架，但其探究的历史现象无疑是英格兰人在近代早期大西洋世界殖民活动的产物。从英格兰引入马萨诸塞湾地区的牲畜在英格兰殖民者与当地原住民之间造成了日益频繁的摩擦，而这些摩擦背后的根源则是二者间牵涉自然、动物、土地、公正等问题的底层观念冲突，可谓是两个世界的碰撞。欧文·斯坦伍德考察了近代早期大西洋史中一个特殊的属下阶层群体——流亡北美的法国胡格诺派难民。在信奉天主教的法国，国王路易十四废止南特敕令后，迫使许多胡格诺派（法国新教徒）流亡海外。他们利用自身的网络在欧洲再造法国新教教会的尝试失败后转向大西洋对岸，在北美成为早期大英帝国和尼德兰帝国的臣民。他们虽怀揣信仰，却在寄人篱下的生活中成为丝绸的制作者、葡萄酒的生产者与充实帝国边陲的边民。此文不仅展现了人际网络与帝国权力之间的张力，也通过水手、黑奴、原住民之外的群体展现了大西洋世界中属下阶层诸般历史经验的多元与统一。这第二点洞见在林福德·菲舍尔的论文《新英格兰与牙买加殖民地的不自由劳动谱系》中有进一步展现。菲舍尔认为，尽管新英格兰与牙买加奴隶制规模不同，但两地却因不自由劳动的谱系而存在历史比较意义上的相似性。白人、印第安人、自由黑人都可能因各种不利境遇卷入不自由的契约劳动。契约仆与奴隶在政治话语、法律地位、强迫劳动、人身自由等方面形成了一道连续的谱系，以奴隶制最为不自由。安娜·露西娅·阿劳若的两篇文章探讨了晚期大西洋奴隶贸易与达荷美（今贝宁）政治的关系以及相关历史记忆在后世的流传与嬗变。阿劳若为我们思考奴隶制及其影响提供了一种新的思路，即非洲政治精英与奴隶群体对奴隶制变迁的因应以及其中所体现的主观能动性。达荷美王国的统治者极度依赖对维达海岸奴隶贸易的垄断以维持其奢侈品消费与政治权势。18世纪末19世纪初达荷美王国的政治动荡与王权更迭不仅源于阿丹多赞国王一人之暴政，也与大西洋奴隶贸易背景有关。法国大革命时期，大西洋奴隶贸易的衰落在阿丹多赞倒台过程中发挥了关键作用。官方信函表明，作为政治斗争失败者的阿丹多赞与胜利者的新王盖佐都勉力与欧洲列强修好，以图在大西洋奴隶贸易衰落的历史背景下维持对维达奴隶贸易的垄断，以图维持自身权势。作为这段历史的一个重要符号象征，巴西奴隶商人弗朗西斯科·费利什·德索萨的形象因现实政治需求在家族记忆中被不断形塑、美化，形成了一个身份杂糅、横跨非洲—葡萄牙—巴西社群的个人神话。

学术述评包含6篇书评与1篇研究综论。6篇书评所涉书目皆是大西洋史领域的经典或前沿作品。卿倩文评述了一本重要论文集《大西洋史：批判性评论》，并结合该论文集在欧美学界的反响、我国学者对大西洋史研究的若干进展提出了对大西洋史内涵与外延的再思考。此后3篇书评集中关注以环境史、生态史视角研究大西洋史的作品。刘晓卉批判地评述了山姆·怀特的专著《欧洲与美国在小冰期的冷面相迎》。她指出，以气候、环境为着眼点能帮助我们进一步理解欧洲殖民者与北美原住民的摩擦，而且跨大西洋殖民邂逅对环境本身的影响仍有进一步发掘的空间。谢瀚霆评介的《植物与帝国：大西洋世界的殖民地生物勘探》一书则进一步说明环境史与性别史、知识史等研究方向相结合的研究潜力。覃思、刘超评述了英国史学家约翰·艾略特爵士的名著《大西洋世界的帝国》。他们肯定了作者在全球史视野下动态掌握近代早期不列颠、西班牙大西洋帝国异同、整合历史碎片的能力，同时也指出未能充分观照原住民、非洲人视角以实现其所谓展现欧洲人与非欧洲人持续互动塑造殖民地历史的研究目的。对非洲视角的观照则在美国学界近年来两部热门作品中有所体现。张咪对《咸水奴隶制：从非洲到美洲流散的“中段航程”》的评述指出了这部作品的社会文化史贡献：它揭示了非洲黑人历经中段航程后被商品化过程中的“社会性死亡”与身份重塑，帮助我们在计量方法之外理解奴隶贸易对黑人的戕害。同时，张咪也结合大西洋奴隶贸易的发展历程客观评价了该书在史料运用与视角上的局限。董鑫从全球微观史与传记研究的角度评析了《多明戈斯·阿尔瓦雷斯：非洲疗愈与大西洋世界思想史》的优长与缺陷，并指出该书在跨领域研究方法及海陆视角结合方面的特色。最后，马龙的学术综论《超越丝绸之路：马尼拉大帆船、贸易网络、全球货物以及大西洋和太平洋市场一体化（1680—1840）》介绍了当前欧洲学界在近代早期大西洋、太平洋贸易联系方向的研究进展，体现了阿米蒂奇所谓“大西洋外部史”的实践成果。

三

本辑所收录的研究论文、评述的著作各有侧重，但就研究取径的共性而言，可概括为“在大西洋内部发现大西洋史”。以近代早期西欧列强在北大西洋的殖民扩张、思想流传、帝国形成为主线书写大西洋史，是一种胜利者的历史叙事，既忽视了阿伦卡斯特罗强调的南大西洋空间，也忽视了非洲人、美洲原住民等其他族群所创造的历史，不免以偏概全。从研究方法上如何对此进行纠偏？斯威特的文章为研究者在突破传统大西洋史局限方面提出了一种可资借鉴的研究手段，即落脚到大西洋世界中各种行为主体的多样经验、扎根于地方上的各个群体的物质与精神世界来理解大西洋史，通过地方特殊性再审大西洋史中形成的跨地域联系。其中有两点值得留意。首先，研究者不应无条件地接受胜利者视角，不应认为殖民帝国执权者书写的大西洋史即大西洋史的全貌，而要尝试从失语者的角度审视大西洋世界的历史进程。其次，研究者还应意识到权力在历史叙事的更深层对史料的塑造作用：强势者与弱势者的权力博弈不仅影响了史料的产生与灭失，也影响了现存史料所隐含的文化意义、价值预设。弱势者之所以失语，不仅因为与之相关的史料更易灭失，更在于传世史料在产生过程中因权力博弈更易带上位居强势一方的殖民者的价值观念。因此，批判地审视史料中隐含的这些观念尤为重要。这样的研究方法在弗吉尼亚·安德森的专题论文以及张咪和董鑫评述的著作中有鲜明体现。

从史学潮流兴起的角度说，斯威特的文章集中反映了过去30年来去殖民化浪潮在大西洋史领域所带来的方法论启示。但笔者认为，以域外之身介入大西洋史研究的中国学人（包括笔者在内）却不必仅局限于“后殖民史学”的标签，而可以用“在大西洋内部发现大西洋史”的观念加深对这种研究浪潮的理解。着重于转换视角、扎根于地方、个体特殊性研究大西洋史的方法并不局限于探讨西北欧帝国扩张过程中殖民者与被殖民者的关系。迈尔斯、克娄斯特、汉纳与斯坦伍德的研究揭示了来自欧洲的属下阶层在走向大西洋世界过程中身为帝国边缘人的境遇。阿劳若的研究则更多地反映了跨大西洋奴隶贸易对非洲地方社群内部的影响。这两组研究虽不直接强调欧洲殖民帝国在大西洋世界中对被殖民对象及其所处环境的压迫与剥削，但却与大西洋世界中发生的物质、文化联系息息相关，采取的研究方法也是与经典的后殖民史学作品相通的。

“在大西洋内部发现大西洋史”同时也意味着在地方语境下重新审视大西洋世界的物质文化交流对欧洲大西洋沿岸地区的影响，这是当前大西洋史研究潮流中着墨相对较少且有发掘潜力的方向。20世纪史学家对白银流入欧洲及“价格革命”的讨论①虽是此方向的先驱，但相关研究着重于经济结构，与社会史、文化史、心态史等新兴研究方向关系并不密切。近年来的研究在一定程度上填补了这些方向的空白。一些学者对土豆、烟草、巧克力等消费品的研究从物质文化史的角度展现了大西洋世界的联系对欧洲社会变迁的影响。② 另一些学者则探讨了大西洋世界的奴隶制、殖民如何塑造了近代早期英格兰的社会文化、民族身份认同。③

鉴于本辑收录的专题论文较少涉及跨大西洋联系对欧洲大西洋沿岸地区的影响，笔者不妨试举一个与社会心态相关的个案做简单说明。英格兰与美洲殖民地贸易至17世纪中叶已具相当规模。每年，伦敦、布里斯托等长途海上贸易重镇都有大量商船（以下简称“美洲殖民商船”）前往美洲殖民地采购糖、烟草等货物，到夏秋两季时经爱尔兰南部、英格兰西南部等面向大西洋的优良港口（包括金塞尔、布里斯托、普利茅斯等良港）返航。对于这一带沿海地区的人民而言，这种季节性的跨大西洋商船往来已成为其日常生活的常态，商船在本地港口经停或沿岸航行皆举目可见。④ 但在第二次英荷战争时期，美洲殖民商船归航时却在对此再熟悉不过的爱尔兰南部、英

---

① 如 Earl J. Hamilton, “Imports of American Gold and Silver into Spain, 1503 - 1660,” *The Quarterly Journal of Economics*, 3 (1929), pp. 436 - 472; John H. Elliott, *Imperial Spain, 1469-1716*, New York: St Martin's Press, 1964, pp. 183-188。

② 如 Marcy Norton, *Sacred Gifts, Profane Pleasures: A History of Tobacco and Chocolate in the Atlantic World*, Ithaca: Cornell University Press, 2008; John Reader, *Potato: A History of the Propitious Esculent*, New Haven: Yale University Press, 2009。

③ Susan Dwyer Amussen, *Caribbean Exchanges: Slavery and the Transformation of English Society, 1640- 1700*, Chapel Hill: The University of North Carolina Press, 2007; Gabriel Glickman, *Making the Imperial Nation: Colonization, Politics, and English Identity, 1660 - 1700*, New Haven: Yale University Press, 2023.

④ 关于近代早期英格兰跨大西洋贸易的兴起，尤其是以布里斯托为个案展开的研究，可参见 Ralph Davis, *The Rise of the English Shipping Industry in the 17th and 18th Centuries*, Newton Abbot: David & Charles, 1962, pp. 267-270; Thomas M. Truxes, *The Overseas Trade of British America: A Narrative History*, New Haven: Yale University Press, 2021, pp. 52 - 103; David Harris Sacks, *The Widening Gate: Bristol and the Atlantic Economy, 1450 - 1700*, Berkeley: University of California Press, 1991。

格兰西南部沿海居民间引发大规模的入侵恐慌。1666 年夏，英政府情报首脑约瑟夫·威廉姆森（Joseph Williamson）在爱尔兰的一名通信人说："不日前，弗吉尼亚商船队的出现令芒斯特省毗邻金塞尔一带大为震恐。"① 翌年，当弗吉尼亚与巴巴多斯联合商船队悬挂英格兰旗帜出现在英格兰西南部的法尔茅斯（Falmouth）毗邻水域时，岸上驻军最初"仍以之为荷人或法人"，城中士兵立即"披甲带器"严阵以待。② 这已然成为战时跨大西洋贸易引发大众应激反应的常态，可以说是人们对跨大西洋日常经济联系的稳固认知被战时特殊环境所扭曲的社会现象。

那么，在第二次英荷战争时期，美洲殖民商船的归航为什么会引发沿海民众的入侵恐慌？人们对跨大西洋日常经济联系的固定认知为何被扭曲？要回答这个问题，则必须对"作为大西洋世界内部的一个地区"的英伦三岛展开分析。首先，美洲殖民商船归航引发的恐慌是英伦三岛各地民众惊惧于外敌入侵的缩影。1666 年初法王路易十四向英格兰宣战后，白厅旋踵收到尼德兰与法国可能入侵英格兰、爱尔兰的军情密报，查理二世也因此命令英格兰滨海各郡加紧武备。③ 1666—1667 年，外敌入侵之可能一直是复辟王朝中央与地方政权的心腹大患，对于爱尔兰王国而言尤甚。④ 由于岸上人民往

① The National Archives, SP 63/321, f. 133v.

② The National Archives, SP 29/213, ff. 69v, 71r.

③ 路易十四于 1666 年 1 月 6 日宣战，见 Louis XIV, *The French Kings Declaration of a War Against England*, Published in the manner expressed therein at Paris, 27 Jan. 1666, translated out of French, and Published by Authority, London: Printed by Tho. Newcomb, living over against Baynards Castle in Thames-street, 1666. 关于爱尔兰可能遭到外敌入侵的情报，见 Bodleian Library, MS. Carte 215, f. 242r。关于法国谋划入侵英格兰，见 Allen B. Hinds, ed., *Calendar of State Papers and Manuscripts*, *Relating to English Affairs*, Existing in the Archvies and Collections of Venice, and in Other Libraries of Northern Italy, Vol. 34, 1664-1666, pp. 262-263, 269-270。关于查理二世命令英格兰滨海各郡动员民兵以防入侵，见 P. R. Seddon, ed., *The Letter Book of Sir Anthony Oldfield, 1662-1667*, Woodbridge: The Boydell Press, 2004, pp. 31-32; The National Archives, SP 29/146, ff. 28r-v; Devon Archives and Local Studies Service, 3799M-3/0/1/77。

④ 牵涉英格兰的案例，见 British Library, Add. MS 21947, ff. 33r-v; Dorset History Centre, D-BKL/H/C/18-19, 22-23; P. R. Seddon, ed., *The Letter Book of Sir Anthony Oldfield, 1662-1667*, Woodbridge: The Boydell Press, 2004, pp. 37-39, 41-43, 45-48。牵涉爱尔兰的案例，见 Bodleian Library, MS Carte 35, f. 254r; MS Carte 46, f. 434v; Historical Manuscripts Commission, *Calendar of the Manuscripts of the Marquess of Ormonde, K. P., Preserved at Kilkenny Castle*, New Series, Vol. III, London: Printed for His Majesty's Stationery Office by Ben Johnson & Co., York., 1904, pp. 254-255。此类史料数不胜数，本注所引，仅为随机抽样，远非枚举。

往不易识别自海上抵近的舰队与船只的身份，战争期间尼德兰及法国的战舰或私掠船又常悬挂英格兰旗帜以便近岸袭扰，[1] 我们因此也不难理解临海百姓在恐惧外敌入侵时为何会将己方商船队误作敌方舰队。复辟王朝从中央到地方财政困顿以至于海防废弛，沿海地区人民无力自保，这是大众心理中入侵恐慌的根源。战费之捉襟见肘初显于1665年秋冬，恶化于1666年，延续至1667年，直到查理二世于当年夏屈辱议和，从海军主官到地方百姓皆饱受其苦，一些地方仅存的零星岸防火器也因资金紧缺得不到修缮。[2] 爱尔兰有过之无不及，该王国财政历来不能自足而必须依靠英格兰输血，战争期间更为恶化。[3] 爱尔兰国库空虚，士兵被欠饷，军纪废弛，地方海防也问题丛生。[4] 雪上加霜的是，1666年夏，英国皇家海军在四日会战（Four Days' Battle）中惨败于尼德兰海军，不论是沿岸巡逻抑或战略威慑皆大不如前。正如爱尔兰总督奥蒙德公爵（Duke of Ormond）所言，会战后英舰队“元气大损”，而法舰队“毫发未伤”，若爱尔兰此时不慎防法国入侵，则无异于“行疯癫之事”。[5] 海防废弛令沿海地区面临外敌入侵之威胁，这可谓门户大开，也无怪乎手无寸铁的百姓时时恐慌，以至于在美洲殖民商船归航时做出应激反应。

相比于把大西洋世界作为一个客体纳入欧洲列强的殖民帝国体系，这样的研究取径是在欧洲的地方语境下探讨大西洋作为一个异域如何介入并影响欧洲的历史进程。如此重新思考大西洋世界与欧洲的关系，同样需要对欧洲

① The National Archives, SP 29/161, f. 140r; SP 29/162, f. 116r; SP 29/171, f. 45r; SP 29/172, f. 34r.

② 关于中央政府财政困顿，见 Robert Latham and William Matthews, eds., *The Diary of Samuel Pepys*, Berkeley: University of California Press, Vol. VI, 1665, pp. 292, 341-342; Vol. VII, 1666, pp. 79, 82, 131, 159, 164; Vol. VIII, 1667, pp. 66-70; The National Archives, SP 29/135, ff. 37r-v, 70r。关于地方百姓无力上缴战费，见 Kent Archives and Local History Service, NR/AC/2, New Romney Borough Assembly Book, 1662-1702, p. 596。英格兰东南部萨福克郡洛夫斯托克镇（Lowestoft, Soffolk）因缺少资金不得不在1666年2月向查理二世及英格兰枢密院请愿拨款修缮当地用于海防的半蛇炮（demi culverins），见 The National Archives, SP 29/149, f. 94r。

③ 早在1665年10月，奥蒙德公爵便警告英格兰国务大臣阿灵顿勋爵（Lord Arlington, Secretary of State of England）：“此王国钱银匮乏，唯恐海防废弛，以令外敌长驱直入。”他因此恳求阿灵顿：“君既筹谋陛下度支，万勿遗漏爱尔兰矣！”见 Bodleian Library, MS. Carte 48, f. 370r。

④ 比如，奥勒里伯爵巡查芒斯特省后便发现要塞缺乏驻军，防御工事脆弱不堪且缺乏枪支弹药。见 Bodleian Library, MS. Clarendon 84, ff. 168r-170v, 172v; MS. Carte 48, f. 49r。

⑤ Bodleian Library, MS. Carte 48, f. 50r.

殖民帝国扩张的传统历史叙事祛魅，挖掘史料的内涵，尤其是大西洋世界相对于传统欧洲社会的异质性、跨大西洋联系的不确定性。

因此，这种扎根于地方语境和个体独特视角的研究思路，对理解大西洋世界中不同行为主体、不同地区特有的历史，继而重审近代早期大西洋世界的联系以及大西洋世界一体化螺旋式上升的曲折历程，有所助益。因此，近代早期的大西洋世界并不是沃尔特·李普曼或其他北约的政治鼓吹手所想象的大西洋世界。[①] 相反，它是多个族群相互邂逅、竞合与交融的场域。乔纳森·米兰（Jonathan Miran）在反思《美国历史评论》“历史中的海洋”（Oceans of History）专题论坛时评论道：“绝大多数海洋空间本质上都是割裂、破碎且不稳定的竞技场。”[②] 不论大西洋海盆中存在多少联系，也不论史学家如何苦心孤诣地尝试发掘它们，这一切联系首先来源于“一系列不同的空间以及由此产生的、相互竞争的不同视角”。[③] 本辑所刊的论文充分表明，不同历史行为主体对这些复杂历史进程的经历与体验，是深受各自政治、社会与文化背景所影响的。假如我们借用阿米蒂奇提出的概念，环大西洋史、跨大西洋史乃至作为一个抽象整体的大西洋史，都必须通过各种大西洋内史与大西洋内部史进行理解。

四

之所以要“从大西洋内部发现大西洋史”，有三大原因。其一，小区域史基础。诚然，并非所有的大西洋史都局限于大西洋海盆中的一个地区，书写跨大西洋的联系，甚至类似于哥伦布大交换这样遍及整个大西洋世界的复杂联系网络自然是了不起的学术壮举。然而，研究的常态是，大历史与宏大叙事要能站住脚，必须扎根于对小历史的坚实掌握。如果不能理解新英格兰

① Bernard Bailyn, *Atlantic History: Concept and Contours*, Cambridge: Harvard University Press, 2005, pp. 6-21.

② Jonathan Miran, "The Mediterranean Sea," in David Armitage, Alison Bashford, Sujit Sivasundaram, eds., *Oceanic Histories*, Cambridge: Cambridge University Press, 2018, p. 171. 另见 Kären Wigen, "Oceans of History: Introduction," *The American Historical Review*, 111, 3 (2006), p. 720。

③ 尽管美国学界中存在各种史学与学术建制的障碍，艾莉森·盖姆斯仍试图寻找大西洋史中存在的联系，见 Alison Games, "Atlantic History: Definitions, Challenges, and Opportunities," *The American Historical Review*, 111, 3 (2006), pp. 741-757。本句引文来自本辑收录的长文《全球语境下的大西洋史》。

地区的北美原住民的世界观，我们就不可能理解为何牲畜可以成为菲利普国王之战（King Philip's War）的导火索之一。① 如果不能在新英格兰和牙买加各自的语境中理解契约劳役与奴隶制的形态，我们就不可能像林福德·菲舍尔一样书写关于不自由劳动的环大西洋史。② 此乃其一。

其二，断代问题。英语学界一些学者以哥伦布发现美洲为上限，以法国革命战争引发的美洲被殖民区域革命（如海地革命）动摇西欧帝国体系为下限对大西洋史做出断代，不可谓不专断。③ 只有“从大西洋内部发现大西洋史”，后来的研究者才能有效地挑战这种专断的断代。如果我们对比阅读马克·汉纳与胡佳竹在本辑中的论文，可以发现近代早期大西洋世界中的海盗行为，具有深刻的中世纪根源，但在中世纪时，海盗与私掠绝大多数时候是一种“大西洋内史”或“大西洋内部史”。这种历史连续性也在上节事例中有所体现。由此我们得以拷问传统断代上限的合理性。同时，我们也能从安娜·露西娅·阿劳若的论文中了解到，达荷美与巴西的奴隶贸易一直持续到19世纪中叶。④ 换言之，这种跨大西洋的联系并不因18世纪与19世纪之交的大西洋世界革命而消失。所以，我们也应当质疑传统断代下限的合理性。因此，我们或许能对大西洋史的年代框架做出更精确的描述：近代早期（1500—1800年）的确是西半球历史上深刻的转型时代，许多跨大西洋和环大西洋的联系正是在这一时代大规模产生，但这些联系的根源可以追溯到更早前时代的特定地区，而一个日益整体化的大西洋世界一直延续到19世纪乃至今日。法国革命战争并没有真正让大西洋世界解体——旧的奴隶贸易联系或许逐渐终结，但取而代之的是建立于垄断资本主义、1976年《牙买加协定》以及新的产业革命之上的新联系。

其三，修正欧洲中心论。至少从英语学界的研究动向看，“从大西洋内部发现大西洋史”是挑战大西洋史研究中曾存在的欧洲中心论的有力工具。本辑中詹姆斯·斯威特和阿劳若的论文，以及董鑫、张咪评述的专著都是如此挖掘大西洋世界中被殖民对象的复杂身份的。从这个意义上说，只有从大

① 见本辑收录的长文《菲利普国王的牧群：早期新英格兰的印第安人、殖民者与畜牧问题》。

② 见本辑收录的长文《新英格兰与牙买加殖民地的不自由劳动谱系》。

③ 如 Nicholas Canny and Philip Morgan, "Introduction: The Making and Unmaking of an Atlantic World," in Nicholas Canny and Philip Morgan, eds., *The Oxford Handbook of the Atlantic History, 1450-1850*, Oxford: Oxford University Press, 2011, pp. 13-17。

④ 见本辑收录的长文《达荷美统治者与葡萄牙—巴西奴隶贸易》。

西洋内部发现大西洋史，我们才能既观照在近代早期大西洋世界拥有技术和强权而占据主导的欧洲人，也观照被欧洲人奴役的各个族群。只有如此，我们才能从基层理解大西洋史的丰富性，并对大西洋世界中的历史联系做出更复杂、更精密的历史诠释。

本辑所编选的论文在内容导向上固然侧重于后殖民史学，但此举意在忠实地呈现编者在美国各个学术场合所接触到的潮流的面貌，而非观察者对其表达某种或全然肯定或全然否定的态度。与其刻意引领本辑读者的道德判断，不如把判断的权利与权力交还给读者。然而，这并不意味着毫无价值判断。编者最根本、最坚定的价值判断是：我们对大西洋史的研究，必须扎根于史料、扎根于区域和地方、扎根于细节，只有这样的研究才具有长久生命力。因此，本辑所收论文的核心价值，在于说明如何实现此目标，而不仅仅是为了介绍理论框架、研究动向。大西洋史的当代后殖民史学之所以在历史技艺的层面绽放光彩，在于它在面对研究对象史料大规模湮灭与20世纪中叶主流史学盲点的严峻制约时，能够试图重现近代早期大西洋世界中失语者的悲欢离合。这在本辑相关论文（及印度洋史等姊妹领域）中有充分体现。[①]

编者必须特别强调，“从大西洋内部发现大西洋史”并不是英语学界后殖民史学的专属。强调基层在地研究，既反映英语学界大西洋史学从欧洲中心视角转向后殖民多元视角的特殊性，也是数字时代全球史、跨国史、大区域史等研究能够真正出彩的必然要求。[②] 本辑中威姆·克娄斯特、埃丝特·迈尔斯的论文各自牵涉属下阶层（水手）与大国背景中的少数群体（近代早期尼德兰帝国中的苏格兰人），其围绕欧洲人所展示的广阔历史图景都扎根于反映基层境况的史料及对区域、地方的细节研究。读者们不难通过脚注发现，在上节的个案分析中，编者不仅强调从相对较小区域中解剖跨大西洋联系，且在小区域的语境中反复挖掘同一份史料所呈现的多重历史意义，这种史料分析方式与许多关于大西洋世界中失语的被殖民对象的研究并无本质差异，尽管此个案丝毫不涉及北美原住民或非洲黑奴。编者正是希望通过这个不起眼的案例说明，扎根于史料、区域和地方、细节对于从任何视角开展

---

① 关于对印度洋史这方面特征的介绍，见李庆新、陈博翼、罗燚英主编《海洋史研究》第18辑，社会科学文献出版社，2022，“导论”，第27—30、33—34页。

② 相关论点见 Lara Putnam, “The Transnational and the Text-Searchable: Digitized Sources and the Shadows They Cast,” *American Historical Review*, 121, 2 (2016), pp. 377-402。

大西洋史研究——不论牵涉欧洲列强还是被殖民对象，抑或环境、动物等晚近蓬勃发展的研究话题——都是必须且能够实现的。

“从大西洋内部发现大西洋史”不仅对研究大西洋海盆中发生的历史至关重要，也对研究大西洋世界与外部的联系——阿米蒂奇所谓“大西洋外部史”——不可或缺。比如，本卷“学术述评”栏目中所收马龙《超越丝绸之路：马尼拉大帆船、贸易网络、全球货物以及大西洋和太平洋市场一体化（1680—1840）》一文即指出，近代早期大西洋、太平洋的制度外贸易联系往往依托于转运港。换言之，全球化早期的大西洋—太平洋贸易网络是两大洋内部具体的地方或小区域形成的联系，而非宽泛的两个大洋、两个世界体系的联系。正因为联系的地方性、具体性，微观全球史的研究方法在马龙所总结的研究中起到举足轻重的作用。

若干年前，刘津瑜教授在评介罗马与中国比较研究的著作时曾有如此论断：“如果中国学者只是在西方罗马研究的成果上进行比较研究，其实是放弃了在罗马研究领域的话语权。”[①] 如此论断迁移至大西洋史也十分恰当。如果中国学者只是批判欧美学界经典大西洋史的欧洲中心论色彩，或呼唤研究东西海洋世界的联系却忽视下沉局部与基层，其实是放弃了大西洋史研究领域的话语权，尤其是基础研究和史料诠释的话语权。可喜的是，近年来中国学界已在这方面取得了可喜进展。[②] 随着有志于此的中国学人共同努力，中国学界也将为大西洋史研究注入新的活力。

---

① 刘津瑜：《评罗马与中国比较研究近著两种》，《全球史评论》2014 年第 7 期，第 261 页。

② 例如金海《十七至十八世纪英属大西洋世界的奴隶制度与废奴运动》，《北京社会科学》2018 年第 9 期；金海《英属大西洋与西属大西洋的奴隶制比较研究》，《安徽史学》2023 年第 1 期；薛冰清《威尔克斯事件与跨大西洋视野下的北美独立运动》，《历史研究》2017 年第 5 期；薛冰清《英美激进主义网络与美国革命的兴起》，《全球史评论》2022 年第 1 期；魏涛《追寻自我认同：亨利·劳伦斯的跨大西洋遭遇，1744-1784 年》，社会科学文献出版社，2022。

专题论文

海洋史研究（第二十三辑）
2024 年 11 月　第 3~22 页

大西洋史的三个概念

大卫·阿米蒂奇（David Armitage）*

摘　要：大西洋史关注大西洋沿岸的欧洲、南美洲、北美洲和非洲四个大洲互动的历史，上起 1492 年哥伦布第一次横渡大西洋，下迄 18 世纪末 19 世纪初的革命时代。大西洋史主要有三种研究类型，分别为环大西洋史（circum-Atlantic history）、跨大西洋史（trans-Atlantic history）以及大西洋内史（cis-Atlantic history），且三者相辅相成。环大西洋史即大西洋作为一个交换、往来、流通和传播的特定区域的历史，跨大西洋史是通过比较不同国家、城市或种植园来讲述大西洋世界的历史，大西洋内史指某个特定地方与更广阔的大西洋世界相联系的历史。大西洋史研究突破了以帝国和民族国家为中心的传统历史叙事，拓展了历史学者的研究方法与研究视野。

关键词：大西洋史　环大西洋史　跨大西洋史　大西洋内史

---

* 作者大卫·阿米蒂奇（David Armitage），哈佛大学历史系劳埃德·C. 布兰克费恩（Lloyd C. Blankfein）讲座教授。译者张茜，清华大学历史系博士研究生。校者梅雪芹，清华大学历史系教授；王大千，清华大学历史系博士研究生；郭逸鹏，清华大学历史系博士研究生。

本文译自 David Armitage, "Three Concepts of Atlantic History," in David Armitage and Michael J. Braddick, eds., *The British Atlantic World*, 1500-1800, New York: Palgrave Macmillan, 2002. pp. 13-29。

伯纳德·贝林（Bernard Bailyn）、伊丽莎白·曼克（Elizabeth Mancke）、詹姆斯·汤普森（James Thompson）、理查德·德雷顿（Richard Drayton）、弗朗兹·博斯巴赫（Franz Bosbach）、吉姆·威廉姆斯（Jim Williams）、阿努帕玛·拉奥（Anupama Rao）、杰西卡·哈兰德-雅各布斯（Jessica Harland-Jacobs）、伯克·格里格斯（Burke Griggs）、阿里亚娜·科克（Ariane Koek）、大卫·康纳汀（David Cannadine）以及伊莱加·古尔德（Eliga Gould）对笔者观点的阐释与完善助益颇多，谨致谢忱。

现在我们皆为大西洋史家——从南美洲、北美洲、加勒比地区、非洲和西欧的历史学家越来越对大西洋和大西洋世界感兴趣这一情况来看，似乎如此。大西洋研究甚至开始影响文学、经济学和社会学，涉及主题广泛，如戏剧表演、全球化早期历史和种族社会学。然而，似乎没有哪个领域比历史学更严肃、更热情地采用大西洋视角展开研究。事实上，大西洋史被称为“近年来最重要的史学新发展之一”。[①] 大西洋史正在影响各个层面的历史教学，尤其在美国；关于它的会议、研讨会和研究生课程越来越多；与它相关的佳作正在获得各种奖项；甚至关涉它的第一批教科书也在计划中。就像旨在补充甚至被取代的国别史一样，大西洋史正日趋制度化。因此，在大西洋史变得固化、僵化之前，现在或许是一个探询大西洋史究竟是什么以及它将走向何方的好时机。

大西洋史的吸引力部分在于其自然属性：究其根本，海洋之存在不正是一个自然事实吗？大西洋史似乎是为数不多具有内在地理特征的历史类别之一，它不同于边界不断变化、政治立场与地理边界不完全重叠的民族国家的历史。大西洋史似乎也有一个还算清晰的年表，开始于 1492 年哥伦布第一次横渡大西洋（哥伦布即使在去世之时，也很大程度上对其发现的意义并不知晓），按照惯例来说，结束于 18 世纪末 19 世纪初的革命时代。因此，在工业化、大众民主、民族国家和所有其他成熟现代性的经典特征出现之前，有一个重要的谱系将大西洋史与“早期”现代性（“early” modernity）联系起来，亚当·斯密和卡尔·马克思都将这一情况的源起与欧洲航海大发现相联系，特别是与 1492 年相联系。[②]

大西洋的地理形态应该被看作变动不居的，因为“海洋”的神秘色彩不亚于大陆。[③] 大西洋是欧洲人的发明。它是航海、探险、殖民定居、管理和想象等一系列活动的产物。在美洲完整的范围和轮廓出现之前的两个世纪，尽管人们肯定能在地图上找到大西洋，它也由此存在于人们的脑海中，

① J. H. Elliott, *Do the Americas Have a Common History? An Address*, Providence, Rhode Island: Associates of the John Carter Brown Library, 1998, p. 19.

② Adam Smith, *An Inquiry into the Nature and Causes of the Wealth of Nations* (1776), in R. H. Campbell and A. S. Skinner, eds., 2 vols., Oxford: Clarendon Press, Vol. 1, 1976, p. 448; Karl Marx and Friedrich Engels, *The Communist Manifesto* (1848), introd. by Eric Hobsbawm, London: Verso, 1998, p. 35.

③ Martin W. Lewis and Kären Wigen, *The Myth of Continents: A Critique of Metageography*, Berkeley: University of California Press, 1997.

但它并没有像“美洲”那样完全融入欧洲人的意识中。这是一项欧洲人的发明，并非因为欧洲人是其唯一的居民，而是因为欧洲人首先把它的四面连成一个整体，这个整体既是一个系统，又能呈现一种与其他地理区域相区分的自然特征。当然，海洋的精确界限是易变的：只要认为“海洋”是一整个循环的水体而不是七个不同的海洋，那么相比于与它接触、联系之物，它究竟止于何处就不是那么清楚了。[①] 大西洋史的年表也是易变的。至少从丹尼尔·沃克·豪（Daniel Walker Howe）1993年在牛津大学的就职演讲中提出将美国历史置于大西洋背景之下的宏大议题以来，大西洋研究方法已经在19世纪和20世纪的历史中取得了进展，如丹尼尔·罗杰斯（Daniel Rodgers）关于20世纪早期欧洲和美国社会政策的相关著作《大西洋的跨越：进步时代的社会政治》（*Atlantic Crossings: Social Politics in a Progressive Age*），或凯文·奥罗克（Kevin O'Rourke）和杰弗里·威廉森（Jeffrey Williamson）对19世纪大西洋世界全球化的研究。[②]

提出关于大西洋史的地理和年表的基本问题，反映出该领域（subject）目前具有很强的自我觉知力。然而直到现在，大西洋史作为研究对象（object），对它的研究仍呈现不连续和不充分之态。至少从19世纪晚期就有大西洋史学家，也有公开承认的大西洋史。但直到最近十年左右，大西洋史才成为历史学界一个独特的分支领域，甚至是分支学科。直到现在，许多历史学家和其他学者似乎才对大西洋视角和方法产生浓厚兴趣。

E. P. 汤普森（E. P. Thompson）曾说，每当他看到一个新神，他就会有亵渎的冲动。许多人对大西洋史及其最近的崛起也有同样感受。他们的怀疑引发了相关问题。与更传统的研究领域相比，诸如那些以英国或美国等特定民族国家为中心的研究，大西洋史是否揭示了新问题或帮助历史学家提出更好的问题？历史学家是否能够对这段在五个世纪中连接四大洲的广阔历史发表实质性的见解？难道这不是研究西班牙、葡萄牙、法国、英国和荷兰等海上帝国历史更易接受的一种方式吗？简而言之，是

① Martin W. Lewis, "Dividing the Ocean Sea," *Geographical Review*, 89, 2 (1999), pp. 188-214.

② Daniel Walker Howe, *American History in an Atlantic Context*, Oxford: Oxford University Press, 1993; Daniel T. Rodgers, *Atlantic Crossings: Social Politics in a Progressive Age*, Cambridge: The Belknap Press of Harvard University Press, 1998; Kevin H. O'Rourke and Jeffrey G. Williamson, *Globalization and History: The Evolution of a Nineteenth-Century Atlantic Economy*, Cambridge: The MIT Press, 1999.

什么使大西洋史成为解决真正问题的新方式，而不仅仅是肤浅的研究或为帝国主义辩护？

如果亵渎是对大西洋史崛起的一种回应，那么它不太可能为这些重要问题提供好的答案。在谱系中、在大西洋史的发展史中、在剖析中、在大西洋史已经采取和可能采取的形式中，可找到更为有利的方法。在第一种模式中，伯纳德·贝林（Bernard Bailyn）提出了一种大西洋史的谱系，其起源可追溯至20世纪美国历史上的反孤立主义思潮。[①] 孕育大西洋史的这一特别的国际交往，起源于第一次世界大战，蓬勃发展于第二次世界大战期间和之后。沃尔特·李普曼（Walter Lippmann）和福雷斯特·戴维斯（Forrest Davis）等反孤立主义记者与历史学家找到了共同旨趣，其中许多人是天主教徒，先是在欧洲对抗法西斯主义，后又在冷战早期同共产主义做斗争。为了团结意识形态盟友，他们提出了这样一种观点：至少自启蒙运动以来，在北大西洋世界存在一种共同的“文明”，它通过一套共同的多元、民主和自由的价值观将北美社会（当然，尤其是美国）与欧洲联系在一起。这一套价值观在一个共同的宗教传统中有更深层的谱系，在20世纪40年代，在美国的同一圈子中第一次被称为“犹太-基督教”（Judeo-Christian）。[②] 因此举例来说，历史学家卡尔顿·J. H. 海耶斯（Carlton J. H. Hayes）在1945年作为美国历史学会主席发表演讲时提出了“美国边疆——什么的边疆？”这一问题，他给出的答案很简单且十分具有时代价值，即“希腊-罗马（Greco-Roman）和犹太-基督教传统”。[③] 在这种背景下，大西洋成为“西方文明的内海”，以及美国这一战后帝国的地中海。战后不久，大西洋史产生的著作——雅克·戈德肖（Jacques Godechot）的《大西洋史》（*Histoire de l'Atlantique*，1947）、迈克尔·克劳斯（Michael Kraus）的《大西洋文明：18世纪起源》（*The Atlantic Civilization: Eighteenth-Century Origins*，1949）以及R. R. 帕尔默（R. R. Palmer）的《民主革命的时代》（*The Age of the Democratic Revolution*，1959-1964）——理所当然地认为大

① Bernard Bailyn, "The Idea of Atlantic History," *Itinerario*, 20, 1 (1996), pp. 19-44.

② Mark Silk, "Notes on the Judeo-Christian Tradition in America," *American Quarterly*, 36, 1 (1984), pp. 65-85.

③ Carlton J. H. Hayes, "The American Frontier-Frontier of What?" *The American Historical Review*, 51, 2 (1946), p. 215.

西洋居于这一文明概念的中心地位。[1] 因此，西方文明的这一理念更应归功于北约，而非柏拉图。

奴隶贸易和奴隶制的历史，非洲、非洲人的历史以及更广泛的种族历史，在大西洋史中几乎没有或根本没有发挥作用。这种“西方文明”（western civilization）的版本是北大西洋的历史而非南大西洋的历史，是英美的历史而不是拉丁美洲的历史，是美洲和欧洲相联系的历史而不是美洲和非洲相联系的历史。这即使不一定在民族层面是同质的，也在种族层面是同质的。圣多明戈革命是西半球规模最大、最成功的奴隶起义，是自 1776 年以来震动大西洋世界的革命周期中的高潮事件，但并非上述版本大西洋史之事件，因此也未出现在帕尔默的《民主革命的时代》一书中。黑色大西洋史[2]的研究者也不被认可为一项共同的史学事业的参与者。在此仅举三个最为突出之例，在将大西洋史的命运与北大西洋公约组织的崛起联系在一起之前，W. E. B. 杜波依斯（W. E. B. Du Bois）、C. L. R. 詹姆斯（C. L. R. James）以及埃里克·威廉斯（Eric Williams）一直追求鲜明且有意识的大西洋主题已逾 60 年之久，这些主题关涉奴隶贸易与废奴的动态、奴隶制与工业主义的关系、海地革命本身。[3] 他们在这一领域长达数十年的贡献，提供了一种比大多数白色大西洋的支持者所拥护的更长、更具多民族性、更国际化的谱系。与许多其他谱系学家一样，大多数白色大西洋的支持者过去也忽视了这些不合时宜或不合群的先行研究始祖。

大西洋史变得愈加丰富多彩。白色大西洋本身已成为一个具有自觉意识的研究领域，而非定义其他大西洋史类型的研究模式。[4] 非裔流散的黑色大

---

① Jacques Godechot, *Histoire de l'Atlantique*, Paris: Bordas, 1947; Michael Kraus, *The Atlantic Civilization: Eighteenth-Century Origins*, New York: Cornell University Press, 1949; Jacques Godechot and R. R. Palmer, "Le problème de l'Atlantique du XVIIIème au XXème siècle," 10th International Congress of Historical Sciences, *Relazioni*, 6 vols., Florence: G. C. Sansoni, Vol. 5, 1955, pp. 173-239; R. R. Palmer, *The Age of the Democratic Revolution*, Vol. 1, *The Challenge*; Vol. 2, *The Struggle*, Princeton: Princeton University Press, 1959-1964.

② 指黑人在大西洋活动的历史。——译者注

③ W. E. B. Du Bois, *The Suppression of the African Slave-Trade to the United States of America, 1638-1870*, New York: Longmans, Green & Co., 1896; C. L. R. James, *The Black Jacobins: Toussaint L'Ouverture and the San Domingo Revolution*, London: Secker & Warburg, 1938; Eric Williams, *Capitalism and Slavery*, Chapel Hill & London: The University of North Carolina Press, 1944.

④ Victoria de Grazia, *Irresistible Empire: America's Advance through Twentieth-Century Europe*, Cambridge: Harvard University Press, 2005.

西洋与爱尔兰政治及人口流散的绿色大西洋相结合，[①] 甚至现在还有一部以马克思主义模式书写的红色大西洋史，描述了英格兰大西洋世界（English Atlantic world）中多国家、多民族、多文化的工人阶级之形成，在专家看来，这构成了一个“多头海德拉”（many-headed hydra，九头蛇）。[②] 它与白色大西洋的传统政治史几乎没有共同之处，而与黑色大西洋的文化研究共同之处颇多，尤其是保罗·吉尔罗伊（Paul Gilroy）在《黑色大西洋：现代性与双重意识》中，认为大西洋是由剧变和流散、大规模流动和文化杂交定义的现代性熔炉。[③] 只要大西洋史是白色的，其他任何颜色的大西洋史就无存在余地。

通过对大西洋史的谱系研究，我们可看到一个根源于冷战的白色大西洋、一个起源于美国内战后的黑色大西洋，以及一个追溯到马克思世界主义（cosmopolitanism of Marx）的红色大西洋。不同种类的大西洋史截然不同的谱系起源本身或许阻碍了它们之间的和解交融，但这是所谓的后意识形态时代——后冷战和后帝国时代——到来之前的事情。丰富多彩的大西洋史的出现，以及不仅仅包括讲英语的北大西洋的大西洋世界史的出现，无不证明着相互交流的成功。在这一成功基础上，笔者想转向对大西洋史的剖析，以便提出大西洋史的三种类型。与所有优秀的三分法一样，这一分法应详尽但不排他：其应该涵盖大西洋史的所有可能形式，但不妨碍它们的联合。考虑到这一点，笔者提出大西洋史的三个概念：环大西洋史（circum-Atlantic history）——大西洋世界的跨国史，跨大西洋史（trans-Atlantic history）——大西洋世界的国际史，大西洋内史（cis-Atlantic history）——大西洋背景下的国家或地区之历史。

接下来笔者将描述每一种方法，解释其效用，并说明其与另外两种方法的关系。笔者将特别关注第三个概念，即大西洋内史，不仅因为它需要加以

---

① Kevin Whelan, "The Green Atlantic: Radical Reciprocities between Ireland and America in the Long Eighteenth Century," in Kathleen Wilson, ed., *The New Imperial History: Culture, Identity and Modernity in Britain and the Empire, 1660－1840*, Cambridge: Cambridge University Press, 2004.

② Peter Linebaugh and Marcus Rediker, *The Many-Headed Hydra: Sailors, Slaves, Commoners, and the Hidden History of the Revolutionary Atlantic*, Boston: Beacon Press, 2000; David Armitage, "The Red Atlantic," *Reviews in American History*, 29, 4 (2001), pp. 479-486.

③ Paul Gilroy, *The Black Atlantic: Modernity and Double Consciousness*, Cambridge: Harvard University Press, 1993.

详述，也因为它可能是将国家、区域或地方史纳入大西洋史所提供的更广泛视角的最有效方法。最后，笔者还会提出疑问，即大西洋史作为海洋史的一个例子和英语世界历史研究的一种流行模式，其局限性是什么。

一 环大西洋史

环大西洋史，即大西洋作为一个交换、往来、流通和传播的特定区域的历史。因此，这个大洋史是一个活动场所的综合历史，它区别于任何构成这个大洋的特定的、更窄小的海洋区域的历史。它当然包括大西洋沿岸，但仅限于这些海岸构成一个更大海洋史的一部分，而不是毗连大西洋的一系列具体国家或地区的历史。它是横渡大西洋之人的历史，是生活在大西洋沿岸之人的历史，是参与所形成共同体之人的历史，是他们商业和思想的历史，是他们携带疾病的历史，是他们移植植物群的历史，是他们运输动物群的历史。

环大西洋史可能是研究大西洋史最不言而喻的方法。然而，在大西洋史的三个可能概念中，它是得到最少研究的一个。直到最近十年，大西洋史的这一概念才有了一个名字，出现于戏剧历史学家约瑟夫·罗奇（Joseph Roach）关于表演研究的杰出作品《死亡之城：环大西洋行为》（*Cities of the Dead: Circum-Atlantic Performance*，1996）中。罗奇写道，“环大西洋世界产生于17世纪晚期的经济革命”，“……就像一个旋涡，商品和文化习俗在这里多次流转”。因此，“环大西洋世界的概念（与跨大西洋世界相反）强调，在现代性文化的创造中，非洲和南美洲、北美洲的流亡迁徙、种族灭绝的历史处于中心地位”。[1]

这是两种意义上的环大西洋史：它包含了大西洋水域周围（around）的一切，具有可移动、可连接的特点，追踪关乎（about）大西洋世界的各类循环。当然，在大西洋水域边缘有许多较小的交流地带，无论是在西非、西欧，还是在加勒比周围，都具有类似的地方。这种较小的系统存在于有限的航海文化中，这些文化在哥伦布航行之前的数千年就已形成自己的特性和相互依存的关系。欧洲的成就即是将这些次区域连接到一整个大西洋系统中。

① Joseph Roach, *Cities of the Dead: Circum-Atlantic Performance*, New York: Columbia University Press, 1996, pp. 4-5.

在该系统中，移民离开的社会和他们在大西洋彼岸共同创造的社会之间持续不断地相互作用：正是因这一成就，我们可说大西洋是欧洲人的发明，同时也承认非欧洲人民对这一发展的贡献。相比之下，在葡萄牙人或其他欧洲人到来之前，印度洋的次区域就已得到整合。[①] 一些评论人士将早期现代大西洋的历史视为“21 世纪之交全球化的先驱”[②]。然而，这忽视了印度洋较早的整合，更不用说地中海了。

大多数环大西洋史遵循“白色大西洋”模式，强调以牺牲循环为代价的整合。从黑色大西洋史中汲取灵感的其他环大西洋史强调流动性而非稳定性，因此这种历史解释不那么辉格式（whiggish）[③]。用保罗·吉尔罗伊的话来说，大西洋是一个“克里奥尔化（creolisation）、混种生殖（métissage）、种族混合（mestizaje）和混杂性（hybridity）”[④] 的熔炉；在这一身份的熔炉中，出现了罗奇所说的“沿着大西洋沿岸的……跨界文化”。[⑤] 这种对文化和身份的兴趣，而非对商业或政治的兴趣，使人们注意到交往过程的流动性，而非这一交往结果的固定性。因此，无论是现代化还是全球化，以线性叙事书写大西洋史的说服力渐趋弱化。

环大西洋史是跨国史。其传统年表通常开始于与国家崛起相关的时期，即 15 世纪末 16 世纪初，但结束于民族国家时代之前，即 19 世纪中叶。帝国和复合君主制（composite monarchies）是这个时代典型的政治单位。[⑥] 人们常常认为大西洋世界的历史是这些帝国历史的总和，但这样一部历史必然只包含欧洲人对大西洋体系的看法。一部真正的环大西洋史从

---

① M. N. Pearson, “Introduction I: The State of the Subject,” in Ashin Das Gupta and M. N. Pearson, eds., *India and the Indian Ocean, 1500–1800*, Calcutta: Oxford University Press, 1987, pp. 9–10.

② David Eltis, “Atlantic History in Global Perspective,” *Itinerario*, 23, 2 (1999), p. 142; Kevin H. O'Rourke, *When Did Globalization Begin?*, National Bureau of Economic Research, Working Paper 7632, Cambridge: Cambridge University Press, 2000.

③ “辉格式历史解释”指从当代社会的视角研究过往，倡导进步史观，并将复杂历史进程简单化。——译者注

④ 克里奥尔化指不同族群、文化相融合，从而产生新变化。——译者注

⑤ Paul Gilroy, *The Black Atlantic: Modernity and Double Consciousness*, Cambridge: Harvard University Press, 1993, p. 2; Joseph Roach, *Cities of the Dead: Circum-Atlantic Performance*, New York: Columbia University Press, 1996, p. 5.

⑥ J. H. Elliott, “A Europe of Composite Monarchies,” *Past and Present*, 137, 1 (1992), pp. 48–71。可以对比大卫·阿米蒂奇、迈克尔·J. 布拉迪克主编《不列颠大西洋世界（1500–1800）》（David Armitage and Michael J. Braddick, eds., *The British Atlantic World, 1500–1800*, New York: Palgrave Macmillan, 2002）第 9 章中伊丽莎白·曼克的文章。

时间上避开民族国家的历史，在地理上跨越帝国边界，比如从西属美洲帝国（Spanish American Empire）流入中国的白银，将大西洋世界与亚洲贸易联系起来，这是16世纪全球经济的真正起点。①

因此，作为一个区域及其产物和居民的历史，环大西洋史可谓跨国海洋史的经典之例：经典但不封闭，因其不像费尔南·布罗代尔（Fernand Braudel）所描述的地中海，它未构成一个单一可识别的气候和地质单元。正如布罗代尔所指出的那样，“大西洋从一个极点延伸到另一个极点，反映了地球上丰富多彩的气候”。② 从北极到海角，从西欧沿海地区到加勒比群岛，大西洋跨越的气候带繁复，使得地理决定论对此的解释意义不大。③ 大西洋在多样性上与印度洋相似，在其内部逐渐形成的文化和经济联系上也与印度洋颇为相似，但印度洋的这些联系早在欧洲人干预之前就已存在。以大西洋世界的标准来衡量，如果说印度洋发现较早，那么太平洋就相对较晚。太平洋也有广阔的分区（subzone），在欧洲人进入之前的数千年，这些地区由当地航海文化所创造。另外，欧洲人将太平洋和大西洋区分开来。然而，尽管存在这些显著差异，地中海、印度洋、大西洋和太平洋的大洋史皆有一个重要的特征：作为特定的大洋史（oceanic histories）［而非海洋（maritime）史或帝国史］，它以一种“共生但不对称”的关系将陆地和海洋连接起来。也就是说，两者相互依存，但海洋的历史占主导地位，且不是唯一的研究对象，在严格意义上的海事史中也是如此。④ 当海洋创造了它们之间的远距离联系时，邦国或帝国的国家历史只是这段历史的一部分。因此，正如上述的海洋史那样，环大西洋史具有跨国性，但不具国际性。相反，这是所谓的“跨大西洋”史的范畴。

---

① Dennis O. Flynn and Arturo Giráldez, “Born with a ‘Silver Spoon’: The Origin of World Trade in 1571,” *Journal of World History*, 6, 2 (1995), pp. 201-221.

② Fernand Braudel, *The Mediterranean and the Mediterranean World in the Age of Philip II*, trans. by Siân Reynolds, 2 vols., London: Harper & Row, Vol. 1, 1973, p. 231.

③ Bernard Bailyn, “The Idea of Atlantic History,” *Itinerario*, 20, 1 (1996), p. 20; Nicholas Canny, “Writing Atlantic History, or, Reconfiguring the History of Colonial British America,” *The Journal of American History*, 86, 3 (1999), pp. 1106-1107.

④ M. N. Pearson, “Introduction,” in Das Gupta and Pearson, eds., *India and the Indian Ocean, 1500-1800*, Calcutta: Oxford University Press, 1987, p. 5.

二 跨大西洋史

跨大西洋史是通过比较来讲述大西洋世界的历史。环大西洋史让跨大西洋史成为可能。往来流通的大西洋使以前相互隔绝的地区和民族建立了联系。这使得跨大西洋史家能够对其他截然不同的历史进行有意义而非武断的比较。不同于大西洋史描述的“共生但不对称”的海陆关系这种海洋史，跨大西洋史关注海洋沿岸，并认可在大西洋沿岸存在民族和国家，以及社会和经济形态（如种植园或城市）。跨大西洋史可以将这些不同的单位进行有意义的比较，因为它们已经融入环大西洋体系，从而具有一些共同特征。它们共同的大西洋史界定了不同实体间联系的性质，但并没有限定这种联系的具体形态；作为一个共有的变量，其可能被排除在比较之外，但其本身可能成为特定的环大西洋史的研究对象。

跨大西洋史可称为国际史，原因有二：一是在词源和语境层面，二是在比较和概念层面。“跨大西洋”（trans-Atlantic）和“国际”（international）这两个词都是在美国独立战争期间首次出现在英语中的。“跨大西洋”一词最早出现在1779—1781年战争期间的英国。理查德·沃森（Richard Watson）［兰达夫主教（bishop of Llandaff）］和历史学家查尔斯·亨利·阿诺德（Charles Henry Arnold）都是最先使用这个词的英国人，他们在使用该词时，通常要比笔者意指的更精确，或者说，实际上比它今日用来表示“横渡和在大西洋彼岸”这一传统含义更精确，比如英国人在北美的“跨大西洋手足”，或是在英属美洲进行并为之而战的“当前跨大西洋战争”；只有约翰·威尔克斯（John Wilkes）在提到“跨大西洋航行”时才使用了它的现代意义。①

“国际”一词恰好也在同一时间出现，但背景略有不同，其出现在杰里米·边沁（Jeremy Bentham）的法律著作中。在他的《道德与立法原理

① John Wilkes, *The Observer* (25 November 1779), in John Almon, ed., *The Correspondence of the Late John Wilkes, with His Friends*, 5 vols., London: Printed for Richard Phillips, Vol. 5, 1805, p. 212; Richard Watson, *A Sermon Preached before the University of Cambridge, on Friday, February 4th, 1780*, Cambridge: Printed for J. Deighton, 1780, p. 15（感谢伊莱加·古尔德对查找这一参考资料提供的帮助）; Charles Henry Arnold, *The New and Impartial History of North and South America, and of the Present Trans-Atlantic War*, London: Printed for Alex Hogg, 1781.

导论》（*An Introduction to the Principles of Morals and Legislation*，1780/1789）中，边沁试图定义法律的一个特定部分，该部分在英语中尚未有明确定义。这是主权国家之间的法律，不同于传统上所谓的万国法（law of nations）或适用于更大的民族或政治社会所有成员的法律。边沁写道，“国际（international）这个词……是新的”，“它旨在以一种更有意义的方式来表达通常以万国法名义出现的法律分支”。[①] 背景的不同之处在于，边沁在一本写于1780年，直到1789年才最终出版的著作中，向他的律师同行介绍了他的新词。然而，与此相似的是，边沁是美国独立战争的一个敏锐且实际上牵涉较深的观察者，也是1776年英国政府对《美国独立宣言》（American Declaration of Independence）所做唯一正式回应的作者之一。[②]

然而，在美国独立战争的背景下，将跨大西洋史与国际史联系起来的不仅仅是共同起源。正如国际史可以说是一个更大的政治和经济体系内民族（或者，实际上是国家）间关系的历史一样，跨大西洋史将国家、民族和地区连接在一个海洋系统内。跨大西洋史尤为适合17—18世纪大西洋世界的历史，当时国家的形成与帝国的建立齐头并进，形成了一个我们可称为“帝国—国家形成”（empire-state-building）的融合过程。[③] 对于研究那些在历史上最易于倾向例外论的大西洋沿岸国家的历史，如英国和美国，跨大西洋史这一方法尤其有用，在跨大西洋比较的框架内，这些国家的共同特征更容易得到挖掘和展现。

跨大西洋史作为比较史，通常是沿着大西洋世界的南北轴线进行的。因此，它更多应用于帝国间的历史，而非国际史。这方面最早的代表性研究，有弗兰克·坦南鲍姆（Frank Tannenbaum）1946年关于西班牙和英属美洲奴隶制的论文，以及赫伯特·克莱因（Herbert Klein）后来对英国和伊比利亚奴隶制的比较，还有J. H. 埃利奥特（J. H. Elliott）关于英帝国和西班牙

---

① Jeremy Bentham, *An Introduction to the Principles of Morals and Legislation* (1780/1789), in J. H. Burns and H. L. A. Hart, eds., introd. by F. Rosen, Oxford: Clarendon Press, 1996, pp. 6, 296.

② Jeremy Bentham, "Short Review of the Declaration," in John Lind and Bentham, eds., *An Answer to the Declaration of the American Congress*, London: T. Cadell and T. Sewell, 1776, pp. 119-132; David Armitage, "The Declaration of Independence and International Law," *The William and Mary Quarterly*, 3rd ser., 59, 1 (2002), pp. 39-54.

③ 参见 Elizabeth Mancke, "Empire and State," in David Armitage and Michael J. Braddick, eds., *The British Atlantic World, 1500-1800*, New York: Palgrave Macmillan, 2002, chapter 9。

帝国在美洲更全面的不断发展的历史研究，根据伊比利亚和英帝国不同的法律体系、经济法规、宗教信仰或制度结构对其进行比较。[①] 然而，在很大程度上沿着东西轴线进行跨大西洋史比较仍有待探索。相关研究正在进行中，如伯纳德·贝林和约翰·克莱夫（John Clive）将苏格兰和美国作为英格兰宗主国的“文化区域”（cultural provinces）进行考察，但这些研究通常置于一个帝国的框架内，往往明确划分中心和边缘。[②]

然而，分析单位可以更大，框架也可以更宽泛。以讲英语的大西洋地区为例，从未有人对英国和美国这两个自 18 世纪以来便持续的政治联盟进行过系统比较。联合王国根据 1707 年的《联合条约》（Treaty of Union）建立；美国最初在《独立宣言》中宣布独立，通过《邦联条例》（Articles of Confederation）进行联合，后通过 1787 年的宪法实现了更持久的联合。回顾往昔，两个国家都与虚构的民族主义相联系：英国人这一身份通过与天主教法国对抗而建构（在 18 世纪和 19 世纪），[③] 美国人的身份是独立和战争胜利的结果，而不是先决条件。[④] 两者皆从政治而非民族层面定义公民身份，因此都不符合经典原生论，即民族国家作为一种自古以来身份认同的政治体现。[⑤]

---

① Frank Tannenbaum, *Slave and Citizen: The Negro in the Americas*, New York: Alfred A. Knopf, 1946; Herbert Klein, *Slavery in the Americas: A Comparative Study of Virginia and Cuba*, Chicago: University of Chicago Press, 1967; J. H. Elliott, *National and Comparative History*, Oxford: Clarendon Press, 1991; J. H. Elliott, *Britain and Spain in America: Colonists and Colonized*, Reading: University of Reading, 1994; J. H. Elliott, “Empire and State in British and Spanish America,” in Serge Gruzinski and Nathan Wachtel, eds., *Le Nouveau Monde-Mondes Nouveaux: L'expérience américaine*, Paris: Editions Recherche sur les Civilisations-Éditions de L'École des Hautes Études en Sciences Sociales, 1996, pp. 365-382.

② John Clive and Bernard Bailyn, “England's Cultural Provinces: Scotland and America,” *The William and Mary Quarterly*, 3rd ser., 11, 2 (1954), pp. 200-213; Jack P. Greene, *Peripheries and Center: Constitutional Development in the Extended Polities of the British Empire and the United States, 1607-1788*, Athens: University of Georgia Press, 1986.

③ Linda Colley, *Britons: Forging the Nation, 1707-1837*, New Haven: Yale University Press, 1992.

④ Charles Royster, “Founding a Nation in Blood: Military Conflict and American Nationality,” in Ronald Hoffman and Peter J. Albert, eds., *Arms and Independence: The Military Character of the American Revolution*, Charlottesville: University of Virginia Press, 1984, pp. 25 - 49; John Murrin, “A Roof Without Walls: The Dilemma of American National Identity,” in Richard Beeman, Stephen Botein, and Edward C. Carter III, eds., *Beyond Confederation: Origins of the Constitution and American National Identity*, Chapel Hill: The University of North Carolina Press, 1987, pp. 333-348.

⑤ Colin Kidd, *British Identities before Nationalism: Ethnicity and Nationhood in the Atlantic World, 1600-1800*, Cambridge: Cambridge University Press, 1999, pp. 261-279.

每一个都由其 18 世纪的起源来定义，这些定义可追溯到它们的跨大西洋关系：美国人，部分原因是与英国的长期联系和坚持独立的努力；英国人，部分原因是受美国战争之失败和战后国家之重建的影响。[①] 除了这两个战争的政治产物外，或许我们还可以加上英属北美，即后来的加拿大，把 18 世纪最后 25 年形成的三个国家加入共同的跨大西洋史中。从它们各自的起源、自 18 世纪后期以来形成的不同路径、它们在讲英语的大西洋世界中的共同历史等方面进行比较，可能会有所裨益。

比较作为一种历史工具也许最有助于揭示差异，但其可行性取决于某些初始相似性。帝国背景下的历史和抵抗帝国的历史，为美国和拉丁美洲各共和国之间的比较提供了一个显而易见的切入点，尽管它们不同的制度起源和独特的宗教传统、统治方式、民族关系也揭示出了难以解决的分歧。[②] 这种比较有助于更准确地呈现大西洋世界各部分的历史特征，但必须在更大的跨大西洋视角的背景之下。这种准确的界定，使其进一步超越比较的范围，此为大西洋史的第三个也是最后一个概念“大西洋内史”的目的。

三 大西洋内史

“大西洋内史”研究大西洋世界中具有独特性的地方，并试图将这种独特性界定为地方特殊性与更广泛的联系（和比较）网络之间相互作用的结果。“大西洋内”（cis-Atlantic）这一新词似乎具有野蛮意味，但正如“跨大西洋”和“国际”一样，该词也是 18 世纪晚期的产物。“大西洋内”出自托马斯·杰斐逊（Thomas Jefferson），野蛮并非指这一新词本身，而是就杰斐逊定义该词时面对的情况而言的。孔德·德·布丰（Comte de Buffon）等欧洲博物学家将野蛮连同虚弱、萎缩都归咎于新大陆的动物群。杰斐逊在其《弗吉尼亚纪事》（*Notes on the State of Virginia*，1785）一书中，通过引用大量的信息来反驳（正如他所认为的那样）仅仅基于无知和偏见的指控：

① Eliga H. Gould, *The Persistence of Empire: British Political Culture in the Age of the American Revolution*, Chapel Hill: The University of North Carolina Press, 2000, pp. 181-214.

② Lester D. Langley, *The Americas in the Age of Revolution, 1750-1850*, New Haven: Yale University Press, 1996.

> 我并不是要否认，人类种族在体力和智力上的多样性。我认为，在其他动物的种族中也存在这种情况。我只想提出一个疑问，动物的体型和机能是否取决于它们的食物恰好生长在大西洋的某一边，抑或取决于哪一边提供了构成它们的元素？自然是否已将自己纳为大西洋内部或跨大西洋的坚定支持者了？①

因此，杰斐逊用这个词来表示“在大西洋的这一边”，以区别于欧洲的跨大西洋世界，他将该词包含的政治色彩放大，于1823年告诉詹姆斯·门罗（James Monroe），“永远不要让欧洲干涉大西洋内部事务（cis-Atlantic affairs）”是美国的利益所在。② 因此，该词既是差异的象征，亦是一种新美国视角的标志，因其定义关涉大西洋。

在此提出的更广泛意义上的大西洋内史，指任何特定地方——一个民族、一个国家、一个地区，甚至一个特定机构与更广阔的大西洋世界相联系的历史。大西洋内史的典范之作可能是于胡格特·肖努（Huguette Chaunu）和皮埃尔·肖努（Pierre Chaunu）的八卷本《塞维利亚与大西洋（1504—1650）》（*Seville et l'Atlantique, 1504-1650*, 1955-1959），该书内容从一个城市向外扩展到整个大西洋世界。③ 几乎与之相反的是，尽管有些研究未被归于这一精确标题之下，但大规模的大西洋内史研究正在进行，如历史地理学家D. W. 梅尼格（D. W. Meinig）和E. 埃斯廷·埃文斯（E. Estyn Evans）的研究，或考古学家巴里·坎里夫（Barry Cunliffe）的研究，他们的研究涉及“大西洋美洲”（梅尼格）、“大西洋欧洲”（埃文斯），或是从格陵兰岛到加那利群岛（Canaries）的“面朝大海”的广阔大西洋文化区（坎里夫）。④ 他们的工作致力于在世界物理、文化和政治等方面，将看似不同的

---

① Thomas Jefferson, *Notes on the State of Virginia* (1785), in William Peden, ed., Chapel Hill: The University of North Carolina, 1982, p. 63.

② Thomas Jefferson to James Monroe, 24 October 1823, in Albert Ellery Bergh, ed., *The Writings of Thomas Jefferson*, 20 vols., Washington: Thomas Jefferson Memorial Association of the United States, Vol. 15, 1907, p. 477.

③ Huguette Chaunu and Pierre Chaunu, *Seville et l'Atlantique, 1504 - 1650*, Paris: Librairie Armand Colin and S. E. V. P. E. N., Vol. 1, 1955.

④ D. W. Meinig, *Atlantic America, 1492 - 1800*, New Haven: Yale University Press, 1986; E. Estyn Evans, *Ireland and the Atlantic Heritage: Selected Writings*, Dublin: Lilliput Pree, 1996; Barry Cunliffe, *Facing the Ocean: The Atlantic and Its Peoples, 8000 BC-AD 1500*, Oxford: Oxford University Press, 2001.

地区整合到一个共同的大西洋背景之下。大西洋与各地区的普遍关系提供了联系的纽带，但大西洋本身并不是分析的对象。这种方法接近于环大西洋史，但重点并非海洋本身，而是关注如何通过与海洋的关系来界定特定地区。随着时间的推移，这种关系使梅尼格、埃文斯和坎里夫等学者能够描述更大的模式，然后从这些广泛的联系深化到大西洋对特定地区的特殊影响。举例来说，坎里夫的研究开始于史前时期，结束于早期现代性肇始之前；同样，梅尼格的研究涵盖了整个大陆直到 20 世纪的历史。他们的方法表明，如果他们把注意力集中在更小的分析单位和更短的时间跨度上，那么近代早期（及以后）的大西洋内史可能会取得何种成就。

大西洋内史可能会解决人为但仍长期存在的历史种类划分（divisions of histories）问题，它们通常被区分为内部的和外部的、国内的和国外的、民族的和帝国的。无论是在外交还是在帝国扩张方面，19 世纪民族主义历史的兴起恰逢民族国家之外历史的产生。直到现在，这些历史之间的界限基本上仍是不可逾越的，战后多边主义兴起、非殖民化推进、跨国联盟建立，以及次国家（sub-national）层面的分裂主义情绪产生，使一些边界得以消除。更宏大的历史发展叙事可能更难以被推翻。例如，欧洲历史上的“近代早期”（early modern）和英属美洲或西属美洲历史上的“殖民”这两个标签所意指的过程不同：“近代早期”意味着走向现代性的运动，而“被殖民”则表示在独立以及获得民族地位和国家地位之前在帝国内居于从属地位。拉丁美洲的历史即使有也极少被贴上“近代早期”的标签，并且在北美历史上鼓励用“近代早期”取代“殖民”的尝试也未完全成功。这种宏大叙事的矛盾在被称为“近代早期”和“殖民”的研究中尤为令人沮丧，特别是因为它掩盖了本就遭遇分割的不同进程的连续性，比如欧洲内部的国家形成和欧洲外部的帝国形成。[①] 就像跨大西洋史使比较成为可能，大西洋内史也通过坚持共性和研究海洋运动的地方性影响来应对这种分割。

在这一地方层面上，大西洋内史可以最富有成效地应用于因其与大西洋的联系而发生最明显改变的地方：港口城镇和城市。举例来说，布里斯托尔的经济从 15 世纪依靠酒的贸易转向 17 世纪集中在大西洋水域的主粮贸易。这不仅涉及从东到西、从欧洲到美洲的彻底转向，还关涉社会秩

① David Armitage, “Greater Britain: A Useful Category of Historical Analysis?” *The American Historical Review*, 104, 2 (1999), pp. 427-445.

序、文化空间和权力分配的剧变。[①] 类似的转变可在大西洋水域周围的其他定居点寻到踪迹，无论是在欧洲和非洲的大西洋海岸，在加勒比地区的城市，还是在北美东海岸。例如，当帝国竞争加剧，地方政治势力利用竞争来获得认同，大西洋世界内的交汇点就获得了新的重要性，譬如达里安地峡（the isthmus of Darién）的库纳印第安人（Kuna Indians）。[②] 无论当地居民在何处遇到外来者（并非总是欧洲人）或与其发生冲突，谈判和竞争的“中间地带”就会出现，如果不是大西洋体系内部联系日益紧密所造成的流动和竞争，这种“中间地带”就不会存在。[③] 同样地，新经济出现是为了满足新需求，无论是通过16世纪与17世纪从地中海向美洲大规模输出种植园制度，还是通过更自发产生的逐步专业化，如18世纪马德拉（Madeira）的葡萄酒生产商根据不同消费者的口味创造了以“马德拉”命名的葡萄酒。[④]

大西洋内史的最大潜力可能存在于甚至比城市、地峡或岛屿还要大的地方历史中，也就是说，存在于面向大西洋的民族和国家的历史中。英格兰、苏格兰和爱尔兰三个王国的近代早期历史提供了一套有价值的关联紧密的比较。自20世纪30年代以来，这种大西洋内史的方法（虽然不如此称呼）一直是爱尔兰历史书写的特点，像G. A. 海耶斯·麦考伊（G. A. Hayes McCoy）和大卫·比尔斯·奎因（David Beers Quinn）这样的历史学家开始将爱尔兰的历史纳入向西扩张的背景中。[⑤] 近期一种爱尔兰史学则强调，爱尔兰在大不列颠复合君主制中的地位与其他同时期欧洲帝国和复合国家中的省份（诸如波希米亚）相似。爱尔兰无疑是泛欧洲的宗派主义（pan-European patterns of confessionalism）、军事化和国家建设模式的一部分，但它同样与其他英属大西洋殖民地有着共同的经历，这使得其被定义为

---

① David Harris Sacks, *The Widening Gate: Bristol and the Atlantic Economy, 1450 - 1700*, Berkeley: University of California, 1991.

② Ignacio Gallup-Diaz, “The ‘Door of the Seas and the Key to the Universe’: Indian Politics and Imperial Rivalry in the Darién, 1640-1750,” Ph. D. diss., Princeton University, 1999.

③ Richard White, *The Middle Ground: Indians, Empires and Republics in the Great Lakes Region, 1650-1815*, Cambridge: Cambridge University Press, 1991.

④ David Hancock, “‘A Revolution in the Trade’: Wine Distribution and the Development of the Infrastructure of the Atlantic Market Economy, 1703 - 1807,” in John J. McCusker and Kenneth Morgan, eds., *The Early Modern Atlantic Economy*, Cambridge: Cambridge University Press, 2000, pp. 105-153.

⑤ Jane Ohlmeyer, “Seventeenth-Century Ireland and the New British and Atlantic Histories,” *The American Historical Review*, 104, 2 (1999), pp. 446-462.

"具有旧世界和新世界某些特征的中大西洋（mid-Atlantic）政体"。[①] 同样，苏格兰现在看起来更像是一个大西洋地区，而不是英格兰的一个"文化区"，尽管其在与北欧的移民和商业往来以及西进事业提供的新机遇之间进行了权衡。[②] 从17世纪早期开始，其居民即断断续续地在美洲寻找新的苏格兰，甚至在1638年主教战争（Bishops' Wars）期间，据说一些英格兰长老会教徒试图"在苏格兰追寻一个宗教更为宽容的美洲"。[③] 到18世纪末，苏格兰高地也深深地融入了大西洋世界的政治经济体系之中，为英帝国军队提供士兵成为"该地区特有的经济活动之一，这一活动是在苏格兰高地被纳入帝国体系后发展起来的——盖尔地区为英帝国军队提供士兵的情况，与格拉斯哥通过烟草贸易获得经济利益的情况相似"。[④]

与爱尔兰人和苏格兰人相比，英格兰人是相对较早且热情的大西洋探索者，但在所有可适用于三王国的历史中，近代早期英格兰的大西洋内史仍然是最不发达的。更令人好奇的是，英格兰早期现代性的许多决定性特征都与英格兰自身和大西洋世界的进程相关。举例来说，我们现在比以往任何时候都更清楚地了解到内部和外部移民之间的连续性，因此我们可以把向大西洋世界移民（通常是在大西洋世界内）看作英格兰内部流动性的延伸，尤其是在17世纪，移民的流动通过伦敦和布里斯托尔等重要港口得以实现。[⑤]

---

① Hiram Morgan, "Mid-Atlantic Blues," *The Irish Review*, 11 (Winter 1991-1992), pp. 50-55; Raymond Gillespie, "Explorers, Exploiters and Entrepreneurs: Early Modem Ireland and Its Context, 1500-1700," in B. J. Graham and L. J. Proudfoot, eds., *An Historical Geography of Ireland*, London: Academic Press, 1993, p. 152.

② Ned C. Landsman, "Nation, Migration, and the Province in the First British Empire: Scotland and the Americas, 1600-1800," *The American Historical Review*, 104, 2 (1999), pp. 463-475; Landsman, ed., *Nation and Province in the First British Empire: Scotland and the Americas, 1600-1800*, Lewisburg: Bucknell University Press, 2001.

③ Sir John Clotworthy, April 1638, 转引自 Kevin Sharpe, *The Personal Rule of Charles I*, New Haven: Yale University Press, 1992, p. 821。

④ Andrew Mackillop, *"More Fruitful than the Soil": Army, Empire and the Scottish Highlands, 1715-1815*, East Linton: Tuckwell Press, 2000, p. 241.

⑤ Peter Clark, "Migration in England during the Late Seventeenth and Early Eighteenth Centuries," in Clark and David Souden, eds., *Migration and Society in Early Modern England*, London: Hutchinson, 1987, pp. 213-252; Nicholas Canny, "English Migration into and across the Atlantic during the Seventeenth and Eighteenth Centuries," in Nicholas Canny, ed., *Europeans on the Move: Studies on European Migration, 1500-1800*, Oxford: Clarendon Press, 1994, pp. 39-75; Alison Games, *Migration and the Origins of the English Atlantic World*, Cambridge: Harvard University Press, 1999; Alison Games, "Migration," in David Armitage and Michael J. Braddick, eds., *The British Atlantic World, 1500-1800*, New York: Palgrave Macmillan, 2002, chapter 2.

政治较容易受到类似分析的影响。正如迈克尔・布拉迪克（Michael Braddick）所指出的那样，这一时期的英格兰国家同时殖民了两种空间，一种是加强对英格兰本身的权威，另一种是将这种权威扩展到英格兰以外的领土。事实证明，拉拢当地精英和象征性地维护权威，是两个空间的共同问题。[①] 同样，甚至在18世纪商业革命之前，大西洋经济的建立不仅仅是寻找新的国外市场的问题，也涉及国内经济在大西洋交流中日益增强的影响力。仍需要在城镇、村庄甚至家庭这些最密切的层面上调查参与大西洋贸易的程度。因此，大西洋内史将必须既涵盖英格兰最广泛的范围，又必须最密切地关注其国内领域。通过将每一项调查视为一种共同的、不断发展的大西洋经验的一部分，就有可能对国家、市场和家庭之间的关系提供比迄今为止更为复杂、更具说服力的解释。

结　语

布罗代尔告诫说，“历史上的地中海似乎是一个无限扩张的概念”，并大声问道：“但我们有理由将它扩展到多远的空间？”[②] 人们可能会对大西洋和大西洋史产生同样的疑问。环大西洋史似乎只延伸到海洋的岸边；一旦我们离开大西洋本身的流动系统，我们即进入了一系列大西洋内史中。跨大西洋史将这些大西洋内史组合成比较单位；组合的可能性繁多，但并非无限，因为与大西洋的相邻性决定了比较的可能性。大西洋内史虽然表面上有最精确的界限，但实际上可能是最广泛的历史：这些历史深入环大西洋的大陆边缘，甚至深入大西洋系统内流通的商品、思想和人员。届时，全部内陆地区的大西洋内史将成为可能。

这里概述的大西洋史的三个概念不是相互排斥的，而是相互促成的。综上所述，它们为大西洋世界的三维历史提供了可能。环大西洋史将借鉴各种大西洋内史的成果，并引起它们之间的比较。由于环大西洋体系的存在，跨

---

① Michael J. Braddick, *State Formation in Early Modem England, c. 1550 - 1700*, Cambridge: Cambridge University Press, 2000, pp. 397-419; Michael J. Braddick, "Civility and Authority," in David Armitage and Michael J. Braddick, eds., *The British Atlantic World, 1500-1800*, New York: Palgrave Macmillan, 2002, chapter 5.

② Fernand Braudel, *The Mediterranean and the Mediterranean World in the Age of Philip II*, trans. by Siân Reynolds, 2 vols., London: Harper & Row, Vol. 1, 1973, p. 167.

大西洋史可以将大西洋内史联系起来。大西洋内史反过来又为跨大西洋的比较提供了依据。这样一组相互融合的历史可能表明，大西洋史是唯一具有这三个概念维度的大洋史，因为它可能是唯一在范围上可以同时被解释为跨国的、国际的和国家的海洋史。几乎无法想象不同海洋史之间的全球比较，但这应该是未来任何海洋史的核心所在。

大西洋史还未像其他领域一样，在被写入上千本教科书的同时走向衰亡。它没有关于问题、事件或过程的公认标准。它尚无通用的方法或实践可遵循。它甚至开始卓有成效地摆脱常被限制在内的 1492—1815 年这一近代早期的藩篱。正如大西洋本身，场地是流动的、运动的，可能是无限的，这取决于如何定义它；这是其吸引力的一部分，但也是其缺点之一。它不太可能取代传统的国别史，并将与其他形式的跨国史和国际史竞争。然而，作为一个联系各国历史、促进各国历史比较、开辟新的研究阵地或更关注较成熟的研究模式的领域，它无疑带来了更多的机遇而非劣势。大西洋史——无论环大西洋史、跨大西洋史，抑或大西洋内史——都推动历史学家走向方法论的多元化，令其开阔视野。这无疑是对任何新兴研究领域的最高要求。[①]

Three Concepts of Atlantic History

David Armitage

Abstract: Atlantic history focuses on the history of interactions among Europe, South America, North America, and Africa along the Atlantic coast. It seems to have a reasonably clear chronology, beginning with its first crossing by Columbus in 1492 and ending with the age of revolutions in the late eighteenth and early nineteenth centuries. Research on Atlantic history can be divided into three main branches: circum-Atlantic history, trans-Atlantic history, and cis-Atlantic history, which complement each other. Circum-Atlantic history is the history of the Atlantic as a particular zone of exchange and interchange, circulation

① 随着大西洋史研究的发展，大卫·阿米蒂奇在此基础上提出三个新概念，即大西洋内部史（infra-Atlantic history）、大西洋水下史（sub-Atlantic history）和大西洋外部史（extra-Atlantic history），这大大拓展了大西洋史研究的时空维度。——译者注

and transmission; trans-Atlantic history tells the history of the Atlantic world by comparing different countries, cities, or plantations; cis-Atlantic history refers to the history of connections of a particular place with the wider Atlantic world. The study of Atlantic history has broken through the traditional historical narrative centered on empires and nation-states, expanding the research methods and horizons of historians.

Keywords: Atlantic History; Circum-Atlantic History; Trans-Atlantic History; Cis-Atlantic History

（执行编辑：王潞）

海洋史研究（第二十三辑）
2024年11月　第23~44页

全球语境下的大西洋史

大卫·阿米蒂奇（David Armitage）*

摘　要：多数历史学家一直都偏爱陆地和生活在其上的人类居民的历史。然而，地表的2/3都被海洋所覆盖，人类的大部分历史也都是在海岸之上、海洋周围与海洋之间进行的。本文将从海洋的角度重新构想世界史，并审视海洋史的诸多谱系，包括地中海、太平洋和大西洋的历史。本文认为这些大洋远未穷尽世界海洋史的潜力。本文以大西洋及其历史为例，展示了这些大洋如何帮助我们以崭新的方式书写海洋中各区域的历史，以及大洋间的跨国联系和波涛之下的历史。

关键词：海洋史谱系　大洋模型　大西洋内部史　大西洋水下史　大西洋外部史

与其他人一样，历史学家很容易偏爱陆地。这是一种对陆地事件的迷恋、对大陆（terra firma）的适应以及对我们生命所受到的领土引力作用的

---

* 作者大卫·阿米蒂奇（David Armitage），哈佛大学历史系劳埃德·C. 布兰克费恩（Lloyd C. Blankfein）讲座教授。译者何真阳，本科毕业于布朗大学历史系，乔治城大学法学博士。校者张烨凯，美国布朗大学历史系博士候选人。

本文译自 David Armitage, "World History as Oceanic History: Beyond Braudel," *La Revue Historique*, 15 (2018), pp. 343-363。

在希腊国家研究基金会的 K. Th. 迪玛拉斯（K. Th. Dimaras）讲座上，笔者提供了本文的一个版本。为答谢其邀请和热情款待，笔者特别致谢玛丽亚·克里斯蒂娜·查齐约安努（Maria Christina Chatziioannou）。笔者还要感谢剑桥大学出版社，允许笔者使用大卫·阿米蒂奇、艾莉森·巴什福德（Alison Bashford）和苏吉特·西瓦松达兰（Sujit Sivasundaram）编辑的《海洋历史》（*Oceanic Histories*, Cambridge: Cambridge University Press, 2018）中的材料。

依恋。我们可以称这种依恋为陆地中心主义。这是对我们的物种、环境及其所关联的历史的短视。这种偏见与其他偏见一样给人一种确定感，但也和历史上的欧洲中心主义或语言学上的逻各斯中心主义（logocentrism）一样颇为有害。[①] 陆地中心主义仿佛根植于人类身为陆地生物的命运之中。长期以来，人们一直认为冒险进入海洋是不自然的。古人认为那些自以为可以对抗陆地生物命运的人理应落得个船毁人亡的下场。[②] 然而，地球表面的70%是水，仅太平洋盆地就可以容纳世界上的整个陆地，而且还绰绰有余。因此，当我们的星球完全地被海洋所覆盖时，它不应该被称作"地球"，"海球"才是一个更为恰当和准确的名字。在这方面，我们的家园可能在已知的诸多行星中是个例外。地球或许并不是太阳系内外唯一拥有海洋的星球，不过这些地外"海洋世界"（比如火星或土星的卫星）暂时处在历史学家所能企及的范围之外。[③]

学界很早就开始努力克服我们根深蒂固的陆地中心主义。早在20世纪90年代末，历史学家和地理学家就开始声称世界历史的空间和规模可能会根据海洋的自然边界进行调整。[④] 然而，直到21世纪初，学者们才将海洋纳入了史学研究，像早期学者研究陆地的变化一样揭示海洋的变化。[⑤] 当时已经有广受关注的运动涉足世界海洋推广所谓的"新地中海纪"。从某种意义上说，这并不新鲜，因为大多数海洋史的推广者将地中海模式视为海洋史的首要因素，并常常将费尔南·布罗代尔（Fernand Braudel）的著作《地中

① Rila Mukherjee, "Escape from Terracentrism: Writing a Water History," *Indian Historical Review*, 41 (2014), pp. 87-101.

② Hans Blumenberg, *Shipwreck with Spectator: Paradigm of a Metaphor for Existence*, trans. by Steven Rendall, Cambridge: MIT Press, 1997.

③ Jan Zalasiewicz and Mark Williams, *Ocean Worlds: The Story of Seas on Earth and Other Planets*, Oxford: Oxford University Press, 2014, chap. 9, "Oceans of the Solar System"; Bernard Henin, *Exploring the Ocean Worlds of Our Solar System*, Cham: Springer, 2018.

④ Martin Lewis and Kären E. Wigen, *The Myth of Continents: A Critique of Metageography*, Berkeley: University of California Press, 1997; Jerry H. Bentley, "Sea and Ocean Basins as Frameworks of Historical Analysis," *Geographical Review*, 89 (1999), pp. 215-224; Philip E. Steinberg, *The Social Construction of the Oceans*, Cambridge: Cambridge University Press, 2001.

⑤ 例如，参见 William Cronon, *Changes in the Land: Indians, Colonists, and the Ecology of New England*, New York: Hill and Wang, 1985; Jeffrey Bolster, *The Mortal Sea: Fishing the Atlantic in the Age of Sail*, Cambridge: Belknap Press of Harvard University Press, 2012。

海与菲利普二世时代的地中海世界》视为始祖。[①] 哈佛大学的历史学家伯纳德·贝林（Bernard Bailyn）将大西洋史作为一个领域进行推广，并称这个领域在范围和起源上与其他海洋的历史截然不同。[②] 不过，研究其他海洋的学者有力地批评并重新在语境中审视了这种谱系。他们展示了思想家、叙述者和历史学家早在欧美史学界还没有开始关注海洋的长时间里就描绘了关于地中海（乃至大西洋）之外的海洋。相比于太平洋和印度洋的悠久起源，所谓的“新”海洋学似乎还不太新。[③]

正如太平洋、红海、中国南海和黑海等地区人类的持续迁徙所表明，在历史学家研究这些水域以前，它们就已经有历史了，其中大多数可以追溯到几千年前。与诸如“现代性”和“启蒙运动”等欧洲中心的课题相比，各大洋的深层历史能提供更好的历史理解框架。从陆地的角度看，赫尔曼·梅尔维尔（Herman Melville）在《白鲸》中所说的“不容记载存在的海洋”（the sea which will permit no records）似乎已经超出了历史，甚至超出了时间。[④] 这种观念正是一系列试图将本初子午线定在离岸的东大西洋或白令海峡背后的隐含主张，但该线最终被确定在格林尼治的陆地上。[⑤] 然而，海洋还是悄然脱离了协调世界的现代主义大网。时区从陆地扩展到海洋仅仅只有1个世纪：“直到1920年，海洋仍然是永恒的。”[⑥]

海洋存在的形式可能是永恒的，但它也被多种时间观念所规范。许多海洋学者雄心勃勃地宣告以“长时段”（longue durée）展开他们的研究。他们

---

① Edward Peters, "Quid Nobis Cum Pelago? The New Thalassology and the Economic History of Europe," *Journal of Interdisciplinary History*, 34 (2003), pp. 49-61; Peregrine Horden and Nicholas Purcell, "The Mediterranean and the 'New Thalassology'," *American Historical Review*, 111 (2006), pp. 722-740; Markus P. M. Vink, "Indian Ocean Studies and the 'New Thalassology'," *Journal of Global History*, 2 (2007), pp. 41-62.

② Bernard Bailyn, *Atlantic History: Concept and Contours*, Cambridge: Harvard University Press, 2005.

③ Sujit Sivasundaram, "The Indian Ocean," and Alison Bashford, "The Pacific Ocean," in David Armitage, Alison Bashford and Sujit Sivasundaram, eds., *Oceanic Histories*, Cambridge: Cambridge University Press, 2018, pp. 31-61, 62-84.

④ Herman Melville, *Moby-Dick* (1851), quoted in Hester Blum, "Terraqueous Planet: The Case for Oceanic Studies," in Amy J. Elias and Christian Moraru, eds., *The Planetary Turn: Relationality and Geoaesthetics in the Twenty-first Century*, Evanston: Northwestern University Press, 2015, p. 25.

⑤ Charles W. J. Withers, *Zero Degrees: Geographies of the Prime Meridian*, Cambridge: Harvard University Press, 2017, pp. 29-37, 159-167.

⑥ Vanessa Ogle, *The Global Transformation of Time, 1870-1950*, Cambridge: Harvard University Press, 2015, pp. 87-88.

学习阿拉伯宇宙学家的叙事传统，抑或明里暗里地追溯至布罗代尔。这种方法对于某些海洋空间或许适用，但是对于其他海洋空间，它显然无法涵盖非西方文化中西方人不可通约理解的时间观。譬如，太平洋地区的岛民通过世代相传的方式回顾该地的人类历史。这对考察海洋往事的历史学家构成了巨大的挑战。[①] 甚至在大西洋，这片似乎最为时间所规范的海洋，被奴役的非洲人所体验的时间与奴役者和那些从其劳动中获利的人也截然不同：与其他海域一样，大西洋是多种历史共存的海洋，而不是一个单一历史的海洋。[②] 海洋是不同时间尺度之间的竞争，是多种历史彼此交涉的舞台。任何试图划分和定义海洋的人类工作，不管是通过划定领土边界，还是沿着日期线纵向将其划成薄片，又或是在赤道上将它们一分为二，都如水上行书一般不留痕迹。

笔者现在转向大西洋以阐明 21 世纪海洋史的潜力和前景。大西洋对于一些人来说是历史中大洋的典范（paradigmatic ocean），而对另一些人则是孕育现代性的“地中海”。对此，笔者想指出，尽管各种国际组织竭力将大西洋和其他海洋区域区分开来，但它仍只是世界大洋的一部分，因此无论在地质尺度还是在人类尺度上，它都是世界历史不可分割的一部分。[③] 在大西洋史家为它留下记载之前，无边无际的大西洋就已经有着丰富且流动的历史。历史发生在大西洋四周（histories around the Atlantic），发生在其沿岸及其沿海水域。历史发生在大西洋之中（histories in the Atlantic），发生在其岛屿和公海之上。历史也跨越大西洋而展开（histories across the Atlantic Ocean）：从 11 世纪的维京人航行开始就有跨大西洋的历史；从 16 世纪初开始，跨大西洋的历史越发可重复且在大西洋两岸产生双向互动，太平洋、印度洋日益便于通航后仍旧如此。[④] 在将近 5 个世纪的时间里，这些记忆和经历构成了多种大西洋的历史——北部和南部的历史，东部和西部的

① Damon Salesa, “The Pacific in Indigenous Time,” in David Armitage and Alison Bashford, eds., *Pacific Histories: Ocean, Land, People*, Basingstoke: Palgrave Macmillan, 2014, pp. 31-52.

② Walter Johnson, “Possible Pasts: Some Speculations on Time, Temporality, and the History of the Atlantic Slave Trade,” *Amerika Studien/American Studies*, 45 (2000), pp. 485-499.

③ International Hydrographic Bureau, *Limits of Oceans and Seas*, Monte Carlo: IHB, 1953, pp. 13, 18-19; Shin Kim, *Limits of Atlantic Ocean*, International Hydrographic Organization, Special Publication 23, Seoul: IHO, 2003.

④ Kirsten A. Seaver, *The Frozen Echo: Greenland and the Exploration of North America, ca. A. D. 1000-1500*, Stanford: Stanford University Press, 1996.

历史，美洲印第安人和非洲人的历史，[①] 奴役与自由的历史，西班牙人和葡萄牙人的历史，[②] 英国人、法国人、荷兰人、克里奥尔人和多民族“融合”的历史[③]——但我们至今还没有单一大西洋的历史。更广泛地说，大西洋史始于19世纪末；两次世界大战过后，不同种类的政治/地缘政治大西洋主义兴旺起来，但是直到20世纪下半叶，自觉的大西洋史家才开始出现。只在21世纪早期，大西洋史才短暂地作为一个独立的研究领域出现，很快又被海洋史（oceanic history）和全球史再次吞并。[④]

在出现大西洋史之前，就有许多不成整体且不连续的“大西洋地区”（Atlantics）——哪怕它们不叫这个名字。[⑤] 在东进的人们开辟跨越海洋的航路几个世纪之后，才有了向西的探索：从这个意义上说，该大洋被赋予“大西洋”这一标签的历史必须仍然始于欧洲和欧洲人。直到15世纪，大多数航行都发生在沿海地区，于是早期的航海图更像陆地的地图而不是航行图，就像近代日本将太平洋称为“小东海”而不是开放的大洋一样。[⑥] 迁徙到现在纽芬兰定居的北欧人可能以为他们在非洲。哥伦布或许到死都相信自己已经到了亚洲。他们所经的水域汇入了已知地区，但并没有展现出宽广的新奇景象。直到16世纪的西班牙航海手册和荷兰航海图开始揭示出美洲大陆与欧非大陆之间的广阔内容，这些航线才可能出现在地图上或欧洲人的脑

① Paul Cohen, “Was There an Amerindian Atlantic? Reflections on the Limits of a Historiographical Concept,” *History of European Ideas*, 34 (2008), pp. 388-410; Thomas Benjamin, *The Atlantic World: Europeans, Africans, Indians and Their Shared History, 1400-1900*, Cambridge: Cambridge University Press, 2009; John K. Thornton, *A Cultural History of the Atlantic World, 1250-1820*, Cambridge: Cambridge University Press, 2012; Jace Weaver, *The Red Atlantic: American Indigenes and the Making of the Modern World, 1000-1927*, Chapel Hill: The University of North Carolina Press, 2015.

② John H. Elliott, *El Atlántico español y el Atlántico luso: divergencias y convergencias*, Las Palmas de Gran Canaria: Coloquio de Historia Canario-Americana, 2014.

③ Ira Berlin, *Many Thousands Gone: The First Two Centuries of Slavery in North America*, Cambridge, Mass: Belknap Press of Harvard University Press, 1998; Jorge Cañizares-Esguerra and Benjamin Breen, “Hybrid Atlantics: Future Directions for the History of the Atlantic World,” *History Compass*, 11, 8 (2013), pp. 597-609.

④ Karen Ordahl Kupperman, *The Atlantic in World History*, Oxford: Oxford University Press, 2012; Christoph Strobel, *The Global Atlantic 1400 to 1900*, Abingdon: Routledge, 2015.

⑤ Patricia Pearson, “The World of the Atlantic before the ‘Atlantic World’: Africa, Europe, and the Americas before 1850,” in Toyin Falola and Kevin D. Roberts, eds., *The Atlantic World, 1450-2000*, Bloomington: Indiana University Press, 2008, pp. 3-26.

⑥ Marcia Yonemoto, “Maps and Metaphors of the ‘Small Eastern Sea’ in Tokugawa Japan,” *Geographical Review*, 89 (1999), pp. 169-187.

海中。即便如此，海洋学家现在称“大”西洋的海洋仍然沿着赤道分为南北两大区域。洋流，特别是本杰明·富兰克林于18世纪60年代后期首次绘制的墨西哥湾流［尽管这无疑以匠人知识（artisanal knowledge）的形式在水手群体中广为人知］，创造了穿越这片大洋的路径，并加强了对南、北大西洋的区分。[①] 至少直到19世纪初期，海洋的定居者和历史学家都围绕水文学家詹姆斯·雷内尔（James Rennell）在1830年前后提出的“两个大西洋”观念展开思考。[②] 根据一份美国的文献，直到19世纪70年代，大西洋北部仍然被称为“正统”大西洋（the Atlantic “proper”），与之相对的是“‘埃塞俄比亚’部分”（“Ethiopic” sector）或“南大西洋”（South Atlantic）。[③]

于是，直到19世纪末至少存在两个大西洋。在赤道以北，是“北方之海”（Mer du Nord）、“北海”（the North Sea），或者像遥望北美的英国人所说的“西洋”（Western Ocean）。在赤道以南，有一个大体独立的海洋系统。它包括了跨大西洋奴隶贸易语境下非洲和南美洲之间的往来航行：这是“埃塞俄比亚洋”（Eceanus Ethiopicum）、“埃塞俄比亚海”（Mare Aethiopicum）、“南部海洋”（Oceano Australe）、“南大西洋海岸”（Oceano Meridionale）或“南地中海”（Mare Magnum Australe）。拉丁美洲和非洲沿岸是“现代史上时间最长、最激烈的强迫迁徙”的舞台，其中尤以巴西和安哥拉为最。从1556年开始到1850年巴西奴隶贸易结束，一共有近500万名奴隶从非洲被运到美洲。路易斯·菲利普·德阿伦卡斯特罗（Luiz Felipe de Alencastro）有力地指出，19世纪中叶是大西洋史上的一个重要分水岭。一个依赖南大西洋涡流的海洋系统的重要性被削弱了，取而代之的是依赖蒸汽船的航海路

---

① Joyce E. Chaplin, “The Atlantic Ocean and Its Contemporary Meanings, 1492-1808,” in Jack P. Greene and Philip D. Morgan, eds., *Atlantic History: A Critical Appraisal*, Oxford: Oxford University Press, 2009, pp. 36-39; Joyce E. Chaplin, “Circulations: Benjamin Franklin's Gulf Stream,” in James Delbourgo and Nicholas Dew, eds., *Science and Empire in the Atlantic World*, Abingdon: Routledge, 2007, pp. 73-96.

② James Rennell, *An Investigation of the Currents of the Atlantic Ocean, and of Those Which Prevail between the Indian Ocean and the Atlantic*, in Jane Rodd, ed., London: J. G. & F. Rivington, 1832, p. 60（雷内尔的著作在其身后面世）. 关于“两个大西洋”观念参考该书第69—70页。

③ George Ripley and Charles A. Dana, eds., *The American Cyclopædia: A Popular Dictionary of General Knowledge*, 16 vols., New York: D. Appleton and Company, II, 1873, p. 69, quoted in Luiz Felipe de Alencastro, “The Ethiopic Ocean—History and Historiography, 1600-1975,” *Portuguese Literary & Cultural Studies*, 27 (2015), p. 2.

线——它解放了水手和船只对风向的依赖，并使南北大西洋更牢固地结合在一起。[①] 美国海洋学家马修·丰丹·莫里（Matthew Fontaine Maury）于 1861 年写道："每天都有轮船横渡大西洋，每年却难得有一艘船开过太平洋。"[②] 无独有偶，当时最伟大的废奴主义者弗雷德里克·道格拉斯（Frederick Douglass）于 1852 年宣告："海洋不再分裂，而是将国家联系在一起。从波士顿到伦敦现在不过是场假日旅行。空间被消灭了。在大西洋的一侧表达的想法，在另一侧能够被清楚地听到。"[③] 道格拉斯无疑指的是"正统"大西洋，但他的话语越来越多地在描述不论东西南北的整块大西洋盆地。

这种后奴隶解放的、后殖民甚至（或一度被认为）是后帝国的、一体化的大西洋的出现，使得人们可以从基于以大西洋盆地为范围的历史记载来想象更大的大西洋史。实际上，从这一刻起出现的、围绕奴隶贸易的兴衰以及奴隶制和废奴运动而建立的历史叙述，可能是对大西洋史本身而言最有希望的起点。W. E. B. 杜波依斯（W. E. B. Du Bois）的《非洲对美奴隶贸易的禁止，1638—1870 年》（*The Suppression of the African Slave-Trade to the United States of America, 1638-1870*）是这种后解放史学（post-emancipation historiography）的象征，这是一个"黑人大西洋史"（Black Atlantic），比社会学家保罗·吉尔罗伊（Paul Gilroy）以杜波依斯的"双重意识"概念为视角推广该词足足早了一个世纪。[④] 杜波依斯的这部作品是在近 250 年的长时段中展开的跨大洲研究。它代表了几乎早于任何其他大西洋史的黑人大西洋史，并聚焦底层人民（subaltern populations）的强迫迁徙研究大西洋史。

---

① Luiz Felipe de Alencastro, "The Ethiopic Ocean—History and Historiography, 1600 - 1975," *Portuguese Literary & Cultural Studies*, 27 (2015), p. 6; see also Kenneth Maxwell, "The Atlantic in the Eighteenth Century: A Southern Perspective on the Need to Return to the 'Big Picture'," *Transactions of the Royal Historical Society*, n. s., 3 (1993), pp. 209-236.

② Matthew Fontaine Maury, *The Physical Geography of the Sea and Its Meteorology* (1861), in John Leighly, ed., Cambridge: Harvard University Press, 1963, p. 37.

③ Frederick Douglass, "What to the Slave is the Fourth of July? An Address Delivered in Rochester, New York, on 5 July 1852," in John W. Blassingame, ed., *The Frederick Douglass Papers, Series One: Speeches, Debates, and Interviews*, 5 vols., New Haven: Yale University Press, 1979-1992, II, p. 387.

④ W. E. B. Du Bois, *The Suppression of the African Slave-Trade to the United States of America, 1638-1870*, New York: Schocken Books, 1896; Paul Gilroy, *The Black Atlantic: Modernity and Double Consciousness*, London: Verso, 1993.

从大西洋的角度来看，第二次大西洋史的浪潮是在两次世界大战之间。[①] 在第一次世界大战的最后阶段，美国记者沃尔特·李普曼（Walter Lippmann）开始就“大西洋共同体”（Atlantic Community）展开写作，其最初的范围是北大西洋，但后来又扩大到了拉丁美洲的各个国家。在美国孤立主义盛行的时代，他的想法无人问津，但第二次世界大战过后，该想法又重新浮出水面，成为制度化大西洋共同体形成的先声。在美国领导国际机构建设（从联合国教科文组织到北大西洋公约组织）的时代，李普曼重新成为大西洋主义作为一种国际主义的推动者。这些国际机构通常被认为是大西洋历史作为一个综合焦点领域的温床。[②] 在这一时刻，“大西洋世界”作为一个大西洋共同体的地缘政治表达以及一种历史实体便在主要由外交官和国际法学家撰写的著作中应运而生。[③]

第二次世界大战后的大西洋史叙述扎根于一个持续的年代序列（durable chronology），也隐含着一种地理认知。在欧洲殖民母国（metropoles）的监督下，欧洲向西面的海洋扩张导致了移民浪潮，而这些殖民主义浪潮是建立在对当地人民的剥削和对其社区的破坏之上的。越发贪得无厌的奴隶贸易将消耗性劳动力（expendable labour）注入了早期资本主义生产体系，并加剧了不平等和种族压迫。人们对政治压迫的意识觉醒以及克里奥尔人对压迫的反抗引发了一系列“大西洋革命”，从而导致了政治独立、（纳入本民族历史的）新民族国家的形成以及（有时延迟几十年，有时因内战导致的）奴隶解放。但是，这些等级制度仍然没有因此瓦解。这种带有目的论的叙述塑造了在21世纪初盛极一时的大西洋史。这种叙述主要描绘了15世纪后期至19世纪前期的年代序列，但难免错过了1850年的分水岭和1888年的巴西废奴，并且姗姗来迟地将海地革命作为关键事件纳入考量。不管是出于偶然还是故意，这种大西洋史的年代序列揭示了其地理仍然集中在赤道上方的

① 有关更多一战与二战之间大西洋史的发展，参见 Sylvia Marzagalli, “Sur les origines de l’‘Atlantic history’: paradigme interprétatif de l’histoire des espaces atlantiques à l’époque moderne,” *Dix-huitième siècle*, 33 (2001), pp. 17-31; William O’Reilly, “Genealogies of Atlantic History,” *Atlantic Studies*, 1 (2004), pp. 66-84。

② Bernard Bailyn, *Atlantic History: Concept and Contours*, Cambridge: Harvard University Press, 2005, pp. 6-30, 其是有关这段大西洋史起源的经典叙述。

③ 例如，参见 Arnold Ræstad, *Europe and the Atlantic World*, in Winthrop W. Case, ed., Princeton: Princeton University Press, 1941; Arnold Ræstad, *Europe and the Atlantic World*, Oslo: I kommisjon hos Aschehoug, 1958; Claude Delmas, *Le monde Atlantique*, Paris: Presses Universitaires de France, 1958; Robert Strausz-Hupé et al., *Building the Atlantic World*, New York: Harper & Row, 1960。

“正统”大西洋上，且学界对它还没有充分认可。这是一部北大西洋在欧洲扩张和工业化早期发展之间徘徊的历史，佐以革命与解放运动这样的自由对抗压迫的故事。

直到20世纪90年代末和21世纪初自觉的大西洋史爆炸式增长，历史研究主要还是沿着第二次世界大战后的路径进行发展。这些智识渠道将大西洋史引向了帝国史和民族国家的历史。从时间顺序上讲，它们主要以从15世纪末新旧世界的相遇到19世纪初的解放作为框架。其中最重要的例外是菲利普·科廷（Philip Curtin）等研究非洲史的学者。他们追随杜波依斯及其后学研究奴隶贸易的长期动态：他们的工作肯定了大西洋史的既定分期，却同时更深入地挖掘南大西洋乃至非洲的语境。他们将加勒比地区更牢固地纳入大西洋史。虽然他们着眼于由国家实体（尤其是葡萄牙和英国）驱动的奴隶制，但他们的视野却远远超越了国家和大洲。①

20世纪后期，大西洋史面临来自三方面的挑战：第一，整合大西洋史的各个方面，包括政治、经济与文化，黑人和白人的大西洋史，国家史和跨国史；第二，打破常规的时间和地理界限；第三，在不将其与其他历史研究领域截断的情况下，定义该领域的范畴。大西洋史的迅速成熟只是部分应对了这些挑战。随着研讨会、专著和论文在21世纪初激增，当历史学家越来越怀疑固有的民族国家框架不足以囊括本土和全球进程时，大西洋史提供了一种广泛的综合方法。2002年，在大西洋研究激增的背景下，笔者提出了“三种大西洋史”的概念，以剖析现有方法并指出该领域的潜在发展路径。这三种历史包括环大西洋史（circum-Atlantic history）、跨大西洋史（trans-Atlantic history）和大西洋内史（cis-Atlantic history）。② 笔者所说的环大西洋史是指“大西洋作为交换、流通和传播的特殊区域的历史”，简而言之，大西洋史就是跨国史。③ 跨大西洋史是帝国、民族、国家和类似的社区或组织（例如城市或种植园）之间的“通过对比产生的大西洋世界的历史”，也就

① 例如，参见 Philip Curtin, *The Atlantic Slave Trade: A Census*, Madison: University of Wisconsin Press, 1969。

② David Armitage, “Three Concepts of Atlantic History,” in David Armitage and Michael J. Braddick, eds., *The British Atlantic World, 1500-1800*, 2nd edn., Basingstoke: Palgrave Macmillan, 2009, pp. 17-29.

③ Joseph Roach, *Cities of the Dead: Circum-Atlantic Performance*, New York: Columbia University Press, 1996.

是说，大西洋史是国际的、地区间的，或我们现在所说的，不同政治实体间的历史（interpolity history）[①]。大西洋内史包括“与更广阔的大西洋世界有关的任何特定地方的历史——一个民族，一个国家，一个地区，甚至一个特定的制度”，或者被认为是地方史甚至微观史的大西洋史。[②]

这种分类并不是详尽无遗的。笔者希望这三个类别可以相互补充：环大西洋史使跨大西洋史成为可能，且两者都取决于大西洋内史；大西洋内史反过来又是由环大西洋和跨大西洋的联系和环流所引起的。在笔者提出这三个概念之后的许多年中，它们充分地包括了大西洋史下属的大部分研究。这样定义的大西洋世界的历史不太关注大洋间和全球的联系，大西洋世界被认为是一个整体的、多大陆的系统，是大西洋波涛之上及其沿岸土地的经历的总和。到了现在，这三个概念似乎不再像以前那样全面，尤其是因为它们的任务主要是归纳大西洋史固有的研究。近十年来海洋历史的演变证明笔者迫切需要扩展最初的三分法，以包含大西洋史内外的最新发展，并展望大西洋史的新前景。考虑到这些目标，除了最初的三个概念之外，笔者还提供另外三个有关大西洋史的概念：

1. 大西洋内部史（infra-Atlantic history）——大西洋世界的次区域历史；

2. 大西洋水下史（sub-Atlantic history）——大西洋世界的海底历史；

---

① “政治实体间的历史”一词参考了劳伦·本顿（Lauren Benton）和亚当·克鲁劳（Adam Clulow）的著作。例如 Lauren Benton and Adam Clulow, “Legal Encounters and the Origins of Global Law,” in Jerry H. Bentley, Sanjay Subrahmanyam and Merry E. Wiesner-Hanks, eds., *The Cambridge World History*, Vol. VI, *The Construction of a Global World, 1400－1800 CE: Patterns of Change*, Cambridge: Cambridge University Press, 2015, pp. 80－100。

② Lara Putnam, “To Study the Fragments/Whole: Microhistory and the Atlantic World,” *Journal of Social History*, 39 (2006), pp. 615－630. 关于自觉的大西洋内史（self-consciously cis-Atlantic histories），参见 Stephen K. Roberts, “Cromwellian Towns in the Severn Basin: A Contribution to Cis-Atlantic History?” in Patrick Little, ed., *The Cromwellian Protectorate*, Woodbridge: Boydell, 2007, pp. 165－187; Daniel Walden, “America's First Coastal Community: A Cis- and Circumatlantic Reading of John Smith's *The Generall Historie of Virginia*,” *Atlantic Studies*, 7 (2010), pp. 329－347; Steven A. Sarson, *The Tobacco-Plantation South in the Early American Atlantic World*, Basingstoke: Palgrave Macmillan, 2013。

3. 大西洋外部史（extra-Atlantic history）——大西洋世界的超区域历史（supra-regional history）。

这三个新概念是对笔者以前的三分法的补充，但并不能取代旧的三分法。总之，它们可以提供新颖的方法来重新激发大西洋历史领域的活力，并增强其与别的历史研究领域的融合。它们还可以代表海洋史成为世界历史上最有前途的远景。

一 大西洋内部史

大西洋内部史与环大西洋史正好相反。后者认为“海洋史是一部与构成它的特定的、狭窄的海洋区域不同的竞技场的历史”。[①] 与这种综合性方法相反，大西洋内部史集中于那些流入或邻接这个大洋的、更特定和有边界的区域，它们本身具有岛礁和群岛、沿海和海滩、海峡、海湾和海域。这是居住在这些亚区域的人们的历史。他们生活在海边，或在沿海和岛屿水域从事海上作业。大西洋不是各种大西洋内史的集合，因为没有任何假说认定那些地方应该与更大的空间联结交流。大西洋也不是一个“世界”或“系统”，而是一系列不同的空间以及由此产生的、相互竞争的不同视角。借用格雷格·丹宁（Greg Dening）对太平洋历史所做的区分，它是发生在大西洋的历史（history in the Atlantic），而不是大西洋自身的历史（history of the Atlantic）。[②]

大西洋内部史从相邻的海洋历史中汲取了灵感。这些历史也试图将更广阔的海洋分解为更小的组成部分进行考察。正如研究红海的一位历史学家所指出的那样，“大多数海洋空间天生就是破碎的、割裂的和不稳定的竞技场域”。这肯定了尼古拉斯·珀塞尔（Nicholas Purcell）和佩里格林·

---

① David Armitage and Michael J. Braddick, eds., *The British Atlantic World, 1500 - 1800*, Basingstoke: Palgrave Macmillan, 2009, p. 18.

② Greg Dening, “History ‘in’ the Pacific,” *The Contemporary Pacific*, 1 (1989), pp. 134-139; Richard Blakemore, “The Changing Fortunes of Atlantic History,” *English Historical Review*, 131 (2016), p. 862, 谈及“发生在大西洋的历史”而不是“大西洋自身的历史”可能带来“丧失跨越边界或跨越大西洋寻找联系的冲动”的风险。

霍登（Peregrine Horden）的论点，即地中海应该摆脱布罗代尔的融合说，应分解成许多微生态。这也应了苏加塔·波斯（Sugata Bose）的类似主张，即研究印度洋舞台上令人目眩的“百层视野”（hundred horizons）。[①] 有人提出，在民族主义、民粹主义和反全球主义复兴的时代，全球史的未来在于叙述解体与融合。[②] 根据这种观点，割裂的（segmented）大西洋与和谐的（coordinated）大西洋一样可以揭示很多东西。与落入欧洲中心主义的陷阱（认为大西洋是欧洲的后花园或发明），或以目的论为前提，认为大西洋的融合是不可避免的甚至可能是不可逆的观点相比，这种方法更有可能反映出特殊的体验。

大西洋内部史最早起源于大西洋的诸多岛屿。这种探索带我们回到了“大西洋”一词本身的一个潜在来源。公元前 355 年前后，柏拉图在《蒂迈欧篇》中构想了亚特兰蒂斯岛帝国。它位于地中海这个“蛙池”之外的西部海洋中。该岛与雅典交战，然后在大洪水中消失。欧洲人首次向大西洋的航行为它的神话提供了新的可能性，或者说它至少在解释欧洲与美洲早先的联系时很有用——但它最终成为一个西方版本的印度洋利莫里亚（Lemuria）——后世的许多身份塑造就是围绕着这个沉没的大陆展开的。[③] 最早有记载的探索大西洋的是马萨利亚（今马赛）的皮西亚斯，他生活的时代与柏拉图相仿，足迹遍布各大岛屿，在公元前 4 世纪到达了不列颠、奥克尼群岛和设得兰群岛，甚至有可能到了冰岛。[④] 此后很长一段时间，大西洋是人们想象中的岛屿所在，例如极乐岛（Fortunate Isles）、圣布

① Jonathan Miran, “The Red Sea,” in David Armitage, Alison Bashford and Sujit Sivasundaram, eds., *Oceanic Histories*, Cambridge: Cambridge University Press, 2018, p. 171; Nicholas Purcell and Peregrine Horden, *The Corrupting Sea: A Study of Mediterranean History*, Oxford: Blackwell Publishing, 2000; Sugata Bose, *A Hundred Horizons: The Indian Ocean in the Age of Global Empire*, Cambridge: Harvard University Press, 2006.

② Jeremy Adelman, “What Is Global History Now?” *Aeon Magazine*, 2 March 2017, https://aeon.co/essays/is-global-history-still-possible-or-has-it-had-its-moment (accessed 31 December 2017).

③ Christopher Cill, ed., *Plato's Atlantis Story: Text, Translation and Commentary*, Liverpool: Liverpool University Press, 2017; Pierre Vidal-Naquet, *The Atlantis Story: A Short History of Plato's Myth*, trans. by Janet Lloyd, Exeter: University of Exeter Press, 2007, pp. 56 - 62; Sumathi Ramaswamy, *The Lost Land of Lemuria: Fabulous Geographies, Catastrophic Histories*, Berkeley: University of California Press, 2004.

④ Barry Cunliffe, *The Extraordinary Voyage of Pytheas the Greek*, London: Penguin Books, 2001.

伦丹岛（Island of the Seven Cities）、安提利亚（Antillia）、图勒（Thule）等等。欧洲人逐渐意识到大西洋在现实中也是一片由许多岛环绕的海洋，包括加那利群岛、大安的列斯群岛、小安的列斯群岛和亚速尔群岛。[①] 在跨大西洋接触之前，所有人都有自己的大西洋内部史。即使它们与新兴的大西洋世界有更深的牵连，它们的居民也将继续生活在这样的历史中。

大西洋逐渐以"有岛屿的海洋"（a sea with islands）得到关注，但进一步说，它是"岛屿的海洋"（a sea of island）吗?[②] 这个问题的提出来自对太平洋的研究。在太平洋的历史中，"岛屿的海洋"的范式表达了当地原住民对太平洋的依恋和看重。它把外人印象中"地球上空旷的1/4地区"——微不足道的零星土地重新塑造为一片丰饶之地。[③] 在大西洋，没有任何原住民进行过类似波利尼西亚人的殖民航行，把岛屿变成跨越广阔海洋的垫脚石。所谓"大西洋地中海"（Atlantic Mediterranean）虽然有从加那利群岛到亚速尔群岛的有人岛屿，再有大西洋季风把整片水域联系在一起，但仍然难以与太平洋的岛民活动相提并论。加勒比岛屿及美洲大陆沿海或许可以称为"跨洋的地中海"甚至是"大西洋的大洋洲"，其体量却也比太平洋地区小得多。[④] 20世纪以前，阿森松岛、特里斯坦-达库尼亚岛和圣赫勒拿岛等地不仅彼此远离，也远离五大洲。18世纪的大部分时间，圣赫勒拿岛一直是通向印度洋世界的门户，而福克兰群岛则"为进入太平

---

① John R. Gillis, *Islands of the Mind: How the Human Imagination Created the Atlantic World*, Basingstoke: Palgrave Macmillan, 2004.

② Paul D'Arcy, "The Atlantic and Pacific Worlds," in D'Maris Coffman, Adrian Leonard and William O'Reilly, eds., *The Atlantic World*, Abingdon: Routledge, 2015, pp. 207-226; Damon Salesa, "Opposite Footers," in Kate Fullagar, ed., *The Atlantic World in the Antipodes: Effects and Transformations since the Eighteenth Century*, Newcastle upon Tyne: Cambridge Scholars Publishing, 2012, pp. 283-300.

③ Epeli Hau'ofa, "Our Sea of Islands," (1993) *We Are the Ocean: Selected Works*, Honolulu: University of Hawaii Press, 2008, pp. 27-40; R. G. Ward, "Earth's Empty Quarter? Pacific Islands in a Pacific World," *The Geographical Journal*, 155 (1989), pp. 235-246.

④ Felipe Fernández-Armesto, *Before Columbus: Exploration and Colonisation from the Mediterranean to the Atlantic, 1229-1492*, Houndmills: University of Pennsylvania Press, 1987, p. 152; David Abulafia, "Mediterraneans," in W. V. Harris, ed., *Rethinking the Mediterranean*, Oxford: Oxford University Press, 2005, pp. 82-85; John R. Gillis, "Islands in the Making of an Atlantic Oceania, 1500-1800," in Jerry H. Bentley, Renate Bridenthal and Kären Wigen, eds., *Seascapes: Maritime Histories, Littoral Cultures, and Transoceanic Exchanges*, Honolulu: University of Hawaii Press, 2007, pp. 21-37.

洋提供了众多便利”①。大西洋上有岛屿，但这些岛屿却不能使大西洋成为一个整体。

海岸和海滩等中间地带连接了大西洋及其岛屿和周边陆地。所有海上活动均始于陆地和海洋相遇的这些地区，但它们在大西洋史中的潜力才刚刚开始被挖掘。② 在太平洋的史学研究中，海滩是一个特殊的地带。它是文化交流的隐喻，也是一个相互理解和误解并不断重塑身份的空间。③ 海滩在大西洋史学中的作用并不大。这可能是因为后来的欧洲人将海滩与休闲、娱乐、美学和体育运动联系在了一起。④ 亨利·大卫·梭罗（Henry David Thoreau）曾机智地说，“你要沿着沙滩走到海边，把你的绳索扔进大西洋”，大西洋内部史可能会通过这种方式来探寻海滩空间的意义，并基于“海洋只是一个更大的湖泊”的信条来寻找更多地方的和有边界的研究对象。⑤ 这里是人类与自然（特别包括鱼类等富含蛋白质的资源）以及陆地与海洋之间互动之处——实际上也是大洋史（oceanic histories）的一个微缩版本。

边疆和边境地区的历史基本上是陆地属性的，并且位于各大洲内部。但是研究“海水边疆”，特别是在 15 世纪初的非洲和 16 世纪初的美洲（包括大陆和加勒比地区）外来者和原住民相遇的地方却有广阔前景。在这些边界地带，首先出现的是贸易和交换，然后常常是冲突和剥削，因为过去原住民的聚落已变成殖民者的桥头堡。殖民者以此来通过大海保护自己或向陆地进行力量投射，譬如在 17 世纪的北美东部沿海地区。⑥ “可以说美国海岸是

① 关于福克兰群岛（Falkland lslands，阿根廷称马尔维纳斯群岛），参见 John McAleer，“Looking East：St Helena，the South Atlantic and Britain's Indian Ocean World，” *Atlantic Studies*，13（2016），pp. 78-98；George Anson，*A Voyage around the World，in the Years MDCCXL，I，II，III，IV*，in Richard Walter，ed.，London：Printed for D. Browne，T. Osborne and J. Shipton，J. Hodges，W. Bowyer，W. Strahan...（and 4 others in London），1748，p. 92，quoted in John McAleer，“Looking East：St Helena，the South Atlantic and Britain's Indian Ocean World，” *Atlantic Studies*，13（2016），p. 79。

② 更多相关的细节，参考 Alison Bashford，“Terraqueous Histories，” *The Historical Journal*，60（2017），pp. 253-273。

③ Greg Dening，*Beach Crossings：Voyaging across Times，Cultures and Self*，Carlton：Miegunyah Press，2004.

④ Alain Corbin，*The Lure of the Sea：The Discovery of the Seaside in the Western World，1750-1840*，trans. by Jocelyn Phelps，Cambridge：Polity Press，1994.

⑤ Henry D. Thoreau，*Cape Cod*（1865），in Joseph J. Moldenhauer，ed.，Princeton：Princeton University Press，1988，pp. 92，98.

⑥ Andrew Lipman，*The Saltwater Frontier：Indians and the Contest for the American Coast*，New Haven：Yale University Press，2015.

欧洲最初的新世界边界”，这种想法可以扩展到大西洋世界的边缘，尤其是在其西部海岸。[①]

大西洋内部史的断代下限远远超出了两个世界早期互动的时刻。在最初的相遇和占领时期之后，欧洲大国试图将新的领土和臣民纳入其主权和权威网络。各地卷入帝国体系的程度始终是不同的，错落的各种走廊和飞地使帝国的渗透并不均匀，并且像任何网络一样，帝国网络中的漏洞也和连接一样多。在大西洋世界中，沿海地区、河流、河口和岛屿都是帝国染指的场所。在大洲的边缘以及像西印度群岛这样的群岛中，各个帝国在饱受蹂躏的“不同政治实体间的微区域”（interpolity microregions）中相互争夺控制权，一直持续到 19 世纪。[②] 细致审查这样的微观区域时，大西洋内部史表明，大西洋史中通常被认为极具亲和力（elective affinity）的两个特征——连通性和整合性——只具有某种偶然的关系：陷入大西洋网络并不一定意味着被卷入大西洋世界。然而，就该词的字面意义而言，大西洋内部史可能仍显肤浅。像大西洋史下属的多数类别一样，它始于陆地和海洋表面，并从那里向上和向外拓展。不过，为了更深入地展开研究，我们需要考虑“大西洋水下”的历史。

二 大西洋水下史

大西洋水下史是自下而上的历史，这里的自下而上蕴含的并非传统的社会历史意义，而是“水面以下”或“海浪以下”的历史。[③] 这个词本身是在 19 世纪中叶的关键时刻出现的。随着蒸汽航行时代的到来，当电讯报第一次

---

① John R. Gillis, *The Human Shore: Seacoasts in History*, Chicago: The University of Chicago Press, 2012, p. 91.

② Lauren Benton, *A Search for Sovereignty: Law and Geography in European Empire, 1400-1900*, Cambridge: Cambridge University Press, 2010; Jeppe Mulich, “Microregionalism and Intercolonial Relations: The Case of the Danish West Indies, 1730-1830,” *Journal of Global History*, 8 (2013), pp. 72-94; Benton and Mulich, “The Space between Empires: Coastal and Insular Microregions in the Early Nineteenth-Century World,” in Paul Stock, ed., *The Uses of Space in Early Modern History*, Basingstoke: Palgrave Macmillan, 2015, p. 152.

③ Marcus Rediker, “History from Below the Water Line: Sharks and the Atlantic Slave Trade,” *Atlantic Studies*, 5 (2008), pp. 285-297; Ryan Tucker Jones, “Running into Whales: The History of the North Pacific from Below the Waves,” *American Historical Review*, 118 (2013), pp. 349-377.

将大西洋两岸连接起来时，两个大西洋越发联结起来。例如，牛津英语词典中的“大西洋下”词条较早出现在1854年（“大西洋下电报”）和1875年（“大西洋下电缆企业”）。[①] 距今更近时，对该词的使用援引了诸如爱德华·格里桑（Édouard Glissant）和德里克·沃尔科特（Derek Walcott）等加勒比地区思想家的话以指代“作为历史记忆库的大西洋底”这一领域。[②] 大西洋水下史可以涵盖所有这些意思，甚至更多，以表达大西洋波涛之下的洋流、海底和水域，以及海洋生态系统中的居民，人类与大西洋自然世界的互动和水体内部的历史。[③]

大西洋水下史弥补了“……大西洋史的一个研究领域——海洋本身”的缺失。该领域被认为是“一个自成一体的海洋单元，一个巨大的生物场域，又因人类活动不同程度地划分为特定的下级区域”。它可以与大西洋内部史对比理解。大西洋内部史是研究海洋的特定部分与动物、土地和人类的相互作用。[④] 在大西洋内部史中，海洋仿佛是永恒的，它是深远而亘古不变的舞台，在其浪尖上的，就是布罗代尔所谓的事件的泡沫。与之相比，大西洋水下史则揭示了海洋历史作为一个受人类活动（例如过度捕捞或污染）以及气候变化等宏观过程所影响的不断变化的实体。因此，大西洋水下史可以使大西洋史与环境史在整体上更好地结合起来。[⑤]

大西洋水下史也应涵盖海底的活动。大西洋没有像太平洋那样大规模的、不断迁徙的水生动物种群，例如鲸类、鱼类和鳍足类生物。为了捕猎这些生物而进行的人类迁徙和定居活动也不像塑造太平洋水域人类历史那般深

---

① 《牛津英语词典》，“sub-Atlantic”词条。

② 关于德里克·沃尔科特诗中的“由非洲人民之死难所构建的大西洋下之统一”，参见 James Delbourgo, “Divers Things: Collecting the World Under Water,” *History of Science*, 49 (2011), pp. 162, 167。

③ 通常参见 John Gillis and Franziska Torma, eds., *Fluid Frontiers: New Currents in Marine Environmental History*, Cambridge: The White Horse Press, 2015。

④ Jeffrey Bolster, “Putting the Ocean in Atlantic History: Maritime Communities and Marine Ecology in the Northwest Atlantic, 1500-1800,” *American Historical Review*, 113 (2008), pp. 21, 24; Jeffrey Bolster, *The Mortal Sea: Fishing the Atlantic in the Age of Sail*, Cambridge: Belknap Press of Harvard University Press, 2012.

⑤ 关于这种说法，参见 J. R. McNeill, “The Ecological Atlantic,” in Nicholas Canny and Philip D. Morgan, eds., *The Oxford Handbook of the Atlantic World, 1450-1850*, Oxford: Oxford University Press, 2009, pp. 289-304。

刻地影响大西洋史。[①] 但是，人类长期以来一直在大西洋的北极地区捕鲸。对鱼干的蛋白质需求决定了北大西洋的航行和定居方式，以及18世纪新英格兰和加勒比地区之间的殖民联系（鱼干是受奴役人口的粮食）。[②] 几个世纪以来，好比大西洋盆地的风与洋流在蒸汽机出现前主宰着航行一样，获取哺乳动物和鱼类资源的方式塑造了人类整合大西洋的形式。对大西洋的历史而言，海洋及其中带动上述发展的生物被视为一种理所当然的存在。不过，未来的海洋历史学家或许可以研究海洋本身，而不是研究海洋之上发生的事，以了解大西洋真实的历史规模。

关于海洋的意识也构成了大西洋水下史的一部分。因为直到19世纪初，大西洋世界上大多数白人居民继承了罗马人对游泳的偏见，所以“可以肯定的是，印第安人和黑人在游泳和潜水上的造诣都优于其他人”。因此，非洲人、非裔美国人和美洲原住民处于大西洋海底知识采集的最前沿。譬如，汉斯·斯隆爵士（Sir Hans Sloane）在牙买加采集标本、潜水采集珍珠或从沉船中抢救物资。[③] 他们也更有可能成为鲨鱼等凶猛动物的受害者：“鲨鱼和奴隶贸易从一开始就走到了一起。”[④] 更宽泛地说，虽然关于大西洋的地理知识在16世纪后期就已经众所周知，但其海洋学和水文学在18世纪后期才开始被发掘。在此之前，尽管渔民和水手对大西洋的风向、洋流及其动物种群有独到的见解，但对海洋的探索仅限于沿海水域。对大西洋的首次深海探测于1773年由英国皇家海军“赛马号”（Racehorse）在挪威海中

---

① Ryan Tucker Jones, “Running into Whales: The History of the North Pacific from Below the Waves,” *American Historical Review*, 118 (2013).

② 例如，参见 David J. Starkey, “Fish and Fisheries in the Atlantic World,” in Cofffman, Leonard and O'Reilly, eds., *The Atlantic World*, London: Routledge, 2015, pp. 55-75; Peter E. Pope, *Fish into Wine: The Newfoundland Plantation in the Seventeenth Century*, Chapel Hill: The University of North Carolina Press, 2004; Christopher P. Magra, *The Fisherman's Cause: Atlantic Commerce and Maritime Dimensions of the American Revolution*, Cambridge: Cambridge University Press, 2009。

③ James Delbourgo, “Divers Things: Collecting the World Under Water,” *History of Science*, 49 (2011); Kevin Dawson, “Enslaved Swimmers and Divers in the Atlantic World,” *Journal of American History*, 92 (2006), pp. 1327-1355; Melchisédec Thévénot, *The Art of Swimming: Illustrated by Proper Figures with Advice for Bathing* (London, 1699), quoted in James Delbourgo, “Divers Things: Collecting the World Under Water,” *History of Science*, 49 (2011); Kevin Dawson, “Enslaved Swimmers and Divers in the Atlantic World,” *Journal of American History*, 92 (2006), p. 1333.

④ Marcus Rediker, “History from Below the Water Line: Sharks and the Atlantic Slave Trade,” *Atlantic Studies*, 5 (2008), p. 286.

进行。一直到19世纪后期，深海研究的主要科学工作才随着“挑战者号”（Challenger）的探险（1872—1876年）开始。[①] 声呐的发明使人们可以进行更深入的研究，并且20世纪50年代玛丽·萨普（Marie Tharp）和布鲁斯·希森（Bruce Heezen）在绘制大西洋中部山脊方面取得了巨大成就——这不仅是对大西洋水下史的突破，也是对新兴的板块构造理论的突破。[②] 半个多世纪后，大西洋与世界上其他大部分深海一样，大体上仍是未知领域，一个等待科学探索的内部空间，针对它展开历史研究已时机成熟。

目前，大西洋海浪下的世界可能是大西洋史中最有待加强研究的领域。但是，随着环境史对海洋史的影响越来越深，它有可能迅速发展。正如我们从最近的研究中所看到的那样，大西洋的非人类历史研究——不仅是对其他生物的历史研究，而且还包括对水、风以及它们与人类活动的相互作用的历史研究——只会扩大范围，例如对加勒比地区飓风的研究。[③] 同时，海浪之下的世界——沉船、溺水、对海洋深处的想象——早就引起了文学上的关注。[④] 海底领域可能是大西洋史的最后疆界，但其他海洋史学对海浪之下的历史探索表明，这方面的研究时机即将到来，它与海洋的开发、管理和治理这些领域的新兴工作相结合时尤其如此。[⑤] 当大西洋水下史发展起来后，它会是将大西洋史与相邻海洋的历史结合起来的另一种手段。为了彰显这种综

---

① Richard Ellis, *Deep Atlantic: Life, Death, and Exploration in the Abyss*, New York: Knopf, 1996; Helen Rozwadowski, *Fathoming the Ocean: The Discovery and Exploration of the Deep Sea*, Cambridge: Belknap, 2005; R. M. Corfield, *The Silent Landscape: The Scientific Voyage of HMS Challenger*, Washington: Joseph Henry Press, 2005; Michael S. Reidy, *Tides of History: Ocean Science and Her Majesty's Navy*, Chicago: University of Chicago Press, 2008; Reidy and Rozwadowski, "The Spaces in between: Science, Ocean, Empire," *Isis*, 105 (2014), pp. 338-351.

② Bruce C. Heezen, Marie Tharp and Maurice Ewing, *The Floors of the Oceans*, Vol. I, *The North Atlantic*, 65 (1959), Special Paper, The Geological Society of America; Hali Felt, *Soundings: The Story of the Remarkable Woman Who Mapped the Ocean Floor*, New York: Henry Holt and Company, 2012.

③ Greg Bankoff, "Aeolian Empires: The Influence of Winds and Currents on European Maritime Expansion in the Age of Sail," *Environment and History*, 23 (2017), pp. 163-196; Matthew Mulcahy, *Hurricanes and Society in the British Greater Caribbean, 1624-1783*, Baltimore: Johns Hopkins University Press, 2009; Stuart B. Schwartz, *Sea of Storms: A History of Hurricanes in the Greater Caribbean from Columbus to Katrina*, Princeton: Princeton University Press, 2015.

④ 例如，参见 Steve Mentz, *At the Bottom of Shakespeare's Ocean*, London: Continuum, 2009; Mentz, *Shipwreck Modernity: Ecologies of Globalization, 1550-1719*, Minneapolis: University of Minnesota Press, 2015。

⑤ John Hannigan, *The Geopolitics of Deep Oceans*, Cambridge: Polity, 2016.

合研究的希望，我们现在终于转向笔者的第三个也是最后一个新概念，即大西洋外部史。

三 大西洋外部史

大西洋外部史是通过与其他大洋的联系来讲述大西洋的历史。大西洋的东侧通向地中海；在大西洋西岸，只有巴拿马地峡（最窄处约 50 公里）在巴拿马运河开通前将其与太平洋隔开（或连接）。和太平洋一样，大西洋也是温盐环流（ocean conveyor belt）的一部分，其气候受厄尔尼诺—南方涛动现象的影响而变化。[①] 在最南端，大西洋与太平洋、印度洋和南冰洋（Southern Ocean）汇合。由于气候变化和冰川消融，不断扩大的西北通道很快将再次通过北冰洋将大西洋与太平洋连接起来。正如大西洋水下史所揭示的那样，大洋之间的海洋学联系确保了任何将它们分开的企图都是人为的、局限的：就和关于“（各）大洲”（continents）的神话一样，“（各）大洋”（oceans）也是一种神话。打破这种神话的手段是承认这些连续性，即所有的海洋都彼此连通。[②] 大西洋史与许多其他大洋的历史息息相关。如果孤立地看待大西洋的历史，它可能具有某种专断而内向的特质。或许对于某些历史进程来说，大西洋的范围过于庞大，但它对于跨大洋、跨区域和全球范围的进程而言，又是十分渺小的，且不能涵盖它们。

从 15 世纪开始，历史人物就不曾把大西洋误认为一个单独的海洋领域。对于哥伦布来说，后来才冠名大西洋的大洋是通往亚洲的门户，是被奥斯曼帝国日益封锁的地中海和跨大陆商路的替代品。那些在 16—18 世纪寻求西北通道的哥伦布后继者也认为大西洋没有边界，更不被大陆所环绕。在整个近代世界中，环球航行的殖民母国人（水手、士兵、商人、牧师、朝圣者等）在海洋世界——包括地中海、大西洋和印度洋——之间移动。[③] 从地中

---

① Jan Zalasiewicz and Mark Williams, *Ocean Worlds: The Story of Seas on Earth and Other Planets*, Oxford: Oxford University Press, 2014, p. 89.

② Kären E. Wigen and Jessica Harland-Jacobs, eds., “Special Issue: Oceans Connect,” *Geographical Review*, 89, 2 (1999); Rila Mukherjee, ed., *Oceans Connect: Reflections on Water Worlds across Time and Space*, Delhi: Primus Books, 2013.

③ Alison Games, “Beyond the Atlantic: English Globetrotters and Transoceanic Connections,” *William and Mary Quarterly*, 3rd ser., 63 (2006), pp. 675-692; Alison Games, *The Web of Empire: English Cosmopolitans in an Age of Expansion, 1560-1660*, Oxford: Oxford University Press, 2008.

海和大西洋沿岸将生产主食和强迫劳动带到大洋彼岸的奴隶贩子和殖民者——比如从理查德·哈克卢伊特（Richard Hakluyt）到约翰·洛克（John Locke）——都像其他地区那些积极进口葡萄酒、橄榄和丝绸商品的人一样，默认气候将大西洋美洲与南部欧洲和北非地中海周围的土地联系在了一起。随着墨西哥和秘鲁矿山中的白银被大规模开采，第一个日不落帝国——西班牙——于 1571 年至 1815 年以建立在马尼拉大帆船之上的传送带成为首轮近代全球化的载体。[①] 自新西班牙的总督开始管理菲律宾时起，西班牙的大西洋世界一直延伸入太平洋，这一事实早在 16 世纪末就很明显。事实上，在进入 18 世纪的欧洲大国眼中，北美大陆仍然是大西洋和太平洋世界之间的地缘政治桥梁。[②]

帝国和跨国贸易公司的政治经济运作同样建立了大西洋与其他大洋之间的联系。如果没有其在圣赫勒拿岛的大西洋哨所，英国东印度公司就无法在印度洋运作。17 世纪后期，来自苏格兰的继承者和竞争对手“短命的苏格兰”对非洲和印度群岛贸易公司，提出了以达里地峡为中心的双半球全球贸易规划（因此它也以“达里恩公司”的名字为人熟知）。[③] 在苏伊士运河开通之前，好望角一直是大西洋世界和印度洋之间的枢纽。印度洋则是帝国联结、大洋相接处的“海洋小酒馆”：直到 1869 年，这两个海洋世界都无法分别开来。[④] 大米、靛青染料和面包果等商品从印度洋和太平洋移植到大西洋，作为殖民者和奴隶的主食以及洲际贸易的产品；在美国独立战争前夕，倾倒在波士顿港口的茶叶是东印度公司用船从中国运到北美的。后来，

① Dennis O. Flynn and Arturo Giráldez, “Born with a ‘Silver Spoon’: The Origin of World Trade in 1571,” *Journal of World History*, 6 (1995), pp. 201–221.

② Paul W. Mapp, *The Elusive West and the Contest for Empire, 1713–1763*, Chapel Hill: The University of North Carolina Press, 2011.

③ Philip J. Stern, “British Asia and British Atlantic: Comparisons and Connections,” *William and Mary Quarterly*, 3rd ser., 63 (2006), pp. 693–712; Philip J. Stern, “Politics and Ideology in the Early East India Company-State: The Case of St. Helena, 1673–1696,” *Journal of Imperial and Commonwealth History*, 35 (2007), pp. 1–23; Douglas Watt, *The Price of Scotland: Darien, Union and the Wealth of the Nations*, Edinburgh: Luath Press, 2006.

④ Kerry Ward, “‘Tavern of the Seas’? The Cape of Good Hope as an Oceanic Crossroads during the Seventeenth and Eighteenth Centuries,” in Jerry H. Bentley, Renate Bridenthal and Kären E. Wigen, eds., *Seascapes: Maritime Histories, Littoral Cultures, and Transoceanic Exchanges*, Honolulu: University of Hawaii Press, 2007, pp. 137–152; Gerald Groenewald, “Southern Africa and the Atlantic World,” in Coffman, Leonard and O'Reilly, eds., *The Atlantic World*, London: Routledge, 2015, pp. 100–116.

特别是在黑奴解放之后，对劳动力的需求吸引了大量中国和印度劳工进入该地区，汇入19世纪和20世纪初的大西洋移民潮。① 直到20世纪，大西洋才被视为一个与更为宽泛的世界历史截然不同的单独的“世界”。现在是一个将大西洋与更广泛的历史重新联系起来的契机。大西洋史终于可以摆脱其百年孤独。

大西洋内部史、大西洋水下史和大西洋外部史这三种新的大西洋史扩展和加深了原有的大西洋史。在时间上，它们超越了近代历史的默认界限。在空间上，它们深入水面之下，贯穿整个水域，并伸向作为一个整体的世界海洋。通过借鉴其他海洋历史的方法和灵感，它们或许可以帮助大西洋史与海洋史进行更加有效和持久的对话。如果大西洋史确实大有可为，那么它将成为通过海洋史视角来看世界历史的一个子集。② 现在，包括我们之中公认的大西洋史学者在内，我们都是全球海洋史学者了。

Atlantic History in Global Context

David Armitage

Abstract: Most historians shared a prejudice in favour of the history of land, territory and their human inhabitants. Yet two-thirds of the world's surface is water and much of human history has been conducted on its shores, around its seas and across its oceans. This article proposes reimagining the history of the world through

① Adam McKeown, "Global Migration, 1846 - 1940," *Journal of World History*, 15 (2004), pp. 155-189; Donna R. Gabaccia and Dirk Hoerder, eds., *Connecting Seas and Connected Ocean Rims: Indian, Atlantic, and Pacific Oceans and China Seas Migrations from the 1830s to the 1930s*, Leiden: Brill, 2011; Reed Ueda, *Crosscurrents: Atlantic and Pacific Migration in the Making of a Global America*, New York: Oxford University Press, 2016.

② 有关史学家近些年的争论，参考 Peter Coclanis, "Atlantic World or Atlantic/World?" *William and Mary Quarterly*, 3rd ser., 63 (2006), pp. 725-742; Lauren Benton, "The British Atlantic in a Global Context," in David Armitage and Michage J. Braddick, eds., *The British Atlantic World, 1500 - 1800*, Basingstoke: Palgrave Macmillan, 2009, 2nd edn., pp. 271 - 289; Nicholas Canny, "Atlantic History and Global History," in J. P. Greene and P. D. Morgan, eds., *Atlantic History: A Critical Appraisal*, Oxford: Oxford University Press, 2009; Cécile Vidal, "Pour une histoire globale du monde atlantique ou des histoires connectées dans et au-delà du monde atlantique?" *Annales HSS*, 67 (2012), pp. 391-413。

its oceans and seas and examines the multiple genealogies of oceanic history, Mediterranean, Pacific and Atlantic among them. It argues that these models not exhaust the potential for an oceanic history of the world. It takes the example of the Atlantic and its history to show how models from other oceanic arenas can help us to open up new histories, of regions within larger oceans, of the transnational connections between oceans and of the world beneath the waves.

Keywords: Genealogies of Oceanic History; Oceanic Models; Infra-Atlantic History; Sub-Atlantic History; Extra-Atlantic History

（执行编辑：罗燚英）

海洋史研究（第二十三辑）
2024 年 11 月　第 45～71 页

大西洋世界与德国：德国对大西洋史兴趣的起源及发展

威廉·奥莱利（William O'Reilly）*

摘　要：30 余年来，"大西洋史"逐渐为人熟知，相关研究被称为"大西洋史"或"大西洋研究"。[①] 一个过往被忽视的联动空间仿佛被首次

---

* 作者威廉·奥莱利（William O'Reilly），德国海事博物馆莱布尼茨海洋史研究所名誉教授，英国剑桥大学副教授。译者周衍丞，厦门大学世界史专业硕士研究生。校者陈博翼，厦门大学历史与文化遗产学院教授。

本文为首次发表。

① 笔者在一系列出版物中讨论了大西洋史的史学史，包括：William O'Reilly, *The Atlantic World, 1400 - 1850*, London: Routledge, 2014; "Prospect Theory, Cascade Effects and Migration: Analyzing Emigration 'Fevers' in the Historical Atlantic World," *Journal of Interdisciplinary History*, 51, 1 (2020), pp. 39-63; "Movements of People in the Atlantic World, 1450-1850," in Nicholas Canny and Philip Morgan, eds., *The Oxford History of the Atlantic World*, Oxford: Oxford University Press, 2011, pp. 305 - 323; "Ireland in the Atlantic World: Migration and Cultural Transfer," in Jane Ohlmeyer, ed., *The Cambridge History of Ireland*, Cambridge: Cambridge University Press, 2018, pp. 385 - 408; "Genealogies of Atlantic History," *Atlantic Studies*, 1, 1 (2004), pp. 66-84; "Migration, Recruitment and the Law: Europe Responds to the Atlantic World," in Horst Pietschmann, ed., *Atlantic History: History of the Atlantic System, 1580-1830*, Proceedings of the Joachim Jungius Gesellschaft der Wissenschaften/Universität Hamburg History of the Atlantic System Conference, Göttingen: Vandenhoek & Rupprecht Verlag, 2002, pp. 119- 137; "Bridging the Atlantic: Opportunity, Information and Choice in Long-Range German Migration in the Eighteenth Century," in Walter G. Rödel and Helmut Schmahl, eds., *Menschen zwischen zwei Welten. Auswanderung, Ansiedlung, Akkulturation*, Trier: Wissenschaftlicher Verlag, 2002, pp. 25-44; "Conceptualising America in Early Modern Central Europe," *Explorations in Early American Culture* (*Pennsylvania History*), 65 (1998), pp. 101-121。

揭开书写。[1] 在大西洋两岸，乃至更多地方的大学都教授或研究大西洋史。它们试图跨越时间和地域，联结亚洲、非洲、美洲的土地与人民。19 世纪末至 20 世纪后半叶，历史学科长期局限于欧洲史的主题和事件。对于大多数西方学者来说，希腊和罗马的“古典”历史被视为基石与开端，是唯一存在或最重要的文明形式。19 世纪末，随着亚非拉地区帝国主义活动的兴起，欧洲国家对非欧洲世界的兴趣被再次点燃，历史学家和政治学家开始构想新的世界地缘政治秩序。20 世纪初，学者们开始勾勒一个由欧洲和其大西洋西岸领土连接组成的世界，即“大西洋世界”。本文主要探讨德国“大西洋史”和“大西洋世界”概念的起源与发展，及其为何在今天仍然如此重要。

关键词：德国史　大西洋史　史学史

自 19 世纪 80 年代末开始，关于大西洋世界的史学著作爆炸性增加，但“大西洋世界”这一概念的起源却非常久远。二战结束后，北美的历史学家们开始反思将欧洲和美洲联系在一起的共同文化和价值观，这在一定程度上是对战争起因问题的回应。伯纳德·贝林（Bernard Bailyn）是其中至关重要的历史学家，他的父母从欧洲迁移到美国，他自己则在美国出生。在第二次世界大战中，他曾在美国军队服役，后来回到美国从事历史研究。在贝林的职业生涯中，他对美国社会知识分子、文化、经济和人口起源的兴趣始终贯穿其中。他的许多著作和文章，都试图探寻美国各州脱离欧洲的原因，以及作为独立国家，美国各州又何以保持与“旧世界”的联系。从 20 世纪 50 年代初开始，这位哈佛大学的历史学家便描绘了一幅大西洋世界的历史图景。那里不仅有“有形商品之间的联系，还有人与人之间的交流”，二者共同使大西洋这片“伟大贸易区”流动起来。[2] 在舞台之上，“泛大西洋利益集体……不断促进新信息与新思想流动”。最终，这些思想带来了“美国革命”。[3] 伯

---

① David Hancock, “The British Atlantic World: Co-ordination, Complexity, and the Emergence of an Atlantic Market Economy, 1651 - 1815,” *Itinerario: European Journal of Overseas History*, 23, 2 (1999), pp. 107-126.

② Bernard Bailyn, “Communications and Trade: The Atlantic in the Seventeenth Century,” *The Journal of Economic History*, 13 (1953), pp. 378-387.

③ Bernard Bailyn, “Political Experience and Enlightenment Ideas in Eighteenth-Century America,” *The American Historical Review*, 67 (1962), pp. 339-351.

纳德·贝林后来将其描述为“单一的大文化区域”。他提出要以一种描述性和概念性的方法“涵盖整个大西洋”。与之后追随他脚步的几代历史学家一样，贝林认为一个与众不同的“大西洋世界”在18世纪便已出现，只是在20世纪才被新一代学者重新发现。这些学者主要集中在欧洲，许多人是移民或移民的后代。相比同时代的历史学家，他们对欧洲以外世界历史文化的兴趣更大。尽管这种相互联系的历史研究方式吸引着学者们，但这一全新且雄心勃勃的方法路径的局限性也引发了一些问题。不是每一个人都能去不同国家的档案馆搜集资料，跟进最新的研究成果，扩充他们某一领域的专业知识。在20世纪90年代，远程研究的技术及相关经费的供给毫无疑问推进了雄心勃勃的“大西洋”项目，但也导致学术研究中可能会出现等级桎梏。大学里的少数“精英”学者资金充裕，而大多数人只能竞取有限资助，并负责不太热门的项目，二者之间差别太多。大西洋史学家的工作和大西洋史著作的出版也因而受限，无法达成既定目标。在过去60年，通过贯通大西洋世界的历史脉络，大西洋史的课程、背景和内容得以基本确定。殖民与帝国计划促成了欧洲向美洲的扩张。大西洋史最初出现即是为了理解这类计划的起因、挑战和结果，现在却已然有了自己的生命。这也彰显了21世纪最初几十年的时代精神。①

当今，许多大西洋史学家的努力与18世纪雷内·德·夏多布里昂（Rene de Chateaubriand）所求并无二致。那时，他问道：

> 一个世界大同的社会将是什么样子？在那里，没有具体的国家，没有法国人、英国人、德国人、西班牙人、葡萄牙人、意大利人、俄国人……没有美国人，或者说，它同时包含了所有人？一个人该怎样在权力日益扩大、无所不在的世界里寻得一席之地？又该如何在污染随处可见、净土日益缩小的地球中找到寄居之所？万法之中，唯有去求科学，以寻改变世界之法……②

① 在此，应特别提到以下研究：Oscar Handlin, *Boston's Immigrants*, Cambridge: Belknap Press of Harvard University Press, 1991; Oscar Handlin, *The Uprooted: The Epic Story of the Great Migrations That Made the American People*, Boston: Little, Brown & Company, 1951; Bernard Bailyn, "The Challenge of Modern Historiography," *The American Historical Review*, 87 (1982), pp. 1-24。

② Rene de Chateaubriand, *Memoires d'outre-tombe*, Paris: Lgf-Livre De Poche, Vol. 3, 1973, pp. 715, 720-721.

夏多布里昂所言反映了18世纪欧洲发生的重大经济社会变化。这个世纪见证了欧洲海洋强权的顶点。英国、法国、荷兰和西班牙的影响力跨越大西洋，直抵美洲，遍及全球。他还提到，“科学”是“改变行星”的动力，使我们宏大的世界缩小。形象地说，他在思考这个新世界运行的方式，以及其中的接触、碰撞与联系。这改变了以往的宇宙观，并创造了一个新的世界。对18世纪欧洲的一流作家而言，这是一个以大西洋为中心的世界。这种关于如何使世界“变小”，以及这个世界如何共享观念与价值的反思，强调了欧洲与美洲之间的联结。这种反思，在18世纪的历史进程中不断增强。18世纪末，反思渐至高潮，这在康德的作品及其世界主义观点中均有体现。同时，这种反思也在美、法革命引起的停滞危机中迎来低谷。漫长的19世纪（Long-nineteenth century）是欧洲民族主义出现的新时代，也是新建立的美利坚合众国和欧洲之间试图建立新关系的时代。作为一门新兴的大学学科，历史学的书写也变得越来越“科学”。它更多地倚仗国家官方档案，而非民间社会资料。因此，在20世纪50年之前的时代，民族国家的历史占据了主导地位，比较、联系的历史却隐没其中。①

一　大西洋史的起源：二战后的复苏

第二次世界大战的全球影响，以及知识分子对民族主义和孤立主义如何导致战争（尤其在美国）的反思，促成了欧洲和美国新一代历史学家的出现。其中许多人都有战时参军经验。他们重审18世纪，将这一时代作为联系更紧密的大西洋世界的样板，并利用历史学，以大西洋世界为视角，将欧洲国家与美洲联系起来。他们满怀壮志，强调应关注这些地区之间长期的、共同的政治、文化、社会和经济联系，反对以狭隘的民族主义视角解读过去。这次全新历史学方法转向中的第一个标志性事件是1955年在意大利罗马举办的“第十届国际历史科学大会”。会上，美国历史学家罗伯特·罗斯威尔·帕尔默（Robert Roswell Palmer）与法国历史学家雅克·戈德霍特（Jacques Godechot）合作提交了一篇论文，题为《18世纪至20世纪的大西

① Andreas Boldt, “Ranke: Objectivity and History,” *Rethinking History*, 18, 4 (2014), pp. 457-474; Frank Ankersmit, “The Necessity of Historicism,” *Journal of the Philosophy of History*, 4, 2 (2010), pp. 226-240.

洋问题》。这篇文章引发了有关“大西洋研究”的概念和他们共同所称“大西洋文明”的新一轮辩论。[①] 戈德霍特和帕尔默认为，1776年和1789年革命——两场几乎同时发生在18世纪的“民主革命”，在美国和法国历史上都是决定性的。因此，两国历史密切相关。帕尔默和戈德霍特进而阐述观点，敦促西欧国家克服分歧（这次发言回顾了二战结束后的十年历程），并希望加强“大西洋共同体”的联系。[②] 帕尔默是历史学家路易斯·R. 格特尔沙克（Louis R. Gottschalk）的学生，他延承了导师关于“关键的18世纪末”的大部分观点：这个时期发生了“第一次全球性革命”——一场兼具美、法双重维度的全球革命。[③] 帕尔默从历史和革命出发，建立美、法两国间的联系，构想用“大西洋文明”“大西洋体系”“大西洋史”等“概念”撰写文章。不过更重要的是，巧合之下，同年即1955年，一篇写于1800年的文章首次在美国发表，这就是弗里德里希·冯·根茨（Friedrich von Gentz）的《法、美革命比较》。[④] 人们因而开始重新审视帕尔默和戈德霍特的演讲。1800年，坚决反对（法国）激进主义的德国作家、历史学家和政治家弗里德里希·冯·根茨与美国大使和政治家约翰·昆西·亚当斯（John Quincy Adams），均对法国大革命的共和主义理想冷眼相待。百余年之后，两人的想法在帕尔默和戈德霍特的研究中得到呼应。1800年，美国人亚当斯和德国人根茨谴责法国歪曲了他们的共和主义思想。而到了1955年，由

① Jacques Godechot and Robert R. Palmer, "Le problème de l'Atlantique du XVIIIème au XXème siècle," *Relazioni del X Congresso Inlenazionale di Scienze Storiche*, *Storia Contemporanea V*, Florence, 1955, pp. 175 - 239; Jacques Godechot, *Histoire de l'Atlantique*, Paris: Bordas, 1947; Jacques Godechot, *France and the Atlantic Revolution of the Eighteenth Century*, New York: The Free Press, 1965.

② Jacques Godechot and Robert R. Palmer, "Le problème de l'Atlantique du XVIIIème au XXème siècle," *Relazioni del X Congresso Inlenazionale di Scienze Storiche*, *Storia Contemporanea V*, Florence, 1955, pp. 175-177.

③ Louis Gottschalk, "The French Parlements and Judicial Review," *Journal of the History of Ideas*, 5, 1 (1944), pp. 105-112; Louis Gottschalk, *Understanding History: A Primer of Historical Method*, New York: Alfred A. Knopf, 1950; Louis Gottschalk and Donald Lach, *Europe and the Modern World*, 2 vols., Chicago: Scott, Foresman and Co., 1951-1954.

④ 原文发表于1800年柏林的《历史杂志》(*Historisches Journal*)，由弗里德里希·冯·根茨编辑，并由驻普鲁士大使约翰·昆西·亚当斯（John Quincy Adams）翻译成英文，在费城印刷出版，参见 *The Origins and Principles of the American Revolution*, *Compared with the Origin and the Principles of the French Revolution*, translated from the German of Gentz by an American gentleman, Philadelphia: published by Asbury Dickins, 1800; re-printed Friedrich von Gentz, *The French and American Revolutions Compared*, Chicago: H. Regnery, 1955。

于法国拒绝加入1949年成立的北大西洋公约组织（NATO），戈德霍特和帕尔默不再关心法国。二人认为，力量源于团结。根茨和亚当斯的观点与他们不谋而合。19世纪初，根茨和亚当斯认为由普鲁士领导的德国和建立不久的美国是真正共和主义的合法继承者。在“冷战”头几年，东西方壁垒分明，戈德霍特和帕尔默认为，尽管法国和美国在19世纪走向不同的历史道路，但如果两国选择着眼于共同历史，它们也可以求同存异，重归于一。戈德霍特和帕尔默关于“大西洋问题”的演讲提供了重拾“共同革命时刻”理论的可能性。这一理论由戈德霍特在20世纪40年代（第二次世界大战中）提出，用以支持北大西洋国家应对未来的任何政治或军事挑战。这既是一场促使欧洲和美国和解的政治运动，也呈现了以新方式书写共同大西洋历史的真正努力。1943年，第一个提出“冷战”概念的美国著名作家、政治评论家沃尔特·李普曼（Walter Lippmann）写道：“为了保全自己，英国和美国不得不解放法国，并着力恢复法国的地位。”①

戈德霍特和帕尔默演讲的一个重要目的就是，以欧洲叙事呈现1776年美国革命的历史。帕尔默和戈德霍特将美国革命引入世界历史，以此强调他们所说的“大西洋革命”的历史性质，进而导向一种自然且合理的“大西洋文明”概念。他们认为这种文明至今仍然存续，并在第二次世界大战期间发挥作用，促成了欧洲和美国的联盟。李普曼常常提到英国和美国革命起源于古典罗马，从而强调美国革命作为北美和西欧之间联结起点的重要性。② 然而，在20世纪50年代后期，随着北约破裂为不同的势力，帕尔默对“大西洋文明”这一概念的热情逐渐消退。当帕尔默重新打量“大西洋文明”时，他意识到这一概念并非天然成立，更多是强行塑造而成。他将其比作强迫、糟糕的婚姻：

> 我的怀疑始于1955年的罗马会议。在那里，我发现有如此多的英国人和其他欧洲人反对这一概念，因此我断定这对美国并非明智之举。你不能到处声称自己娶了一个由衷否认并恐惧这门婚姻的女人。婚姻尚

① Walter Lippmann, *U. S. Foreign Policy*, London: Little Brown & Co., 1943, p. 81.

② Walter Lippmann, *Essays in the Public Philosophy*, London: Little Brown, 1955, pp. 98, 104; Walter Lippmann, *A Preface to Politics*, Ann Arbor: University of Michigan Press, 1962 (first published in 1914), p. 212; Sir Ernest Barker, *Traditions of Civility: Eight Essays*, Cambridge: Cambridge University Press, 1948, pp. 101-112.

有法律可以作为凭证，文明共同体却无依无据。[①]

在德国、奥地利、澳大利亚、美国等地的大学里，有的学者被称为“大西洋史学家”，他们所教授和研究的大西洋史学不仅是一种海洋史，更不只局限于大西洋本身。[②] 然而，对许多人来说，大西洋史就像“文艺复兴”和“冷战”一样，既模糊不清又包罗万象。这一概念常常被用于既难以定义又容纳广泛的复杂集合。在一些批评家看来，大西洋史只是试图以一种新殖民主义以及政治正确的方式重写欧洲历史，它使“中心以外”的一些地区被区别对待。大西洋史不过是另一种欧洲的、盎格鲁-撒克逊的，或者说第一世界的历史阐释体系。有人将其当作微缩版的全球史。而在地理以及政治层面，大西洋史是继续教授“旧世界”历史的正当理由。否则，文艺复兴与宗教改革时期的欧洲历史将难以被合理地纳入课程中。[③]

大西洋地区的凝聚力自古有之。1492 年之后，哥伦布大交换开启了美洲、非洲和欧洲大陆之间的交流。这与 13 世纪和 14 世纪阿拉伯及中国跨越印度洋、太平洋的所有贸易和接触显著不同。在历史学中，我们通常主要着眼于三个中心议题：国家、经济和文化。这三者均是大西洋研究的核心。通过这三者，大西洋各部被紧密地联结于互联互通的网络之中。大西洋史的大前提由此形成，“大西洋共同体”因此可以成立。用李普曼在 1917 年的话来说，在 1492 年后“大西洋共同体”便开始互通。这些互通的内容如下。

（1）跨越帝国边界的交通和商品流动，促成前所未有的资本、金融扩

① Robert R. Palmer, “Generalizations about Revolution: A Case Study,” in Louis Reichenthal Gottschalk, ed., *Generalization in the Writing of History: A Report, Social Science Research Council*, Chicago: University of Chicago Press, 1963, pp. 75 - 76; Aleksandr A. Fursenko, “The American and French Revolutions Compared: The View from the U. S. S. R.,” *The William and Mary Quarterly*, 3rd ser, 33, 1976, pp. 481-500.

② Horst Pietschmann, ed., *Atlantic History: History of the Atlantic System 1580-1830*, Gottingen: Vandenhoeck and Ruprecht, 2002; Horst Pietschmann, ed., *Arbeit im transatlantischen Vergleich*, Leipzig: Leipziger Univ-verl, 1994; Thomas Froschl, ed., “Atlantische Geschichte,” *Wiener Zeitschrift zur Geschichte der Neuzeit*, Innsbruck, 2003.

③ 贝林在评论 J. G. A. 波克（J. G. A. Pocock）时提出该观点，见“British History: A Plea for a New Subject,” *Journal of Modern History*, 47 (1975), pp. 601-621；贝林认为“整个互动的大西洋文化系统本身只是全球系统的一部分”，见 Bernard Bailyn, “The Challenge of Modem Historiography,” *The American Historical Review*, 87, 1 (1984), p. 15。

散和交流，知识、文化和政治的变革、交流也受到影响。

（2）500 年间，自由或被迫的移民流动意义深远。它彻底改变或者说从根本上冲击并改变了许多其他文化。

（3）劳动形式的使用和修正，其中最重要的是奴隶和契约劳动形式。

（4）商业与经济中展现的社会、法律和政治思想，在跨越帝国边界的过程中，不断共享、互鉴。这或直接或间接地促成了当地政府和政治实践的新形式。

还有一些大西洋共同体共有的地理或地缘政治特征，影响到我们如何理解历史变革。

（1）在文字和制图上，大西洋体系一直被割裂为东、南、西、北四部分，这局限了我们对大西洋的理解。

（2）五个大陆均为大西洋所连，它们的海岸线构成了大西洋的边界。

（3）世界主要大陆上的主要河系，都汇入了大西洋。几乎地球上温带地区全部的良田沃土都分布于流入大西洋的河流沿岸。流入大西洋的河流所流经的大陆面积，大约是流入太平洋和印度洋的河流所流经的大陆面积总和的两倍。

（4）大西洋的大陆海岸线比太平洋和印度洋二者海岸线的总和还要长。

（5）大西洋的季风和洋流创造了贸易、旅行和探险的天然航线。[①]

在学者和政治家眼中，到 18 世纪末，环大西洋地区已经形成了一个广阔、深入且协调的经济实体。大西洋史既是帝国间的，也是帝国内的。当然，在研究早期美洲和近代早期的欧洲时，与将这些地区从政治上单独研究的传统方法相比，把它们作为一个整体进行研究的方法同样颇有建树。但是，大西洋史是源自对不断变化的政治世界的学术回应吗？[②] 推动大西洋史产生、发展的动因到底从何而来？

对大西洋史的书写大约始于第二次世界大战结束后。但在第一次世界大战的最后几年里，人们首次讨论了“大西洋共同体”概念和“大西洋共同体”史。在众多拥簇者的支持下，大西洋史生根于 19 世纪前 20 年。这在李

① Leonard Outhwaite, *The Atlantic: A History of an Ocean*, New York: Coward-Mc Cann, 1957, pp. 13-17.

② 正如人们经常提起的“新不列颠史”一样，参见 J. G. A. Pocock, “The New British History in Atlantic Perspective: An Antipodean Commentary,” *The American Historical Review*, 104 (1999), pp. 490-500; David Cannadine, “British History: Past, Present - and Future?” *Past and Present*, 116 (1987), pp. 169-191。

普曼和费尔南·布罗代尔（Fernand Braudel）的著作中最为明显。在1917年，李普曼首次使用“大西洋共同体”一词。这位狂热的干预主义者在《新共和国》杂志上撰文为“大西洋航道”辩护：

> 将西方世界联系在一起的是丰厚利益网络。英国、法国甚至西班牙、比利时、荷兰、斯堪的纳维亚国家和泛美国家，出于根本利益与需求，结成了一个超级共同体……我们不能背叛大西洋共同体，因为我们须为西方世界的共同利益，为大西洋权利的完整而战。我们必须认识到，事实上，我们正处于一个伟大的共同体中，并作为其中一员行事。[①]

李普曼引用了一位意大利政治家的话。这位政治家曾参加1919年在凡尔赛召开的一战和平谈判。面对进展困难的裁军行动，这位意大利外交官对未来美国插手欧洲不屑一顾：“这就是我们的老欧洲，你们美国人无须惊讶。我们是有过（需要）美国的阶段。但现在战争结束了，这都结束了。我们经历了一场可怕的‘疾病’……然后欧洲复苏了。”[②] 25年后的二战期间，这些观点被再次提起。为回应对其《美国外交政策》一文的负面评论，李普曼给《国家》编辑部写了一封信：

> 自殖民时代开始，美洲各国便一直属于同一历史共同体，生活在大西洋沿岸的人们也被包含其中。除美国、加拿大、英国和爱尔兰外，这些国家还包括欧洲大陆的法国、西班牙、葡萄牙、比利时、荷兰、挪威、瑞典和丹麦。我坚信，所有这些国家构成了共同的安全体系。因为对其中任何一个国家的侵略，都必然会危及其他国家。我将这个体系称为大西洋共同体。它在欧洲大陆的成员是“寇松线以西”的国家。[③]

---

① Walter Lippmann, *Force and Ideas: The Early Writings, with an Introduction by Arthur Schlesinger, Jr.*, New Brunswick and London: Transaction Publishers, 2000, p. xi；以及其论文“The Defense of the Atlantic World,” *New Republic*, February 17, 1917, pp. 69-75。

② Walter Lippmann, *The Political Scene: An Essay on the Victory of 1918*, London: H. Holt, 1919, pp. ix-x.

③ “Public Philosopher,” in John Morton Blum, ed., *Selected Letters of Walter Lippmann*, New York: Ticknor & Fields, 1985, Letter of 29 June 1943, p. 439，需要强调的是，这是李普曼的观点。“寇松线”是1919年12月确定的波兰东部边界。关于李普曼对大西洋共同体的定义介绍，参见 Walter Lippmann, *U. S. Foreign Policy*, London: Hamish Hamilton, 1944, pp. 79-82。

一年后，李普曼将“大西洋共同体”扩大至：

> 阿根廷（尽管存在异议）、澳大利亚、比利时、巴西、加拿大、智利、哥伦比亚、哥斯达黎加、古巴、丹麦、多米尼加共和国、厄瓜多尔、爱尔兰、危地马拉、海地、洪都拉斯、冰岛、利比里亚、卢森堡、墨西哥、荷兰、新西兰、尼加拉瓜、挪威、巴拿马、巴拉圭、秘鲁、菲律宾、葡萄牙、萨尔瓦多、南非联盟、西班牙、乌拉圭、委内瑞拉。还应该包括瑞典（现在是中立国）、意大利（前敌国）、希腊（公认的海洋国家）和瑞士（传统的中立国），它们都与大西洋共同体同气连枝。[①]

在大西洋世界之外，“有一个拜占庭继承者的世界……穆斯林、印度教徒和华人社区。”[②] 李普曼的“大西洋共同体”是一个由美国主导的共同体。对他来说，这个共同体并不包括，而且也不可能包括德国。他否定了按照类似于今天的划界建立“欧洲联盟”的想法。他不赞成“一个由俄国以西的所有国家组成并包括英国的欧洲联盟……这样的‘欧洲’将不可避免地成为大德意志的欧洲……他将离间英国与俄国。如果英国……加入它，那将导致英联邦解体和一个孤立的美洲出现”。[③]

李普曼渴望（建立）“大西洋共同体”，试图将美国和欧洲绑定。更重要的是，他的家人是德裔犹太难民。对他而言，德国不应该成为未来美欧联盟的一部分。正如同时代的许多人一样，他主张德国应对 1914 年爆发的战争负责。无论如何，由于 20 世纪 20 年代和 30 年代美国政治的孤立主义，“大西洋共同体”的想法被搁置一旁。20 世纪 40 年代，紧随大西洋学说之后，李普曼关于大西洋联盟的建议重获新生。[④] 李普曼在 1944 年《美国的

---

① Walter Lippmann, *U. S. War Aims*, London: Hamish Hamilton, 1944, pp. 47-48.

② Walter Lippmann, *U. S. War Aims*, London: Hamish Hamilton, 1944, p. 52.

③ “Public Philosopher,” in John Morton Blum, ed., *Selected Letters of Walter Lippmann*, New York: Ticknor & Fields, 1985, p. 439.

④ Walter Lippmann, “Editorial,” *The New Republic*, 17 February, 1917, p. 60; Walter Lippmann, *U. S. War Aims*, London: Hamish Hamilton, 1944, chapter 6; Frank Thistlewaite, “Atlantic Partnership,” *The Economic History Review*, 2nd ser., 7, 1 (1954), pp. 1-17. 这一时期，美、英之间的关系屡被提及，然而就海军历史而言，可见 Vice-Admiral George Alexander Ballard, *America and the Atlantic*, London: E. P. Dutton and Company, 1923。

战争目标》中写道，从第二次世界大战的毁灭中重生的世界，将会并且也应该由那群“在同一地区，为同一母体孕育的伟大国家们主导”，“它们不仅是一个个单独国家，也是历史与文明的共同体”，例如由“有着相近文化传统”的军事大国组成的大西洋共同体。大西洋世界是“西方拉丁基督教文明由西地中海向整个大西洋的延伸”。[①] 这一时期，许多文章开始使用这一概念。[②] 福特汉姆大学的历史学家罗斯·霍夫曼（Ross Hoffmann）于1945年3月出版了《欧洲和大西洋共同体》一书，他在其中引用李普曼的话，认为“大西洋共同体”是“西方基督教世界的后代”。[③] 这种关于大西洋共同体的新理想极为重要。1945年美国历史学会年会上，在哥伦比亚大学历史学家卡尔顿·海斯（Carleton Hayes）主席的讲话中，这一点体现得尤为明显。一方面，他质疑美国历史学家推动大西洋世界历史研究的目的；另一方面，他鼓励他们回想并牢记将美国和欧陆世界联系起来的根本力量。海斯如此说道：

> 拥有共同西方文化的地区，以大西洋为中心，延伸至欧洲和非洲的海岸线——从挪威和芬兰到开普敦，西向则穿越整个美洲——从加拿大到巴塔哥尼亚。

海斯在战时曾任美国驻西班牙大使。他一生志业都与德国及德国研究紧密相联。他是一位狂热的反共主义者。他曾谴责二战期间盟国“天真的普世主义”，并指出“我们美国人是新大西洋共同体的共同继承人和发展者，并且在未来可能成为它的领导者”。[④]

这些争论开始直接影响历史书写。早在1941年，阿瑟·施莱辛格（Arthur Schlesinger）就在一篇题为《美国文明中的世界潮流》的文章中，强调将美

---

① Walter Lippmann, *US War Aims*, London: Hamish Hamilton, 1944, p. 52; Ronald Steel, *Walter Lippmann and the American Century*, London: Bodley Head, 1980, pp. 339, 380, 404.

② John Bartlett Brebner, *North Atlantic Triangle: The Interplay of Canada, the United States and Great Britain*, New Haven: Yale University Press, 1945; H. Hale Bellot, "Atlantic History," *History*, 31 (1946), pp. 56 - 63; Marcus Lee Hansen, *The Atlantic Migration, 1607 - 1860*, Cambridge: Harper Torchbacks, 1945; Michael Kraus, *The Atlantic Civilization: Eighteenth-Century Origins*, Ithaca: Cornell University Press, 1949.

③ Ross Hoffmann, "Europe and the Atlantic Community," *Thought*, 20 (1945), pp. 25, 34.

④ 海斯的博士论文于1909年完成于哥伦比亚大学，主要关注日耳曼人入侵罗马帝国的历史。

国史和与美国相关之事置于“世界历史”背景下的必要性。[①] 施莱辛格与海斯、李普曼一样，主张比较史仅仅作为一种使该学科更具世界性的方法，尤其在美国。[②] 布罗代尔于 1949 年写就的《地中海与菲利普二世时代的地中海世界》中倡导的历史范式被许多人誉为比较史学术史上的扛鼎之作。但它并未吸引多少美国历史学家的目光，因为它基本回避了民族国家的概念。[③] 在那时的美国，时髦的历史学研究排斥“长时段”理论，而支持所谓的“进步史学”。查尔斯·比尔德（Charles Beard）和玛丽·比尔德（Mary Beard）于 1927 年写就的《美国文明的崛起》等即是在这种历史学范式下诞生的。与大西洋史学界许多赫赫有名的学者一样，查尔斯·比尔德与德国和德国的研究机构有很多接触。他广泛阅读了德国的哲学和社会理论，他最喜欢德国作家弗里德里希·席勒（Friedrich Schiller）的格言（黑格尔曾引述），并经常引用：世界历史即是世界的法庭（Die Weltgeschichte ist das Weltgericht）。[④] 然而，尽管抱有世界主义理想，查尔斯·比尔德还是坚信，美国文明的独特性将使之成为普世历史的最后希望。[⑤] 1951 年，伯纳德·贝林发表了关于这一问题的文章。他批评“进步历史学”，认为“布罗代尔的书不是史学方法革命”，质疑这种方法在美国史学背景下的有效性。[⑥] 在他看来，无论布罗代尔的地中海（世界）在多大程度上能成为灵感，它都是解构的。它将世界拆散，而非整合。[⑦] 当然，这个美国历史学派还有其他的挑战者。查尔斯·麦克林·安德鲁斯（Charles McLean Andrews）就是一个突出例子。他试图将美国史置于欧洲背景下。[⑧] 这

① Arthur M. Schlesinger, Sr., *Paths to the Present*, New York: The Macmillan Company, 1949, pp. 169-185，论文第一次发表于 1941 年。

② Ian Tyrrell, "American Exceptionalism in an Age of International Hisotry," *The American Historical Review*, 96, 4 (1991), p. 1035.

③ Bernard Bailyn, "The Challenge of Modern Historiography," *The American Historical Review*, 87 (1982), pp. 4-5.

④ Ellen Nore, *Charles A. Beard: An Intellectual Biography*, Carbondale: Southern Illionois University Press, 1983, pp. 106-113.

⑤ Charles A. Beard, "The Idea of Progress," in Charles A. Beard, ed., *A Century of Progress*, New York and London: Harper & Brothers, 1933, pp. 3-19.

⑥ Bernard Bailyn, "Braudel 's Geohistory-A Reconsideration," *Journal of Economic History*, 11 (1951), p. 282.

⑦ Bernard Bailyn, "The Idea of Atlantic History," *Itinerario: European Journal of Overseas History*, 20 (1996), p. 20.

⑧ Richard R. Johnson, "Charles McLean Andrews and the Invention of American Colonial History," *The William and Mary Quarterly*, 3rd ser., 43 (1986), pp. 519-541.

些提倡跨国史，重写“大西洋背景”下的历史的人们面临共同问题，即如何吸引北美的研究生学习一种忽视美国形成特殊性的历史范式，换言之，让他们放弃美国例外论。

对于历史学家来说，试图吸引研究生学习新大西洋史最困难之处在于，新大西洋史研究通常不会涉及18世纪美利坚民族国家形成后的历史。J. 富兰克林·詹姆森（J. Franklin Jameson）在20世纪20年代写道：“他们很早就做出了选择，在之后的生涯中，欧洲史的学生对美国史知之甚少，美国史的学生又对欧洲史不甚了解。”① 研究欧洲史的美国学生一般以特定的历史时期与问题作为研究对象：它们可以被解释为自由历史的铺垫，并最终导入美利坚合众国（的历史）之中。当然，也有少数例外存在。第一次世界大战至20世纪60年代中期的美国史，就是建构于国族叙事舞台上的。② 那些选择了大西洋路径的历史学家曾被深深卷入第二次世界大战，并在战后改变了对世界政治的看法。在世界大战中，美国摆脱了两场世界大战之间对“旧世界”政治上和社会中的孤立主义倾向。这对理解大西洋史的起源至关重要——首先是在美国的起源，而后是在德国和欧洲其他国家的起源。不仅仅是对李普曼，对许多同时代的人来说这同样显而易见。剑桥大学经济史学家弗兰克·瑟斯韦特（Frank Thistlethwaite）便很清楚，他在20世纪40年代末与查尔斯·麦克林·安德鲁（Charles McLean Andrews）和李普曼相识。当时瑟斯韦特写道：“大西洋共同体得以发展的关键就在于美国和英国人之间非正式的伙伴关系。”③ 美国不能再像20世纪20年代一样失败，它需要巩固“大西洋共同体历史悠久的联盟”。④ 正如在19世纪英国允许美国加入它的非正式帝国一样，美国现在也有责任将欧洲拉入它的非正式帝国。瑟斯韦特认为：

> 美国和欧洲之间旧有的相互关系，是基于美国是欧洲在另一层面上的延伸这一信念。但那已经被（二战）打碎，美国人只能摸索着与欧洲建立

① John Higham, "The Future of American History," *The Journal of American History*, 80 (1994), p. 1291.

② John Higham, "The Future of American History," *The Journal of American History*, 80 (1994), p. 1292.

③ Frank Thistlewaite, "Atlantic Partnership," *The Economic History Review*, 2nd ser., 7, 1 (1954), p. 2.

④ "Public Philosopher," in John Morton Blum, ed., *Selected Letters of Walter Lippmann*, New York: Ticknor & Fetlds, 1985, p. xii.

新的关系。现在说这种关系是什么还为时过早；但已经很清楚的是，在几次错误的尝试之后，它将建于大西洋共同体之上。而英国，只要仍占据大西洋门户的战略地位，那么，它就将继续在其中发挥核心作用。①

围绕着大西洋史的史学讨论，常常近乎完美地契合后现代主义的呼吁——将整体国家历史解构与去中心化。② 在经典的马克思主义和文化研究中，如果根据定义，中心是压迫的，边缘必然是被剥削的。③ 大西洋史提供了一个完美的契机"重新定位"中心的范式。然而，并不是所有的历史学家都支持大西洋史。例如，许多非洲的历史学家认为这种对"大西洋"的新兴趣仍是居高临下的。大西洋史将非洲史"纳入"其中，使其摆脱冷遇。④ 但非洲的历史学家对大西洋史学家，特别是那些将大西洋世界视为单一历史区域的历史学家非常不满。⑤ 非洲大陆的历史被简化为粗疏处理后的大西洋奴隶贸易，或是仅仅作为大西洋史的背景。其中，一些研究将大西洋史等同于欧洲文明史。更糟糕的是，非洲历史只有承认它与"欧洲"大西洋的联系才能被书写。⑥ 在这种叙事结构中，非洲在大西洋历史和文化形成的过程中总是位居边缘。⑦ 罗宾·劳（Robin Law）和克里斯汀·曼（Kristin Mann）质疑近代早期"黑色"大西洋的说法。⑧ 他们建设性地构想"跨种族"的，而非专属黑人或白人的大西洋共同体。这种"大西洋共同体"得

---

① Frank Thistlewaite, "Atlantic Partnership," *The Economic History Review*, 2nd ser., 7, 1 (1954), p. 17.

② Frank Ankersmit, "Historiography and Postmodernism," *History and Theory*, 28 (1989), pp. 137-153.

③ John Higham, "The Future of American History," *The Journal of American History*, 80 (1994), p. 1300.

④ Joseph C. Miller, "History and Africa/Africa and History," *The American Historical Review*, 104 (1999), p. 31.

⑤ Bernard Bailyn, "The Idea of Atlantic History," *Itinerario: European Journal of Overseas History*, 20 (1996).

⑥ Andreas Eckert, "Historiography on a 'Continent without History': Anglophone West Africa, 1880s-1940s," in Eckhardt Fuchs and Benedikt Stuchtey, eds., *Across Cultural Borders: Historiography in Global Perspective*, Oxford: Rowman and Littlefied, 2002, pp. 99-118.

⑦ Robin Law and Kristin Mann, "West Africa in the Atlantic Community: The Case of the Slave Coast," *The William and Mary Quarterly*, 3rd ser., 56, 2 (1999), pp. 308-310.

⑧ Paul Gilroy, *The Black Atlantic: Modernity and Double Consciousness*, London: Verso, 1993, pp. 6, 15-16; John Thornton, *Africa and the Africans in the Making of the Atlantic World, 1400-1680*, Cambridge: Cambridge University Press, 1992.

到了非洲学者的赞誉。在提到第二次世界大战的经历如何改变了他们的历史观时，L. H. 甘恩（L. H. Gann）和他的同事们说道："在那之后，一个充满野心的计划开始了，核心是部分地将西欧美国化……欧洲知识分子普遍都对之反感"。也就是在这时，"一个新的跨大西洋共同体，开始从各个层面深刻地影响生活"。[①] 不仅仅是非洲主义者对高高在上的欧洲主义者与美国殖民主义者抱有意见，南美的历史学家也表示抗议。他们抗议在盎格鲁-撒克逊的历史叙事中，偶尔会掺杂颇具"异国情调"的"蛮荒野蛮人"形象。[②] 大西洋史这一概念和话语的出现在很大程度上是对第一次世界大战和第二次世界大战的回应。它既是纯正学术兴趣的产物，同时也是共同利益的体现。由此，战胜国可以将各自的历史叙事融入这一超级叙事的框架中。在欧洲的许多地方，美国史的教学实况便是如此。一些批评者认为，大西洋史不过是自由市场世界在历史书写上对冷战的回应，那不过是北大西洋公约组织的历史。[③] 因为，在那些没有参与建构这个概念的国家中，大西洋世界并没有出现在它们的学术视域中。尽管一些国家将大西洋和大西洋史作为一种手段，说明它们曾是辉煌大西洋世界的一部分，以此证明其反共斗争的合法性，就如雨果·格劳秀斯（Hugo Grotius）所写：大西洋是"自由之地，自由之源"（Mare Liberum，Mare Nostrum）（1609）以及最后的伟大共同体。

二 大西洋史与20世纪20年代的地缘政治转向

李普曼坚信，由于德国在第一次和第二次世界大战中的角色，它应该被排除在未来任何大西洋共同体之外。有趣的是，恰恰就在他第一次写下"大西洋共同体"概念之时，20世纪20年代的魏玛共和国也在构想关于大西洋世界的蓝图。虽然这种想法最初可能是由地理学，甚至是动物学开始的：[④] 德国

① L. H. Gann, "Ex Africa: An Africanist's Intellectual Autobiography," *The Journal of Modern African Studies*, 31 (1993), pp. 497-498.

② Guillaume Boccara, "Etnogénesis mapauche: resistencia y restructuración entre los indigenas del centro-sur de Chile (siglos XVI-XVIII)," *The Hispanic American Historical Review*, 79 (1999), pp. 425-461.

③ William Park, *Defending the West: A History of NATO*, Brighton: Westview Press, 1986.

④ Otto Eduard Lessing, *Brücken über den Atlantik. Beiträge zum amerikan. u. deutschen Geistesleben*, Berlin: Deutsche Verlags-Anstalt, 1927; Herman Sorgel, *Atlantropa*, Zurich: Fretz & Wasmuth, 1932.

陆军将军、政治家、地理学家、作家卡尔·豪斯霍夫（Karl Haushofer，1869-1946）和他的儿子，著名外交官、学者、作家阿尔布雷希特·豪斯霍夫（Albrecht Haushofer，1903-1945）对未来世界政治格局的看法迥然对立。从20世纪20年代到二战结束之后的德国，两人主导了关于未来世界中德国处于何种位置的辩论。

老豪斯霍夫在其所称的“地缘政治学”中，结合政治学、地理学和历史学提出主张。在20世纪20—30年代，他所创办的杂志《地缘政治学杂志》（*Zeitschrift für Geopolitik*）在德国极为重要。[①] 老豪斯霍夫最臭名昭著的学生是纳粹头子鲁道夫·赫斯（Rudolf Hess）。在纳粹时期，他影响了希特勒对德国世界地位和德国扩张主义战略的思考。豪斯霍夫父子在德国应加入怎样的大西洋世界之一问题上分歧很大。父亲认为大西洋世界应由德国主导，而儿子则期待德国只是作为大西洋世界的一员。然而，无论是从父亲作品中秉持的右翼视角，还是从作为狂热拉丁美洲主义者的儿子的左翼视角中，德国地缘政治均拒斥符合古典欧洲世界观的大西洋世界。这个古典世界包括北非，非洲中北部以及近东地区。[②] 豪斯霍夫父子试图从地缘政治上构建这个新的“大西洋世界”。他们提出，建构大西洋世界必须从北大西洋独有的交流和密切关系开始，然后再包括其他地区。而引用李普曼的话，欧洲和“仍然大致遵循……罗马帝国边界”的地区，是豪斯霍夫父子和他们的同事们挑选出的首要考虑的地区。[③] 他们认为，在介入其他世界体系，如“大西洋世界”和“印度-太平洋世界”之前，欧洲必须先学会与它的历史势力范围打交道。[④]

小豪斯霍夫的地缘政治图谱勾勒出“大西洋世界”（die Atlantische Welt）的蓝图。为应对大西洋世界内部的难题，1945年以前的德国地缘政治家致力于在大西洋世界各部分之间挑拨离间。他们试图分化大西洋世界，而不是

---

① Wulf Siewart, *Der Atlantik. Geopolitik eines Weltmeeres*, Leipzig: Teubner Verlag, 1940; Hans-Adolf Jacobsen, *Karl Haushofer: Leben und Werk*, 2 vols., Boppard: Boldt, 1979; Andreas Dorpalen, *The World of General Haushofer: Geopolitics in Action*, New York and Toronto: Kennikat Press, 1942; Ursula Laack-Lichel, *Albrecht Haushofer und der Nationalsozialismus. Ein Beitrag zur Zeitgeschichte*, Stuttgart: Klett, 1974.

② Frank Ebeling, *Geopolitik: Karl Haushofer und seine Raumwissenschaft 1919-1945*, Berlin: De Gruyter Akademie Forschung, 1994.

③ Lippmann, *U. S. War Aims*, London: Hamish Hamilton, 1944, p. 52.

④ 参见地图：Die Dreiteilung der Erde nach dem Arbeitsplan der Zeitschrift für Geopolitik (the tripartite division of the earth after the working plan of the Journal of Geopolitics)。

强调各个部分之间历史上的联结。这在他们关于南美洲和北美洲的文章上体现得淋漓尽致。通过自身的旅行和研究经历，小豪斯霍夫了解到了南美洲与北美洲之间的不和。南美人对“洋基帝国主义”的不满被不断鼓舞。玻利维亚被警告，美国正在买尽全部的锡，以阻止其建立本土加工业。[①] 乌拉圭则因向“手持大棒的好邻居”提供基地，危及南美洲的独立而受到斥责。[②] 阿根廷绝不可能忘记英国占领马尔维纳斯群岛的帝国主义行径，这些岛屿理应属于阿根廷。洪都拉斯被勉励坚持要求英属洪都拉斯回归。哥伦比亚常被提醒，法理上巴拿马国是其领土的一部分。[③] 在《时代周刊》上，德国作家不断提醒整个南美大陆的政治领导人、商人和知识分子，南美国家应该与欧洲的经济、文化和政治联系更密切，而非美国。这一时期的德国作家认为，与欧洲密切合作对南美洲而言实际上是一种自我保护。

在第一次世界大战后德国经济萧条与复苏时期，从老豪斯霍夫等德国学者的著作中，我们能感受到人们对“大西洋史”概念与日俱增的关注。新兴的德国国家社会主义政治运动逐渐将美国政治家和历史学家所倡导的大西洋共同体，视为一种盎格鲁-撒克逊式的新帝国主义。它试图将欧洲划分为忠于美国的国家以及发动一战的罪魁国家，譬如德国。随着纳粹力量的增强，德国在政治上日渐被孤立。同时代德国与西欧其他国家、美国之间的差异被进一步强调，并被赋予历史学根据。德国以外的历史学家也日趋强调德国历史的独特性。这意味着德国从未也不可能成为“大西洋世界”的一部分。然而在德国国内，对豪斯霍夫父子等人而言，他们想要证明德国一直是大西洋世界的主导力量。他们认为，德国学者和探险家很早便加入大西洋世界，甚至“美国”一词也是一个德语名字。老豪斯霍夫认为德语名字“埃默里希”是“美国”一词的起源。[④] 他还曾写道，在19世纪德国向南美洲派遣了最杰出的代表——伟大的自然科学家和探险家亚历山大·冯·洪堡（Alexander von Humboldt）。这一刻，德意志文明实现了自我突破。在老豪斯

① “Streiflichter auf den atlantischen Raum,” *ZJG*, XVII, 9 September 1940, p. 438.

② “Streiflichter auf den atlantischen Raum,” *ZJG*, XVIII, 1 January 1941, p. 43.

③ “Streiflichter auf den atlantischen Raum,” *ZJG*, XVII, 10 October 1940, p. 494.

④ Karl Haushofer, “Kulturkreise und Kulturkreisüberschneidungen,” in Karl Haushofer, ed., *Raumüberwindende Mächte*, Leipzig and Berlin: Verlag und Druck von BG Teubner, 1934, p. 101; Karl Haushofer, *Weltpolitik von heute*, Berlin: Zeitgeschichte-verlag, 1934; Karl Haushofer, “Der Kolonialgedanke im Wandel der Zeiten,” in Günther Wolff, ed., *Beiträge zur Kolonialforschung*, Vol. 6, Berlin: Reimer, 1944, pp. 37-44.

霍夫笔下，洪堡曾激励玻利瓦尔奋力抗争，以将南美洲从西班牙帝国主义手中解放出来。因此，在老豪斯霍夫看来，是德国人亚历山大·冯·洪堡首先让欧洲注意到南美洲隐藏的潜力。老豪斯霍夫不无自豪地引用玻利瓦尔的话说，“亚历山大·冯·洪堡是南美洲的真正发现者。新世界欠他的比欠所有征服者的都多”。[①]

在1945年之前，德国人书写大西洋世界以及教授大西洋史的兴趣，是为了凸显德国在大西洋世界政治、军事和文化上骄傲、显赫的地位。豪斯霍夫父子等人试图挑战逐渐浮现的霸权主义观点。这种观点主要源自美国，也曾在英国出现。他们提出，大西洋史基本上就是跨大西洋的盎格鲁-撒克逊世界形成史。在德国，这些保守的学术研究在1945年后却促成一种真正的、学术的且严谨的研究路径，后者被应用于欧洲以及历史以外的研究中。在二战导致的破坏之后，也许较其他国家更为明显的是，德国从根本上重新规范了历史研究与书写。现在看来，历史学路径的转变更多是对老豪斯霍夫1945年以前的地缘政治学研究与其扩张主义、领土征服野心腐化堕落的反应。现在，德意志联邦共和国的历史学家寻求与欧洲以外的同行，特别与美国的同行建立联系。因为他们试图更多利用美国范式取代德国旧有的历史研究范式与方法论。1945年后的德国历史学家希望通过比较，重新评估过去各个方面的经验。在战时德国出现的包括老豪斯霍夫主张的各类“大西洋史”，现在被再次拿出以深刻提醒支持纳粹主义煽动性地缘政治议程的内在危险。支持纳粹主义的老豪斯霍夫，他创造了“生存空间”（Lebensraum）一词，并于1946年在被盟军关押时自杀；而他的儿子小豪斯霍夫特则反对纳粹，因为他的反法西斯立场及著作，他于1945年被处决。[②]

三　1945年以来德国的大西洋史

1945年，随着二战的结束，德国国际关系的“时钟”重归于零（Stunde

---

① Karl Haushofer, “Kulturkreise und Kulturkreisüberschneidungen,” in Karl Haushofer, ed., *Raumüberwindende Mächte*, Leipzig and Berlin: Verlag und Druck von BG Teubner, 1934, p. 118.

② 李普曼常援引意大利外交官口中的“旧世界”一词，将其等同于西方或拉丁基督教世界。李普曼以其说明大西洋世界的形成。但有趣的是，和豪斯霍夫父子一样，李普曼的“旧世界”也不包括近东与北非的闪米特人生活的地区。

Null)。这意味着德国和主导大西洋世界的美国，并没有走上建立新关系的道路。许多历史学家出生于战时的创伤年代。在写作中，他们常会想起青年时代德国的美国占领军。他们的学术研究共同促成了 1970 年后德国大西洋史的教学与研究。① 在 1945 年后的 30 年余年，领土分裂的现实和彻底的历史反思主导了德国学术界。那时，德意志联邦共和国和德意志民主共和国并肩而立。德国史可以怎么研究，以及应该如何研究，人们面对多种方法路径的选择。这也就是所谓的历史学家之争（Historikerstreit）。② 然而，正是在这几十年里，特别是在 1968 年的学生抗议之后，新型大学形成，许多德国大学的历史系里开始出现新的地域研究专业：不仅仅局限于欧洲史，还包括更新扩大后的北美和拉丁美洲历史、亚洲和非洲历史以及比较史和全球史。在二战期间及战后不久出生的历史学家的研究及著作中，首次出现了“大西洋史”路径。历史学家们关注美洲史以及欧洲与美洲的联系。1992 年，正值哥伦布“发现”美洲 500 周年，像其他地方的历史学家一样，德国历史学家借此契机，开始以新方式反思欧洲与美洲的联系。正如 1976 年（1776 年美国独立战争 200 周年）之后，美国的历史学家以此为由，反思美国“独立”的含义与革命的意识形态起源。1976—1992 年，即在战争结束后的那一代人的时间里，德国历史学家得以重新评估他们与欧洲和世界的关系。③ 1990 年，德意志联邦共和国和德意志民主共和国合并，德国统一。这从内、外两个方面，深刻影响了历史学的发展趋向。

向外，看向海洋。1971 年，德国的第一个国家海事博物馆在不来梅港建立。该博物馆曾在战争期间被摧毁。它的重建部分是为了弥补柏林旧海洋科学博物馆的损失。1975 年，它向公众开放。1980 年，德国海事博物

---

① Helen Roche, “Surviving ‘*Stunde Null*’: Narrating the Fate of Nazi Elite-School Pupils during the Collapse of the Third Reich,” *German History*, 33 (2015), pp. 570-587.

② Mary Nolan, “The Historikerstreit and Social History,” *New German Critique*, 44 (Spring-Summer 1988), pp. 51-80.

③ Reinhardt Rummel, “German-American Relations in the Setting of a New Atlanticism,” *Irish Studies in International Affairs*, 4 (1993), pp. 17-31; Thomas A. Schwartz, “The United States and Germany after 1945: Alliances, Transnational Relations, and the Legacy of the Cold War,” *Diplomatic History*, 19, 4 (1995), pp. 549-568; L. G. Feldman, “The Impact of German Unification on German-American Relations: Alliance, Estrangement or Partnership?” in B. Heurlin, ed., *Germany in Europe in the Nineties*, London: Palgrave Macmillan, 1996, pp. 179-209; Stephen F. Szabo, *Parting Ways: The Crisis in German-American Realtions*, Washington: Brookings Institute Press, 2004.

馆（Deutsches Schiffahrts Museum）并入莱布尼茨研究所，从那时起，它成为研究德国海洋和人类关系与海洋活动的“领头羊”。博物馆内还设有莱布尼茨海洋史研究所，并制订了雄心勃勃的计划，以便未来进一步研究大西洋世界历史。博物馆内尤其是研究所藏有极其丰富的贸易、商业和移民研究资料。[1]

在历史学家之争后的几年里，德国历史学家对大西洋历史的发展做出了珍贵且实在的贡献。但这些学者的许多工作并没有得到应有关注。因为国际上大多数学者无法阅读德语著作。毫无疑问，哥廷根的历史学家赫尔曼·韦伦路德（Hermann Wellenreuther）是其中最重要的德国学者，他和他学生的研究缔造并指导了 20 世纪最后 25 年和 21 世纪最初几十年的大西洋史研究。韦伦路德以大西洋视角出版了四卷本的北美殖民和革命史，以及关于德国“虔诚派”宗教团体历史的作品，其重点是跨大西洋视角。[2] 1985 年，沃尔夫冈·莱因哈德（Wolfgang Reinhard）（奥格斯堡和弗赖堡）在其出版的《欧洲扩张史》中探讨了大西洋史的范式。他在著作中提出了多种思考：

---

① “Deutsche Auswanderer-Datenbank,” Historisches Museum Bremerhaven, https://www.deutsche-auswanderer-datenbank.de/index.php?id=275.

② Hermann Wellenreuther, *Niedergang und Aufstieg. Geschichte Nordamerikas vom Beginn der Besiedlung bis zum Ausgang des 17. Jahrhunderts*, Vol. 1, *Geschichte Nordamerikas in atlantischer Perspektive von den Anfängen bis zur Gegenwart*, Münster and Hamburg: LIT Verlag, 2000; Hermann Wellenreuther, *Ausbildung und Neubildung. Die Geschichte Nordamerikas vom Ausgang des 17. Jahrhunderts bis zum Beginn der Amerikanischen Revolution 1775*, Vol. 2, *Geschichte Nordamerikas in atlantischer Perspektive von den Anfängen bis zur Gegenwart*, Münster and Hamburg: LIT Verlag, 2001; Hermann Wellenreuther, *Von Chaos und Krieg zu Ordnung und Frieden. Der Amerikanischen Revolution erster Teil*, *1775-1783*, Vol. 3, *Geschichte Nordamerikas in atlantischer Perspektive von den Anfängen bis zur Gegenwart*, Berlin: LIT Verlag, 2006; Hermann Wellenreuther, *Von der Konföderation zur Amerikanischen Nation. Der Amerikanischen Revolution zweiter Teil*, *1783-1796*, Vol. 4, *Geschichte Nordamerikas in atlantischer Perspektive von den Anfängen bis zur Gegenwart*, Berlin: LIT Verlag, 2016; Hermann Wellenreuther, Thomas Müller-Bahlke, A. Gregg Roeber, eds., *The Transatlantic World of Heinrich Melchior Mühlenberg in the Eighteenth Century*, Vol. 35, *Hallesche Forschungen*, Halle: Verlag der Franckeschen Stiftungen, 2013; Hermann Wellenreuther, *Heinrich Melchior Mühlenberg und die deutschen Lutheraner in Nordamerika*, *1742-1787. Wissenstransfer und Wandel eines atlantischen zu einem amerikanischen Netzwerk*, Vol. 10, *Atlantic Cultural Studies*, Berlin: LIT Verlag, 2013. 更多韦伦路德的研究可见 Hermann Wellenreuther, William Pencak, “An Interview with Hermann Wellenreuther,” *Early American Studies*, 2, 2 (2004), pp. 435-451; 韦伦路德的讣文可见 “In Memoriam Hermann Wellenreuther,” in H-Soz-Kult, 2021, www.hsozkult.de/news/id/news-97227。

“大西洋生态”的概念，非洲人和犹太人的迁移和流动，由大西洋相连的陆地间全领域的交流。[①] 同一时期，拉丁美洲史的领军学者，霍斯特·皮茨曼（Horst Pietschmann）（汉堡）的研究转向了大西洋。[②] 皮茨曼的学生雷纳特·皮佩尔（Renate Pieper）（格拉茨）和克劳斯·韦伯（Klaus Weber）[法兰克福（奥德）] 二人出版了大西洋史著作。[③] 迈克尔·泽乌克（Michael Zeuske）（波恩）等人通过研究大西洋奴隶贸易和美国种植园奴隶制，建构拉丁美洲与大西洋世界的联系。[④] 克劳迪亚·施努尔曼恩（Claudia

---

① Wolfgang Reinhard, *Geschichte der europäischen Expansion*, Vol. 2, *Die Neue Welt*, Stuttgart: Verlag W. Koh-lhammer, 1985; Wolfgang Reinhard, *Die Unterwerfung der Welt. Globalgeschichte der europäischen Expansion 1415–2015*, München: C. H. Beck, 2016.

② Horst Pietschmann, "Staat und staatliche Entwicklung am Beginn der spanischen Kolonisation Amerikas," *Spanische Forschungen der Görresgesellschaft*, reihe 2, Vol. 19, Aschendorff, Münster, 1980; Horst Pietschmann, "Der atlantische Sklavenhandel bis zum Ausgang des 18. Jahrhunderts. Eine Problemskizze," *Historisches Jahrbuch*, Vol. 107, Jahrgang, Erster Halbband, Freiburg-München, 2004, pp. 122–133; Horst Pietschmann, "Arbeit im transatlantischen Vergleich. Comparativ," *Leipziger Beiträge zur Universalgeschichte und vergleichenden Gesellschaftsgeschichte*, Jahrgang 4, Heft 4, 1994, pp. 7–108; Horst Pietschmann, *Geschichte des atlantischen Systems, 1580–1830. Ein historischer Versuch zur Erklärung der 'Globalisierung' jenseits nationalgeschichtlicher Perspektiven*, Jahrgang 16, Heft 2, Hamburg (in Kommission beim Verlag Vandenhoeck & Ruprecht, Göttingen), 1998; Horst Pietschmann, *Atlantic History: History of the Atlantic System 1580–1830*, Göttingen: Vandenhoeck and Ruprecht, 2002; Renate Pieper, Peer Schmidt Hrsg., *Latin America and the Atlantic World, 1500–1850 (El mundo atlántico y América Latina, 1500–1850*, *Essays in Honor of Horst Pietschmann*, Lateinamerikanische Forschungen, band 33, Böhlau, Köln, 2005. 关于皮茨曼的研究和他对学术史的重要贡献，参见 Ulrich Mücke, "Historische Forschung zu Lateinamerika an der Universität Hamburg," *Jahrbuch der historischen Forschung in der Bundesrepublik Deutschland*, Berichtsjahr 2009 (herausgegeben von der Arbeitsgemeinschaft historischer Forschungseinrichtungen in der Bundesrepublik Deutschland), München: Oldenbourg, 2010, pp. 15–22。

③ Renate Pieper, *Die Vermittlung einer neuen Welt. Amerika im Kommunikationsnetz des habsburgischen Imperiums (1493–1598)*, Mainz: Philipp von Zabern, 2000; Klaus Weber, "Deutsche Kaufleute im Atlantikhandel 1680–1830. Unternehmen und Familien in Hamburg, Cadiz und Bordeaux," *Schriftenreihe zur Zeitschrift für Unternehmensgeschichte*, Vol. 12, München, 2004; Klaus Weber, "Deutschland, der atlantische Sklavenhandel und die Plantagenwirtschaft der Neuen Welt (15. bis 19. Jahrhundert)," *Journal of Modern European History*, 7 (2009), pp. 39–69.

④ Michael Zeuske, *Die Geschichte der Amistad. Sklavenhandel und Menschenschmuggel auf dem Atlantik im 19. Jahrhundert*, Stuttgart: Reclam, Philipp. Jun. GmbH, Verlag, 2012; Michael Zeuske, *Sklavenhändler, Negreros und Atlantikkreolen. Eine Weltgeschichte des Sklavenhandels im atlantischen Raum*, Berlin/Boston: De Gruyter Oldenboury, 2015.

Schnurmann）（汉堡）研究了英国和荷兰商人在大西洋地区的活动。① 苏珊娜·拉赫尼特（Susanne Lachenicht）（拜罗伊特）发表了关于大西洋世界宗教和移民史的文章，并且就大西洋研究的一些主题举行研讨会。② 马克·哈伯林（Mark Häberlein）（班贝格）广泛研究了德国宗教史和大西洋的宗教移民问题。此外，他还有一系列关于德国大西洋研究史学史的成果。③ 吉塞拉·梅特尔（Gisela Mettele）（耶拿）研究了女性移民史，尤其是北美小型基督教社区中的女性移民史。④ 该研究利用弗朗克基金会（哈勒）的档案资源，挖

① Claudia Schnurmann, *Atlantische Welten. Engländer und Niederländer im amerikanisch-atlantischen Raum 1648 - 1713*, Vol. 9, *Wirtschafts- und sozialhistorische Studien*, Köln, Weimar, Wien: Leipziger Universitätsverlag, 1998; Claudia Schnurmann, *Brücken aus Papier. Atlantischer Wissenstransfer in dem Briefnetzwerk des deutsch-amerikanischen Ehepaars Francis und Mathilde Lieber, 1827-1872*, *Atlantic Cultural Studies*, Vol. 11, Berlin: LIT Verlag, 2014.

② Susanne Lachenicht, "Außereuropäische Geschichte, Globalgeschichte, Geschichte der Weltregionen? Europäische und atlantische Perspektiven," H-Soz-Kult, 2017, www.hsozkult.de/index.php/debate/id/diskussionen - 4227; https://www.connections.clio - online.net/index.php/publicationreview/id/reb-16500; Susanne Lachenicht, "Atlantische Geschichte. Einführung," *sehepunkte*, Nr. 1, Vol. 12, 2012, http://www.sehepunkte.de /2012/01/forum/atlantische - geschichte-150/; S. Lachenicht, "Außereuropäische Geschichte, Globalgeschichte, Geschichte der Weltregionen? Europäische und atlantische Perspektiven," H-Soz-Kult, 2017, www.hsozkult.de/debate/id/diskussionen-4227; Susanne Lachenicht, "Review of the European Backcountry and the Atlantic World," H-Soz-u-Kult, H-Net Reviews, September, 2012, http://www.h-net.org/reviews/showrev.php? id=37299.

③ Mark Häberlein, *Vom Oberrhein zum Susquehanna. Studien zur badischen Auswanderung nach Pennsylvania im 18. Jahrhundert*, Kohlhammer, Stuttgart: W. Kohlhammer Verlag, 1993; Mark Häberlein, Michaela Schmölz-Häberlein, "Revolutionäre Aussichten. Die transatlantischen Geschäfte der Gebrüder Mark im Zeitalter der Amerikanischen Revolution," *Jahrbuch für europäische Überseegeschichte*, Vol. 15 (2015), pp. 29-90; Mark Häberlein, Michaela Schmölz-Häberlein, "Atlantische Geschichte: Versuch einer Zwischenbilanz," *Zeitschrift für Historische Forschung*, 44, 2 (2017), pp. 275-299.

④ Gisela Mettele, "Eine 'Imagined Community' jenseits der Nation. Die Herrnhuter Brüdergemeine als transnationale Gemeinschaft," *Geschichte und Gesellschaft*, 32, 1 (2006), pp. 45 - 68; Gisela Mettele, *Weltbürgertum oder Gottesreich. Die Herrnhuter Brüdergemeine als globale Gemeinschaft 1727-1857*, Göttingen: Vandenhoeck & Ruprecht, 2009; Dietrich Meyer, *Zinzendorf und die Herrnhuter Brüdergemeine 1700-2000*, Göttingen: Vandenhoeck & Ruprecht, 2000; Jürgen Heumann, "Zwischen Chaos und Kosmos. Die Symbolik des Meeres und ihre Wiederkehr," in Hans Grewel und Reinhard Kirste, eds., "*Alle Wasser fließen ins Meer...*". *Die grenzüberschreitende Kraft der Religionen*, Köln u. a.: Böhlau, 1998, pp. 105 - 113; Katherine Carté Engel, "'Commerce that the Lord Could Sanctify and Bless': Moravian Participation in Transatlantic Trade, 1740 - 1760," in Michele Gillespie and Robert Beachy, eds., *Pious Pursuits: German Moravians in the Atlantic World*, New York: Berghahn Books, 2007, pp. 113-126.

掘 18 世纪在世界各地冒险的德国新教虔诚派传教士的历史。① 德国学者还研究大西洋奴隶贸易与其中的德国人。② 他们研究文学视角下的大西洋世界，③ 研究德国大西洋贸易，④ 研究海洋史、海事史。⑤ 埃莱奥诺拉·罗兰德（Eleonora Rohland）（比勒费尔德）是领导大西洋史新转向的先锋人物，他将大西洋史与环境史、气候史“联系”起来，并通过新路径，为德国和其他国家的大西洋史研究开启新的篇章。⑥

① https：//www. francke-halle. de/en/science/archives-and-library/.

② Catharina Lüden, *Sklavenfahrt mit Seeleuten aus Schleswig-Holstein, Hamburg und Lübeck im 18. Jahrhundert*, Heide：Westholsteinische Verlagsan stalt Boyens, 1983；Magnus Ressel, “Hamburger Sklavenhändler als Sklaven in Westafrika,” *Zeitschrift des Vereins für Hamburgische Geschichte*, 96 (2011), pp. 33-69；Eigel Wiese, *Sklavenschiffe. Das schwärzeste Kapitel der christlichen Seefahrt*, Hamburg：Koehler in Maximilian Verlag GmbH & Co., KG, 2000；Klaus Weber, “Deutschland, der atlantische Sklavenhandel und die Plantagenwirtschaft der Neuen Welt (15. bis 19. Jahrhundert),” *Journal of Modern European History* (Special Edition, Europe, Slave Trade, and Colonial Forced Labour), 7 (2009), pp. 37-67；Klaus Weber, “Mitteleuropa und der transatlantische Sklavenhandel. Eine lange Geschichte,” *Werkstatt Geschichte*, 2014, pp. 66-67；Magnus Ressel, “Hamburg und die Niederelbe im atlantischen Sklavenhandelder Frühen Neuzeit,” *Werkstatt Geschichte*, 66/67 (2015), pp. 75-96；Andrea Weindl, “The Slave Trade of Northern Germany from the Seventeenth to the Nineteenth Centuries,” in David Eltis und David Richardson, eds., *Extending the Frontiers. Essays on the New Transatlantic Slave Trade Database*, New Haven, CT：Cambridge University Press, 2008, pp. 250-272；Thomas David, Bouda Etemad, Janick Marina Schaufelbuehl, *Schwarze Geschäfte. Die Beteiligung von Schweizern an Sklaverei und Sklavenhandel im 18. und 19. Jahrhundert*, Zürich：Limmat Verlag, 2005. 研究德国奴隶制的代表性学者是柏林的安德烈亚斯·埃克特（Andreas Eckert）。

③ Bernhard Klein, Gesa Mackenthun, eds., *Das Meer als kulturelle Kontaktzone. Räume, Reisende, Repräsentationen*, Konstanz：Universitätsverlag, 2003.

④ Donald James Harreld, *High Germans in the Low Countries：German Merchants and Commerce in Golden Age Antwerp* (The Northern World 14), Boston：Brill, 2004；Rolf Walter, *Geschichte der Weltwirtschaft. Eine Einführung*, Köln：UTB, 2006；Reinhard Wendt, *Vom Kolonialismus zur Globalisierung. Europa und die Welt seit 1500*, Paderborn：UTB, 2007.

⑤ Michael North, *Zwischen Hafen und Horizont. Weltgeschichte der Meere*, München：C. H. Beck, 2016；Gisela Mettele, “Gemeine auf hoher See. Meeresüberfahrten der Herrnhuter Brüdergemeine im 18, in Jahrhundert,” in Peter Burschel, Sünne Juterczenka, eds., *Das Meer. Maritime Welten in der Frühen Neuzeit*, Böhlau：Böhlau Köln, 2021.

⑥ Eleonora Rohland, *Changes in the Air. Hurricanes in New Orleans from 1718 to the Present*, New York/Oxford：Berghahn Books, 2018；Eleonora Rohland, Olaf Kaltmeier, eds., *Rethinking the Americas：The Routledge Handbook to the Political Economy and Governance of the Americas*, Vol. 2, London：Routledge, 2020.

结语：大西洋史的未来

在德国，有赖于学者们几十年来在国内外不断辛勤耕耘，大西洋史研究和教学始终有着强势的劲头。笔者认为，正如在其他国家一样，在德国，大西洋史作为一个子学科的未来，很大程度上取决于大学里的历史学研究、教学中跨学科方法的进一步发展。在过去的五年里，我们目睹了最激烈的民众抗议浪潮。人们毁坏雕像，要求对欧洲历史中占主导地位的西方叙事去殖民化。在过去二三十年中，坚持修正作为一门学科和研究主题的历史学，渐至高潮。修正历史学的叙述主题，重新审视历史学家如何叙述欧洲扩张、欧洲殖民主义和帝国主义的历史；修正奴隶贸易与欧洲海上贸易和商业的历史，及由此产生对欧洲以外世界的影响。通过联结世界各地学者和他们彼此的研究，大西洋史在许多方面改变了近代早期史，即欧洲崛起、统治的历史叙事，它巩固了近代早期史的资料基础，将历史叙事复杂化，激发了人们对过去更为全面的新解读。它通过文化、社会、经济和思想史提供的多种新方法来研究过去，进而打破了殖民主义和帝国主义的政治叙事。这样一来，产生了关于“黑色大西洋”（关于奴隶制和奴隶贸易的新历史）、“红色大西洋”（关于美洲的原住民集群与其对大西洋世界的影响）和“绿色大西洋”（由大西洋世界日益增长的接触和交流引起的自然生态变化）的讨论。三者均呼吁需将这些不同的叙事整合到统一的主题路径中。[①] 德国可能不是欧洲国家中在大西洋世界最活跃的殖民和帝国主义国家，而且在 19 世纪它才首次成为非洲和亚洲中的殖民势力。但这段历史同样影响了大西洋史的教学。以下这三个领域都意味着在德国，大西洋世界的历史正日益成为世界历史的一部分：对环境和气候变化的日益关注；补充大西洋世界历史中被忽视的叙事，包括新加入的奴隶制历史和原住民历史；以及将大西洋史整合进包括亚洲史在内的世界史。随着德国人和欧洲人更广泛地将他们对其内部、国家和地区历史的独特关注，转向“缠结”（Entanglement）和联结（Connectivity）的历史研究，大西洋史可以由此作为跳板，将其导入较过往而言联结性更强

---

① Paul Gilroy, *The Black Atlantic: Modernity and Double Consciousness*, Cambridge: Harvard University Press, 1993; Jace Weaver, *The Red Atlantic: American Indigenes and the Making of the Modern World, 1000-1927*, Chapel Hill: UNC Press, 2017; Peter C. Mancall, *Nature and Culture in the Early Modern Atlantic*, Pennsylvania: University of Pennsylvania Press, 2018.

的研究。[①]

很明显的是，在德国的大西洋史中，亲身经历过20世纪一次或两次世界大战的人们，看到了维持并加强与外界联结和国际主义的必要性，二者常为孤立主义和民族主义的历史叙事所排斥。经济学上的关注无疑加快了大西洋史的传播，许多早期关注大西洋共同体的文章都出现在经济学和经济史的杂志上，这并非巧合。自1945年以来，在德国等地出现的大西洋史，可能是德国试图将其历史融入大西洋中欧洲帝国历史叙事的一种新尝试。在1871年之前，德意志民族国家显然并不存在。19世纪80年代之前，在欧洲大陆以外的任何地方，任何正式的德国殖民地都未建立。因此，在联系日益紧密的世界中，德国的存在很大程度上并未从历史学上被探知。19世纪末，出现以莱奥波德·冯·兰克（Leopold von Ranke）为首的史学流派，他们强调德国自身历史、文化和社群的重要性。于是，一战后，在20世纪20年代的恢复期，德国历史学家开始比较德国与美国、英国和法国等战胜国的历史。两种对立的观点因而出现：一种观点认为这些战胜国之所以强大，是因为它们拥有共同的历史与过去，这使它们能够团结一心，并能从中汲取力量；另一种观点则认为，德国是大西洋历史中的"领头羊"，德国没有在列强中得到应有的地位。在豪斯霍夫父子的著作中，我们看到了这些尖锐对立的观点，二人之间的代沟也凸显了德国历史叙事的代际转变。德国所有的大西洋史学家都不得不面临如此事实：当他们在思索、撰写关于德国殖民者、商人、采矿者、传教士或科学探险家的历史时，在1871年之前的大西洋历史中，德国人从未在本国国旗的庇护下流动，而是始终蜷缩在其他欧洲国家建立的殖民地中。在17世纪和18世纪，大西洋世界基本构成了英国、法国和荷兰的殖民地。在大西洋的历史中，德国人扮演的角色其实比我们想象的更为重要，他们常作为其他欧洲人之间或欧洲人和非欧洲人之间的关键中间人或调解员。自20世纪50年代以来，大西洋史在德国逐渐发展壮大，它将德国与中欧以外的世界联系起来。在全球史兴起之前，大西洋史在德国是非常热门的国际化史学方法。正因如此，大西洋史在德国大学历史教学和研究中热度十分持久，受到学术界和学生们的欢迎。然而，这种对大

① Michael Werner, Bénédicte Zimmermann, "Vergleich, Transfer, Verflechtung. Der Ansatz der Histoire croisée und die Herausforderung des Transnationalen," *Geschichte und Gesellschaft*, 28 (2002), pp. 607-636; Michael Werner, Bénédicte Zimmermann, "Beyond Comparison: Histoire Croisée and the Challenge of Reflexivity," *History and Theory*, 45 (2006), pp. 30-50.

西洋史的兴趣能持续多久仍有待观察。正如我们所看到的，全球史、关联史（Connected History）和世界史的新路径凸显了这种方法路径的局限性。或许，德国历史学家会再次效仿大多美国历史学家建立的范式，他们最近将学术关注点从大西洋共同体再次转向了美国。这样一来，大西洋史和大西洋世界的历史将让位于对"广阔大西洋"的新兴趣。[①]"广阔的大西洋"也许将为德国历史学家提供新的道路，将德国和德国人的历史融于一个放眼世界且更具联结性的历史中。

The Atlantic World and Germany: The Origins and Development of German Interest in Atlantic History

William O'Reilly

Abstract: For more than thirty years, Atlantic history has become a familiar concept in journals and monographs, with an ever-increasing body of scholarly work casting itself as "Atlantic History" or "Atlantic Studies" . It often appears as if a hither-to neglected connected space had been uncovered and charted for the

① Karin Wulf, "Vast Early America," https://www.neh.gov/article/vast-early-america. 同见 Gordon S. Wood, "History in Context," https://www.washingtonexaminer.com/weekly-standard/history-in-context (accessed 30 July 2020). 关于这场学术辩论的概述，以及它对美国早期史学未来方向的影响，参见 Johann N. Neem, "From Polity to Exchange: The Fate of Democracy in the Changing Fields of Early American Historiography," *Modern Intellectual History*, 2018, pp. 1-22。关于早期现代加勒比地区跨国层面新研究的其他例子，参见 Trevor Burnard and John Garrigus, *The Plantation Machine: Atlantic Capitalism in French Saint-Domingue and British Jamaica*, Philadelphia: University of Philadelphia Press, 2016; David Wheat, *Atlantic Africa and the Spanish Caribbean, 1570-1640*, Chapel Hill: The University of North Carolina Press, 2016; Ernesto Bassi, *An Aqueous Territory: Sailor Geographies and New Granada's Transimperial Greater Caribbean World*, Durham: Duke University Press, 2017; Pablo F. Gómez, *The Experiential Caribbean: Creating Knowledge and Healing in the Early Modern Atlantic*, Chapel Hill: The University of North Carolina Press, 2017; Carla Gardina Pestana, *The English Conquest of Jamaica: Oliver Cromwell's Bid for Empire*, Cambridge: Belknap Press of Harvard University Press, 2017; Molly A. Warsh, *American Baroque: Pearls and the Nature of Empire, 1492-1700*, Chapel Hill: UNC Press, 2018; Casey Schmitt, "Centering Spanish Jamaica: Regional Competition, Informal Trade, and the English Invasion, 1620-62," *The William and Mary Quarterly*, 76, 4 (2019), pp. 697-726。

first time. In universities across both shores of the Atlantic and even in more localized academic institutions, there are professors of Atlantic History at universities, teaching and researching topics who seek to connect, across time, people and places in the continents of Africa, Europe and the Americas. For much of the late nineteenth and twentieth centuries, the "classical" past of Greece and Rome was regarded as both a foundational and beginning of west civilization, considered to be the only form of civilization that existed or that mattered. In the later nineteenth century, as some European states embarked on a new wave of colonialism and imperialism within Europe, in Africa, Asia and the Americas, interest in the non-European world was reignited and European historians and political scientists began to conceive of a new geopolitical ordering of the world. By the beginning of the twentieth century, scholars were beginning to write of a world of European communities and their territories along the western Atlantic sea board, connected by the Atlantic Ocean with territories in Africa and the Americas. This was the beginning of the concept of the Atlantic World. This article will focus on the origins of "Atlantic History", the beginnings and development of ideas of "Atlantic systems" in Germany and why the concept remains important in Germany today.

Keywords: German History; Atlantic History; History of Historiography

（执行编辑：吴婉惠）

海洋史研究（第二十三辑）
2024年11月 第72~133页

埃塞俄比亚洋——历史与史学，1600—1975年

路易斯·菲利普·德阿伦卡斯特罗
（Luiz Felipe de Alencastro）*

摘 要： 大西洋史研究通常从北大西洋视角展开。然而，南大西洋在整个风帆时代都有着独特的历史模式。鉴于气象赤道下的洋流和风力系统（位于几何赤道以北），18—19世纪的地图和航海指南称大西洋南部为“埃塞俄比亚洋”。该术语强调了南大西洋史的特性、界限和分期。实际上，历代关乎传教、殖民和自学成才的作者，著名的和寂寂无闻的史家对此类话题均有研究。他们的作品描绘出南大西洋世界的谱系，引向一种更具多元性的，或许更真切的大西洋史。

关键词： 大西洋史　南大西洋史学　埃塞俄比亚洋　奴隶贸易

大西洋是“一个借用其过去被匆忙建构的空间”。

——费尔南·布罗代尔：《论一部系列史》

（*Pour une histoire sérielle*）

---

* 作者路易斯·菲利普·德阿伦卡斯特罗（Luiz Felipe de Alencastro），法国巴黎索邦大学巴西史讲席教授，圣保罗经济学院（FGV）客座教授。译者闫波桥，北京大学历史学系博士研究生；吴岳恒，毕业于清华大学人文学院科学史系，获理学硕士学位；王静，历史学博士，毕业于清华大学历史系，中国社会科学院马克思主义研究院副研究员。校者闫波桥。

本文为笔者主编的《南大西洋的过去与现在》（*The South Atlantic, Past and Present*, 2014）的前言。

一 历史的与航海的轮廓

16世纪的欧洲制图家将南大西洋描述为埃塞俄比亚海（Mare Aethiopicum，1529）、南大洋（Oceano Australis or Meridionale，1550）、南方大海（Mare Magnum Australe，1561），这已广为人知。① 较少为人所知的是在这一地理空间内存续300年之久的重要航海和历史网络。在近代地图集和航海图中，非洲东西两侧靠近赤道的海洋被称为埃塞俄比亚洋（Oceanus Ethiopicus）。② 后续地图，例如流传甚广的威廉·布劳（Willem Blaeu）于1606—1638年制作的航海图，为非洲东部海洋另取一名。因此，南大西洋仍被称为埃塞俄比亚洋，而非洲以东的海洋被命名为印度之海（Mar de India），即后来的印度洋（Indian Ocean）。③

纵观跨大西洋风帆时代，航线循着南大西洋环流生成的洋流和从西方、东南方吹来的信风运行。这一航海系统横跨地理赤道，东北方向迄于北纬5°—10°，其外缘与夏季东南信风和热带辐合带（又称赤道无风带）北缘重

① Carla Lois and João Carlos Garcia, "Do Oceano dos clássicos aos Mares dos impérios: transformações cartográficas do Atlântico Sul," *Anais do Museu Paulista*, 17, 2 (2009), pp. 15-37; R. G. Peterson, L. Stramma, and G. Kortum, "Early Concepts and Charts of Ocean Circulation," *Progress in Oceanography*, 37, 1 (1996), pp. 1-115. 除祖拉拉《编年史》(Zurara, *Cronica*, 详见后文）英译本外，这篇长文《海洋环流的早期概念和图表》直接省略了丰富的葡萄牙语图表、资料和与该主题有关的文献。例如，参见 Armando Cortesão and Avelino Teixeira Mota, *Portugaliae Monumenta Cartographica*, 6 vols., Lisbon: Imprensa Nacional, 1960。

② S. J. Philibert Monet, *Abrégé du parallèle des langues françoise et latine repporté au plus près de leurs propriétez*, Rouen: Chez Romain de Beauvais, 1637, p. 27. 因此，西非各民族被称为"西埃塞俄比亚人"，而东非各族被称为"东埃塞俄比亚人"。Pierre du Jarric, *Histoire des choses plus memorables advenues tant ez Indes Orientales, que autres païs de la descouverte des Portugais...*, Bordeaux, 1610, p. 25. 类似的，学识渊博的耶稣会词典编纂者布鲁托(Bluteau）将非洲东南海岸标注为 Mar Ethiopico，并将南大西洋命名为 Mar da Ethiopia 或 Mar do Brasil。R. Bluteau, *Vocabulario Portuguez and Latino*, 8 vols., Coimbra: Collegio das Artes da Companhia de Jesu, 1712-1728, VI, p. 34.

③ Willem J. Blaeu, *Nova Totius Terrarum Orbis Geographica Ac Hydrographica Tabula*, Paris: Chezl Lagnet, 1606-1631. 另见 Pierre Duval, *Le planisphère autrement la carte du monde terrestre ou sont exactement descrites toutes les terres découvertes jusqu'à présent*, Paris: Chezl Lagnet, 1660; William Dampier, *Voyages and Descriptions, Volume II. In three parts... viz... 3. Discourse of the Trade-Winds, Breezes, Storms, Seasons of the Year, Tides and Currents of the Torrid Zone throughout the World*, London: Knapton, 1699.

叠，形成气象赤道，即南北大西洋间的热量和大气分界线。[①]

鉴于此，一些 18—19 世纪的航海指南和地图将塞内冈比亚以南的非洲海岸划入南大西洋。[②] 另一幅航海图约翰·塞内克斯（John Senex）的《墨卡托投影之埃塞俄比亚洋新图》（一般认为作于 1763 年），展现了这部分海洋之广阔。[③]"埃塞俄比亚洋"一名与"南大西洋"并称至 19 世纪末风帆时代晚期，这一"海盆"被描绘为一整个独特的系统，其本身就是一方海洋，不同于赤道之下的地理分野或北大西洋。最明显的是，《美国百科全书》（*The American Cyclopædia*，1873）将北大西洋命名为"正统大西洋"（Atlantic proper）。[④] 一些地图和指南明显描绘出两个不同的大西洋系统，与两圈大洋环流相匹配。

为什么"埃塞俄比亚洋"一名涵盖了大西洋更多的部分？为什么此类名称和海洋界限多见于 18 世纪中期至 19 世纪中期的英美航海图？概言之，18 世纪英法奴隶贸易的加剧，完善了关于大西洋洋流和非洲海岸的信息，海员更频繁地穿梭于赤道无风带，密切观察着赤道周围的气象界限

① S. G. Philander, "Atlantic Ocean Equatorial Currents," in John H. Steele, Steve A. Thorpe, and Karl K. Turekian, eds., *Ocean Currents: A Derivative of the Encyclopedia of Ocean Sciences*, London: Academic Press, 2009, pp. 54 - 59. 另见 E. J. Powell, *South Atlantic Ocean: Western Portion* (1871), London: Admiralty Charts, 1891, http://nla.gov.au/nla.map-rm2223-a1 (accessed September 2013)。

② 《美国百科全书》介绍道："大西洋主要分为三个海盆：南部又称埃塞俄比亚海盆，从南极洲到圣罗克角和塞内冈比亚之间的狭窄海道；中部又称严格意义上的大西洋，从同一狭窄海道到不列颠群岛、法罗群岛和冰岛一带；北部又称北极海盆。" George Ripley and Charles A. Dana, *The American Cyclopædia: A Popular Dictionary of General Knowledge*, New York: Appleton and Company, 1873, II, p. 69.

③ 该地图的北界位于北纬 8°，而与其互补的北半球地图以赤道为南界，反映出埃塞俄比亚洋的不对称性。根据约翰·卡特·布朗图书馆的地图目录，该地图由约翰·塞内克斯绘于 1763 年，后由威廉·赫伯特（William Herbert）刊行，参见"A New Map, or Chart in Mercators Projection, of the Western or Atlantic Ocean with Part of Europe, Africa and South America," http://jcb.lunaimaging.com/luna/servlet/s/oe6wz6 and http://jcb.lunaimaging.eom/luna/servlet/s/a5g39p (accessed Spetember 2013)。其他地图将北界定在北纬 3°，参见 J. F. Dessiou, *A Chart of the Ethiopic or Southern Ocean and Part of the Pacific Ocean...*, London: W. Faden, 1808, http://nla.gov.au/nla.map-rm3026 (accessed September 2013)。

④ John Robertson, *The Elements of Navigation: Containing the Theory and Practice: With All the Necessary Tables*, 2 vols., London: Printed for J. Nourse, 1754, I, pp. 173, 179; Alexander G. Findlay, *A Sailing Directory for the Ethiopic or South Atlantic Ocean, Including the Coasts of South America and Africa*, London: R. H. Laurie, 1867, pp. 1 - 2; George Ripley and Charles A. Dana, *The American Cyclopædia: A Popular Dictionary of General Knowledge*, New York: Appleton and Company, 1873, II, p. 69.

和洋流变化。来自纽波特（Newport）、利物浦（Liverpool）或南特（Nantes）的船只，载着奴隶从贝宁湾（Bight of Benin）或比夫拉湾（Bight of Biafra）航行到加勒比海（Caribbean），两次穿过赤道无风带。这一中段航程（Middle Passage）死亡率较高。[①] 穿越南北大西洋的英美捕鲸航行也为制图者和航海指南提供了关于两个洋流系统的航海证据。[②] 超出人们对大西洋的一般认识，捕鲸船和贩奴船及其船员有时在19世纪把巴西和古巴港口混在一起。[③]

相较于其他海上劳动，迁徙性的捕鲸活动需要准确认识各海域洋流和季节变化。[④] 在19世纪前几十年间，楠塔基特（Nantucket）专门捕捞抹香鲸，这种由于捕鲸而开启的远洋航行是非常具有代表性的。当时美国在世界范围的捕鲸业中占据领先地位。[⑤] 1832年，詹姆斯·伦内尔（James Rennell）之女简·罗德（Jane Rodd）出版了关于大西洋洋流的著名航海手册，即詹姆斯·伦内尔的遗作，他在写作时就参考了关于“楠塔基特捕鲸船”的内容，其他同时代航海作家亦如是。[⑥] 这种情况很好地解释了18—19世纪英美航海图和航海指南对南大西洋或埃塞俄比亚洋北界定义过远的现象。埃塞俄比亚洋是赤道上缘和东南信风重合的洋面，该名称消失于风帆时代晚期，适逢19世纪末配备捕鲸炮的蒸汽捕鲸船兴起之时，这并非偶然。

---

① David Eltis and David Richardson, *Atlas of the Transatlantic Slave Trade*, New Haven: Yale University Press, 2010, pp. 159-161.

② D. Alden, “Yankee Sperm Whalers in Brazilian Waters and the Decline of the Portuguese Whale Fishery (1773-1801),” *Americas*, 20, 3 (1964), pp. 267-288.

③ 在从非洲到巴西（1831—1850年）和古巴（1820—1867年）的非法贩运中，贩奴船伪装成捕鲸船以避开英国皇家海军监管。参见 Donald Warrin, *So Ends This Day: The Portuguese in American Whaling 1765-1927*, North Dartmouth: Center for Portuguese Studies and Culture, University of Massachusetts Dartmouth, 2010, pp. 152-157。

④ 除北大西洋主要捕鲸区外，在靠近巴西和安哥拉海岸的南回归线附近也有捕捞抹香鲸和座头鲸的活动。参见 T. D. Smith, R. R. Reeves, E. A. Josephson, and J. N. Lund, “Spatial and Seasonal Distribution of American Whaling and Whales in the Age of Sail,” *PLoS ONE*, 7, 4 (2012), http://www.plosone.org/article/info:doi/10.1371/journal.pone.0034905 (accessed September 2013)。

⑤ David Moment, “The Business of Whaling in America in the 1850s,” *Business History Review*, 31, 3 (1957), pp. 261-291.

⑥ 伦内尔之女简·罗德在他去世后出版了其遗作。James Rennell, *An Investigation of the Currents of the Atlantic Ocean...*, London: J. G. & F. Rivington, 1832, pp. 166, 174, 225.

同时，葡萄牙、葡属巴西和葡属非洲水手掌握了有关巴西和非洲间航线的详细知识。的确，黑人水手的出现（有时是奴隶身份），表明了葡属巴西奴隶贸易在撒哈拉以南非洲各港扩展。[①] 16 世纪与 17 世纪之交，随着贩奴专营权[②]扩展至中非西部，罗安达（Luanda）发展为主要贩奴港，跻身塞内冈比亚和几内亚湾（Gulf of Guinea）之列。

从里约热内卢（Rio de Janeiro）、巴伊亚（Bahia）和伯南布哥（Pernambuco）到安哥拉（Angola），后来到几内亚湾的双边贸易在赤道和南回归线间扩展。在南方，先是波托西（Potosí）的部分白银，后来是锡，经布宜诺斯艾利斯（Buenos Aires）出口到巴西各港。这些南方的合法或非法贸易与非洲奴隶贸易并行，持续到 1850 年。[③] 18 世纪下半叶，亚马孙河流域港口圣路易斯（São Luis）和贝伦（Belém）连接起赤道以北和几内亚比绍（Guinea Bissau）。最终，莫桑比克（Mozambique）奴隶贸易被“大西洋化”，在 18 世纪与 19 世纪之交转向里约热内卢。1550—1850 年，这四个主要商业网络在巴西各港和非洲间促成了大约 15000 次往返航行。[④]

16—17 世纪的作者如法国航海家皮拉德（Pyrard）、葡萄牙修士文森特·杜·萨尔瓦多（Vicente do Salvador）、种植园主兼商人安布罗西奥·费尔南德斯·布兰道（Ambrósio Fernandes Brandão）记录了连接巴西各港

---

① 自由的或被奴役的黑人海员的参与是葡属巴西奴隶贸易的一个特征。Herbert S. Klein, *The Atlantic Slave Trade: New Approaches to the Americas*, Cambridge: Cambridge University Press, 1999, pp. 85-86; Nize I. de Moraes, “La champagne négrière du *Sam Antonio e as Almas (1670)*,” *Bulletin de l'I. F. A. N.*, 40, 4 (1978), pp. 708-719; Mariana Pinho Cândido, “Different Slave Journeys: Enslaved African Seamen on Board of Portuguese Ships 1780-1820,” *Slavery and Abolition*, 31 (2010), pp. 395-409.

② 贩奴专营权（Asiento de Negros）指 16—19 世纪西班牙国王向其他国家或个人颁发的贩奴契约，可转包。由于西属美洲需要大量奴隶劳动力，而西班牙没有直接参与黑奴贸易，故需要通过外国奴隶贩子购入。外国商人可借此进入具有垄断性的西属美洲市场，并享受减免关税等优待。——译者注

③ Corcino Medeiro dos Santos, *A Produção das Minas do Alto Peru e a Evasão de Prata para o Brasil*, Brasília: DF, 1996; Antônio E. Muniz Barreto, “O fluxo de moedas entre o Rio da Prata e o Brasil, 1800-1850,” *Revista de História*, 101, (1975), pp. 207-227.

④ 前往巴西的航行总次数（包括自葡萄牙港口启航）共计 18850 次，导致 580 万名奴隶登船，4864374 人下船。他们主要来自两个地区：贝宁湾（约 904000 人）；中非西部，主要是安哥拉（约 3656000 人）。上述数据根据跨大西洋奴隶贸易数据库（Transatlantic Slave Trade Database, TSTD）计算，http://www.slavevoyages.org/tast/index.faces (accessed September 2013)。

和安哥拉的航线。[①] 然而，对此类航行的准确描述并不多见。伊比利亚联盟[②]时期的御用宇宙学家安东尼奥·马里兹·德·卡内罗（Antonio Mariz deCarneiro）在其《海图志》[*Rutter*（*Roteiro*）]中，像他之前的曼努埃尔·德·菲格雷多（Manoel de Figueiredo）一样，将里斯本（Lisbon）、里约热内卢和拉普拉塔（Río de la Plata）之间的航行描述为常规航行。但这两位宇宙学家均未提及当时存在的从巴伊亚、伯南布哥、里约热内卢（有时从布宜诺斯艾利斯）出发到安哥拉的双向航路。[③] 启发式知识无疑在大西洋世界发挥着关键作用，在这里航行比往返于葡萄牙和印度更简单，后者要在不同海域间航行1.8万到2万英里（1英里=1609.344米）。[④]

尽管如此，对南—南航线的描述首见于1759年何塞·安东尼奥·卡尔达斯（José Antonio Caldas）的记述。卡尔达斯是制图师兼工程师，成长于巴伊亚的萨尔瓦多（Salvador de Bahia），旅居于圣多美岛（São Tomé），往返于巴伊亚和几内亚湾并记录航海信息。[⑤] 1802年，另一位葡属巴西制图师何塞·费尔南德斯·波图加尔（José Fernandes Portugal）出版了一幅南大西

① *Voyage de François Pyrard: Contenant sa navigation aux Indes...*, Paris: Chez Samuel Thiboust, 1619, pp. 231-232.

② 伊比利亚联盟（Iberian Union）指1580年至1640年西班牙吞并葡萄牙建立的共主邦联。1580年葡王无子而终，西班牙国王腓力二世凭借姻亲关系继承葡王位，武力吞并葡萄牙组成联盟，殖民地广布于美洲、非洲、亚洲。合并之初葡萄牙拥有较大自治权，1621年腓力四世试图将葡萄牙改为西班牙下辖一省，引发葡萄牙人反抗。1640年葡贵族发动起义，推举布拉干萨公爵若昂为葡王，伊比利亚联盟解体。——译者注

③ Manoel Figueiredo, *Hidrographia, exame de pilotos, no qual se contem as regras que todo piloto deve guardar em suas navegações...: Com os roteiros de Portugal pera o Brasil, Rio da Prata, Guiné, S. Thomé, Angolla, and Indias de Portugla* [*sic*], *and Castella*, Lisbon: Impresso por Vicente Alvarez, 1625; Antonio Mariz de Carneiro, *Regimento de pilotos e Roteiro da navegaçam e conquistas do Brasil, Angola, S. Thome, Cabo Verde, Maranhão, Ilhas, and Indias Occidentals*, Lisbon: por Manoel da Sylva, 1655.

④ 尽管如此，还存在众所周知的马索·路易斯（Marçal Luiz）这个例子，他是一位本领高强但不识字的船长，在16世纪与17世纪之交指挥葡萄牙东印度公司（Carreira da Índia）船只逾28年，参见J. A. do Amaral Frazão de Vasconcellos, *Pilotos das navegações portuguesas dos séculos XVI e XVII*, Lisbon: Institute para a Alta Cultura, 1942, pp. 43-47; Francisco Contente Domingues, "Horizontes mentais dos homens do mar no século XVI: A arte náutica portuguesa e a ciência moderna," *Viagens e viajantes no Atlântico Quinhentista*, Lisbon: Colibri, 2004, pp. 203-218; Amélia Polónia, "Arte, técnica e ciência náutica no Portugal Moderno. Contributos da 'sabedoria dos descobrimento' para a ciência européia," *História*, 6 (2005), pp. 9-20。

⑤ José Antônio Caldas, "Notícia Geral de Toda Esta Capitania da Bahia desde o Seu Descobrimento até o Presente Anno de 1759," Salvador: Tipografia Beneditina, 1951.

洋地图，详细介绍了从巴西各港到拉普拉塔、本格拉（Benguela）和罗安达港口的航行参数。① 直到 1832 年——较北大西洋航海研究晚很多年——詹姆斯·伦内尔关于南大西洋表层洋流的完整描述和地图方才问世。② 可以说，南—南贸易的去中心化和巴西化模糊了其结构。被非法贩运到拉普拉塔的非洲人亦如是。正如埃尔蒂斯（Eltis）和戴维森（Davidson）发现的，南大西洋贸易促成了更大的奴隶贸易网络，大西洋史家对此却不甚了解。③ 实际上，从 1556 年到 1850 年，濒临大西洋的南美洲，包括巴西各港和拉普拉塔在内，接收了 497 万名奴隶，大部分由葡萄牙和巴西船只贩运。巴西是美洲贩奴的主要目的地：486.4 万名非洲人在此登岸，占大西洋奴隶贸易中全部非洲人口的 43%。④ 近代时间最长、强度最大的强迫迁徙发生在赤道以南。

如前所述，南北大西洋间的另一个关键区别是非洲和巴西港口间盛行的双边贸易（以及和拉普拉塔港口的贸易，但规模较小）。因此，目的地为巴西的贩奴船中，95%离开巴西时载有当地生产或再出口的欧洲和亚洲货物。正如埃尔蒂斯和理查德森（Richardson）呈现的，1501—1867 年，在里约热内卢和巴伊亚组织的贩奴航行比大西洋沿岸其他任何港口都多。⑤

约 16 世纪末，巴西各港开始向安哥拉和刚果贩运木薯粉和货贝。⑥ 波

① Jozé Fernandes Portugal, "Carta Reduzida da parte Meridional do Oceano Atlantico ou Occidental desde o Equador athe 38°-20' de latitude," Lisbon, 1802. 该地图印刷于里斯本，在巴西和欧洲广为行销。

② 正如 1799 年伦内尔绘制的大西洋洋流图所示，根据他的描述，他将从利比里亚到刚果的沿海海域标记为"埃塞俄比亚海"，并将赤道以南大部海域命名为"南大西洋"。他仍将南大西洋洋流的东北界限绘于北纬 10°，见 James Rennell, *An Investigation of the Currents of the Atlantic Ocean...*, London: J. G. & F. Rivington, 1832, pp. 25, 99; 另见西大西洋地图（http://www.knmi.nl/apx.schrier/Krt_A.pdf）和东大西洋地图（http://www.knmi.nl/apx.schrier/Krt_B.pdf）（accessed 21 October 2013）；还可见 R. G. Peterson, L. Stramma, and G. Kortum, "Early Concepts and Charts of Ocean Circulation," *Progress in Oceanography*, 37, 1 (1996)。

③ David Eltis and David Richardson, *Atlas of the Transatlantic Slave Trade*, New Haven: Yale University Press, 2010, pp. 2, 159.

④ TSTD (accessed November 2013).

⑤ David Eltis and David Richardson, *Atlas of the Transatlantic Slave Trade*, New Haven: Yale University Press, 2010, pp. 39, 120-122, 124, 141-143, 149, 151-153, 156.

⑥ Serafim Leite, *História da Companhia de Jesus no Brasil*, 10 vols., Lisbon: Livraria Portugália; Rio de Janeiro, Instituto Nacional do Livro, 1938-1950, VIII, p. 398. 和许多著者一样，笔者用"Congo"表示刚果河流域或如今该地区上的两个国家，用"Kongo"表示历史上的非洲王国，其首都是姆班扎·刚果（Mbanza Kongo）或刚果的圣萨尔瓦多（São Salvador do Congo）。

托西白银经里约热内卢或直接从布宜诺斯艾利斯被运到罗安达奴隶贩子手中。17世纪下半叶，甘蔗朗姆酒（安哥拉称 jeribita，巴西称 cachaça）开始运往中非西部，偶尔运到西非贝宁湾。[①] 实际上，自17世纪70年代起伯南布哥和巴伊亚烟草出口额超过了与几内亚湾特别是与西非贝宁湾的出口额。[②] 整体而言，1701—1810年有2587937名黑奴被运到巴西，其中大约48%是通过出口甘蔗朗姆酒和烟草购买的。[③] 考虑到有数量不明的马匹、皮革、木薯、玉米、蔗糖、干制及腌制的肉和鱼被出口到非洲各港，连同18世纪的黄金和钻石走私，可以说巴西商品换来了输入葡属美洲的半数以上黑奴。[④]

航海和贸易环境使葡萄牙和葡属巴西船只能够在中非西部战胜欧洲竞争者。对于西欧、北欧船只而言，向安哥拉海岸航行风向不利、航线漫长，它们通常向北航行到备选港口，前往刚果河口等地。著名的耶稣会士兼外交官安东尼奥·维埃拉（Antonio Vieira，1608—1697）高度评价这些气象方面的决定因素，将巴西和安哥拉间航行之便捷解释为神意的显露——换言之，是南大西洋被殖民合理性的体现。17世纪80年代他在巴伊亚传教时宣称："这一转生中存在某种伟大的奥秘……特别受上帝眷顾和帮助……因为将那些人从其国家掳走、成为囚徒（的航行），总是伴随着稳定的风，从未改变风向。"维埃拉神父与当时其他葡萄牙官员和传教士一样，辩称贩奴贸易是为他们传播福音的一个阶段。一旦被从敌对的、异教的非洲村庄中抓出，奴隶就可以改宗，他们的灵魂便在葡属美洲殖民

① José C. Curto, *Enslaving Spirits: The Portuguese-Brazilian Alcohol Trade at Luanda and Its Hinterland, c. 1550-1830*, Leiden: Brill, 2004, table 9.

② Pierre Verger, *Flux et reflux de la traite de nègres entre le golfe de Bénin et Bahia de Todos os Santos, du XVIIe au XIXe siècle*, Paris: Mouton, 1968（其英译本参见 *Trade Relations between the Bight of Benin and Bahia from Seventeenth to the Nineteenth Century*, Ibadan, Nigeria: Ibadan University Press, 1976）; Jean-Baptiste Nardi, *O fumo brasileiro no período colonial*, São Paulo: Civilisação Brasileira, 1996.

③ L. F. de Alencastro, "Continental Drift—The Independence of Brazil, Portugal and Africa," in Olivier Pétré-Grenouilleau, ed., *From Slave Trade to Empire*, London: Frank Cass, 2004, pp. 98-109.

④ Roquinaldo Ferreira, "Supply and Deployment of Horses in Angolan Warfare (17th - 18th centuries)," in Beatrix Heintze and Achim von Oppen, eds., *Angola on the Move: Transport Routes, Communications, and History*, Frankfurt am Main: Otto Lembeck, 2008, pp. 41-51.

地得到拯救。[①]

为何强调安东尼奥·维埃拉神父的作用？首先，他的布道和政治著作影响深远。查尔斯·博克瑟（Charles Boxer）和许多其他著者一样，断言维埃拉“无疑是17世纪葡属巴西世界中最出众的人”。[②] 另外，耶稣会士关于奴隶贸易和黑人奴隶制的教义至关重要，因为自16世纪最后25年起到1759年被逐出葡萄牙，耶稣会是唯一始终活动于安哥拉的修会，这强化了同期耶稣会士在巴西产生的巨大影响。因此，耶稣会士成为南大西洋奴隶体系的核心。他们在大西洋两岸都既是传教士又是奴隶主，正是他们从道德上肯定了对非洲人的奴役和贩运。

与葡属印度殖民地（Estado da Índia）相比，贸易和传教在葡属大西洋世界起到了互补作用。16—17世纪葡萄牙人［例如佩罗·费尔南德斯（Pero Fernandes，1525、1527）、安东尼奥·桑切斯（Antônio Sanchez，1641）和科斯塔·米兰达（Costa Miranda，1681）］绘制的知名非洲航海图有两个重要图示：一是1482年葡萄牙人建造的圣乔治·德·米纳［São Jorge de Mina，即埃尔米纳（Elmina）］城堡，1637年被荷兰人攻占，这是一个区域的主要贸易中心，也是1500—1700年欧洲进口黄金的主要来源地之一；另一是刚果的圣萨尔瓦多的“玛尼刚果教堂”（church of Manicongo），它从1596年起是刚果和安哥拉教区主教驻地。[③] 这些都是伊比利亚人在海外的明显象征。实际上，圣乔治·德·米纳城堡是欧洲在撒哈拉以南世界的第一个贸易站，正如刚果的圣萨尔瓦多是自北非阿拉伯化后非洲大陆的第一个主教教座。

18世纪最后几十年和19世纪初发生的决定性事件——美国革命、海地革命、拿破仑战争和伊比利亚美洲殖民地的解放——在南北大西洋产生了截然不同的影响。拉美国家独立的经济影响通常被概括为中转站的变

① 用他布道的话来讲：“第一次转生（中段航程）的囚禁由她（玫瑰圣母）的仁慈注定，是为了第二次转生（从巴西到天堂）的自由。” Fr. Antonio Vieira，“Sermão XXVII do Rosário，” *Sermões*，IV，p. 1205.

② C. R. Boxer，*A Great Luso-Brazilian Figure：Padre António Vieira，SJ，1608-1697*，London：The Hispanic and Luso-Brazilian Councils，1963.

③ “玛尼刚果”是刚果国王（Mani）恩津加·恩库武（Nzinga Nkuwu）的葡语化名字，1491年葡萄牙传教士为他施洗后，他改名为若昂一世。参见 Cortesão and Teixeira Mota，*Portugaliae Monumenta Cartographica*，6 vols.，Lisbon：Imprensa Nacional，1960，I，pp. 113-114，V，pp. 22-24，地图见 pp. 538，539，568。

化，即利物浦取代加的斯（Cádiz）和里斯本成为前伊比利亚殖民地的主要贸易港。[①] 尽管如此，巴西和英格兰直接贸易的开通（1808）以及后来的巴西独立（1822）并没有改变整体殖民空间格局。虽然利物浦取代里斯本成为巴西主要贸易港，但罗安达仍是巴西第二大对外贸易目的地。尽管维也纳会议后形成了大国均势和皇家海军对南—南贸易的染指，但直到19世纪中叶埃塞俄比亚洋的历史背景仍构成美洲新国家中巴西建构的一个基本特征。

1808—1850年，巴西在美英船只离开的非洲港口支持着大西洋奴隶贸易，将莫桑比克贸易吸引到大西洋，并以欧洲商品再出口来支撑其在非洲内陆的贸易。在英国资金和工业品出口的刺激下，巴西证实了奴隶制/奴隶贸易体系作为一种现代经济与工业革命是相匹配的。可以确定的是，古巴存在一个同样以黑奴为基础的奴隶体系。然而，只有独立后的巴西奴隶经济及葡属巴西航运网络才能覆盖所有撒哈拉以南贸易区域并使之繁荣发展，在南大西洋两岸维持掠夺经济。最终，巴西国王在其国土全域大兴奴隶制，并通过外交官保护奴隶贩子，这些外交人员来自欧洲的君主制国家，这易于延缓英国外交部和皇家海军对南大西洋的干涉。借此，1822年巴西独立阻碍了由美国革命、法国革命和海地革命激起的废奴主义和共和原则的发展，从而呈现了一场名副其实的与大西洋革命相悖的运动。[②]

随后，1850年南大西洋网络的关闭引起了一场决定性的地缘政治转型。南大西洋双边贸易不同于加勒比或印度洋等贸易区域内其他航运网络，其并没有在新竞争者面前逐步解体，也没有以不同商品重新开始。相反，在英国外交和海军压迫下，这些航运贸易突然间解体消失了。自那时起，随着新的国际劳动分工阻断了南—南贸易，"埃塞俄比亚洋"一词沦为明日黄花。

其后，一本著名的英国航海指南在1883年版注释中如此介绍南大西洋："其大部分海岸位于南部热带地区，东部处于绝对贫瘠状态，使这一广阔水

① Tulio Halperin Donghi, *Histoire contemporaine de l'Amérique latine*, Paris: Payot, 1972, pp. 83, 95; David Bushnell, "Independence Compared: The Americas North and South," in A. McFarlane and E. Posada-Carbó, eds., *Independence and Revolution in Spanish America: Perspectives and Problems*, London: University of London Press, 1999, pp. 68-83.

② 柯廷认为"西属美洲的反革命"普遍发生在19世纪，包括巴西在内。Philip D. Curtin, *The Rise and Fall of the Plantation Complex*, 1st ed., 1990, 2nd ed., New York: Cambridge University Press, 1998, chap. 11.

域上的商贸活动与其他同等规模海洋相比显得微不足道。”[①] 这一描述在该指南此前版本中并未出现过，折射出奴隶贸易结束后南大西洋的空虚状况。

一个世纪后，在非洲国家去殖民化的余波中，在一个完全多样化的地缘政治背景下，后殖民时期的撒哈拉以南非洲国家与南美恢复了双边关系。政策制定者、全球贸易者、军事战略家、评论家，以及社群领袖、艺术家和学者，现在正仔细思索着南大西洋的当下和未来，强调两个半球间的区别。世界银行和巴西应用经济研究所近期一份联合报告将南大西洋描述为“文化转移或政治和社会经验的通道，而不是像北大西洋那样的地缘政治海洋”——这一描述不无道理。[②]

这些思考导向一个理论推断。该地区自古以来始终不存在长期持续的结构或独创要素，即“长时段”运动。尽管包括笔者在内的一些著者将近赤道地区的交流描述为“南大西洋系统”，但更恰当的是将这部分海洋中被社群和政治实体遮蔽的交流称为“南大西洋网络”。[③] 由于本文关注 16—19 世纪被称为“埃塞俄比亚洋”的海洋空间，笔者将用该术语来构思这一地理历史集合。[④]

与大西洋史的整体性概念不同，这一指称为后续部分讨论的特殊性和分期提供了一个框架。它同样有助于回顾经常被如今大西洋史支持者所忽视的先前著作。而且在后殖民时代，对非洲国家过去与现在的理解也发生了深刻

① John Purdy, *Memoir, Descriptive and Explanatory, to Accompany the New Chart of the Ethiopic or Southern Atlantic Ocean; The New Sailing Directory for the Ethiopic or Southern Atlantic Ocean*, London: R. H. Laurie, 1822. 1874 年，芬德利（Findlay）更新了指南，从封面上删去了珀迪（Purdy）的名字。Alexander G. Findlay, *A Sailing Directory for the Ethiopic or South Atlantic Ocean, Including the Coasts of South America and Africa*, London: R. H. Laurie, 1867, p. 1.

② *Bridging the Atlantic: Brazil and Sub-Saharan Africa—South-South Partnering for Growth*, Washington, World Bank and Institute for Applied Economic Research (IPEA), 2011, p. 25. 应用经济研究所是隶属于巴西总统府战略事务秘书处的联邦公共基金会。

③ 在 N. 斯坦斯加尔德（N. Steensgaard）之后，巴伦兹（Barendse）研究了阿拉伯海的“网络”，将其定义为“处于社会、宗教和经济等关系中的若干节点”。R. J. Barendse, “Trade and State in the Arabian Seas: A Survey from the Fifteenth to the Eighteenth Century,” *Journal of World History*, 11, 2 (2000), pp. 173-225.

④ 杰里米·阿德尔曼（Jeremy Adelman）在谈到连接波托西、布宜诺斯艾利斯、里约热内卢、巴伊亚、罗安达、里斯本和加的斯的美洲、非洲和欧洲贸易网络时强调了“南大西洋体系”的重要性。Jeremy Adelman, *Sovereign and Revolution in the Iberian Atlantic*, Princeton: Princeton University Press, 2006, pp. 73-100. 笔者论及的“南大西洋奴隶制体系”，见 L. F. de Alencastro, *O Trato dos Viventes—Formação do Brasil no Atlântico Sul*, São Paulo: Companhia das Letras, 2000, p. 242。笔者在其他地方用“南回归线列岛”（Capricorn Archipelago）一词指南大西洋两岸的拉普拉塔和葡萄牙殖民地形成的社会和经济空间。

变化。因此，除了一些与大西洋史有关的文章外，本文还将讨论1975年安哥拉独立以前的事件和史学。大卫·阿米蒂奇（David Armitage）注意到大西洋史学术研究的发展，不无讽刺地说："我们现在都是大西洋史家。"回溯过去，约翰·罗素-伍德（John Russell-Wood）提到了那些"有意无意"研究这一问题的史家。[①] 鉴于这些反思，埃塞俄比亚洋的概念或许会使大西洋史变得更复杂，但也可能更真切。

二　南大西洋异常区[②]

埃塞俄比亚洋在传统大西洋史中十分重要，这一主张得到航海和历史的证据支持。然而，尽管它在历史和现实中具有重要意义，但并未在与南大西洋研究相关的社会科学中形成一个公认的学术领域。数年前有一场生动而富有启发性的辩论，主题包括非裔美洲人和非洲研究、泛非主义、非洲中心论等与地区研究相关的各种问题，其中只是附带论述了将巴西和非裔巴西人纳入此类研究的必要性。[③]

大西洋史名家普遍忽视了相关内容，这并非巧合。实际上，一种普遍的史学假设认为北大西洋（包括加勒比海）囊括了全部大西洋史——此假设源于19世纪关于商业资本的理论，即认为英格兰及其殖民帝国是其他欧洲国家率先开启的国家建构和殖民进程的得胜者。正如马克思在《资本论》中指出的："原始积累的不同因素，多少是按时间顺序特别分配在西班牙、葡萄牙、荷兰、法国和英国。在英国，这些因素在17世纪末系统地综合为

① David Armitage, "Three Concepts of Atlantic History," in D. Armitage and Michael J. Braddick, eds., *The British Atlantic World, 1500-1800*, Basingstoke, UK: Palgrave Macmillan, 2002, pp. 11-27, 250-254; A. J. R. Russell-Wood, "Sulcando os mares: Um historiador do império português enfrenta a 'Atlantic History'," *História*, 28, 1 (2009), pp. 17-69.

② 本节小标题指地球磁场中的一个薄弱点，其中心位于巴西近海，磁层专家称之为"南大西洋异常区"（South Atlantic Anomaly）。"'Dip' on Earth Is Big Trouble in Space," *New York Times*, June 5, 1990.

③ Michael O. West and William G. Martin, "A Future with a Past: Resurrecting the Study of Africa in the Post-Africanist Era," *Africa Today*, 44, 3 (1997), pp. 309-326; Christopher C. Lowe, "Resurrection How? A Response to Michael O. West and William G. Martin's Article, 'A Future with a Past: Resurrecting the Study of Africa in the Post-Africanist Era'," *Africa Today*, 44, 4 (1997), pp. 385-421; Michael O. West and William G. Martin, "Return to Sender: No Such Person in the House, a Reply to Christopher C. Lowe's Article 'Resurrection How?'," *Africa Today*, 45, 1 (1998), pp. 63-69.

殖民制度、国债制度、现代税收制度和保护关税制度。"[①] 马克斯·韦伯（Max Weber）则以时间和类型区分现代殖民列强，认为葡萄牙和西班牙殖民体系与"封建型"有关，而荷兰和英国则是"资本主义的"。[②]

视英格兰发展为其他欧洲帝国发展"系统综合"的前提也影响了大西洋史的断代，即相关史学强调1807年英美两国的废奴法案。艾里克·威廉斯（Eric Williams）的《资本主义与奴隶制度》（*Capitalism and Slavery*，1944）和他对"三角贸易"的评价（他为这一描述的推广做出了贡献），以及对美国和英国废奴主义辩论的评价，引领了战后史家的讨论。尽管威廉斯强调，1807年废奴后巴西和古巴的黑奴贩运有所增加，但直到最近几十年才有研究提出证据，证明在北大西洋（所谓"严格意义上的大西洋"）之外也存在南大西洋网络。[③] 无论如何，与"威廉斯论辩"（Williams debate）相对应，"德雷舍论辩"（Drescher debate）以北大西洋为中心，将19世纪南大西洋奴隶贸易置于次要地位。

若干事实掩盖了南大西洋地理历史的特殊性。首先，在赤道以北有同样的历史名称用来描述美国南部各州，而且这是美国国会图书馆为该术语提供的标准指称。[④] 因此，鉴于美国南部和牙买加的奴隶社会及其空间经济专业

---

① 马克思的名言如下："这些方法一部分是以最残酷的暴力为基础。例如殖民制度就是这样。但所有这些方法都利用国家权力，也就是利用集中的、有组织的社会暴力，来大力促进从封建生产方式向资本主义生产方式的转化过程，缩短过渡时间。" K. Marx, *Capital*, book 1, chap. 31, "The Genesis of the Industrial Capitalist," online edition, in Frederick Engels and Ernest Untermann, eds., trans. by Samuel Moore and Edward Aveling (Chicago: Charles H. Kerr and Co., 1906), http://www.econlib.org/library/YPDBooks/Marx/mrxCpA3i.html#VIII.XXXI.5 (accessed November 2013). 译文参考《马克思恩格斯选集》第2卷，人民出版社，2012，第296页。

② 马克斯·韦伯在其关于殖民政策的一章中写道："主要有两种剥削方式：西班牙和葡萄牙殖民地的封建型，荷兰和英国的资本主义型。" Max Weber, *General Economic History*, 1st ed., 1927, Mineola: Dover, 2003, p. 298. 关于"堕落的"伊比利亚大西洋与英国和尼德兰大西洋的"现代性"间的对立，参见 Jorge Cañizares-Esguerra and Benjamin Breen, "Hybrid Atlantics: Future Directions for the History of the Atlantic World," *History Compass*, 11, 8 (2013), pp. 597–609。

③ Ibrahim Sundiata, "Capitalism and Slavery: 'The Commercial Part of the Nation'," in Heather Cateau and S. H. H. Carrington, eds., *Capitalism and Slavery Fifty Years Later: Eric Eustace Williams—A Reassessment of the Man and His Work*, New York: Peter Land, 2000, pp. 121–136; James Walvin, "Why Did the British Abolish the Slave Trade? Econocide Revisited," *Slavery and Abolition*, 32, 4 (2011), pp. 583–588.

④ 美国人口统计局把特拉华州、佛罗里达州、佐治亚州、马里兰州、北卡罗来纳州、南卡罗来纳州、弗吉尼亚州、西弗吉尼亚州和哥伦比亚特区纳入"南大西洋"（South Atlantic）分区。美国国会图书馆地图收藏网站中的"南大西洋"仅指美国南部各州。

化，菲利普·柯廷（Philip Curtin）于 1955 年首度详细阐述了历史上“南大西洋体系”的概念框架。[①] 后来柯廷放弃这一概念，转而提出“种植园复合体”以涵盖赤道南北的热带奴隶制地区。[②] 受这些思考启发，一部被普遍认可的美国历史教科书提出了另一种分类方式。据此，詹姆斯·A. 亨雷塔（James A. Henretta）和大卫·布罗迪（David Brody）定义了一个“南大西洋系统”，包括巴西和西印度群岛的甘蔗种植园奴隶制。[③] 然而，两部重要的但存在分歧的大西洋史著作以同样的方式忽略了南大西洋网络，聚焦北半球并将其作为更广泛的框架囊括大西洋史。它们是伯纳德·贝林（Bernard Bailyn）的《大西洋史：概念和轮廓》（*Atlantic History: Concept and Contours*, 2005）和保罗·吉尔罗伊（Paul Gilroy）的《黑色大西洋：现代性与双重意识》（*The Black Atlantic: Modernity and Double Consciousness*, 1993）。

1955 年以来，伯纳德·贝林已发表了大量关于大西洋史的论著。他培养了两代历史学家，举办了颇有影响的哈佛研讨会探讨大西洋史问题。[④] 他的书详细考察了两次世界大战和冷战期间大西洋史学的变化。正如评论者指出的，他主要关注 18 世纪以及英国和盎格鲁-美利坚维度的大西洋史，而不关注海地革命、非洲史以及将非洲人贩运到美洲的问题。[⑤] 他唯一提到“南大西洋”空间的地方是重拾柯廷早先关于美国南部各州和牙买加

---

① Philip D. Curtin, *Two Jamaicas: The Role of Ideas in a Tropical Colony, 1830-1865*, 1st ed., Cambridge: Harvard University Press, 1955, 2nd ed., New York: Greenwood, 1968, pp. 4-5.

② Philip D. Curtin, *The Rise and Fall of the Plantation Complex*, 1st ed., 1990, 2nd ed., New York: Cambridge University Press, 1998, pp. 188-189.

③ “南大西洋体系的中心位于巴西和西印度群岛，蔗糖是其主要产品。” James A. Henretta and David Brody, *America: A Concise History*, 4th ed. (Vol. 1 and Vol. 2 combined), Boston: Bedford/St. Martins, 2010, p. 74. 另见 Ibrahim Sundiata, “Capitalism and Slavery: ‘The Commercial Part of the Nation’,” in Heather Cateau and S. H. H. Carrington, eds., *Capitalism and Slavery Fifty Years Later: Eric Eustace Williams—A Reassessment of the Man and His Work*, New York: Peter Land, 2000, pp. 121-130.

④ Trevor Barnard, “Bernard Bailyn, *Atlantic History: Concept and Contours*,” *Journal of American Studies*, 40, 2 (2006), pp. 415-417.

⑤ Kristin Mann, “Shifting Paradigms in the Study of the African Diaspora and of Atlantic History and Culture,” *Slavery and Abolition*, 22, 1 (2001), pp. 3-21. 曼恩（Mann）还批评那些忽视非洲在大西洋形成过程中作用的作者“极度短视”，他写道贝林还低估了非裔美籍知识分子对大西洋世界的思考。Timothy Coates, “Book Review: Bernard Bailyn, Atlantic History: Concept and Contours” *E-Journal of Portuguese History*, 3, 1 (2005); Alison Games, “Atlantic History: Definitions, Challenges, and Opportunities,” *American Historical Review*, 111, 3 (2006), pp. 434-435.

的表述。[①]

贝林对大西洋史和大西洋世界观念演变的分析很能说明问题。《大西洋史：概念和轮廓》有助于我们理解北大西洋作为文明统一体的持久概念——一个在地缘政治领域反复出现的主题，正如美国和欧盟之间正在进行的跨大西洋贸易与投资伙伴关系协定（TTIP）所体现的那样，[②] 尽管西方文明的概念实际上包含了其他跨大陆的框架。[③]

保罗·吉尔罗伊的《黑色大西洋：现代性与双重意识》阐明了以非裔美洲人文化为中心的大西洋史。然而，此书同样关注北大西洋和加勒比社会，但没有提及非洲。尽管吉尔罗伊强调了黑人大流散的观点，但他并未提及非裔巴西人——非洲以外最大的非裔民族社群。此外，完全没有讨论黑白混血人的主体性和特征，这是一个与非裔美洲人历史分析相对的重要主题，巴西、法国、英国和美国几代有影响力的社会科学家都研究过该主题。[④] 需要说明的是，吉尔罗伊在某种程度上承认了该疏忽。他在该书巴西译本序言中指出，非裔巴西人历史在关于非裔美洲人文化的研究中已被“边缘化”。[⑤]

一些旨在涵盖全球大西洋史的集体合著对赤道以南的社群和国家进行了考察。杰克·P. 格林（Jack P. Greene）和菲利普·D. 摩根（Philip D. Morgan）

---

① Bernard Bailyn, *Atlantic History: Concept and Contours*, Cambridge: Harvard University Press, 2005, p. 32.

② 荷兰一家智库报告的研究人员在定义 TTIP 时表示：“它不仅是一个游戏规则的改变者，还是跨大西洋西方国家在 21 世纪推进自由世界秩序的最佳机会。” Peter van Ham, *The Geopolitics of TTIP*, The Hague: Clingendael Institute, 2013, http://www.clingendael.nl/sites/default/files/The%20Geopolitics%20of%20TTIP%20-%20Clingendael%20Policy%20Brief.pdf (accessed November 2013)。

③ 爱德华·斯诺登（Edward Snowden）的曝光显示了“大西洋文明”地缘政治中一个更为紧密且跨洋的核心。令法、德两国领导人不满的是，美国国家安全局只与加拿大、英国、澳大利亚和新西兰［美国、加拿大、英国、澳大利亚、新西兰组成“五眼联盟”（Five Eyes Alliance）］共享情报数据，此事被广泛宣传。美英联盟对应于 19 世纪中期起法国政学两界定义的“盎格鲁-撒克逊诸国”（les pays Anglo-Saxons）地缘政治集团。至 19 世纪中叶，法国还定义了“拉丁美洲”的文化和地区，其被视为一个由巴黎领导的对立跨国集团。

④ 2007 年 6 月 1 日，保罗·吉尔罗伊在巴黎拉丁美洲高等研究所举行的辩论中也提出了这一问题，http://www.amsud.fr/ES/Event.asp?id=1213&url=/1213/accueil.asp (accessed November 2013)。

⑤ Paul Gilroy, *O Atlântico Negro*, *modernidade e dupla consciência*, Rio de Janeiro: Editora 34, 2001, pp. 10-11. 几位巴西历史学家研究了南北大西洋史的差异，包括若昂·何塞·赖斯（João José Reis）、罗奎纳尔多·费雷拉（Roquinaldo Ferreira）、马诺洛·弗洛伦蒂诺（Manolo Florentino）、弗拉维奥·戈麦斯（Flavio Gomes）、玛丽安娜·坎迪多（Mariana Candido）。此外，见本文对查尔斯·博克瑟和皮埃尔·韦尔热（Pierre Verger）开创性工作的讨论。

编辑了《大西洋史：一种批判性评价》(*Atlantic History : A Critical Appraisal*, 2009)，此二人均为大西洋史做出过重大贡献。[①] 这本书分为不同部分，将欧洲各帝国包含在南大西洋网络中，区分了“尼德兰大西洋”、“葡萄牙大西洋”和“西班牙大西洋”。有两章考察了非洲人和美洲印第安人，但这些讨论体系问题的文章并未考虑南大西洋两岸间的相互影响。这些章节涵盖了美洲殖民地时期，却忽略了莫桑比克到巴西的交通——这是大西洋奴隶贸易的一个新部分——以及 19 世纪上半叶的其他长期转变，当时古巴和巴西奴隶贸易达到顶峰。当葡属巴西人超越所有其他大西洋奴隶贩子时，罗安达变成了非洲最重要的奴隶输出港，里约热内卢则成为美洲主要贩奴中心。

尼古拉斯·坎尼（Nicholas Canny）和菲利普·摩根编辑了另一本关于该领域值得关注的作品，涵盖了一个更长的时期：1450—1850 年。[②] 这一合著淡化了安哥拉和巴西的相互影响，以及葡萄牙贩奴承包人（asentistas）对巩固里斯本在中非西部势力的作用。有些章节提出了一种有趣的整体性方法。然而，关于大西洋战争的章节［艾拉·D. 格鲁伯（Ira D. Gruber）撰］并没有对南大西洋葡萄牙与荷兰的战争或 17—18 世纪在安哥拉作战的巴西远征军进行论述。肯尼斯·米尔斯（Kenneth Mills）研究宗教，忽略了刚果王国和安哥拉长达数百年的天主教传教活动和宗教文化。J. -F. 绍布（J. -F. Schaub）关于 16 世纪和 17 世纪暴力的章节几乎没有提到非洲，也回避了大西洋奴隶贸易产生的暴力。同样，绍布承认维埃拉神父为美洲印第安人所做的辩护，但他没有看到事情的另一面：维埃拉神父坚定支持奴隶贸易和贩运安哥拉人。罗宾·福克斯（Robin Fox）谈到了关于非洲和大西洋世界的话题，主要关注几内亚湾，但对中非西部的论述过于简略，而这里是主要的贩奴区。大卫·埃尔蒂斯（David Eltis）关于奴隶制和奴隶贸易的全面考察遗憾地结束于 18 世纪中叶，因此没有关于南大西洋奴隶贸易重新兴起直到 1850 年巴西、1867 年古巴结束奴隶贸易的信息，也没有关于美国南部、巴西、波多黎各、古巴种植园和奴隶贸易与英国工业革命之间联系的内容——埃尔蒂斯此前研究过这一问题，戴尔·托米奇（Dale Tomich）在题为《第二种奴隶制》的

① Jack P. Greene and Philip D. Morgan, eds., *Atlantic History : A Critical Appraisal* (*Reinterpreting History*), Oxford: Oxford University Press, 2009.

② Nicholas Canny and Philip Morgan, *The Oxford Handbook of the Atlantic World, 1450 - 1850*, Oxford: Oxford University Press, 2011.

开创性文章中亦研究过这一问题。[①]

其他研究大西洋史的文集或论文同样将1850年作为断代下限，因为这一日期标志着欧洲贸易和移民的激增。其中一些作品强调了拉丁美洲或非洲的历史。[②] 尽管如此，当时英国皇家海军在埃塞俄比亚洋造成或插手的明显事件间的关系没有得到阐释，包括巴西奴隶贸易结束（1850）、炮轰拉各斯（1851）和封锁维达（1852）。[③] 这些事件的综合影响给大西洋史打上鲜明烙印。1841—1850年和1851—1860年，被贩运到美洲的非洲人减少了2/3，而这一减少几乎完全是由于其在巴西的登陆趋于终结。[④]

除此之外，认为大西洋各分区具有等价性的观点可能是错误的，因为存在明显的不对称性：北大西洋的连续性、空间范围以及经济和政治意义均超过南大西洋。这就引出了一个问题，南北大西洋史终归是不同的吗？答案当然是肯定的。为呈现那些鲜明的特征，随后的篇幅将回顾那些讨论南大西洋网络的问题，以及在大西洋史本身成为一个学术领域之前，20世纪该领域的史学。

三　另一个大西洋世界：17世纪的埃塞俄比亚洋

17世纪南美洲和大西洋沿岸的非洲发生了重大变化，因此17世纪是埃

① David Eltis, *Economic Growth and the Ending of the Transatlantic Slave Trade*, New York: Oxford University Press, 1987; Dale Tomich, "The 'Second Slavery': Bonded Labor and the Transformation of the Nineteenth-Century World Economy," in Francisco O. Ramirez, ed., *Rethinking the Nineteenth Century: Movements and Contradictions*, Westport: Greenwood, 1988, pp. 103-117.

② 关于拉丁美洲史，参见 Victor Bulmer-Tomas, John Coatsworth, and Roberto Cortes Conde, eds., *The Cambridge Economic History of Latin America*, Cambridge: Cambridge University Press, 2006, I, pp. 1-4。作者认为1850年是拉丁美洲全球化开始的标志，忽视了持续三个世纪的南美洲和古巴贩奴的突然结束。关于非洲史，参见 J. E. Inikori, "Africa and the Globalization Process: Western Africa 1450-1850," *Journal of Global History*, 2（2007）, pp. 63-86。虽然伊尼科里（Inikori）恰当地指出“就所有实际目的而言，巴西在相关时期是非洲的延伸”（见第79页），但他没有提到1850年巴西大西洋奴隶贸易的结束。

③ Robin Law, "International Law and the British Suppression of the Atlantic Slave Trade," in Derek R. Peterson, ed., *Abolitionism and Imperialism in Britain, Africa, and the Atlantic*, Athens: Ohio University Press, 2010; Kristin Mann, *Slavery and the Birth of an African City: Lagos 1760-1900*, Bloomington: Indiana University Press, 2008, pp. 3, 99.

④ 1841—1850年和1851—1860年，美洲入境人数从455755人下降到134135人（-70.6%）。巴西从4000016人下降到6899人（-99.8%）。从1860年到古巴和大西洋奴隶贸易结束（1867），另有37124名奴隶横渡大洋。参见TSTD（accessed October 2013）。

塞俄比亚洋的全盛期。[①] 在17世纪，三十年战争及此后伊比利亚与荷兰在巴西和安哥拉的斗争创造出了一个新的地缘政治空间；葡萄牙复国，布拉干萨王朝的海外政策从亚洲转向大西洋；耶稣会士在大西洋开展活动；巴拉圭的保利斯塔人对印第安人进行猎奴活动；葡属美洲东北部印第安人社群覆灭；从巴西到安哥拉的军事远征行动；巴西和中非西部的美洲印第安人、逃亡黑奴[②]和非洲人发生暴动；中非引进南美作物（最著名的是玉米和木薯）；安哥拉内陆贸易网络扩展；恩东戈（Ndongo）王国的倾覆；刚果王国的衰落以及隆达（Lunda）和卢巴（Luba）诸国的出现；达荷美（Dahomey）王国（1975年更名为贝宁）崛起；西班牙贩奴专营权网络通过布宜诺斯艾利斯向南迁移至罗安达和波托西；最后，巴西和安哥拉的神职人员和传教士在教义层面使大西洋奴隶贸易合法化。

在整个伊比利亚联盟时期，葡萄牙奴隶贩子、船主、大商人及其西班牙合作者收购了1595—1640年在马德里拍卖的所有贩奴专营权。在此过程中，他们将西属美洲奴隶市场纳入其已经对巴西市场进行的管理中。此外，专营权承包人的大量投资扩大了葡萄牙在中非西部的势力范围。他们凭借专营权合同在本格拉、罗安达、穆西马（Muxima）、马桑加诺（Massangano）和坎班贝（Cambambe）修建或加固了定居点和堡垒。这些飞地确保了里斯本在安哥拉各港和内陆市场的主导地位，有助于遏制荷兰和其后法国与刚果河口索约郡（Soyo）和卢安果（Loango）王国的贸易。因此，通过埃塞俄比亚洋结合起来的多个空间形成了其历史梗概。不出所料，非洲和美洲研究者仅单独研究南大西洋关键的和相互关联的问题。

---

① 菲利普·柯廷在他关于对阿根廷和南非深刻见解的文章中使用了“南大西洋世界”一词，见 Philip D. Curtin，“Location in History：Argentina and South Africa in the Nineteenth Century，” *Journal of World History*，10，1（1999），pp. 41-92。另见 K. G. Davies，*The North Atlantic World in the Seventeenth Century*，Minneapolis：University of Minnesota Press，1974。这本书描述了英国、法国和荷兰，特别是西非，但也有意回避了墨西哥、古巴和西班牙在北大西洋的属地。此外，正如波琳·克罗夫特（Pauline Croft）指出的，将南大西洋联系排除在外限制了K. G. 戴维斯（K. G. Davies）的分析范围。见 Pauline Croft，“*The North Atlantic World in the Seventeenth Century* by K. G. Davies，” *Economic History Review*，n. s.，29，2（1976），pp. 337-338。

② 逃亡黑奴（Maroon）指近代早期从美洲种植园逃出的黑奴，他们大多逃到人迹罕至的森林和山区、殖民地的边缘或交界地带，组建独立的社群，自给自足地生活，有的社群中还有印第安人。著名的即帕尔马雷斯（Palmares）黑人共和国，位于巴西东北部，在17世纪存续近百年，曾成功击退葡、荷殖民者数次进攻，直到1694年被葡军摧毁。——译者注

考虑到 17 世纪初安哥拉贩卖的奴隶数量的激增，非洲研究者强调内源性因素［与葡萄牙人结盟的贾加-伊班加拉（Jaga-Imbangala）战士的掠奴范围有所扩大］，忽视了新定居在罗安达的承包人对奴隶需求的增加。① 相反，斯图尔特·施瓦茨（Stuart Schwartz）在讨论巴伊亚种植园的睿智之作中考察了从印第安奴隶向黑人奴隶的变化，他关注糖厂的管理，而没有考虑到承包人在安哥拉投资后非洲人在巴西登陆人数的增加。②

从同样的地域视角出发，美洲研究者经常进行关于黑人奴隶制合法性的辩论，仿佛关于非洲奴隶地位的神学和法律争论始于他们登陆美洲一样。实际上，欧洲人对奴役和贩卖非洲人的认同早于“发现”美洲。由葡萄牙国王提出、教皇尼古拉五世（Pope Nicholas V）发布的罗马宗座教谕（Romanus Pontifex，1455）奠定了大西洋奴隶贸易的法律基础。③ 后来，贩奴专营权由王室合同确立并成为伊比利亚的一种政策工具，为奴役非洲人的合法性赋予新维度。如前所述，安东尼奥·维埃拉神父以及在他之前的其他伊比利亚教会权威将非洲奴隶贸易视为在美洲殖民地内使被贩运来的异教徒皈依天主教的过程。奴隶被从内陆市场买下，在罗安达和西非港口买者支付王室费用后，这些奴隶被烙上所有者的印章，脱离非洲宗教，然后卖给基督教主人，这些奴隶在抵达天主教美洲时已经在前往天堂的半路上了。因此，黑人奴隶制的合法性问题在伊比利亚美洲是一个次要的，有时甚至是不明显的要素。

诚然，内源性因素导致运向罗安达和其他非洲港口的内陆奴隶增加，也

---

① 见 Fr. J. Mathias Delgado in de Cadornega, *História Geral das Guerras Angolanas escrita no ano de 1681*, 3 vols., Lisbon: Agência Geral das Colonias, 1940-1942, I, p. 98, n. 1; Beatrix Heintze, “Angola nas garras do tráfico de escravos — As guerras do Ndongo, 1611-1630,” *Revista Internacional de Estudos Africanos I*, 1 (1984), pp. 15-16; John C. Miller, “The Imbangala and the Chronology of Early Central African History,” *Journal of African History*, 13, 4 (1972), p. 568, n. 73; Philip D. Curtin, *The Atlantic Slave Trade: A Census*, Madison: University of Wisconsin Press, 1969, pp. 108-112; J. K. Thornton, “The Portuguese in Africa,” in F. Bethencourt and D. R. Curto, eds., *Portuguese Oceanic Expansion 1400-1800*, New York: Cambridge University Press, 2007, p. 153。

② Stuart B. Schwartz, *Sugar Plantations in the Formation of Brazilian Society: Bahia 1550-1835*, London: Cambridge University Press, 1985, pp. 51-72.

③ Antônio Brásio, *Monumenta Missionária Africana* (MMA), 2nd series (África Ocidental oeste), 6 vols., Lisbon: Agência Geral do Ultramar, 1958-1992, Vol. 1, pp. 277-286; C. -M. De Witte, “Les Bulles pontificales et l'expansion portugaise au XVe siècle,” *Revue d'Histoire Ecclesiastique*, 53 (1958), pp. 5-46, 443-471.

影响了非洲奴隶制在南美的扩张和合法性。然而，南大西洋视角提供了一种更全面的方法，可以防止学科划分和区域性解释的陷阱。从地缘政治角度看，荷兰西印度公司（WIC）在大西洋两岸的运营阶段（1630—1654）体现了在埃塞俄比亚洋内部形成的统一经济空间。荷兰人首先占领了巴西伯南布哥的葡萄牙甘蔗种植园（1630），然后决定占领安哥拉（1641）。反过来，葡萄牙人和巴西殖民者首先夺回安哥拉（1648），以削弱荷兰西印度公司的根基并将其逐出巴西（1654）。因此，葡萄牙和尼德兰联省共和国间世界性经济战争的结果显而易见。在太平洋，由于对贸易站的控制处于危机中，里斯本输掉了香料战争。在南大西洋，得益于对安哥拉内陆网络的控制，里斯本赢得了蔗糖战争，这事关占据南美种植园和非洲奴隶贸易地区。此后，葡萄牙海外活动的中心从太平洋转移到大西洋，从流通经济转向与领土控制更相关的生产经济。

由于对贩奴专营权的投资和在来自宗主国与巴西的殖民者支持下，里斯本在安哥拉取得支配地位，赢得了非洲最大的奴隶市场。当从事奴隶贸易的欧洲势力将其商业集中在沿海据点时，葡萄牙则在安哥拉拥有内陆网络，并成为唯一采取官方的、大规模军事行动奴役非洲人的欧洲国家。葡萄牙人恢复了安哥拉的网络，并在奴隶海岸开辟了新市场，导致更多非洲人被强迫迁徙到巴西，并影响了东北方的印第安领地。印第安村庄变成了一个不太重要的俘虏劳动力储备区，阻碍了发展养牛业。从那时起，在巴西南方的保利斯塔人与从种植园主和牧场主中招募的北方民兵支持下，葡萄牙人对东北部印第安人发动了一场战争，从巴伊亚腹地一直到亚马孙河南岸。曾在安哥拉或布拉斯利卡（Brasílica）战争中与荷兰人作战的葡军官兵经常袭击巴西东北部的印第安人和逃亡黑奴村庄，尤其在1654—1694年对帕尔马雷斯发起了30多次“扫荡”。其中一些军官和民兵后来返回安哥拉。往返于巴西和安哥拉腹地，这些军事穿梭传播了在南回归线附近发动战争的普遍知识，因此在南大西洋形成了一支新的殖民军队。[①]

① 另一个忽略南大西洋史的学科偏见例证为，研究刚果史的一位重要专家约翰·桑顿忽视了南大西洋两岸战争间的联系、巴西和南美民兵采用的热带战术在17世纪和18世纪安哥拉的关键作用，这些战术改变了一些葡萄牙战役的结果，包括姆布维拉战役（Battle of Mbwila, 1665），此可谓近代非洲的主要殖民战斗。J. K. Thornton, *Warfare in Atlantic Africa, 1500-1800*, Los Angeles: UCLA Press, 1999. 见 L. F. de Alencastro, "South Atlantic Wars: The Episode of Palmares," *Portuguese Studies Review*, 19, 1 and 2 (2011), pp. 35-58; Roquinaldo Ferreira, "O Brasil e a arte da guerra em Angola (sécs. XVII e XVIII)," *Estudos Históricos*, 39 (2007), pp. 1-24。

针对东北部印第安人的一系列战役被（意味深长地）称为野蛮人战争（1651—1704），这在葡属美洲史上标志着一次分裂。殖民侵略的目的首次变成消灭而不是奴役印第安人。[①] 因此，非洲奴隶贸易的扩展也对印第安人社区产生了重大影响。

当时，大西洋上发生了两个重大变化。在北大西洋，除了里斯本和塞维利亚外，利物浦、伦敦、布里斯托尔和南特也出现了新的奴隶贸易组织中心。[②] 在南大西洋，巴西与安哥拉和几内亚湾的非洲港口之间的双边贸易得到了巩固。这样的地缘政治空间被罗马掌握并加以体制化。在17世纪70年代由教皇英诺森十世（Pope Innocence X）重新组织后，葡萄牙教区支撑起南大西洋网络。随着海流和贸易，新的马拉尼昂教区（Maranhão，巴西北部）成为里斯本大主教隶属教区（1677）。相比之下，刚果—安哥拉和圣多美教区成为新的巴伊亚大主教区的隶属教区（1676）。[③]

17世纪中叶至18世纪中叶，有至少十次军事远征从巴西（主要是伯南布哥）出发，以协助葡萄牙军队在安哥拉的行动，这是美洲绝无仅有的跨大西洋行动。[④] 巴西的地方编年史家记录了这类活动。一位18世纪的伯南布哥编年史家在写当地的“荣耀”时，赞扬了跨越南大西洋在安哥拉作战的伯南布哥战士的“特殊价值”，称其“用双手维持了葡萄牙帝国那一巨大部分”。[⑤] 同样地，王室军官、传教士、商人和冒险家在巴西和安哥拉之间的活动进一步提升了葡萄牙在中非的支配地位。此外，在1648—1810年有几位主教和十几位总督在到罗安达担任职务之前或之后，在安哥拉担任着与在葡属美洲相似的职务。[⑥]

与16世纪和17世纪的种植园飞地不同，黄金开采经济使18世纪的葡

---

① Pedro Puntoni, *A guerra dos bárbaros: Povos indígenas e a colonização do sertão nordeste do Brasil 1650-1720*, São Paulo: Huicitec, 2000.

② David Eltis and David Richardson, *Atlas of the Transatlantic Slave Trade*, New Haven: Yale University Press, 2010, map 26, 47.

③ Antônio Brásio, *Monumenta Missionária Africana*, 1st series (África Ocidental central), 15 vols., Lisbon: Agência Geral do Ultramar, 1952-1988, Vol. XIII, pp. 435-437.

④ Roquinaldo Ferreira, "O Brasil e a arte da guerra em Angola (sécs. XVII e XVIII)," *Estudos Históricos*, 39 (2007).

⑤ D. Loreto do Couto, "Desagravos do Brazil e Glórias de Pernambuco," (1757) *Annaes da Bibliotheca Nacional*, 25 (1905), pp. 68-69, 85-86.

⑥ Anne W. Pardo, "A Comparative Study of the Portuguese Colonies of Angola and Brasil and Their Interdependence from 1648 until 1825," Ph. D. diss., Boston University, 1977.

属美洲形成了一个大陆贸易网络。巴西经济的增长和多样化加强了其与非洲各港的贸易合作。里约热内卢商人和（在较小程度上）伯南布哥商人控制了本格拉奴隶贸易，因为巴伊亚船只更频繁地驶向西非贝宁湾。此外，在国王和宗主国商人的指挥下，在几内亚比绍和葡属亚马孙河流域海港贝伦和圣路易斯之间建立了一条新的奴隶贸易环线。[①]

关于这些问题的主要研究成果提高了阿根廷、巴西和欧洲殖民列强参与中非西部事务的南大西洋史学认识。下文讨论的关于刚果和安哥拉的许多资料和文章来自有殖民和传教背景的作家。在谈到刚果王国时，理查德·格雷(Richard Gray)恰当地认为16—18世纪欧洲文献的相关记载“比非洲任何其他国家都丰富”，“然而，这种材料的价值因其外来性质而降低，口述传统似乎不大可能弥补这一缺陷”。[②]按字面意思理解，这种方法意味着无法对现代非洲和南美洲的大部分地区（以及许多其他地方和时期）进行研究。无论如何，必要的解决方案是仔细查阅殖民地材料，以揭示南大西洋两岸不断演变的社群之间的关系。正如我们将在下文中看到的那样，推动史料出版的意识形态语境和殖民地史学构成了大西洋史无法逃避的一个方面。

四 葡属大西洋史学

葡萄牙（布拉干萨王朝）复国（1640）使其在欧洲和海外重新确立了独立性，葡萄牙300周年纪念活动为历史研究和在里斯本举办的葡萄牙世界大会(Congresso do Mundo Português)带来了官方资助。正当第二次世界大战动摇欧洲均势之时，来自不同国家的历史学家和社会科学家齐聚一堂，围绕葡萄牙殖民属地的合法性和持续性进行讨论。[③] 与此同时，殖民地事务总署（Agência

① Walter Hawthorne, *From Africa to Brazil: Culture, Identity and an Atlantic Slave Trade, 1600-1830*, New York: Cambridge University Press, 2010.

② Richard Gray, "*Benin and the Europeans, 1485-1897* by A. F. C. Ryder; *L'ancien royaume du Congo des origines à la fin du XIXe siècle* by W. G. L. Randles," *Bulletin of the School of Oriental and African Studies*, 33, 3 (1970), pp. 684-685.

③ 因为论及1140年（阿丰索·恩里克建立葡萄牙独立王国）和1640年（布拉干萨王朝恢复葡萄牙王国）的百年纪念，这些庆祝活动被称为“民族的两个百周年纪念”。提交的482篇论文中的大多数都发表在葡萄牙世界大会文集中，参见 *Congresso do Mundo Português*, 19 vols., Lisbon: Comissão Executiva dos Centenários, 1940。关于该会议的思想背景，参见 Margarida Calafate Ribeiro, "Empire, Colonial Wars and Post-Colonialism in Portuguese Contemporary Imagination," *Portuguese Studies*, 18 (2002), 尤其是 pp. 158-162。

Geral das Colônias）赞助了关于葡萄牙海外历史的图书和期刊。[①] 围绕着这两场纪念活动进行了一些颇具启发性的辩论，它们低估了后续相关大西洋史著作产生的影响。[②]

埃德加·普雷斯塔奇（Edgar Prestage）关于17世纪葡萄牙外交史的著述和赫尔曼·沃特扬（Hermann Wätjen）关于荷兰在巴西殖民的著作补充了几位葡萄牙和巴西历史学家的工作。[③] 普雷斯塔奇延续了专门研究英葡关系的英国史家的悠久传统，他后来还皈依了天主教。

当德国迟来的殖民主义在非洲扩张时，海德堡历史学家沃特扬决定研究17世纪荷兰西印度公司在南大西洋的政策，试图分析德意志殖民地在第一轮欧洲扩张中失败的原因。众所周知，荷兰西印度公司位于巴西和安哥拉的定居点中除了荷兰人之外还有许多德意志人，更不用说新荷兰总督，威斯特伐利亚人约翰·莫里茨·冯·纳索-西根（Johan Moritz von Nassau-Siegen）。[④]

---

① 殖民地事务总署1951年更名为海外总署（Agênda Geral do Ultramar）。里约热内卢著名的葡萄牙社群开展了关于海外历史的研究。为纪念巴西独立一百周年（1922），1837年成立于里约热内卢的葡语图书馆兼文化中心——葡文阅读室（Gabinete Português de Leitura）资助出版 *História da Colonização Portuguesa do Brasil*, 3vols., Porto: Litografia Nacional, 1921-1924。这部作品由卡洛斯·马雷洛·迪亚斯（Carlos Malheiros Dias）编辑，作者包括杜阿尔特·莱特（Duarte Leite）、奥利维拉·利马（Oliveira Lima）、佩德罗·阿泽维多（Pedro Azevedo）、詹姆·科尔特桑（Jaime Cortesão）。在葡萄牙和巴西，萨拉查主义的支持者和反对者均对葡萄牙殖民扩张有着同样的赞美。因此，巴西反法西斯记者伯托·康德（Bertho Condé）在葡文阅读室就萨尔瓦多·德·萨（Salvador de Sá）的1648年安哥拉之行发表演讲。Bertho Condé, "Sobre a restauração de Angola," *Boletim da Sociedade Luso-Africana do Rio de Janeiro*, 6 (1933), pp. 39-41. 20世纪30年代，里约热内卢葡属非洲协会出版了《葡非协会公报》（*Boletim da Sociedade Luso-Africana*）。参见 Heloísa Paulo, "Os 'Insubmissos da Colônia': A recusa da imagem oficial do regime pela oposição no Brasil, 1928-1945," *Penélope*, 16 (1995), pp. 9-24; Douglas Mansur da Silva, "O exílio anti-salazarista no Brasil e a memória da resistência: Antigos e novos laços e disputas políticas," *XXIV Encontro Anual da ANPOCS*, Rio de Janeiro: Petrópolis, 2000, pp. 1-20。

② 19世纪，巴西独立引发了对里斯本殖民政策的及时反思，主要是在安哥拉。参见 Oliveira Martins, *O Brasil e as colônias portuguesas*, 1st ed., 1880, 7th ed., Lisbon: Guimarães Editores, 1978; Paulo S. Polanah, " 'The Zenith of our National History!': National Identity, Colonial Empire, and the Promotion of the Portuguese Discoveries: Portugal 1930s," *e-JPH*, 1, 9, 1 (2011), pp. 40-64。

③ Edgar Prestage, *Correspondência diplomática de Francisco de Sousa Coutinho durante a sua embaixada em Holanda*, Coimbra: Impr. da Universidade, 1920. 英译本为 *The Diplomatic Relations of Portugal with France, England, and Holland from 1640 to 1668*, Watford: Voss & Michael, Ltd., 1925。

④ Hermann Watjen, *Das Holländische Kolonialreich in Brasilien*, Hague Haay: Martinus Nijhoff, 1921. 葡译本为 *O dormínio colonial hollandez no Brasil*, trans. by P. C. Uchoa Cavalcanti, São Paulo: Companhia Editora Nacional, 1938。

一些以大西洋为主题写作的葡萄牙作者曾在巴西生活，与巴西历史学家和体制打交道，提高了人们对南大西洋史的认识，如若昂·卢西奥·德·阿泽维多（João Lúcio de Azevedo）、塞拉菲姆·莱特（Serafim Leite）、杰米·科尔特索（Jaime Cortesão）、埃德蒙多·科雷亚·洛佩斯（Edmundo Correia Lopes）和鲁埃拉·波姆博（Ruela Pombo）。

阿泽维多是一位著名的天主教历史学家，他接续了对葡萄牙殖民经济的研究。最值得注意的是，他对安东尼奥·维埃拉神父的活动提出了新的看法。他出版并注释了维埃拉鲜为人知的信件和纪念册，揭示出这位17世纪天才的传教士、政治作家、殖民地专家和政治家是第一位概述埃塞俄比亚洋统一性和地缘政治意义的有影响力的作家。[①]

耶稣会士塞拉菲姆·莱特的研究聚焦葡属美洲的传教士。他的作品突出了一个中心思想：耶稣会士对印第安人的保护和精神救赎是葡萄牙人在巴西最大的成就。[②]

对印第安人的基督教式仁慈被耶稣会士当作典范，凌驾于里斯本殖民主义造成的大西洋奴隶贸易和其他悲剧之上。莱特的《历史》（*História*）一书以葡萄牙和巴西读者为目标，试图以耶稣会士在葡属美洲进行的文明福音传播为中心，将这两个国家联系起来，这随后被一股民族主义浪潮所淹没。除了对意识形态上的评论外，莱特还收集了许多葡萄牙和耶稣会档案中的文献，说明天主教教义和奴隶制实践之间的关系。他受巴西史学的民族框架限制，低估了耶稣会士通过传教在巴西和安哥拉间建立的联系。

杰米·科尔特索的研究——主要由巴西外交部资助——影响了巴西的地域历史。他关于班德拉远征队[③]的著作产生了双重影响。科尔特索将保利斯

---

① João Lúcio de Azevedo, *Cartas do pe. Antônio Vieira*, 1st ed., 1925, 2nd ed., 3 vols., Lisbon: Imprensa Nacional, 1997; João Lúcio de Azevedo, *História de António Vieira*, 1st ed., 1918, 3rd ed., 2 vols., Lisbon: Classica Editora, 1992.

② Serafim Leite, *História da Companhia de Jesus no Brasil*, 10 vols., Lisbon: Livraria Portugália, 1938-1950.

③ 班德拉远征队（bandeirantes）字面意思为“扛旗的人”，源于葡萄牙语bandeira（旗帜），指16—18世纪的巴西远征队，因远征时常扛队旗而得名。主要由圣保罗葡裔居民（即文中所言保利斯塔人，Paulistas）组成，他们捕捉印第安人并将其卖到种植园为奴，频繁劫掠巴拉那河和乌拉圭河流域耶稣会建立的印第安人归化区。17世纪40年代起由于印第安人武装反抗、葡萄牙占领安哥拉而重启贩奴运动，远征活动便转为勘探矿藏，17世纪末在米纳斯吉拉斯发现金矿。随着金银等矿产开采、定居点在巴西内地建立，远征队活动减少。——译者注

塔人对巴拉圭印第安教团的掠袭并捕其为奴解释为对南美洲西班牙势力的攻击，在著名的复国战争中写下班德拉人（bandeiras）的名字，以此奉承了帮助其出版相关著作的圣保罗寡头。借此，他还强调了巴西南部、巴拉圭和拉普拉塔之间联系的程度。尽管科尔特索没有研究过美洲与非洲的关系，但是他对于葡萄牙全球殖民地的构想，以及研究伊比利亚美洲更广的路径，都有助于对南大西洋历史的描绘。①

1927—1937 年，语言学家和民族志研究者埃德蒙多·科雷亚·洛佩斯在巴西生活和教学，在那里他研究巴伊亚的非裔巴西人文化。1944 年，殖民地事务总署出版了他讨论葡属大西洋世界奴隶制的书，该书从定量和定性的角度为大西洋奴隶贸易提供了权威概述。②

一位不甚知名的葡萄牙作者曼努埃尔·鲁埃拉·波姆博（Manuel Ruela Pombo，1888-1960）神父在罗安达创办了期刊《迪奥戈·康》（*Diogo Cação*，1931-1938），推动了对葡属中非西部的研究。③ 作为一名牧师和自学成才的历史学家，他于 1912 年从葡萄牙移居巴西，十年后从巴西移居安哥拉。1922 年巴西独立百周年纪念活动给他留下了深刻的印象，由此他成为第一位利用米纳斯吉拉斯州（Minas Gerais）和罗安达档案来研究 1789 年被驱逐到安哥拉的巴西叛乱者的作者。他的作品有时令人费解，但总体上是具有启发性的。鲁埃拉·波姆博将其跨大西洋本位主义从波尔图传递到萨普卡伊（Sapucaí，米纳斯吉拉斯），再到罗安达，从而完善了对南大西洋的研究。④ 卡多内加（Cadornega）写的关于安哥拉—巴西关系、罗安达政府的

① Jaime Cortesão, *Alexandre de Gusmão e o Tratado de Madrid*, 5 vols., Rio de Janeiro: Ministério das Relações Exteriores, 1950-1960; Jaime Cortesão, *Raposo Tauares e a formação territorial do Brasil*, 2 vols., Lisbon: Portugalia, 1966; Jaime Cortesão, *O Ultramar Português depois da Restauração*, Lisbon: Portugalia, 1971. 作者还驳斥了“法西斯伊比利亚主义”（fascist Iberism），佛朗哥在西班牙的胜利强化了它，亲萨拉查者也支持它，他们在 1940 年的纪念活动中淡化了马德里和里斯本间的历史对立。

② Edmundo Correia Lopes, *A Escravatura: Subsidios para sua história*, Lisbon: Agência Geral das Colonias, 1944.

③ 由罗安达萨尔瓦多·科雷亚·德·萨中学（Liceu Salvador Correia de Sá）的教职员主导的期刊《安哥拉档案》致力于出版关于安哥拉历史的文献。

④ 曼努埃尔·鲁埃拉·波姆博卷入了一场君主制阴谋，他于 1912 年离开葡萄牙前往巴西。他作为教区牧师定居在米纳斯吉拉斯的萨普卡伊，以“阿尔瓦伦加·佩索托”（Alvarenga Peixoto，1744-1793）为主题写作。阿尔瓦伦加·佩索托是当地的诗人和律师，参与了 1789 年的独立党人阴谋，1792 年被驱逐到安哥拉。鲁埃拉·波姆博在罗安达完成了他的研究，参见 Manuel Ruela Pombo, “Inconfidência mineira 1789: Os conspiradores que （转下页注）

《安哥拉战争通史》（*História Geral das Guerras Angolanas*，1680）以及关于刚果和安哥拉的重要文献资料首次在《迪奥戈·康》中刊印并得到说明，促成了罗安达期刊《安哥拉档案》（*Arquivos de Angola*，1933）的出版。[①] 鲁埃拉·波姆博去世后不久，P. E. H. 海尔（P. E. H. Hair）认为他是“非洲历史文本编辑的先驱”，并对他处于默默无闻的状态感到遗憾。[②]

《安哥拉战争通史》描述了发生在撒哈拉以南非洲的欧洲主要飞地间的斗争，是一部极为重要的作品。其作者卡多内加熟悉安哥拉，根据安哥拉三代定居者和官方文件及非洲口述资料，以生动的风格在罗安达写成。卡多内加开创了“安哥拉历史”（Angolista History），即从定居者的视角看待安哥拉史，被鲁埃拉·波姆博称为“安哥拉史之父”。[③]

当时在非洲的任何其他欧洲飞地都没有类似的反思。值得注意的是，卡多内加建立了横跨南大西洋的文献联系，其模仿葡萄牙人探讨发生在伯南布哥的反荷的巴西战争，写了《安哥拉战争通史》。对他来说，17 世纪安哥拉殖民者的战争与巴西战争和葡萄牙的复国战争一样值得称道。

在对 1640 年复国的纪念活动中，鲁埃拉·波姆博神父和殖民高等学校的教授何塞·马蒂亚斯·德尔加多（José Mathias Delgado）在 1938—1942 年通过编辑《安哥拉战争通史》，对卡多内加的工作给予了充分重视。与 18

（接上页注④）vieram deportados para os presídios de Angola em 1792，” *Diogo Cação*，1932-1933。他是罗安达总政府、市政厅和教区档案的首批研究者之一，参见 Manuel Ruela Pombo，*Cinzas de Lisboa：Ecos da Lusitanidade*，4th series，Lisbon：Empresa da Revista “1640”，1953，pp. 5-6；José de Paiva，*Biobibliografia do Padre Ruela Pombo*，Lisbon：Câmara Municipal de Lisboa，http：//blx. cm-lisboa. pt/gca/index. php？id=909（accessed January 2013）。

① 1902 年，神学期刊《葡萄牙在非洲》刊印了卡多内加的著作第二卷。后来由安哥拉传教士何塞·马蒂亚斯·德尔加多（José Mathias Delgado，1865-1932）注释并编辑，该著作第一卷曾于 1931—1935 年在《迪奥戈·康》分章节刊印。这三卷书后来都由殖民地事务总署出版，参见 Antonio de Oliveira de Cadornega，*História Geral das Guerras Angolanas escrita no ano de 1681*（HGGA），3 vols.，Rev. and annot. by José Mathias Delgado and Manuel Alves Da Cunha，Lisbon：Agência Geral das Colonias，1940-1942。

② P. E. H. Hair，“An Inquiry Concerning a Portuguese Editor and a Guinea Text，” *History in Africa*，18（1991），pp. 427-428.

③ Beatrix Heintze，“Antônio de Oliveira de Cadornegas Geschichtswerk—Eine au？ergewöhnliche Quelle des 17. Jahrhunders，” in B. Heintze，ed.，*Studien zur Geschichte Angolas im 16. und 17. Jahrhundert—Ein Lesebuch*，Cologne：Rüdiger Köppe，1996，pp. 48 - 58；Mathieu Mogo Demaret，“Portugueses e Africanos em Angola no século XVII：Problemas de representação e de comunicação a partir da História Geral das Guerras Angolanas，” in J. D. Rodrigues and Casimiro Rodrigues，eds.，*Representações de África e dos Africanos na História e Cultura Séculos XV a XXI*，Linda-a-Velha：Centro de História de Além-Mar，2011，pp. 107-130.

世纪里斯本对巴西的乐观预测遥相呼应，德尔加多神父在总结他对1940年版《安哥拉战争通史》的介绍时，赞扬了几代葡萄牙人的努力，称他们“以最伟大的牺牲和工作为我们留下了丰厚的安哥拉遗产，这些遗产建构起葡萄牙的未来”。[①]

卡多内加只是稍有提及安哥拉和巴西之间的联系，一个世纪后，生于巴西的埃利亚斯·亚历山大·席尔瓦·科雷亚（Elias Alexandre Silva Correa）在其《安哥拉史》（*História de Angola*，1787-1799）中更清楚地描绘了它。席尔瓦·科雷亚在罗安达当了七年军官，根据罗安达和里约热内卢的档案和口头资料，构思了安哥拉与巴西历史的关系。约瑟夫·米勒（Joseph Miller）认为，席尔瓦·科雷亚“背叛了他对美洲同胞的同情”。[②]

1937年，萨拉查政权[③]中比较有影响力的文化活动家曼努埃尔·穆里亚斯（Manuel Múrias，1900-1960）出版了席尔瓦·科雷亚的书，这本书和卡多内加的《安格拉战争通史》一样，被视为“葡萄牙历史文化”在南大西洋背景之外存在于非洲的进一步证明。巴西史学或巴西作者反而忽视了这两本书。[④] 然而，卡多内加和席尔瓦·科雷亚的著作构成了研究殖民时期安哥拉和南大西洋历史必看的和无可比拟的资料。

面对欧洲在海外的竞争，葡萄牙利用其15—18世纪的海外编年史——当时里斯本是第一轮西方扩张的关键参与者——来重申其在19世纪和20世

① Canon José Mathias Delgado, revise andannotate, *História Geral das Guerras Angolanas escrita no ano de 1681*, 3 vols., Lisbon: Agência Geral das Colonias, 1940-1942, Vol. 1, p. xix.

② Joseph C. Miller, *Way of Death: Merchant Capitalism and the Angolan Slaue Trade 1730-1830*, Madison: University of Wisconsin Press, 1988, p. 500.

③ 安东尼奥·德·奥利维拉·萨拉查（António de Oliveira Salazar，1889-1970），独裁统治葡萄牙36年之久（1932—1968）。建立法西斯性质的新国家体制（Estado Novo），在二战中保持中立,战后投靠美国，以高压手段维持对殖民地的统治，镇压安哥拉、莫桑比克和几内亚比绍的民族解放运动。萨拉查于1970年病逝，其建立的独裁统治在1974年康乃馨革命中被推翻。——译者注

④ 曼努埃尔·穆里亚斯在历史研究和版本的确定以及20世纪40年代葡萄牙世界大会的组织活动中均发挥了关键作用。他领导殖民地历史档案馆（Arquivo Historico Colonial，后更名为海外历史档案馆，Arquivo Histórico Ultramarino），并对殖民地事务总署颇具影响力。当时这些机构承担了对葡属非洲和亚洲的大部分研究。1940年组织纪念活动的安哥拉委员会成员拉尔夫·德尔加多（Ralph Delgado）应安哥拉总督要求写作《本格哥拉名历史总督目录（1779—1940）》（*A Famosa e Histórica Benguela—Catálogo dos Governadores 1779-1940*, Lisbon: Governo da Província, 1940）。之后德尔加多出版了他的《安哥拉史》（*História de Angola*），这是安哥拉史学中的主要著作。Ralph Delgado, *História de Angola*, 4 vols., Lisbon: Banco de Angola, 1948-1978.

纪第二轮扩张中的殖民权利，而在第二次扩张中葡萄牙的作用相当次要。在《几内亚编年史》（*Cronica da Guiné*，1453-1460）1841年第一版的序言中，桑塔雷姆子爵（Viscount of Santarém）——一位经验丰富的历史学家和葡萄牙外交官——称赞祖拉拉（Zurara）的著述是里斯本抵达非洲“优先权”的证明。[①] 30多年后，佩瓦·曼索子爵（Viscount of Paiva Manso）出版了《刚果史》（*História do Congo*，1877），其中包括关于葡萄牙人在刚果和安哥拉的重要历史文献。作为著名法学家，佩瓦·曼索此前曾编辑政府文件和航海图，仔细考察葡萄牙在洛伦索·马贵斯湾（Lourenço Marques Bay）的权利，以反对英国的主张。[②] 他编辑了关于葡萄牙在刚果盆地存在的历史资料，旨在反驳比利时对该地区的领土野心。他的书推动了新的调查研究，被证明是关于刚果王国历史的开创性文本。[③]

相应地，卡多内加的《安哥拉战争通史》的首批编辑者在1940年时打算证明葡萄牙在安哥拉建立定居点和机构（包括神职人员在内）的优先权。从19世纪到20世纪，这些书的出版有着同一目的：在19世纪和20世纪相互竞争的殖民列强中确立葡萄牙在非洲统治地位的首要性、连续性和合法性。

在1940年整个纪念活动中，葡萄牙教会的作用达到了新高度。1930年，萨拉查政权修订的《殖民法案》将葡萄牙海外传教士标榜为“文明和国家影响力的工具”。十年后，里斯本和梵蒂冈之间签订了传教团协议。[④] 当时，天主教会在葡萄牙拥有了比在任何其他欧洲殖民国家都要显著的地

---

① Gomes Eannes de Zurara, *Chronica do descobrimento e conquista de Guiné*, Preface and notes by Viscount de Santarém, Paris: Publicada por J. P. Aillaud, 1841, pp. v-xviii.

② Visconde de Paiva Manso, *Bahia de Lourenco Marques: Questão entre Portugal e a Gran-Bretanha—Baie de Lourenco Marques. Portugal et la Grande-Bretagne: Soumise à l'arbitrage du President de la République française*, 2 vols., Lisbon: Imprensa Nacional, 1873-1874; Luiz Garrido, *O Visconde de Paiva Manso*, Lisbon: Academia Real de Sciencias, 1877.

③ 1876年，利奥波德二世在布鲁塞尔成立国际非洲协会（Association Internationale Africaine）。那时，佩瓦·曼索正在写一部关于刚果史的书。他于1875年辞世，其后他收集的文献作为《刚果史》（*História do Congo*）出版。后来，著名的比利时中非史家泰奥菲·西马（Théophile Simar）写道，佩瓦·曼索作品的“仓促出版”，“除了向欧洲列强证明葡萄牙所有权的有效性外没有其他目的”。Théophile Simar, “Les sources de l'histoire du Congo antérieurement à l'époque des grandes découvertes,” *Revue belge de philologie et d'histoire*, 1, 4 (1922), pp. 707-717.

④ Manuel Braga da Cruz, “As negociações da Concordata e do Acordo Missionário de 1940,” *Análise Social*, 32, 143-144 (1997), pp. 815-845.

位。作为一个新的殖民国家，比利时向其非洲领土派遣了天主教徒，同时向较小范围派遣了新教传教士。① 在这一背景下，里斯本——自16世纪以来一直是撒哈拉以南非洲和亚洲传教士、教义问答和教会的主要供养者——成为天主教殖民主义的堡垒。这完全由萨拉查独裁政权负责，而其国际领导地位在冷战期间提高。

正如伯纳德·贝林指出的，哥伦比亚大学著名天主教史家罗斯·霍夫曼（Ross Hoffman）在1945年呼吁建立一个“大西洋共同体”，旨在联合“西方基督教世界的后裔”，萨拉查就是他提到的政权之一。② 然而，葡萄牙在大西洋的战略空间，特别是亚速尔群岛（Azores）的盟军军事基地，带给萨拉查比在非洲捍卫基督教更有利的条件。尽管信仰天主教的西班牙仍然被佛朗哥的独裁统治所贬损，但葡萄牙的独裁者在1949年受邀成为北约创始成员。③ 在这一地缘政治和意识形态背景下，三位神职历史学家和编者对葡萄牙在美洲、亚洲和非洲的传教活动进行了全球史考察。

上文已述，第一位撰写葡萄牙人海外传教历史的作者是耶稣会士塞拉菲姆·莱特，而第二位是安东尼奥·达·席尔瓦·雷戈（Antonio da Silva Rego）神父。1947年，在萨拉查和东印度群岛果阿（Goa）宗主教的坚决支持下，他编纂了有关亚洲传教的十卷文件中的第一卷。席尔瓦·雷戈在导言中适时地暗示印度的独立，他断言葡萄牙殖民和基督教精神的同质性：“我们打算研究葡萄牙人在东方的社会行为和传教行为，因为不可能试图将二者分开。”在他看来，只有葡萄牙殖民统治能保护印度天主教徒。④ 天主教鲁汶大学（Catholic University of Louvain）在1909年成立了一个殖民地科学学院（École de Sciences Coloniales），以指导比利时传教士和殖民地官员，席尔瓦·雷戈作为天主教鲁汶大学历史系毕业生，成为里斯本殖民地高等学校

① C. V. Straelen, *Missions catholiques et protestantes au Congo*, Brussels: Société belge de librairie, 1898; E. M. Braekman, *Histoire du protestantisme au Congo*, Brussels: Editions de la librairie des éclaireurs unionistes, 1961.

② Bernard Bailyn, *Atlantic History: Concept and Contours*, Cambridge: Harvard University Press, 2005, p. 12.

③ Nuno Severiano Teixeira, “Da neutralidade ao alinhamento: Portugal na fundação do pacto do Atlântico,” *Análise Social*, 27, 120 (1993), pp. 55-80.

④ 葡萄牙教会最终失去了对印度教区（葡语称 Padroado do Oriente）的管理权（1953），正如里斯本对葡属印度（Estado da Índia）残余部分的统治于1961年结束。参见 *Documentação Para a História das Missões do Padroado Português do Oriente: Índia 1548-1550*, 10 vols., Lisbon: Agência Geral das Colônias, 1947-1958, Vol. 1, p. v。

（Escola Superior Colonial）一位有影响力的教授。他的作品包括一部重要的书，以纪念1648年葡萄牙人从里斯本和里约热内卢出发夺回安哥拉300周年，还有其他一些著作。[①]

1952年，安东尼奥·布拉西奥（Antonio Brásio）神父出版了《非洲传教士纪念》（*Monumenta Missionária Africana*，MMA）第一卷，这是第三部葡萄牙人全球传教史。[②] 布拉西奥是一名圣灵会（Holy Ghost/Spiritan）神父，他所属的宗教团体被视为耶稣会士在19世纪和20世纪中非西部福音任务的继任者。此处反映了第一轮和第二轮欧洲扩张中天主教传教的一个差异。从16世纪到18世纪，耶稣会、嘉布遣会和多明我会在四大洲建立了传教机构，而第二轮欧洲扩张则出现了以特定文化区域为中心的教会。例如，圣灵会于1848年重新成立，废奴后其教堂会众在海地、马提尼克岛和撒哈拉以南非洲传教；白衣神父会（White Fathers）成立于1868年，在北非伊斯兰地区开展活动；圣言会（Society of the Divine Word，1875）在中国的活动也取得成效。[③] 这些传教士及其研究和文献记录在文化和区域上更为专门，缺乏与第一轮欧洲扩张相结合的会众所呈现的全球和多元文化的福音传播方式。

1865年圣灵会获得了被嘉布遣会放弃的刚果和安哥拉管理权。[④] 圣何塞·玛丽亚·安图内斯神父（Fr. José Maria Antunes），第一位出生于葡萄牙的圣灵会外省神父，也是威拉教团的创始人，在20世纪初与葡萄牙当局结盟，以击退布尔人（Boer）对安哥拉南部的入侵。[⑤] 同样，安图内斯神父意识到有必要在安哥拉保持葡萄牙历史记忆，抄录了完整的卡多内加《安哥拉战争通史》巴黎版本，并首次在1902年发行的 ·期《葡萄牙在非洲》（*Portugal em*

---

① A. da Silva Rego, *A dupla restauração de Angola（1641–1648）*, Lisbon: Agência Geral das Colonias, 1948.

② Antonio Brásio, *Monumenta Misstonária Africana*, 1st series（África Ocidental central）, 15 vols., Lisbon: Agência Geral do Ultramar, 1952–1988.

③ 圣言会（拉丁语 Societas Verbi Divini，简称SVD）是天主教传教修会，以虔敬和传扬“圣言”（Verbum Divinum）为宗旨。1871年由德国神父爱诺德·杨森（Arnold Janssen，1837–1909）筹建，1875年成立于荷兰施太勒（Steyl），主要传教手段为开办学校、出版书刊，总会设于罗马，会士以德、美两国人最多，又称美德圣言会。1879年始派遣会士入华传教，主要活动于山东、河南等地。——译者注

④ Fr. Jean Ernoult, *Les Spiritains au Congo: De 1865 à nos jours*, Paris: Congrégation du Saint-Esprit, 1995, pp. 11–13.

⑤ Anon., *Civilizando Angola e Congo os missionários do Espírito Santo no padroado espiritual português*, Braga: Tipografia Sousa Cruz, 1922, pp. 17–19, 43–46, 72.

África）上发表了部分手稿，这是他编辑的圣灵会传教士杂志。①

1943 年布拉西奥神父开始编辑《葡萄牙在非洲》，与曼努埃尔·穆里亚斯等理论家和自学成才的历史学家以及萨拉查政权的其他人物合作。因此，《非洲传教士纪念》在其第一卷出版之前已经酝酿了十年。② 布拉西奥及其国家中许多非洲研究者的作品，也必须放在以葡萄牙和比利时天主教徒为一方，以比利时、英国和美国新教传教士和非洲中部、南部殖民官员为另一方的对抗中。③ 与许多葡萄牙人和比利时天主教徒一样，巴西驻罗安达领事认为，新教传教士和美国福音派领袖在 1961 年使安哥拉人的种族关系越发紧张并促进了其起义。④

布拉西奥神父明智地选择并偶尔注释了来自 16 世纪和 17 世纪的数百份未知或未经研究的文献，在学术界对葡属非洲兴趣不断增长的时期，他出版了《非洲传教士纪念》，在其有生之年编辑出版了 23 卷，成为他独一无二的著述。这部文献汇编对早期西非和中非西部的大部分研究做出了关键性贡献，使布拉西奥在智识上的影响比塞拉菲姆·莱特和席尔瓦·雷戈更持久。他在《非洲传教士纪念》序言中预示了去殖民化前后的戏剧性事件，即发生在此书记述的主要国家安哥拉的事件。在第 12 卷导言中（这是继康乃馨革命和葡属非洲国家独立在里斯本造成历史裂痕之后出版的第一卷），布拉西奥神父在辞呈和基督教誓言之间写道："非洲传教团的历史充满了英雄主义和失败。"⑤

通过这种方式，传教士、历史学家、外交官和编年史家揭示、注释和编纂了来自刚果和安哥拉的重要手稿史料，安哥拉是 16 世纪以来非洲唯一始终存在

① Canon José Mathias Delgado, revise andannotate, *História Geral das Guerras Angolanas escrita no ano de 1681*, 3 vols., Lisbon: Agência Geral das Colonias, 1940-1942, Vol. 1., p. xix.

② "A Revista 'Portugal em África," http://www.espiritanos.org/biblioteca/livro.asp? ID = 82 (accessed September 2013). 布拉西奥的许多文章和散文收录于 Fr. Antônio Brásio, *História e missiologia: Inéditos e esparsos*, Luanda: Instituto de Investigação científica de Angola, 1973。

③ 参见 David Birmingham, "Merchants and Missionaries in Angola," *Lusotopie*, 1998, pp. 345-355; Daniel Plécard, "Eu sou Americano 'Dynamiques du champ missionnaire dans le planalto central angolais au XXe siècle," *Lusotopie*, 1998, pp. 357-376。

④ Consul Carnauba to the Brazilian Ministery of Foreign Affairs, September 1961; Daniel P. Aragon, "Chancellery Sepulchers: Jânio Quadros, João Goulart and the Forging of Brazilian Foreign Policy in Angola, Mozambique, and South Africa, 1961-1964," *Luso-Brazilian Revieiw*, 47, 1 (2010), p. 132.

⑤ Antonio Brásio, *Monumenta Misstonária Africana*, 1st series (áfrica Ocidental central), 15 vols., Lisbon: Agência Geral do Ultramar, 1952-1988, Vol. 12, pp. xiii-xiv.

殖民地资料的欧洲飞地。[①] 尽管安东尼奥·布拉西奥组织了关于葡属非洲的传教士作品的汇编，塞拉菲姆·莱特介绍了葡属美洲耶稣会士的历史记录，但这两部作品都忽视了巴西和安哥拉耶稣会士之间的联系——这些联系在他们研究的文献中有记录。多瑞尔·奥尔登（Dauril Alden）关于耶稣会的书也反映出这个问题，此书虽涉及全球范围，但对耶稣会在南大西洋的事业也有同样的地域偏见。[②]

20世纪传教士的地区重心、地域历史和学术分歧切断了17世纪和18世纪耶稣会编年史家的全球化解读。实际上，对巴西教团和对安哥拉及刚果教团的研究是彼此独立的，有时甚至是相互冲突的，这正是地域和国家历史框架造成误解的一个明证。

五 巴西历史与"地域范式"

尽管非洲和非洲人在南美历史上一直存在，但巴西、美洲和欧洲的大多数巴西研究专家都遵循同一种地域范式，可用一个假公理来概括：殖民地时期的巴西历史在巴西殖民地范围之内展开。如前所述，18世纪在米纳斯吉拉斯的金矿开采使南大西洋网络得以重绘，进而改写了巴西的史学。在19世纪的最后几十年，共和党运动（Republican movement）旨在对抗君主制叙事，即佩德罗一世皇帝（Emperor Pedro I）是巴西独立之父，布拉干萨王朝是巴西独立的保证，共和运动强调了1789年米纳斯吉拉斯州的起义"米内拉阴谋"（Inconfidência Mineira），并赞扬被国王处决的叛军领袖蒂朗德斯（Tirandentes）。[③]

① 关于葡萄牙学者的非洲研究，见 Elisabetta Maino, "Pour une généalogie de l'Africanisme Portugais," *Cahiers d'études Africaines*, 177, 1 (2005), pp. 166-215。

② D. Alden, *The Making of an Enterprise: The Society of Jesus in Portugal, Its Empire, and Beyond, 1540-1750*, Redwood City, CA: Stanford University Press, 1996. 弗朗西斯科·雷特·德·法里亚神父（Fr. Francisco Leite de Faria）并未持有这种偏见，他撰写了关于在南大西洋两岸嘉布遣会传教士的重要著作。例如，Fr. Francisco Leite de Faria, *Os barbadinhos franceses e a restauração pernambucana*, Coimbra: Coimbra Editora Ltda., 1954; "A situação de Angola e Congo appreciada em Madrid 1643," *Portugal em Africa*, 9 (1952), pp. 235-248。

③ José Murilo de Carvalho, *A Formação das Almas*, São Paulo: Companhia das Letras, 1990, chap. 3; Thais Nívia de Lima e Fonseca, "A Inconfidência Mineira e Tiradentes vistos pela imprensa: A vitalização dos mitos (1930 - 1960)," *Revista Brasileira de Historia*, 1, 22 (2002), pp. 44, 439-462; Maraliz de Castro Vieira Christo, "Gonzaga bordando: Imagens de um conjurado," *Revista do Instituto Historico e Geografico Brasileiro* (*RIHGB*), 442 (2009), pp. 9-44.

巴西新政权恢复了与美洲国家的政治联系，并在此后完全施行共和制度，激励了以地域为基础的叙事成为国史主要模式。实际上，葡属美洲的总督区是唯一在民族独立后仍然作为一个整体存在的美洲殖民地集合体，这一事实强化了这一地域性史学趋势。与此同时，经济、外交和文学史领域的重要著作确立了采金圈和米纳斯吉拉斯在民族国家建设中的关键作用。对 20 世纪巴西大多数作家来说，米纳斯吉拉斯为这个国家提供了一个经济和文化核心、一场原型民族起义和一个独立殉道者的形象。这种解释极具影响力并得到了政府机构和教科书的认可，但回避了南大西洋历史。

同样，各州与里约热内卢中央政府之间的分歧复活了巴西的地方叙事，并加强了地方偏见。受到自 17 世纪以来圣保罗（São Paulo）和伯南布哥编年史的启发，保利斯塔和伯南布哥的作者们讲述其祖先的成就。17 世纪班德拉人对印第安人的战争和伯南布哥—巴西利亚对荷兰的战争（1630—1641）开始被更普遍地认为是巴西独立的先声。[①] 在这一背景下，由何塞·安东尼奥·贡萨尔维斯·德·梅洛（José Antonio Gonsalves de Mello）撰写的一部重要著作《弗拉芒人时代》（*Tempo dos Flamengos*，1947）更新了巴西的荷兰人丰富的伯南布哥史学，却避而不谈荷兰和伯南布哥人介入安哥拉。贡萨尔维斯·德·梅洛的另一部重要作品是若昂·费尔南德斯·维埃拉（João Fernandes Vieira）传记，此人是巴西对荷战争中的一名指挥官，里斯本授予他巴西和安哥拉总督职位，但德·梅洛仅用几页篇幅来描述他在罗安达的政府。[②] 考虑到伯南布哥总督、军队和商人数十年来对安哥拉事务的染指，这令人震惊。同样，大多数安东尼奥·维埃拉的传记作者及其作品的评论者都没有提到他对安哥拉奴隶贸易和巴西黑人奴隶制的坚定支持。从这一点上讲，关于巴西历史的开创性书籍遮蔽了南大西洋视角。瓦恩哈根（Varnhagen）在《巴西历史》（*História Geral do Brasil*，1857）第一版中提到了巴西与非洲的交流以及其居民对安哥拉的干涉，但编辑在广为宣传且仍被引用的 20 世纪版本

---

① Evaldo Cabral de Mello, *Rubro veio—O imaginario da Restauração pernambucana*, 2nd ed., Rio de Janeiro: Nova Fronteira, 1997.

② J. A. Gonsalves de Mello, *João Fernandes Vieira: Mestre de Campo do Terço de Infantaria de Pernambuco*, Lisbon: Comissão Nacional para as Comemorações dos Descobrimentos Portugueses, 2000, pp. 330-356. 这本书共 495 页。卸任安哥拉总督后，以及其同袍安德烈·维达尔·德·内格雷罗斯（André Vidal de Negreiros）任总督时（1659—1666）及此后，费尔南德斯·维埃拉在累西腓密切关注着发生在刚果和安哥拉的事件。

中删去了这些内容。[1] 卡皮斯特拉诺·德·阿布雷乌（Capístrano de Abreu）的《殖民历史的章节》（*Capítulos de História Colonial*，1907）是一部关于殖民史的纲领性著作，得到了巴西几代历史学家的称赞，它聚焦于内陆塞尔唐人[2]的扩张，而没有提及安哥拉。[3] 对卡皮斯特拉诺·德·阿布雷乌及其门生来说，巴西奴隶制的非洲部分不适于该国的殖民历史。

平心而论，19世纪奴隶贸易的制度和国际后果引起了法学家和外交史家的注意。在1914年里约热内卢举办的第一届巴西历史大会上，著名法学家、未来的总检察长若昂·路易斯·阿尔维斯（João Luiz Alves）就有关禁止南大西洋贩奴的国际条约和国内法律撰写了一篇艰深晦涩的文章。那时，在巴西已有的少数院系基本没有进行相关研究的背景下，阿尔维斯的论文成为重要参考。[4] 附带地，奴隶贸易的法律内容在法国法学家乔治·塞勒（Georges Scelle）关于贩奴专营权的著作中也占有重要地位，他是当代国际法的创始人之一。这部著作出版于1906年，仍具权威性并为巴西专家所熟知。[5] 然而，这些方法为巴西的非洲史研究几乎没有留下空间。

虽然19世纪的非裔巴西人研究传统得以延续，并在吉尔伯托·弗雷尔（Gilberto Freyre）的《大房子和奴隶宿舍》（*Casa Grande e Senzala*，1933）中达到顶峰，但在19世纪和20世纪的研究中非洲史在很大程度上仍被忽视。从19世纪的巴伊亚非裔巴西人被强迫或自愿移民中，产生了诸如现代多哥和加纳的塔博姆人（Tabom）以及现代贝宁的阿古达人（Agudá）等族群。[6]

---

① F. A. Varnhagen, *História geral do Brasil*, 3 vols., 1st ed., 1857, 10th ed., in J. Capistrano de Abreu and R. Garcia, eds., São Paulo: Edições Melhoramentos, 1978. 被删去的内容（第1版第37页）提到了若昂·费尔南德斯·维埃拉和安德烈·维达尔·德·内格雷罗斯领导的安哥拉政府（1658—1666）。

② 塞尔唐人（sertões），指巴西东北部腹地居民，源于葡萄牙语Sertão（森林地带），指巴西东北部干旱的内陆地区，大部分覆盖着灌木丛，主要发展畜牧业。——译者注

③ Capistrano de Abreu, *Chapters in Brazil's Colonial History 1500-1800*, 1st ed., 1907, in Stuart Schwartz and Fernando Novais, eds., Oxford: Oxford University Press, 1998.

④ João Luiz Alves, "A Questão do Elemento Servil," *RIHGB*, tomo especial, parte 4, Rio de Janeiro, 1916, pp. 189-257. 后来，莱斯利·贝塞尔（Leslie Bethell）接续了对英国和巴西奴隶贸易的研究，参见Leslie Bethell, *The Abolition of the Brazilian Slave Trade; Britain, Brazil and the Slave Trade Question, 1807-1869*, Cambridge: Cambridge University Press, 1970。

⑤ 这一问题仍受到关注，参见Andrea Weindl, "The Asiento de Negros and International Law," *Journal of the History of International Law*, 10 (2008), pp. 229-257。

⑥ Milton Guran, *Agudás: os "brasileiros" do Benim*, Rio de Janeiro: Nova Fronteira, 2000; Alcione Meira Amos and Ebenezer Ayesu, "Sou brasileiro: História dos Tabom, afro-brasileiros em Acra, Gana," *Afro-Asia*, 33 (2005), pp. 35-65.

然而，与牙买加和美国形成对比的是，非裔巴西领导人当政期间没有发生20世纪的回归非洲运动。

此外，吉尔伯托·弗雷尔在累西腓（Recife）召开的第一次非裔巴西人大会（1934）期间，包括非裔巴西人活动家在内的许多专家都分享了殖民主义者对非洲人和非洲原始性的看法。[①] 20年后，在评价一名巴西旅行者对19世纪达荷美的作品所作的序言时，著名史家克拉多·里贝罗·达·莱萨（Clado Ribeiro da Lessa）解释说，这种对非洲国家“轶事性”的描述应该被仅仅视为一种权宜性的叙事，因为巴西的过去缺乏足以标志“人类进化”的重大事件。[②]

然而，在瓦加斯政权治下，联邦政府得到发展，这刺激了对非裔巴西人历史的新研究。在当时流亡里约热内卢的著名意大利人口学家乔治·莫塔拉（Giorgio Mortara）的监督下，国家统计局加强了对巴西人口的研究。1940年，全国人口普查报告的导论部分对来源可靠而全面的人口阶层数据进行了分析。1872年、1900年、1920年和1940年的人口肤色和种族统计数据首次被纳入视野。[③]

关于国家统计数据、人口和经济史的辩论为毛里西奥·古拉特（Maurício Goulart）的奴隶贸易著作（1949）奠定了基础。[④] 古拉特进一步阐明了大西洋及其内部交通，驳斥了此前史家的一些“神智混乱的估计”。[⑤] 最终，古拉特的书勾勒了16—19世纪的巴西奴隶贸易，分析了种植园和矿区的变化。菲利普·柯廷在其开创性的奴隶贸易普查中，普遍接受或证实了古拉特的方法。尽管如此，正如大卫·埃尔蒂斯表明的，柯廷和古拉特低估了19世纪巴西的非法登陆人数。尽管古拉特进行了全面评估，但随后大部分的巴西奴隶制研究并未仔细审查非洲地区或被贩运者涌入巴西各

① Anadelia A. Romo, “Rethinking Race and Culture in Brazil's First Afro-Brazilian Congress of 1934,” *Journal of Latin American Studies*, 39, 1 (2007), pp. 31-54.

② Clado Ribeiro da Lessa, *Crônica de uma embaixada luso-brasileira a Costa d'África em fins do século XVIII, incluindo o texto da Viagem de África em o reino de Dahomé: Escrita pelo padre Vincente Ferreira Pires, no ano de 1800*, São Paulo: Companhia Editora Nacional, 1957, p. x.

③ Recenseamento Geral do Brasil, 1940, Vol. 2.

④ Maurício Goulart, *A Escravidão Africana no Brasil: das origens à extinção do tráfico*, São Paulo: Martins Fontes, 1949.

⑤ 实际上，阿方索·陶奈（Affonso Taunay）和埃德蒙多·科雷亚·洛佩斯（Edmundo Correia Lopes）已开始了对这种对数据的阐明，参见 Affonso Taunay, *Subsidios para a História do Tráfico Africano no Brasil*, São Paulo: Imprensa Oficial, 1941。

港的情况。[1] 尽管吉尔伯托·弗雷尔已经出版了《葡萄牙人创造的世界》（*O mundo que o português criou*, 1940），此书中关于用族群融合（mestizaje）证明种族宽容的观点涵盖了整个海外葡萄牙人群体，但他的“葡萄牙热带主义”（Lusotropicalism）概念是在1953年才出现的。[2] 在参加了萨拉查赞助的葡萄牙殖民地旅行后，他以“葡萄牙民族特殊的跨欧洲使命”为由，成为葡萄牙殖民主义的支持者。[3]

最值得注意的是，在他与阿戈斯蒂尼奥·内托（Agostinho Neto）共同创立安哥拉人民解放运动（MPLA）的那一年，马里奥·平托·德·安德拉德（Mário Pinto de Andrade）在巴黎写下了第一篇安哥拉人反驳弗雷尔“葡萄牙热带主义”的文章。平托·德·安德拉德出生于上戈隆戈（Alto Golungo），该地区过去遭到葡萄牙和葡裔安哥拉奴隶贩子的劫掠，他非常清楚巴西和安哥拉之间的差异。他强调了葡萄牙南大西洋两岸差异的一个关键点：黑白混血人口在巴西的增长和在安哥拉的减少。[4]

随着亚非独立运动的兴起，南大西洋世界再次出现在巴西外交政策之中。在作为政府特使参加反殖民主义的万隆会议（1955）之后，外交官贝塞拉·德·梅内塞斯（Bezerra de Menezes）提议由里斯本和里约热内卢共同管理葡

① David Eltis, *Economic Growth and the Ending of the Transatlantic Slave Trade*, New York: Oxford University Press, 1987.

② 该书首次在巴西出版（Rio de Janeiro: J. Olympio, 1940），有葡萄牙语版，标题更加明确和程式化，参见 *O mundo que o português criou: Aspectos das relações sociais e de cultura do Brasil com Portugal e as colônias portuguesas*。在序言中，安东尼奥·塞尔吉奥（Antonio Sérgio）评论了弗雷尔的观点和葡萄牙殖民，但并未提及葡萄牙和巴西的奴隶制或奴隶贸易。塞尔吉奥是一位自由主义的、反萨拉查的史家兼作家，熟稔葡属非洲。

③ Gilberto Freyre, *Um Brasileiro em terras portuguesas: Introdução a uma possível luso-tropicologia, acompanhada de conferências e discursos proferidos em Portugal e terras lusitanas e exlusitanas da Ásia, da África e do Atlântico*, Rio de Janeiro: José Olympio, 1953.

④ Buanga Fele, “Qu'est-ce que ‘le luso-tropicalismo’?” *Présence Africaine*, 9, 4 (1955), pp. 24-35. 布昂加·费勒（Buanga Fele）是马里奥·平托·德·安德拉德的笔名，在金邦杜语（Kimbundu）中的意思是“隐藏的绅士”。平托·德·安德拉德是索邦大学社会学系的学生，也是《非洲存在》（*Présence Africaine*）杂志的编辑。依其身份，1956年他组织了“黑人文学艺术家大会”（Congrès des Écrivains et des Artistes Noirs），聚集了索邦的许多非洲和非裔美洲知识分子，包括弗朗茨·法农（Frantz Fanon）和马塞林诺·多斯·桑托斯（Marcelino dos Santos），桑托斯为莫桑比克解放阵线（FRELIMO, 1956）创始人之一；马提尼克人艾梅·塞泽尔（Aimé Césaire）和爱德华·格里桑（Édouard Glissan）；海地人让·普莱斯-马尔斯（Jean Price-Mars）、雷内·德佩斯特（René Depestre）和雅克-斯蒂芬·亚历克西斯（Jacques-Stéphen Alexis）；非裔美国人理查德·赖特（Richard Wright）；塞内加尔的利奥波德·桑戈尔（Leopold Senghor）和谢赫·安塔·迪奥普（Cheikh Anta Diop）；等等。

属非洲。他在无意中重复了17世纪里斯本政策制定者和剥削者在安哥拉战争中支持伯南布哥和巴伊亚民兵的观点，他表示巴西东北部居民（Nordestino Brazilians）“比其他任何人都更适合安哥拉和莫桑比克政府的工作”。他基于对弗雷尔“葡萄牙热带主义”观点的军事转变，认为“大批被派驻海外的巴西士兵不完全是白人，也不完全是黑人……而是穆拉托人（Mulattos，白人与黑人混血）和卡波克洛斯人（Caboclos，白人与印第安人混血）”，以加强葡萄牙在果阿、帝汶（Timor）和中国澳门的驻军，这些地方当时是葡萄牙最脆弱的海外领土。[①]

众所周知，巴西政府特别是在库比契克（Kubistchek）总统任期内（1955—1961），在联合国和其他国际论坛上公开支持葡萄牙的殖民主义。[②] 与同情葡萄牙殖民主义相去甚远的是著名史家何塞·霍里奥·罗德里格斯（José Honóio Rodrigues）所著的《巴西与非洲》（*Brasil e África*，1961）。这本书被翻译成英语，并由大卫·伯明翰（David Birmingham）和博克瑟评论，但没有得到今天研究者应有的关注。实际上，他们研究的一些分析报告和历史文献仍未被当前的非裔巴西史家探讨过。罗德里格斯的书呈现最早的巴西与非洲关系叙事，主要是与安哥拉的关系，包括殖民时期和独立后时期，以及联合国关于非洲非殖民化的辩论。

值得注意的是这本书被巴西外交部推介。在夸德罗斯（Quadros）和古拉特（Goulart）政府（1961—1964）时期，巴西打破了与葡萄牙殖民主义数十年来的无条件联盟，采取了有利于非洲葡语国家解放的“独立外交政策”。罗德里格斯是里约热内卢国家档案馆馆长，属于制定新外交政策的自由派知识分子圈子。《巴西与非洲》与吉尔伯托·弗雷尔的“葡萄牙热带主义”针锋相对，后者对萨拉查的殖民主义意识形态进行了改造，而《巴西与非洲》构成了巴西—安哥拉聚合史的基础。甚至在1964年独裁统治之前，非裔巴西作家兼外交官雷蒙多·索萨·丹塔（Raymundo Souza Dantas）就巧妙地描绘了巴西“独立外交政策”的失败。[③] 他的书记录了他作为巴西驻加

① A. J. Bezerra de Menezes, *O Brasil e o mundo Ásio-africano*, 2nd ed., 1956; reprint, Brasília: FUNAG, 2012, pp. 336, 338.

② Waldir José Rampinelli, *As duas faces da moeda: as contribuições de JK e Gilberto Freyre ao colonialismo português*, Florianópolis: Editora da UFSC, 2004, pp. 59-64.

③ Jerry Davila, “Entre dois mundos: Gilberto Freyre, a ONU e o apartheid sul-africano,” *História Social*, 19 (2010), pp. 135-148.

纳大使（1961—1963）和多哥特使时的令人沮丧的任务。[1]

无论如何，通过政变巴西建立了独裁的亲萨拉查政权，扼杀了关于葡属非洲独立的辩论。从1960年到1964年，在联合国积极支持葡属非洲运动的外交官安东尼奥·瓦伊斯（Antonio Houaiss，后来成为著名的词典编纂家），在政变后受到独裁统治的惩罚。瓦伊斯被指控为“葡萄牙的敌人”，被剥夺政治权利十年，并于1964年被驱逐出巴西外交界。[2] 尽管如此，在与非洲萨拉查主义密切联系之后，巴西独裁统治在盖泽尔（Geisel）任期内（1974—1979）承认葡语非洲国家独立。[3] 巴西的利益再次转向非洲。

六　拉普拉塔与南大西洋

与大西洋其他地区一样，在拉普拉塔历史上17世纪至关重要，当然，这要归功于通过萨尔塔（Salta）、图库曼（Tucumén）和科尔多瓦（Cordoba）到布宜诺斯艾利斯的波托西白银贸易，也可从瓦尔帕莱索（Valparaiso）和太平洋，穿过圣地亚哥（Santiago）和门多萨（Mendoza）到达科尔多瓦和布宜诺斯艾利斯。[4]

除了巴拿马地峡，还有一条连接大西洋和太平洋的陆路。除了与非洲港口的非法交易外，走私还通过巴伊亚和里约热内卢进行。当从拉普拉塔返回时，船只将已铸成币的、未铸造的金银运往里约热内卢、巴伊亚和累西腓，然后运往罗安达和里斯本。早在18世纪米纳斯吉拉斯开采金矿前的一个世纪，上秘鲁的白银已经促进了南大西洋海上贸易。因此，在17世纪30年代

① Raymundo Souza Dantas, *África difícil: Missão condenada, diário*, Rio de Janeiro: Editora Leitura, 1965.

② Ovídio de Andrade Melo, *Recordações de um removedor de mofo no Itamaraty*, Brasília: Fundação Alexandre Gusmão, 2009, p. 86.

③ Wayne A. Selcher, "Brazilian Relations with Portuguese Africa in the Context of the Elusive 'Luso-Brazilian Community'" *Journal of Inter-American Studies and World Affairs*, 18, 1 (1976), pp. 25-58; Paulo Roberto de Almeida, "Do alinhamento recalcitrante à colaboração relutante: O Itamaraty em tempos de AI-5," in Oswaldo Munteal Filho, Adriano de Freixo, and Jacqueline Ventapane Freitas, eds., *"Tempo Negro, temperatura sufocante": Estado e Sociedade no Brasil do AI-5*, Rio de Janeiro: Ed. PUC-Rio, Contraponto, 2008, pp. 65-89.

④ Margarita Suárez, *Desafíos transatlánticos, mercaderes, banqueros y el Estado en el Perú virreinal 1600-1700*, Lima: Fondo de Cultura Economica-IFEA, 2001, p. 211.

葡萄牙御用宇宙学家安东尼奥·马里兹·德·卡内罗将里约热内卢和拉普拉塔之间的航行描述为里斯本网络的一部分，包括欧洲商品、巴西蔗糖、波托西白银和安哥拉奴隶。[①]

在17世纪最初几十年间，当大量的专营权奴隶（asiento slaves）售于卡塔赫纳（Cartagena）、韦拉克鲁斯（Veracruz）和布宜诺斯艾利斯时，西班牙银圆（el real de a ocho）成为葡萄牙在亚洲市场上最有利可图的出口产品。[②] 显然，南大西洋奴隶贸易是世界体系的重要组成部分。

17世纪40年代，里约热内卢总督萨尔瓦多·德·萨（Salvador de Sá）和荷属巴西荷兰西印度公司总督拿骚-西根（Nassau-Siegen）为强化该地区贸易和航线的互补性，轮流入侵安哥拉，并计划夺取布宜诺斯艾利斯。荷兰和葡萄牙总督对海外地缘政治的利害关系了如指掌，认为要占领埃塞俄比亚洋就必须拥有巴西种植园、安哥拉奴隶和拉普拉塔白银贸易。这种共同策略挑战了当今基于“尼德兰大西洋”、“西班牙大西洋”或“葡萄牙大西洋”来划分南大西洋的学术著作。

由于此类交易难以捉摸，拉普拉塔的白银和奴隶贸易数据是南美洲经济史上未知的重要记录之一。从布宜诺斯艾利斯出口到巴西的波托西白银随后被送往果阿，以付清葡萄牙在亚洲的交易。[③] 这样的交易推动了萨克拉门托殖民地（Colonia do Sacramenta）的建立（1680—1750），这是一个重要的里斯本走私飞地，与布宜诺斯艾利斯相对。

整个18世纪，葡—西竞争改变了埃塞俄比亚洋的地缘政治环境。1763年，里斯本将葡属美洲首府从巴伊亚迁移到里约热内卢。新的总督区首府距金矿区更近，还可以保护南部的葡萄牙飞地免受西班牙袭击。1776年，西班牙建立拉普拉塔总督区，企图以此来打破葡属巴西在南大西洋基于奴隶贸易的统治，结果却白费力气。这一新总督区的奴隶贸易不仅涉及波托西和拉

① 卡内罗于1631年成为哈布斯堡王朝的御用宇宙学家，1641年为布拉干萨王朝服务。Mariz de Carneiro, “Roteiro de Portugal pera o Brazil, Rio da Prata, Angola e S. Thomé, segundo os pilotos antigos e modernos, agora a quinta vez impresso,” *Regimento de pilotos e Roteiro da navegaçam e conquistas do Brasil, Angola, S. Thomé, Cabo Verde, Maranhão, Ilhas, & Indias Occidentais*, Lisbon Lisboa: Manoel da Silva, 1655, pp. 15-19.

② Chandra Richard de Silva, “The Portuguese East India Company 1628-1633,” *Luso-Brazilian Review*, 11, 2 (1974), pp. 181-182.

③ 1742—1812年，约有10万名非洲和非裔巴西奴隶被从巴西转卖到拉普拉塔。参见 Rudy Bauss, “Rio Grande do sul in the Portuguese Empire: The Formative Years, 1777-1808,” *Americas*, 39, 4 (1983), pp. 519-535。

普拉塔河腹地，还涵盖非洲的费尔南多波岛（Fernando Po）和安诺本岛（Annobón），以及喀麦隆和加蓬，但其仍被封锁在布宜诺斯艾利斯。

南大西洋空间再次成为伊比利亚地图的中心，并且就像一个世纪前发生的那样，在与荷兰的蔗糖战争（Sugar War）期间，葡属巴西战胜了竞争对手。西班牙却无法独自发展奴隶贸易。正如加迪塔纳奴隶公司（Compañía Gaditana de Negros，1765-1799）的失败所证明的那样，马德里缺乏在撒哈拉以南非洲开展贸易的商业和物流技能。[①]

尽管1777年的葡—西条约规定葡萄牙人应协助西班牙奴隶贩子在喀麦隆和加蓬海岸新获得的地区进行经营，但西班牙试图复制葡萄牙—巴西南大西洋网络的尝试并未成功。[②] 直到1788年，当所有国家都能向西属美洲提供非洲奴隶时，非洲人才被大量引入西属加勒比地区，主要是古巴。[③]

回忆起与葡萄牙人、巴西人和英国人的冲突，阿根廷作家称赞拉普拉塔商人和政府使布宜诺斯艾利斯的发展进程和脱离马德里的自治进程加快，其中一些人物被描绘成有原型的民族英雄。埃尔南德斯·德·萨维德拉（Hernandarias de Saavedra）是第一位在美洲出生的高级殖民官员和布宜诺斯艾利斯总督（1602—1609，1615—1618），他在该地区引入了大牧场经营，并挡住了英国人和班德拉人的入侵，成为阿根廷独立的标志性先驱者。阿根廷、乌拉圭和巴拉圭作家研究了布宜诺斯艾利斯殖民商人在拉普拉塔河口、巴拉圭和上秘鲁的活动。这个网络是拉普拉塔总督区形成的关键，而短暂存在的拉普拉塔联合省（1811—1826）旨在庇护现已从西班牙独立出来的前总督区领地。

外交官兼史家罗伯托·拉维利埃（Roberto Lavillier）就这一主题撰写了许多文章。另一位阿根廷史家何塞·托雷·雷韦洛（José Torre Revello）著有描述总督区历史的纪实回忆录和散文，他还研究了迭戈·德·拉·维加（Diego de la Vega），此人是17世纪初布宜诺斯艾利斯一位很有权势的葡萄牙走私分子。[④] 20世纪上半叶的其他著名作家，如里卡多·拉文（Ricardo

---

① Bibiano Torres Ramírez, *La Compañia Gaditana de Negros*, Seville: Escuela de Estudios Hispano-Americanos, 1973, pp. 111-118

② Valeria de Wulf, "Annobón: Histoire, culture et société XVe-XXe siècles," Thèse de doctorat en Histoire, EHESS, Paris, 2013, pp. 174-194.

③ TSTD (accessed November 2013).

④ José Torre Revello, "Un contrabandista del siglo XVII en el Río de la Plata," *Revista de Historia de América*, 45 (1958), pp. 121-130.

Lavene）、迭戈·路易斯·莫利纳里（Diego Luis Molinari）和里卡多·德·拉富恩特·马尚（Ricardo de Lafuente Machain），发表了关于17世纪和18世纪拉普拉塔网络的纪实作品和论文。[①]

史家、外交家兼政治家莫利纳里于1916年发表了一篇关于拉普拉塔奴隶贸易的评论文章。尽管莫利纳里的著作经过扩充在1944年有了第二版，但埃琳娜·斯图德（Elena Studer）在几年后对该主题进行了更深入的研究。她的书被弗兰克·坦南鲍姆（Frank Tannenbaum）称赞为"通往南美洲黑人历史道路上的里程碑"。[②] 后来，卡洛斯·阿萨杜里安（Carlos Assadourian）于1966年研究了将波托西白银与安哥拉、图库曼、科尔多瓦和布宜诺斯艾利斯连接起来并到达巴西和罗安达港口的内陆葡—西网络。[③]

受阿根廷和伊比利亚史学启发，1944年布罗代尔（Braudel）在圣保罗大学的巴西门生爱丽丝·P. 卡纳布拉瓦（Alice P. Canabrava）出版了关于伊比利亚联盟时期葡萄牙拉普拉塔走私（1580—1640）的作品。布罗代尔在对卡纳布拉瓦作品的评论中坚持美洲和大西洋的"统一命运"，该书成为他的追随者和拉普拉塔研究专家的参考文献。[④]

与巴西精英一样，阿根廷精英将非裔居民视为对民族国家的威胁，并更加青睐欧洲移民。[⑤] 此外，1871年的黄热病大流行给布宜诺斯艾利斯的白人和

---

① 今天的研究者仍在探索这些话题。参见 Ricardo R. Caillet-Bois, "Roberto Levillier (1886-1969)," *Revista de Historia de América*, 71 (1971), pp. 156-160; Sara Sabor Vila, "Jose Torre Revello (1893-1964)," *Revista de Historia de América*, nos. 55-56, 1963, pp. 189-192; Susan M. Socolow, "Recent Historiography of the Río de la Plata: Colonial and Early National Periods," *Hispanic American Historical Review*, 64, 1 (1984), pp. 105-120; Zacarías Moutoukias, "Power, Corruption, and Commerce: The Making of the Local Administrative Structure in Seventeenth-Century Buenos Aires," *Hispanic American Historical Review*, 68, 4 (1988), pp. 771-801。

② Frank Tannenbaum, "La Trara de Negros en Río de la Plata durante el siglo XVIII by Elena F. S. de Studer," *American Historical Review*, 65, 3 (1960), pp. 647-648.

③ Carlos Sempat Assadourian, *Tráfico de esclavos en Córdoba: De Angola a Potosí. Siglos XVI-XVII*, Córdoba: Universidad Nacional de Córdoba, 1966.

④ 爱丽丝·P. 卡纳布拉瓦的论文于1942年提交给圣保罗大学（布罗代尔于1935—1937年在此任教），在两年后出版成书，参见 *O Comércio Português no Rio da Prata 1580-1640*, São Paulo: Universidade de São Paulo, 1944; Fernand Braudel, "Du Potosi à Buenos Aires: Une route clandestine de l'argent," *Annales, ESC*, 4 (1948), pp. 546-550。

⑤ 1850年前后布宜诺斯艾利斯约有15000名非洲人。Oscar Chamosa, "'To Honor the Ashes of Their Forebears': The Rise and Crisis of African Nations in the Post-Independence State of Buenos Aires, 1820-1860," *Americas*, 59, 3 (2003), pp. 347-378.

黑人贫困社区带来重大伤亡。[①] 人口普查数据显示，到 19 世纪末非裔阿根廷人口急剧下降。此后，阿根廷和美国都在讨论布宜诺斯艾利斯黑人的“消失”。1917 年，博闻强识的查尔斯·L. 钱德勒（Charles L. Chandler）在评论莫利纳里奴隶贸易的文章中写道：“如此大量的外来有色人口在如此短的时间内消失，在殖民历史上可能绝无仅有。”[②] 虽然布宜诺斯艾利斯有大量欧洲移民流入和非裔阿根廷人流出，但是过去拉普拉塔与黑色南大西洋的联系并没有被掩盖。[③]

七　比利时殖民史学

19 世纪最后几十年间，比利时官员抵达中非西部，正是依靠此前葡萄牙的消息源。值得注意的是，17 世纪和 18 世纪的葡萄牙耶稣会士和意大利嘉布遣会修士（Capuchins）撰写了针对刚果王国和安哥拉各族最早的叙述和教义问答，比利时天主教传教士与他们建立了精神上的联系。[④] 与葡萄牙相似，传教士的研究和著作是比利时西非和中非史学的必要组成部分。尽管如此，葡萄牙仍然是最古老的领土、宗教、文化和语言统一的民族国家之一，早先的海外扩张使其与英国结盟以保护其边境免受西班牙侵犯。相比之下，比利时是一个相对较新的国家，在殖民主义方面姗姗来迟。实际上，比利时在刚果的统治催生了一种爱国主义，加强了弗拉芒人（Flemish）和瓦隆人（Walloon）对国族的支持。因此，约瑟夫·康拉德（Joseph Conrad）的小说《进步的前哨》（*An Outpost of Progress*，1897）通过两个角色讽刺了

---

① Ricardo Rodríguez Molas, “El Negro en el Río de la Plata,” *Historia Integral Argentina*, Tomo V, Centro Editor de América Latina, Buenos Aires, 1970, http://www.folkloretradiciones.com.ar/literatura/Los%20Negros%20en%201a%20Argentina/BIbcongreso/bibliopress9-3.htm (accessed September 2013).

② Charles L. Chandler, “*La Trata de Negros*, by D. L. Molinari,” *American Historical Review*, July 1917, p. 914. 钱德勒是美国外交官兼史家，曾在利马圣马科斯大学和布宜诺斯艾利斯国立大学学习，是泛美主义的倡导者。Charles L. Chandler, *Inter-American Acquaintances*, 2nd ed., Sewanee: Sewanee University Press, 1917.

③ Karin Weyland Usanna, “The Absence of an African Presence in Argentina and the Dominican Republic: Caught between National Folklore and Myth,” *Caribbean Studies*, 38, 1 (2010), pp. 107-127.

④ Jean Cuvelier, *Missionnaires Capucins des missions du Congo et de l' Angola du XVIIe et XVIIe siècles Congo*, 12, 1 (1933), pp. 314-360; 14, 2 (1933), pp. 504-552, 682-703. 在最近一篇关于刚果史的评论中，一位刚果作者表示葡萄牙古代资料仅被用作传教史“附录”令人遗憾，它们包含关于 16—18 世纪刚果社会生活的重要资料。Isidore Ndaywel È Nziem, “L'historiographie congolaise—Un essai de bilan,” *Civilisations*, 54 (2006), pp. 237-254.

瓦隆人和弗拉芒人的比利时殖民主义，这是两个“聪明人”假装教化刚果的故事：瓦隆人卡里耶（Carlier）和弗拉芒人凯耶特（Kayerts）。[①] 葡萄牙的殖民主义加强了其外部（欧洲）边界，而比利时的殖民主义打破了其内部边界。相反，非殖民化导致比利时陷入一场危机，将该国由单一制转变为联邦制国家，弗拉芒人和瓦隆人不再把自己想象成同一个独特民族的成员。

对于从天主教鲁汶大学毕业的卡农·路易·贾丁（Canon Louis Jadin，1903-1972）、威利·巴尔（Willy Bal）和其他比利时非洲研究者来说，在1968年瓦隆和弗拉芒的分裂冲突中，他们的母校与天主教学术堡垒被令人心痛地分割开来，这自然让他们联想起信仰天主教的比属刚果悲剧性的消失。[②] 因此，20世纪的比利时殖民史学反映了关于其自身民族二元文化主义、文化身份多样性、种族和语言学的争论。人们一致认为比利时殖民主义效仿德国和英国殖民主义，在中非采取间接统治的适应主义战略，这与法国和葡萄牙殖民政策的同化主义政治背道而驰。因此，一些本土语言，如林加拉语（Lingala）、锡布拉语（Cibula）、斯瓦希里语（Kiswahili）和刚果语（Kicongo），在教团和比利时殖民政府中普遍使用，这有利于语言学和民族学研究。[③]

让·居维利埃（Jean Cuvelier）于1930—1962年担任马塔迪（Matadi）主教，数十年间一直在刚果传教。他广泛地结合口述资料和来自欧洲档案馆的手稿撰写论文，并出版有关刚果历史的重要文献。作为至圣救主会（Redemptorist，这是比利时在中非西部的主要传教团体）的成员，他的作品以及他与路易·贾丁神父一起分析和编辑的文献影响了两代刚果历史学家，[④] 正如下文将看到的，

---

① Jonah Raskin, “Heart of Darkness: The Manuscript Revisions,” *Review of English Studies*, 18, 69 (1967), pp. 30-37; William Atkinson, “Bound in ‘Blackwood's:’ The Imperialism of ‘The Heart of Darkness’ in Its Immediate Context,” *Twentieth Century Literature*, 50, 4 (2004), pp. 368-393.

② 笔者从阅读路易·贾丁的兄弟、杰出的微生物学家让-巴蒂斯特·贾丁（Jean-Baptiste Jadin）撰写的讣告中发现这种现象。参见 Jean-Baptiste Jadin, “Louis Jadin,” *Académie Royale des Sciences d'Outre-Mer—Bulletin des Séances* (Brussels), 1 (1973), pp. 71-103。

③ 例如，见 Michael Meeuwis, “The Origins of Belgian Colonial Language Policies in the Congo,” *Language Matters*, 42, 2 (2011), pp. 190-206. 虽然1908年法语成为刚果学校教学的必修语言，但当地语言仍在行政和宗教学校使用，1922—1948年再次用于公立学校。Vittorio Morabito, “Riva, Silvia: Rulli di tam-tam dalla torre di Babele. Storia della letteratura del Congo-Kinshasa,” *Cahiers d'etudes africaines*, 172 (2003), pp. 2-5, http: //etudesafricaines. revues. org/1557 (accessed October 2013).

④ Kavenadiambuko Ngemba Ntima, *La méthode d'évangélisation des rédemptoristes belges au Bas-Congo (1899-1919) : Étude historico-analytique*, Rome: PUG, 1999, p. 294; Neil L. Whitehead and Jan Vansina, “An Interview with Jan Vansina,” *Ethnohistory*, 42, 2 (1995), pp. 303-316.

包括曾在天主教鲁汶大学学习的扬·万西纳（Jan Vansina），还有乔治·巴兰迪耶（Georges Balandier）和W. G. L. 兰德斯（W. G. L. Randles）。[①] 因此，约翰·桑顿（John Thornton）认为居维利埃是"书写刚果人起源的最有影响力的历史学家"。[②] 总体上基于葡萄牙的历史学家和资料（如佩瓦·曼索和鲁埃拉·波姆博以及《安哥拉档案》），居维利埃关于刚果的历史人物、传教士和作者的传记文献笔记成为刚果王国的第一部集体传记。[③]

居维利埃的方法和他对刚果过去的解释将口述史和语言学融入比利时关于中非西部著作的核心当中。他的门生路易·贾丁教士和弗朗索瓦·邦廷克（François Bontinck，1920-2005）是刚果和安哥拉的重要传教士和历史学家，与威利·巴尔和扬·万西纳一起，于1954—1971年在位于利奥波德维尔（后更名为金沙萨）的鲁汶大学（Université Lovanium）进行教学和研究，这所大学是由天主教鲁汶大学创建的。[④]

比属刚果的独立导致鲁汶大学加强了对民族根源的翻译和研究。1962年罗伯特·科内万（Robert Cornevin）对不同国家专家撰写的关于"前比属

① Jean Cuvelier, "Traditions Congolaises," *Congo*, 2, 1 (1930); *L'Ancien Royaume de Congo*, Bruges: Descleé de Brouwer, 1946; Jean Cuvelier and Louis Jadin, *L'Ancien Congo d'après les archives romaines 1518 - 1640*, Brussels: Académie Royale des Sciences Coloniales, 1954; 路易·贾丁的四部作品："Les Flamands au Congo et en Angola au XVIIème siècle," *Revista Portuguesa de História*, 6, 1 (1955); "Rivalités luso-neerlandaises au Soyo, Congo, 1600-1675," *Bulletin Historique Belge de Rome*, 36 (1964), pp. 185-483; *Rivalités luso-neérlandaises au Sohio, Congo, 1600 - 1675, tentatives missionaires des récollets flamands et tribulations des capucins italien*, Brussels: Academia Belgica, 1966; *L'Ancien Congo et l'Angola 1639 - 1655, d'après les archives romaines, portugaises, néerlandaises et espagnoles*, 3 vols., Brussels: Institut historique belge de Rome, 1975。

② J. K. Thornton, "The Origins and Early History of the Kingdom of Kongo, c. 1350 - 1550," *International Journal of African Historical Studies*, 34, 1 (2001), pp. 89-120; "Modern Oral Tradition and the Historic Kingdom of Kongo," in Paul S. Landau, ed., *The Power of Doubt: Essays in Honor of David Henige*, Madison: Parallel, 2011, pp. 195-208.

③ Jean Cuvelier, *Biographie Coloniale Beige*, Vol. 2, Brussels: Institut Royal Colonial Beige, 1951. 其他几位作者也为这部作品做出了贡献，见 http://www.kaowarsom.be/fr/ebooks (accessed October 2013)。

④ Isidore Ndaywel è Nziem, Théophile Obenga, and Pierre Salmon, *Histoire générale du Congo: De l'héritage ancien à la république démocratique*, Louvain: De Boeck Supérieur, 1998, pp. 11-18; Philippe Denis et al., "Regards changeants dans une continuité d'intérêt. Les religions africaines à l'Université de Louvain," *Histoire, monde et cultures religieuses*, 3, 3 (2007), pp. 15 - 22; Annemieke Van Damme-Linseele, "In Memoriam: Fr. Francois Bontinck: 1920-2005," *African Arts*, 38, 4 (2005), pp. 10, 91.

时代的刚果”的87本书进行了评论，他对鲁汶大学的“活力”表示钦佩，那里的研究人员和教师在困难的环境中工作。[①] 三年后，在对若干本书同样密集的书评中，他对刚果“艰难的非殖民化”和“血腥的混乱”表示遗憾。[②] 尽管他评论的200本关于刚果历史的书中有很多都包含葡萄牙语资料，但科内万没有提到任何葡萄牙专家或传教士。

由于在天主教、传教历史和地理邻近性方面有共同点，比属刚果独立的悲剧在安哥拉以多种方式产生了回响。起初，里斯本重塑了其殖民政策，并与比利时、法国和英国失败的非洲殖民政策拉开距离，20世纪60年代初，里斯本采纳了弗雷尔关于巴西殖民和“葡萄牙热带主义”的思想。这种“殖民例外论”使黑白混血儿成为葡萄牙人在非洲（主要是在安哥拉）存在的一个显著特征和保证，这是一种将南大西洋带回到殖民和历史辩论中的政策。[③] 后来，随着内战中的安哥拉在罗安达宣布独立，比属刚果变成了一个更加引人注目的例子。无论有意与否，对第一次刚果危机（1960—1965）动荡和屠杀的回忆吓坏了大多数殖民者，并引发了1974—1975年从安哥拉和莫桑比克的大逃亡。

八　南大西洋史家

主要借鉴已出版和未出版的葡萄牙文献和资料，两本关于南大西洋历史的启蒙书脱颖而出：查尔斯·博克瑟的《萨尔瓦多·德·萨与巴西和安哥拉的斗争，1602—1686年》（*Salvador de Sá and the Struggle for Brazil and Angola*,

① 皮加费塔（Pigafetta）所做关于葡萄牙商人杜阿尔特·洛佩兹（Duarte Lopez）在刚果的报告广为流传，其首个完整的法语译本参见Bal, *Description du royaume du Congo et des contrées environnantes, par Filippo Pigafetta et Duarte Lopez*（1591），出版于1962年。巴尔是著名的瓦隆激进派作家，也是金沙萨鲁汶大学的教授。他注释的《刚果王国描述》长达65页，有393条注释，被科内万视为“权威”著作，并重新引起人们对皮加费塔作品的关注；见Robert Cornevin,“Le Congo ex-beige,” *Revue française d'histoire d'outre-mer*, 49, 175（1962）, pp. 262-279。同样在鲁汶大学完成的另一部重要著作是François Bontinck, *La fondation de la mission des Capuchins au Royaume du Congo*（*1648*）, Louvain: Nauwelaerts, 1966。自1966年起，翻译并评论乔瓦尼·达·罗马神父（Fr. Giovanni da Roma）的《短暂关系》（*Breve Relatione*, 1648）。

② Robert Cornevin,“Chronique du Congo Léopoldville,” *Revue française d'histoire d'outre-mer*, 52, 188-189（1965）, pp. 404-438.

③ 关于南大西洋的族群融合，另见L. F. de Alencastro,“Mulattos in Brazil and Angola: A Comparative Approach, Seventeenth to Twenty-First Centuries,” in Francisco Bethencourt and Adrian Pearce, eds., *Racism and Ethnic Relations in the Portuguese-Speaking World*, Oxford: Oxford University Press, 2012, pp. 71-96。

1602-1686，1952）和弗雷德里克·毛罗（Frédéric Mauro）的《17 世纪的葡萄牙与大西洋》（*Le Portugal et l'Atlantique au XVlle siècle*，1960）。[①] 尽管是民族主义书籍，但两位作者都超越了基于地域的历史写作模式的局限性，涵盖了南大西洋两岸。

查尔斯·博克瑟在第二次世界大战前从事区域研究。他关于葡萄牙、英国和荷兰在东亚、印度和中东势力的几篇文章远离欧洲中心主义，对学术著作而言保持着权威性。[②] 他关于萨尔瓦多·德·萨的著作概述了 17 世纪南大西洋及欧洲、中非西部和南美洲延伸部分（包括拉普拉塔和波托西河）的一幅全球景观。与葡萄牙和巴西民族主义历史学家关于萨尔瓦多·德·萨壮举的著作不同，博克瑟仔细审阅了法国、荷兰、英国、西班牙和葡萄牙的文献。他对待非洲史的方法与他的资料来源和所处时代的欧洲视角截然不同。正如大卫·伯明翰所说，"当对非洲史的专业研究仅仅刚起步时"，博克瑟对安哥拉和刚果的深刻分析已完善了他对南美洲和欧洲历史的研究。[③] 在巴西方面，博克瑟将班德拉远征队在巴拉圭的猎奴袭击与安哥拉奴隶的海上贸易联系起来，

---

① C. R. Boxer, *Salvador de Sá and the Struggle for Brazil and Angola*, *1602 - 1686*, London: Athlone, 1952; F. Mauro, *Le Portugal et l'Atlantique au XVIIe siècle*, Paris: SEVPEN, 1960. 毛罗通过其书名，如同他之前的肖努的《塞维利亚与大西洋》(*Sévile et l'Atlantique*)，强调了重视更广阔的历史空间而非时代错置的领土实体。后来，在其著作葡语译本编辑的坚持下，他在葡语译本标题中加入"巴西"，题为 *Portugal*, *Brasil e o Atlântico*。

② 1950 年，即出版《萨尔瓦多·德·萨与巴西和安哥拉的斗争，1602—1686 年》两年前，博克瑟出版了他关于荷兰与日本文化交流的重要著作的修订版，首版于 1936 年，见 C. R. Boxer, *Jan Compagnie in Japan*, *1600-1850*: *An Essay on the Cultural*, *Artistic and Scientific Influence Exercised by the Hollanders in Japan from the Seventeenth to the Nineteenth Centuries*, 2nd ed., The Hague: Martinus Nijhoff, 1950。皮埃尔·肖努评价此书为"关于日荷跨文化交流的出色研究"，见 Pierre Chaunu, "Brésil et Atlantique au XVIIe siècle," *Annales ESC*, 16, 6 (1961), p. 1177。尽管对世界史有着种种争论，博克瑟的著作仍然为其开明的世界主义付出了代价。因此一些亚洲史研究者忽视了他对大西洋史的贡献，反之亦然。荷兰史家、荷兰东印度公司和近代日本专家、博克瑟门生弗兰克·勒坎（Frank Lequin）关于博克瑟生平的著作和文章并未提及《萨尔瓦多·德·萨与巴西和安哥拉的斗争，1602—1686 年》，而用博克瑟另一位门生弗朗西斯·杜特拉（Francis Dutra）的话来说，此书"可以说是他最好的著作"。Francis A. Dutra, "Charles Boxer's *Salvador de Sá and the Struggle for Brazil and Angola* Revisited: 50 Years Later," Paper presented at the conference in honor of Charles R. Boxer, *Imperial* (*Re*) *Visions*: *Brazil and the Portuguese Seaborne Empire*, 1-2 November 2002, Yale University, New Haven, CT; Frank Lequin, "In Memoriam Charles Ralph Boxer F. B. A., 8 March 1904-27 April 2000," *Bijdragen tot de Taal-*, *Land- en Volkenkunde*, 156, 4 (2000), pp. 671-685.

③ Birmingham, quoted by Cummins, in S. G. West and J. S. Cummins, *A List of the Writings of Charles Ralph Boxer Published between 1926 and 1984*, London: Tamesis, 1984, p. XIV.

尽管有些笼统。他还证实了此前发现的关于里约热内卢—拉普拉塔的联系。

除了他对远东跨文化跨社会的学术研究和他在20世纪40年代前后获得的葡属非洲参考书目之外，博克瑟对刚果和安哥拉——他直到1961年才访问过这个地区——文化的关注可以说是受到了其妻艾米丽·哈恩（Emily Hahn）回忆的启发，她是著名的美国作家和记者，1931—1932年住在比属刚果。[①]

查尔斯·博克瑟是一位国际化且博采众长的历史学家，而弗雷德里克·毛罗则是法国学术体系的产物。然而，费尔南·布罗代尔为毛罗的博士学位论文提供了建议，这改变了一切。此外，毛罗的研究与布罗代尔另外两位门生皮埃尔·肖努（Pierre Chaunu）和维托里诺·德·马加良斯·戈迪尼奥（Vitorino de Magalhães Godinho）的研究相关。尽管马加良斯·戈迪尼奥的主要研究成果集中在葡属印度，但他也编辑了关于葡属大西洋的重要文献，并撰写了一篇关于南大西洋贸易的新论，内容涉及非洲奴隶、波托西白银以及巴西的糖和黄金。他对北非和西非的研究更新了从黄金海岸到地中海黄金线路的研究。马加良斯·戈迪尼奥在有关地理大发现和世界经济的硕士学位论文中强调了最初几名安哥拉总督与葡萄牙奴隶贩子之间的联系，这是里斯本取得南大西洋霸权的关键一步。[②]

20世纪50年代中期，肖努、毛罗和马加良斯·戈迪尼奥将布罗代尔聚焦于地中海详尽阐述的世界体系扩展到大西洋、太平洋和阿拉伯海。继布罗代尔《地中海与菲利普二世时代的地中海世界》之后，毛罗和肖努研究了伊比利亚大西洋中被定义为“西地中海”的历史海域。由此，肖努将17世纪的加勒比地区归类为“塞维利亚的地中海”。同样是受到罗伯特·理查德

---

① 艾米丽·哈恩（Emily Hahn）著有一部值得注意的游记《刚果独奏》（*Congo Solo*，1933）和一部小说《赤脚》（*With Naked Foot*，1934），描绘了当时中非西部的殖民活动。艾米丽·哈恩的传记作者和崇拜者肯·卡斯伯森（Ken Cuthbertson）在对2011年版《刚果独奏》的介绍中，以简短而独特的方式描述了查尔斯·博克瑟的冒险生活和丰富著作：“一位古怪的英国军官，后来成为葡萄牙殖民史教授。”

② Vitorino de Magalhães Godinho, *Documentos sobre a Expansão Portuguesa*, 3 vols., Lisbon: Gleba, 1943; *História Económica e Social da Expansão Portuguesa*, Lisbon: Terra Editora, 1947; “Problèmes d'économie atlantique: Le Portugal, flottes du sucre et flottes de l'or, 1670-1770,” *Annales ECS*, 5, 2 (1950), pp. 184-197; *Fontes Quatrocentistas para a Geografia e Economia do Saara e Guiné*, São Paulo: Ind. Graf. José de Magalhäes, 1953; *A Economia dos Descobrimentos Henriquinos*, Lisbon: Sá da Costa, 1962; *L'économie de l'empire Portugais aux XVe et XVIe sierles: L'or et le poivre. Route de Guinée et route du Cap*, 2 vols., 1958, reprint, Paris: SEVPEN, 1969. 另见 Luís Cardoso, “Vitorino Magalhães Godinho and the Annales School,” *e-JPH*, 9, 2 (2011), pp. 105-114。

(Robert Ricard) 的启发，毛罗将连接马德拉 (Madeira)、亚速尔和马扎甘 [Mazagan，今埃尔贾迪达 (El Jadida)] 的贸易概念化为“大西洋地中海”。[①] 在出版《葡萄牙与大西洋》(*Le Portugal et l'Atlantique*) 之前，他发表了一篇关于葡属大西洋奴隶和奴隶贸易的重要论文。

毛罗的《葡萄牙与大西洋》也受益于博克瑟的建议，他用1/3篇幅阐述“海洋及其限制”，分析航海问题、海上联系以及南美洲、非洲和欧洲之间的船运。然而，该书的组织架构忽略了南大西洋的直接交流。《葡萄牙与大西洋》聚焦巴西糖业、亚速尔和马德拉群岛（被称为“东大西洋”）的小麦和葡萄酒出口，海上运输、价格波动以及与欧洲的交流，置非洲史于不顾。毛罗将被奴役的美洲印第安人、专营权合同和非洲奴隶贸易压缩成一个独特的小节，名为“奴隶”。在这里，这些问题的政治和文化复杂性全被置于一个简短的、专门讨论殖民劳动力的章节中考察。[②] 尽管如此，这本书最大的贡献仍然是收集证据并分析17世纪葡属大西洋的主要产品和商品。在许多历史学家看来，对生产、航海、皇家税收、价格、汇率和货币实践的短期和长期趋势进行的详细评估，赋予了《葡萄牙与大西洋》全部重要意义，构成对博克瑟《萨尔瓦多·德·萨与巴西和安哥拉的斗争，1602—1686年》的补充。[③]

评论家们强调了布罗代尔对毛罗和肖努作品的影响。尽管如此，布罗代尔指出了地中海和大西洋的差异，指出了大西洋史写作的基本原则。的确，对于布罗代尔而言，地中海是人类有史以来最古老的海洋空间，他对16世纪的地中海做了研究，“在其辉煌的尽头”，与大西洋截然不同，是“一个借用其过去并匆忙建构的空间”。因此，他试图在《地中海与菲利普二世时

---

① F. Mauro, “De Madère à Mazagan: une Méditerranée atlantique,” *Hesperis*, 1953, pp. 250-254. 后来，在布罗代尔观点的基础上，毛罗提出了在世界多个地区形成“地中海”的海上贸易和陆地网络类型学。但他未考虑巴伊亚—贝宁湾贸易，而他在1968年作为皮埃尔·韦尔格尔博士学位论文的答辩委员会成员详细讨论了这种贸易。F. Mauro, “Un nom commun: La Méditerrannée,” *Revista da Universidade de Coimbra*, 28 (1980), pp. 271-281.

② 科廷认为毛罗关于1570—1670年巴西奴隶贸易的统计数据是准确的，见 Philip D. Curtin, *The Atlantic Slave Trade: A Census*, Madison: University of Wisconsin Press, 1969, pp. 115-117。

③ 特雷弗·伯纳德 (Trevor Burnard) 在其书目指南中肯定地说：“值得注意的是，查尔斯·维林登 (Charles Verlinden) 和弗雷德里克·毛罗是在冷战的国际主义时期写作的，当时西方文明的观点是影响这些问题学术研究的重要因素。”这一论断可能适用于维林登，但不适用于毛罗，后者的著作有着截然不同的根源。Trevor Burnard, *The Idea of Atlantic History*, Oxford: Oxford University Press, 2011, pp. 10-11, Oxford Bibliographies Online Research Guide, https://play.google.com/store/books/details?id=T9-vuwQZyQoC&source=ge-web-app (accessed September 2013).

代的地中海世界》中揭示的“全球史”并没有被肖努的《塞维利亚与大西洋》捕捉到，后者勾勒出一个“武断的海洋空间，而不是整个大西洋”。[①] 布罗代尔在评论中曾多次对地中海和大西洋历史之间的比较进行否定，这也同样适用于其他作品，尤其是毛罗的书。此外，肖努、毛罗和博克瑟的方法也存在差异。

在评论《萨尔瓦多·德·萨与巴西和安哥拉的斗争，1602—1686 年》时，肖努说这本书描述了“非常伟大的历史”。然而，肖努对博克瑟工作中缺乏的有关价格序列和运输变动的定量数据感到遗憾，毕竟其曾经参与对西班牙帝国的大量统计研究。肖努、毛罗、马加良斯·戈迪尼奥和许多年鉴派专家对伊比利亚在大西洋和亚洲扩张进行的深入定量数据研究和评估值得关注。

实际上，布罗代尔的第一批门生肩负着双重智识抱负：在大西洋史领域效仿《地中海与菲利普时代的地中海世界》的方法和写作，并超越厄尔·汉密尔顿（Earl Hamilton）的研究成果。[②] 就许多享有定量研究优遇的年青一代而言，汉密尔顿的工作对他们来说越来越重要。布罗代尔的另一位门生及合作者鲁杰罗·罗马诺（Ruggiero Romano）曾说，每一代历史学家都将一本伟大的书作为榜样和挑战，对他这一代而言这本书是《西班牙的战争与物价（1651—1800）》（*War and Prices in Spain, 1651-1800*）。[③]

---

① Fernand Braudel, “Pour une histoire sérielle: Séville et l’Atlantique (1504-1650),” *Annales, ESC* 18 (3), 1963.

② Earl Hamilton, *War and Prices in Spain, 1651-1800*, Cambridge: Harvard University Press, 1947.

③ 在不同场合，弗雷德里克·毛罗和皮埃尔·肖努也做过同样的评论。《西班牙的战争与物价（1651—1800）》和汉密尔顿其他作品相仿，得到年鉴学派的赞赏。费弗尔（Febvre）在第五期《经济与社会史年鉴》中评论了汉密尔顿的研究。L. Febvre, “L’afflux des métaux d’Amérique et les prix à Seville: Un article fait, une enquête à faire,” *Annales d’histoire économique et sociale*, 5 (1930), pp. 68-80. 1932 年，汉密尔顿在《经济与社会史年鉴》上发表了一篇论文。皮埃尔·维拉（Pierre Vilar）对《西班牙的战争与物价（1651—1800）》进行了有洞察力且满怀敬意的评论，将其与他自己对加泰罗尼亚的研究相提并论。P. Vilar, “Histoire des prix, histoire générale,” *Annales, ECS*, 1 (1949), pp. 29-45. 因此，布罗代尔就《西班牙的战争与物价（1651—1800）》发表了一篇尊敬而温和的评论，强调西班牙的衰落应在大危机的全球背景下加以分析。Fernand Braudel, “De l’histoire d’Espagne à l’histoire des prix,” *Annales, ESC*, 2 (1951), pp. 202-206. 关于物价和工资辩论的其他可参考文献包括 Beveridge, *Prices and Wages in England from the Twelfth to the Nineteenth Century*, London: Longmans, 1939, 也可参考更接近布罗代尔门生和年鉴学派的让·默夫雷（Jean Meuvret）的作品。这些辩论源于国际价格史委员会（International Committee of History of Price）对经济危机和大萧条周期模式的研究。

在汉密尔顿作品背后，隐藏着对20世纪30年代大萧条所引发的价格史的国际调查，以及对17世纪全面危机及其结果的辩论。[①] 毛罗作为经济史家的学术生涯适逢时代需要，他的博士学位论文和著作定位于现在已被认为过时的问题。作为一位非传统的历史学家和世界人物，博克瑟对海外的文化差异和交流更为开放，因为这是一个常新的主题。因此，毛罗这本书的重要性有时会被不公平地遗忘，而《萨尔瓦多·德·萨与巴西和安哥拉的斗争，1602—1686年》却一直保持着它的新鲜感。[②] 在过去几年里，随着对南大西洋史学术兴趣的增加，1952年博克瑟撰写的《萨尔瓦多·德·萨与巴西和安哥拉的斗争，1602—1686年》一书（1948年在一篇文章中勾勒出其大纲）被视为该领域的奠基之作。[③]

九 年鉴学派发现与失去的南大西洋

年鉴学派学者和布罗代尔的门生对埃塞俄比亚洋的误解也出现在肖努写的一篇关于博克瑟、毛罗和马加良斯·戈迪尼奥作品的文章中。[④] 该文详细讨论了西属、葡属和荷属大西洋的经济趋势、季节性和航运危险以及航行路线。然而，肖努只是简单提到了“安哥拉看似矛盾的例外”——南大西洋环流缩短了海上航线，使罗安达更靠近巴西——以及“巴西在非洲海岸活动的明显证据”。他绘制了两张关于航海距离的出色地图，改进了毛罗绘制的地图，肖努的地图中没有包括任何非洲港口或赤道以南纬向延伸的航线。

① F. Mauro, “Article de E. J. Hobsbawm sur la crise du XVIIe siècle,” *Annales*, *ECS*, 1. 14, 1 (1959), pp. 181-185. 毛罗对霍布斯鲍姆文章的主要批评依赖汉密尔顿的分析：货币和信贷在17世纪变革中的核心作用。

② 《葡萄牙与大西洋》没有译介巴西。塞西尔·维达尔（Cécile Vidal）在写到法国史家对大西洋史的漠视时，忽略了毛罗的作品。Cécile Vidal, “La nouvelle histoire atlantique en France: Ignorance, réticence et reconnaissance tardive,” *Nuevo Mundo Mundos Nuevos*, 24 September 2008, http://nuevomundo.revues.org/42513; DOI: 10.4000/nuevomundo.4251 (accessed October 2013); “Pour une histoire globale du monde atlantique ou des histoires connectées dans et au-delà du monde atlantique?” *Annales*, 67, 2 (2012), pp. 391-413.

③ C. R. Boxer, “Salvador Correia de sá e Benevides and the Reconquest of Angola in 1648,” *Hispanic American Historical Review*, 28, 4 (1948), pp. 483-513.

④ Pierre Chaunu, “Brésil et Atlantique au XVIIe siècle,” *Annales ESC*, 16, 6 (1961). 马加良斯·戈迪尼奥当时尚未出版的索邦大学博士学位论文题为“L'économie de l'empire portugais aux XVIe et XVIIe siècles. L'or et le poivre. Route de Guinée et route du Cap,” 2 vols.，其是作为“主要论文”（thèse principale）存在的，另外，还有 *Les finances de l'État portugais des Indes orientales*, *du XVIe au début du XVIIe siècle*: *Étude et documents*。

在他的计划中，里斯本、加的斯及其向加勒比海和南美洲的延伸构成了整个伊比利亚大西洋。当时，肖努正在深入研究西班牙贩奴专营权和葡萄牙人在非洲贸易中的作用。[①] 然而，他并未在评论中提出这样的问题，也没有注意到《萨尔瓦多·德·萨与巴西和安哥拉的斗争，1602—1686年》先前就刚果和安哥拉历史开创的观点。

一些因素可以解释布罗代尔门生对南大西洋世界的漠视。当时关于双边贸易的研究很少，也无法量化。迄今为止，还没有韦尔热1968年著作中关于巴伊亚和贝宁湾之间烟草和奴隶的数据和广泛描述。[②] 可以肯定的是，巴西甘蔗朗姆酒向非洲的出口以及从里约热内卢到安哥拉的贸易流量，尤其是关于本格拉的贸易流量，得到后世史家更好的捕捉和分析。最重要的是，毛罗和肖努的图式低估了文化史，没有考虑到撒哈拉以南社会融入大西洋的循环。[③] 正如我们将看到的，这些方法论的和地理历史的限制在布罗代尔全球史的第二部重要著作《15—18世纪的物质文明、经济和资本主义》（1979）中很明显。

越来越多的以巴西各区域或整体地域历史为中心的学术研究也削弱了对包括安哥拉和伊比利亚或尼德兰南大西洋在内的研究。上文引用的肖努文章题为《17世纪的巴西和大西洋》（Brésil et Atlantique au XVIIe siècle）。同样，在《巴西的荷兰人》（*The Dutch in Brazil*，1957）一书中，博克瑟将荷兰西印度公司对葡属美洲的占领与其对安哥拉的占领区分开来，分散了他五年前精巧描述的单一军事阵线和历史空间。[④]

的确，肖努关于17世纪巴西和荷兰人在巴西（而非南大西洋）的文章被巴西史学中占主导地位的地域范式所涵盖，这在博克瑟随后关于米纳斯吉

---

① 他对西班牙贩奴专营权合同的数据分析，以及毛罗先前估算的数字，奠定了科廷对17世纪大西洋奴隶贸易进行全球计算的基础。Pierre Huguette and Hugquette Chaunu, *Séville et l'Atlantique 1504-1650*, 8 vols., Paris: Armand Colin, 1955-1960, Vol. 6, pp. 41-42, 402-403.

② 科西诺·梅德罗斯·多斯·桑托斯（Corcino Medeiros dos Santos）关于18世纪巴西和安哥拉双边贸易的文章提供了关于双边航行的数据，但被作者曲解了。见 Corcino Medeiros dos Santos, "Relações de Angola com o Rio de Janeiro 1736-1808," *Estudos Históricos*, 12 (1973), table 1。

③ 另见 F. Mauro, *Des produits et des hommes : Essais historiques latino-américains XVIe-XXe siècles*, Berlin: De Gruyter, 1973, chaps. 2 and 3。

④ C. R. Boxer, *The Dutch in Brazil, 1624-1654*, Oxford: Clarendon, 1957.

拉斯的书中得到证实。[1] 然而，在接下来的几年里，博克瑟出版了一部著作，主题是葡萄牙帝国种族关系、他对葡萄牙帝国四个市政委员会的比较方法。在这部著作中，博克瑟聚焦于1699年前后罗安达进口巴西甘蔗朗姆酒，强调了南大西洋网络中的双边贸易。[2] 除了下文将提到的皮埃尔·韦尔热（Pierre Verger）的书之外，在《萨尔瓦多·德·萨与巴西和安哥拉的斗争，1602—1686年》和《葡萄牙与大西洋》之后，研究巴西史的本国和外国作者主要关注领土问题。

十 中非西部研究与学科划分

众所周知，非殖民化运动产生了以非洲为中心的学术研究。新的大学在法属、比属和英属非洲成立，而关于非洲史的项目在美国和欧洲发展起来。在法国，非洲研究是对"殖民史"这一主导领域的回应。[3] 在索邦大学，乔治·巴兰迪耶领导下的非洲研究中心（Centre d'Études Africaines）于1960年开始发行期刊，索邦大学的"殖民史"教席于1905年据殖民游说团体要求创建，1961年终止。后来，在这所大学设立了三个新的非洲研究教席，其中两个是历史学教席，另一个是社会学教席。[4]

---

① C. R. Boxer, *The Golden Age of Brazil, 1695-1750*, Cambridge: Cambridge University Press, 1962.

② C. R. Boxer, *Portuguese Society in the Tropics: The Municipal Councils of Goa, Macao, Bahia and Luanda, 1510-1800*, Madison: University of Wisconsin Press, 1965, pp. 209-218.

③ 1959年，《法国殖民地史评论》（*Revue Française d'Histoire des Colonies*，由法国殖民部于1913年创办）更名为《法国海外史评论》（*Revue Française d'Histoire d'Outre-Mer*）。前殖民地总督罗贝尔·德拉维涅特（Robert Delavignette）在一篇社论中解释了改名的原因，他认为新的各期《法国海外史评论》将朝着"一部文化融合史的方向发展，将根据（法兰西）共同体不同成员（国）各自的历史传统来衡量其贡献"。R. Delavignette, "La Revue Française d'Histoire d'Outre-Mer," *Revue française d'histoire d'outre-mer*, 46, 162 (1959), pp. 5-6.

④ 该教席设立于1905年，由法国殖民联盟（Union Coloniale Française）赞助，这是一个影响力很大的殖民主义游说团体。Henri Brunschwig, "Le parti colonial français," *Revue française d'histoire d'outre-mer*, 46, 162 (1959), pp. 49-83; Nicolas Bancel, "Que faire des postcolonial studies?" *Vingtième Siècle*, 115, 3 (2012), pp. 129-147; Henri Moniot, "Une ego-histaire des études africaines," *Canadian Journal of African Studies*, 30, 2 (1996), pp. 263-271. 另见 Jean-Frédéric Schaub, "La catégorie 'études coloniales' est-elle indispensable?" *Annales*, 63, 3 (2008), pp. 625-664; "The Case for a Broader Atlantic History," *Nuevo Mundo Mundos Nuevos*, 27 July 2012, http://nuevomundo.revues.org/63478; DOI: 10.4000/nuevomundo.63478 (accessed November 2013)。具有讽刺意味的是，围绕后殖民研究领域的泛泛而谈促使索邦大学的一些学者再度设想实地研究"殖民史"。

在美国，按照菲利普·柯廷的说法，对非洲的兴趣从“20 世纪 50 年代的小觉醒”过渡到“20 世纪 60 年代的大觉醒”。[①] 在柯廷和扬·万西纳的指导下，威斯康星大学的非洲研究项目于 1961 年成立。

在这种情况下，非洲研究学者出版了关于 17 世纪刚果王国和安哥拉历史的重要著作，都在不同程度上依赖已被引用或未得到引用的手稿和印刷的葡萄牙资料及史学文献。这类书开创了对中非西部的学术研究，与非洲史学整体情况一样，仍由非洲之外的学者主导。

1966 年，扬·万西纳出版了《萨凡纳草原上的王国》（*The Kingdoms of the Savannah*），亨利·布伦施维格（Henri Brunschwig）将其定义为“主要基于口头资料的历史研究大师级”著作，当时许多法国史家都不熟悉这种方法。[②] 1961 年，该书首次在威斯康星大学的会议上发布，当时报纸正散播刚果（金）第一共和国（1960—1965）的悲剧。[③] 这本书的背景是比利时殖

① Philip D. Curtin, “African Studies: A Personal Statement,” *African Studies Review*, 14, 3 (1971), pp. 357-368. 在意识形态问题影响下，当时地区研究领域最重要的资助机构福特基金会（Ford Foundation）优先资助波士顿大学和西北大学。相比之下，支持反对南非种族隔离会议的芝加哥罗斯福大学和公开支持非洲民族主义运动的林肯大学（宾夕法尼亚）获得的赞助则少得多。Jerry Gershenhorn, “‘Not an Academic Affair’: African American Scholars and the Development of African Studies Programs in the United States, 1942-1960,” *Journal of African American History*, 94, 1 (2009), pp. 44-68; William G. Martin, “The Rise of African Studies (USA) and the Transnational Study of Africa,” *African Studies Review*, 54, 1 (2011), pp. 59-83.

② Henri Brunschwig, “Un faux problème: L'ethno-histoire,” *Annales*, 20, 2 (1965), pp. 291-300. 另见 David Newbury, “Contradictions at the Heart of the Canon: Jan Vansina and the Debate over Oral Historiography in Africa, 1960-1985,” *History in Africa*, 34 (2007), pp. 213-254。扬·万西纳已出版了他基于口述史对卢旺达的创新研究《卢旺达王国从起源到 1960 年的演变》（*L'évolution du royaume du Rwanda des origines à 1960*）。同样，他在《非洲历史杂志》（*Journal of African History*）创刊号上发表的关于巴库巴人（Bakuba）的纲领性论文，为非洲研究中的口述史研究奠定了方法论基础。Jan Vansina, “Recording the Oral History of the Bakuba—I. Methods,” *Journal of African History*, 1, 1 (1960), pp. 45-53; “Recording the Oral History of the Bakuba—II. Results,” *Journal of African History*, 1, 2 (1960), pp. 257-270; Jan Vansina and H. M. Wright, *Oral Tradition: A Study in Historical Methodology*, Chicago: Aldine, 1965; Jan Vansina, *Kingdoms of the Savanna*, Madison: University of Wisconsin Press, 1966.

③ 指刚果战争。1960 年刚果独立不久，军队发动兵变试图赶走比利时籍军官，提高待遇，反殖民斗争迅速扩展到全国范围。比利时为维护其殖民利益进行武装镇压，英国煽动刚果南部矿业地区独立，法国鼓动下刚果并入法属刚果，美国在苏联支持下操纵联合国进行军事干涉，刚果政府内部各派的斗争也趋于尖锐。刚果战乱历时 5 年，直到 1965 年蒙博托政变才结束。——译者注

民主义的戏剧性失败和传统结构在非洲新生国家的复兴。尽管如此，万西纳解释说，安哥拉虽然是一个殖民地，但它是与刚果、卢巴、隆达、卡曾贝（Kazembe）和洛齐（Lozi）等该地区主要非洲国家一同被研究的。对他来说，17世纪末安哥拉成为非洲“第一个实质性的”殖民地。[①] 正如我们将在后文看到的，随着该地区国家的独立，这本书影响了中非西部民族国家身份的塑造。

乔治·巴兰迪耶是乔治·古尔维奇（Georges Gurvitch）和米歇尔·莱里斯（Michel Leiris）的门生，也是法国著名的非洲学家，他在1965年出版了《16—18世纪刚果王国的日常生活》（*La vie quotidienne au royaume de Kongo du XVIe au XVIHe siècle*）。[②] 尽管评论者批评该书对文字资料的使用不完整且不足，但它在很大程度上依赖作者以前的学术研究和关于当代加蓬和刚果（布）的渊博知识。另外，他在战后法国编辑、知识分子和反殖民主义圈子的活动使他的作品成为非洲研究的重要参考资料。[③]

W. G. L. 兰德斯写的关于刚果王国的书（1968）受益于巴兰迪耶的建议，在很大程度上依赖以前作品中缺失的书面和印刷的葡萄牙语史料。特别是，他是第一位广泛使用布拉西奥神父《非洲传教士纪念》资料的非洲学家，巴兰迪耶则忽视了这些资料，万西纳和伯明翰也几乎没有提到过。除了共同提及荷兰东印度公司对巴西和安哥拉的入侵之外，兰德斯还提到伯南布哥的荷

---

① Jan Vansina, *Kingdoms of the Savannah*, Madison: University of Wisconsin Press, 1966, pp. 145-146.

② Georges Balandier, *La vie quotidienne au royaume de Kongo du XVIe au XVJIJe siècle*, Paris: Hachette, 1965.

③ 巴兰迪耶的论文《殖民状况》（La situation coloniale，1951）被科潘视为非洲殖民地社会研究的“奠基之作”，该论文及其著作《模糊的非洲》（*L'Afrique ambiguë*，1957）影响了两代法语非洲作家，包括V. Y. 穆丁贝（V. Y. Mudimbe）。巴兰迪耶最出色的两位门生——被誉为法国经济人类学之父的克劳德·梅亚苏（Claude Meillassoux）和法国研究当代安哥拉的主要专家克里斯蒂娜·梅西昂（Christine Messiant）——撰写了关于南部非洲的重要著作。Georges Balandier, “La situation coloniale: Approche théorique,” *Cahiers internationaux de Sociologie*, 11（1951）, pp. 44 - 79; *Sociologie des Brazzavilles noires*, Paris: Presses de la Fondation nationale des sciences politiques, 1955; *L'Afrique ambiguë*, Paris: Plon, 1957. 另见Gabriel Gosselin, *Les nouveaux enjeux de l'anthropologie, autour de G. Balandier*, Paris: L'Harmattan, 1993; Jean Copans, “La ‘situation coloniale’ de Georges Balandier: Notion conjoncturelle ou modèle sociologique et historique?” *Cahiers internationaux de sociologie*, 110, 1（2001）, pp. 31-52; Claude Meillassoux, *Les Derniers Blancs—Le Modèle Sud-Africain*, Paris: Maspero, 1979.

兰总督接见索约使团，以及巴西、刚果王国和安哥拉之间的联系。[①]

正如 W. G. L. 兰德斯指出的，大卫·伯明翰的《安哥拉的贸易与冲突：1483—1790 年葡萄牙影响下的姆本杜人及其邻居》（*Trade and Conflict in Angola : The Mbundu and Their Neighbours under the Influence of the Portuguese , 1483-1790*, 1966）是第一部葡萄牙人在中非西部活动的学术史著作。[②] 除了占主导地位的殖民主义文献之外，这本书还是安哥拉现代史学的转折点，所考察的时间段是 1483—1683 年，更准确地说是 17 世纪，聚焦于非洲人的观点。[③] 除了殖民主义传统和民族主义作家之外，伯明翰似乎是安哥拉当代史家的先驱。

万西纳对伯明翰的书做了严厉的评论，强调研究安哥拉和刚果需要结合历史和人类学方法，“非洲历史涉及非洲文化，并且无法摆脱人类学”，[④] 甚至可以补充说，在撒哈拉以南非洲书面资料更为丰富的地区亦如是。万西纳对巴兰迪耶著作的评论更尖锐，宣称历史分析的关键作用，指责作者对书面资料的引用不加批判且有限。[⑤]

这些书指出了安哥拉和巴西的联系。继博克瑟和安哥拉的殖民史作者之后，伯明翰指出了从巴西派来的总督对安哥拉的影响。[⑥] 对于万西纳而言，他强调食品出口和植物或士兵从葡属美洲向安哥拉的转移。他引用了拉尔夫·德尔加多（Ralph Delgado）和奥利维拉·马丁斯（Oliveira Martins）的说法，称在 17 世纪葡萄牙和巴西的远征征服了刚果王国和恩东戈王国之后，安哥拉成为“实际上的巴西殖民地”。这种横跨南大西洋的历史奇特现象并没有引起《萨凡纳草原上的王国》的众多学术读者太多的关注。[⑦]

---

① W. G. L. Randles, *L'ancien royaume du Congo des origines à la jin du XIXe siècle*, Paris: Mouton & Co., 1968, pp. 334-337, 340-344.

② David Birmingham, *Trade and Conflict in Angola : The Mbundu and Their Neighbours under the Influence of the Portuguese , 1483-1790*, Oxford: Clarendon, 1966. 兰德斯的评论指伯明翰此前发表的综述《葡萄牙人征服安哥拉》（*The Portuguese Conquest of Angola*），参见 W. G. L. Randles, “David Birmingham, *The Portuguese Conquest of Angola*,” *Annales*, 23, 1 (1968), pp. 221-223。

③ Jan Vansina, *Kingdoms of the Savannah*, Madison: University of Wisconsin Press, 1966.

④ Jan Vansina, “Trade and Conflict in Angola,” *Journal of African History*, 8, 3 (1967), pp. 546-548.

⑤ Jan Vansina, “Anthropologists and the Third Dimension,” *Africa*, 39, 1 (1969), pp. 62-68.

⑥ David Birmingham, *Trade and Conflict in Angola : The Mbundu and Their Neighbours under the Influence of the Portuguese , 1483-1790*, Oxford: Clarendon, 1966, p. 119.

⑦ Jan Vansina, *Kingdoms of the Savannah*, Madison: University of Wisconsin Press, 1966, pp. 13, 144, 146, 183.

实际上，上述作品旨在促进非洲研究，并没有涉及南大西洋的视野。此外，在稍后出版的、以更广泛视角研究该主题的《大西洋的贸易和帝国，1400—1600年》（*Trade and Empire in the Atlantic，1400-1600*）一书中，大卫·伯明翰只是略微提及了南大西洋的历史背景。①

这些书由学者为学者撰写，被非洲活动家和国家精英“盗用”。万西纳在一次采访中回忆了《萨凡纳草原上的王国》在安哥拉民族主义者中未被注意到的情况：“几乎立刻，一种非法贩运发展起来，尤其是在安哥拉，在那里，当你拥有那本书时，你就被视为自由斗士！”②

除此之外，比利时非洲主义传统的另一个重要代表让-吕克·维吕（Jean-Luc Vellut）批评了20世纪60年代末和70年代非洲史研究中的“抵抗主义”。在回顾《剑桥非洲史》时，他提到了伯明翰，也含蓄地提到了万西纳，认为以国家建设、经济合理性和非洲社群在与欧洲人关系中的地缘政治优势为中心的研究，低估了大西洋奴隶贸易中的力量不平等和破坏性后果。③ 正如让·科潘（Jean Copans）指出的，后来由非洲研究人员详细阐述的“来自内部的非洲主义”挑战了这种“来自外部的非洲主义”。④ 有人可能补充说，还有一种来自外部的欧洲的非洲主义，另一种来自前殖民宗主国内部的非洲主义。因此，维吕在比利时写了一篇关于针对亚当·霍赫希尔德（Adam Hochschild）以利奥波德二世国王在刚果犯下的罪行为主题的著作的论战的文章，指出一些评论家是不公正的，并补充说，“万西纳是一个太狡猾的学者，无法加入这个合唱团，⑤ 但他显然想以流亡同路人的身份获得一些好处”。无论如何，这种学术趋势导致了以非洲为中心的研究和分析。只要非洲学家的研究低估了大西洋联系，学术专业化就会阻碍对南大西洋的研究。

与此同时，古巴革命刺激了关于拉丁美洲的学术项目，并减少了对全球

① David Birmingham, *Trade and Empire in the Atlantic, 1400-1600*, London: Routledge, 2000.

② “History Facing the Present” —An Interview with Jan Vansina.

③ Jean-Luc Vellut, “L'Afrique aux XVIIe et XVIIIe siècles: Connaissances, idéologies, perspectives,” *Revue belge de philologie et d'histoire*, 55, 4 (1977), pp. 1076-1101. 他的评论涉及《剑桥非洲史》第4卷（1600—1790）。

④ Jean Copans, *Un demi-siècle d'africanisme africain: Terrains, acteurs et enjeux des sciences sociales en Afrique indépendante*, Paris: Karthala, 2010, pp. 80-83.

⑤ Jean-Luc Vellut, “Jan Vansina on the Belgian Historiography of Africa: Around the Agenda of a Bombing Raid,” *H-Africa*, 31 January 2002, http://www.h-net.org/apx.africa/africaforum/Vellut.htm (accessed November 2013).

南大西洋史的研究。“拉丁美洲”是一个根据19世纪法国帝国主义政策建构的概念，当它指美洲殖民时期时是一个过时的范畴，但“拉丁美洲”却成为北美和欧洲大学的主要专业领域。[①] 实际上，拉美从一个专业化的区域概念发展为美国和欧洲大多数大学院系认可的学科分区。这种划分基于这样一种假设，即南美洲和加勒比地区的奴隶制和区域性奴隶贸易属于美洲研究的领域，撒哈拉以南非洲的相关主题应由非洲研究者研究。因此，巴西学者经常对其他拉美国家进行研究和写作，而达荷美、刚果、安哥拉和莫桑比克则是为训练有素的非洲学者保留的研究领域。在这一点上，艾莉森·盖姆斯（Alison Games）批评“大西洋历史和地理成分的分隔特征”和“阻碍历史学家相互交流和写作的学科划分”。[②]

十一　非裔巴西人研究者的领域

除了这些基于地域的研究，皮埃尔·韦尔热——与查尔斯·博克瑟相比更像学术局外人——出版了著作《15—19世纪贝宁湾和托多斯桑托斯湾之间黑奴贸易的流动与回流》（*Flux et reflux de la traite des nègres entre le Golfe de Bénin et Bahia de Todos os Santos, XVle-XIXe siècles*, 1968）。[③] 韦尔热是一名精通约鲁巴语（Yoruba）的法裔巴西人，曾居住在巴伊亚、塞内加尔、尼日利亚和达荷美，1952年在凯图（Ketu）成为一名神圣的巴巴拉沃［Babalawo，即伊法教（Ifá）的牧师］。韦尔热依靠巴伊亚、里斯本、伦敦、海牙、伊巴丹和波多诺伏的档案、照片和口头资料进行写作。韦尔热最初是一名摄影师，后来在西奥多·莫诺（Théodore Monod）、罗歇·巴斯

① Bernard Bailyn, *Atlantic History: Concept and Contours*, Cambridge: Harvard University Press, 2005, p. 32.

② Alison Games, "Atlantic History: Definitions, Challenges, and Opportunities," *American Historical Review*, 111, 3 (2006).

③ 该书是他1966年在索邦大学发表的第三阶段博士学位论文（Doctorat de Troisième Cycle）的印刷版。这篇论文受到了评委会（主要是布罗代尔）的批评，因为其中以较大篇幅引用文献而没有分析或评论。实际上，韦尔热获得的学位是assez bien（中等，相当于cum laude，第三等），这是当时法国博士学位中最低等的表彰（此事被评委会另一位成员弗雷德里克·毛罗见证）。《15—19世纪贝宁湾和托多斯桑托斯湾之间黑奴贸易的流动与回流》如今的评论者和读者都在不知不觉间认同了布罗代尔的说法。

蒂德（Roger Bastide）和布罗代尔指导下成为学术研究者。[1]

尽管这本书没有从安哥拉和全球南大西洋史的角度来看问题，但对巴伊亚和贝宁湾双边交流的统一研究证实“流动与回流”（Flux et reflux）是非洲—巴西领域的一项创始性研究。柯廷在评论这本书时写道：“奴隶贸易是一种大西洋贸易，对欧洲、非洲和南美洲、北美洲历史产生了深远影响。然而，历史学家很少从大西洋角度看待它。皮埃尔·韦尔热就是这样做的……实际上，他最重要的贡献是他对大洋两岸事件给予同等重视。”博克瑟则称该书为“有关该主题的权威著作”。[2]

然而，韦尔热的发现和巴伊亚—贝宁的交流扩展了路易斯·维安娜·菲洛（Luiz Vianna Filho）的《巴伊亚的黑人》（*O Negro na Bahia*，1946）的研究，但没有被有关17—19世纪巴伊亚奴隶制的重要著作所考虑，例如斯图亚特·施瓦茨（Stuart Schwartz）和卡蒂亚·马托索（Katia Mattoso）的著作，这些著作主要依赖巴西地域历史的传统。[3] 同样，一些重要的法国作者在非洲或大西洋史作品中都没有采用“流动与回流”的跨大西洋方法。因此，于贝尔·德尚（Hubert Deschamps）编辑的《黑非洲、马达加斯加和群岛通史》（*Histoire générale de l'Afrique Noire, de Madagascar, et des archipels*, 1970-1971）没有提及非洲和南美港口之间双边关系的重要性。这部集体作品由著名的非洲研究者创作，并在法语国家的大学广为宣传，展示了17世纪和18世纪大西洋航线上的地图，这些地图并未反映巴西港口与贝宁湾或安哥拉和莫桑比克之间的直接贸易。[4]

保罗·布特尔（Paul Butel）的《从古至今的大西洋史》（*Histoire de l'Atlantique: De l'antiquité à nos jours*）提及“一部海洋的全球史”。尽管他分析了17世纪荷兰人侵巴西和安哥拉以及18世纪切萨皮克（Chesapeake）烟草贸易——他认为这是“大西洋殖民的黄金时代”——但他忽略了巴西

① "Pierre Verger," *Revue Noire*, http://www.revuenoire.com/index.php?option=com_content&view=article&id=3561&catid=16&Itemid=6 (accessed September 2013).

② Philip D. Curtin, "Flux et reflux...," *African Historical Studies*, 2, 2 (1969), pp. 347-348; C. R. Boxer, "Flux et reflux...," *English Historical Review*, 84, 333 (1969), pp. 806-807.

③ Stuart B. Schwartz, *Sugar Plantations in the Formation of Brazilian Society: Bahia 1550-1835*, London: Cambridge University Press, 1985; Kátia M. de Queirós Mattoso, *Bahia, século XIX: Uma província no Império*, Rio de Janeiro: Editora Nova Fronteira, 1992.

④ Hubert Deschamps, *Histoire générale de l'Afrique Noire, de Madagascar, et des archipels*, 2 vols., Paris: PUF, 1970-1971, Vol. 1, pp. 221, 232.

和安哥拉之间的贸易以及从巴伊亚到贝宁湾的烟草出口。实际上，他没有提到博克瑟的任何作品，也没有引用韦尔热的书。[①]

更奇怪的是，布罗代尔在权威的三卷本著作《15—18世纪的物质文明、经济和资本主义》中没有提到南大西洋网络。考虑到他的教学和他与圣保罗大学同事的讨论，以及他掌握的该领域的史学知识来看，布罗代尔非常了解南美和撒哈拉以南非洲之间的交流以及南大西洋网络在拉普拉塔和波托西的延伸。实际上，布罗代尔在1948年评论巴西史家小卡奥·普拉多（Caio Prado Júnior）的两部有影响力的著作时，批评了他的地域偏见和对南—南交流的忽视："为什么卡奥·普拉多没有更多地关注南大西洋史？"[②]

因此，考虑到他所撰写、讲授和与学生讨论的所有内容，布罗代尔对奴隶贸易和非洲的分析相当出人意料。在《15—18世纪的物质文明、经济和资本主义》一书中，他只给西非和撒哈拉以南非洲分配了几页篇幅。总的来说，他赞扬了柯廷对关于塞内冈比亚内陆和沿海的奴隶贸易有"惊人的创新"，并赞同关于利物浦或南特、西非和加勒比地区之间"三角贸易"的传统研究。作为结论，他不受限制地评估了三角贸易，并补充道"这一方案比照所有的贩奴船都是同样的"。[③] 布罗代尔没有考虑到大西洋奴隶贸易的数字或地理分布，而柯廷《人口统计》（1968）非常准确地表明了这一点。令人惊讶的是，布罗代尔既没有评论也没有引用皮埃尔·韦尔热的作品，他指导了韦尔热的论文，并在法国推广和出版了韦尔热的书。假如布罗代尔考虑到了这一点，他就会考虑到南大西洋奴隶网络的核心，即巴西和非洲之间的双边贸易。

除忽视南—南交流外，大多数战后一代的作者都低估了另一个重要问题，尤其是因为全球数据不准确：19世纪上半叶工业革命导致奴隶贸易增加。关于威廉斯—德雷舍论辩的讨论也提出了这个问题。[④] 正如后续的研究

---

① Paul Butel, *Histoire de l 'Atlantique : De l'antiquité à nos jours*, Paris: Perrin, 1997; Paul Butel, *The Atlantic*, London: Routledge, 1999（《大西洋史》英译本）, pp. 100-104, 139-142.

② 布罗代尔评论了卡约·普拉多（C. Prado）的《当代巴西的形成》（*Formação do Brasil Contemporãneo*, 1942）和《巴西经济史》（*História Econômica do Brasil*, 1945），参见 Fernand Braudel, "*Deux livres de Caio Prado*," *Annales*, *ESC*, 3, 1 (1948), pp. 99-103。

③ Fernand Braudel, *Civilisation matérielle , économie et capitalisme , XVIe-XVIIIe siècles*, 3 vols., Paris: Armand Colin, 1979, Vol. III, pp. 536-552.

④ James Walvin, "Why Did the British Abolish the Slave Trade? Econocide Revisited," *Slavery and Abolition*, 32, 4 (2011).

表明，1/4 的跨大西洋奴隶贸易发生在 1807 年英国和美国废奴法案通过之后。在这些 19 世纪被贩运的人中，有大约 70%横越南大西洋在巴西登陆。[①]

忽视南大西洋研究背后的另一个重要因素是来自欧洲海洋强国和巴西的一些历史学家对讨论他们国家参与奴隶贸易的不安，更不用说忽视甚至否认这些问题的作者了。查尔斯·博克瑟曾与葡萄牙史家就葡非种族关系激烈争论，1969 年他对此略有提及。在强调韦尔热的法国—巴西—尼日利亚多元文化身份时，他写道："韦尔热的中立国籍使他能够以令人钦佩的公正性在这个复杂而有争议的话题（奴隶贸易）中行稳致远。"[②] 菲利普·柯廷出版于 1968 年的《人口统计》的一大优点是为欧洲国家在非洲各个地区的运输量设置了可以进行比较、可靠且被广泛接受的数据。尽管这些数据（以及随后由 D. 埃尔蒂斯、D. 理查森以及其他人建立并运行的跨大西洋奴隶贸易数据库）并未在任何地方都被赋予"令人钦佩的公正性"，但它们让历史学家对这个问题有了全面的认识，从而给他们中的大多数人注入一种"中立国籍"，使他们更易于研究大西洋奴隶贸易。

归根结底，南大西洋网络特征的决定性因素是与非洲的双边交流，以及巴西奴隶制和奴隶贸易与英格兰工业生产和自由贸易运动的结合。与历史上许多关键问题一样，南北大西洋史的主要区别在于分期。正如本文第一部分呈现的，巴西奴隶贸易的终结和风帆时代的落幕削弱了南大西洋环流和埃塞俄比亚洋这一指称的地缘政治意义，开启了大西洋史上的另一个时代。

新大西洋由蒸汽船统一，限制了其通往北部地区的纬向航路。相反，连接欧洲和美国与南美和非洲各港口的纵向航行显示了新的国际分工和北方对南方的主导地位。直到 20 世纪 80 年代，航空公司的航线都与此框架相匹

---

① 在 16 世纪初抵达美洲的 10538227 名奴隶中，有 2633403 人在 1808 年至 1866 年上岸，主要在巴西（1842573 人）、古巴（616908 人）和法属加勒比诸岛（154133 人），数据来源于 TSTD（accessed November 2013）。

② Boxer, "Flux et reflux...," *English Historical Review*, 84, 333（1969）. 关于博克瑟对葡萄牙帝国种族关系观点的争议，见库尔托（Curto）的缜密的分析：Diogo R. Curto, "The Debate on Race Relations in the Portuguese Empire and Charles R. Boxer's Position," *e-JPH*, 11, 2（2013）, http://www.brown.edu/Departments/Portuguese_Brazilian_Studies/ejph/html/issue21/html/viiniaoi.html（accessed December 2013）。另见 J. S. Cummins and L. De Sousa Rebelo, "The Controversy over Charles Boxer's Race Relations in the Portuguese Colonial Empire 1415-1825," Free Library, 1 January 2001, http://www.thefreelibrary.com/The controversy over Charles Boxer's Race Relations in the Portuguese...-a0122815751（accessed October 2013）。

配。到那时，从布宜诺斯艾利斯、巴伊亚或里约热内卢前往拉各斯或罗安达，必须经过里斯本或伦敦。从里约热内卢飞往莫桑比克，旅行者首先前往伦敦，然后前往约翰内斯堡，再前往洛伦索·马贵斯-马普托（Lourenço Marques-Maputo）。

1962年，伯明翰对罗德里格斯《巴西与非洲》评论道："关于南美洲在非洲史上重要性的论述尤其有价值。这两个大陆今天联系如此之少，以至需要做出特别提醒，即它们在过去相互依存。"① 南大西洋的后殖民地缘政治部分改变了那些问题，但不多。正如卡尼萨雷斯·埃斯格拉（Cañizares Esguerra）和布林（Breen）最近观察到的，"西北欧化"仍是大西洋世界叙事中的一个标准模式。② 南美人自国家独立以来强调自身文化，并向北美人和欧洲人郑重宣告他们自己也是美洲人。多亏了非洲的新生国家、加勒比地区和南美洲东部的主要选民，我们将不必再等两个世纪就可以确定南大西洋历史也是大西洋史。

The Ethiopic Ocean—History and Historiography, 1600-1975

Luiz Felipe de Alencastro

Abstract: Atlantic history is generally surveyed through the prism of the North Atlantic. Yet the South Atlantic had a distinct historical pattern through the Sailing Age. Eighteenth- and nineteenth-century maps and nautical guides, taking into account the system of currents and winds under the meteorological equator, which is on the north side of the geometrical equator, called the southern part of the Atlantic the "Ethiopic Ocean." This term emphasize the singularity, the boundaries, and the periodization of South Atlantic history. Indeed, generations of missiologist, colonial, and self-taught authors, as well as great and less great

① David Birmingham, "Africa and Brazil," *Journal of African History*, 3, 3 (1962), pp. 511-513.

② Cañizares Esguerra and Breen, "Hybrid Atlantics: Future Directions for the History of the Atlantic World," *History Compass*, 11, 8 (2013), p. 597.

historians, researched such subjects. Their works depict a genealogy of the South Atlantic World that leads to a more diversified and perhaps more conclusive Atlantic history.

Keywords: Atlantic History; South Atlantic Historiography; Ethiopic Ocean; Slave Trade

（执行编辑：彭崇超）

海洋史研究（第二十三辑）
2024年11月　第134～167页

错误的身份？奥拉达·艾奎亚诺、多明戈斯·阿尔瓦雷斯和海外非裔研究的方法论挑战

詹姆斯·H. 斯威特（James H. Sweet）*

摘　要：关于以往的非裔大西洋史研究，学者们会将非洲人多变的身份认同问题，以欧洲人惯用的分类思维，视作“前后矛盾”或“发明”的产物进行分析。事实上，通过考察奥拉达·艾奎亚诺、安东尼奥，特别是多明戈斯·阿尔瓦雷斯的个人生命历程不难发现，长期的不稳定让非洲人的群体

* 作者詹姆斯·H. 斯威特（James H. Sweet），威斯康星大学麦迪逊分校历史学教授。译者廖平，牛津大学历史系博士，自由译者。

本文译自 James H. Sweet, “Mistaken Identities? Olaudah Equiano, Domingos Álvares, and the Methodological Challenges of Studying the African Diaspora ,” *The American Historical Review*, 114, 2（2009）, pp. 279-306。

作者写了《重现非洲：非洲-葡萄牙世界的文化、亲属关系和宗教，1441—1770年》（*Recreating Africa: Culture, Kinship, and Religion in the African-Portuguese World, 1441-1770*, Chapel Hill: The University of North Carolina Press, 2003）和《多明戈斯·阿尔瓦雷斯：非洲疗愈与大西洋世界思想史》（*Domingos Álvares, African Healing, and the Intellectual History of the Atlantic World*, Chapel Hill: The University of North Carolina Press, 2011），并与泰居莫拉·奥拉尼央（Tejumola Olaniyan）合编了《海外非裔与诸学科》（*The African Diaspora and the Disciplines*, Bloomington: Indiana University Press, 2010）。霍利·布鲁尔（Holly Brewer）、豪尔赫·卡尼萨雷斯-埃斯格拉（Jorge Cañizares-Esguerra）、马特·蔡尔兹（Matt Childs）、沃尔特·霍索恩（Walter Hawthorne）、尼尔·科德什（Neil Kodesh）、莉萨·林赛（Lisa Lindsay）、保罗·洛夫乔伊（Paul Lovejoy）、乔·米勒（Joe Miller）、阿金·奥贡迪然（Akin Ogundiran）、约翰·斯威特（John Sweet）、彼得·伍德（Peter Wood）以及《美国历史评论》的匿名审稿人对本文初稿提出了评论和建议，在此深表感谢。本文的研究与写作离不开美国国家人文学科基金会（National Endowment for Humanities）、美国国家人文中心及三角研究基金会（National Humanities Center and Research Triangle Foundation）的沃尔特·海因斯·佩奇奖学金（Walter Hines Page Fellowship）、威斯康星大学麦迪逊分校研究生院以及得克萨斯大学奥斯汀分校历史研究所的慷慨支持。

"归属"比其他大西洋世界的人更加模糊，那些最机灵、见过世面最多的非洲人会认真观察他们的周遭环境，驾轻就熟地编造自己的群体身份，好让他们可以在大西洋世界生存、反抗，甚至发达。通过勾勒出一个人一生中的身份变化，可以更加清晰地聚焦在导致群体形成的动态过程，或许可以抛弃那些死死盯着"族裔"和"国族"标签本身的老套争论，呈现一种对非洲形态的亲属关系、记忆和认识论更加包容的大西洋史叙事。

关键词：非裔研究　身份认同　大西洋史　方法论

一

研究美洲奴隶制的学者多年以来一直在争论非洲人身份的意义，近年身份问题再起波澜，而且似乎正好遇上了两个相对独立的研究领域的兴起：海外非裔研究和大西洋研究。最近的这场争论大多集中在诸如安哥拉、米纳、几内亚和约鲁巴等"族裔"或"国族"标签的意义上。例如在北美早期史的研究中，围绕着伊博身份就出现了严重的分歧。[1] 这些争论中最有名且最具争议的恐怕要数文学研究者文森特·卡雷塔（Vincent Carretta）提出的说法，他认为18世纪大西洋世界最著名的历史人物之一奥拉达·艾奎亚诺（Olaudah Equiano）并非生于伊博地区，因而"可能发明了一种非洲身份"。[2]

艾奎亚诺在他的自传中自称生在"埃萨卡"（Essaka），是尼日尔河附近一个讲伊博语的地区，位于今天的尼日利亚。他在10岁那年被非洲商贩绑架，并在非洲海岸被卖给了欧洲人。在熬过了"中段航程"（Middle Passage）后，

① 例如参见 Michael A. Gomez, *Exchanging Our Country Marks: The Transformation of African Identities in the Colonial and Antebellum South*, Chapel Hill: The University of North Carolina Press, 1998; Douglas B. Chambers, "'My Own Nation': Igbo Exiles in the Diaspora," *Slavery and Abolition*, 18, 1 (1997), pp. 72-97; David Northrup, "Igbo and Myth Igbo: Culture and Ethnicity in the Atlantic World," *Slavery and Abolition*, 21, 3 (2000), pp. 1-20; Douglas B. Chambers, "The Significance of Igbo in the Bight of Biafra Slave Trade: A Rejoinder to Northrup's 'Myth Igbo,'" *Slavery and Abolition*, 23, 1 (2002), pp. 101-120; Gwendolyn Midlo Hall, *Slavery and African Ethnicities in the Americas: Restoring the Links*, Chapel Hill: The University of North Carolina Press, 2005。

② Vincent Carretta, *Equiano, the African: Biography of a Self-Made Man*, Athens: Georgia University Press, 2005, pp. xiv-xv. 争论直到卡雷塔这本书出版后才全面爆发，但他其实在之前的一篇论文里就提出了类似的说法。参见 Vincent Carretta, "Olaudah Equiano or Gustavus Vassa? New Light on an Eighteenth-Century Question of Identity," *Slavery and Abolition*, 20, 3 (1999), pp. 96-105。

他在巴巴多斯、弗吉尼亚以及往来大西洋和地中海的商船上当了十余年的奴隶。他在 1766 年给自己赎了身，并继续当水手，在中美洲、加勒比海、北极圈和北美到处游历，最终在英格兰定居下来。

1789 年，艾奎亚诺出版了他的自传《奥拉达·艾奎亚诺或非洲人古斯塔夫斯·瓦萨亲笔所写的有趣生平》（*The Interesting Narrative of the Life of Olaudah Equiano; or, Gustavus Vassa, the African: Written by Himself*）。艾奎亚诺详细叙述了自己的一生，其中充满了对奴隶制的尖锐批判，当即轰动一时。这本书独到地对非洲、中段航程、奴隶制和海洋探险进行了第一手的叙述，令欧洲读者耳目一新。但书中的叙述依然遵循自传中广为接受的一种体裁，即主人公排除万难，最终在尘世得到了救赎，灵魂也得到了救赎。这本书对英语文学做出了一项重要的新贡献——它将陌生的非洲及大西洋历史与人们熟悉的自传体政论作品及灵修作品融合了起来。到 1797 年艾奎亚诺去世时，这本书已经在英格兰出了 9 个版本，此外还有美国版、荷兰版、德意志版、俄罗斯版和法国版。正如亨利·路易·盖茨（Henry Louis Gates）所言，艾奎亚诺的叙述“成了 19 世纪奴隶叙事的雏形”。[①]

19 世纪美国奴隶制被废除后，艾奎亚诺极富神韵的自传黯然失色，但它在 20 世纪重新抬头，被文学和历史学的经典论述奉为最有影响力的奴隶叙事。鉴于它涵盖了 18 世纪大西洋世界的大部分内容，它已经成了早期大西洋史及海外非裔史课程的必读文本。作为 18 世纪非洲人大西洋经历的范例，艾奎亚诺无人能及。因此，当卡雷塔对“艾奎亚诺生于非洲”提出疑问时，他挑起了一场激烈甚至言辞尖刻的争论。[②]

---

① Henry Louis Gates, Jr., ed., *The Classic Slave Narratives*, New York: Signet Classics, 2002, p. 8.

② 关于卡雷塔的发现以及受到的挑战，参见 Paul E. Lovejoy, “Autobiography and Memory: Gustavus Vassa, Alias Olaudah Equiano, the African,” *Slavery and Abolition*, 27, 3 (2006), pp. 317-347; Vincent Carretta, Paul E. Lovejoy, Trevor Burnard, and Jon Sensbach, “Olaudah Equiano, the South Carolinian? A Forum,” *Historically Speaking: The Bulletin of the Historical Society*, 7, 3 (2006), pp. 2-16; Vincent Carretta, “Response to Paul Lovejoy's ‘Autobiography and Memory: Gustavus Vassa, Alias Olaudah Equiano, the African,’” *Slavery and Abolition*, 28, 1 (2007), pp. 115-119; Paul E. Lovejoy, “Issues of Motivation: Vassa/Equiano and Carretta's Critique of the Evidence,” *Slavery and Abolition*, 28, 1 (2007), pp. 121-125。有关艾奎亚诺身份认同的争论也受到了学术媒体和主流媒体的广泛报道。参见 Jennifer Howard, “Unraveling the Narrative,” *The Chronicle of Higher Education*, 52, 3 (2005), p. A11; Gary Younge, “Author Casts Shadow over Slave Hero,” *The Guardian*, September 14, 2005, http://books.guardian.co.uk/news/articles/0, 1569407, 00.html (accessed 4 February 2009)。

卡雷塔的说法是基于两份新发现的档案史料——一份是洗礼记录，另一份是船只的花名册——它们显示艾奎亚诺的出生地是南卡罗来纳。据卡雷塔说，是艾奎亚诺本人将信息提供给施洗的英格兰国教牧师以及船上的事务长，他们都如实地将信息记录在档案上。因为这两份档案时间间隔多年，而且远早于艾奎亚诺提笔写自传，所以据此可以质疑他后来有关伊博身份、为奴以及经历中段航程的说法。卡雷塔认为艾奎亚诺“发明”了他的非洲过往，以增强自传的戏剧性，使之变得更加真实可靠，有利于废奴主义事业。

乍一看，这似乎只是就如何解读相互矛盾的史料而引发的简单分歧。自称生在伊博和卡罗来纳的档案似乎水火不容，其中肯定有一个是杜撰的。然而，这无形中是用分类的方法将奴隶塞进了死板的出身和等级类别之中。像“伊博”这样的族裔标签看似表示“出生在非洲”，也表示一大堆其他的特征，可以将伊博与约鲁巴、曼丁加等区分开来。对奴隶主而言，知道这些区别对评估和监管这些为奴的“商品”至关重要。① 卡雷塔试图调和艾奎亚诺对出生地的“矛盾”说法，这只能说明欧洲人这套“科学”的分类体系僵化刻板。其中的假设是：一旦你是伊博人，你就一直是伊博人，而且只能是伊博人。但这些族裔标签有多稳定呢？它们是谁按上去的呢？是在哪里按上去的呢？是在什么时候？又是在什么情况下？欧洲人的分类法并不能很好地应对非洲人自我认识或群体要求的复杂性。它们也难以应对身份随时间空间变化的可能性。如果我们承认“伊博”和“卡罗来纳”是流动的、被社会所决定的标签，而不是一成不变的类别，我们就不得不对艾奎亚诺提供信息时所处的背景进行更加深入的批判性评估。在艾奎亚诺看来，他或许可以既是“伊博人”，也是“卡罗来纳人”，这要看是什么情况。

卡雷塔想要弄清艾奎亚诺到底是“非洲人”还是“美洲人”，这种想法并不罕见。的确，他研究档案的方法反映了一种更大的概念性争议，即针对早期非裔美洲人的相对“非洲性”（African-ness）。这些不同解释的核心是一个重要的问题，即在一个不断变化且多元的大西洋世界里，非洲身份认同有多稳定。人们长期以来一直争论美洲发生的究竟是“克里奥尔化”（creolization）还是非洲文化的“留存”（retentions），这取决于大西洋世界非洲“文化移

---

① 有关“分类”是怎样体现权力和支配地位的，参见 Richard Jenkins，“Rethinking Ethnicity: Identity，Categorization and Power，” *Ethnic and Racial Studies*，17，2（1994），pp. 197–223。詹金斯谨慎地提到，那些被强加类别的人可能最终会自己接受这样的类别。

入”的过程是怎样发生的。一方学者认为，大多数非洲人在到达美洲时，共同拥有的只是他们为奴的经历；“其他所有——或者近乎所有——东西都是由他们一*手创造*出来的”。[①] 他们强调的是创造性——非洲人尽管历经背井离乡、沦为奴隶的磨难，还是创造了崭新活跃的非裔美洲文化。[②] 另一方学者认为非洲与美洲之间存在更持久的联系：“非裔文化并非自主创造的，而是从外部输入的。”[③] 他们强调的是在独特非裔族群或国族群体的塑造过程中，语言、宗教、音乐和审美的延续性。[④] 如果有些读者对这些争论的细节不太熟悉的话，那么他们可能会对这些争论的基本概况更加陌生。对从欧洲向美国自愿移民的历史研究也存在类似的争论，其中“失根”（uprooted）与“移植”（transplanted）的对立和“克里奥尔化”与“留存”的对立有异曲同工之处。[⑤]

尽管关于这些近来的争论有的学者吵得面红耳赤，但我们并不清楚他们

① Sidney W. Mintz and Richard Price, *The Birth of African-American Culture: An Anthropological Perspective*, Boston: Beacon Press., 1992, p. 18; 斜体为原文所加。

② 例如参见 Sidney W. Mintz and Richard Price, “The Miracle of Creolization: A Retrospective,” *New West Indian Guide*, 75, 1-2 (2001), pp. 35-64; Michel-Rolph Trouillot, “Culture on the Edges: Creolization in the Plantation Context,” *Plantation Society in the Americas*, 5, 1 (1998), pp. 8-28; Ira Berlin, *Many Thousands Gone: The First Two Centuries of Slavery in North America*, Cambridge: Harvard University Press, 1998; Philip D. Morgan, *Slave Counterpoint: Black Culture in the Eighteenth-Century Chesapeake and Lowcountry*, Chapel Hill: The University of North Carolina Press, 1998。

③ John Thornton, *Africa and Africans in the Making of the Atlantic World, 1400-1800*, 2nd ed., Cambridge: Cambridge University Press, 1998, 320.

④ 例如参见 John Thornton, *Africa and Africans in the Making of the Atlantic World, 1400-1800*, 2nd ed., Cambridge: Cambridge University Press, 1998; Michael A. Gomez, *Exchanging Our Country Marks: The Transformation of African Identities in the Colonial and Antebellum South*, Chapel Hill: The University of North Carolina Press, 1998; Gwendolyn Midlo Hall, *Slavery and African Ethnicities in the Americas: Restoring the Links*, Chapel Hill: The University of North Carolona Press, 2005; Paul E. Lovejoy, ed., *Identity in the Shadow of Slavery*, London: Bloomsbury Academic, 2000; Paul E. Lovejoy and David V. Trotman, eds., *Trans-Atlantic Dimensions of Ethnicity in the African Diaspora*, New York: Continuum, 2003; Toyin Falola and Matt D. Childs, eds., *The Yoruba Diaspora in the Atlantic World*, Bloomington: Indiana University Press, 2004。

⑤ Oscar Handlin, *The Uprooted: The Epic Story of the Great Migrations That Made the American People*, Boston: Brown and Company, 1951. 在该书中，作者认为欧洲移民与他们的过往相疏离，不得不同化进入一个新的美国。自 20 世纪 50 年代以来，学者们对这种构想提出了挑战，认为族裔传统存在延续性。他们的研究最具代表性的或许是 John Bodnar, *The Transplanted: A History of Immigrants in Urban America*, Bloomington: University of Indiana Press, 1985。

究竟争的是什么。很明显，身份是灵活可塑的；与此同时，一个人的过往经历也会影响他对现在的理解。非洲的文化“幸存”下来，也不妨碍非裔接受新的观念。争论双方都能认同这一点。一些学者之所以对克里奥尔化模式提出挑战，是因为这种模式低估了那些作为文化同质群体到来的非洲人可以在多大程度上维持与其非洲过往的直接联系。历史学家利用越来越精确的奴隶贸易资料，已经可以将非洲具体的奴隶出口地与不同的美洲目的地联系起来了。[①] 由于这些学者细致入微地关注非洲历史进程以及美洲的非裔文化发展，他们为美洲史的非裔方面增添了引人注目的新细节，而这些方面在之前宽泛且孤立的“幸存”研究中是没有的。与此同时，这一新研究显示美洲不同地区的克里奥尔化进程有快有慢。然而，尽管这个海外非裔研究的“修正”学派阐明非洲文化形态持续存在，但它并没有从根本上挑战克里奥尔化模式。[②] 非洲在“抵达”美洲时或许具有连贯的社会文化形态，但这些非洲结构终将被非裔美洲结构所取代，正如支持克里奥尔化模式的学者所说的一样。

这一修正学派强调非洲不同地方在大西洋各有独特的历史，这一点可圈可点；但这一努力也依然是在一种概念领域上进行的，这一领域归根到底是将“克里奥尔化”等同于欧洲形态和非洲形态相混合。[③] 这样，研究克里奥

---

① 参见 David Eltis, Stephen D. Behrendt, David Richardson, and Herbert Klein, eds., *The Trans-Atlantic Slave Trade: A Database on CD-ROM*, Cambridge: Cambridge University Press, 2000。而且它的开源修正版承诺会对数据进行频繁的更新，David Eltis, Stephen Behrendt, David Richardson, and Manolo Florentino, *The Trans-Atlantic Slave Trade Database*, http://www.slavevoyages.com。

② 奴隶制研究的“修正学派”解释这一提法出自 Paul E. Lovejoy, “The African Diaspora: Revisionist Interpretations of Ethnicity, Culture, and Religion under Slavery,” *Studies in the World History of Slavery, Abolition, and Emancipation*, 2 (1997), http://www.yorku.ca/nhp/publicat ions/Lovejoy_ Studies%20in%20the%20World%20History%20of%20Slavery.pdf (accessed 4 February 2009)。

③ 没有什么比对“大西洋克里奥尔人”的研究更能说明这一点了，他们现在有时会认为美洲化的进程在非洲就已经开始了。例如参见 Ira Berlin, “From Creole to African: Atlantic Creoles and the Origins of African-American Society in Mainland North America,” *William and Mary Quarterly*, 53, 2 (1996), pp. 251-288；以及更晚近的 Linda M. Heywood and John K. Thornton, *Central Africans, Atlantic Creoles, and the Foundation of the Americas, 1585-1660*, Cambridge: Cambridge University Press, 2007。他们认为大西洋克里奥尔人“对欧洲物质文化、宗教、语言和身份的了解有助于他们融入（美洲的）殖民环境”。按照这一新研究的说法，欧洲人传给非洲人的知识使得大西洋克里奥尔人尤其适合成为美洲殖民的对象。这种论点有一个令人不安的言外之意，即对于那些熟悉欧洲生活方式的人而言，奴隶制还是比较能容忍的。相关批评参见 Peter A. Coclanis, “The Captivity of a Generation,” *William and Mary Quarterly*, 61, 3 (2004), pp. 544-556；以及笔者在 *New West Indian Guide*, 83 (2009) 中对 Heywood and Thornton, *Central Africans, Atlantic Creoles, and the Foundation of the Americas* 一书的书评。

尔化就是在研究一个聚焦在美洲的进程，而不是研究那些实际抵达那里的人。文化交流的进程和新族群的形成绝非美洲独有。克里奥尔化的“奇迹”并不在于它只发生在美洲，而是它在所有发生文化交流的地区都普遍存在，包括非洲本身。[①]

如果我们转而将大西洋的视角落实得更为彻底，我们就可以凸显大量相互交错的文化交流回路，以及它们对穿行其中的个人有何影响。[②] 在争论是克里奥尔化还是留存时，学者们一般都会将身份局限在到底是非洲人还是美洲人上。但对那些在大西洋世界天南海北跑的非洲人而言，他们很少将自己的身份表达为“非此即彼”的非洲人或美洲人。对那些频繁往来不同大陆、与各色人等相混杂的非洲奴隶而言，他们“何时”变成美洲人可能压根说不清楚。相反，文化是一点一点往上加的，对身份的表达也是依情况而定的，要看这些自我的宣称和他人的归算怎样与一系列不断变化的社会政治需求相调试。来自非洲过往的信仰和身份并没有被抛弃。相反，在积累新的观念和存在方式的过程中，这些基础性的认识充当了主观上的过滤器；在大西

---

① 当然，非裔美洲人对“建构”美洲的贡献是一个重要的话题，但强调美洲制度性结果的趋势会让人想到对现有大西洋史研究更大层面的批评：很多研究并不是真的大西洋研究，它们关注狭隘的欧洲史和美洲史，是“新瓶装旧酒，或者具体说是将旧的殖民史重新包装成大西洋史”。参见 Alison Games, “Atlantic History: Definitions, Challenges, and Opportunities,” *American Historical Review*, 111, 3 (2006), pp. 741-757, quote from p. 745。豪尔赫·卡尼萨雷斯-埃斯格拉说大西洋范式就是“在为北美欧洲中心的文化地理学背书”，参见 Cañizares-Esguerra, “Some Caveats about the ‘Atlantic’ Paradigm,” *History Compass*, 1, 1 (2003), p. 1。更近来有人试图用“牵连的”帝国来定义大西洋世界，依然只是满足于将非洲的历史（更不用说非洲的“帝国”）融入大西洋的叙述中。例如参见 Eliga H. Gould, “Entangled Histories, Entangled Worlds: The English-Speaking Atlantic as a Spanish Periphery,” *American Historical Review*, 112, 3 (2007), pp. 764-786。有关对《美国历史评论》论坛中批评性的回应，参见 Jorge Cañizares-Esguerra, “Entangled Histories: Borderland Historiographies in New Clothes?” *History Compass*, 1, 1 (2003), p. 794。他写道：“如果大西洋的类别要想有意义，它应该包括非洲，但在最新版本的大西洋中，这个常被忽视的第四块大陆似乎没有一席之地。”

② 在此笔者响应其他学者的号召，摆脱“克里奥尔化抑或存留”的束缚。例如参见 David Eltis, Philip Morgan, and David Richardson, “Agency and Diaspora in Atlantic History: Reassessing the African Contribution to Rice Cultivation in the Americas,” *American Historical Review*, 112, 5 (2007), pp. 1329-1358, esp. 1332; Vincent Brown, *The Reaper's Garden: Death and Power in the World of Atlantic Slavery*, Cambridge: Harvard University Press, 2008, pp. 7-8; J. Lorand Matory, *Black Atlantic Religion: Tradition, Transnationalism, and Matriarchy in the Afro-Brazilian Candomblé*, Princeton: Princeton University Press, 2005; Luis Nicolau Parés, *A formação do candomblé: História e ritual da nação jeje na Bahia*, Campinas: Editorial Unicamp, 2007。

洋奴隶社会陌生且动荡的环境里，怎样让新的事物为我所用是一个难题，而这些基础性认识就可以为他们指点迷津。

要想通过欧洲人的档案勾勒出这些流动的身份，就需要我们对这些档案书写的背景进行细致认真的解读。非洲的族裔标签常常能告诉我们很多有关群体身份（特别是被欧洲人所定义的）的信息，但它们却很少告诉我们非洲人个体是怎样看待自己的，或是其他非欧洲人是怎样看待他们的。[①] 这些标签也不能告诉我们这些个体在一生当中有没有可能加入或脱离某个群体或“国族”。大西洋世界飘忽不定，一些非洲人得以改变自己的语言和文化认识系统。[②] 那些最机灵、见过世面最多的非洲人会认真观察他们的周遭环境，驾轻就

① 对北大西洋个体非洲奴隶的研究极其稀少。现有的研究往往遵循“大西洋克里奥尔人”的视角。例如参见 Terry Alford, *Prince among Slaves: The True Story of an African Prince Sold into Slavery in the American South*, New York: Oxford University Press, 1977; Daniel L. Schafer, *Anna Madgigine Jai Kingsley: African Princess, Florida Slave, Plantation Slaveowner*, Gainesville: University Press of Florida, 2003; Randy J. Sparks, *The Two Princes of Calabar: An Eighteenth-Century Atlantic Odyssey*, Cambridge: Harvard University Press, 2004。南大西洋的历史学家书写的传记研究要多得多，这些研究对广泛的大西洋世界上那些不断变化、相互重叠的文化回路更为敏感。一个早期的例子参见 Luiz Mott, *Rosa Egipcíaca: Uma santa africana no Brasil*, Rio de Janeiro: Bertrand Brasil, 1993。有关更晚近的研究，参见 João José Reis, Flávio dos Santos Gomes, and Marcus J. M. Carvalho, “África e Brasil entre margens: Aventuras e desaventuras do africano Rufino José Maria, c. 1822 - 1853,” *Estudos Afro - Asíaticos*, 26, 2 (2004), pp. 257-302; Mariza de Carvalho Soares, “A biografia de Ignacio Monte, o escravo que virou rei,” in Ronaldo Vainfas, Georgina Silva dos Santos, and Guilherme Pereira das Neves, eds., *Retratos do Império: Trajetórias individuais no mundo português nos séculos XVI a XIX*, Niterói: Universidade Federal Fluminensc. utt, 2006, pp. 47 - 68; João José Reis, *Domingos Sodré: Um sacerdote africano*, São Paulo: Companhia das Letras, 2008。有关一个连接南北大西洋的传记的罕见案例，参见 Paul E. Lovejoy and Robin Law, eds., *The Biography of Mahommah Gardo Baquaqua: His Passage from Slavery to Freedom in Africa and America*, Princeton: Markus Wiener, 2001。

② 这些四海为家、文化流动性强的非洲人在大西洋世界有多大的代表性，这一点很难量化。他们大多数可能在船上工作，或者是作为仆人，跟随他们的主人在美洲和欧洲宗主国之间走南闯北。虽然他们是一个很特别的少数群体，但他们的数量也很可观。在 18 世纪 20 年代，葡萄牙波尔图有一个出生在非洲的奴隶揭露了城里由一个 25 名奴隶组成的网络，他们生产并分销“曼丁加”护身符。在这 25 人中，18 人曾在巴西生活，2 人是英格兰人的奴隶，另有 2 人在商船上工作。参见 Arquivo Nacional de Torre do Tombo, Inquisição de Coimbra, Processos, No. 1630 (Luís de Lima)。有关进一步的讨论，参见 James H. Sweet, “Slaves, Convicts, and Exiles: African Travelers in the Portuguese-Atlantic World, 1720 - 1750,” in Caroline A. Williams, ed., *Bridging Early Modern Atlantic Worlds: People, Products, and Practices on the Move*, London: Routledge, 2009。有关对北美非洲航海人员的讨论，参见 W. Jeffrey Bolster, *Black Jacks: African American Seamen in the Age of Sail*, Cambridge: Harvard University Press, 1997。

熟地编造自己的群体身份，好让他们可以在大西洋世界生存、反抗，甚至发达。这样说来，社会政治状况影响了非洲人使用身份的方式。作为回应，同样的状况常常也会影响欧洲人对非洲人的认识，促使他们试图对非洲人进行“族群”或“国族”身份标识。正是这种自我认识和强行身份标识之间的相互作用，导致一个人一生中会有复杂、重叠甚至变动的“多种身份”。[①]

二

很少有个体案例能像多明戈斯·阿尔瓦雷斯（Domingos Álvares）清楚地说明这些过程。多明戈斯是一个非洲奴隶，后来获得自由，又被宗教裁判所流放。通过追踪他从西非到巴西再到葡萄牙的移动轨迹，我们可以看出在不同的大西洋背景下，一个人会用什么精心设计的方式来展现自己，以及被其他人所认识。[②] 和许多游历四方的非洲人一样，多明戈斯在一生中大部分时间都从属于西方的制度性权力，总是很容易被安排到其他社会环境中，群体纽带被切断，这些群体纽带定义了非洲人有关“自我”和自由的概念，与当时欧洲方兴未艾的启蒙个人主义观念大相径庭。[③] 长期的不稳定让非洲人的群体“归属”比其他大西洋世界的人更加模糊。最终，通过集体身份认同来明确自我的要求，连同社会动荡的现实，对大西洋世界中像多明戈斯一样的非洲人怎样编造自己的身份产生了显著的影响。

多明戈斯·阿尔瓦雷斯于1710年前后[④]出生在今天的贝宁。他在年轻

① 笔者注意到有批评意见认为“身份”（identity）一词不是一个有意义的分析类别。例如弗雷德里克·库珀（Frederick Cooper）和罗杰斯·布鲁贝克（Rogers Brubaker）就呼吁学者将身份的众多含义分解开来，包括“身份认同”（identification）、“身份分类”（categorization）和“自我认识”（self-understanding）。如果有可能的话，笔者对这些术语的用法会有别于同质化的“身份”。然而，正如笔者所示，档案材料常常会按照库珀和布鲁贝克的批评意见那样，将“身份”给具体化了。学者们亦步亦趋地将档案中的身份作为“真实”或“正确”的证据，其实就强化了这些静态的、本质化的“身份”，忽视了权力和主体性的不断变化。Frederick Cooper and Rogers Brubaker, “Beyond Identity,” *Theory and Society*, 29, 1 (2000), pp. 1-47.

② 在本文中，所有关于多明戈斯·阿尔瓦雷斯的引用均出自他的宗教裁判所案件：Arquivo Nacional de Torre do Tombo, Inquisição de Évora, Processos, No. 7759，下面会有更详细的讨论。

③ 关于群体归属在非洲及海外决定个体自主性和权力方面的重要性，参见 Joseph C. Miller, “Retention, Reinvention, and Remembering: Restoring Identities through Enslavement in Africa and under Slavery in Brazil,” in José C. Curto and Paul E. Lovejoy, eds., *Enslaving Connections: Changing Cultures of Africa and Brazil during the Era of Slavery*, Amherst: Humanity Books, 2004, pp. 81-121。

④ 他的出生时间是依据他在1743年3月所做的陈述，说他“34岁左右”。在四年后的1747年10月，他宣称他“40岁”。

时成为伏都教的祭司，这是丰语地区的一种主流宗教。[①] 多年之后，他的身上依然带有不同人生仪式所留下的记号——两只耳朵和鼻子都穿了孔，还补了牙。在18世纪20年代末，多明戈斯亲身经历了强大的达荷美王国施展的暴力，后者的军队征服了贝宁湾的大片地区。他眼睁睁地看着亲人朋友被杀，包括他的双亲在内。包括多明戈斯在内的其他人则被抓，并被卖为奴隶。

多明戈斯在1730年前后沦为奴隶，被运往巴西的伯南布哥，并在当地的多个大型甘蔗种植园劳作。[②] 他以善于占卜治病而闻名，但他的法力也可以有邪恶的用途。他被控给主人下毒，在累西腓蹲了一阵监狱后，于1737年被卖到了里约热内卢。当多明戈斯到达里约热内卢时，他在那里已经小有名气了。的确，他的买主买他就是想用他的手法来医治他患病的妻子。在医治无果后，多明戈斯被转卖给另一位奴隶主，后者认定他可以靠多明戈斯治病来赚钱。通过在城里到处游方治病，多明戈斯可以和他的新主人分红，最终给自己赎了身。他很快利用自己自由人的身份，在里约热内卢周边开设了好几个治疗诊所。他还在城南组建了一个活跃的仪式群体，主要是由他的“米纳”同胞组成。

1742年，葡萄牙信理部的人员以行巫术的罪名逮捕了多明戈斯，将他押往里斯本受审。他撇下了一个妻子、一个新生的孩子和一群虔诚的仪式信徒。在庭审中，他坚称他的治病手段都是从非洲故乡的长老学来的“自然”疗法。尽管他的证词很有说服力，但宗教裁判所法官还是认定多明戈斯“与魔鬼订立了契约”。他们判处他流放葡萄牙最东南端的边境小村马林堡。多明戈斯从那里开始，在葡萄牙的阿尔加维地区游荡了数百英里（1英里=1609.344米），试图靠卖沙丁鱼、占卜宝藏位置和继续治病谋生。1747年，他被指控在一个妇女的阳台下埋设秽邪之物，再次引起了宗教裁判所的注意。他再度被捕，并在牢里待了将近两年，最终被判犯了巫术罪。1749年，宗教裁判所法官将多明戈斯流放到葡萄牙北方的布拉干萨。可惜的是，他在此就从档案上消失

---

① 伏都信仰体系认为现实世界与神灵世界相互依存。伏都神灵常常与自然力有关——闪电、打雷、风、大地、铁等等。伏都祭司（vodunon）是仪式专家，在活人和伏都之间做沟通，通过附身将神灵具体表现出来，列出给神灵的饮食祭品，等等。这个宗教的终极目标是互惠、平衡、安抚、耐心和镇静。有关“伏都”一词的词源参见 Suzanne Preston Blier, *African Vodun: Art, Psychology, and Power*, Chicago: University of Chicago Press, 1995, pp. 37-47。有关对这一信仰体系更整体的描述，参见 Melville J. Herskovits, *Dahomey: An Ancient West African Kingdom*, 2 vols., New York: J. J. Augustin, Publisher, 1938; repr., Evanston: Northwestern University Press, 1967。

② 他沦为奴隶的时间是依据他故乡发生战争的时间（1728—1732）以及他在戈亚纳（Gioana）劳作的种植园破产的时间（1733）推定的。

不见了，此时这个不惑之年的非洲人正在他一生至少第五次被迫迁徙的途中。

我们对多明戈斯的大部分了解来自那两起针对他的宗教裁判所案件。第一起始于1741年和1742年他在里约热内卢被指控，第二起始于1745年至1747年葡萄牙阿尔加维地区对他的指控。这两起案件的内容见于一本600多页厚的手稿，收藏于葡萄牙国家档案馆。[①] 这些档案包括公证人报告的誊写本、宗教裁判所人员的报告、检举信以及庭审档案。不过这一大堆文件的主体部分是多明戈斯本人的证词，以及在伯南布哥、里约热内卢和阿尔加维地区超过36名认识他的人的证词。在案件中做证的人包括奴隶贩子、铁匠、砖瓦匠、士兵、理发师、商人、街头小贩、神父、农民和奴隶。他们有男有女，有巴西人、葡萄牙人和非洲人。有些人主动站出来指控多明戈斯的“罪行”；另一些人是被宗教裁判所法官传唤来做证的。虽然我们需要注意这些证词出现的背景各有不同，但将这些来自不同地方和年代的档案放在一起解读时，它们就可以让我们精彩地洞悉多明戈斯纷繁复杂的身份，展现他的自我认识和他在各种大西洋环境下被强加的标签之间有何相互影响。

虽然我们知道多明戈斯在1710年前后生于西非，但他的具体出生地点就没有那么清楚了。1743年，他在宗教裁判所的供词宣称他“生在米纳海岸的纳戈家族”。他还说“他的父母已经不在人世，按照当地的语言，他的父亲叫阿费纳戈（Afenage），他的母亲叫奥科诺（Oconon），他们都是在米纳海岸的纳戈家族出生长大的”。虽然“纳戈”（Nago）这个族名后来被用来指代大西洋世界的约鲁巴身份，但它在多明戈斯生前还很少被使用。[②] 的确，我们目前知道这个词首次在非洲被使用是在1725年，即多明戈斯抵达巴西前不

---

① Arquivo Nacional de Torre do Tombo, Inquisição de Évora, Processos, No. 7759.

② 笔者已经在里约热内卢1770年之前的政府和教会档案中看过了数千个非洲人的描述，除了这个案例以外，尚未见到“纳戈”或与之相近的术语。笔者所知巴西最早提到这个词的是米纳斯吉拉斯（Minas Gerais），从当地1723年的税收清册中提取的一个样本里面有1239名非洲人，其中有两人被认定为“Nago”，一人为“Nagoa”，一人为“Nagom”，一人为“Anago”。参见 Moacir Rodrigo de Castro Maia, “Quem tem padrinho não morre pagão: As relações de compadrio e apadrinhamento de escravos numa vila colonial (Mariana, 1715-1750),” Ph. D. diss., Universidade Federal Fluminense, 2006, p. 44。与此相类似的是，从1725年至1759年地产清册中提取的一个样本里面有354名非洲人，凯瑟琳·J. 希金斯（Kathleen J. Higgins）在其中发现了3个人被认定为“纳戈人”。Kathleen Higgins, “*Licentious Liberty*” *in a Brazilian Gold-Mining Region: Slavery, Gender, and Social Control in Eighteenth-Century Sabará, Minas Gerais*, University Park: Pennsylvania State University Press, 1999, p. 74.

久。[①] 当时，这个词最常被用来指代亚族群阿纳戈（Anago），他们生活在今天尼日利亚的西南部。学者们普遍认为直到19世纪，一个更广泛的约鲁巴身份才在非洲融合成形，尽管有些人认为"约鲁巴"是更晚时候在大西洋世界发明出来的，并不是一个与贝宁湾有着深刻历史根源的身份认同。[②]

尽管多明戈斯明确说他来自纳戈，但他在大西洋世界遇到的大多数人都以更广泛的名称来看待他。几乎所有在巴西宗教裁判所作证的人都只说他来自"米纳族"。奴隶主基本都将"米纳海岸"标注为一个地区，包括今天的加纳、多哥和贝宁，尽管在1721年之后，几乎所有前往巴西的奴隶都是从葡萄牙人在维达（贝宁）的堡垒上船的。在18世纪的前30年，这些所谓的米纳人是抵达巴西的非洲奴隶中最大的一个群体。光是在伯南布哥一地，1722年到1732年就有近3.5万名米纳人到来，占同时期进口奴隶的84%。[③] 巴西出现了一种被称为"通用米纳语"（lingua geral de Mina）的通用语，是奴隶人口中主流的埃维语和（特别是）丰语等语言混合而成的。这种米纳语非常流行，以至于内陆矿区的一个葡萄牙定居者在1741年出版了一本葡萄牙语—米纳语词语对照表和会话手册。[④] 一个自成一体的米纳民族在巴西出现，最能反映这一点的或许是一些天主教

---

① Renand des Marchais, *Voyage du chevalier des Marchais en Guinée*, *isles voisines*, *et à Cayenne*, *fait en 1725, 1726, & 1727*, Paris: G. Saugrain, 1730, p. 125.

② Robin Law, "Ethnicity and the Slave Trade: 'Lucumi' and 'Nago' as Ethnonyms in West Africa," *History in Africa*, 24 (1997), pp. 205-219。有关约鲁巴形成于海外的说法，参见 J. Lorand Matory, "The English Professors of Brazil: On the Diasporic Roots of the Yoruba Nation," *Comparative Studies in Society and History*, 41, 1 (1999), pp. 72-103; J. Lorand Matory, *Black Atlantic Religion: Tradition, Transnationalism, and Matriarchy in the Afro-Brazilian Candomblé*, Princeton: Princeton University Press, 2005。拜尔顿·阿德迪兰（Biodun Adediran）已经对约鲁巴身份直到19世纪才出现的说法提出了挑战，他认为在殖民时期之前，各约鲁巴亚群体就自觉地拥有相似的语言、宗教和历史了。Biodun Adediran, "Yoruba Ethnic Groups or a Yoruba Ethnic Group? A Review of the Problem of Ethnic Identification," *África: Revista do Centro de Estudos Africanos da USP*, 7 (1984), pp. 57-70; Biodun Adediran, *The Frontier States of Western Yorubaland, 1600-1889*, Ibadan: Institut Franais de Recherche en Afrique, 1994。

③ Eltis et al., *The Trans-Atlantic Slave Trade Database*, http://www.slavevoyages.com.

④ António da Costa Peixoto, *Obra nova da língua geral de Mina*, 1741; repr., Lisboa: Agência Geral das Colónias, 1945. 另参见 Olabiyi Yai, "Texts of Enslavement: Fon and Yoruba Vocabularies from Eighteenth-and Nineteenth-Century Brazil," in Paul E. Lovejoy, ed., *Identity in the Shadow of Slavery*, London, 2000, pp. 102-112。这种通用语也在西非本土流行。英格兰商人阿奇博尔德·达尔泽尔于18世纪末在贝宁湾旅行时，就注意到"那里的语言就是葡萄牙人所谓的通用语，而且不仅只在达荷美本土有人说，在维达和其他附庸国也有人说；同样，在马希和若干毗邻省份也是如此"。Archibald Dalzel, *The History of Dahomy: An Inland Kingdom of Africa*, second printing with intro by J. D. Fage, 1793; repr., London: Frank Cass and Co., Ltd., 1967, p. v.

兄弟会，例如18世纪40年代一群“米纳黑人”信众在里约热内卢成立的“圣埃莱斯邦及圣伊菲吉妮”（Santo Elesbão e Santa Efigênia）兄弟会。在此，不同“出身”——萨瓦卢人、阿戈林人、马希人和达荷美人——的“米纳人”可以聚在一起，形成一个宽泛的社会文化群体。[①]

虽然巴西的米纳民族到18世纪40年代已经出现了某种程度的同一性，但这是18世纪20年代末和30年代一个复杂群体形成过程所造成的结果。从1725年到1727年，奴隶贩子每年将超过4800名奴隶从米纳海岸送到伯南布哥。这一贸易量在随后五年里陡然下降，平均每年只有2300名奴隶。[②]奴隶急剧减少的主要原因是贝宁湾的局势发生了变化，奴隶出口在1727年达荷美征服维达后戛然而止。在1728年到1732年的短暂时期里，雅肯取代维达成为当地的主要奴隶出口中心。[③] 在奴隶贸易的巴西这一头，非洲的政治变化导致米纳奴隶群体更加同质化。那些本可以逐渐进入巴西的奴隶中，就有来自达荷美北部和东部地区的，那里后来被称为“马希”和“纳戈”。

多明戈斯显然经历这一米纳奴隶贸易的早期变化。当他到达巴西时，已经生活在那里的米纳人依然觉得他非我族类。里约热内卢宗教裁判所传唤的一名证人是一个名叫特蕾莎的女奴，她来自贝宁南部的阿拉达。特蕾莎和多明戈斯从在伯南布哥一起为奴时就认识了。作为一个自他从非洲到来后不久就认识他的人，特蕾莎有资格对他的背景发表评论。在一段简明扼要的陈述中，特蕾莎宣称她和多明戈斯“据推测都来自同一片米纳海岸；然而她来自阿拉达，而他来自科布（Cobû），是两个不同的地方”。她的证词是在里约热内卢宗教裁判所首席法官和两名天主教神父面前说的，或许可能是为了和多明戈斯划清界限；然而，她将两人区分得这么具体，这一点非常重要。特蕾莎是怎么知道多明戈斯与她不是来自“同一片”米纳海岸的，这一点我们很难得知，但我们可以推测，他并没有轻而易举地适应来自韦梅（1716）、阿拉达（1724）和维达（1727）——这些地方被达荷美所征

---

① 有关该天主教兄弟会的族裔构成，参见 Mariza de Carvalho Soares, *Devotos da cor: Identidade étnica, religiosidade e escravidão no Rio de Janeiro, século XVIII*, Rio de Janeiro: Civilizacão Brasileira, 2000, pp. 200-201。

② Eltis et al., *The Trans-Atlantic Slave Trade Database*, http://www.slavevoyages.com. 另参见 Arquivo Histórico Ultramarino, Conselho Ultramarino, Pernambuco, Caixa 42, Doc. 3786, January 16, 1732。

③ 巴西总督致里斯本，1730年4月29日，引自 Pierre Verger, *Trade Relations between the Bight of Benin and Bahia, 17th-19th Century*, Ibadan: Ibadan University Press, 1976, pp. 125-126。

服——的米纳人所主导的社会文化环境。[①] 特蕾莎的区分至少提醒我们，非洲人有时会对像“米纳”这样死板的奴隶分类提出挑战。

特蕾莎说多明戈斯是“科布”人，这或许是他若干见诸档案的身份中最有意思也最令人费解的一个。虽然巴西的档案中很少提及“科布”，但在18世纪20年代和30年代突然激增，此时正是米纳奴隶贸易的地理边界开始扩张的时期。[②] 对“科布”的词源，学者们只能靠推测。自从2000年以来，巴西的研究人员在研究其意义时已经提出了好些看似相互矛盾的结论。在所有这些研究中，学者们只是随意地寻找非洲的地名或族群，看有没有与美洲档案记载的族群标签相近的。一位历史学家提出“科布”可能是“库伏”（Kuvu）的变音，它是今天安哥拉罗安达以南一条河的名字。[③] 另一位历史学家说“科布”出自上几内亚沿岸，更具体说是出自“卡布”（Kaabu）王国。[④] 还有一种解释认为“科布”出自贝宁北方腹地的一个同名城镇“科布”（Kobu）。[⑤]

---

① 有关达荷美崛起最好的历史叙述，参见 Robin Law, *The Slave Coast of West Africa, 1550–1750: The Impact of the Atlantic Slave Trade on an African Society*, Oxford: Oxford University Press, 1991。

② 在 Laird Bergad, *Slavery and the Demographic and Economic History of Minas Gerais, Brazil, 1720–1888*, Cambridge: Cambridge University Press, 1999 以及 James H. Sweet, “Manumission in Rio de Janeiro, 1749–1754: An African Perspective,” *Slavery and Abolition*, 24, 1 (2003), p. 56 所提取的样本中，科布人占非洲人数量的比例不到 1%。在 1723 年米纳斯吉拉斯的 1239 名非洲人的样本中，莫阿西尔·罗德里戈·德·卡斯特罗·马亚（Moacir Rodrigo de Castro Maia）发现了 23 名科布人——21 个男人和 2 个女人。参见 Moacir Rodrigo de Castro Maia, “Quem tem padrinho não morre pagão: As relações de compadrio e apadrinhamento de escravos numa vila colonial (Mariana, 1715–1750),” Ph. D. diss., Universidade Federal Fluminense, 2006, p. 44。最后，希金斯发现从 1725 年到 1759 年，科布人约占萨巴拉（Sabará）非洲人口的 4%，后来 1760 年至 1808 年降到仅 2%。Kathleen Higgins, *“Licentious Liberty” in a Brazilian Gold-Mining Region: Slavery, Gender, and Social Control in Eighteenth-Century Sabará, Minas Gerais*, University Park: Pennsylvania State University Press, 1999, p. 74.

③ Eduardo França Paiva, *Escravidão e universo cultural na colônia: Minas Gerais, 1716–1789*, Belo Horizonte: Editora Universidade Federal de Minas Gerais, 2001, p. 71.

④ Mariza de Carvalho Soares, *Devotos da cor: Identidade étnica, religiosidade e escravidão no Rio de Janeiro, século XVIII*, Rio de Janeiro: Civilizacão Brasileira, 2000, p. 109.

⑤ Mariza de Carvalho Soares, “A ‘nação’ que se tem e a ‘terra’ de onde se vem: Categorias de inserção social de africanos no Império português, século XVIII,” *Estudos Afro-Asiáticos*, 26, 2 (2004), p. 323, n. 19; Soares, “Indícios para o traçado das rotas terrestres de escravos na baía do Benim, século XVIII,” in Soares, ed., *Rotas atlânticas da diáspora africana: Da Baía do Benim ao Rio de Janeiro*, Niterói: Editora da Universidade Federal Fluminense, 2007, pp. 75, 85, 94 n. 32.

鉴于对“科布”的各种解释相互矛盾，我们必须借鉴其他材料来确定它的意义。尽管贝宁的奴隶贸易从1728年到1732年有所衰退，但米纳人在来到伯南布哥的奴隶中依然占到86%。[①] 如果光考虑数字，“科布”似乎最有可能出自贝宁。此外，语言学家耶达·佩索阿·德·卡斯特罗（Yeda Pessoa de Castro）认为“科布”出自丰语对生活在贝宁阿戈林-科韦（Agonli-Covè）的人的称呼。[②] 在18世纪20年代末30年代初，阿戈林-科韦被夹在两个争雄帝国的军事力量中间，东北边是奥约，西南边是达荷美。从1728年开始，奥约连续三年在旱季进军达荷美，试图推翻达荷美国王阿加扎（Agaja）。阿加扎还以颜色，派兵进入这一地区，从1731年5月一直待到1732年3月。在这些袭击中，许多村庄被摧毁。活下来的人不是沦为奴隶，就是向北逃亡，成为难民。最终这些不同的难民群体联合起来，建立了一个名叫“伊戴萨”（Ìdáìsà）的新王国。[③]

很可能就是在1728年到1732年的战争期间，多明戈斯·阿尔瓦雷斯被达荷美军队掠为奴隶。这种解释不仅在时间上和多明戈斯抵达巴西对得上，而且阿戈林-科韦地区正好有一座城镇名叫“纳奥贡”（Naogon），而多明戈斯说自己来自“纳戈”，这又是一个有力的佐证。乍一看，我们或许会认为他在主张一种原始的约鲁巴身份。然而，他强调他“来自”纳戈、“生在”纳奥贡云云，这样看来纳戈（或纳奥贡）更像是一个地名，而不是对群体身份认同的描述。因此，三者结合或许最能解释多明戈斯越变越大的大西洋身份：他是一个来自纳奥贡村的米纳—科布人——“米纳”是一种宽泛的“元族裔”（metaethnic）类别，是欧洲人强加在那些来自所谓米纳海岸、相对五花八门的奴隶群体上的；“科布”是一种相对狭小的“族裔”分类，是这些米纳人内部区分出来的；而纳奥贡就是他的出生地。[④]

归根到底，特蕾莎对她自己（阿拉达）和多明戈斯（科布）的区分可

---

① Eltis et al., *The Trans-Atlantic Slave Trade Database*, http://www.slavevoyages.com。

② 按照耶达·佩索阿·德·卡斯特罗的说法，“Cobû”是“Covė-nu”的葡萄牙语变音，在丰语中意为“出生在科韦”。Pessoa de Castro, *A lingua mina-jeje no Brasil: Um falar africano em Ouro Preto do século XVIII*, Belo Horizonte: Fundação João Pinheiro, 2002, pp. 131-135.

③ I. A. Akinjogbin, *Dahomey and Its Neighbors, 1708-1818*, London: Combrige University Press, 1967, pp. 83-99; Biodun Adediran, *The Frontier States of Western Yorubaland*, Ibadan: Institut Franais de Recherche en Afrigus, 1994, 102-110; Biodun Adediran, "Ìdáìsà: The Making of a Frontier Yorùbá State," *Cahiers d'études africaines*, 24, 1 (1984), pp. 71-85.

④ 有关“元族裔”和“族裔”之间的区别，参见 Luis Nicolau Parés, *A formação do candomblé: História e ritual da nação jeje na Bahia*, Campinas: Editorial Unicamp, 2007, pp. 24-29。

以被看作在与达荷美的纷争中政治立场的声明。阿拉达是一个日薄西山却国祚绵长的王国，被广泛认为是丰人历史和文化的核心地区。在这个地区，各地的政治宗教领袖谴责达荷美对阿拉达的征服是非法行径。特蕾莎认为她自己是阿拉达光明正大的臣民。[①] 与此同时，多明戈斯是新一波巴西奴隶的先头部队，他们来自政治上群龙无首的贝宁腹地，与奥约是盟友。在非洲人看来，他与许多比他先到的米纳奴隶并不是一类人。在巴西的奴隶群体中，这种外来地位显然一直很突出，至少在18世纪30年代初是如此。

在18世纪30年代，特蕾莎并不是唯一提到米纳人与科布人有别的评论者。一个名叫路易斯·戈麦斯·费雷拉（Luis Gomez Ferreyra）的葡萄牙医生在描述非洲人在巴西金矿区对疾病的反应时写道："科布人和安哥拉人……懒洋洋的，而那些来自米纳族的人非常吃苦耐劳。"[②] 这些族群之间的文化差异显然非常重大，足以让人在18世纪30年代下此论断，但我们没有证据表明这种差异一直持续下去。巴西的米纳人与科布人之所以呈现鲜明对比，正是因为1727年之前那些从达荷美控制的阿波美以南地区前来的奴隶的出身问题。科布人18世纪20年代和30年代到达巴西时，他们似乎是全新的一群人。这个泾渭分明的短暂瞬间很快过去，人们开始觉得这一撮科布人不过是米纳人的又一个亚群。这些科布人与其他来自"马希"地区的人——萨瓦卢人、扬诺人（Iannos）等——一道，到18世纪下半叶在巴西被统称为"热杰人"（Jejes）。[③]

虽然族裔标签给了我们很多有关多明戈斯非洲身份的线索，但档案中的定性证据同样提供了有关他非洲过往的关键信息。多明戈斯向里斯本的宗教裁判所法官提供了他的家谱，交代了他父母的姓名阿费纳戈和奥科诺，两者

① 我们需要注意的是，外部归算的身份"类别"体现的并非只有欧洲人的权力，也可能体现了非洲人的权力。我们可以在大西洋西班牙语地区奴隶的名字中发现类似的政治区别。阿吉雷·贝尔特朗（Aguirre Beltran）提到"阿拉达人"（来自阿拉达的人）与"阿拉拉人"（Araras，来自阿波美北部腹地的人）有别。到达古巴等地的阿拉拉人带有双重名字——"Arara agicon"、"Arara magino"和"Arara savalu"。"Arara"表示一个大的元族裔地区（类似于"米纳"），而第二个单词代表的是具体的国族或人群。到达古巴的人中有"Arara cuevano"，几乎可以肯定就相当于巴西的科布人。有关阿拉达人和阿拉拉人的区别，参见Gonzalo Aguirre Beltran，"San Thome，" *Journal of Negro History*，31，3（1946），pp. 321-322。

② Luis Gomes Ferreyra，*Erario Mineral*，Lisbon：Oficina de Miguel Rodrigues，1735，p. 81.

③ 有关"热杰"身份在西非和巴西发展演变的精彩讨论，参见Luis Nicolau Parés，*A formação do candomblé：História e ritual da nação jeje na Bahia*，Campinas：Editorial Unicamp，2007。

可以追溯到丰语对大地伏都萨克帕塔（Sakpata）的描述。[①] 有一份档案确认多明戈斯在1744年8月抵达流放之地马林堡，一位葡萄牙公证人在这份档案中描述他“50岁上下，是粗野的黑人（preto buçal），身材矮且结实，上颚有一颗牙齿是补的，相应的下颚有两个牙缝隙过大，仿佛缺了一颗牙似的，右手有二指残疾，双耳有穿刺的痕迹，左鼻也一样”。[②] 多明戈斯的奴隶生活显然在他的身上留下了烙印，对他手指“残疾”的记载就是明证。不过，其他身体标记——补牙和穿刺——则说明的是他在故乡做仪式的经历。

我们似乎在档案中找不到18世纪贝宁中部的人补牙的证据。但现代人类学证据表明，牙齿整形在20世纪30年代达荷美的青少年中非常普遍。根据梅尔维尔·赫斯科维茨（Melville Herskovits）的研究，12岁到15岁的达荷美男孩会把牙齿拔掉再补上，这主要是为了好看，尽管有说法称没有做过这种仪式的男人，“他的牛的角就不会分开”。[③] 与此相类似，耳鼻穿刺也符合贝宁中北部男子装饰身体的习俗。早在17世纪，耶稣会神父阿隆索·德·桑多瓦尔（Alonso de Sandoval）就提到“Lecumies barbas”唯一的身体标记就是他们左鼻处的穿刺。[④] 更引人注目的是，英格兰奴隶贩子阿奇博尔德·达尔泽尔（Archibald Dalzel）在1793年写道，“马希人……有些会在耳朵上穿孔挂一个珠子或贝壳，另一些则是在鼻子上”。[⑤] 多明戈斯身体上这些带有特定文化意义的标记为我们提供了更多有关他非洲过往的线索。

---

① “伏都”一词既表示该信仰体系，也表示它所包含的神明；而萨克帕塔是一个大地神祇。“阿费纳戈”是萨克帕塔衍生出的特征中最强大的一个，而“奥科诺”在丰语中意为“土地之母”。这样看来，这两个词既是名字，也是仪式头衔。参见 Melville J. Herskovits, *Dahomey: An Ancient West African Kingdom*, 2 vols., New York: J. J. Augustin, Publisher, 1938; repr., Evanston: Northwestern University Press, 1967, Vol. 2, p. 142; R. P. B. Segurola, *Dictionnaire Fon-Français*, 2 vols., Cotonou: s. n., 1963, Vol. 1, p. 298, Vol. 2, pp. 408, 448。

② “preto buçal”一词带有贬义。“preto”就是“黑”的意思。“buçal”意为“粗鲁的、无礼的、粗野的”，但最常见的用法是描述未开化的非洲奴隶。

③ Melville J. Herskovits, *Dahomey: An Ancient West African Kingdom*, 2 vols., New York: J. J. Augustin, Publisher, 1938; repr., Evanston: Northwestern University Press, 1967, Vol. 1, p. 289.

④ “Lecumies barbas”指的是今天贝宁北部博尔古（Borgu）的巴里巴（Bariba）人。Alonso de Sandoval, *De instauranda Aethiopum salute*, Bogota: Empresa Nacional de Publicaciones, 1956, pp. 95-96.

⑤ Archibald Dalzel, *The History of Dahomy, an Inland Kingdom of Africa*, second printing with intro by J. D. Fage, 1793; repr., London: Frank Cass and Co., Ltd., 1967, p. xviii.

最后或许最重要的是，多明戈斯的仪式行为表明他与伏都教存在深层次的联系，这种属灵力量主宰着贝宁大多数人的生活。他基本上是用各种草药和树根治病的，他的有些仪式非常复杂，如果对其中一些进行详细解读，就会发现其中可能有伏都神灵的存在。例如有一次他在里约热内卢的“空地”（terreiro）组织了一场仪式，“一个白人妇女、另一个混血人和许多黑人”在一棵橙子树下绕圈跳舞。[①] 圈子的中央是一罐水，外面包着几种叶子，中间放着一把刀。其中一名“黑人”进入圈子，“又舞又跳，好像她被附身了一样”。多明戈斯在这名妇女的头顶撒了一些黑色粉末，开始问她问题，称呼她为“上尉”。“上尉”回答他说，一个妇女中了巫术，其他人有“这样那样的病”，等等。最后，多明戈斯命令生病的妇女们把手放进水罐里。她们一照着做，就立刻倒在地上，“像死人一样”。多明戈斯挨个上前，把手放在妇女的胸口上，“用他自己的语言念出些话来”。然后他在每个妇女的一只胳膊和一只脚的底部划开一个伤口，将一些黑色粉末抹到伤口里，声称这样做会“封印妇女的身体，邪灵就回不来了”。

这一仪式中有许多因素与伏都教有关。仪式的地点是在一棵橙子树下，这与树在伏都教宇宙观中的重要地位相一致。[②] 带着刀的罐子体现的是铁神谷的法力。这把刀几乎可以肯定说是“上尉”附身仪式中的一项重要器具，“上尉”这一军事头衔让人想起了谷神作为战士的一面。早在这一时期，达荷美已经采用吸收了欧洲的军事头衔。1727 年，英格兰奴隶贩子威廉·斯内尔格拉夫（William Snelgrave）发现阿加扎国王的宫廷里有一个“头面人物”，“黑人以大上尉……的头衔……尊称他”，他出现时“周围有 500 名士兵，他们拿着火器、出鞘的剑和盾牌，头顶还飘着旌旗”。[③] 最后，多明戈斯对仪式的编排——绕着圈子唱歌跳舞，然后时神灵附身、占卜和治病——会令新旧大陆的伏都教从业者感到非常熟悉。

将所有这些证据结合在一起，我们就能看到多明戈斯在故乡形成了一种

---

① “terreiro”一词的字面意思为“院子”或“户外空间”，但在巴西，它与非裔巴西宗教坎东布雷（Candomblé）活动的仪式空间有关。因此，在早期巴西档案中出现的这个词具有重大的意义。

② 有关树的仪式意义，参见 Luis Nicolau Parés, *A formação do candomblé*, Brazil: Editorial Unicamp, 2007, pp. 98-99。同样值得注意的是，多年之后，橙子成了坎东布雷教神祇奥孙（Osun）钟爱的祭品。

③ William Snelgrave, *A New Account of Some Parts of Guinea and the Slave-Trade*, London: James, John, and Pawl Knapton, 1734; repr., London: Frank Cass and Co., Ltd, 1971, pp. 27-28.

以村庄为基础、通过亲属关系进行定义的属灵身份认同，这是他自我认识的核心，在他往来大西洋两岸时依然十分突出。在多明戈斯的故乡，他的“自我”意识依赖一个宗教群体的互惠关系，这个群体由血亲、先祖、仪式追随者和伏都神灵组成。为奴并被运往巴西东北部的经历将他与这个群体分隔开来。当他试图在伯南布哥重构类似的自我时，他遇到了非常大的挑战。奴隶主认为他不过是米纳奴隶中的一员，以后就要在甘蔗种植园干苦力了。多明戈斯与这样的命运做斗争，坚持到处活动、治病和建立新的属灵网络。至少有一个种植园主给自己的监工下了无限期的命令：如果多明戈斯出现在他们的地盘，他就要被立刻赶走。有人说他给主人全家、他们的奴隶和牲口下了毒。他顽固地拒绝依从种植园主，最终导致他入狱并被转卖，从伯南布哥卖到了 1000 英里以北的里约热内卢。

如果说奴隶主想要将多明戈斯变成一个俯首帖耳的米纳奴隶，那么伯南布哥有些米纳奴隶则想维持政治上的分别，这在米纳人的不同群体之间特别突出，在多明戈斯抵达伯南布哥的头几天，至少有一个阿拉达妇女认为他是科布族的“外来者”，这样的人或许还有更多。将科布和阿拉达分成非洲背景下“不同地区”的政治分歧节点在巴西逐渐淡化，因为多明戈斯融入了更大的米纳人范畴，这是奴隶主强加给他的。我们对此不应该感到意外。尽管他们在语言上有微妙的差别，在宗教信仰上有微小的出入，但多明戈斯与那群来自贝宁湾沿岸地区的米纳奴隶有着许多共同点。人们将他视为一个拥有很强属灵法力的人，或许能减轻他们为奴的苦楚，这无疑有利于他融入这一群体。

1737 年，多明戈斯抵达里约热内卢，他融入米纳群体的过程加快了。他在那里给自己赎了身，建立了一系列治疗诊所和一座伏都教祭坛，他的新信众中绝大多数是米纳人。在他获得自由后不久，他娶了一个米纳女子，讽刺的是她来自阿拉达，就和他以前的朋友特蕾莎一样。与他的妻子、他们年幼的女儿以及一帮仪式信众一起，多明戈斯实实在在地将动荡破碎、有着不同非洲过往的人组建成了一个新的米纳群体。这些非洲人都能通过维系该仪式群体的亲属关系、治病和集体身份认同等重新获得自我。他们从共有的非洲过往中汲取最重要的元素，包括米纳通用语和伏都教，缓解了过去的政治分歧，将他们自己重新塑造成“米纳人”，以应对在巴西社会无亲无故的局面。

从某种程度上讲，奴隶们对这种新的米纳身份的认识与他们的主人有所重合，至少他们都画出了比较大的非洲来源区域，这些区域在文化上有共通之处。两者的区别在于他们的原则不同。对奴隶主而言，“米纳”是一个类别，是一种他们强加给个人的分类法，为的是便于对各式各样的非洲“财产”进行监督和控制。对奴隶而言，“米纳”是一种特色，是对非洲奴隶及其后代在美洲所面临挑战的集体回应。至关重要的是，这些扩大了的身份表达是在非洲人群体内部发生的，这样的文化交流进程和“克里奥尔化”并非没有相似之处，但却没有欧洲化的言外之意。

虽然多明戈斯在巴西生活期间“成了”米纳人，但这并不是一种目的论或线性的进程，而是从一种较狭隘的身份认同变成一种更广泛的身份认同。的确，更为狭隘的“科布”身份，甚至以村庄为基础的“纳奥贡”身份无疑会影响他在仪式群体内的领导地位，并可能在特定情况下重新浮出水面。例如大约在多明戈斯抵达里约热内卢的时候，一群米纳非洲人成立了一个天主教兄弟会，献给圣埃莱斯邦和圣伊菲吉妮。这群“米纳黑人信众”似乎一直和平共存，直到1762年权力层换届引发争端，该兄弟会按照族裔分裂开来。有意思的是，这个巴西兄弟会的政治裂痕正好反映了贝宁湾昔日的对立关系，因为“马希人、阿戈林人、奥约人和萨瓦卢人脱离了这个达荷美人团体”，另外新建了一个“马希人群体”。[①] 和特蕾莎回想起她和多明戈斯来自“不同的地区”时一样，贝宁湾的政治对立在此死灰复燃，压倒了巴西米纳人共有的亲善关系。这样看来，核心的族裔或亲缘身份认同在大西洋世界从来没有完全被吸收；相反，它们与往往更为广泛的新身份表达相互重叠，并行不悖。

多明戈斯组建了新的亲缘和仪式群体。就在他开始享受这一辛苦工作的果实时，天主教神父在里约热内卢突袭了他的一处治疗诊所。多明戈斯侥幸逃脱，被教会法庭所通缉。他经常四处流窜，但他依然继续治病并主持他的仪式。与此同时，他的一位前主人指控他将一个“恶灵”召入了其妻的体内。还有许多其他证人站出来揭发多明戈斯是一个在里约热内卢“远近闻名的拜物教徒”和“算命师”。当局最终找到了多明戈斯；他被逮捕，与家人朋友分离，并被押往里斯本以行巫术的罪名被审判。

多明戈斯在里斯本宗教裁判所的监牢里过了一年半单调乏味且痛苦的生活。宗教裁判所的法官只是偶尔提审他，问他的仪式有什么主要内容，是不是和魔鬼签订契约了，以此来吓唬他。面对这些拐弯抹角、令人困惑的问

---

① Mariza de Carvalho Soares, *Devotos da cor: Identidade étnica, religiosidade e escravidão no Rio de Janeiro, século XVIII*, Rio de Janeiro: Civilizacão Brasileira, 2000, pp. 199-230.

题，多明戈斯缩进了他最初的非洲过往之中。当被问及他从哪里来，以及从哪里学的治病，他一口咬定他来自纳奥贡，所有的东西都是从亲戚那里学来的。他也提到他在治疗过程中使用的一切都是“自然”的，他生活在纳奥贡的那段时间以及以后，这些治疗方法在他身上都很管用。宗教裁判所的法官不相信他的解释，下令对他上勒绳（potro），这种刑具是用一系列粗绳来勒人的胳膊和腿，最终把骨头勒断。直到他哭着求耶稣和圣母玛利亚开恩时，他们才停止对他用刑。

当多明戈斯到葡萄牙南部进行为期四年的流放时，“米纳”这个标签已经没什么用了，主要因为那里的非洲人少之又少。对一些葡萄牙人而言，他就是一个“粗野的黑人”（negro boçal），即一个没念过书、未开化的非洲人。当他在1744年8月抵达马林堡时，公证人就是这样描述他的。其他对多明戈斯稍微熟悉一点的人知道他来自米纳海岸。例如在波尔蒂芒（Portimão）村，一位妇女称多明戈斯曾经告诉她，他来自“米纳海岸”。但在费拉古多（Farragudo）村，他让人们认为他来自安哥拉。莱昂诺尔·阿隆索（Leonor Alonso）称，当多明戈斯到她家治病时，“我就感觉他来自安哥拉，并受到了信理部的处罚”。卡泰丽娜·约瑟法（Caterina Jozepha）则更为明确。她肯定他“生于安哥拉，因为他就是这么告诉我的”。如果这些证词是真的，那么多明戈斯显然默默接受了他那没见过世面的农村客户的想法，他们中有些人可能觉得所有非洲人都属于“安哥拉”。[①] 变成“安哥拉人”不过是又一种克服艰难环境的策略，多明戈斯在葡萄牙南部即便只想糊口也得竭尽全力。

只要能活命，多明戈斯什么都干，他从一个地方迅速搬到另一个地方，在一个城镇里卖沙丁鱼，在另一个城镇里宣称他能发现宝藏，然后在其他地方，继续给人治病。他一路上不断改头换面，以迎合葡萄牙人的想法。当他占卜宝藏地点时，利用了一个古老的葡萄牙传说，即数百年前摩尔人在阿尔加维地区留下了秘密的财宝。这些财宝据说是由被施了法术的摩尔人看守，他们可以变成巨蛇。[②] 多明戈斯说他只是在见过一个名叫布拉斯·贡萨尔维

① 导致这种联想的原因有很多。葡萄牙早在15世纪末就与安哥拉维持很紧密的历史联系，并从1575年开始在其沿岸就有殖民存在了。直到18世纪初，抵达包括巴西在内的葡萄牙领地的奴隶中，大约90%来自安哥拉。因此，对葡萄牙最闭塞的宗主国臣民来说，能在思想和人员上代表非洲的就是“安哥拉”。殖民时期的巴西对非洲错综复杂的历史与民族更加见多识广，这一点并不令人感到惊奇。

② Rodney Gallop, *Portugal: A Book of Folk-Ways*, Cambridge: Cambridge University Press, 1936; repr., Cambridge: Cambridge University Press, 1961, pp. 77-80.

斯（Bras Gonçalves）的客店老板后才知道这个传说的。当贡萨尔维斯发现多明戈斯是因为犯了巫术罪而被流放时，他就以为多明戈斯“一定熟悉乡野里的金子，知道怎么占卜宝藏”。鉴于他“手头很紧”，对方又承诺“这个门道少不了他的好处”，多明戈斯便默认了贡萨尔维斯先入为主的想法，收了钱和食物，并以怎样找财宝的建议的作为交换。根据贡萨尔维斯和其他人的指控，多明戈斯告诉他们，他已经与保护财宝的半人半蛇怪物谈过话，它们已经允许他带走财宝。①

多明戈斯利用的葡萄牙信仰并不仅有摩尔人宝藏的传说。在其他时候，他将基督教的祷告和仪式融入治病仪式中。例如有好几个证人报告说，他在仪式开头和结尾都会画十字。尽管加入了这些迎合人的元素，但多明戈斯继续使用能反映他非洲过往的仪式。他好几次将活鸡举过病患的身体，这是一种旨在扫除恶灵的仪式。他也为病人准备了沐浴疗法，用的是他熟悉的草药和树根，但可能也会加入一些新的草药。② 最终，他的一个病人指控他行巫术。这位妇女不肯为治病付钱；作为报复，多明戈斯在她门口放了一些“秽邪的东西”，其中就有一个扎着39根针的“娃娃”、人发、狗毛、鸡羽、骨头、硫黄、玻璃、胡椒、玉米和墓地的泥土。这个有些刻板老套的“伏都娃娃”其实是它的死敌——“伏都波乔”③（vodun bochio，直译就是“被赋能的尸体”）。多明戈斯在这个“娃娃”身上每扎一根针，就诅咒这位妇

① 尽管多明戈斯与蛇怪“谈话”或许有些天方夜谭，但值得一提的是，达荷美人也非常敬畏尊重蛇，那里的蛇神“达”（Da）被认为可以任意“予夺”。根据达荷美的神话，当马乌（Mawu）神开始创造世界时，她就是在一条蛇的嘴里到处移动的。无论他们在哪里过夜，这条蛇的粪便就会变成山。“这就是为什么当一个人挖进山坡时，他就会发现财宝。”引自 Melville J. Herskovits, *Dahomey: An Ancient West African Kingdom*, 2 vols., New York: J. J. Augustin, Publisher, 1938; repr., Evanston: Northwestern University Press, 1967, Vol. 2, pp. 248-249。有关“达”的意义更为全面的描述，参见 Melville J. Herskovits, *Dahomey: An Ancient West African Kingdom*, 2 vols., New York: J. J. Augustin, Publisher, 1938; repr., Evanston: Northwestern University Press, 1967, pp. 245-255。有关对18世纪达荷美蛇“崇拜”的描述，参见 William Snelgrave, *A New Account of Some Parts of Guinea and the Slave-Trade*, London: James, John, and Pawl Knapton, 1734; repr., London: Frank Cass and Co., Ltd., 1971, pp. 10-14。

② 当多明戈斯在葡萄牙南部游历时，他遇到的人中有的已经易于接受“偏方”以及使用与他相类似的治病方法了。有关葡萄牙民间的治病方式，参见 Timothy D. Walker, *Doctors, Folk Medicine, and the Inquisition: The Repression of Magical Healing in Portugal during the Enlightenment*, Leiden: Brill, 2005。

③ 有关“波乔”的定义，参见 Suzanne Preston Blier, *African Vodun: Art, Psychology, and Power*, Chicago: University of Chicago Press, 1995, p. 2。

女受一次苦，直到她把钱给付了。[①]

当宗教裁判所第二次起诉多明戈斯时，他依旧宣称他的治疗方法是自然的，是从纳奥贡学来的。与他首次受审的证词相比，这次唯一的变动就是他提到他现在用了基督教的祷告。他还提到他在葡萄牙用的一些仪式是“从巴西的白人”那里学来的。当多明戈斯·阿尔瓦雷斯被押往流放之地布拉干萨山区时，他已经凑齐了走南闯北、可以相互转换的身份——科布人、米纳人、巴西人、葡萄牙人、伏都教祭司，甚至是基督徒。但在他内心深处，他依然是那个他一直宣称的人——在20年前被迫与纳奥贡的朋友、家人、仪式和习俗分离的人。

对于像多明戈斯·阿尔瓦雷斯这样的人，给他们按一个单一的身份就如盲人摸象。显然，他面对不同的人可以有不同的身份。如果单看任何一份宗教裁判所档案，我们或许会认为多明戈斯属于不同的“族裔”或“国族”——纳戈人、科布人、米纳人或安哥拉人。从纯粹的方法论角度看，这无疑揭示了许多学者在研究非洲奴隶身份时，他们所用的方法存在一个陷阱。这些研究向来往往关注集体的身份类别，而不是个体的身份。这常常意味着在记录着受洗、结婚、获释等信息的档案中寻找“族裔”或“国族”标签。遗憾的是，这种方法并没有试图理解个人在一生中的处境化经历，只能对一个人的身份管中窥豹，略见一斑。虽然这些定量的分析或许能揭示特定时间、特定地点中的非洲人群体内部的主流趋势，但它们无法体现重要历史变迁的种类，而这在个体研究中则相当清晰。

三

多明戈斯的案例就很好地说明了这一点，此外还有其他例子。以笔者自己的一项研究为例，1711年9月，雅辛塔·安哥拉（Jacinta Angola）与她的混血（pardo）丈夫若阿金·里贝罗（Joaquim Ribeiro）一起到她的本地堂区教堂，为他们的儿子阿戈什蒂纽（Agostinho）施洗。为了收集群体身份认同的证据，笔者的数据库只是将雅辛塔记录为“安哥拉人”。但在一年后的1712年12月，她和若阿金·里贝罗又回到那个堂区教堂，为他们的女儿

① 有关在“伏都波乔”身上扎针的意义，参见 Suzanne Preston Blier, *African Vodun: Art, Psychology, and Power*, Chicago: University of Chicago Press, 1995, pp. 107, 249-251, 287-292。

卡埃塔娜（Caetana）施洗。这次神父将雅辛塔描述为一个“来自几内亚的克里奥尔人”。由于她嫁给了一个混血男子、生了好几个巴西籍孩子而且信仰天主教，雅辛塔脱离了“安哥拉人”的类别，进入了一个涵化的非洲人类别，没有清楚的国族身份。她自己接不接受这个新的身份类别，我们就不清楚了。的确，雅辛塔可能会在某些社会背景下继续使用贴近“安哥拉人”的身份标识。不过在教会看来，她正在摆脱“安哥拉”，成为巴西人。[①]

身份相互重叠、转化并因处境而定的现象还有一个类似的例子颇具说服力，那就是1839年著名的“阿米斯特德号”（Amistad）奴隶起义。在这艘古巴西班牙运奴船的船员中，有一个名叫安东尼奥（Antonio）的侍童，他是船长拉蒙·费雷尔（Ramón Ferrer）的奴隶。当非洲奴隶夺取船只时，他们杀死了费雷尔和船上的厨师，船员中只有安东尼奥、何塞·鲁伊斯（Jose Ruiz）和佩德罗·蒙特斯（Pedro Montez）活了下来。在这位小侍童的帮助下，起义的非洲人命令鲁伊斯和蒙特斯将船掉头驶向非洲。根据鲁伊斯的说法，安东尼奥“生来是非洲人，但已经在古巴生活了很长时间……（叛乱者）本打算杀了他，但他在我们中间充当翻译，因为两种语言他都懂”。[②]鲁伊斯暗示安东尼奥会讲西班牙语，也会讲门代语，后者是“阿米斯特德号”上非洲人的主要语言。安东尼奥显然得到了不少非洲人的信任。这个男孩本来被绑在船锚上，但一个名叫布纳（Burnah）的人将他松了绑。当“阿米斯特德号”即将在长岛靠岸时，起义领袖钦奎（Cinque）“让安东尼奥”与一小伙人“上岸”收集信息和食物。[③] 安东尼奥显然在这群非洲人中间如鱼得水，而他们似乎也接纳了他，这表明他已经充分地将自己变成他们的盟友了。然而，当美国当局扣押“阿米斯特德号”后，安东尼奥就迅速将自己的身份改回了古巴人。

安东尼奥无疑认为，如果他与这些非洲人保持距离，可能会更安全——

① Arquivo da Cúria Metropolitana do Rio de Janeiro, Santíssimo Sacramento, Freguesia da Sé, Batismos de Escravos, September 11, 1711, and December 12, 1712. 有关利用这些洗礼来勾勒非洲人的集体趋势，参见 James H. Sweet, *Recreating Africa: Culture, Kinship, and Religion in the African-Portuguese World, 1441-1770*, Chapel Hill: The University of North Carolina Press, 2003, pp. 36-37。

② 1839年8月29日何塞·鲁伊斯的证词，记录在 John Warner Barber, *The History of the Amistad Captives*, New Haven: E. L. & J. W. Barber, 1840, p. 7。

③ Thomas R. Gedney & c. v. The Schooner Amistad, & c.，美国康涅狄格联邦地区法院，1840年1月9日安东尼奥的证词。

这种想法合情合理，因为被控夺船和杀害船长的人可能会遭受极刑。他用西班牙语将起义经过讲述给一位帮他翻译的美国海军军官。在讲述他的故事前，安东尼奥宣称他是基督徒，并在一位法官面前宣了誓。他甚至告诉联邦地区法院法官，他出生在古巴，而不是非洲。他还证实他想回哈瓦那投奔他主人的妻子。法庭最终满足了安东尼奥的愿望，下令将他遣送给他主人的继承人。讽刺的是，在所有离开法庭的“阿米斯特德号”被掳人员中，只有安东尼奥还是奴隶之身。不过在他被运往哈瓦那之前，美国废奴主义者将他偷偷送到了蒙特利尔，他在那里度过了余生，“世界上所有的奴隶主都奈何他不得”。①

大概安东尼奥在加拿大的新家园里又给自己打造了一层新身份，与他的“非洲”和“古巴”身份相互重叠、并行不悖。和多明戈斯与雅辛塔一样，安东尼奥会在不同的社会、政治和文化处境下用多重灵活的角色来呈现自己；如果我们到头来只盯着他身份中“非洲”或“古巴”的部分，我们就抹杀了他的这一努力。

在本文所列的各个案例中，奴隶制和殖民时期大西洋世界的困难时刻都凸显了具体非洲文化特征的重要性。在非洲“族裔”群体与他们在美洲的后代之间建立直接联系的做法已经受到了很多学者的批评。这些非洲人从他们土生土长的故乡被粗暴地连根拔起，又在美洲被打成了一盘散沙，这应该意味着他们共有的只是最宽泛的文化特色。虽然这种说法不无道理，但我们也必须承认，大多数沦为奴隶的非洲人跨越大西洋之前就已经经历了环境、社会和政治上的天翻地覆变迁了。因此，许多人在还没有离开非洲之前，亲缘群体、祖辈家园等“族裔”身份认同的重要关节就已经开始分崩离析了。就像在 18 世纪的贝宁，难民们逃离被围攻的村庄，聚在一起建立了新王国伊戴萨，这些离乡背井的非洲人会与族裔上的“异类”结盟，将他们自己改造成非洲的新族群。另一些非洲奴隶挣脱了枷锁，组成了逃奴群体，很像美洲的马龙（maroon）群体。② 至少许多沦为奴隶的非洲人会讲多种语言，崇拜多个

① “Exhibition of the Amistad Blacks—Display of Mendi Learning, Eloquence, and Music,” *New York Herald*, May 13, 1841.

② 有关难民与中非新身份的形成，参见 Beatrix Heintze, *Asilo ameaçado: Oportunidades e consequências da fuga de escravos em Angola no século XVII*, Luanda: Ministério da Cultura, 1995; Joseph Miller, “Central Africa during the Era of the Slave Trade, c. 1490s-1850s,” in Linda M. Heywood, ed., *Central Africans and Cultural Transformations in the American Diaspora*, Cambridge: Cambridge University Press, 2002, pp. 46-47。

神明，而且审美观也大致相近。因此，哪怕家谱和“族裔”的纽带因遭受战乱、沦为奴隶而被切断，新的、更广泛的群体身份认同也能形成，即使他们人还在非洲。

在海外，这些宽泛的非洲群体身份认同常常被表达为“国族”或“种姓”，这些类别是欧洲人发明的，然而我们不能忽视的是，非洲人也参与了塑造这些更广泛的身份。固然欧洲人有时会按照出发的非洲港口——本吉拉（Benguela）、卡谢乌（Cacheu）、维达等——来强加身份类别，有时强加给奴隶的身份更多反映的是那些将他们卖为奴隶的非洲人，而不是这些奴隶贸易受害者本身。但如果没有非洲人一定程度上的默许，这些“国族”类别将不可能在海外长久维系。毕竟这些类别本质上就是文化类别，是欧洲人用来帮助他们按照语言、宗教、地区特点等因素来区分（并监督）非洲人群体的。只有当它们能体现群体身份认同和自我认识的某些一致性，它们对欧洲人才有意义。虽然我们肯定要注意，基础、不变的“族裔”与更加灵活的“国族”和“种姓”类别之间存在差异，但我们也必须承认“国族”和“种姓”常常也不过是“族裔”、村庄和亲缘表达的扩大版。这在多明戈斯的案例中清晰可见，他的首要身份是“纳奥贡”的当地人，即便他在结婚、在里约热内卢组建仪式群体时接受了“米纳”的身份，“纳奥贡”的身份也依然存在。文化上保持灵活性是对在非洲为奴的状况的必要反应，这一点在海外得以延续，因为身份类别会为了应对新的社会现实而扩大的。

当然，我们也得关注人们的行为，这一点至关重要。当人身处海外时，自我认识在本质上是一个个同心圆，常常还会往外面加，这在多明戈斯·阿尔瓦雷斯的案例中暴露无遗。随着一个人不断处于新的处境，他在一生中就会拥有不同的群体归属和“关联”。与此同时，核心的身份认同和自我认识对他理解新的身份依然至关重要。遗憾的是，许多学者似乎一心想把非洲奴隶和他们的后代塞进一个定义单一的框子里——要么本质上是非洲人，要么本质上是美洲人（如“克里奥尔人”），尽管这些人实际上常常生活在不断变动、多元的世界里。正如多明戈斯的案例清楚地显示，生存有赖于适应的能力。根据情况以及身份类别的支配者的不同，档案中的多明戈斯确实是个变色龙似的角色，改变（或者被改变）他的身份标识以适应当时的环境。对特蕾莎而言，他是科布人。对大多数巴西白人而言，他是米纳人。对一些葡萄牙人而言，他是安哥拉人。这些强加的身份取决于多明戈斯与他在海外遇到的人之间的情景对话。与此同时，不管多明戈斯到了什么地方，他一直维持着他从纳奥贡带来的信仰和做法。这些信仰从来没有被抛弃，如果它们有什么变化的话，那或许是它们因边缘化和受苦的经历而得到了强化，而海外为奴和自由的生活经常伴随着这样的经历。

那么多明戈斯·阿尔瓦雷斯的故事对奥拉达·艾奎亚诺及其“身份”的争议有什么启发呢？声称艾奎亚诺生于南卡罗来纳的档案在性质上类似于将多明戈斯划为“安哥拉人”的档案，或者将“阿米斯特德号”侍童安东尼奥划为“古巴人”的档案。在这三个例子中，每个人好像都对他的出生地有自相矛盾的说法。鉴于艾奎亚诺自己说他来自非洲，并在他的叙述中留下了其他语境证据，与伊博地区联系在一起，那么卡雷塔就似乎有责任举出证据，证明艾奎亚诺声称自己出生在“卡罗来纳”（Carolina）。相反，他全盘接受了这些档案，然后画蛇添足地说它们可能颠覆了我们自以为对艾奎亚诺非洲过往的全部认识。从方法论上讲，这相当于否定了那些证明多明戈斯的出生地是贝宁湾的证据，而支持那两份说他是安哥拉人的档案。更有意义的历史学问题是，为什么艾奎亚诺会在特定场合和时候被描述为来自“卡罗来纳”。

保罗·洛夫乔伊（Paul Lovejoy）指出，申报艾奎亚诺祖籍为卡罗来纳的人很可能是他的教母。1757 年底，即他受洗前不到两年，艾奎亚诺提到他“现在英语还说得过去”。当他受洗时，他估计还掌握着这门语言。他能充分理解“伊博”和“非洲”的概念，甚至知道他来自这些地方吗？[①] 他要怎样向一个在伦敦的国教牧师解释他的出生地呢？不仅这位牧师缺乏理解一个具体非洲出生地的背景，而且艾奎亚诺在英国及其殖民地过得越来越自在，说明他“看上去”不像是从非洲来的。声称他生于南卡罗来纳可能是方便起见，以及他的教母想缓解文化上的冲击力；后者后来无意间证明了他来自非洲，她当时提到他在抵达英格兰时只能讲几个英文单词。

“赛马号”帆船的花名册在艾奎亚诺相应的条目上写着他叫“古斯塔夫斯·韦斯顿”（Gustavus Weston），生于“南卡罗来纳”。按照卡雷塔的说

① 阿历克斯·博德（Alexander Byrd）认为，即便成年了，艾奎亚诺依然对伊博的意思感到困惑。参见 Alexander X. Byrd，“Eboe，Country，Nation and Gustavus Vassa's *Interesting Narrative*，” *William and Mary Quarterly*，63，1（2006），p. 134。同样，詹姆斯·西德伯里（James Sidbury）认为，艾奎亚诺“非洲人”自我意识的形成正好与他成年后“真正”改信基督教发生在同一时间。James Sidbury，*Becoming African in America：Race and Nation in the Early Black Atlantic*，Oxford：Oxford University Press，2007，pp. 39-65.

法，艾奎亚诺是个“能干的水手”，“在一个充满冒险的航程”领取“额外的工资”。他有种种任务，包括协助查尔斯·欧文（Charles Irving）博士进行海水蒸馏实验。但卡雷塔也承认，艾奎亚诺担任的是欧文“个人的仆人”。[①] 这艘船被派遣深入北大西洋世界，前往北极探险，与非洲相去甚远。洛夫乔伊认为，在这样一艘志在高远的科考船上，艾奎亚诺声称自己生于南卡罗来纳可能是为了赢得一些“英国人的尊重”。或者是他试图强调自己是“能干的水手”，而不是欧文“个人的仆人”。在以欧洲人为主的船员中，艾奎亚诺的种族差异以及他服从于欧文的表现无疑在视觉上强有力地表明了他的社会地位。艾奎亚诺一定强烈地感到这些无声的暗示会怎样影响别人对他的态度和行为。点名这项走形式的任务一定会让他自己充满焦虑。他是应该接受自己的非洲过往，强化自己是“个人仆人”甚至可能是“奴隶”，还是应该迎合人们的期待，即一个收入不菲的“能干的水手”，更可能生在美洲？似乎他选择了后者。当然，这些身份也有可能是别人强加的，是一个懒惰或粗心的文书员塞给他的。[②] 不管怎样，正如多明戈斯·阿尔瓦雷斯接受了“安哥拉人”的身份，每个人一生中都有一些时候，适应社会对身份的赋予要比坚持“实际情况”更加容易。

即便我们不接受这种在方法论上对卡雷塔说法的挑战，艾奎亚诺的叙述中还是有充足的证据表明他来自伊博地区。[③] 卡雷塔认为艾奎亚诺对他伊博童年经历的描述是杜撰的，但叙述中有太多伊博语的词，艾奎亚诺不可能一一编造。这些词有些是简单的标签，他可能从非洲之外的人那里学到，例如他故乡的名字“埃萨卡”。[④] 但另一些词反映的是更宽泛、在文化上有

---

① Vincent Carretta, *Equiano, the African: Biography of a Self-Made Man*, Athens: Georgia University Press, 2005, pp. 147 - 149; Vincent Carretta, "Response to Paul Lovejoy's 'Autobiography and Memory: Gustavus Vassa, Alias Olaudah Equiano, the African,'" *Slavery and Abolition*, 28, 1 (2007), p. 118.

② 在“赛马号”的航程中一共有三本不同的花名册。前两本并没有记录艾奎亚诺的出生地。只有第三本才出现了“南卡罗来纳”的描述。不过在这三本花名册中，事务长写错了古斯塔夫·韦斯顿的姓——有一次写成“菲斯顿”（Feston），有两次写成“韦斯顿”。这至少可以说明，事务长在记录档案时前后矛盾。Vincent Carretta, *Equiano, the African: Biography of a Self-Made Man*, Athens: Georgia University Press, 2005, pp. 147-148.

③ 有关卡雷塔对伊博的讨论，最尖锐的批评参见 Paul E. Lovejoy, "Autobiography and Memory: Gustavus Vassa, Alias Olaudah Equiano, the African," *Slavery and Abolition*, 27, 3 (2006)。

④ 卡雷塔认为，“艾奎亚诺使用的疑似伊博语词非常少（不到10个），他可以在非洲以外轻易地学到它们”。Vincent Carretta, *Equiano, the African: Biography of a Self-Made Man*, Athens: Georgia University Press, 2005, p. 9.

具体含义的概念，对英文读者不是一句两句就能讲清楚的，例如献祭仪式（“embrenché” = mgburichi）和占卜/治疗师（“Ah-affoe-way-cah” = Ofonwanchi）。[①] 艾奎亚诺用了不少笔墨来解释这些概念，用英语相对能理解的方式来表达它们。这些费力的翻译表明他对伊博语言和文化有着更为深刻的认识，只有浸入其中才能获得这样的认识。

另一个有力的线索也和语言有关，即艾奎亚诺一直非常挂心他的姐妹，后者与他一同沦为奴隶，但最终在非洲海岸与他分开了。在他沦为奴隶六年多以后，他依然为与她失散感到悲伤。在地中海他主人的船上工作期间，艾奎亚诺曾在直布罗陀上岸，向一群人讲述了他的故事。一个人马上回应说，他知道哪里可以找到艾奎亚诺的姐妹。当这个人领艾奎亚诺去见一个“年轻的黑人女子”时，他的心“欢喜跳跃起来”；“她很像我的姐妹，第一眼看到她时，我真的以为她就是我的姐妹：但我很快醒悟过来，而且在与她交谈时，我发现她是属于另一个民族的”。[②] 如果我们坚持认为艾奎亚诺生在南卡罗来纳，那么我们就必须抹掉两层的非洲过往。首先，我们必须否认他姐妹的存在，并且否认他对兄弟姐妹失散挥之不去的记忆。其次，我们必须认定，当他说那位女子属于“另一个民族”时，他指的是一个非洲以外的民族。但除了将他的叙述解读为“在（用我的语言）与她交谈时，我发现她是属于另一个（非洲）民族的”之外，好像也没有其他解读方式。简而言之，如果我们相信了卡雷塔有关艾奎亚诺生于卡罗来纳的说法，那么这一整件发生在直布罗陀的事就一定是编造的。

有趣的是，在艾奎亚诺叙述的末尾，他接受了对一个“国家”的归属感，这个国家不仅包括伊博人，也包括全体非洲人和奴隶。在北极探险三年后的1776年，他再次受雇于欧文博士，这次是监督尼加拉瓜莫斯基托海岸甘蔗种植园的建设工程。为了给新种植园找奴隶，欧文和艾奎亚诺前往牙买加，他们在那里登上了一艘“运奴船”。根据艾奎亚诺的说法，“挑选的都

① 有关这些伊博语术语及其意义，参见 Catherine Obianju Acholonu, *The Igbo Roots of Olaudah Equiano: An Anthropological Research*, Owerri: AFA Publications, 1989。

② Olaudah Equiano, *The Interesting Narrative of the Life: Printed for and sold by the author of Olaudah Equiano; or, Gustavus Vassa, the African: Written by Himself*, 8th ed., Norwich: Printed for and Sold by the author, 1794, pp. 89-90.

是我自己的同胞，其中有一些来自利比亚”。[①] 这里的“同胞”显然包括全体非洲人。[②] 后来，艾奎亚诺表达了他想去西非当传教士的愿望，他再次将非洲称为他的“国家”，将非洲人称为他的“同胞”。[③] 正如阿历克斯·博德（Alexander Byrd）所认为的，艾奎亚诺在叙述中对“国家”和“民族”的用法是“暂时的和不确定的”，可以指族裔、语言、种族、地方空间，最后甚至是整片大陆。[④]

这些明显的矛盾之处反映了艾奎亚诺在纵横大西洋世界时，遭受了相互竞争的几股社会势力的冲击。与多明戈斯和安东尼奥一样，艾奎亚诺多个“国家”的身份认同与其说是在对个人身份的正面肯定，倒不如说是为争取融入社会的持续努力。固然有一些非洲人在美洲的奴隶社会融入了新的、持久的归属群体，但对那些一生不断在大西洋世界迁徙的人来说，“国家”往往依旧是一个捉摸不定、相互矛盾且含混不清的理想，既是一种体现团体凝聚力和群体身份的新方式，也是生活相当边缘化且不稳定的标志。因此，尽管我们承认非洲人的身份转换体现了他们的灵活性、创造性和坚韧性，但我们也要承认，每一次这样的转换都是一次与过往的痛苦撕裂。

非洲人的身份存在各种各样的出入，学者们或许不应该将其作为“前后矛盾”或“发明”的产物进行分析，而是应该按非洲人自己的处境来加以接受，知道它们是对社会动荡和创伤的准确反映，而动荡与创伤正是大西洋世界众多非洲人一生的注脚。[⑤] 在对身份进行研究时，如果我们强调启蒙

---

① Olaudah Equiano, *The Interesting Narrative of the Life of Olaudah Equiano; or, Gustavus Vassa, the African: Written by Himself*, 8th ed., Norwich: Printed for and Sold by the author, 1794, p. 307. 洛夫乔伊用这段话来证明艾奎亚诺挑选讲伊博语的人来种植园劳作；然而，这里还提到了利比亚，使这一结论成疑。Paul E. Lovejoy, “Autobiography and Memory: Gustavus Vassa, Alias Olaudah Equiano, the African,” *Slavery and Abolition*, 27, 3 (2006), p. 332.

② Vincent Carretta, *Equiano, the African: Biography of a Self-Made Man*, Athens: Georgia University Press, 2005, p. 184.

③ 詹姆斯·西德伯里有力地证明，艾奎亚诺的“非洲”身份与他基督教信仰的觉醒有密切的联系。对艾奎亚诺而言，“非洲”身份的核心是一个共有的基督教过往，这个过往被人口流散的分化和散布所打断。“非洲人”只有通过基督教的救赎才能实现重新统一。James Sidbury, *Becoming African in America: Race and Nation in the Early Black Atlantic*, Oxford: Oxford University Press, 2007, pp. 39-65.

④ Alexander X. Byrd, “Eboe, Country, Nation and Gustavus Vassa's *Interesting Narrative*,” *William and Mary Quarterly*, 63, 1 (2006), pp. 123-148.

⑤ 在思考大西洋非洲人支离破碎的历史时，笔者借鉴了标新立异的著作，Stephanie E. Smallwood, *Saltwater Slavery: A Middle Passage from Africa to American Diaspora*, Cambridge: Harvard University Press, 2007, esp. pp. 202-207。

式的个人主义过于友邻和亲近，强调按照时间先后的叙事顺序断断续续的讲述，那么我们就无法充分完整地讲述许多大西洋非洲人的历史。像艾奎亚诺自传这样的自传体叙述光是能流传下来就很不同寻常了，更不要说它们还揭示了有关非洲、奴隶制和大西洋世界黑人生活的信息。这些能流传下来的非洲人生平档案是用欧洲语言写成的，采用的是像自传这样具有代表性的体裁，并且情节发展是按照时间先后的线性顺序，这一点应该让我们对历史生产过程本身感到怀疑。为了使用西方的自传叙事体裁，艾奎亚诺不仅不得不为英语读者遵循特定的文学模式和构思，还不得不遵从西方有关个人“自我”历史的概念，这种历史对其他非洲人也很有代表性，但这不见得就能反映他们的本质。这样，书写“自我”传记这种行为本身只是强化了他与“国家”和“民族”群体纽带之间的疏离感。对那些主要用金邦杜语或丰语甚至伊博语会话和思考的大西洋非洲人而言，我们可以想象他们不但会用一种非常不同的语言来讲述一段生命故事，甚至可能对历史本身的观念也有所不同，对暴力、断裂、亲人离散以及对群体救赎的向往都可能有另一套认识论。

对包括多明戈斯·阿尔瓦雷斯在内的一些人而言，大西洋代表了一系列的社会性死亡和重生，是一个流离失所和关系断裂的反复循环，它的标志就是不停地渴望通过家人、朋友和群体来重建自我。他的历史没有终点，在文本上就构成了一个遭受压制、然后获得社会主体性的闭环。就连艾奎亚诺也是如此，尽管他的叙述有一个干净整齐的结尾——他对主教制的国教以及废奴主义表达了强烈的拥护，他与一位英格兰妇女喜结连理——但他故事的其他部分依然是没有完结的悲剧。传统历史叙事的局限并不能很好地容纳亲人离散的记忆，例如他与姐妹的离散，也不能很好地容纳许多非洲人在试图接受新的群体、新的“民族”和新的“国家”后所经受的那种积重难返的脆弱与不安。[①] 相反，大多数历史都希望在空间和时间上有个了结，会将非洲

① 除了与姐妹失散的经历外，艾奎亚诺在大西洋旅行时还讲述了其他亲子离散的事。例如在他最初沦为奴隶后不久，他被一名非洲妇女买了去，她全家待他如同“收养的孩子”，让他“忘了”自己是奴隶。在回忆他被绑架、与家人骨肉分离的那一刻时，艾奎亚诺让我们看到社会救赎的残酷承诺和动荡人生的恐怖之处：“因此，每当我梦到这极大的幸福，我就陷入极大的痛苦之中，仿佛命运之所以希望让我尝到这点喜乐的甜头，就是为了让梦醒时分更加刻骨铭心。我现在经历的变化既是痛苦的，也是突然的、没有征兆的。它的确是一种变化，从天伦之乐变成了一种我无法名状的景象……这样艰难和残酷的例子不断出现，我回想起来只会感到恐惧。” Olaudah Equiano, *The Interesting Narrative of the Life of Olaudah Equiano; or, Gustavus Vassa, the African: Written by Himself*, 8th ed., Norwich: Printed （转下页注）

人粉饰成“反抗”族群，在街垒与奴隶制和殖民主义英勇奋战；或者是“功德圆满”的美洲人，富有创意地将他们的非洲过往与基督教、民主和革命的原则相适应。

归根到底，我们需要的是一种本体论的叙事，对千篇一律的结局和单一的“道德意义”进行挑战，而这两者在非裔大西洋史中屡见不鲜。我们应该注意海登·怀特和多米尼克·拉·卡普拉（Dominick La Capra）先前的呼吁，对历史的“现实”描述中那些看似浑然一体、井然有序的东西提出疑问。① 的确，正是因为大西洋非洲人历史在时间上的“真实性”往往非常不稳定，所以它们代表了某种断裂性的要素，这在叙事性描述中必须得到体现。正是通过这些断断续续的叙事，大西洋的非洲人试图建构新的社会身份认同，将“时间、空间和条分缕析的关联性”的失稳效应纳入其中——“如果是采取分类或本质论的方法来研究身份，这些因素都会被排除在外”。② 因此，如果我们想解开档案中如“科布”、“米纳”和“伊博”等标签在具体情况下是什么意思，那么大西洋非洲人断裂、破碎的“故事”就是一把钥匙。假如脱离了档案生产的背景，这些标签其实没有什么意思；但如果把它们放到一个人的生命历程中，显露出它们的曲折反复、相互矛盾，那么这些标签就能在档案中为历史学家指点迷津，让他们一瞥大西洋历史的另一种叙事，这样的叙事重新定义了“牵连关系”，使之包括那些实实在在地被混乱的、一段一段的历史循环所“捆锁”的人，他们不停地试图通过社会归属来获得自我认识。大西洋非洲人固然对大西洋世界相互联系、相互影响的牵连关系的形成做出了重要的贡献，但他们也经常被这些牵连关

(接上页注①) for and Sold by the author, 1794, pp. 42-43. 另参见艾奎亚诺对他与一个“仁慈的男孩”之间关系的描述，后者待艾奎亚诺如同“兄弟”。这两个男孩在 1761 年有好几个月“经常见面，非常开心”，直到艾奎亚诺再次出海。Olaudah Equiano, *The Interesting Narrative of the Life of Olaudah Equiano; or, Gustavus Vassa, the African: Written by Himself*, 8th ed., Norwich: Printed for and Sold by the author, 1794, pp. 98-100。

① 有关学者们想要将“道德意义”强加于历史叙事之上的愿望，参见 Hayden White, *The Content of the Form: Narrative Content and Historical Representation*, Baltimore: The John Hopkins University Press, 1987, p. 21。有关对历史“真实性”的批判以及认识到事件本身和叙事表现之间存在断裂的重要性，参见 Hayden White, *Tropics of Discourse: Essays in Cultural Criticism*, Baltimore: The John Hopkins University Press, 1978; Dominick La Capra, *Rethinking Intellectual History: Texts, Contexts, Language*, Ithaca: Cornell University Press, 1983。

② 笔者认为叙事创造社会经验、期待和记忆的观点借鉴了 Margaret R. Somers, “The Narrative Constitutions of Identity: A Relational and Network Approach,” *Theory and Society*, 23, 5 (1994), pp. 605-649, quote from p. 621。

系所困，如奴隶制、种族主义和殖民主体性。

“非洲”在大西洋幸存了下来，但根据特定的社会文化现实，这个“非洲”是可以被噤声、隐藏甚至抹杀的。不幸的是，对历史学家和人类学家而言，这些变化往往是非常个人化的，反映了这个人与其环境之间的辩证关系。虽然我们还会继续以群体的方式来勾勒身份，但对个体生命历史进行细致的考察，或许能更好地揭示人们保留旧身份和增添新身份的具体过程。此外，对多个人的一生进行研究可以揭示这些个体经历之间的分歧，哪怕他们宣称拥有共同的群体身份。通过勾勒出一个人一生中的身份变化，我们可以更加清晰地聚焦在导致群体形成的动态过程，或许可以抛弃那些死死盯着“族裔”和“国族”标签本身的老套争论。① 与此同时，我们或许可以呈现一种大西洋史，它对非洲形态的亲属关系、记忆和认识论更加包容，超越有关欧洲“中心”“边缘”和美国例外论的争论，对非洲在大西洋世界非线性历史中的“牵连”作用有更全面的考量。②

Mistaken Identities? Olaudah Equiano, Domingos Álvares, and the Methodological Challenges of Studying the African Disapora

James H. Sweet

Abstract: Regarding past research on African American Atlantic history,

① 这一建立人物传记数据库的倡议与洛夫乔伊相呼应。参见 Paul E. Lovejoy, “The African Diaspora: Revisionist Interpretations of Ethnicity, Culture, and Religion under Slavery,” *Studies in the World History of Slavery, Abolition, and Emancipation*, 2 (1997), http://www.yorku.ca/nhp/publicat ions/Lovejoy_ Studies%20in%20the%20World%20History%20of%20Slavery.pdf (accessed 4 February 2009)。

② 在2007年12月的《美国历史评论》上，豪尔赫·卡尼萨雷斯-埃斯格拉与埃利加·古尔德(Eliga Gould) 进行了观点碰撞，笔者在此支持卡尼萨雷斯-埃斯格拉的立场。与他的大部分作品一样，他强有力地主张将西班牙和拉丁美洲的观念融入“核心”的英美国族叙事中。他希望以此打破非历史的、英美中心的例外论，后者框定了今天的人对美洲的历史。通过挑战“自我”驱动、按照时间先后顺序的西方式叙事，笔者建议学者们做出一个类似的重新调整，可以在大西洋的“牵连”中更好地容纳非洲形式的亲属关系、记忆和世界观。参见 Cañizares-Esguerra, “The Core and Peripheries of Our National Narratives: A Response from IH-35,” *American Historical Review*, 112, 5 (December 2007), pp. 1423-1431。

scholars will use the classification thinking commonly used by Europeans to analyze the ever-changing identity issues of Africans as a product of "contradictions" or "inventions". In fact, it is not difficult to find that the long-term instability makes the group "belonging" of Africans more ambiguous than that of other people in the Atlantic world through the investigation of the personal life course of Olaudah Equiano, Antonio, especially Domingos Álvares. The smartest and most experienced Africans will carefully observe their surroundings and skillfully fabricate their group identity, so that they can survive, resist, and even thrive in the Atlantic world. By outlining the changes in a person's identity throughout their lifetime, we can focus more clearly on the dynamic processes that lead to group formation, perhaps abandoning the stereotypical debates that fixate on the labels of "ethnicity" and "national race" themselves, and presenting a more inclusive narrative of Atlantic history towards African forms of kinship, memory, and epistemology.

Keywords: African American Studies; Identity Identification; History of the Atlantic; Methodology

（执行编辑：欧阳琳浩）

海洋史研究（第二十三辑）
2024 年 11 月　第 168～195 页

长 18 世纪中的法国与大西洋世界

艾伦·弗雷斯特（Alan Forrest）*

摘　要： 18 世纪是法属大西洋的黄金期，商人自美洲航行获利颇丰。一些人直接与法属加勒比殖民地交易，为当地居民运来面粉、葡萄酒和其他制成品，并载着蔗糖、靛蓝和烟草返航；另一些人投资于贩奴，将船先派往西非，再横跨大西洋，在法属圣多明各或瓜德罗普出售奴隶并装载回程货物，但利润无法保证。连绵战火扰乱了航线，迫使许多人放弃跨大西洋商贸或转向私掠巡航。废奴运动及其带来的道德拷问动摇了社会对贩奴的肯定。1792 年起，革命和对英海战给许多商人带来了灾祸，导致法国西部港口破产、凋敝，失去法属圣多明各则摧毁了他们赖以为生的种植园经济。1815 年恢复和平后，一些商人试图重开大西洋商贸，另一些人则视多元贸易为必需，与印度洋、印度和中国拓展商业联系。

关键词： 法国　大西洋商业　战争　废奴

---

* 作者艾伦·弗雷斯特（Alan Forrest），英国约克大学荣休教授，曾先后担任约克大学历史系系主任、副校长以及约克大学 18 世纪研究中心主任，并曾长期担任国际法国革命史委员会主席（2005—2015）。译者闫波桥，北京大学历史学系博士研究生。校者庞冠群，北京师范大学历史学院教授。

此文为弗雷斯特教授专为本刊所撰，未发表过。文章主要内容和观点与弗雷斯特教授于 2020 年出版的专著《法属大西洋之死：革命年代的贸易、战争和奴隶制》（Alan Forrest, *The Death of the French Atlantic: Trade, War, and Slavery in the Age of Revolution*, New York: Oxford University Press, 2020）相承。

本文在翻译过程中，弗雷斯特教授不仅慷慨授予译者翻译权，而且解疑释结。此外，本文得到北京大学历史学系潘华琼副教授，北京师范大学历史学院庞冠群教授、江天岳副教授、刘少楠副教授的指导和帮助，在此一并致以谢忱。

在长 18 世纪[1]，地理因素决定了法国商业活动的范围。大西洋吸引法国商人和船长驶向美洲，恰如地中海吸引他们来到马格里布（Maghreb）和黎凡特（Levant）[2]。这并非一个关乎选择的问题。作为一个濒海民族，法兰西无法拒绝海外帝国与海上贸易的吸引力。其南北方港口城市分别面向英吉利海峡、北海以及最重要的地中海，自中世纪晚期法国即开始与波罗的海沿岸及斯堪的纳维亚、南欧、北非和近东通商。到 17 世纪贸易范围已大为拓展，法国和大西洋沿岸所有海上强国——从丹麦、荷兰到葡萄牙、西班牙——无不被吸引着去竞逐大洋彼岸西方土地上的财富。西班牙和葡萄牙这两个伊比利亚国家在这一战场占得先机，16 世纪时率先在中南美洲建起若干殖民地，将贵金属从那里运回欧洲以充实皇家金库。[3] 而到了 17 世纪中期，两国对美洲的垄断被打破，来自北大西洋的强国接踵而至，英国、法国、荷兰和斯堪的纳维亚诸国都急于染指这一全世界最有利可图的商业市场。法国虽在该市场上从未成为首屈一指的参与者，但到 18 世纪下半叶法国船只已在大西洋商业中扮演着重要角色，包括向欧陆输入蔗糖、烟草和蓝靛等殖民地农产品；1750 年后法国在三角贸易中的作用也日渐突出，这类贸易意在从西非获取奴隶，其利润逐年增加。法国大西洋沿岸各港口都发展出各自的特色和专长：圣马洛（Saint-Malo）最依赖纽芬兰外海的渔业，拉罗谢尔（La Rochelle）专注于对美洲的贸易，南特（Nantes）则仰仗同西非的奴隶贸易。[4] 到 1685 年，波尔多（Bordeaux）商人已装备好 50 艘船与加勒比地区直接贸易，这威胁到了荷兰在北欧与殖民地贸易中的主导地位。如果说 17 世纪 60 年代是荷兰人资助了法国最初的远洋贸易活动，那么到 18 世纪此项业务以及整个欧洲殖民地货物的转口大部分已被法国公司接手，由法国

---

① 长 18 世纪（long eighteenth century）是英语学界特别是英国史家常用的一个术语。在政治军事史与国际关系史领域，一般认为它始于 1688 年的光荣革命，终于 1815 年的滑铁卢战役，涵盖了 18 世纪前后英国经历的主要历史事件。——译者注

② “马格里布”在阿拉伯语中意为“日落之地”，指非洲西北部地区，一般指地中海沿岸的摩洛哥、阿尔及利亚和突尼斯。“黎凡特”源自法语 lever，意为升起，引申为日出、东方之意。历史上指地中海东岸地区，大致相当于今以色列、约旦、黎巴嫩、叙利亚及其邻近地区。——译者注

③ Patricia Seed, “Exploration and Conquest,” in Thomas Holloway, ed., *A Companion to Latin American History*, Oxford: Blackwell, 2011, pp. 73-88.

④ 对法国最依赖奴隶贸易的大西洋港口——南特出港船只载货详细情况的分类研究，参见 Aka Kouame, “Les Cargaisons de Traite Nantaises au Dix-huitième Siècle: une Contribution à l'étude de la Traite Négrière Française,” doctoral thesis, Université de Nantes, 2005。

资本资助。[①]

最早在西印度群岛活动的法国人大多是挑战公司垄断权的私掠船主和无照私商，或匿迹于广阔加勒比海周围避风港里的海盗，其合法性往往令人怀疑。[②] 但很快政府就参与其间，殖民地货物贸易飞速扩展，英国、法国、荷兰商人都在这个越来越有利可图的市场中分得一杯羹。荷兰的势力于 17 世纪达到极盛，从联省共和国本土到哈德逊河，从巴西和加勒比地区到非洲黄金海岸，彼时荷兰人建立了一个大西洋帝国，又最终失去了它。[③] 在随后数十年间，英法为存续更久的帝国打下了基础。有两个时刻尤为引人瞩目：1670 年英国与西班牙的条约[④]承认英国占有牙买加；1698 年《里斯维克和约》（Treaty of Ryswick）允许法国吞并圣多明各岛西部，形成法属圣多明各（Saint-Domingue），它后来发展为欧洲在新世界最富庶的殖民地，远超英属牙买加和巴巴多斯这两个出产蔗糖的岛屿。[⑤] 继而出现的新竞争导致 18 世纪英法两国间的一系列激烈战争，意在争夺各处殖民地与商站——加拿大、北美东海岸、西印度产糖岛屿，还有遥远的南亚次大陆和印度洋，在那里冲突主要发生在两国的东印度公司之间。

18 世纪初英法均在华设立商站，两国在印度洋上的竞争很快扩展到中国。第一艘造访广州的法国船只“安菲特利特号”（l'Amphitrite）[⑥] 于

---

① Silvia Marzagalli, "The French Atlantic and the Dutch, Late Seventeenth to Late Eighteenth Century," in Gert Oostindie and Jessica V. Roitman, eds., *Dutch Atlantic Connections, 1680-1800: Linking Empires, Bridging Borders*, Leiden: Brill, 2014, p. 108.

② Paul Butel, *Les Caraïbes au Temps des Flibustiers, XVIe-XVIIe siècles*, Paris: Aubier Montaigne, 1982.

③ Wim Klooster, *The Dutch Moment: War, Trade, and Settlement in the Seventeenth-Century Atlantic World*, Ithaca: Cornell University Press, 2016.

④ 此处论及的英西条约指 1670 年《马德里条约》（Treaty of Madrid）。该条约正式结束了自 1654 年以来英西两国在加勒比地区的敌对状态，西班牙开始承认英国在美洲殖民地的合法性，实质上放弃独霸美洲的地位。——译者注

⑤ Paul Butel, *Histoire de l'Atlantique, de l'Antiquité à Nos Jours*, Paris: Perrin, 1997, p. 143.

⑥ 关于法船“安菲特利特号”的在华活动，可参考杨迅凌《法船“安菲特利特号”远航中国所绘华南沿海地图初探（1698～1703）》，《海洋史研究》第 15 辑，社会科学文献出版社，2020，第 133—164 页；阮锋《清前中期粤海关对珠江口湾区贸易的监管——以首航中国的法国商船安菲特利特号为线索的考察》，《海洋史研究》第 17 辑，社会科学文献出版社，2021，第 235—248 页。——译者注

1698 年从拉罗谢尔启航，耶稣会特使白晋神父(Père Bouvet)[①] 在那里一手促成了交易。然而还不到一年，一艘英国船“麦克尔斯菲尔德号”(Macclesfield) 也驶抵中国，英国人在华设立了一个稳固的商站，历史证明这是建立持久贸易伙伴关系的关键。[②] 不过，法国对东方市场的参与并非微不足道。以洛里昂 (Lorient) 为总部的法国东印度公司 (la Compagnie française des Indes orientales) 于 1665 年获得法国对好望角以东地区贸易 50 年的垄断权，于是该公司迅速扩张，先后在马达加斯加 (Madagascar)、留尼汪 (Réunion) 和毛里求斯 (Mauritius) 以及印度大陆上的本地治里 (Pondicherry) 和金德讷格尔 (Chandannagar) 建立商站。到 18 世纪它还向中国沿海地区派出船只。但法国的对手英国和荷兰并没有对它的扩张置若罔闻，正如在加勒比地区一样，东印度地区的商业活动很快成为欧洲主要贸易国之间开战的一个借口。[③] 这场冲突对法国而言胜算渺茫，在 18 世纪大部分时间里，法国东印度公司在纷至沓来的危机中蹒跚前行，在破产边缘挣扎。[④] 1769 年该公司解散，其商业活动并入法国王室。它曾于 1785 年仓促重建，纵然经历短暂复兴，但 1794 年终告破产。至于法国的对华贸易，在法国大革命之前即已因英国竞争而严重衰退，在 1793 年英法海战爆发后更是几近消亡，仅在《亚眠和约》(Peace of Amiens) 签订后短暂恢复。[⑤]

---

① 白晋 (Joachim Bouvet, 1656-1730)，一作白进，字明远。1684 年入选法国首批赴华传教士，清康熙二十六年 (1687) 到达中国，曾长期在宫内为康熙帝讲授欧洲科学。清康熙三十二年 (1693) 白晋被康熙帝任命为钦差返法招募耶稣会士，在法期间曾觐见路易十四叙述中国情况，并推动法国商业界开展对华贸易。——译者注

② E. H. Pritchard, “The Struggle for Control of the China Trade during the Eighteenth Century,” *Pacific Historical Review*, 3 (1934), pp. 280-281.

③ Philippe Haudrère, *La Compagnie Française des Indes au 18ᵉ siècle, 1719-95*, 2 vols., Paris: Les Indes savantes, 2005. 法国东印度公司的相关材料见莫尔比昂省档案馆 (les Archives départementales du Morbihan) 所藏之海事法庭档案 8-10B 子系列 (Fonds des Amirautés, sous-série 8-10B)；供职于该公司的主要商人和船主的相关材料在 E 系列 (série E)，特别是德雷耶档案 (Fonds Delaye, E 2365-2445) 和范德海德档案 (Fonds Vanderheyde, E 2268-2273)。

④ Philippe Haudrère, *La Compagnie Française des Indes au 18ᵉ siècle, 1719-95*, 2 vols., Paris: Les Indes savantes, 2005.

⑤ E. H. Pritchard, “The Struggle for Control of the China Trade during the Eighteenth Century,” *Pacific Historical Review*, 3 (1934), p. 291. 关于鸦片战争以前法国对华贸易 (主要在广州) 的概况，可参考蔡香玉《广州十三行法语文献略述》，《海洋史研究》第 7 辑，社会科学文献出版社，2015，第 385—407 页；耿昇《十八世纪在广州的法国商人和外交官》，《海洋史研究》第 8 辑，社会科学文献出版社，2015，第 87—103 页。——译者注

一 法属大西洋[①]

法兰西的大西洋帝国以法国西海岸港口城市的殖民地贸易为基础，在18世纪达到巅峰。这些港口各有优势，其早期贸易形式亦迥然不同。远洋渔民自布列塔尼和诺曼底港口出发，在纽芬兰附近渔场撒网捕鱼。猎人穿越魁北克与加拿大北方大部，捕捉野兽剥制毛皮。第一批定居者则在路易斯安那和加勒比地区种植甘蔗和烟草。得益于全欧各大城市对殖民地产品的新需求，大西洋商业蓬勃发展，为那些有资本来投资和投机的人提供了千载难逢的致富机会，亦为银行家和保险人、船东和造船商以及横跨欧陆销售进口烟草、蔗糖和香料的企业提供了日进斗金的机遇。大部分贸易直接与美洲和加勒比地区进行，商船载着法国西部、西南部出产的葡萄酒和谷物将其售予殖民地居民，运回殖民地农产品来满足欧洲需求。在法国诸港中，南特的商人最热衷于跨大西洋贸易，几乎把一切钱财都押给加勒比地区，也向获取奴隶的三角贸易追加投资。[②] 相比之下，波尔多的商界精英则更为谨慎，在欧洲和大西洋之间分配投资，将梅多克（Médoc）的红酒销往英国、德意志和波罗的海地区，同时在全球范围开展商业航行，前往印度洋、中国以及安的列斯群岛。[③] 但东方贸易的重要性不应被夸大：法国对印、对华贸易水平相对较低，印度市场在公司垄断结束、1783年恢复和平后才真正开放。[④]

西印度群岛中的瓜德罗普（Guadeloupe）、马提尼克（Martinique），尤其是圣多明各是波尔多船只的主要目的地，1776年至1780年波尔多与这些

① 法属大西洋（French Atlantic，或称法属大西洋世界，French Atlantic World）这一术语主要为英语学界所采用，法国学者也有一定关注。作为将大西洋史视野和方法运用到法国史与法国殖民史研究中的产物，以法属大西洋为主题的研究侧重于分析法国本土与法国在美洲、西非各殖民地之间的横向联系与相互影响，亦关注法国海外活动对于其本土的反作用。——译者注

② 长18世纪法国跨大西洋奴隶贸易的地图见 David Eltis and David Richardson, *Atlas of the Transatlantic Slave Trade*, New Haven: Yale University Press, 2010, p. 33。

③ François Crouzet, "Le commerce de Bordeaux," in Georges Pariset, ed., *Bordeaux au Dix-huitième Siècle*, Bordeaux: Fédération historique du Sud-ouest, 1968, p. 223. 关于贸易差额、航运活动、对殖民地的出口以及进出口许可证发放等事项的统计资料，见皮埃尔菲特的法国国家档案馆之 F12 系列，主题为工商业（series F12, Commerce et industrie）。

④ Philippe Haudrère, "The French India Company and Its Trade in the Eighteenth Century," in Sushil Chaudhury and Michel Morineau, eds., *Merchants, Companies and Trade: Europe and Asia in the Early Modern Era*, Cambridge: Cambridge University Press, 1999, pp. 202-211.

岛屿的商业往来占法国与加勒比地区贸易总额的一半以上。在大革命之前的70 年间，约 20000 人经波尔多前往安的列斯群岛，其中包括数千名契约劳工。[①] 不少波尔多商人的子嗣和兄弟凭借自身实力成为勒卡普（Le Cap）或巴斯特尔（Basse-Terre）[②] 的船务代理人或商人。圣多明各亦为法国内地产品提供了一个重要出口市场。1788 年波尔多向加勒比地区出口了价值约 450 万里弗的葡萄酒和价值 480 万里弗的面粉，为梅多克的酒厂和托南（Tonneins）的面粉厂带来厚利。[③] 因此大西洋贸易是法国西南诸省繁荣的基石，尤其是在美国独立战争结束后的最初十年间，大西洋贸易蒸蒸日上，是波尔多商业繁荣的顶峰。受益于邻近的直布罗陀海峡，更加靠南的马赛（Marseille）也参与到大西洋贸易中。在旧制度的最后几年里，马赛贸易的23%是与加勒比殖民地进行的，还有 11%属于殖民地产品转口贸易。[④] 普罗旺斯（Provence）亦受益于法属大西洋世界。

这种繁荣反映在法属大西洋世界各主要港口城市建起的奢华住宅和令人骄傲的公共建筑上，南特和波尔多、勒阿弗尔（Le Havre）和拉罗谢尔、洛里昂和巴约讷（Bayonne）无不在进行城市改造工程。以投资精明著称的商人处于这股城建热潮的中心，例如在波尔多商界大亨中，根据记载，1791 年弗朗索瓦·邦那斐（François Bonnaffé）名下有超过 23 幢房屋。[⑤] 英国农学家阿瑟·杨（Arthur Young）于 1787 年造访波尔多时，毫不吝惜地称赞入其法眼的花园、富丽堂皇的建筑和颇有品位的城市规划：从维克多·路易（Victor Louis）设计的大剧院和新古典主义的皇家广场，到夏波-鲁日（Chapeau-Rouge）和夏特隆（Chartrons）家族的雕梁画栋。[⑥] 他评价道：

---

① Paul Butel, *Les Négociants Bordelais, l'Europe et les Îles au Dix-huitième Siècle*, Paris: Aubier, 1974, pp. 24-25.

② 勒卡普现名海地角（Cap-Haïtien），是海地第二大城市和重要港口，北部省首府；巴斯特尔，法国海外省瓜德罗普的首府和第二大城市，位于巴斯特尔岛西南岸，自近代以来一直是该岛的商业中心。——译者注

③ Jean-Pierre Poussou, " Le dynamisme de l'économie française sous Louis XVI," *Revue économique* 40 (1989), p. 970.

④ Charles Carrière, *Négociants Marseillais au Dix-huitième Siècle*, 2 vols., Marseille: Institut historique de Provence, 1973, Vol. 1, pp. 65-66.

⑤ Edmond Bonnaffé, *Bordeaux il y a cent ans-un Armateur Bordelais, sa Famille et son Entourage*, Bordeaux: Féret et fils, 1887, p. 16.

⑥ François-Georges Pariset, "Les beaux-arts de l'âge d'or," in Pariset, ed., in Georges Pariset, ed., *Bordeaux au Dix-huitième Siècle*, Bordeaux: Fédération historique du Sud-ouest, 1968, pp. 533-647.

“尽管我读过许多描绘这座城市商业、财富和华丽景象的文字，但它们仍远超我的预期。巴黎不比伦敦，这自不必提，但我们不能把利物浦与波尔多相提并论。”[①] 他首次造访南特同样留下了深刻印象，卢瓦尔河（la Loire）沿岸的拉弗斯码头（Quai de la Fosse）周围和费多岛（Île Feydeau）上新建的商业区美轮美奂，装饰着有品位的铁艺制品和雕刻面饰[②]，暗示着该城的财富源于殖民地。他还评价说：“这座城市呈现欣欣向荣的面貌，那些新建筑从来不会骗人。剧院所在的街区非常壮观，所有街道呈直角相交，以白石铺就。窃以为亨利四世酒店（Hôtel de Henri IV）就是全欧洲最好的旅馆。”[③] 此前阿瑟·杨就法国农业和畜牧业、村庄和乡间道路的悲惨状况发表过很多贬低性言论，无怪乎他会惊异于港口城市的富裕程度及其提供的文化学习机会之复杂精妙。这里有市政厅、公共花园、剧院、图书馆、商会和共济会会堂，反映出一种生机勃勃的社交生活，特别是对商人和专业人士而言。杨并非唯一被这些建筑的质量和设计者品位打动的英国人。19 世纪 20 年代，正值英国艺术家纷纷被吸引前来法国寻找灵感之时，名重一时的画家 J. M. W. 透纳（J. M. W. Turner）造访南特，费多岛给他留下了难以磨灭的印象。[④]

二　战争与政治

不过这种繁荣是脆弱的，商船及货物常常遇袭，无论袭击来自巴巴里海岸和加勒比海湾的海盗，还是来自战时敌国为劫掠法国商船而装备的私掠船。战争实乃大西洋航运的主要风险之一，特别是那些涉及海军封锁和海上战斗的战争。从 18 世纪初的西班牙王位继承战争到 1815 年结束的拿破仑战争，法国卷入一连串殖民地冲突，其主要而非唯一的对手是英国，原因在于

---

① Arthur Young, *Travels in France during the Years 1787, 1788 and 1789*, Cambridge: Cambridge University Press, 1929, p. 67.

② 面饰，原文为 mascaron，指西式建筑门窗顶部装饰的石雕头像，大多表情怪异。此类面饰可上溯至古希腊时期，最初用于驱散恶灵以免其登堂入室，后来传遍欧洲成为通行建筑文化，主要起装饰作用。在近代早期的波尔多、南特等城市，商人在建筑上常采用海神、海盗、黑奴等与海外贸易有关的形象。——译者注

③ Arthur Young, *Travels in France during the Years 1787, 1788 and 1789*, Cambridge: Cambridge University Press, 1929, p. 133.

④ Ian Warrell, *Turner on the Loire*, exhibition catalogue, London: Tate Gallery, 1997, p. 218.

英国意欲掌控新世界的财富。[1] 这些战争对法国而言尤为得不偿失，因为与英国不同的是，法国君主政体无法将军事开支集中于岸防和海军方面。法国作为一个欧陆大国易受其陆上邻国攻击，这就要求它投资兴建一支强大的常备军，而英国可以凭借其海军来防卫本土，在和平年代无须维持一支庞大陆军。出于同样的原因，18 世纪法国的战争几乎概莫能外都是陆海两线作战，在陆上与欧洲的王朝君主国作战，同时在海上与英国、荷兰、西班牙争夺殖民地。这些战争的开销给法国国库造成难以为继的负担，使其债台高筑、府库空虚。正是法国干涉美国独立战争的轻率决定以及由此引起的财政问题在 1781 年后将君主政体推向破产边缘，其引发的政治危机导致 1789 年三级会议召开，革命爆发。[2]

旧制度下的法国面临一个明显的结构性问题，这是它与英荷两国的区别。为在国际货币市场上筹措贷款，法国政府不得不支付更高的利息，因为巴黎没有类似于伦敦城内那种国王可以寻求资助的国内机构。1700 年后英国频繁开战财政却没有崩溃，原因在于它具有商业弹性，即一种独步天下的借贷、征税和创收能力；到 1800 年，英国东印度公司能用其私兵为政府管治和防卫印度，这支军队超过 20 万人，全员开支来自印度税收。[3] 法国根本难以望其项背，接连不断的冲突使君主政体屡次处于破产边缘，许多观察家预言近代战争因融资而产生的压力会引发一连串债务违约，从而动摇政权并造成政治混乱。诚然，1772 年约瑟夫·吉贝尔（Joseph Guibert）就表达了一种当时普遍存在的担忧，他预言“如果一个有着法国这样多资源的国家突破了当时宪法的形式和约束，通过全面破产挣脱财政上的羁绊，将注意力完全转向军务，并制订一个建立普世帝国（universal empire）的稳步计划”，[4] 那么整个大陆就有受奴役之虞。或许最具破坏性的是法国的殖民地战争鲜有胜绩，如果我们可以排除法国干预美国独立战争这一多少显得得

① 布伦丹·西姆斯（Brendan Simms）从英国的视角论述了这一冲突，参见 Brendan Simms, *Three Victories and a Defeat: The Rise and Fall of the First British Empire, 1714–1783*, London: Penguin, 2007。

② Florin Aftalion, *The French Revolution: An Economic Interpretation*, Cambridge: Cambridge University Press, 1990, pp. 11–30.

③ Linda Colley, *The Gun, the Ship and the Pen: Warfare, Constitutions, and the Making of the Modern World*, London: Profile Books, 2021, pp. 214–215.

④ 关于该问题的详尽论述参见 Michael Sonenscher, *Before the Deluge: Public Debt, Inequality and the Intellectual Origins of the French Revolution*, Princeton: Princeton University Press, 2007, p. 24。

不偿失的胜利，因其后的和约亦有代价。关键在于，七年战争后的1763年《巴黎和约》中法国被迫割让魁北克给英国，18世纪90年代战端再启，引发海地革命，导致法国失去其最富庶的产糖岛屿、备受赞誉的“加勒比明珠”圣多明各。这一毁灭性打击不仅掐断了法国最有利可图的殖民地贸易来源，而且具有地缘政治后果，让拿破仑远征失利折损20000名精兵，迫使他于1803年将路易斯安那售予美国。[①] 尽管拿破仑战争后的和约允许法国恢复其他加勒比殖民地，但其大西洋港口再也没能享有旧制度末数十年间那样的繁荣，那段岁月被政治家和史家共同视为历史上的一个黄金时代。[②]

海地革命还产生了另一重结果，时间将证明其重要性。它使英国能够在不牺牲自身经济利益的前提下推行废奴主义政策。正如史家大卫·盖格斯（David Geggus）所言：“海地革命使英国政治家能够凭良心投票，而不必担心这会使法国明显获利，因为这场革命已使法国不再是热带农产品市场上的一个有力竞争者。”[③]

在因战争和外交动荡受创的数十年间，商人群体在政治和经济领域都发挥着作用，保证了法国本土港口与殖民地贸易伙伴间的持续交流，这有助于巩固贸易与治理、商人与殖民地官员间的联系。这些联系往往由亲属关系强化，在为法兰西帝国结构提供凝聚力方面发挥了重要作用，这一结构往往是脆弱的，过度依赖海军部的官僚机构，而该机构与帝国各地联系有限。相反，大商行则能够通过其船只和船运信件获得广泛的人才与资源，在法国与其广布的殖民地间提供宝贵的交际链。交流至关重要。诚如美国学者肯尼斯·班克斯（Kenneth Banks）所言：“那些在法国人际关系得当的人能从多瑙河以北、奥得河以西几乎欧洲任何地方汇集起任意信贷、人员和各种商品，送往欧洲商船经常光顾的任一地点，无论是在美洲、撒哈拉以南非洲，还是在南亚和东亚。”为了保持行政联系并施加权威，法国政府除了依靠这些商人网络之外别无选择。因此，特别是在美洲，“商人在殖民地事务中取

① Michael Broers, *Napoleon, Soldier of Destiny*, London: Faber and Faber, 2014, pp. 387-391.

② 参见 Paul Butel and Jean-Pierre Poussou, *La Vie Quotidienne à Bordeaux au Dix-huitième Siècle*, Paris: Hachette, 1980。

③ David Geggus, "The Caribbean in the Age of Revolution," in David Armitage and Sanjay Subrahmanyam, eds., *The Age of Revolution in Global Context, c. 1760-1840*, Basingstoke: Palgrave Macmillan, 2010, p. 91.

得更大权重，通过走私轻易避开国家法规，或常常在这两者间摸索出一些门路”。[①] 这使得大西洋商人及其商会对政府的影响力增强，他们在殖民政策制定中发挥着重要作用。

从理论上讲，法国商人及其殖民地同行应享有专营特权，在一个不向外国竞争者开放的市场中交易。然而实际情况完全不同，专营制度[②]并未得到严格执行，特别是在七年战争和美国独立战争造成混乱之后，法国殖民者和外国商人在西印度群岛内部、法属加勒比岛屿和北美大陆之间均保持着紧密的贸易联系。正如西尔维娅·马扎加利（Silvia Marzagalli）所言，在整个 18 世纪 80 年代，美国与法属西印度群岛的航运一直超过美国和法国本土的航运水平，直到 1790 年，勒卡普已成为纽约进港船只的主要国外来源地之一。[③] 大革命期间法国鼓励中立国将货物运往法国港口，美国船只会继续利用这一优势。诚如此，拿破仑战争期间中立国船只在维持波尔多等城市与海外世界间的商业联系方面发挥了重要作用，并在法国船只被英国封锁时为法兰西提供食品和原材料。它们的影响不容小觑。1795 年，法国和英国开战已有两年，进入波尔多港的美国船只较 1791 年增长 10 倍之多，达 350 余艘。1807 年大陆封锁政策大行其道时，仍有近 200 艘美国船只停泊在加龙河（la Garonne）沿岸。它们提供了一条至关重要的生命线，使法国商人和美国船东均能从贸易中获利。正如马扎加利解释的那样，大西洋两岸的商行已“重组了商业路线”，并与信誉好的代理商和批发商建立起稳固关系；实际上“美国的中立地位使其商船队可以任由交战国商人使用”，从而使法国能与其殖民地继续通商，无论是直接贸易还是通过美国。[④] 执政府和帝国鼓

---

① Kenneth J. Banks, *Chasing Empire across the Sea: Communications and the State in the French Atlantic, 1713-1763*, Montreal: McGill-Queen's University Press, 2003, pp. 155-156.

② 专营制度（le Système de l'exclusif colonial，常简称为 l'Exclusif）是旧制度时期法国对其殖民地的贸易保护主义政策，指定法国本土为殖民地的唯一贸易伙伴，殖民地出产的一切产品必须售予法国，其输入的一切货物必须来自法国本土且由法国船只运输，同时禁止殖民地向外国购买或出售商品，禁止外国商船进入法国殖民地港口。——译者注

③ Silvia Marzagalli, "Was Warfare Necessary for the Functioning of Eighteenth-century Colonial Systems? Some Reflections on the Necessity of Cross-imperial and Foreign Trade-the French Case," in Cátia Antunes and Amelia Polónia, eds., *Beyond Empires: Global, Self-Organizing, Cross-Imperial Networks, 1500-1800*, Leyden: Brill, 2016, pp. 253-277.

④ Silvia Marzagalli, *Bordeaux et les États-Unis, 1776-1815: Politique et Stratégies Négociantes dans la Genèse d'un Réseau Commercial*, Geneva: Droz, 2015, p. 15.

励法国船东将其船只“中立化”，悬挂中立国旗帜继续从事商业活动。[①] 商人和航运公司亦能具备战略性思维。

三 衰落之因

对时人而言，大革命期间法国大西洋强国地位的衰落显而易见。18世纪80年代至90年代初一度熙熙攘攘的港口到90年代末变得冷冷清清，船只被闲置，码头被废弃。三股力量造成了这一衰败。

首先，正如我们已经看到的，战争（尤其是对英战争）在整个18世纪中几乎一成不变地规律性削减了大西洋贸易，并在1793年之后造成了罕有其匹的破坏。然而，遭到战火摧残的并非仅有大西洋，地中海亦如是，当时法国在欧洲内部的贸易在价值与体量上更为重要——法国76%的出口贸易在欧洲内部进行——且欧洲仍是大宗商品的首要市场。[②]

其次是革命。法国大革命的意识形态引起欧洲和法属大西洋多地的暴动和革命，并导致对法国最具破坏性的海地革命，而该地曾为法国的繁荣做出巨大贡献。[③]

最后也许是最难以预料的，即对于奴隶贸易的病态依赖。当时奴隶贸易正愈来愈受到攻击，这不仅来自废奴运动，还源于针对奴隶制和奴隶贸易普遍的道德愤慨。在一些国家，特别是英国和荷兰，它建立在基督教新教的基础上；在其他国家，譬如法国，它源于启蒙运动催生的人道主义理念。我们可以看到，到旧制度末年，反奴隶制作为一场政治运动和道德事业在整个大西洋世界掀山搅海，挑战了欧洲人为追求自身经济利益而牺牲他人自由的“权利”。[④]

南特在18世纪至少进行了1427次贩奴航行，占法国奴隶贸易近42%。

① 1800—1805年悬挂美国国旗伪装中立的波尔多船只清单参见 Silvia Marzagalli, *Bordeaux et les États-Unis, 1776 - 1815: Politique et Stratégies Négociantes dans la Genèse d'un Réseau Commercial*, Geneva: Droz, 2015, pp. 517-519。1795—1805年有100余艘船得到授权悬挂星条旗从波尔多启航。

② Katerina Galani, "The Napoleonic Wars and the Disruption of Mediterranean Shipping and Trade: British, Greek and American Merchants in Livorno," *The Historical Review / La Revue Historique*, 7 (2010), p. 180.

③ 如今对于海地革命的研究论著可谓汗牛充栋。关于这一主题的出色介绍，参见 Jeremy Popkin, *A Concise History of the Haitian Revolution*, Oxford: Wiley-Blackwell, 2012。

④ 这一论题在拙著中有更详细的阐述，参见 Alan Forrest, *The Death of the French Atlantic: Trade, War and Slavery in the Age of Revolution*, Oxford: Oxford University Press, 2020。

对于像南特这样的城市而言，废奴运动的后果很严重。在这里，就像在布列塔尼其他港口一样，腹地提供的财富有限，当实践证明其他贸易形式均已无利可图，贩奴是唯一能提供体面回报的生意时，商人往往转行从事贩奴。[①] 他们似乎并不认为不同货物或贸易间有什么道德上的区别，并且从法国国家利益的角度认定贩奴合理。反对废奴的也并非仅有商人。在一些大西洋港口，来自西印度群岛的殖民地居民（les colons）利用他们在地方上的关系游说政客反对废奴主义者，谴责那些人受了法国海外敌手的蛊惑，图谋摧毁他们的殖民地及其创造的繁荣局面。[②] 的确，对于某些人而言，废奴运动彻底是一场骗局，完全服务于英国自身利益，别无其他目的。

旧制度末年，英国废奴运动领袖特别是托马斯·克拉克森（Thomas Clarkson）的著作在法国自由派人士中的影响越来越大。克拉克森不仅是一位知名废奴主义作家，更是一名老练的宣传家，熟稔法属安的列斯的情况。他的一些作品被译为法语，其观点得到巴黎新成立的黑人之友协会（la Société des amis des Noirs）拥护，该协会又赢得了一些当权法国政治家，特别是格雷古瓦神父（l'abbé Grégoire）支持废奴事业。[③] 克拉克森对贩奴船条件的研究催生了那个时代最形象、最有说服力的宣传品之一——英国贩奴船"布鲁克斯号"（Brooks）的平面图，该图描绘了船舱布局和紧密排列的层层甲板，在横渡大西洋期间奴隶正赤身裸体、比肩叠踵地躺在甲板上。这是一幅既令人印象深刻同时又很残酷的画面，1789 年克拉克森向巴黎废奴主义者寄来 1000 份复制件，随后它在法国广为流传。[④] 对于越来越多的法国人而言，包括那些将在 18 世纪 90 年代成为革命政治家的人，贩奴不再是一种简单的商业活动，凭借它创造利润和繁荣不再合法化。在革命年代，买卖

① Olivier Pétré-Grenouilleau, "Quelle place pour la Bretagne dans l'histoire de la traite ?" *Cahiers de la Compagnie des Indes*, 9-10 (2006), pp. 23-27.

② Marcel Dorigny, " Les colons de La Rochelle se mobilisent contre les Amis des Noirs: Procès-verbaux de la Société des colons franco-américains de La Rochelle," in Mickael Augeron and Olivier Caudron, eds., *La Rochelle, l'Aunis et la Saintonge Face à l'Esclavage*, Paris: Les Indes savantes, 2012, pp. 223-230.

③ Daniel P. Resnick, "The Société des Amis des Noirs and the Abolition of Slavery," *French Historical Studies*, 7 (1972), p. 560.

④ Marcel Chatillon, "La diffusion de la gravure du *Brooks* par la Société des Amis des Noirs et son impact," in Serge Daget, ed., *De la Traite à l'Esclavage: Actes du Colloque International sur la Traite des Noirs, Nantes, 1985*, Vol. 2, Nantes and Paris: Centre de recherche Sur l'histoire du monde atlantique, Faculté des Cettres, pp. 136-137.

人口和数百万非洲人被迫越洋移民被视为对人权的践踏，因而也是对革命本身价值观的侮辱。

四　廿载战乱

战争对大西洋商业的顺利运作构成持续性威胁，而法国在 1792 年至 1815 年几乎从未间断地处于战争状态，这意味着这些岁月始终被混乱和不确定性所困扰，令许多商行面临生存危机。和过去的海战时期一样，商人发现他们在每一次冲突中都被迫将一部分船队封存不用，或将商船改装为武装海盗船，以免在大西洋航线上遭拦截和捕获。实际上，18 世纪大西洋的历史是一部跨越各和平时期的贸易扩张史，每隔一段时间就会被战争和衰退打断。许多商行无力面对战争的无常，也付不起跨大西洋航行激增的保费，抑或不屑于搬出私掠许可证，[①] 将船只武装为私掠船，即便这常常是他们可以寄希望以挽救其生意的唯一途径。事实上，政府积极鼓励这种做法，将大部分风险转嫁给个体商人。[②] 或许并不奇怪的是，承担这些风险的往往是新兴公司，利用战争的变数在海滨地区站稳脚跟，如拉罗谢尔商人托玛（Thomas）和皮埃尔-安托万·舍加雷（Pierre-Antoine Chegaray）。[③] 相比之下，更多传统老牌公司沦为主要输家，像南特的布泰耶（Bouteiller）和肖朗（Chaurand）这样的公司，在法国革命战争中损失了数百万里弗。[④] 十年战争造成港城里一派萧索，使依赖港口维生的工匠陷入失业和痛苦。1801 年德意志商人洛伦茨·迈耶（Lorenz Meyer）叹道，“波尔多的古老辉煌已然不再”，唯有葡萄酒贸易幸存下来。他写道：“证券交易所里的商人仍然摩肩接踵，但其中大多数人只是出于习惯待在那里，生意很少。国内葡萄酒

① 私掠许可证（la Lettre de marque）是近代欧洲国家颁发给某些航海者的一种特许证件，允许他们在战争期间攻击、劫掠、捕获敌国的商船与人员，并可将掠得财物与船只任意处置。私掠实质上是一种得到某国官方认可的海盗活动，盛行于 16—19 世纪，在 1856 年《巴黎宣言》发表后逐渐废止。——译者注

② Patrick Crowhurst, *The French War on Trade. Privateering, 1793 - 1815*, Aldershot: Scolar Press, 1989, esp. pp. 46-83.

③ Nicole Charbonnel, *Commerce et Course sous la Révolution et le Consulat à La Rochelle: Autour de Deux Armateurs, les Frères Thomas et Pierre-Antoine Chegaray*, Paris: Presses Universitaires de France, 1977.

④ Olivier Pétré-Grenouilleau, *L'Argent de la Traite. Milieu Négrier, Capitalisme et Développement: un Modèle*, Paris: Aubier, 1996, p. 177.

贸易是唯一未曾消失的贸易。”[1] 同样的凋敝之景遍布从巴约讷到勒阿弗尔的港城，它们都是这些年经济衰退和贫困的受害者。

衰败在大西洋对岸表现得更为明显，经过十载战争与奴隶起义之后，圣多明各和瓜德罗普的商业文化所剩无几。瓜德罗普的主要城市如皮特尔角(Point-à-Pitre)、巴斯特尔，其革命前的繁荣均有史可考，其城市化是 18 世纪商业投资的直接结果，并未从随后的战争中恢复元气。[2] 但没有任何地方比勒卡普的损失大，这里是革命前圣多明各的商业中心，是一座拥有 1.5 万名居民的繁华城市，具有法国中等省会城市的许多特征和氛围。它并非穷乡僻壤，用历史学家大卫・盖格斯的话说，它坐拥“军事与民事勉力融合的政府、大剧院、共济会会堂、台球厅、浴场”，还有“一条极佳的殖民地公路”。[3] 旅行家和种植园主莫罗・德・圣梅里（Moreau de Saint-Méry）在关于该岛的“地形介绍”（Description Topographique）中认为，它简直就是“法国殖民地中最美丽、最富裕的城市”。[4] 然而到 19 世纪初，历尽经年累月的战争、纵火和暴动，它沦为断壁残垣，几乎彻底与它曾依赖的法属大西洋世界隔绝。一个在全盛时期曾迎来数百艘船的港口几近废弃。1803 年 5 月，它只盼来 21 艘运输补给和木材的船，6 月有 27 艘，7 月有 26 艘，而当英国开始封锁后，即使这些微不足道的数字也急剧下降。8 月只有 4 艘船成功突破英军封锁线，9 月则仅有 1 艘。一个原本繁荣的大西洋港口现在几乎被废弃了。[5]

英法两国都有意识地将商业用作战争武器，以这种方式来侵蚀其对手的财富和税收，夺占其市场，切断其补给线。它也能被用作一种宣传手段，在

① Maurice Meaudre de Lapouyade, “Impressions d'un Allemand à Bordeaux en 1801,” *Revue historique de Bordeaux*, 5 (1912), pp. 169–170.

② Anne Pérotin-Dumon, *La Ville aux Îles, la Ville dans l'Île: Basse-Terre et Pointe-à-Pitre, Guadeloupe, 1650–1820*, Paris: Karthala, 2000.

③ David Geggus, “The Major Port Towns of Saint-Domingue in the Later Eighteenth Century,” in Franklin W. Knight and Peggy K. Liss, eds., *Atlantic Port Cities: Economy, Culture and Society in the Atlantic World, 1650–1800*, Knoxville: University of Tennessee Press, 1991, pp. 87–92.

④ Méderic Louis Élie Moreau de Saint-Méry, *Description Topographique, Physique, Civile, Politique of Historique de la Partie Française de l'Isle Saint-Domigue*, 3 vols., Paris: Société de l'histoire des colonies françaises, 1958.

⑤ Jean-Pierre Le Glaunec, *The Cry of Vertières: Liberation, Memory and the Beginning of Haiti*, Montreal: McGill-Queen's University Press, 2020, p. 35.

百姓中造成食物短缺并散播幻灭感。这一手段最为昭著的用例是拿破仑推行大陆体系，英国回敬以封锁法国及其欧陆盟国的海岸。学者们在研究大陆体系时自然会聚焦于拿破仑的目标，解释称造成1806年封锁的因素主要有他的重商主义世界观、他发展法国工业的雄心、他对法国海军弱点的评估、他通过侵蚀英国商业进而动摇公众击败它的决心。[①] 然而，仅凭法国之力尚不能决定大陆体系的走向、经历和结果。英国的封锁、海军行动和商业扩张亦主导了经济战的进程和中立国的命运，它们试图在两个长期争斗不休的帝国的商业竞争中生存并获利。法国、英国和各中立国之间的斗争打断了18世纪繁荣且充满竞争的商业经济，同时标志着向19世纪以自由贸易为重点的自由主义过渡。那些受影响的国家不顾一切地维护自身利益并维持与世界的商业联系，尽其所能规避更有害的影响，即使这意味着它们要同主要领导者中的一个或另一个产生矛盾。[②] 商业可以为战争提供理由，一如避免战争是决定商业繁荣的关键因素。

五　奴隶贸易

整个18世纪，奴隶贸易在法属大西洋商业中的作用从微不足道开始呈指数级增长。在这一问题上，波尔多这一仅次于南特的第二大贩奴港是个典型案例。同南特相比，波尔多的贩奴起步相对更慢且更晚，在贸易的最初几十年间鲜有老牌商行装配贩奴船，在这方面赛日（Saige）家族是较为突出的例外。[③] 波尔多商人自1716年起获准贩奴，而首次贩奴航行要到1721年；且直到1736年每年只装配好一艘贩奴船，其中五年间甚至一艘船都没有。贸易的首次腾飞可溯及18世纪40年代，1741—1743年分别有8次、6次、8次贩奴航行，直到七年战争之后，特别是美国独立战争之后，这一活动方才快速活跃。最有利可图的时期是1792年贸易崩溃前的最后几年。从商船数量和总吨位两方面来看，这几年都是波尔多贸易的黄金期，正如让·卡维

① Geoffrey Ellis, "The Continental System Revisited," in Katherine B. Aaslestad and Johan Joor, eds., *Revisiting Napoleon's Continental System: Local, Regional and European Experiences*, Basingstoke: Palgrave Macmillan, 2015, pp. 25-39.

② Katherine Aaslestad, "Blockade and Economic Warfare," in Alan Forrest and Peter Hicks, eds., *The Cambridge History of the Napoleonic Wars*, 3 vols., Cambridge: Cambridge University Press, 2022, Vol. 3, p. 118.

③ Éric Saugera, *Bordeaux, Port Négrier, 17e-19e Siècles*, Paris: Karthala, 1995, p. 64.

尼亚克（Jean Cavignac）指出的，波尔多商船占整个世纪船数的 56%，占吨位的 70%以上。仅在 1788—1792 年最后五年间就有 140 艘船（占 34%），载重超 4.3 万吨（占 44.7%）。此外，自 1786 年起，贩奴航行不仅仅限于大西洋航线。贩奴船定期向东航至印度洋去开拓波尔多商人所称的“新商业区”。奴隶贩子以毛里求斯为基地与印度通商，并在好望角装运黑奴。经典三角贸易是从波尔多或其他大西洋港口到西非海岸的商站，再到安的列斯，这时在此基础上又增加了一条新的贸易环路。①

利润虽高，但并不能打包票。贩奴航行漫长而艰险：尽管船舶的日志经常被篡改，但可以找到的证据表明从波尔多到非洲再到安的列斯的贩奴航行平均为 17.3 个月。所用的船只相对较新，一艘贩奴船的平均生涯约为三轮航行，因为船上条件对于船只结构与船员而言均非常恶劣。贩奴船大多为大型远洋船只，特别在这一时期后段。1786—1792 年，超过 300 吨的船只经常被用于贩奴航行，相较于世纪初船只尺寸增长明显，彼时最初的贩奴船重量不超过 135 吨，舱内运载的奴隶也少得多。② 贩奴已成为一桩大生意，涉及相当多的投资和风险承担，不仅涉及商人和船东、港口的经销商和船商，还涉及一系列贷款人、保险人、船舶装配商和船具供应商，更不必说水手、缆索匠、制帆匠及其他依赖船只安全返港谋生的人。

18 世纪法国的银行家必须仔细评估那些他们提供信贷之人的贸易活动，特别是当他们选择投资像贩奴航行这样的投机活动时，大多数贷款人同商人和他们资助的贩奴港口保持着紧密联系。③ 尽管在一些港口（最明显的是拉罗谢尔），国家受到吸引直接投资于贩奴航行，但所需的大部分资金必须由商人家庭自主筹措，往往是通过持有航行的部分股份来分担风险，很少超出家庭成员、信赖的银行家和熟识的生意伙伴组成的网络。由此产生的商业精

---

① Jean Cavignac, “Etude statistique sur la traite négrière à Bordeaux au 18e siècle,” in Serge Daget, ed., *De la Traite à l'Esclavage: Actes du Colloque International sur la Traite des Noirs, Nantes 1985*, 2 vols., Nantes and Paris: Centre de recherche sur l'histoire du monde atlantique, Faculté des lettres, 1988, Vol. 2, pp. 378-380.

② Jean Cavignac, “Etude statistique sur la traite négrière à Bordeaux au 18e siècle,” in Serge Daget, eds., *De la Traite à l'Esclavage: Actes du Colloque International sur la Traite des Noirs, Nantes 1985*, 2 vols., Nantes and Paris: Centre de recherche sur l'histoire du monde atlantique, Faculté des lettres, 1988, Vol. 2, pp. 385-386.

③ Édouard Delobette, “Mercure et Sosie. Confiance et Crédit Bancaire dans le Grand Commerce Atlantique, Fin 17e - Fin 18e Siècle,” *Revue du Philanthrope*, 6 (2015), pp. 17-64.

英到旧制度末期基本自给自足，几乎无须诉诸市场或高利贷。例如在南特，商人通过家族联盟致富，或者通过与穷困的布列塔尼贵族联姻来提高社会地位。他们当中最成功的是一些大企业家，通过风险投资和战略联姻创造了巨额财富。奴隶贩子纪尧姆·格鲁（Guillaume Grou）是南特一家老牌商行的少东家，1745 年迎娶爱尔兰商人千金安妮·奥希尔（Anne O'Sheill），从而能够利用其家族财富。这有助于我们理解，在奥地利王位继承战争和七年战争之间，格鲁为何能装配好从南特到西非的 150 艘贩奴船中的 100 艘。法国西海岸港口的商人家族在集聚其存量资本时多采用家族战略，此为一例。①

六　革命

1789 年革命的到来并没有对西海岸港口的商界精英造成直接威胁。实际上，大革命最初数月间社会普遍弥漫着一种对改革的热情，无论是行政人员和律师，还是商人和自由派贵族，看上去所有人都满足于对三级会议的信任。商人的确表现出担任公职和参与市政管理的强烈意愿，在新选举产生的市政委员会和商会中均是如此，直到 1791 年它们被废除。例如在南特，商人群体于革命初期发挥了显著作用，在 1789 年选出的市政管理常务委员会中占主导地位；自 1790 年起在市政官员中占比 2/3（18 人中有 12 人），在社会贤达中占到半数（36 人中有 18 人）。但大多数人赞成温和改革而不赞成群众的激进行动，例如在巴士底狱被攻占后闻风而起冲击南特布列塔尼公爵城堡。他们无意颠覆社会秩序，而是希望使它更具流动性，阶级区别更加模糊，这样他们就能够发挥自诩其才能可胜任之作用，并享有应得的威望。

莫斯内龙（Mosneron）家族五代从商，很好地诠释了南特商人群体的抱负。在其弟约瑟夫（Joseph）仍作为该港重要船东和奴隶贩子从事贸易时，兄长让-巴普蒂斯特·莫斯内龙（Jean-Baptiste Mosneron）已将商业与政治相结合，在立法议会中担任南特的代表，为商人利益发声。在一本呼吁改革社会秩序的小册子中，他自辩致力于消除“贵族与平民之间的鸿沟，贵族能够获得所有荣誉而无须展现任何功绩，平民尽管对社会有价值

① Olivier Pétré-Grenouilleau, *L'Argent de la Traite. Milieu Négrier, Capitalisme et Développement: un Modèle*, Paris: Aubier, 1996, pp. 61-63.

但被视若无物”。他敦促建立一个介于贵族和平民之间的新阶级，以其才能和功用来定义，这一阶级将由“商人、律师、医生”和“有才之士”组成。换言之，他期望这种社会结构能反映人的价值，奖励教育和能力，而非迷恋继承来的权利。[①] 他其实是在提倡贤能制[②]，主张资产阶级作为一个独立的社会实体存在，并倡导法律承认他们。他无意与一无所长之人、普通民众或社会大多数人分享权力，并且像大部分商界精英一样，他对大革命的后续发展，尤其对雅各宾派的掌权抱有与日俱增的不安和难以掩饰的敌意。

因革命趋于激进，商人更易受到攻击。1791 年各地商会被宣布为特权团体而遭废除。商人失去了商会这一发声平台，他们希望政府能保护贸易并允许他们追求商业利益。就革命而言，大多数人倾向于温和的共和主义，致使 1793 年他们受诱于联邦主义，这反过来导致他们在恐怖统治期间遭到政治谴责和惩罚，当时信奉联邦主义成为最令人唾弃的政治罪。[③] 商人必须小心行事：其业务性质让他们与国外客户有联系，使得他们跨越边境，这可能导致与本国政府的利益有抵牾。无论是指责他们将个人利益凌驾于爱国责任之上，还是批评他们犯了利己主义的错误、有损于作为公民的义务，皆是易如反掌。这在很大程度上取决于当地恐怖政治家的心血来潮，尤其是国民公会派来的特派代表。在波尔多，当激进的青年政治家马克-安托万·朱利安(Marc-Antoine Jullien) 履职后，商人群体越发感到商贸成为众矢之的，革命指控的辞典中又添了一项新罪名“商人利己主义”(négociantisme)[④]。朱利安铁石心肠，他认为波尔多因受贪婪腐蚀而支持吉伦特派，导致 1793 年夏许多商人支持联邦主义者叛乱。他向罗伯斯庇尔汇报：“这里已形成多个商人阴

---

① Olivier Pétré-Grenouilleau, *Nantes, Histoire et Géographie Contemporaine*, Plomelin: Palantines, 2003, pp. 106-108.

② 贤能制(Meritocracy)，亦译为优绩制，是一种政治制度。在这种制度下，人才的选拔和政治权力的分配取决于个人自身的才能、努力和成就，晋升与否以个人业绩为依据，不受其财富、社会阶层、家族关系或种族等因素影响，并且这种选拔和分配只限于一代人之内。——译者注

③ Alan Forrest, *Society and Politics in Revolutionary Bordeaux*, Oxford: Oxford University Press, 1975, pp. 109-135. 对于联邦制更为概括的讨论参见 Paul R. Hanson, *The Jacobin Republic under Fire: The Federalist Revolt in the French Revolution*, University Park: Pennsylvania State University Press, 2003。

④ 商人利己主义是法国大革命时期的历史名词，指革命期间某些商人的政治态度和表现，主要特点是将私人利益置于公共利益之上。——译者注

谋团伙，自由已充斥着铜臭。”[①] 共有 119 名商人被传唤到在该市执行革命法律的军事委员会，其中 12 人被处以极刑，某些罪行是经济性而非明显政治性的，例如投机倒把和牟取暴利。[②] 仅仅做一名商人就会引起怀疑。

在其他港口，国民公会特派员另有优先事务，少有案例表明商人在恐怖统治期间被挑出来当作政治嫌犯。尽管当局对那些被视为背弃内陆农村、病态地关注海外利益的人可能存在一定敌意，但牟取暴利并没有严重到像在波尔多那样被定罪。在南特，恐怖统治比法国其他地方更加激进，特派员让-巴蒂斯特·卡里耶（Jean-Baptiste Carrier）因在卢瓦尔河实施集体处决和溺亡而声名狼藉——他将在热月政变后因这些过激行为被判死刑——受害者中商人或船东相对较少。卡里耶关注的是附近旺代（Vendée）的反革命和叛乱活动，导致 2 万至 4.5 万人被迫背井离乡，到战区以外寻求庇护。[③] 同样，在拉罗谢尔，并无迹象表明商人群体深受恐怖统治影响，因为鲜有商人在周边省份有亲戚或资助反革命活动，因此他们基本未受牵连。若论及 1793 年城中街头发生的私刑，那暴徒的怒火并非针对商人，而是指向执拗的教士。[④] 南特当局就商人的财富草拟了一份清单，尽管本可用来给该港的主要商人定罪，但它却被束之高阁。诚如此，在该市数以千计的恐怖统治受害者中，仅有四人是商行老板或商人亲属，他们被起诉并非因其商业活动而是因其支持旺代叛乱。[⑤] 同样，当卡里耶臭名昭著地授权将 132 名南特人送上革命法庭受审时，大多数人被怀疑犯有政治罪而非经济罪，尽管其中有 47 名商人和交易人。对这些被告而言，幸运的是，在其案件受审之前罗伯斯庇尔就被推翻了，所有人均被无罪释放。[⑥] 从事贸易本身并不构成一种犯罪。

---

① Pierre Bécamps, *La Révolution à Bordeaux, 1789 - 94: J.-M.-B. Lacombe, Président de la Commission Militaire*, Bordeaux: Éditions Bière, 1953, p. 188. 该委员会的文件见于吉伦特省档案馆之 14L 系列（series 14L, les Archives Départementales de la Gironde）。

② Victor Daline, “Marc-Antoine Jullien, après le 9 thermidor,” *Annales Historiques de la Révolution Française*, 176 (1964), p. 161.

③ Anne Rolland-Boulestreau, *Les Colonnes Infernales: Violences et Guerre Civile en Vendée Militaire, 1794-95*, Paris: Fayard, 2015, p. 15.

④ 参见 Claudy Valin, *Autopsie d'un Massacre, Les journées des 21 et 22 Mars 1793 à La Rochelle*, Saint-Jean d'Angély: Éditions Bordessoules, 1992。

⑤ Olivier Pétré-Grenouilleau, *Nantes, Histoire et Géographie Contemporaine*, Plomelin: Palantines, 2003, pp. 118-119.

⑥ Jean-Joël Brégeon, *Carrier et la Terreur Nantaise*, Paris: Perrin, 2002, pp. 179-180. 关于他们的审判和无罪释放的文件现与革命法庭文件一同藏于法国国家档案馆 W 113-114 系列“132 名南特人案”（series W 113-114: Affaire des 132 Nantais）。

只要商人远离反革命政治就不会对革命构成什么威胁，因而失去市场尤其是圣多明各的挫败感并未刺激他们投身政治激进主义。诚然，他们在与其通商的城市有着国际联系，有些人在国外有家庭；但大多数商人要么不关心政治，只关心保护其财富或恢复利润丰厚的商业活动，要么像南特商人皮埃尔-弗里德里克·多布雷（Pierre-Frédéric Dobrée）一样是坚定的爱国者，欢迎革命的到来并在其初期胜利中发挥了作用：他竞选市政职位，服役于该市的国民自卫军，并明确承诺献身爱国事业。这一承诺尤其值得注意，因为像许多大西洋商人一样，他是一个国际商业共同体的一分子：德意志人、爱尔兰人，或（在他的例子中是）英格兰人。其大多数家人仍在根西岛[①]（Guernsey）生活，他自己则在法国安然度过革命年代。[②] 但他们并非不受怀疑，特别是一旦其祖国与英国开战，敌国侨民会成为被逮捕对象。多布雷也许是幸运的，因为作为市议员他有能力强的朋友，且他的共和主义理念在该市广为人知。但他两度入狱，被怀疑同情联邦主义者，他也相信若非卡里耶倒台，他也会沦为恐怖统治的众多受害者之一。正如 1795 年他在致双亲的信中所写的，倘若他被押解到巴黎革命法庭受审，几乎毋庸置疑会被判刑。“有名的联邦主义商人，生于英国，又颇受关注：这些都是该上断头台的帽子，我原本难逃一死。”[③]

七 复苏

和平的归来得到了大西洋港口所有商人的热烈欢迎，因为他们意识到，诚如拉罗谢尔商会所言，经过近 1/4 世纪的战争后，“海洋不再对他们紧锁大门”。[④] 然而，纵使维也纳会议允许法国保有大部分海外殖民地，却基本

① 根西岛位于英吉利海峡靠近法国诺曼底海岸一侧，是海峡群岛的一部分，与周围数个小岛组成根西行政区（Bailiwick of Guernsey），为英国王权属地之一。根西岛及附近的泽西岛作为距离法国最近的英属领土，长期以来与法国保持着密切的经济文化联系。——译者注

② Samuel Guicheteau, “Une expérience nantaise de la Terreur: un patriote ordinaire et ses proches, de l'emprisonnement à la fabrique du ‘régime de terreur’, 1793-95,” *Annales Historiques de la Révolution Française*, 405 (2021), pp. 79-103.

③ Samuel Guicheteau, “Une expérience nantaise de la Terreur: un patriote ordinaire et ses proches, de l'emprisonnement à la fabrique du ‘régime de terreur’, 1793-95,” *Annales Historiques de la Révolution Française*, 405 (2021), p. 103.

④ Alan Forrest, *The Death of the French Atlantic: Trade, War and Slavery in the Age of Revolution*, Oxford: Oxford University Press, 2020, p. 230.

未能恢复其往昔的商业荣光。圣多明各时机已失，法国拒绝承认海地新政府，直到其“赔款”要求得到满足；可以理解的是，法国与海地新领导人的关系仍然紧张。[①] 1789 年前曾维系大西洋港口繁荣的贸易网络已在战争与封锁年间饱受摧残，商业垄断亦遭到摧毁。更重要的是要求废除奴隶贸易的国际压力持续存在，而奴隶贸易在战前大西洋经济中发挥了举足轻重的作用。英美两国先后于 1807 年、1808 年禁绝贩奴——尽管并未禁止在种植园经济中使用奴隶。维也纳会议中的英方谈判代表，特别是卡斯尔雷勋爵（Lord Castlereagh），向其他强国施加巨大压力，要求它们效仿英美。奴隶贸易不仅仅是一种道义愤慨的来源，它很快成为英国政治中的一个核心议题，在法国政治中尽管程度稍轻但亦是如此。英国皇家海军提请获得政府授权在公海截停并搜查可疑的贩奴船。[②] 搜查集中在非洲海岸、法属加勒比岛屿中的马提尼克和瓜德罗普附近，还有古巴近海，有许多法国种植园主从海地避居古巴。路易十八不顾商界压力同意打击被视为非法的奴隶贸易，1817 年法舰开始与英舰一道在西非近海巡逻。[③]

然而，禁止贩奴并没有立刻摧毁这一产业，在随后数年间法国和其他国家商人仍旧受到日进斗金的诱惑铤而走险。特别是在南特，海路重通后当地商人又以令人担忧的热情重走贩奴老路，其商船占到非法贩运船的近 44%。[④] 塞尔日·达热（Serge Daget）发现，1814—1850 年从法国港口或法国在加勒比地区、留尼汪或塞内加尔的殖民地启航的商船中，计有 729 艘船“被确认或被怀疑”从事贩奴活动，其中数艘曾多次造访西非购入奴隶。利润无疑十分诱人：非洲奴隶在法属加勒比售价 1100—1400 法郎，而在古巴

① 波旁王朝在法国复辟后向海地强行“索赔”，1825 年派舰队封锁全岛，强迫海地在五年内支付 1.5 亿法郎以“补偿”法国在海地革命中“损失”的奴隶和种植园等“财产”，以换取法国承认海地独立。为了还款，海地政府不仅在国内加征新税，而且向西方银行借高利贷，还以大幅下调输法商品关税等为条件换取法国减少数额、宽限时间。这笔巨额赔款及其产生的借款直到 1947 年才全部偿还完毕，在 120 余年间严重制约了海地的经济发展。——译者注

② Paul Michael Kielstra, *The Politics of Slave Trade Suppression in Britain and France, 1815-48*, Basingstoke: Palgrave Macmillan, 2000, p. 54.

③ Serge Daget, *La Répression de la Traite des Noirs au 19e Siècle: l'Action des Croisières Françaises sur les Côtes Occidentales de l'Afrique, 1817-1850*, Paris: Karthala, 1997.

④ Hubert Gerbeau and Éric Saugera, eds., *La Dernière Traite: Fragments d'Histoire en Hommage à Serge Daget*, Paris: Société Française d'Histoire d'Outre-mer, 1994, p. 126.

这个法国非法贸易的最重要客户处，奴隶售价高达 2000 法郎。[1] 但因船长和商人试图绕开法律，一旦被抓就有被逮捕并起诉之虞，由此导致的风险高得几乎令人无法承受；船长不能寻求海事当局支持，而且此类航行的保费往往令人难以负担。现存的少量记录——船舶航海日志和船长与船东的通信——表明他们往往不得不诉诸诡计，隐瞒其载货和航行性质，或藏踪蹑迹地溜进外国港口，尽量避免被察觉。19 世纪那些从事贩奴的人，譬如 1824 年自南特航向非洲海岸的“小路易号”（Jeune Louis）上的船员，很清楚其贸易是不体面且非法的，他们也知道失败后可能的代价。这只会使航行更暴力、更危险，对船员和所载奴隶而言均是如此。[2]

南特商人在拿破仑战争后重启贩奴，至少部分原因是其中许多人找不到其他贸易出路。其港口的衰退似乎不可逆转，就像在波尔多，战后最初数十年间人们对世界充满绝望和悲观情绪。加勒比殖民地不再是繁荣的保障，因为美国船在殖民地市场上占据更大份额，英国更扩展了它的大西洋贸易规模。即使在法国国内，其他港口的复苏也更迅速：马赛因靠近黎凡特和北非而得益，勒阿弗尔则获利于为巴黎消费市场服务。在所有大西洋港口中，勒阿弗尔可谓最有效地克服了逆境，最天衣无缝地适应了蒸汽时代，找到了令产业多样化的新方式，使其港口得以扩张并繁荣。到 19 世纪末，勒阿弗尔确实成为仅次于马赛的法国第二大港口，且其经济依赖货运的程度低于其竞争对手。在滑铁卢战役结束后的数十年间，尤其是从 19 世纪 70—80 年代起，勒阿弗尔改弦更张成为法国第一大客运港，其远洋班轮载着欧洲旅客横跨大西洋前往美国和加拿大。勒阿弗尔亦通过建设强大的工业基地来实现多元化，工厂、造船厂和工程企业如雨后春笋般围绕码头发展起来，它还适时利用了附近鲁昂（Rouen）经济停滞的局面。[3] 它的繁荣看上去得到了保证。

其他港口对大西洋贸易衰退的反应没有那么明显，即使所有这些港口都有精力充沛、壮志凌云的商人，他们寻求使贸易多样化，并将关注点从西印

---

① Serge Daget, *La Répression de la Traite des Noirs au 19e Siècle : l'Action des Croisières Françaises sur les Côtes Occidentales de l'Afrique, 1817-1850*, Paris: Karthala, 1997, pp. 8-9.

② Alan Forrest, "La traite négrière sous la Restauration: à bord du *Jeune Louis* de Nantes," in Reynal Abad, ed., *Les Passions d'un Historien : Mélanges en l'Honneur de Jean-Pierre Poussou*, Paris: Presses Universitaires de Paris-Sorbonne, 2010, pp. 493-503.

③ Jean-Pierre Chaline, "1852-1914: l'explosion havraise," in André Corvisier, ed., *Histoire du Havre*, Toulouse: Privat, 1983, pp. 179-221.

度移至别处。并非所有港口都恋恋不舍地回望那失落的黑色大西洋[①]时代；每个港口都有商人放眼海外，寻找远方可能开放的新市场。例如波尔多商人群体中的一些船东，其中最突出的是皮埃尔·巴尔格里·斯图滕贝格（Pierre Balguerie Stuttenberg），他应对加勒比贸易衰退的方法是勘察遥远的中国、菲律宾和南美等地；1825 年即他临终之年，他让装备好的 15 艘船前往范围广阔、新旧兼具的目的地：航向马提尼克和瓜德罗普的各 3 艘，去印度、古巴和巴西的各 2 艘，去委内瑞拉、印度支那和海地的各一艘，其中海地尤其特别。[②] 他并非孤例。1817 年商会在政府支持下组织了一次前往中国的远航，试图在中国市场上站稳脚跟。[③] 印度亦提供了一个很有前景的香料和蓝靛产地，即使印度商人不愿回购法国产品；法国出口了一些葡萄酒，但更多回运货物必须用硬通货即皮阿斯特（piastre）[④] 来支付。尽管如此，到 19 世纪 20 年代末一些波尔多商人已在印度洋建立据点；1829 年该港向印度派出 25 艘船，又向毛里求斯和留尼汪派出 16 艘，他们相信这些是可以建立商业联系并与英国人竞争的市场。[⑤]

少数人受到吸引开启雄心勃勃的发现之旅，寻找可供贸易的新市场和适宜交换的新商品。这些年终究是法国在南太平洋开展航海探险的年代，各国政府竞相发动科考之旅，博丹（Baudin）和拉佩鲁兹（La Pérouse）[⑥] 等舰

① 黑色大西洋（Black Atlantic）这一术语主要由英语学界所采用，相关研究强调大西洋世界形成过程中对非洲的暴力和掠夺，特别关注非洲、非洲人和非洲诸文化在大西洋史中的地位和作用，具体涉及跨大西洋奴隶贸易和奴隶制、非洲与美洲之间的历史联系、大西洋联系对非洲的影响等问题。——译者注

② Paul Butel, *Les Dynasties Bordelaises*, Paris: Perrin, 1991, pp. 207-208.

③ Philippe Gardey, *Négociants et Marchands de Bordeaux: De la Guerre d'Amérique à la Restauration, 1780-1830*, Paris: Presses Universitaires de Paris-Sorbonne, 2009, p. 275.

④ 皮阿斯特是一系列近代欧美铸造的银币的统称，主要有西班牙银圆、墨西哥银圆等。西班牙殖民中南美洲期间，利用当地银矿大批量铸造银圆，其规格很快被其他欧洲国家仿效，拉美诸国独立后亦批量铸造。这些银圆经由国际贸易广泛通行于欧洲、美洲、亚洲多地，成为世界历史上第一种国际通货。——译者注

⑤ Philippe Gardey, *Négociants et Marchands de Bordeaux: De la Guerre d'Amérique à la Restauration, 1780-1830*, Paris: Presses Universitaires de Paris-Sorbonne, 2009, pp. 274-275.

⑥ 二人均为法国历史上有名的探险家。尼古拉·T. 博丹（Nicolas Thomas Baudin, 1754-1803）于 1800 年在拿破仑支持下率舰队前往澳大利亚南部进行科学探险，1803 年在返法途中病逝。让·弗朗索瓦·德·加劳普·拉佩鲁兹伯爵（Jean-François de Galaup, comte de La Pérouse, 1741-1788）1785 年奉路易十六之命率两舰环游世界，意在完成英国探险家詹姆斯·库克对太平洋未竟的探索，1788 年在所罗门群岛海域遇难。——译者注

长在与英国竞逐南半球的持久战中为法国争取新领土。[①] 自加龙河开启的航行中，最富有雄心的是 1816 年至 1819 年的“波尔多人号”（le Bordelais）三年的远航，它绕过合恩角，探索了美洲太平洋海岸，造访了瓦尔帕莱索、旧金山和阿拉斯加，继而到夏威夷越冬，随后驶抵澳门，经毛里求斯和好望角返回法国。正如让-皮埃尔·普苏（Jean-Pierre Poussou）阐释的那样，这次航行证明了一些波尔多商行面对看似难以克服的困难时具有的活力；它也说明了其他许多商行如何逃避创新，仍仰赖传统商路和业已建立的贸易伙伴。[②] 的确，对许多波尔多人而言，西印度群岛及其种植园在 19 世纪大部分时间里继续笼罩在怀旧的温暖光辉中，为艺术家提供了灵感，他们对它的描绘判若云泥：一面是种植园经济的残酷现实，另一面则是热带伊甸园的万种风情。[③]

在波旁王朝复辟时期，对华贸易是法国商人乐于接受的众多新方案之一，此前他们的公司曾依赖加勒比地区获利，或想办法适应战后经济与政治新秩序。例如在南特，上文述及之皮埃尔-弗里德里克·多布雷之子托玛·多布雷（Thomas Dobrée）真正是个弄潮儿。他努力建立商业活动的新平衡，利用同伦敦商业和银行业的关系获得资本，投资卢瓦尔河谷的工业企业，派船进行捕鲸远航。他亦在印度洋和远东追逐其他目标，从那里可进口蔗糖、蓝靛、棉花和木材。1817 年至 1828 年多布雷安排的远航有四次到加尔各答、四次到广州、两次到马尼拉，吸引英国人才和资本资助其企业并在通商当地结交贸易伙伴。他直言不讳地提倡废除对殖民地的贸易保护主义政策，将法国殖民地向更广阔的世界开放。这些航行多少都具有试验性质，并非所有都能达到他预期的盈利水平。但他与中国和东南亚的联系会继续保持，这有助于恢复港口商业联系的平衡。他的成功毋庸置疑：托玛·多布雷去世时资藉豪富，在遗嘱中留下超过 300 万法郎财产，

---

① Sujit Sivasundaram, *Waves across the South: A New History of Revolution and Empire*, London: William Collins, 2020, pp. 40-78.

② Jean-Pierre Poussou, “Le voyage du *Bordelais* et le commerce des fourrures du Nord-ouest américain: une tentative de rénovation du commerce bordelais au début de la Restauration,” in Silvia Marzagalli and Hubert Bonin, eds., *Négoce, Ports et Océans, 16e-20e Siècles*, Bordeaux: Presses Universitaires de Bordeaux, 2000, p. 318.

③ 参见展览目录，*Regards sur les Antilles: Collection Marcel Chatillon*, Bordeaux: Musée d'Aquitaine, 1999-2000。

南特其他商人无出其右。①

托玛·多布雷当然不是首位派船赴华的法国船主。法国东印度公司自17世纪末起已开始和中国通商，与其英国同行一样，该公司在华活动受广州地方政府监管。② 直到1842年后与其他中国港口通商才成为可能，其中包括上海和福州，此两港首度向贩茶船开放，中国茶叶贸易的最重要港口——汉口通过1858年《天津条约》增加。③ 尽管法国对华贸易规模有限，但它有助于提高法国人对中国艺术和彩绘织物、陶瓷器的品位，18世纪的巴黎已为其开辟了一个新消费市场。④ 另外，在精明冷静的大宗贸易世界里，品位和文化问题始终是次要的，对利润的追求将大多数人引向他途。在这样的环境里多布雷无疑是个例外。他对中国及其文化艺术兴趣浓厚，其商船在1817年之后的十年间将一批中国绘画等艺术品运回法国。其子亦名托玛，进一步扩展南特与中国的商业联系，然而他被铭记至今的活动是收藏中国艺术品和古董，这些精美藏品在1895年他逝世后转藏大西洋岸卢瓦尔（Loire-Atlantique）省府，如今在以他命名的南特多布雷博物馆（le Musée Dobrée）展出。这座博物馆很好地展现了19世纪法国贸易的国际多样性、南特同英格兰和波罗的海新教地区的联系，以及一个人（即小托玛·多布雷）对中国艺术和古董的不灭热情。⑤

---

① Jacques Fiérain, "Thomas Dobrée, négociant-armateur," *Voyages à la Chine, 1817–1827: Collections Thomas Dobrée*, Nantes: Musée Dobrée, 1988, pp. 11–19.

② Felicia Gottmann, "French-Asian Connections: The Compagnie des Indes, France's Eastern Trade, and New Directions in Historical Scholarship," *Historical Journal*, 56, 2 (2013), p. 542.

③ Chiung-Jou Lin, "Le commerce du thé entre la Chine et l'Occident: L'évolution du transport maritime au cours du 19e siècle, et son impact sur l'économie chinoise," in Silvia Marzagalli and Hubert Bonin, eds., *Négoce, Ports et Océans, 16e – 20e Siècles*, Bordeaux: Presses Universitaires de Bordeaux, 2000, p. 326.

④ Natacha Coquery, "The Semi-luxury Market, Shopkeepers and Social Diffusion: Marketing Chinoiseries in Eighteenth-century Paris," in Bruno Blonde et al., eds., *Fashioning Old and New: Changing Consumer Patterns in Western Europe, 1650–1900*, Turnhout: Brepols, 2009, pp. 121–131.

⑤ 关于南特多布雷博物馆之展览目录，参见"Voyages en Chine, 1817–1827," edited by Marie Richard, quoted from Alan Forrest, *The Death of the French Atlantic: Trade, War and Slavery in the Age of Revolution*, Oxford: Oxford University Press, 2020, p. 230。

八 史料

可供研究法国大西洋贸易的原始材料分布广泛，散见于大西洋沿岸地区的省市级档案馆和巴黎的法国国家档案馆（les Archives Nationales）[现已迁至塞纳-圣但尼省（Seine-Saint-Denis）之皮埃尔菲特（Pierrefitte）]。其中特别有价值的是存续至今的商会档案，保存情况较好的涉及马赛（由商会保存在交易所档案中）、南特（大西洋岸卢瓦尔省档案之 1ET 和 106J 系列）、拉罗谢尔［滨海夏朗德省（Charente-Maritime）档案之 41ETP 系列］，其中包括关于商人对奴隶贸易的态度、与战争和私掠活动有关的文件等宝贵材料。关于波尔多的信息有吉伦特省档案之 C4250-4439 系列，商会还组织撰写波尔多机构的历史，由名重一时的经济史家执笔。[①] 海事法庭的记录（藏于各省档案之 B 系列）包含大革命前交通和航运量的宝贵统计信息。例如，南特海事法庭[②]藏有种类繁多、内容丰富的记录：以该港为母港的船只的所有权合同、海外航行的通行证件、长途航行的船长报告、被海盗捕获船只的详细信息、世纪初一些船舶的航海日志。另外，还有一些执政府时期宣告破产的公司的文件。[③] 尽管个别商人和商行的商业文件价值不同，但其中最有价值的文献提供了对大西洋港口批发商和船主的商业战略的考察。就波尔多而言，这些文献已作为一个独立的系列被编入大商人档案（Fonds des négociants，吉伦特省档案之 7B 系列）。马赛商会档案中的鲁档案（Fonds Roux）、南特的谢威·托蒂耶档案（Fonds Chevy Trottier，大西洋岸卢瓦尔省档案之 3J 系列）亦值得查阅。波尔多最大商行之一格拉迪斯家族公司（la Maison Gradis）的文献藏于法国国家档案馆的私人档案（Fonds Privés，181AQ 系列）。同样，仅举一例，上文论及之多布雷家族文献藏于南特市档案馆的多布雷档案（Fonds Dobrée，8Z 系列）。

不出所料的是，近年来学界主要关注法国大西洋港口在奴隶贸易中的作

① Paul Butel, ed., *Histoire de la Chambre de Commerce et d'Industrie de Bordeaux des Origines à Nos Jours*, Bordeaux: Chambre de Commerce et d'Industrie, 1988.

② 海事法庭（les Amirautés）是旧制度时期法国在沿海港口设立的行政机构，负责保障海洋法实施，并裁决关于海洋和航运的争端。仅在布列塔尼地区就有 7 所，均设立于 1691 年，分别在圣马洛、圣布里厄（Saint-Brieuc）、莫尔莱（Morlaix）、布雷斯特（Brest）、坎佩尔（Quimper）、瓦讷（Vannes）和南特。

③ Jean Meyer, *L'Armement Nantais dans la Deuxième Moitié du Dix-huitième Siècle*, Paris: Éditions de l'EHESS, 1999, pp. 27-29.

用，关于这一主题的早期研究大多出自加勒比史学先驱加布里埃尔·德比昂（Gabriel Debien）之手。从大西洋沿岸港口启航的贩奴航行次数已得到充分研究，这些航行的细节如船东、船只和载重均有详细记录。关于18世纪的情况可参考让·梅塔（Jean Mettas）的两卷本著作，第一卷关于南特，第二卷涵盖其他大西洋港口。[①] 其弟子兼同事塞尔日·达热踵事增华，于1988年出版了对后续航行的整理——由于奴隶贸易在19世纪已被视为非法，这些航行往往是秘密进行的。[②] 与英美两国相比，法国学界对奴隶贸易的关注较少，但自从1985年达热筚路蓝缕以来，对于这一主题的认识显著提高：是年南特举办首届奴隶贸易研究国际会议，这是法国首度举行此类活动。[③] 在那场研讨会召开后数年间，法国学界出版了一批奴隶贩子和船长的回忆录、随船日记和自传，记录了他们对贩奴航行的经历和印象。[④] 随着如今法国正式承认贩奴是有悖人性的罪行，人们记忆和纪念奴隶贸易的兴趣也相应增长。长期以来这对于从前的贩奴港口而言都是一个痛苦的话题，它们直到近来才与之达成和解。[⑤] 波尔多、南特和拉罗谢尔的主要博物馆都举办了关于奴隶贸易历史的常设展览。波尔多和拉罗谢尔先后为杜桑·卢维杜尔（Toussaint Louverture）的永久性纪念碑举行落成典礼，一座壮观的奴隶贸易纪念碑如今矗立在南特卢瓦尔河畔，面向贩奴船曾经行经的河段，造型模仿贩奴船船体，其上有教育性展板解释跨大西洋奴隶贸易之恶。[⑥] 在这里，贩奴曾被视为法属大西洋历史上一个令人不适的脚注，而如今其规模与影响开始得到那些曾以其利润为基础的港口城市承认。那仅仅在半个世纪之前还曾

---

① Jean Mettas, *Répertoire des Expéditions Négrières Françaises au 18e Siècle*, 2 vols., Paris: Société française d'histoire d'Outre-Mer, 1978-1984.

② Serge Daget, *Répertoire des Expéditions Négrières Françaises à la Traite Illégale, 1814-1850*, Nantes: Centre de recherche sur l'histoire du monde atlantique, 1988.

③ Serge Daget, ed., *De la Traite à l'Esclavage: Actes du Colloque International sur la Traite des Noirs*, 2 vols., Nantes: Centre de recherche sur l'histoire du monde atlantique, 1988.

④ 例如，参见 Jean Sibenaler, ed., *Un Marin de La Rochelle: Jean-Jacques Proa*, Paris: Chemi-nements, 2004; Olivier Pétré-Grenouilleau, ed., *Moi, Joseph Mosneron, Armateur Négrier Nantais, 1748-1833*, Rennes: Éditions Apogée, 1995; Alain Yacou, *Journaux de Bord et de Traite de Joseph Crassous de Médeuil. De la Rochelle à la Côte de Guinée et aux Antilles, 1772-1776*, Paris: Karthala, 2001。

⑤ Renaud Hourcade, *Les Ports Négriers Face à leur Histoire. Politiques de la Mémoire à Nantes, Bordeaux et Liverpool*, Paris: Dalloz, 2014.

⑥ Emmanuelle Chérel, *Le Mémorial de l'Abolition de l'Esclavage de Nantes. Enjeux et Controverses, 1998-2012*, Rennes: Presses Universitaires de Rennes, 2012.

备受赞誉的商业黄金年代，如今却被史家和社会活动团体视为百孔千疮，被残酷和贪婪所玷污，挥之不去地与反人类罪相连。[①]

France and the Atlantic World in the Long Eighteenth Century

Alan Forrest

Abstract: The eighteenth century was a golden age for the French Atlantic, with merchants making undreamt-of profits from voyages to the Americas. Some traded directly with France's Caribbean colonies, taking flour, wine and industrial products for the colonists and returning with cargoes of sugar, indigo and tobacco; others invested in slaving, sending their ships to West Africa before crossing the Atlantic to sell the slaves in Saint-Domingue or Guadeloupe, where they would take on return cargoes. But profits were not guaranteed. Repeated wars disrupted the sea lanes and forced many to abandon transatlantic commerce or turn to privateering. Abolitionism and the moral challenges it posed undermined confidence in the slave trade. From 1792, revolution and naval wars with Britain spelt disaster for many merchants, leading to bankruptcies and to recession in the west-coast ports, while the loss of Saint-Domingue destroyed the plantation economy on which they had come to depend. Though some tried to resume Atlantic trade after the return of peace in 1815, others saw the need to diversify, expanding their commercial links with the Indian Ocean, India and China.

Keywords: France; Atlantic Commerce; War; Abolition

（执行编辑：罗燚英）

---

① 一个极佳的例子是南特的社会团体“记忆之环”（les Anneaux de la Mémoire），他们将研究奴隶制的史家、当地和业余史学研究者与南特的非洲及加勒比裔居民召集起来，1994 年在南特布列塔尼公爵城堡策划了一个题为“记忆之环”的重要展览。此后他们又出版了一份主题为奴隶贸易和与大西洋世界相关问题的定期刊物《记忆之环手册》（*Cahiers des Anneaux de la Mémoire*）；第 19 期于今年（2021 年——译者注）早些时候出版。特别值得关注的是两期以从事贩奴的法国港口为专题的刊物——其一介绍南特（第 10 期），其二介绍法国其他港口，包括布列塔尼和诺曼底诸港（第 11 期），均于 2007 年出版。

海洋史研究（第二十三辑）
2024年11月 第196~236页

尼德兰大西洋中的苏格兰人

——一个公海的案例研究

埃丝特·迈尔斯（Esther Mijers）*

摘 要： 在尼德兰成为17世纪海上贸易强国的过程中，其海洋冒险活动中活跃着许多外国人的身影，苏格兰人是其中一个不可忽视的群体。整个近代早期，苏格兰与尼德兰因贸易与宗教纽带而具有密切的联系，本文具体考察苏格兰人如何利用这种关系，在相对开放的尼德兰海外冒险活动中，尤其是在跨大西洋的活动中，与尼德兰人成为伙伴和偶尔的合作者，获取自身利益。

关键词： 尼德兰　苏格兰人　大西洋

导 论

1609年，尼德兰法学家雨果·格劳秀斯出版了著名的小册子《论海洋自由》（*Mare Liberum*），宣称国际海域是开放的。在第一章“所有人依国际法均可自由航行”中，格劳秀斯说自由贸易是“明确且无可辩驳的国际法原理”。[①] 虽然《论海洋自由》旨在针对东印度群岛的葡萄牙人及其维持贸易垄断的企图，但它也为海外活动确立了一系列原则，至今仍

---

* 作者埃丝特·迈尔斯（Esther Mijers），英国爱丁堡大学历史学、古典学与考古学院苏格兰史高级讲师。译者廖平，英国牛津大学历史学博士，自由译者。
本文为首次发表。

① Hugo Grotius, *The Freedom of the Seas, or the Right Which Belongs to the Dutch to take part in the East Indian Trade*, Translated by Ralph Van Deman Magoffin, Introduction by James Brown Scott, Director of the Carnegie Endowment for International Peace, New York: Oxford University Press, 1916.

在使用。[①] 对尼德兰人最为直接的影响是，格劳秀斯为17世纪的海洋和贸易扩张提供了理论基础。尽管——或许也正是因为——尼德兰联省共和国面积狭小，其国家起源和政府组成相对来说不那么符合常规，但它通过坚持格劳秀斯的原则，成为主宰17世纪的贸易强国之一。与此同时，一个常见且已被公认的事实是，无论是在海上还是陆上，尼德兰的海外活动中总是活跃着很多外国人的身影。[②] 前人的研究已经揭示出外国人对尼德兰海洋活动的重要作用以及尼德兰海洋活动对外国人的依赖。彼得·埃默（Pieter Emmer）和威姆·克娄斯特（Wim Klooster）统计尼德兰大西洋每年需要约2400人；维克托·恩托文（Victor Enthoven）认为这一数字还要高得多。[③] 另外，对非尼德兰人所提供的服务的研究就没有那么多，而且主要集中于外国代理人、掮客和跨境人员的职能上。其他欧洲国家（非正式）的参与和合作受到的关注就更少了，可能是因为从中获得好处的不是尼德兰人而是另一方。[④] 本文考察的是与尼德兰"亲善"的苏格兰人怎样从各种尼德兰相对开放的海外冒险活动中获益，尤其是跨大西洋的活动。[⑤] 作为两

① 正如马蒂娜·范·伊特叙所指出的，格劳秀斯希望将同样的权利也适用于西印度群岛。M. van Ittersum, "Mare Liberum in the West Indies? Hugo Grotius and the Case of the Swimming Lion, a Dutch Pirate in the Caribbean at the Turn of the Seventeenth Century," *Itinerario*, 31, 3 (2007), pp. 59-94.

② Gijs Kruijtzer, "European Migration in the Dutch Sphere," in Gert Oostindie, ed., *Dutch Colonialism, Migration and Cultural Heritage*, Leiden: KITLV Press, 2008, pp. 95-154; Gert Oostindie, "Migration and Its Legacies in the Dutch Colonial World," in Gert Oostindie, ed., *Dutch Colonialism, Migration and Cultural Heritage*, Leiden: KITLV Press, 2008, p. 3.

③ P. C. Emmer and W. W. Klooster, "The Dutch Atlantic, 1650 - 1800: Expansion without Empire," *Itinerario: European Journal of the Expansion of the Overseas World*, 23, 2 (1999), pp. 48 - 49; V. Enthoven, "Dutch Crossings," *Atlantic Studies: Literary, Cultural and Historical Perspectives on Europe, Africa*, 2, 2 (2005), pp. 153-176.

④ 有关掮客和代理人，参见 M. Meuwese, "Pragmatic Agents of Empire: Dutch Intercultural Mediators among the Mohawks in Seventeenth-Century New Netherland," in B. Kaplan, M. Carlson & L. Cruz, eds, *Boundaries and Their Meanings in the History of the Netherlands*, Leiden and Boston: Brill, 2009, pp. 139-154; R. L. Kagan and P. D. Morgan, eds, *Atlantic Diasporas: Jews Conversos, and Crypto-Jews in the Age of Mercantilism 1500-1800*, Baltimore: The John Hopkins University Press, 2009。有关合作，唯一的例外是研究得相对充分的跨文化网络领域，常常是在伊比利亚半岛的背景下，参见 Philip D. Curtin, *Cross-Cultural Trade in World History*, Cambridge: Cambridge University Press, 1984。另参 Cátia Antunes, Filipa Ribeiro Da Silva, "Cross-cultural Entrepreneurship in the Atlantic: Africans, Dutch and Sephardic Jews in Western Africa, 1580-1674," *Itinerario*, XXXV, 1 (2011), pp. 49-76。

⑤ 注意本文只涉及独立的苏格兰王国，它在1707年与英格兰合并为大不列颠联合王国后就不复存在了。

个存在贸易和宗教纽带的新教小国，苏格兰与尼德兰联省共和国在整个近代早期一直保持着很紧密的联系。本文将两国视为伙伴和偶尔的合作者，对苏格兰进入尼德兰大西洋的原因、地点、时间、方式以及影响进行研究。作为一个公海的案例研究，本文会描述很多例子来凸显尼德兰和苏格兰的实际做法，因此本文是一个观其大略的考察而不是一个面面俱到的研究。

一　苏格兰与尼德兰的关系

苏格兰有着面向海外就业和改善生计的悠久传统。从中世纪开始，这个相对贫穷却不断进取的国家的居民就从与欧洲大陆的贸易中获得了就业岗位和经济机会。16 世纪和 17 世纪的宗教改革和欧洲宗教战争进一步刺激了苏格兰人，他们热衷于在欧洲大陆的军队中服役，或者向他们的同教弟兄学习。苏格兰与强邻英格兰经常关系紧张，而欧洲大陆在经济、思想和宗教上为苏格兰提供了免于过度依赖英格兰的替代方案。

苏格兰与后来的尼德兰联省共和国之间的关系始于中世纪的羊毛和纺织品贸易，此时尼德兰还没有独立。1313 年，布鲁日建立了第一个贸易中心（Staple）。[①] 作为“老同盟”（Auld Alliance）（法国—苏格兰）的一部分，苏格兰最初的焦点主要放在佛兰德。甚至在宗教改革之前，苏格兰商人就开始离开法国的势力范围，去往更北的地方寻找商机。在 15 世纪佛兰德贸易崩溃之后，苏格兰国王的注意力就转向了勃艮第，后者到 15 世纪 20 年代已经夺取了低地国家的大部分世俗领地。与此同时，苏格兰羊毛和纺织品贸易开始越来越多地集中在低地国家的贸易要道斯海尔德河三角洲。1541 年，泽兰群岛

① A. Stevenson, “Trade between Scotland and the Low Countries in the Later Middle Ages,” Ph. D. diss, University of Aberdeen, 1982; H. J. Smit, ed., *Bronnen tot de Geschiedenis van der Handel met Engeland, Schotland en Ierland*, 4 vols., Vol. 2, ‘s-Gravenhage, 1928-1950. 低地国家大致相当于今天的荷兰、比利时和卢森堡。它通常被用于描述中世纪和近代早期的这一地区。就本文而言，它被用来指代哈布斯堡帝国统治的那片地理区域，是皇帝查理五世（1500—1558）继承的勃艮第遗产的一部分。他的继承人（查理五世之子）菲利普二世因中央集权化和主权问题遭到了尼德兰人起义反抗，这场冲突被称为尼德兰起义（1568—1648）。1578 年，南部地区重新接受菲利普的统治，而北部则联合起来继续造反。两年后，这些省份宣布与领主菲利普断绝关系，并在 1581 年成立尼德兰联省共和国。其中最重要的两个省份是荷兰省和泽兰省。这七个省份虽然打着同一面旗帜，却各自保留了高度的自主性和主权，这导致整个 17 世纪内部矛盾此起彼伏。

的费勒（Veere，苏格兰人称 Campveere）建立了一个正式的苏格兰贸易中心（Scottish Staple），将以往的贸易纽带正式确立下来，北移的过程彻底完成。[①]这个贸易中心由一名贸易中心保护人（Staple Conservator）监管，他与苏格兰御准自治市会议和苏格兰议会都保持着关系，而他的道德职责还得到一名由苏格兰长老会任命的贸易中心牧师的协助。[②] 1568 年，尼德兰起义爆发，七个北方省份在 1581 年宣布脱离西班牙领主菲利普二世独立，这个贸易中心也成为两国关键的外交渠道之一，以及宗教和地下秘密活动的门户。

如果说贸易奠定了苏格兰—尼德兰关系的基础，那么宗教就让这两个国家变得更加紧密。从 16 世纪末开始，苏格兰的长老会派与荷兰同教弟兄在宗教改革的余波中相互景仰、相互支持。1572 年，第一批苏格兰人抵达联省共和国，支持他们起义反抗天主教徒菲利普二世。不久联省共和国就组建了一个苏格兰团，“苏格兰旅”就此诞生。[③] 这支部队属于尼德兰陆军（Staten Leger）的正式序列，它和苏格兰贸易中心一样，成为两国交流与合作的管道。在第一批苏格兰士兵抵达后，英格兰的支援也在 16 世纪 80 年代初到来，莱斯特伯爵率领英格兰陆军前来助阵。1585 年，弗利辛恩［Vlissingen，英格兰人称法拉盛（Flushing）］、布里勒（Briel）和哈莫肯斯堡（Fort Rammekens）被移交给伊丽莎白一世，作为英格兰驻军或担保的城镇，以换取对尼德兰起义者的财政援助，这种局面一直持续到 1616 年，伊丽莎白的继任者苏格兰詹姆斯六世（英格兰詹姆斯一世）将它们还给了尼德兰人。这些英格兰团建立了一些清教徒教会，苏格兰的长老会派很快也加入其中。[④]

---

① V. Enthoven, “The Last Straw: Trade Contacts Along the North Sea Coast: The Scottish Staple at Vere,” in Juliette Roding and Lex Heerma van Voss, eds, *The North Sea and Culture (1550-1800)*, Hilversum: Uitgeverij Verloren, 1996, p. 213.

② Douglas Catterall, *Community Without Borders: Scots Migrants and the Changing Face of Power in the Dutch Republic, c. 1600-1700*, Leiden: Brill Academic Publishers, 2002, pp. 337-340.

③ Hugh Dunthorne, “Scots in the Wars of the Low Countries, 1572-1648,” in Grant G. Simpson, ed., *Scotland and the Low Countries, 1124-1994*, East Linton: Tuckwell, 1996, p. 116; James Ferguson, ed., *Papers Illustrating the History of the Scots Brigade in the Service of the United Provinces, 1572-1782*, 3 vols., Edinburgh: Scottish History Society, 1899; Jochem Miggelbrink, “Serving the Republic: Scottish Soldiers in the Dutch Republic, 1572-1782,” Ph. D. diss., European University Institute, 2004. 尼德兰起义期间，还有许多其他苏格兰士兵作为雇佣兵或因为宗教信仰而加入西班牙一方。

④ 参见 Keith L. Sprunger, *Dutch Puritanism: A History of English and Scottish Churches of the Netherlands in the Sixteenth and Seventeenth Centuries*, Leiden: E. J. Brill, 1982。

尼德兰各省份中有多少苏格兰人，我们无法给出一个具体的数字。从1650年到1750年，这一数字达到顶峰，有成千上万的苏格兰学生、士兵和商人在尼德兰各省份居住或长期逗留。[①] 这个群体非常多元化，而且其身份认同和地理来源并不稳定，内部和外部都很容易发生持续变化。我们可以把它分成四个不同却所有重叠的类别：一个由商人、银行家、船长和水手组成的商业群体，苏格兰旅的官兵，流亡分子，学生。他们的核心是商人，主要在费勒和鹿特丹，那里是尼德兰各省份大多数苏格兰人活动的中心。苏格兰人可以在那里做大买卖，不但与苏格兰进行贸易，而且也与欧洲其他地区进行贸易，后来还能与新大陆进行贸易。费勒和鹿特丹还是宗教活动的中心。1607年，尼德兰联省共和国来自英伦三岛的新教徒非军事居民被赋予了在阿姆斯特丹和莱顿自建教会的权利。在多德雷赫特宗教会议（1618—1619）后，这项权利得到确认并被拓展到整个国家，于是到17世纪中叶，泽兰省和荷兰省各地有众多的英国人教会，会众中有很大一部分是苏格兰人。[②] 费勒和鹿特丹有“专属的”苏格兰教会：1614年，苏格兰御准自治市会议在费勒建立了“贸易中心教会”（Staple Church），而鹿特丹的苏格兰人教会成立于1642年。在复辟之后，这些地方日益成为苏格兰人的焦点，而他们在属灵、道德和社交上的中心就是鹿特丹的苏格兰人教会。[③]

这样，到17世纪中叶，巩固并拓展原有苏格兰—尼德兰贸易关系的三个机构——贸易中心、苏格兰旅以及鹿特丹的苏格兰教会——都已建成。在国际新教的氛围下，这些机构促进了人员、商品和思想的交流。此外，苏格兰和联省共和国之间还有许多王朝上的联系。斯图亚特家族和奥兰治家族之间的关系自然对具体的家庭意义重大，但也充当了进一步交流的管道。詹姆斯六世的女儿伊丽莎白（1596—1662）与普法尔茨选侯、未来的波希米亚国王新教徒腓特烈（1596—1632）成亲，这可以被视为斯图亚特—奥兰治联姻的开端。腓特烈是路易丝·朱丽安娜（1576—1644）之子，他的外祖父正是尼德兰起义的英雄奥兰治的威廉（1533—1584）。虽然詹姆斯六世奉

---

① E. Mijers, “News from the Republick of Letters’: Scottish Students, Charles Mackie and the United Provinces, 1650-1750,” Leiden: Brill, 2012, Chap. 1.

② Charles Wilson, *The Dutch Republic and the Civilisation of the Seventeenth-Century World*, London: MCGraw-Hill, 1986, p. 181; T. C. Smout, *Scottish Trade on the Eve of the Union, 1660-1707*, Edinburgh and London: Oliver & Boyd, 1963.

③ Douglas Catterall, *Community Without Borders: Scots Migrants and the Changing Face of Power in the Dutch Republic, c. 1600-1700*, Leiden: Brill Academic Publishers, 2002, passim.

行亲西班牙的政策，但斯图亚特王朝卷入三十年战争的核心目的就是让腓特烈和伊丽莎白在波希米亚复辟。他们在海牙建立了一个流亡小朝廷，那里成了斯图亚特王朝在联省共和国的聚集点。伊丽莎白对科学的赞助广为人知，但她也将自己的新教信仰与更大的苏格兰—尼德兰思想界联系在一起。詹姆斯六世与奥兰治的威廉之子毛里茨（1567—1625，即拿骚的莫里斯）之间的友谊巩固了斯图亚特家族和奥兰治家族的早期联系，后者在宗教和军事上领导尼德兰人进行了新一阶段的反天主教圣战，而且还出席了伊丽莎白短命的哥哥亨利王子（1594—1612）的洗礼，这位王子与毛里茨的弟弟弗雷德里克·亨德里克（1584—1647）同名。此外，在尼德兰起义及新生尼德兰国家的政治和宗教走向上，詹姆斯还支持毛里茨与主张宗教宽容的共和派领袖、杰出的尼德兰法学家约翰·范·奥尔登巴内费尔特（1547—1619）决裂。后来在 17 世纪还有两段斯图亚特家族和奥兰治家族的联姻。弗雷德里克·亨德里克与波希米亚的伊丽莎白的一名侍女阿梅莉亚·范·索尔姆斯（1602—1675）之子威廉二世（1626—1650）娶了查理一世（1600—1649）与法国的亨利埃塔·玛丽亚（1609—1669）之女玛丽·亨利埃塔（1631—1660），后者奉行亲新教势力的外交政策，以支持波希米亚的伊丽莎白。玛丽·亨利埃塔不知疲倦地为查理一世争取支持，希望尼德兰人能在英格兰与西班牙修好中做出担保。第三段斯图亚特家族与奥兰治家族的联姻就是斯图亚特王朝这些政策的直接结果，威廉二世与玛丽·亨利埃塔的儿子即后来的执政兼国王威廉三世（1650—1702）娶了他们的侄女玛丽二世（1662—1694）。

由于这千丝万缕的联系，苏格兰—尼德兰或许可以被看成一个世界，两者不仅在贸易和政治上关系密切，而且在文化和思想上也融为一体。有人认为苏格兰人从这种局面获得了很多好处，因此大批涌向尼德兰联省共和国。与此同时，尼德兰人也在宗教、思想和学术生活上对苏格兰人景仰依赖有加。的确，在 17 世纪上半叶，两国之间的关系远远不只是平起平坐或者相互合作，而且比之前更加密切。[①] 受宗教改革的影响，这两个国家是更大的国际新教势力的一部分，苏格兰在其中扮演了一个领导者的角色。

贸易依然是贯穿近代早期苏格兰—尼德兰关系的主线。苏格兰商人团体以及单独的行销商、水手和代理商在泽兰省的费勒扎下根来，而随着他们的

① E. Mijers, "'News from the Republick of Letters': Scottish Students, Charles Mackie and the United Provinces, 1650-1750," Leiden: Brill, 2012.

利益开始从贸易中心转向鹿特丹以及后来的阿姆斯特丹，他们不久也在荷兰省立足。[①] 他们不仅与苏格兰和英格兰进行贸易，还与新大陆进行贸易。结果就出现了一个错综复杂的苏格兰商人网络，在爱丁堡、格拉斯哥、伦敦、米德尔堡、鹿特丹和阿姆斯特丹，乃至新阿姆斯特丹/纽约、西印度群岛以及苏里南、圭亚那和委内瑞拉所谓“蛮荒海岸”的尼德兰殖民地与北美洲东岸的英格兰殖民地，均有贸易和金融利益。[②] 而且这些商人团体不仅与殖民地有联系，彼此之间也有联系。[③] 除了这一贸易活动外，苏格兰人还迁往尼德兰殖民地，通常是去当士兵、贸易代理商、仆人——尽管一般不是契约佣工——以及卷入跨殖民地贸易的走私商。[④] 这些苏格兰移民中有一小部分混得风生水起，因为他们凭关系可以在英格兰殖民地和尼德兰殖民地之间流动，尤其是在英格兰与尼德兰矛盾最尖锐的地区，即苏里南、圭亚那和委内瑞拉的所谓“蛮荒海岸”以及加勒比海部分地区、特拉华、新阿姆斯特丹/纽约。

二　尼德兰大西洋的研究状况

所有尼德兰扩张史的研究几乎由荷兰东印度公司（Vereenigde Oostindische

① Douglas Catterall, *Community Without Borders: Scots Migrants and the Changing Face of Power in the Dutch Republic, c. 1600-1700*, Leiden: Brill Academic Publishers, 2002; E. Mijers, “A Natural Partnership? Scotland and Zeeland in the Early Seventeenth Century,” in A. I. Macinnes and A. H. Williamson, eds., *Shaping the Stuart World, 1603-1714: The Atlantic Connections*, Leiden: Brill, 2005, p. 242.

② 尼德兰最著名的苏格兰商人是在鹿特丹的安德鲁·拉塞尔，他的网络延伸到新英格兰、纽约和苏里南。参见 T. C. Smout, *Scottish Trade on the Eve of Union, 1660-1707*, Edinburgh and London: Oliver & Boyd, 1963, pp. 99-115；有关其他一些从鹿特丹运作的大西洋网络，参见 Douglas Catterall, *Community Without Borders: Scots Migrants and the Changing Face of Power in the Dutch Republic, c. 1600-1700*, Leiden: Brill Academic Publishers, 2002, pp. 25, 28, 33, 64, 66, 88。

③ 大卫·阿米蒂奇用“环大西洋”（Circum-Atlantic）一词来描述这些殖民地之间的关系。David Armitage, “Three Concepts of Atlantic History,” in David Armitage and Michael J. Braddick, eds., *The British Atlantic World, 1500-1800*, Basingstoke: Palgrave Macmillan, 2002, p. 15.

④ 有关 17 世纪与 18 世纪海外的苏格兰士兵，参见 Steve Murdoch and A. Mackillop, *Fighting for Identity: Scottish Military Experience c. 1550-1900*, Leiden: Brill, 2002; Andrew Mackillop, *More Fruitful than the Soil: Army, Empire and the Scottish Highlands*, East Linton: Tuckwell Press, 2000。

Compagnie）及其贸易活动的历史所主导。[①] 作为近代早期两大贸易公司中较为成功的那一个，荷兰东印度公司的阴影笼罩着西边的西印度公司（Westindische Compagnie）及其相对边缘的活动与地盘。荷兰西印度公司的基本历史已经广为人知。从16世纪末开始，尼德兰人就已经通过个人或小型公司即所谓“初创公司”（Voor-compagnieën）活跃在大西洋上了。[②] 1621年，荷兰西印度公司最终成立，成为大西洋版的荷兰东印度公司，它旨在将大西洋上许多互不相干的行为体联合起来，既充当尼德兰反西班牙起义的战争工具，也作为一个垄断性的贸易公司。[③] 与东印度公司一样，西印度公司也是由各省的办公室组成，在一定程度上体现了尼德兰联省共和国的联邦性质。但不同于东印度公司的是，西印度公司由于投资水平低而成本要高得多，出现了严重的资本短缺。这导致它在17世纪30年代决定认可私营公司设立殖民定居点。因此，大西洋和非洲贸易有一大块落入私人手中。为了将这些私人活动整合到西印度公司更大的框架下，它发明了一种特许殖民地或特许庄园（patroonschappen）的制度。结果，西印度公司并不是东印度公司那样的垄断性公司，而更像一个公司集团。不同公司之间的竞争连绵不绝。这种局面正好与各省办公室之间的矛盾相映成趣。

尼德兰人在大西洋的活动不仅与他们在亚洲的活动相比相形见绌，就是放在欧洲人主导的大西洋海盆这一大背景中也是如此。[④] 那里的殖民定居点寥寥

---

① Michiel van Groessen, “Global Trade,” in H. Helmers and G. Janssen, eds, *The Cambridge Companion to the Dutch Golden Age*, Cambridge: Cambridge University Press, 2018, pp. 166-186.

② 在东方和西方都是如此。这些初创公司有远方公司（Compagnie van Verre）、麦哲伦公司（Magellanische Compagnie）、布拉班特公司（Brabantsche Compagnie）等。它们大多关注的是东印度群岛。Pieter van Dam, *Beschrijvinge van de Oost-Indische Compagnie*, in F. W. Stapel, ed., ‘s-Gravenhage: Martinus Wijhoff, 1927, Vol. I, Chap. I。另参 S. van Brakel, *De Hollandsche Handelscompagnieën der 17de Eeuw*, ‘s-Gravenhage: Martinus Wijhoff, 1908; Roos, *Zeeuwen en de Westindische Compagnie*, Van Geyt Productions, 1992, pp. 8-10; W. R. Menkman, “Tobago. Een Bijdrage tot de Geschiedenis der Nederlandsche Kolonisatie in Tropisch Amerika. I,” *West Indische Gids*, 21 (1939), pp. 224-229.

③ 有关这两家公司的概览，参见 C. Schnurmann, “ ‘Whenever Profit Leads us, to Every Sea and Shore...’: The VOC, the WIC, and the Dutch Methods of Globalization in the Seventeenth Century,” *Renaissance Studies*, 17, 3 (2003)。原来的公司于1674年解散，新的西印度公司于一年后成立，范围和地盘基本相同。

④ 与荷兰东印度公司以及西班牙、葡萄牙和英格兰等欧洲竞争者相比，尼德兰在西部的活动是否应被视为（经济上的）失败，Cátia Antunes & Filipa Ribeiro Da Silva, “Cross-cultural Entrepreneurship in the Atlantic: Africans, Dutch and Sephardic Jews in Western Africa, 1580-1674,” *Itinerario*, XXXV, 1 (2011), p. 74, Fn 10 做了简要的描述。

可数，能在传统意义上被视为殖民地的更是少之又少，可能只有巴西的伯南布哥是例外。在丢掉这个蔗糖殖民地后，尼德兰人17世纪大部分时候在大西洋的存在仅限于加勒比海上的几个岛屿、北美的若干私营定居点即所谓“新尼德兰”、中美洲所谓“蛮荒海岸”一带以及非洲埃尔米那（El Mina）的一座贩奴堡垒。不管怎样，西印度公司多年以来还是受到了不少关注，如近来争论的有关奴隶贸易及尼德兰在其中的角色。从最初开始，尼德兰人的海外活动就被视为尼德兰起义（1568—1648）的一部分，尼德兰各省起义反抗它们的西班牙领主国王菲利普二世，并最终与他一刀两断。因此，尼德兰海外活动在过去是从尼德兰国族的视角而不是从更大的国际或全球的视角进行叙述的，今天在一定程度上依然如此。[①]此外，在很长的时间里，尼德兰海外活动的历史就是帝国史、海洋史和经济史。其中对跨大西洋活动的叙述常常聚焦于其失败的原因，不管是金币上的、人口上的或者甚至是历史书写上的。[②] 不过，自从作为一种分析框架的大西洋史出现以来，这种叙事的许多传统焦点已经开始转移，但其观点依然或明或暗地保留下来，直到前不久才有所改变。[③] 正如D. L. 诺兰德（D. L. Noorlander）所指出的，现在人们关注的是17世纪尼德兰大西洋活动属于“人”的方面，既强调其（相互）联系性、跨国特点以及尼德兰人作为中间人的角色，也强调其相对开放性，允许非尼德兰人进入“尼德兰”的空间。[④] 的确，有关其中地点与空

① 参见B. Schmidt, *Innocence Abroad: The Dutch Imagination and the New World, 1570–1670*, Cambridge: Cambridge University Press, 2001。有关将国族视角与国际或全球视角相融合的首次尝试，参见Karel Davids, M. C. 't Hart, Lex Heerma van Voss, Leo Lucassen, Leo, Karwan Fatah-Black & Jeroen Touwen, eds, *Wereldgeschiedenis van Nederland*, Amsterdam: Ambo/Anthos, 2018。

② 参见Jan de Vries, "The Dutch Atlantic Economies," in Peter A. Coclanis, ed., *The Atlantic Economy during the Seventeenth and Eighteenth Centuries: Organization, Operation, Practice, and Personnel*, Columbia: University of South Carolina Press, 2005, pp. 1–29; Wim Klooster, "The Northern European Atlantic World," in Nicholas Canny and Philip Morgan, eds., *The Oxford Handbook of the Atlantic World, c. 1450 – c. 1820*, Oxford: Oxford University Press, 2011, pp. 165–180。

③ D. Onnekink and G. Rommelse, eds., *The Dutch in the Early Modern World: A History of a Global Power*, Cambridge: Cambridge University Press, 2019, p. 120. 对“何谓大西洋史”最为深入浅出的介绍依然是B. Bailyn, "The Idea of Atlantic History," *Itinerario*, 20, 1 (1996), pp. 19 – 44 以及 Alison Games, "Atlantic History: Definitions, Challenges, and Opportunities," *American Historical Review*, 111, 3 (2006), pp. 741–757。

④ D. L. Noorlander, "The Dutch Atlantic World, 1585–1815: Recent Themes and Developments in the Field," *History Compass*, 18 (2020), pp. 1–15.

间、活动与行动者的“尼德兰性”问题甚至让历史学家怀疑“尼德兰大西洋”或者尼德兰帝国是否存在。彼得·埃默和威姆·克娄斯特在1999年就是这么说的，他们解释在大西洋扩张的尼德兰为什么没能建立一个尼德兰帝国。[①] 从那以后，出现了好几篇回应埃默和克娄斯特的论文，它们都评价了“尼德兰大西洋”或尼德兰在大西洋的存在的概念与性质。有关在巴西、加勒比海以及特别是北美的尼德兰大西洋殖民地的重要历史研究让这一问题经久不息，因为这些地方都是与不同的国家和文化共享的，因此也受到了它们的挑战。[②]

直到相对晚近的时候，历史学家才开始采用另一个视角，而现在开始有人呼吁对尼德兰的帝国叙事进行重新思考，将尼德兰在大西洋的活动视为全球化大历史的一部分。赫特·奥思汀迪（Gert Oostindie）与杰茜卡·罗伊特曼（Jessica Roitman）、丹尼·诺兰德以及最近的勒内·库库克（René Koekkoek）、安妮—伊莎贝尔·理查德（Anne-Isabelle Richard）和阿瑟·魏斯金（Arthur Weststeijn）接受了“大西洋史”、“全球史”和“新帝国史”等以英美为主的新模式的挑战，提出了其他的研究方法和研究方向。[③] 奥思汀迪和罗伊特曼提出了一种研究大西洋尼德兰人的新方法论，通过考察从1680年到1800年尼德兰人活动的（地理）节点来关注其跨国性质。他们主张从时间和主题上来描绘发展变化：“基于这些应用，我们希望描绘整个‘尼德兰’大西洋及其联系在时

① Pieter Emmer, "The Dutch Atlantic, 1600 - 1800: Expansion Without Empire," *Itinerario: European Journal of Overseas History*, 23, 2 (1999), pp. 48-69. 这一说法得到了其他学者的呼应，例如 B. Schmidt, "The Dutch Atlantic. From Provincialism to Globalism," in J. P. Greene and P. D. Morgan, eds, *Atlantic History: A Critical Appraisal*, Oxford: Oxford University Press, 2009, pp. 163-187。

② 参见 Wim Klooster, *The Dutch Moment: War, Trade, and Settlement in the Seventeenth-Century Atlantic World*, Ithaca & London: Cornell University Press, 2016; Michiel van Groesen, ed., *The Legacy of Dutch Brazil*, Cambridge: Cambridge University Press, 2014; C. C. Goslinga, *The Dutch in the Caribbean and the Wild Coast, 1580 - 1680*, Assen: Van Gorcum, 1971; K. J. Fatah-Black, "Suriname and the Atlantic World, 1650-1800," Ph. D. diss., Universiteit Leiden, 2013; J. Jacobs, *New Netherland: A Dutch Colony in Seventeenth Century America*, Leiden: Brill, 2005。

③ Gert Oostindie and Jessica Vance Roitman, "Repositioning the Dutch in the Atlantic, 1680 - 1800," *Itinerario*, 36 (2012), pp. 129 - 160; D. L. Noorlander, "The Dutch Atlantic World, 1585 - 1815: Recent Themes and Developments in the Field," *History Compass*, 18 (2020); René Koekkoek, Anne-Isabelle Richard and Arthur Weststeijn, "Visions of Dutch Empire. Towards a Long-Term Global Perspective," *BMGN-Low Countries Historical Review*, 132, 2 (2017), pp. 79-96.

间中的变化，并将由此而来的动态分析与整个大西洋的历史分期进行比较。”[①] 诺兰德在评估尼德兰大西洋历史研究的进展情况时呼吁将新的研究引向尼德兰活动中较不为人知或受忽视的领域。[②] 最后，理查德、库库克和魏斯金提出了尼德兰帝国史的一种新思想史，它不仅是跨国的，而且还采取了长时段的方法。

尼德兰帝国史特别是大西洋史研究的发展方向是清楚的。虽然历史学家都认同外国人和外国性的重要性以及跨国方法的意义，但他们还是坚持将尼德兰联省共和国作为叙述的中心，正如他们大多数人所承认的那样。[③] 人们不再只盯着“尼德兰”的地点与空间，开始对非尼德兰或殖民地网络中的尼德兰人感兴趣，这体现了一种摆脱民族国家传统焦点的趋势。[④] 毕竟整个大西洋世界也是跨国的、跨文化的，它的特点就是各地都有不同的欧洲和原住民势力进行冲突和竞争，里面生活着各种跨境人员。举个例子，尼德兰与英格兰早期“帝国”之间的联系、合作与对抗已经形成了自己的历史研究脉络。[⑤] 结果，那些看似不起眼的群体成员现在已经有了自己的一席之地。他们常常被描绘成跨界或跨境人员和跨文化的中间人，他们的特殊技能使他

① Gert Oostindie and Jessica Vance Roitman, “Repositioning the Dutch in the Atlantic, 1680-1800,” *Itinerario*, 36 (2012), p. 150.

② D. L. Noorlander, “The Dutch Atlantic World, 1585-1815: Recent Themes and Developments in the Field,” *History Compass*, 18 (2020), p. 8.

③ Gert Oostindie and Jessica V. Roitman, eds., *Dutch Atlantic Connections, 1680-1800: Linking Empires, Bridging Borders*, Leiden: Brill, 2014, p. 2.

④ D. Armitage, “Three Concepts of Atlantic History,” in D. Armitage and M. J. Braddick, eds., *The British Atlantic World, 1500-1800*, Basingstoke: Palgrave Macmillan, 2002, pp. 11-27; B. Bailyn, “The Idea of Atlantic History”, *Itinerario*, 20, 1 (1996); B. Bailyn, *Atlantic History: Concept and Contours*, Cambridge: Harvard University Press, 2005. 有关殖民地之间的网络，参见 C. Schnurmann, “Atlantische Welten: Engländer und Niederländer im amerikanisch-atlantischen Raum, 1648-1713,” Wirtschafts-und Sozialhistorische Stuudien, 9 (1998); *A. Lee Hatfield*, Atlantic Virginia: Intercolonial Relations in the Seventeenth Century, *Philadelphia: University of Pennsylvania Press*, 2004; *C. Koot*, Empire at the Periphery: British Colonists, Anglo-Dutch Trade, and the Development of the British Atlantic, *1621-1713*, *New York: New York University Press*, 2011。有关殖民地结构的其他观点，参见 *L. H. Roper and B. Van Ruymbeke*, Constructing Early Modern Empires: Proprietary Ventures in the Atlantic World, *1500-1750*, *Leiden and Boston: Brill*, 2007。

⑤ 参见 C. Koot, *Empire at the Periphery: British Colonists, Anglo-Dutch Trade, and the Development of the British Atlantic, 1621-1713*, New York: New York University Press, 2011。另参 *A. Games*, The Web of Empire: English Cosmopolitans in an Age of Expansion, *1560-1660*, *Oxford: Oxford University Press*, 2008。

们在四海之内都吃得开，可以在更为强势的群体之内、之间和之外如鱼得水。特别是原住民和犹太人就被赋予了这样的角色。[①] 这些非主流、非国族的移民群体在各帝国和文化之间的空间里积极寻求——有时是碰巧遇到——财富、机会和法律权利。他们在大西洋世界的形成过程中发挥了显著的作用，他们也对近代早期的大西洋贡献了一种新的认识。[②] 本文考察这类参与者中的苏格兰人。苏格兰移民在欧洲许多地方都很出名，他们常常在高辨识度的社区中定居，他们的移民活动也扩展到了新大陆，尽管数量不是很多。[③] 不管怎样，用克劳迪亚·施努尔曼（Claudia Schnurmann）的话说，苏格兰人形成了“殖民地之间及跨越国境的联系”并从中获益。[④] 的确，我们可以说这就是苏格兰的“移民文化”，它影响并成就了这一早期的大西洋活动。[⑤]

---

① 例如 M. Meuwese, “Pragmatic Agents of Empire: Dutch Intercultural Mediators among the Mohawks in Seventeenth-Century New Netherland,” in B. Kaplan, M. Carlson and L. Cruz, eds, *Boundaries and Their Meanings in the History of the Netherlands*, Leiden and Boston Oxford: Oxford University Press, 2009, pp. 139 - 154; R. L. Kagan and P. D. Morgan, eds, *Atlantic Diasporas: Jews Conversos, and Crypto-Jews in the Age of Mercantilism 1500-1800*, Baltimore: The John Hookins University Press, 2009。

② 学者们虽然已经承认了这一点，但还没有予以充分探究。有关近来对移民及其移动依然比较传统的分类，参见 W. O'Reilly, “Movements of People in the Atlantic World, 1450-1850,” in N. Canny and P. Morgan, eds., *The Oxford Handbook of the Atlantic World, 1450-1850*, Oxford: Oxford University Press, 2011, pp. 305-323。有关犹太移民，另参见 C. Koot, *Empire at the Periphery: British Colonists, Anglo-Dutch Trade, and the Development of the British Atlantic, 1621-1713*, New York: New York University Press, 2011, pp. 141-145; 有关德意志人雅各布·莱斯勒，参见 C. Schnurmann, “Representative Atlantic Entrepeneur: Jacob Leisler, 1640 - 1691,” in J. Postma and V. Enthoven, eds, *Riches from Atlantic Commerce: Dutch Transatlantic Trade and Shipping, 1585 - 1817*, Leiden and Boston: Brill, 2003, pp. 259 - 287; A. I. Macinnes, “Scottish Circumvention of the English Navigation Acts in the American Colonies 1660 - 1707,” in G. Lottes, E. Medijainen and J. V. Sigurdsson, eds., *Making, Using and Resisting the Law in European History*, Pisa: Plus-Pisa University Press, 2008, esp. p. 124。

③ S. Murdoch & E. Mijers, “Migrant Destinations, 1500 - 1700,” in T. Devine and J. Wormald, eds., *Oxford Handbook of Scottish History*, Oxford: Oxford University Press, 2012, pp. 320 - 327.

④ 施努尔曼恩这句话说的是商人雅各布·莱斯勒。Claudia Schnurmann, “Representative Atlantic Entrepeneur: Jacob Leisler, 1640 - 1691,” in J. Postma and V. Enthoven, eds., *Riches from Atlantic Commerce: Dutch Transatlantic Trade and Shipping, 1585-1817*, Leiden and Boston: Brill, 2003, p. 283. 另参 “Atlantische Welten: Engländer und Niederländer im Ameri-kanisch-Atlantischen Raum 1648-1713,” *Wirtschafts-und Sozialhistorische Studien*, 9 (1998)。

⑤ Christopher Smout, “The Culture of Migration: Scots as Europeans 1500 - 1800,” *History Workshop Journal*, 40 (1995), pp. 108-117.

三 苏格兰与大西洋的研究状况

与尼德兰研究状况形成鲜明对比的是，有关近代早期苏格兰与大西洋的研究更为有限，尽管卡琳·鲍伊（Karin Bowie）几年前发现苏格兰史研究出现了全球转向。[①] 不同于邻国英格兰，苏格兰并不是一个帝国势力，也没有自己探索新大陆的计划。虽然有一系列在美洲东北部沿岸——新斯科舍、斯图亚特镇、东新泽西——和巴拿马地峡的达连定居的著名尝试，但17世纪苏格兰海外活动的焦点是向东前往欧洲大陆。除了与尼德兰的联系之外，苏格兰与欧洲其他地区也有频繁且大规模的贸易联系和人员往来。在21世纪初，所谓海外苏格兰人研究备受关注，因此我们现在对这些苏格兰移民的移动和身份认同有了更好的了解。[②] 的确，近代早期关于海外苏格兰人的叙事主要聚焦在欧洲大陆，与英格兰（及爱尔兰）跨大西洋活动研究形成鲜明的对比。虽然对苏格兰在英帝国中角色的兴趣方兴未艾，但17世纪苏格兰自身与欧洲以外世界的海外活动依然有待更加详细的研究。目前已经有了一些发展，如达连殖民地最近被重新考察了。[③] 另外一些学者开始发现早期苏格兰人与大西洋世界有相当程度的来往，不管是在质上还是在量上。[④] 此外，传统上认为苏格兰国穷民困，经济不如英格兰发达，它在殖民事业上的失败（以17世纪90年代末的达连殖民地计划告终）使这个国家屈服，被迫与英格兰进行议会合并，这样的观点已经受到了猛烈的攻击，最有名的可

① Karin Bowie, "Cultural, British and Global Turns in the History of Early Modern Scotland," *The Scottish Historical Review*, 92（2013）, Issue Supplement, pp. 38-48.

② 描述这种情况的文献很多。例如 Alexia Grosjean and Steve Murdoch, eds., *Scottish Communities Abroad in the Early Modern Period*, Leiden Brill, 2005; T. M. Devine, *Scotland's Empire, 1600-1815*, London: Allen Lane, 2003。

③ 例如 Julie Orr, *Scotland, Darien, and the Atlantic World, 1698-1700*, Edinburgh: Edinburgh University Press, 2018; Rachael E. Communale, "'Ill Used by Our Government': The Darien Venture, King William and the Development of Opposition Politics in Scotland, 1695-1701," *The Scottish Historical Review*, 98（1）, pp. 22-44。

④ 有关一些最新的论著，参见 David Worthington, "Sugar, Slave-Owning, Suriname and the Dutch Imperial Entanglement of the Scottish Highlands before 1707," *Dutch Crossing: Journal of Low Countries Studies*, 44, 1（2019）, pp. 3-20; J. Wagner, "John Browne's Transatlantic Enterprise: Scottish Sugar Manufacturing, Caribbean Commerce, and the Colonisation of St Vincent in the 1660s," *The Scottish Historical Review*, 100, 1（2021）, pp. 129-137。

能要数艾伦·麦金尼斯（Allan Macinnes）。[①] 不过，这些文献大多依然是孤立地对待苏格兰的殖民史，没有考虑到它与其他国家的互动。[②] 人们总是以猎奇的心态看待苏格兰在新大陆的存在，如果有进行认真思考的话，也是将其视为18—19世纪帝国篇章的序幕而已。[③] 这样的叙述往往将1707年英格兰与苏格兰的联合视为苏格兰帝国运势的转折点。然而正如本文所示，苏格兰在新大陆的存在远远不止是偶尔有几个苏格兰人前来定居。

苏格兰原来所关心的“帝国”就是征服以及在本土的政治支配，这可以追溯到它在英伦三岛的位置、它与英格兰含混不清的关系以及它自身形成的历史和麻烦不断的“苏格兰高地”问题。苏格兰人对不少外国的帝国传统颇为熟悉，包括英格兰对爱尔兰的统治、它自己与法国结为老同盟的经验以及波兰立陶宛邦联和西属美洲帝国。[④] 和这些国家一样，它的君主也将本国定义为一个“帝国”。[⑤] 历史学者在思考苏格兰早期在大西洋的活动时，就已经突出了斯图亚特王朝的帝国野心在国内和国外的延续性。大卫·阿米蒂奇已经指出了苏格兰对“让帝国带有整个不列颠的特性”（making the

① A. I. Macinnes, *Union and Empire: The Making of the United Kingdom in 1707*, Cambridge: Cambridge University Press, 2007. 有关比较传统的叙述，参见 E. Richards, “Scotland and the Uses of the Atlantic Empire,” in B. Bailyn and P. D. Morgan, eds., *Strangers within the Realm: Cultural Margins of the First British Empire*, Chapel Hill and London: The University of North Carolina Press, 1991, pp. 67-115。

② 一个明显的例外是 Joseph Wagner, “The First ‘British’ Colony in the Americas: Inter-Kingdom Cooperation and Stuart-British Ideology in the Colonisation of Newfoundland, 1616-1640,” *Britain and the World*, 15, 1 (2002), pp. 1-23。

③ T. M. Devine, *Scotland's Empire*, London: Allen Lane, 2003; Michael Fry, *The Scottish Empire*, East Lothian and Edinburgh: Tuckwell Press and Birlinn Ltd., 2001. 这两本书依然是最有名的。另参见较早的 George Pratt Insh, *Scottish Colonial Schemes, 1620-1686*, Glasgow: Maclehose, Jackson & Co., 1922; *The Company of Scotland Trading to Africa and the Indies*, London, 1932; *The Darien Scheme*, London: Staples Press Limited, 1947。另参见 D. J. Hamilton, *Scotland, the Caribbean and the Atlantic World, 1750-1820*, Manchester: Manchester University Press, 2005; N. C. Landsman, ed., *Nation and Province in the First British Empire: Scotland and the Americas, 1600-1800*, Cranbury, London and Mississauga: Bucknell University Press, 2001。

④ 不少历史学家已经做了这方面的工作，包括罗杰·梅森（Roger Mason）、阿瑟·威廉森（Arthur Williamson）和大卫·阿米蒂奇。关于全面的概述，参见 A. I. Macinnes, *Union and Empire: The Making of the United Kingdom in 1707*, Cambridge: Cambridge University Press, 2007, pp. 53-80。

⑤ R. A. Mason, “This Realm of Scotland Is an Empire? Imperial Ideas and Iconography in Early Renaissance Scotland,” in B. Crawford, ed., *Church, Chronicle and Learning in Late Medieval and Early Renaissance Scotland: Essays Presented to Donald Watt*, Edinburgh: Edinburgh University Press, 1999, pp. 77-95.

Empire British）有何贡献。[①] 在更晚近的时候，约瑟夫·瓦格纳（Joseph Wagner）认为“1603年斯图亚特王朝的苏格兰国王詹姆斯六世登上英格兰及爱尔兰王位，导致一种新生的‘斯图亚特—不列颠’身份认同形成，它在17世纪上半叶被投射到了纽芬兰”。[②] 此外，在2007年一期《美国历史评论》“论坛”栏目的导论中，作者认为“大西洋世界的历史在很大程度上就是帝国野心的历史”，苏格兰无疑是具备这一点的。[③] 虽然苏格兰没能建立独立的殖民地，但它对帝国的关心已经展现在国内的政治经济学辩论中，以及更具体地体现在大西洋世界与其他国家的交往中。[④] 后者是很重要的问题。正如大卫·阿米蒂奇所强调的，英格兰并不是苏格兰唯一的文化模板：“显然苏格兰人四海为家的特点让他们在自己的殖民活动以及其他领域的思想活动中接触到了各式各样的欧洲范例。”[⑤]

近代早期的苏格兰当然不是以向外扩张而为人所知。汤姆·迪瓦恩（Tom Devine）是这样评价17世纪苏格兰人在跨大西洋世界的活动的：

> 在大约1650年以前，联系转瞬即逝，少数官方的定居计划也以失败告终。作为一个后来在帝国扩张中功勋卓著的民族，苏格兰人在跨大西洋贸易和殖民化活动中姗姗来迟，似乎有点奇怪。
>
> 保守估计，1640年之前在美洲英格兰种植园定居的苏格兰人不到200名，另外在新法兰西和新尼德兰还有一点。[⑥]

尽管苏格兰贸易和移民的焦点都在欧洲大陆，但在大西洋的活动也很明显，

① D. Armitage, “Making the Empire British: Scotland in the Atlantic World *1542-1707*,” *Past and Present*, 155 (1997), pp. 34-63.

② Joseph Wagner, “The First ‘British’ Colony in the Americas: Inter-Kingdom Cooperation and Stuart-British Ideology in the Colonisation of Newfoundland, 1616-1640,” *Britain and the World*, 15, 1 (2022), pp. 1-2.

③ “AHR Forum Entangled Empires in the Atlantic World: Introduction,” *The American Historical Review*, 112, 3 (2007), p. 710.

④ A. Potofsky, “New Perspectives in the Atlantic,” *History of European Ideas*, 34 (2008), pp. 383-387. 阿兰·麦金尼斯已经强调了欧洲与大西洋的相互联系性以及苏格兰在其中的角色。A. I. Macinnes, “Introduction: Connecting and Disconnecting with America,” in Macinnes and Williamson, eds, *Shaping the Stuart World, 1603-1714: The Atlantic Connections*, Leiden: Brill, 2005, p. 3.

⑤ D. Armitage, “Making the Empire British: Scotland in the Atlantic World 1542-1707,” *Past and Present*, 155 (1997), p. 49.

⑥ T. M. Devine, *Scotland's Empire 1600-1815*, London: Allen Lane, 2003, p. 1.

可以追溯到16世纪末。这个国家最早的兴趣主要在格陵兰和纽芬兰外海的渔业上，而它最初是在靠近本土的刘易斯岛和阿尔斯特种植园找到了出口。[①] 16世纪末，尼德兰探险家扬·赫伊亨·范·林索登（Jan Huygen van Linschoten）在亚速尔群岛遇到了苏格兰商人，后者在染料贸易中非常活跃。[②] 苏格兰在美洲尝试建立的第一个殖民地是短命的新斯科舍定居点。1621年，詹姆斯六世向门斯特里的威廉·亚历山大爵士（Sir William Alexander of Menstrie，1567? -1640）颁发了一份特许状，他后来先后被封为斯特灵子爵（Viscount of Stirling）、图利博迪勋爵（Lord of Tullibody）和斯特灵伯爵（Earl of Stirling）。[③] 他的计划直到1629年才执行，但在同年晚些时候，布雷顿角岛（Cape Breton Island）上的殖民定居点被法国的袭击摧毁，计划就此夭折。在罗亚尔港的第二个定居点倒是存活了下来，但到1632年，根据查理一世与法国的《圣日尔曼昂莱条约》（Treaty of Saint-Germain-en-Laye），它也不得不被放弃。苏格兰议会似乎不为所动，于次年向现为斯特灵伯爵的亚历山大颁发了特许状。1635年，斯特灵伯爵"获得了新英格兰中与滨海诸省交界的缅因以及长岛以作为补偿"。[④] 后来苏格兰人试图重新恢复这一领土主权，而1644年小约翰·温思罗普（John Winthrop the Younger，1606-1676）也试图在边上建立一个友好的圣约派殖民地，但都无果而终。[⑤] 苏格兰在北美洲、

① G. Donaldson, *The Scots Overseas*, Westport: Green Wood Press, 1966, p. 29; J. Ohlmeyer, "Civilizinge of Those Rude Partes': Colonization within Britain and Ireland, 1580s-1640s," in Nicholas Canny, ed., *The Oxford History of Empire*, Vol. I, *The Origins of Empire. British Overseas Enterprise to the Close of the Seventeenth Century*, Oxford: Oxford University Press, 1998, pp. 124-147, 135.

② H. Kern, ed., *Itinerario Voyage Ofte Schipvaert van Jan Huygen van Linschoten Near Oost Ofte Portugaels Indien 1579-1592*, Vol. II, 'S-Gravenhage: M. Nijhoff, 1910, p. 184.

③ John G. Reid, *Acadia, Maine and New Scotland: Marginal Colonies in the Seventeenth Century*, Toronto and Buffalo: University of Toronto Press, 1981; David Dobson, *Scottish Emigration*, Athens: University of Georgia Press, 2004, p. 39.

④ Dated at Oatlands 20 July 1635, Registered in the Record of ligatures in Exchequer 22 Aug 1635, Grant of Baronetage Nova Scotia.

⑤ 约翰·G. 里德描述了"新斯科舍"这个名字是怎样保留下来并挺过了1707年联合的。John G. Reid, "The Conquest of 'Nova Scotia': Cartographic Imperialism and the Echoes of a Scottish Past," in Ned C. Landsman, ed., *Nation and Province in the First British Empire: Scotland and the Americas, 1600-1800*, Cranbury, London and Mississauga: Bucknell University Press, 2001, pp. 39-59. 有关晚至1701年苏格兰人在纽芬兰的活动，参见 David Dobson, "Seventeenth-century Scottish Communities in the Americas," in Alexia Grosjean and Steve Murdoch, eds., *Scottish Communities Abroad in the Early Modern Period*, Leiden: Brill, 2005。

加勒比海和中美洲的其他冒险活动也同样昙花一现，可能只有东新泽西是例外。[①]

无论如何，我们可以说苏格兰在17世纪初的起点并没有比英格兰差多少。早期的苏格兰帝国野心得到了国王詹姆斯六世的大力支持。此外，苏格兰在欧洲积累了海外贸易网络和海外移民的经验。苏格兰之所以没能将这些早期优势施展出来，人们找出了一些解释：（1）面对国际压力，查理二世有意牺牲新斯科舍乃至整个苏格兰殖民利益，以成全英格兰的殖民利益，这就开了一个影响深远的头；（2）在詹姆斯六世移驾英格兰后，苏格兰缺乏一个强有力的行政领导；（3）最重要的是，它缺少有效殖民所需的资源或人力资本。[②] 最后一个解释颇有说服力。鉴于17世纪苏格兰的短期或长期移民集中在波罗的海、斯堪的纳维亚和阿尔斯特等地，更不要说对尼德兰联省共和国及其他地方的浓厚兴趣，大西洋冒险活动找不到足够的苏格兰人来维持就不足为奇了。[③] 不管怎样，我们可以看到苏格兰对美洲有持续的关注，这部分是因为苏格兰向英格兰殖民地进行渗透的政策取得了成功，这种渗透是个人进行的，没有国家的支持，可以说是一种“隐身帝国”（empire by stealth）。[④]

---

① George Pratt Insh, *Scottish Colonial Schemes, 1620-1686*, Glasgow: Maclehose, Jackson & Co., 1922; George Pratt Insh, *The Company of Scotland Trading to Africa and the Indies*, London: Charles Scribner's Sons, 1932; George Pratt Insh, *The Darien Scheme*, London: Staples Press Limited, 1947; Robin Law, "The First Scottish Guinea Company, 1634-9," *Scottish Historical Review*, LXXXVI (1997), pp. 185-202; John G. Reid, *Acadia, Maine and New Scotland: Marginal Colonies in the Seventeenth Century*, Toronto and Buffalo: University of Toronto Press, 1981; Linda G. Fryer, "Documents Relating to the Formation of the Carolina Company in Scotland, 1682," *South Carolina Historical Magazine*, 99 (1998); Ned C. Landsman, *Scotland and Its First American Colony, 1680-1765*, Princeton: Princeton University Press, 1985; David Dobson, "Seventeenth-century Scottish Communities in the Americas," in Alexia Grosjean and Steve Murdoch, eds., *Scottish Communities Abroad in the Early Modern Period*, Leiden: Brill, 2005, pp. 114-122.

② David Dobson, "Seventeenth-century Scottish Communities in the Americas," in Alexia Grosjean and Steve Murdoch, eds., *Scottish Communities Abroad in the Early Modern Period*, Leiden: Brill, 2005, p. 106; T. M. Devine, *Scotland's Empire, 1600-1815*, London: Allen Lane, 2003, pp. 1, 2.

③ Ned C. Landsman, "Nation, Migration, and the Province in the First British Empire: Scotland and the Americas, 1600-1800," *The American Historical Review*, 104, 2 (1999), pp. 463-475, 469. 历史学家都认为约有7000名苏格兰人前往美洲，参见N. C. Landsman, ed., *Nation and Province in the First British Empire: Scotland and the Americas, 1600-1800*, Cranbury, London and Mississauga: Bucknell University Press, 2001, p. 13。

④ T. M. Devine, *Scotland's Empire, 1600-1815*, London: Allen Lane, 2003, p. xxvii.

类似的，我们开始发现荷兰、瑞典以及其他欧洲殖民地也存在这样的策略。因此，17 世纪对大西洋的介入需要被当作欧洲联系的延伸进行考察，例如贸易路线、移民规律和网络。苏格兰的帝国序幕显然需要更加详细的考察。

在这个不断扩张的世界中，苏格兰人比很多人所认为的更加活跃，他们在亚洲和大西洋海盆中都有活动。[①] 除了建立苏格兰殖民地的失败尝试外，在英格兰的空间及以外都可见到苏格兰人的身影，不管他们是合法的存在还是非法的闯入者。他们的跨大西洋移民偶尔还带有明显的非自愿性质——被克伦威尔和复辟政权发配到加勒比海的囚犯，还有纽约及中部殖民地的契约劳工。[②] 北美的宗教定居者中也有苏格兰人；哈德逊湾公司招募大批奥克尼群岛居民一事也很有名；而且最重要的是，在整个 17 世纪，四通八达的苏格兰商人网络将苏格兰的港口城市与欧洲大陆、新大陆和伦敦的港口城市联系了起来。这些网络并不仅限于新生的英格兰殖民地。相反，苏格兰人将他们与联省共和国和斯堪的纳维亚国家的旧大陆联系顺理成章地延伸到新大陆，拓展他们的网络，尽最大可能利用他们在欧洲积累的人脉和经验。在大西洋这个卷入全球经济体系的跨国、跨文化区域中，苏格兰人在殖民矛盾——例如英格兰与尼德兰之间——中得了渔翁之利，形成了“殖民地之间及跨越国境的联系”并从中获益。[③] 虽然他们的行为远远算不上独一无二，但苏格兰向欧洲大陆移民的经验使之比其他一些国家的人更能适应新大陆。这样看来，海外的苏格兰人就充当了与犹太人或亚美尼亚人等其他跨境人员类似的角色，呼应了艾莉森·盖姆（Alison Game）“心怀世界”（cosmopolitanism）的概念。[④] 从理论上讲，苏格兰人在英格兰的空间里享用的法律权利和在国内是一样的。詹姆斯六世在 1603 年登上英格兰王位后就奉行强化苏格兰与英格兰联合的政策，作为这一政策的残余，“事后出生公民权”（post-nati citizenship）让 1604 年后出生的所有臣民在居住和财产权

---

① Victor Enthoven, Steve Murdoch, and Eila Williamson, eds., *The Navigator: The Log of John Anderson, VOC Pilot-Major 1640-1643*, Leiden: Brill, 2010.

② 参见内德·兰兹曼在这方面的作品，例如，Ned Landsman, *Scotland and Its First American Colony, 1683-1765*, Princeton: Princeton University Press, 2014。

③ Claudia Schnurmann, “Representative Atlantic Entrepeneur: Jacob Leisler, 1640-1691,” in J. Postma and V. Enthoven, eds., *Riches from Atlantic Commerce. Dutch Transatlantic Trade and Shipping, 1585-1817,* Leiden and Boston: Brill, 2003, p. 283. 另参见 *Atlantische Welten: Engländer und Niederländer im Amerikanisch-Atlantischen Raum 1648-1713*, Cologne etc: Böhlau, 1998。

④ A. Games, *The Web of Empire: English Cosmopolitans in an Age of Expansion, 1560-1660*, New York: Oxford University Press, 2008.

利方面都被视为平等的公民。[①] 这一法律地位在“卡尔文案”中得到法庭的确认，涉及的是英伦三岛的情况。而大西洋扩张将以出人意料、前所未见的方式对这一地位进行进一步的考验。

我们将会清楚地看到，苏格兰人的确采用了多种模式在大西洋进行活动。虽然还有许多细节有待发掘，但苏格兰的案例对瑞典或库尔兰这样的小国而言可以说既独特又普通，这些小国在帝国的海洋中浅尝辄止，没有取得成功，常常还眼睁睁地看着它们的努力被列强所吞。因此，研究苏格兰在17世纪大西洋的角色有两个很有说服力的理由：（1）所有的苏格兰海外活动都是其欧洲活动的一部分，而大西洋在大多数情况下不过是欧洲的延伸；（2）苏格兰在这一方面不是绝无仅有的，并且应当强调，它所采取的路径是通向帝国的一条早期道路，长期被人遗忘，至少是被人忽视的。本文以苏格兰人与尼德兰的关系为例探究更多的活动类型，两者的关系通过网络以及偶尔的合作甚至共同定居计划提供了雇佣就业、移民机会以及代理服务，下面的案例研究讨论这些问题。

四　泽兰省：蛮荒海岸的雇佣就业、合作以及共同定居

尼德兰大西洋似乎是苏格兰人的天然家园，可以为他们带来许多和旧大陆一样的好处，包括雇佣就业以及一定程度的合作。在17世纪初的泽兰省进行的冒险活动中，合作表现得最为明显。泽兰省是尼德兰在政治和经济取得成功的一个早期原动力，这主要基于尼德兰起义初期首先定居于此的许多佛兰德难民所带来的财富和人际关系网络，故该省在国际事务中与荷兰省一争高下。就苏格兰而言，它不仅是贸易中心的所在地，还很有成为天然合作伙伴的潜力。[②] 苏

① 从1603年开始，苏格兰和英格兰拥有同一位君主。这种情况并不罕见，但不同于西班牙等国，它直到100年后才进行进一步的联合。尽管詹姆斯六世尽了最大的努力，但试图更进一步联合的努力（人心的联合）并没有结果，而到1609年前后，这一试验失败了。不过在有些领域，共同的政策/框架被建立起来了：在传统上属于君主职权范围的外交事务上，17世纪大部分时候奉行的都是一种全不列颠的政策，而同样重要的是，两个国家都为苏格兰人和英格兰人确立了法律权利。经过“卡尔文案”的确认，在1604年后出生的人在两个国家都享有公民权。

② E. Mijers, “A Natural Partnership? Scotland and Zeeland in the Early Seventeenth Century,” in A. I. Macinnes and A. H. Williamson, eds., *Shaping the Stuart World, 1603-1714: The Atlantic Connections*, Leiden: Brill, 2005, pp. 233-260.

格兰人从尼德兰的内部矛盾中渔利，当泽兰省在与荷兰省的竞争中开始落于下风时，苏格兰人就找上了泽兰省。在经济和政治上，17 世纪上半叶尼德兰联省共和国不仅有发展，还有省份之间的竞争。结果，各省份办公室的贸易和帝国利益经常大异其趣。总体上讲，阿姆斯特丹办公室主要关心的是北美（以及东印度群岛），而泽兰省人念兹在兹的则是西印度群岛。随着时间的推移，大西洋海盆上出现了泽兰省和荷兰省专属的势力范围。①

作为尼德兰西进最为积极的省份，泽兰省总是比倾向法国的荷兰省更关注英伦三岛。在英格兰驻军城镇有一个很大的说英语的士兵群体，在费勒的苏格兰贸易中心有很多商人，附近的米德尔堡还有一群英格兰商人，再加上与英格兰沾亲带故的佛兰德人，这意味着该省在 16 世纪末 17 世纪初是说英语的人及其面向英伦三岛的活动与机会的中心。随着西印度公司转向特许庄园模式，它实际上也为外国人的经营活动打开了大门。不久就出现了私营的泽兰—不列颠以及更具体的泽兰—苏格兰合作。② 在 1616 年詹姆斯六世交出那几座驻军城镇后，一些英格兰和苏格兰士兵决定前往西方。英格兰—尼德兰的柯廷—德莫尔公司安排他们跟随两支船队出发。公司董事扬·德莫尔（Jan de Moor）和威廉·柯廷（William Courteen）爵士在蛮荒海岸和埃塞奎博河沿岸会获得很多利益，这些移民在那里建立了若干种植园。两位董事都与苏格兰有关系，扬·德莫尔还曾经参与在刘易斯岛上建立尼德兰商人种植园的计划。③ 十年之后又出现了一个新的机会，扬·德莫尔在多巴哥岛上建立了新瓦尔赫伦（Nieuw Walcheren）殖民地——是以泽兰省的一座岛屿命名的。在整个 17 世纪，有许多不同的殖民者对多巴哥进行争夺，其中就包括以泽兰省为根基的兰普森（Lampsins）兄弟，他们与苏格兰有很密切的联系，为苏格兰人来该岛定居铺平了道路。

和柯廷—德莫尔公司一样，兰普森兄弟的企业也有广泛的贸易利益，遍

① P. C. Emmer, "The West India Company, 1621-1791: Dutch or Atlantic?" in L. Blussé and F. Gaastra, eds., *Companies and Trade*, Leiden: Leiden University Press, 1981, pp. 71-97.

② Roos, *Zeeuwen en de Westindische Compagnie*, Van Geyt Preductions, 1992, pp. 8-10; W. R. Menkman, "Tobago. Een Bijdrage tot de Geschiedenis der Nederlandsche Kolonisatie in Tropisch Amerika. I," *West Indische Gids*, 21 (1939), pp. 224-229; Enthoven, "Early Dutch Expansion in the Atlantic Region", Riches from Atlavntic Commerce, Leiden: Brill, 2003, p. 34.

③ E. Mijers, "A Natural Partnership? Scotland and Zeeland in the Early Seventeenth Century," in A. I. Macinnes and A. H. Williamson, eds., *Shaping the Stuart World, 1603-1714: The Atlantic Connections*, Leiden: Brill, 2005, 233-260.

布东西印度群岛和地中海。他们同时还是西印度公司泽兰省办公室的董事。他们的企业原来是父亲建立的一家捕鲸公司，他们的父亲曾经是西印度公司前身之一北方公司（Noordsche Compagnie）的重要成员，该公司成立于1614年，为的是在北方海域发展捕鲸业，以回应英格兰在白海的竞争。[①] 兰普森兄弟与苏格兰贸易有联系，还在财政上支持苏格兰的圣约派事业。他们还有一名苏格兰公证人兼代理人吉迪恩·莫里斯（Gideon Morris），后者曾在1637年或1638年在荷属巴西待过。[②] 莫里斯在泽兰省的殖民地圣尤斯特歇斯岛拥有股份。[③] 当兰普森兄弟于1648年将目光投向多巴哥时，他们已经在圣马丁和圣尤斯特歇斯岛拥有庄园了。四年之后，他们开始殖民该岛，旨在将其变成整个地区的一个国际贸易仓库。在莫里斯的支持下，他们从整个地区吸引定居者，包括蛮荒海岸人、巴西人和多巴哥人，而其中很可能就有苏格兰人。

除了在泽兰省的贸易公司和海外活动中进行有效合作，西印度公司还为苏格兰人提供了雇佣就业的机会。司务长威廉·坎宁安（Willem Cunyngham）的日记显示，他们进入了西印度公司的后勤部门。[④] 他受雇于米德尔堡办公室，在1625年乘船前往“巴西的万圣湾”（Baija de todos los Santos in Brasijlia）以及其余的巴西海岸。他的船在普利茅斯与其他几艘船汇合，整支船队在海军将领韦龙指挥的护航下沿非洲海岸行驶，再横渡大西洋前往巴西。由于西印度公司主要是对抗西班牙的战争工具，它需要庞大的军事组织。苏格兰人被雇用做士兵、水手和船员，尤其是去荷属巴西，这是西印度公司首个跨大西

---

① 当詹姆斯六世主张斯匹次卑尔根岛的主权时，荷兰捕鲸者在此区域的活动已经很活跃了。H. G. A.，“Histoire du Pays Nomme Spitsberghe Comme il a ésté descouvert, sa situation & de ses Animauls,” Avec le Discours des empeschemens que les Navires esquippes pour la peche des Baleines tant Basques, Hollandois, que Flamens ont soufferts de la part des Anglois, en l'Année presente 1613, reprinted in H. Gerritsz, *Beschryvinghe van der Samoyeden Landt en Histoire du Pays Nommé Spitsberghe*, S. P. L'Honoré Naber, ed., 's-Gravenhage: M. Nijhoff, 1924, pp. 79-103.

② Nationaal Archief, 1.05.01.01, Oude West-Indische Compagnie (OWIC), Beschrijving van Noord-Braziliё door Gedion Morris, 1637 okt. 22.

③ Roos, *Zeeuwen en de Westindische Compagnie*, Van Geyt Preductions, 1992, p. 100.

④ NA, 1.05.01.01 Archief van de Oude Westindische Compagnie (OWIC), 43, Rapport [...] vande voyagie ende rijse gedaen met het schip den Neptunus [...] ten dienste vande geoctrooijeerde westindische Compagnie, 1626. Cunyngham's voyage is also described by De Laet. Joannes de Laet, *Iaerlijck Verhael van de Verrichtingen der Geoctroyeerde West-Indische Compagnie in Derthien Boecken*, S. P. L'Honoré Naber, ed., I. Boek I-III (1624-1626), 's-Gravenhage, 1931, p. 107.

洋冒险活动。现存在巴西服役的西印度公司荷军士兵名单中有数百名苏格兰人。[①] 一个名叫约翰·古德拉德[②]（John Goodlad）的上尉指挥着帕拉伊巴（Paraíba）的驻军。詹姆斯·亨德森（James Henderson）上校在 1640 年后数次率军征讨葡萄牙人，并指挥了尼德兰征服西非安哥拉、本格拉和圣多美的军事行动。[③] 1645—1646 年，亨德森还参与了泽兰省支持的西印度公司进攻作战，以镇压荷属巴西的葡萄牙人叛乱。不同于苏格兰定居者，在西印度公司服役的苏格兰人都是职业士兵，他们已经在尼德兰的苏格兰旅中服役，或者是从三十年战争中回来的。随着尼德兰人在巴西的衰落，他们不得不在 1654 年放弃了他们的殖民定居点，对这些士兵的需求也消失了。此外，失去伯南布哥导致西印度公司在发展方向上发生剧烈变化，已经从殖民转向了中转贸易。这个“经过改组”的新尼德兰大西洋海纳百川，它从其他国家和人群中广泛招徕种植园经营者、代理商、贸易商和收购公司。[④] 与此同时，随着英格兰对尼德兰的压力不断增加，两国之间的竞争将为苏格兰人提供实际意义和象征意义上的“肥沃空间”，让他们应用在旧大陆和新大陆的技能，闯出自己的一片天地。

五　荷兰省：美洲东北海岸的移民与法律机会

荷兰省在北美洲的利益主要在哈德逊河沿岸。经过不同办公室之间的多年争斗，西印度公司最终将发展方向与荷兰省的利益靠拢，确认了该省在尼德兰联省共和国之外坐的也是头把交椅。尼德兰在北美洲的存在始于北方公司的活动。1614 年，北方公司的阿姆斯特丹办公室成立了新尼德兰公司，以协助在新发现的哈德逊河沿岸定居。[⑤] 当西印度公司在 1621 年成立时，

---

① Nationaal Archief, 1.01.07 Staten Generaal, 12582.7, Minuten der opgemaeckte rekeningen vant staeten volck, dat voor de West-Indische Comp. in Brasilla gedient heeft, nagesien door Gillis van Schendel en Johan van der Dusse. Overgelevert April 1655. With thanks to Wim Klooster.

② 古德拉德是奥克尼群岛上的一个姓氏。

③ 有关詹姆斯·亨德森在西印度公司服役的档案见于 NAS, Henderson of Fordell Papers, GD 172/290。

④ 本杰明·施密特描述了荷兰人一开始觉得有“道德”使命去援助他们的大西洋土著“盟友”，并与这些假想的战友一同反抗哈布斯堡的“暴政”，但到 17 世纪下半叶就抛弃了这种假设，因为它站不住脚。B. Schmidt, “The Dutch Atlantic: From Provincialism to Globalism,” in J. P. Greene and P. D. Morgan, eds, *Atlantic History: A Critical Appraisal*, Oxford: Oxford University Press, 2008, pp. 175-177.

⑤ 乔治·埃德蒙森认为，这件事在 1616 年重新激发了对蛮荒海岸的兴趣。G. Edmundson, “The Dutch in Western Guiana,” *English Historical Review*, 16 (1901), pp. 640-675.

它将这些初创公司吸收了进来；此时哈德逊河沿岸被统称为“新尼德兰”的各定居点于1624年被接管。它遵循的也是特许庄园模式。西印度公司的私营化导致荷兰省和泽兰省争夺各自的势力范围。泽兰省最终失败。1633年，公司决定不再关注蛮荒海岸，部分原因是阿姆斯特丹办公室试图将定居者吸引到新尼德兰。①

尽管政策上有了变化，但人们还是认为新尼德兰的重要性不如蔗糖殖民地伯南布哥。结果，除了授予特许庄园资格外，西印度公司并没有努力建立能独立发展的殖民地，也没有积极加以推广。② 此外，在1645年之前，新尼德兰的政府对建立殖民者社区并不太关心，它的移民政策关注的是个人，而不是“有组织的殖民定居者群体”。③ 1638年，该殖民地的前任总督彼得·米纽伊特（Peter Minuit）利用南部边界守卫空虚，在瑞典女王克里斯蒂娜的支持下建立了一个新殖民地。这个“新瑞典”建立在废弃的尼德兰定居点斯瓦嫩达尔（Swaenendal），占据了特拉华河下游的两岸，尼德兰人虽然提出了正式的抗议，但也是睁一只眼闭一只眼，可以说新瑞典是作为新尼德兰的延伸运作的。它是基于西印度公司创始人之一威廉·乌塞林克（Willem Usselincx）的失败提议建立的，乌塞林克建议成立一家瑞典—尼德兰的联合公司。④ 它的许多定居者是尼德兰人或德意志人，而两个殖民地之间的联系很普遍。在瑞典定居者中有一批（归化的）苏格兰人，他们可以利用他们在旧大陆的地位开展殖民活动。⑤ 新瑞典主要是从哥德堡获得补给

① J. G. van Dillen, "De West-Indische Compagnie, het Calvinisme en de Politiek," *Tijdschrift voor Geschiedenis*, 1961, pp. 145 - 171; H. den Heijer, "The Dutch West India Company 1621 - 1791," in Postma and Enthoven, eds., *Riches from Atlantic Commerce: Dutch Transatlantic Trade and Shipping, 1585-1817*, Leiden and Boston: Brill, 2003, pp. 77-114.

② J. Jacobs, "The Dutch Proprietary Manors in America: The Patroonships in New Netherland," in Roper and Van Ruymbeke, eds., *Constructing Early Modern Empires: Proprietary Ventures in the Atlantic World, 1500-1750*, Leiden and Boston: Brill, 2007, pp. 301-326. 另参见 J. Jacobs, *New Netherland: A Dutch Colony in Seventeenth Century America*, Leiden: Brill, 2005; W. Klooster, "The Place of New Netherland in the West India Company's Grand Scheme," in J. D Goodfriend, ed., *Revisiting New Netherland: Perspectives on Early Dutch America*, Leiden and Boston: Brill, 2005, pp. 57-70。

③ A. E. McKinley, "The English and Dutch Towns of New Netherland," *The American Historical Review*, 6, 1 (1900), pp. 1-18.

④ C. T. Odhner and G. B. Keen, "The Founding of New Sweden, 1637 - 1642," *The Pennsylvania Magazine of History and Biography*, 3, 3 (1879), p. 271.

⑤ GAA, NA 1289/28v-29v, Notaris Henrich Schaeff, 3 May 1644.

的，它负责装备补给船只的首席代理人正是旅居哥德堡的苏格兰人汉斯·麦克莱尔（Hans Mackleir）。另一位苏格兰人雅各布·埃沃茨森·桑德林（Jacob Evertsen Sandelin，又作 Sandeland 或 Sandelyn）在 1638 年是米纽伊特的心腹，后来还用自己的船只“苏格兰裔尼德兰人号”（Scotch Dutchman）为该殖民地运送补给。[①] 麦克莱尔和桑德林的补给活动都利用了尼德兰的航运和金融渠道。[②] 作为殖民地的新瑞典很短命。1655 年，尼德兰总督彼得·施托伊弗桑特（Peter Stuyvesant）出兵征讨瑞典人，正式收复了这一地区。连同苏格兰代理商在内的新瑞典居民都被新尼德兰所吸收。

在施托伊弗桑特出征的前一年，伯南布哥陷于葡萄牙人手中。阿姆斯特丹市被迫调整其利益，决定投资 13.2 万弗罗林在特拉华河沿岸的原瑞典领地上建立一个名叫“新阿姆斯特尔”（Nieuwer Amstel）的新特许庄园，以强化新尼德兰。[③] 然而在西印度公司的蓝图中，新尼德兰依然处于边缘地位。不管怎样，它的人口从 1628 年的 500 人增长到了 1664 年的 9000 人，这尤其是因为大量非尼德兰移民的涌入和对新瑞典的吸收。[④] 结果它成了一个成分复杂多样的殖民地，许多国家的人和教派信徒都在此安家。这种族裔多样性在被英格兰接管后依然保持。[⑤] 西印度公司本来是作为与西班牙打仗的工具而存在的，而阿姆斯特丹市主要关心的是其商业利益，作为尼德兰定

---

① A. I. Macinnes, *Union and Empire: The Making of the United Kingdom in 1707*, Cambridge: Cambridge University Press, 2007, p. 151; A. Johnson, *The Swedish Settlements on the Delaware: Their History and Relation to the Indians, Dutch and English, 1638 - 1664*, Vol. ii, Philadelphia: University of Pennsylvania, 1911, pp. 327, 631, 683; H. Hastings, ed, *The Ecclesiastical Records of the State of New York*, Vol. i, Albany: Gregg Press, 1901, p. 214.

② E. B. O'Callaghan, ed, *Calendar of Historical Manuscripts in the Office of the Secretary of State*, Albany: Gregg Press, 1865, 105. GAA, NA 1574/607, Notaris P. Capoen, 18 Dec. 1647.

③ V. Enthoven, "Dutch Crossings," *Atlantic Studies: Literary, Cultural and Historical Perspectives on Europe, Africa*, 2, 2 (2005), p. 156.

④ 埃默和克娄斯特估计，荷兰大西洋殖民地新尼德兰和荷属巴西加在一起共有 1.5 万名殖民者，其中荷兰人不超过 1 万人。Pieter Emmer and Willem Klooster, "The Dutch Atlantic, 1600-1800: Expansion without Empire," *Itinerario: European Journal of Overseas History*, 23, 2 (1999).

⑤ 例如参见 J. D. Goodfriend, "The Dutch in 17th-century New York City: Minority or majority?" in R. Vigne and C. Littleton, eds., *From Strangers to Citizens The Integration of Immigrant Communities in Britain, Ireland, and Colonial America, 1550-1750*, Brighton and Portland: The Huguenot Society of Great Britain and Ireland and Sussex Academic Press, 2001, pp. 306-313。另参见 A. G. Roeber, " 'The Origin of Whatever Is Not English among Us': The Dutch-speaking and the German-speaking Peoples of Colonial British America," in Bailyn and Morgan, eds., *Strangers within the Realm*, North Carolina: UNC Press, 2012, pp. 220-284。

居殖民地的新尼德兰夹在中间，地位有些尴尬。

但这问题也不大，新尼德兰还是在大大小小的新欧洲殖民地和种植园中取得了重要的位置。随着时间的推移，它在与新英格兰的竞争中获得了重要的战略地位，[①] 最初的定居者分散在加弗纳斯岛、哈德逊河上游、康涅狄格河和特拉华河四个地方，边界争端此起彼伏。[②] 新尼德兰的相对利益竞争群体和商业对手占据了关键的战略位置，这得到了皮阔特战争（1636—1637）和约翰·温思罗普（John Winthrop，1587/1588-1649）的承认，后者是附近马萨诸塞湾的总督，他当时对不断逼近的法国人感到忧心忡忡。在第一次英荷战争爆发时，西印度公司的董事强调了它的位置相对于新英格兰有优势。[③] 这个殖民地一度直接与新英格兰竞争定居者。[④]

尼德兰大西洋重新调整的 17 世纪中叶，英格兰与尼德兰联省共和国之间的关系在三王国之战和 1649 年查理一世被处决后开始迅速恶化。在欧洲大陆，这一交恶体现在尼德兰憎恨并且排斥奥利弗·克伦威尔的新共和政权。在帝国方面，传统的英荷矛盾演变为公开的战争和第一部《航海法》（1651）的通过。[⑤] 虽然英格兰在北美最早的殖民地马萨诸塞在第一次英荷战争（1652—1654）中拒绝与新尼德兰开战，但英格兰持续侵入尼德兰领地还是招致越来越多的不满，尽管西印度公司的漠不关心意味着新尼德兰的居民除了听天由命之外别无选择。[⑥] 对苏格兰人来说，这种局面让他们有机会在斯图亚特王朝大西洋中摸索自己的地位，因为任何对长岛湾沿岸尼德兰领土的正式侵占都源自对新斯科舍的合法安排。对斯特灵伯爵失去殖民地给

---

① M. L. Cherry, "The Imperial and Political Motivations behind the English Conquest of New Netherland," *Dutch Crossing*, 34, 1 (2010), pp. 77-95.

② B. Schmidt, "Mapping an Empire: Cartographic and Colonial Rivalry in Seventeenth-Century Dutch and English North America," *The William and Mary Quarterly*, Third Series, 54, 3 (1997), pp. 549-578.

③ W. Klooster, "The Place of New Netherland in the West India Company's Grand Scheme," in J. D Goodfriend, ed., *Revisiting New Netherland. Perspectives on Early Dutch America*, Leiden and Boston: Brill, 2005, p. 68.

④ NA, State Papers, SP 84/164 f. 29. 14 Feb. 1661.

⑤ S. Groenveld, "The English Civil Wars as a Cause of the First Anglo-Dutch War, 1640-1652," *The Historical Journal*, 30, 3 (1987), pp. 541-566; S. Pincus, *Protestantism and Patriotism: Ideologies and the Making of English Foreign Policy 1650-1688*, Cambridge: Cambridge University Press, 1996, pp. 15-76.

⑥ 新尼德兰边境向来都有英格兰人定居点，尽管经常发生纠纷，但它们大多接受了荷兰人的权威。

予的补偿有可能直接挑战尼德兰对长岛的管辖以及新英格兰对长岛的声索。新英格兰议会给予它的法律地位不是很明确，而在长岛的争议边境上，这一主张有用不同法律解释的空间。

苏格兰人多次在这一地区声索土地，这与查理一世不列颠统一行动的政策和（新）英格兰殖民者的计划相抵触。[①] 1637 年，斯特灵伯爵试图依靠乔治·克利夫（George Cleeve）的帮助来获得补偿他的土地，克利夫是东北海岸最早的定居者之一。他的到来被认为挑战了英格兰殖民者沿长岛扩张的计划，遭到了新英格兰居民的强烈拒绝。[②] 两年后斯特灵伯爵再接再厉，从苏格兰任命了一名代理人詹姆斯·法雷特（James Farrett），法雷特直接代表他办事。这次斯特灵伯爵的声索得到了承认，1640 年 4 月 17 日，法雷特将南安普敦和楠塔基特镇授予了一群英格兰人，并在已经得到一块印第安人土地后，将另一块土地卖给了英格兰人莱昂·加德纳（Lion Gardiner）。[③] 斯特灵伯爵不久就去世了。法雷特的契据上清楚地表明，这整桩生意得益于约翰·温思罗普的直接介入。法雷特替雇主办的事体现了斯特灵伯爵主张的合法性，明确肯定了苏格兰王国有权根据原先对新斯科舍的主张处理殖民地事务。的确，法雷特试图将斯特灵伯爵的主张扩展到长岛上的尼德兰人定居点，但他遭到了新尼德兰总督威廉·基夫特（Willem Kieft）的拒绝。[④]

法雷特的契据只涉及长岛的一部分。虽然它将该岛的部分地区置于（新）

---

① 查理一世的政策是主教战争爆发的一个重要原因，后者是三王国之战的第一阶段。

② Faren R. Siminoff, *Crossing the Sound: The Rise of Atlantic American Communities in Seventeenth-Century Eastern Long Island*, New York: New York University Press, 2004, p. 88.

③ Deed of James Farrett, 17 Apr. 1640; James Farrett Confirmation, 7 Jul. 1640, Southampton Town Archives, http://www.southamptontownny.gov/content/760/762/792/2528/4250/default.aspx (accessed 26 May 2012); P. R. Christoph and F. A. Christoph, eds., *The Andros Papers 1674-1676: Files of the Provincial Secretary of New York During the Adminstration of Governor Sir Edmund Andros 1674-1680*, Syracuse: Syracuse University Press, 1990, p. 425. 另参见 Dunlap, *History of the New Netherland*, New York: Grosset & Dunlap, 1898, p. 67; Faren R. Siminoff, *Crossing the Sound: The Rise of Atlantic American Communities in Seventeenth-Century Eastern Long Island*, New York: New York University Press, 2004, p. 54; F. B. O'Callaghan, ed., *Documents Relative to the Colonial History of the State of New York*, Vol. xiv, Albany: Weed, Parsous and Company, Printers., 1853, pp. 29-30。

④ "From an Historic and Journal of Four Voyages round the World viz Europe Asia Africa and America by David Peterzon de Vries, master of Artillery in Service of the United Provinces (etc.). From a Manuscript 'From Particuliere en Naerder Beschryvinge van Nieuw-Nederlandt- as it was in 1649, New York Public Library (NYPL)," George Bancroft Collection, p. 372; O'Callagan, *History of New Netherland*, Vol. i, New York: D. Appleton & Company, 1846, p. 215.

英格兰的控制下，但依然有英格兰定居者处于尼德兰的管辖范围内。1647 年，来自邓迪的新斯科舍老兵安德鲁·福里斯特（Andrew Forrester）上尉与 36 名苏格兰殖民者出现在尼德兰的领地上，替斯特灵伯爵的遗孀玛丽声索剩下的地方，包括马撒葡萄园岛（Martha's Vineyard）。[①]尼德兰人认为此举是想要拓展法雷特的契据。在出示了詹姆斯六世授予斯特灵伯爵的特权许可证原件以及斯特灵伯爵遗孀签署的委托书后，新尼德兰的尼德兰总督及议会逮捕了福里斯特，并将他押往尼德兰受审，指控他刺探尼德兰辖下英格兰定居者的忠诚。不过福里斯特逃脱了，从此人间蒸发。三年后签署的《哈特福德条约》确认了英格兰对荷属长岛的侵占，这些地方被置于英格兰的管辖之下。

到第一次英荷战争结束时，斯特灵伯爵对长岛的主张也到头了。虽然法雷特的契据是依据苏格兰“对新斯科舍的古老权利”，但试图向尼德兰人争取苏格兰权利的努力都失败了。英伦三岛上的圣约派事业和内战都以惨剧收场，查理一世被杀，苏格兰随后被迫与英格兰合并，所有这些都终结了苏格兰与尼德兰之间的外交关系。斯特灵伯爵与新英格兰居民达成的协议也于事无补。相当讽刺的是，接受苏格兰主张的是新英格兰居民，结束这一主张的也是他们。在奥利弗·克伦威尔去世，1660 年斯图亚特王朝复辟后，斯特灵伯爵的继承人们重新造访新斯科舍和长岛，试图恢复法律规范。1660 年，他们向国王要求补偿原先殖民地及斯特灵伯爵投资的损失，清楚地提到了与苏格兰的关系。他们概括了詹姆斯六世和克伦威尔多份特权许可证的要点。克伦威尔时期在政治上强行兼并苏格兰后，他们对这片领土的主权权利提出了明确的疑问：“主权权利是属于英格兰君主还是法国君主的，这是可以怀疑的。”[②] 这条路很快就走不通了，但在一年后，第四代斯特灵伯爵亨利·亚历山大就尼德兰人在长岛上的存在向国王提出请愿抗议。[③] 两年后，对外拓殖委员会承诺斯特灵伯爵会研究一下：

---

① 约翰·福布斯可能就是这样一位殖民者，他在 1647 年被登记为“东河上长岛”的一位特许权所有人，但我们不知道更多有关他的信息。O'Callaghan, *History of New Netherland*, Vol. ii, New York: D. Appleton & Company, 1846, p. 586; O'Callaghan, *Documents Relative*, F. B. O'Callaghan, ed., *Documents Relative to the Colonial History of the State of New York*, Vol. xiv, Albany: Weed, Parsous and Company, Printers., 1853, pp. 80-81.

② "Extracts from Several Pieces Relating to the Title of Nova Scotia, in the Handwriting of Sir. Jos. Williamson, December 1660," *CSPC*, i: 1574-1660 (1860), pp. 492-498.

③ "Petition of Henry Earl of Sterling to the King, 31 May 1661," *CSPC*, v: 1661-1668 (1880), pp. 27-35. Printed in New York Documents, iii, pp. 42, 43. 1 p. [Col. Papers, xv., No. 31, 11.]

> 民事起诉状称尼德兰人近年来非法闯入新英格兰本土及部分毗邻岛屿，特别是曼哈顿和长岛，且不服从本王国的法律，在听取斯特灵伯爵对国王的请愿和在场多人的做证后，命令斯科特上尉及马弗里克和巴克斯特两位先生起草一份简要的文件——首先，国王的所有权；其次，尼德兰人的闯入情况；再次，他们在当地的兵力、贸易和政府；最后，使他们臣服于国王政府或将他们驱逐的手段。[①]

作为回应，克拉伦登伯爵协商将斯特灵伯爵的领地卖给约克公爵即后来的苏格兰詹姆斯七世，后者不久将成为纽约的业主，但他一直没有付这笔钱。克拉伦登伯爵公然无视法雷特的契据，而是以原来苏格兰的主张作为购买的法律依据。尽管这件事没有办成，但新英格兰和新尼德兰之间的争议边界却提供了一个申明苏格兰法律甚至苏格兰主权的机会，17 世纪末新泽西的苏格兰业主将更加成功地运用这一策略。

六　尼德兰大西洋中的苏格兰人：没有帝国的帝国网络

尽管因为斯特灵伯爵的主张发生了矛盾，但尼德兰商人还是乐意与那些在尼德兰领地上定居的苏格兰人合作。这种合作在旧大陆已有先例，鹿特丹的安德鲁·拉塞尔（Andrew Russell）和亚历山大·卡斯泰尔斯（Alexander Carstares）以及阿姆斯特丹的约翰·德拉蒙德（John Drummond）、阿奇博尔德·霍普（Archibald Hope）和托马斯·霍普（Thomas Hope）等在尼德兰的商人都有尼德兰贸易伙伴，而在欧洲其他地方以及美洲的苏格兰人也与尼德兰的跨大西洋领地有贸易联系，例如约翰·麦金托什（John Mackintosh）和亨利·麦金托什（Henry Mackintosh）兄弟，他们分别在苏里南和布里斯托尔。[②] 由于尼德兰联省共和国对在大西洋的活动没有对在亚洲的活动那么关心，而且西印度公司也依赖外国雇员，这意味着外国移民有很多机会来发展

① "Minutes of the Council for Foreign Plantations, 6 July 1663," *CSPC*, v: 1661-1668 (1880), pp. 147-151. Printed in New York Documents, iii, p. 46. 1/2 p. [Col. Papers, xiv, No. 59, 53.]

② Mijers, "News from the Republick of Letters," p. 53. GAA, NA 8652/886, NA 8652/920, NA 8667/1474, Not. A. Baars; NA 7162/1826, Quitantie, 14 Sept. 1708; NA 4843/795, 5 Dec. 1708.

自己的网络，而苏格兰人充分地利用了这一点。中美洲蛮荒海岸一带的合作活动就是一例。同样，新尼德兰也是一个开放的殖民地。此外，在失去伯南布哥后，尼德兰的焦点从殖民转向了中转贸易，对种植园经营者、代理人和贸易商的需求进一步增加。

对尼德兰人而言，中转贸易在加勒比海可以说比在美洲大陆更为成功，这种策略也与苏格兰人产生了共鸣，对苏格兰人而言，灰色贸易已经是波罗的海流行的贸易形式了。[①] 新瑞典的桑德林及其船只“苏格兰裔尼德兰人号”就是一例：它往返于特拉华河，前往巴巴多斯和加勒比海的其他地方，没有固定的目的地。[②] 如果说苏格兰人试图利用斯特灵伯爵的主张合法地闯入新尼德兰的努力失败了，那么他们的贸易经验倒是挺受欢迎的。大约在同一时期，英格兰的贸易政策也发生了变化，这一变化始于克伦威尔的护国政府，并在 1660 年斯图亚特王朝复辟后得以继续。这种变化的最终形式就是 17 世纪下半叶通过的一系列《航海法》。这些旨在保护英国贸易利益的法律首先针对的是荷兰人，但后来也针对苏格兰人。[③] 尽管有不少豁免的地区和商品，但它们还是挑战了苏格兰人的法律地位，最终将“在苏格兰以及与美洲进行贸易”的苏格兰人视为“外国人和异邦人”。[④] 于是在 17 世纪下半叶，尼德兰人进一步开放他们的帝国，而斯图亚特王朝的大西洋变得更加封闭了。

在苏格兰人刚到达尼德兰大西洋时，他们的行为与在旧大陆时非常相似，利用苏格兰与尼德兰关系中典型的语言和贸易经验，融入尼德兰社会，取得贸易和居住的权利，并向尼德兰人学习技能。道格拉斯·卡特罗尔（Douglas Catterall）指出，早在 16 世纪末，“囊括法国、西班牙、葡萄牙、巴西、加勒

---

① W. Klooster, *Illicit Riches: Dutch Trade in the Caribbean, 1648-1795*, Leiden: Brill, 1998; O. A. Rink, "New Netherland and the Amsterdam Merchants: Unraveling a Secret Colonialism," *Selected Rensselaerswijck Papers* (n. p., n. d), pp. 269-282.

② H. Hastings, ed, *The Ecclesiastical Records of the State of New York*, Vol. i, Albany: Gregg Press, 1901, p. 214; GAA, NA 1574/683 Not. Pieter Capoen, 11 Nov. 1647.

③ P. R. Christoph and F. A. Christoph, eds., *The Andros Papers 1677-1678: Files of the Provincial Secretary of New York during the Administration of Governor Sir Edmund Andros 1674-1680*, Syracuse: Syracuse University Press, 1990, Appendix, "Questions Submitted to Sir Edmund Andros by the Committee for Trade and Plantations, and His Responses", p. 494; *Collections of the New York Historical Society for the Year 1868: The Continuation of Chalmers's Political Annals*, New York Historical Society, 1868, p. 97.

④ A. I. Macinnes, "Scottish Circumvention of the English Navigation Acts in the American Colonies 1660-1707," in G. Lottes, E. Medijainen and J. V. Sigurdsson, eds., *Making, Using and Resisting the Law in European History*, Pisa: Plus-Pisa University Press, 2008, p. 111.

比海和弗吉尼亚的三角贸易”就从鹿特丹市发展起来了。[①] 这一策略在新尼德兰尤其成功。虽然北美洲并没有像多巴哥那样的苏格兰—尼德兰合作关系，但作为旧尼德兰延伸的新尼德兰还是发出了结盟的邀请，鼓励苏格兰人建立贸易网络。这些贸易网络缺乏具体的帝国目标，但会利用尼德兰大西洋的基础结构谋求自己的利益。这些贸易网络的目的越来越多地是规避英格兰的锋芒，特别是在《航海法》实施之后，而不是伸张苏格兰的权利。

新尼德兰在第二次英荷战争（1665—1667）中被英格兰征服，已经有不少生意做得顺风顺水的苏格兰人在那里生活，而且他们还在政府中担任要职。他们主要做的是烟草生产与贸易，这个行业在17世纪上半叶由新尼德兰的居民所把持。[②] 他们中有许多人是在被尼德兰贸易公司雇佣或服兵役后到这个殖民地定居的。来自法夫的桑德·伦德茨·格伦（Sander Leendertsz Glen）就是这样一位苏格兰人，珍妮·维尼玛（Janny Venema）讲述了他的部分生平。[③] 伦德茨·格伦生于1604年，在1638年与来自阿洛厄（Alloa）的苏格兰同胞卡特琳·唐克斯（Catelijn Donkes）结婚。[④] 他在1633年作为西印度公司的一名雇员来到此地，先后作为贝弗维克（Beverwijck，即今奥尔巴尼）的一名印第安贸易商和跨殖民地商人发了财。1655年，他搬到了斯克内克塔迪（Schenectady）一个名叫“斯克舍”（Scotia）的地方，成了当地最大的地主之一。[⑤] 伦德茨·格伦在新大陆还有一些亲属。维尼玛确定他的儿子安德里斯（Andries）住在波士顿。他可能还与同在波士顿的烟草

---

① Douglas Catterall, *Community Without Borders: Scots Migrants and the Changing Face of Power in the Dutch Republic, c. 1600-1700*, Leiden: Brill, 2002, p. 33. 另参见 D. Catteral “Interlopers in an Intercultural Zone? Early Scots Ventures in the 17th-Century Atlantic World,” in C. A. Williams, ed., *Bridging the Early Modern Atlantic World: Peoples, Products, and Practices on the Move*, Burlington, VT: Ashgate Publishing, Ltd., 2009, pp. 75-96。

② W. Klooster, “Anglo-Dutch Trade in the Seventeenth Century: An Atlantic Partnership?” in Macinnes and Williamson, eds., *Shaping the Stuart World, 1603-1714: The Atlantic Connections*, Leiden: Brill, 2005, p. 266.

③ J. Venema, Beverwijck, *A Dutch Village on the American Frontier, 1652-1664*, Hilversum: Verloren; Albany: State University of New York Press, 2003, pp. 263-269.

④ 他在1639年为35岁。参见 GAA, NA 731/22, 12 Jan. 1639。

⑤ T. E. Burke, *Mohawk Frontier: The Dutch Community of Schenectady, New York, 1661-1710*, New York: Cornell University Press, 1991, p. 22; E. B. O'Callaghan, *History of New Netherland; or, New York under the Dutch*, New York: D. Appleton, 1866, pp. 438-439; E. B. O'Callaghan, *The Register of New Netherland, 1626-1674*, n. p., 2009. 我们不太清楚这个“斯科舍”指的是哪里。

商伦德特·伦德森（Leendert Leendersen）有关系。[①] 还有一个来自法夫的名叫桑德·伦德茨·格伦的人可能是他的另一个儿子，此人在1678年被任命为斯克内克塔迪的治安法官，并在1690年之前当上了市长。[②] 大卫·多布森（David Dobson）还在1699年的波士顿找到了一位约翰内斯·格伦（Johannes Glen），于1671年在奥尔巴尼找到了一位雅各布·桑德森·格伦（Jacob Sanderson Glen）。后者在1675年被任命为当地的治安官员，并在1678年成为奥尔巴尼的军需官。他一开始是给伦德茨·格伦的熟人、尼德兰公证人扬·巴斯蒂安森·范·古岑霍芬（Jan Bastiaensen van Gutsenhoven）当文书员，几乎可以肯定他是伦德茨·格伦的三儿子。[③] 伦德茨·格伦还与同为苏格兰人的妻舅威廉·特勒（William Teller）一起做生意，特勒又名威廉·德·希特（William de Hit），来自设得兰群岛（荷兰人称 Hitland）。特勒也是西印度公司的前雇员，在17世纪30年代初与伦德茨·格伦一起到达此地。他继续给西印度公司当兵，后来成为斯克内克塔迪的一名地主。他还是尼德兰人教会的一名传道人。[④] 一个名叫安德里斯·特勒（Andries Teller）的人非常有可能是他的儿子，此人是英格兰商人达瓦尔家族（the Darvalls）的生意伙伴。伦德茨·格伦和特勒一方面靠着新尼德兰的制度化架构飞黄腾达，另一方面利用他们的苏格兰人身份作为联系纽带。这种依托亲属的关系网络在欧洲的苏格兰商人活动中颇为典型，它们被拓展到美洲也不足为奇。[⑤]

如果说伦德茨·格伦—特勒的关系网显然是基于他们在尼德兰环境下的苏格兰人身份，那么另一些例子就说明了苏格兰人是怎样轻而易举地在不同国籍之间左右逢源的。“来自苏格兰布兰德福特”的鲁兰·哈克韦特（Roelant Hackwaert）受雇在西印度公司董事长沃特·范·特维勒（Wouter van Twiller）的种植园当一名烟草种植园经营者，并在1638年后者去世后继

---

① Fernow, Records of New Amsterdam, p. 349.

② P. R. Christoph and F. A. Christoph, eds., *The Andros Papers 1677–1678: Files of the Provincial Secretary of New York during the Administration of Governor Sir Edmund Andros 1674–1680*, Syracuse: Syracuse University Press, 1990, Appendix, p. 475; E. B. O'Callaghan, *History of New Netherland; or, New York under the Dutch*, New York: D. Appleton, 1866, pp. 438–439.

③ D. Dobson, *Scots-Dutch Links in Europe and America 1575–1825*, Baltimore, 2004, p. 46.

④ Stoutenburgh-Teller Family Association, http://www.stoutenburgh.com/teller-family-history/.

⑤ S. Murdoch, *Network North: Scottish Kin, Commercial and Covert Association in Northern Europe, 1603–1746*, Leiden: Brill, 2006, pp. 4–5.

续住在新尼德兰。[1] 奥克尼群岛人罗伯特·辛克莱尔（Robert Sinclair）在英格兰人接管后的1679年来到此地，但他依然觉得与尼德兰人结盟于己有利，便娶了一个尼德兰太太。[2] 罗伯特·利文斯顿（Robert Livingston）可以说是纽约最有名的苏格兰定居者，他也采用了类似的策略。他在第三次英荷战争期间的1673年来到美洲，其间在1664年被英格兰夺取的新尼德兰被短暂收复。作为一名鹿特丹的苏格兰人，他从舅舅安德鲁·拉塞尔（Andrew Russell）那里学会了做生意，后者无疑是17世纪下半叶最重要的苏格兰贸易商。拉塞尔在鹿特丹与妻舅威廉·利文斯顿（William Livingston）一起经营着红红火火的贸易和代理生意，从17世纪60年代一直到1697年去世。除与欧洲的主要买卖外，他还从苏里南进口蔗糖，并从1691年到1696年不顾《航海法》从波士顿进口皮毛及其他商品。[3] 他在新英格兰的主要联系人是苏格兰格拉斯哥人约翰·博兰（John Borland），后者参与的生意中就有烟草贸易，而且在包括加勒比海在内的美洲及旧大陆各地都有众多尼德兰和苏格兰生意伙伴。[4] 重要的鹿特丹商人还有亚历山大·卡斯泰尔斯，他的兄弟就是原流亡人士威廉·卡斯泰尔斯（William Carstares）牧师，后者给威廉三世当过家庭牧师，并在苏格兰教会事务上建言献策；亚历山大·卡斯泰尔斯还是格拉斯哥从事烟草贸易的博格尔（Bogle）家族的生意伙伴，而这个家族应该也是约翰·博兰的生意伙伴。[5]

利文斯顿一开始在马萨诸塞定居，他的父亲名气很大，是一名坚定的盟约派牧师，在17世纪60年代因为不从国教而选择流亡海外，但利文斯顿不久就搬到了已经改名为纽约的新尼德兰。他利用各种与英格兰人和尼德兰人的关系，于1675年在奥尔巴尼（原尼德兰的贝弗维克）开始了自己的生意。他不觉得新的英格兰行政当局碍手碍脚，反而让它为己所用。有证据表

---

① E. B. O'Callaghan, trans., *Register of the Provincial Secretary 1638-1642*, http://www.nnp.org/nnrc/Documents/Old%20Register%20of%20the%20Provincial%20Secretary/files/vanlaersansx.pdf (accessed 28 May 2012).

② Joyce D. Goodfriend, *Before the Melting Pot: Society and Culture in Colonial New York City, 1664-1730*, Princeton: Princeton University Press, 1992, pp. 95-96.

③ T. C. Smout, *Scottish Trade on the Eve of Union, 1660-1707*, Edinburgh and London: Oliver & Boyd, 1963, pp. 99-115.

④ Edinburgh University Library (hereafter EUL), La. III. 262, "Memorial or Diary of Mr Francis Borland," 1661-1722; M. L. Hamilton, *Social and Economic Networks in Early Massachusetts: Atlantic Connections*, University Park: Pennsylvania State University Press, 2009, pp. 90-92.

⑤ 例如参见 Gilder Lehrman Institute, Mf. Livingston Redman Papers, Reel 2 and 3; Mijers, News from the Republick of Letters, p. 118。

明早在 1667 年 8 月他就与纽约的首任英格兰殖民地总督理查德·尼科尔斯（Richard Nicholls）有书信往来，后者曾率英格兰军队入侵新尼德兰，并为新业主约克公爵詹姆斯建立政府，同时他还安抚尼德兰人，自然也很受尼德兰人爱戴。[①] 但让利文斯顿平步青云的正是他的苏格兰—尼德兰背景。尽管新尼德兰陷落，但尼德兰人在当地的存在感仍很强。特别是奥尔巴尼仍然被一帮尼德兰精英所把持，他们由范·伦塞拉尔（Van Rensselaer）、范·科特兰（Van Cortland）和斯凯勒（Schuyler）三个互通婚姻的家族构成。利文斯顿被伦塞拉尔庄园的主人尼古拉斯·范·伦塞拉尔（Nicholas van Rensselaer）雇用。在后者于 1678 年去世后，利文斯顿娶了他的遗孀阿莉达·斯凯勒（Alida Schuyler）。这桩婚事让利文斯顿与这群尼德兰精英牢牢地联系在一起。

与伦德茨·格伦一样，利文斯顿很看重亲属关系，而他在美洲的档案包含与多名苏格兰同胞的通信，信中都提到他们同根同源。其中一份 1687 年 12 月来自加拿大苏格兰毛皮商人休·科克伦（Hugh Cochrane）的信就生动地说明了这一点：

> 有机会从我们优秀的同胞 M. 乔治先生那里得知您非常想要服务您的所有同胞。既然我也是您的同胞，我便大胆请他代我向您表达感谢，这样可能比我直接说更能表达我的真诚。[②]

利文斯顿倾向于和同胞合作的例子还有很多。[③]

---

① Livingston Mf. Redman Paper, Reel 1, 1; Robert C. Ritchie, "Nicolls, Richard (1624-1672)," *Oxford Dictionary of National Biography*, Oxford: Oxford University Press, 2004, online edn, Jan. 2008, http://www.oxforddnb.com/view/article/20182 (accessed 27 June 2012).

② Livingston Redman Papers, 03107.00152, "Letter from Hugh Cochrane to Robert Livingston," Canada, 27 Dec. 1687.

③ 他们包括苏格兰商人安德里斯·特勒（威廉之子）、詹姆斯·格雷厄姆、邓肯·坎贝尔、詹姆斯·威姆斯、塞缪尔·维奇、詹姆斯·邓洛普、约翰·博兰和詹姆斯·道格拉斯。除了从鹿特丹带来的联系人外，他还与生于苏格兰的纽约、新泽西及牙买加总督罗伯特·亨特密切合作；在印第安人事务上与亨特的继任者威廉·伯内特合作，后者是吉尔伯特·伯内特之子，在莱顿受过教育，后来担任马萨诸塞和新罕布什尔的总督；与宾夕法尼亚的威廉·基思合作，在印第安人事务上与弗吉尼亚的亚历山大·斯波茨伍德合作。在纽约发生莱斯勒叛乱之后的 17 世纪 90 年代，他还众所周知地与臭名昭著的苏格兰海盗基德船长合作进行了一次失败的计划，他们想为后者获得私掠船和缉捕海盗的皇家委任状。R. C. Ritchie, "Kidd, William (c. 1645 - 1701)," *Oxford Dictionary of National Biography*, Oxford: Oxford University Press, 2004; online edn, Oct. 2009, http://www.oxforddnb.com/view/article/15515 (accessed 6 June 2010).

在复辟之后，尽管限制性的《航海法》不时重新出现，但苏格兰人还是有不少新机会让他们的大西洋利益在商业上变得更加可持续。战争期间（1664—1667、1672—1674 以及 1678）的暂时振奋助长了斯图亚特帝国扩张现有网络、发展新网络的念头。[①] 在英格兰领地上进行的活动和采用的策略已经在其他地方进行尝试。[②] 在新尼德兰，现有尼德兰网络中的苏格兰贸易活动激增，这些活动不久就要想办法规避《航海法》了。[③] 虽然 1664 年新尼德兰的陷落在财政上给西印度公司带来了灾难性的后果，在政治上意味着这一地区尼德兰权势的终结，但这绝不是尼德兰贸易势力的结束。新的贸易商来自英格兰，他们想要与尼德兰人合作，其中有传统上以阿姆斯特丹为据点的商人，也有那些住在纽约的尼德兰人。[④] 入了英格兰国籍的科尔内留斯·达瓦尔（Cornelius Darvall）就是这种贸易商。他和两个儿子约翰与威廉皆为尼德兰人，他们建立的网络与利文斯顿的网络相类似，并且两者还通过婚姻相联系。[⑤] 他们的贸易活动遍布阿姆斯特丹、鹿特丹、伦敦、爱丁堡、纽约、宾夕法尼亚、苏里南、巴巴多斯和牙买加。[⑥] 威廉·达瓦尔通过婚姻加入了拉塞尔—利文斯顿—斯凯勒—范·伦塞拉尔的网络，在新的纽约行政当局中发迹，于 1675 年成为一名市政委员会委员，次年当上市长。[⑦] 与此同时，达瓦尔家族也积极地参与

---

① C. Koot, *Empire at the Periphery: British Colonists, Anglo-Dutch Trade, and the Development of the British Atlantic, 1621-1713*, New York: New York University Press, 2011, pp. 113-116.

② A. I. Macinnes, "Scottish Circumvention of the English Navigation Acts in the American Colonies 1660-1707," in G. Lottes, E. Medijainen and J. V. Sigurdsson, eds., *Making, Using and Resisting the Law in European History*, Pisa: Plus-Pisa University Press, 2008; Hamilton, "Commerce Around the Edges," p. 302; Devine, *Scotland's Empire, 1600-1815*, London: Allen Lane, 2003, pp. 33-34.

③ 例如参见 GAA, NA 1517/258, 259, Not. J. Volkaertsz. Oli, 27 Jun. 1663; NA 1581/495, Not. P. Capoen, 1 Sept. 1664; NA 2225/945-952, Not. Adr. Lock, 16 Nov. 1667; NA 1768/826, Not. J. Q. Spithoff, 17 Nov. 1667。

④ C. Koot, *Empire at the Periphery: British Colonists, Anglo-Dutch Trade, and the Development of the British Atlantic, 1621-1713*, New York: New York University Press, 2011, p. 173.

⑤ 科尔内留斯·达瓦尔在 1675 年申请归化入籍。"House of Commons Journal, ix, 17 May 1675," *Journal of the House of Commons: ix: 1667-1687*, 1802, pp. 339-340.

⑥ GAA, NA 5843, Not. Hoekeback, 10 July 1692; NA 5844, NA 5850/135, NA 6316/163.

⑦ Records of New Amsterdam, pp. 33, 112, 117, 244, 247, 394. 另参 P. R. Christoph and F. A. Christoph, eds., *The Andros Papers 1674-1676: Files of the Provincial Secretary of New York During the Adminstration of Governor Sir Edmund Andros 1674-1680*, Syracuse: Syracuse University Press, 1990, pp. 199-200, 371。

规避英格兰的《航海法》。[①] 他们通过直接与安德里斯·特勒及其苏格兰—尼德兰关系人进行合作，在将苏格兰的网络拉进新的英格兰—荷兰圈子中发挥了重要作用。

苏格兰的人际关系网络不止在加勒比海和新尼德兰取得了成功，苏里南的种植园主亨利·麦金托什的例子就说明了这一点。尼德兰人于1667年从英格兰手中夺取了苏里南，大卫·沃辛顿（David Worthington）指出，那里到17世纪末已经有不少苏格兰贸易商和种植园主了。[②] 麦金托什生于苏格兰高地，他在尼德兰夺取苏里南后不久登场，后来成为成功的种植园主和奴隶主。[③] 他在苏里南有自己的苏格兰网络，与达瓦尔兄弟进行贸易，非常有可能是安德鲁·拉塞尔在这个殖民地的伙伴。他有一个儿子在新英格兰，而且与博兰家族有关系，这个苏格兰家族在波士顿和格拉斯哥都有联系人。的确，新英格兰与加勒比海之间的联系很紧密，像麦金托什这样的苏格兰人在这里建立自己的网络一点也不奇怪。弗朗西斯·博兰的日记就说明了两地之间在贸易和社会关系上有千丝万缕的联系。[④] 博兰基本上是新大陆的第一位苏格兰传教士。他于1681年从格拉斯哥大学毕业，应在波士顿经商的兄弟约翰之邀前来投奔，从1682年到1699年在美洲各地游历。之后他前往苏里南，在那里给一小撮尼德兰和"英格兰"家庭当牧师，其中就有亨利·麦金托什。他从苏里南出发，途经巴巴多斯、波士顿、伦敦和爱尔兰回到苏格兰，并记录了他沿途的经历。1698年，他作为三名牧师之一参加了远征达连的行动。我们应该对苏里南以及麦金托什及其伙伴有更多的关注，因为它是一个锻造非尼德兰人网络的帝国熔炉。这里显然与新尼德兰有异曲同工之处：这两个殖民地都被易手，使得苏格兰人能够利用他们与英格兰人和尼德兰人的联系与经验。

---

① GAA, NA 3304/25, Not. Houtgens, 12 Jan. 1690.

② David Worthington, "Sugar, Slave-Owning, Suriname and the Dutch Imperial Entanglement of the Scottish Highlands before 1707," *Dutch Crossing*, 44, 1 (2020), pp. 3-20.

③ 麦金托什因为一个名叫恺撒的奴隶而与英格兰种植园主杰罗姆尼·克利福德卷入了一起著名的法庭案件。参见 Jacob Selwood, *At Kingdom's Edge: The Suriname Struggles of Jeronimy Clifford, English Subject*, Cornell: Cornell University Press, 2022。

④ "Diary of Mr Francis Borland, Minister of Glassford, 1661 - 1722," The Laing Collection, La. III. 262, Edinburgh University Library.

七 重新调整后的大西洋：在英格兰—尼德兰美洲作为伙伴的苏格兰人

从17世纪60年代开始，尼德兰贸易商越来越难以从与他们的前殖民地纽约的贸易中获利了。在新尼德兰陷落后，当地的苏格兰人转而效忠英格兰，他们就成了尼德兰贸易商的重要伙伴。比起英格兰人，尼德兰人更加熟悉和接受纽约的苏格兰人，后者就不再仅仅是跨境人员和四海为家的人了，现在他们成为更加正式的代理商和代理人，在1667年之后尤其如此，当时总督洛夫莱斯（Lovelace）颁布了一项新的措施，只颁发特别海上通行证给极少数尼德兰船只，而且收费不菲。[①] 虽然英格兰的《航海法》从法律上将外国人——苏格兰人和尼德兰人——排挤出了大西洋，但这并不适用于已经加入英格兰国籍的个人。正如威姆·克娄斯特所描述的："一种（规避《航海法》）流行手段就是将一艘船或一批货登记在一个纽约居民的名下，以掩盖其为尼德兰人所有的事实。"[②] 看来苏格兰人在纽约和西印度群岛都能实现这一职能。例如在1668年，尼德兰船只"西班牙人德科宁号"（De Coningh van Spanje）被其苏格兰船主悄悄地改名为"彼得黑德镀金之星号"（de Vergulde Star van Pieterhit），并用其与北美进行贸易，以躲避刚刚开征的费用。[③] 虽然洛夫莱斯的禁令很快就因为尼德兰人的压力而取消，但其他的限制依然存在，尼德兰贸易商要继续想方设法规避它们。[④]

在整个17世纪，苏格兰人开始作为贸易商和尼德兰人的中间人在北美扮演重要的角色，尤其是在英格兰—尼德兰的纽约。如果我们考察最重要的苏格兰网络即罗伯特·利文斯顿及其伙伴的圈子，这一点就更加明显了。作为一个苏格兰—尼德兰企业联合体的领袖，他在1668年受到新业主约克公

---

① GAA, NA 2225/945-952, Not Adr. Lock, 16 Nov. 1667; NA 1768/826, Not J Q Spithoff, 17 Nov. 1667.

② W. Klooster, "Anglo-Dutch Trade in the Seventeenth Century: An Atlantic Partnership?" in Macinnes and Williamson, eds., *Shaping the Stuart World, 1603 - 1714: The Atlantic Connections*, Leiden: Brill, 2005, p. 278.

③ GAA, NA 3416, Not Johannes Oli., 11 Oct. 1668. 另参见 NA 2156/361, Not. Johannes d'Amour, 29 Sept. 1662。荷兰船只"黑神父号"的船员主要是苏格兰人，当它与一艘在巴巴多斯附近海域巡逻的英格兰军舰对峙时，他们将英格兰人的文件材料扔出船外。

④ C. Koot, *Empire at the Periphery: British Colonists, Anglo-Dutch Trade, and the Development of the British Atlantic, 1621-1713*, New York: New York University Press, 2011, p. 115.

爵的鼓励，去建立一个“持久的苏格兰和尼德兰贸易网络……以奥尔巴尼为基地”。[①] 其他参与者还有扬·巴普蒂斯特·范·伦塞拉尔（Jan Baptist van Rensselaer）、菲利普·斯凯勒（Philip Schuyler）和约翰·达瓦尔及其伙伴安德里斯·特勒。这一项目要通过“旧英格兰”将货物运到尼德兰联省共和国。[②] 一年后，身为英格兰海军事务大臣的约克公爵颁发“许可证给两艘苏格兰船只”，以鼓励苏格兰人前往纽约。苏格兰的臣民被允许作为种植园经营者“乘船离开苏格兰”，也可以“以渔业”进行贸易或定居，“或者将纽约的作物制成品运输到巴巴多斯或国王陛下在美洲的其他殖民地”。[③] 有传言称两艘被挑选出来运送约400名定居者的船只“希望号”（Hope）和“詹姆斯号”（James）将从尼德兰载满荷兰人出发，有人认为这些人其实是鹿特丹的苏格兰人。[④] 这个项目以灾难收场，“希望号”在巴肯角外海失事，全体乘客和船员无一幸免。

苏格兰与尼德兰的合作在17世纪60年代和70年代初期达到顶峰，在《威斯敏斯特条约》（1674）最终彻底将新尼德兰割让给英格兰后，这样的合作仍在继续。尼德兰人对欧洲大陆及美洲殖民地各港口城市中大量苏格兰

① N. C. Landsman, ed., *Nation and Province in the First British Empire: Scotland and the Americas, 1600-1800*, Cranbury, London and Mississauga: Bucknell University Press, 2001, p.71. 另参见 N. C. Landsman, "The Middle Colonies: New Opportunities for Settlement, 1660 - 1700," in Nicholas Canny, ed., *The Oxford History of Empire*, Vol. I, *The Origins of Empire. British Overseas Enterprise to the Close of the Seventeenth Century*, Oxford: Oxford University Press, 1998, pp.356-357。

② 范·伦塞拉尔所在的企业联合体都是荷兰热门企业，他们之前受洛夫莱斯收费的打击很严重。GAA, NA 2784B/447, Not. P van Buytene, 27 Feb. 1668. 另参见 Rink, "New Netherland and the Amsterdam Merchants: Unraveling a Secret Colonialism," *Selected Rensselaerswijck Papers* (n. p., n. d), p.273; A. J. F. van Laer trans. and eds., *Correspondence of Jeremias van Rensselaer 1651-1674*, Albany: University of the Stevte of New York, 1932, p.424。尼古拉斯·范·伦塞拉尔在1658年访问布鲁塞尔时显然讨好了约克公爵。他的继承人可能因此受益，即便在他去世之后也是如此。Rink, "New Netherland and the Amsterdam Merchants: Unraveling a Secret Colonialism," *Selected Rensselaerswijck Papers* (n. p., n. d), p.273; A. J. F. van Laer trans. and eds., *Correspondence of Jeremias van Rensselaer 1651-1674*, Albany: University of the Stevte of New York, 1932, pp.116-117.

③ National Records of Scotland (hereafter NRS), Kinross House Papers, GD29/10, Whitehall, 5 May 1669.

④ David Dobson, "Seventeenth-century Scottish Communities in the Americas," in Alexia Grosjean and Steve Murdoch, eds., *Scottish Communities Abroad in the Early Modern Period*, Leiden: Brill, 2005, p.119; P. Goldesborough, "An Attempted Scottish Voyage to New York in 1669," *Scottish Historical Review*, 40 (1961), pp.56-59.

商人及相关商人的依赖依然处于中心地位。甚至到了1687年，领导造反的德意志商人雅各布·莱斯勒（Jacob Leisler）参与了一项与利文斯顿的做法类似的计划，用他的船只“幸福回归号”（Happy Return）将烟草从马里兰途经英格兰运往尼德兰。投资这笔买卖的英格兰、尼德兰和犹太商人有鹿特丹的苏格兰人安德鲁·拉塞尔。[①] 而在1692年，此时已经搬到鹿特丹的威廉·达瓦尔在他的船只“丽贝卡号”（Rebecca）经停格拉斯哥后将其改名为“霍普韦尔号”（Hopewell）。[②] 苏里南的苏格兰人承担了与他们之前在纽约相似的职能。当这个殖民地根据《布雷达条约》（1667）被割让给尼德兰后，苏格兰与尼德兰的贸易合作增加，尤其是通过亨利·麦金托什及其圈子和他们在阿姆斯特丹的代理商海罗·莫伊（Hero Moy）的活动。[③]

结　语

苏格兰人与尼德兰人有着一种特殊的关系，这种关系有时会让他们转变为合作伙伴。1681年，苏格兰枢密院描述该国与尼德兰联省共和国的贸易是“重大的、古老的，而且是本王国至今与任何外国保持得最持久的”。[④] 这一评价不仅是对历史事实的表达，也是对经济上成功、宗教上坚贞的尼德兰表示钦佩。这段话写在“苏格兰可敬的贸易委员会所展示的一个纪念碑”上，碑文详细讨论了苏格兰的经济，并且认定建立一个独立的苏格兰殖民地对于这个国家的财富和贸易发展是必不可少的。[⑤]

虽然苏格兰人从来没有成功地维持他们自己的殖民地，但他们还是设法在尼德兰和其他国家试图圈占和开发的大西洋中活动并闯出一片天地。苏格兰人之所以能在荷兰大西洋中取得那样的地位，是因为历史联系、尼德兰的

---

① Claudia Schnurmann, “Representative Atlantic Entrepeneur: Jacob Leisler, 1640 - 1691,” in J. Postma and V. Enthoven, eds., *Riches from Atlantic Commerce: Dutch Transatlantic Trade and Shipping, 1585-1817*, Leiden and Boston: Brill, 2003, pp. 281-282.

② GAA, NA 5843, Not. Joan Hoekeback, 10 Jul. 1692; NA 5850/135, 18 May 1694.

③ GAA, NA 4843/795, 5 Dec. 1708. 另参见 A. I. Macinnes, *Union and Empire: The Making of the United Kingdom in 1707*, Cambridge: Cambridge University Press, 2007, pp. 153, 162, 178。

④ *The Register of the Privy Council of Scotland*, Third Series, Vol. 7, Edinburgh: HM General Register House, 1681-1682, p. 666.

⑤ *The Register of the Privy Council of Scotland*, Third Series, Vol. 7, Edinburgh: HM General Register House, 1681-1682, pp. 665-672.

经济需要以及苏格兰人巧妙地周旋和克服困难。苏格兰与尼德兰联省共和国之间旧有的贸易、宗教和文化联系及组织让它们得以从旧大陆顺理成章地进入开放的尼德兰大西洋。此外，尽管不是本文的主题，但与尼德兰人打交道的经验也在苏格兰人与英格兰和瑞典的联系中得以体现，这种经验使跨境活动在像新尼德兰和苏里南这样的地方变得恰合时宜、十分必要且相对容易。在不断变化的早期殖民格局中，苏格兰人学会了像四海为家的移民一样活动，在尼德兰大西洋内部以及尼德兰人主张或争夺的地方与空间之外和之间找到他们自己的道路。

在整个17世纪，苏格兰人以各式各样的方式利用他们在尼德兰大西洋中的机会，利用公司独特的机构以及尼德兰大西洋活动最初阶段各省之间的利益矛盾，实际上成为共同定居者，他们在多巴哥（作为殖民者）和伯南布哥（作为军事上的入侵者和占领者）替尼德兰人行事。不过在北美他们的机会就比较少了，因为与在加勒比海、蛮荒海岸和巴西以贸易为基础不同，尼德兰在那里以庄园经济为基础，它鼓励雇人来殖民，而且招来的人五洲四海都有。苏格兰人是一支国际劳动力大军的一部分，他们从西印度公司获得的好处与西印度公司从他们身上获得的好处一样多。苏格兰人获得的任何优势似乎主要因为他们自己的才智与背景。荷属北美为苏格兰人提供了众多机会，他们的语言、技术和贸易能力源自与旧大陆密切的苏格兰—尼德兰关系以及鹿特丹和费勒的贸易训练场。[1] 鹿特丹的苏格兰人威廉·利文斯顿写信给他在纽约的兄弟罗伯特，请求他照顾一下自己的儿子，这封信就很好地说明了这一问题："我儿子安德鲁想要找到谋生的机会，如果这是主的旨意的话，我非常希望这些机会是去西印度群岛而不是去东方。"[2]

在荷属巴西失陷、重心从蛮荒海岸转移到新尼德兰后，苏格兰人试图寻找移民的机会并如愿以偿，积累了财富和网络。像利文斯顿和麦金托什这样的人显然出类拔萃，但很多其他人也都在旧大陆和新大陆的中心发展了全球性的生意。最后，尼德兰大西洋让苏格兰人有机会确立他们的法律地位，并且在越来越不友好的英格兰重商主义和泛不列颠扩张政策面前加以试验。从查理一世的不列颠统一化开始，苏格兰与英格兰的关系在

---

① D. Dobson, *Scots-Dutch Links in Europe and America 1575–1825*, Baltimore, 2004.

② NRS, Russel Papers, RH15/106/708/27, W. H. Livingston to "Dear Brother".

1707年合并之前的几年里进一步恶化。在这一背景下，进入大西洋的权利是一个重要的部分。苏格兰人在英格兰大西洋的法律地位严格来说受到了事后出生公民权的保障，而尽管早期与尼德兰人进行了合作，但苏格兰的海外活动一开始就主要是在一个不列颠的背景下发展起来的。当这一法律地位在17世纪30年代结束时，尼德兰人提供了一种手段来制衡英格兰的保护主义野心，并提供了一种方案来替代在新英格兰出现的殖民模式。尼德兰帝国的开放性很适合苏格兰人，他们在旧大陆的联系足以建立一个网络帝国，但想建立一个领土帝国还过于零散。这种局面有更深远的影响，不仅在国内，也在我们熟悉的旧欧洲背景之中。然而一旦换到了新大陆，就会出现无法预见的全新影响，斯特灵伯爵漫长的身后事就清楚地表明了对长岛的主张。

笔者在其他地方已经讨论了苏格兰人在受争夺的空间中活动对他们与英格兰的关系以及对后来的英帝国有何影响。[①] 对尼德兰大西洋的影响也值得好好梳理。本文考察的并不是外国人在尼德兰的空间内有什么贡献，而是展现我们可以怎样将苏格兰人的案例乃至“外国”的概念作为研究尼德兰大西洋的焦点和视角，同时借鉴对跨境跨界人员和文化中介的现有研究。这种方法考察了苏格兰人在尼德兰人主张或争夺的地点和空间内部、之外和之间的活动，实际上考虑的是尼德兰大西洋的次级网络与联系，明确了它的跨国性和相互联系性。与此同时，它提出了一种方法论，可以将我们研究帝国的视角从民族国家这一首要行为体及其首都和中心转向边缘以及内外矛盾，这些因素在早期阶段被定义并构成了尼德兰大西洋，进而在国家形成过程中产生回响。[②] 作为一个诞生于反抗西班牙中央集权化的国家，尼德兰各省继续捍卫它们的自主性，即便在宣布从哈布斯堡帝国独立后也是如此。因此，竞争与对立、谈判与机会不仅是尼德兰人在大西洋海盆中与欧洲各国竞争者以及原住民互动时的底色，也影响了尼德兰联省共和国内部各省及其他地方利益攸关方的许多不同的野心和决定，进而让我们更加认识到尼德兰大西洋的复杂多变。尼德兰大西洋是开放的，这不仅是有意为之，也是历史范式使然；苏格兰的案例已经凸显了这一点，更好地理解这一点对历史研究大有裨益。

---

① E. Mijers, “Between Empires and Cultures: Scots in New Netherland and New York,” *Journal of Scottish Historical Studies*, 33, 2 (2013), pp. 165-195.

② S. Groenveld & H. L. Leeuwenberg, *De Tachtigjarige Oorlog. Opstand en Consolidatie in de Nederlanden (ca. 1560-1650)*, Zutphen: Walburg Pers, 2008.

Scotland in the Dutch Atlantic
—*A Case Study in Open Seas*

Esther Mijers

Abstract: During the process of Netherlands becoming a maritime trading power in the 17th century, many foreigners were active in its maritime adventures, and the Scots were one group that could not be ignored. Throughout the early modern period, Scotland and Netherlands had close ties due to trade and religious bonds, and this paper specifically examines how the Scots utilized this relationship for their own benefit as partners and occasional collaborators with the Dutch in the relatively open overseas adventures of Netherlands, particularly in the transatlantic.

Keywords: Netherlands; Scots; The Atlantic

（执行编辑：江伟涛）

海洋史研究（第二十三辑）
2024年11月　第237~262页

中世纪晚期英格兰的海盗问题与王权应对

胡佳竹*

摘　要：海盗问题是大西洋史研究中的一个经典话题，近年又掀起研究热潮，但整体而言，对中世纪时期海盗问题的关注仍然稀缺。中世纪晚期活跃于北大西洋东岸的海盗，掌握着海事资源和航运技术，是战争时期西欧沿海各国进行海岸防御和跨海运输的重要依仗，远非布罗代尔笔下的社会边缘人物，更非西塞罗眼中的“人类公敌”。中世纪西欧的海盗问题与北大西洋东岸各国的贸易往来、战争进程、国防部署、外交战略密不可分，其所反映的并非传统视角下盗匪活动对政府权威和社会秩序的挑战，而是海上权力运作的基本模式。本文以中世纪晚期的英格兰为例，探究中世纪海盗问题的实质和王权应对的有限性与灵活性，运用丰富的史料来阐释中世纪王权与海港、海商势力在诸多领域的深度勾连，以便细化大航海时代前夕北大西洋东岸的海上活动图景，深入理解近代英国海洋政策的中世纪根基。

关键词：中世纪晚期　英格兰　大西洋史　海盗问题

研究大西洋的历史，就必然会触及人类在海上的暴力活动，绕不开大西洋沿岸的海盗活动。法国年鉴学派的代表人物布罗代尔就曾指出，海上行劫是一个古老而普遍的行业，是海上传统的一部分，亦是战争的一种形式。①

---

* 作者胡佳竹，北京大学海洋研究院博士后。

① 〔法〕费尔南·布罗代尔：《地中海与菲利普二世时代的地中海世界》第2卷，吴模信译，商务印书馆，2013，第343—381页。

海盗在西方流行文化中是一个经久不衰的话题。海盗形象借由文学和影视作品得以固化，广为传播，例如《加勒比海盗》系列电影中的杰克·斯帕罗、彼得·潘故事中的铁钩船长，尤为当代西方大众所熟知，我国观众对此也不陌生。“黑胡子”爱德华·蒂奇、威廉·基德、安妮·邦妮等英国历史上的著名海盗形象，不仅持续为当代西方文化创意产业提供灵感，甚至也影响到日本动漫作品。以海盗为主题或涉及海盗角色的电子游戏同样层出不穷。

近年来，国际海洋史学界重新强调海盗问题的学术价值。关注海盗问题并非出于猎奇，而恰恰是通过一个独特而重要的窗口观察当地的社会民情乃至国家战略与地区局势。相关学者注意到，历史上的海上劫掠往往披着合法外衣，海盗行为（piracy）常与私掠（privateering）、私斗（private war）混为一谈，许多相关问题上仍存在很大的研讨空间。海上劫掠的合法性问题也常为涉及国家建构（state-building）的政治学讨论提供重要的切入点和历史素材。[①] 2019 年 6 月，位于英国格拉斯哥的斯特拉斯克莱德大学（University of Strathclyde）主办了首场以海盗问题为主题的跨学科学术会议，并以此为契机组建起研究海盗问题的学术网络，设立了双年会。[②] 2021 年 8 月，世界各地的相关学者又在线上开展了第二届海盗问题专会；2023 年 6 月，第三届专会于美国新奥尔良召开。这一系列专题会议以海盗活动及相关的海洋政策、外交政策为切入点，尝试打通不同历史时期、海域、文化背景、学科的研究范式，为世界各地研究海洋和海事问题的专家学者带来了跨时段跨领域交流、拓宽学术视野的宝贵机会。

不过，在国际学界关于海盗的研究（乃至整体的海洋史研究）中，研究时段上的偏好十分明显——绝大多数相关研究集中在近现代，尤其是海盗活动在加勒比海格外活跃的“海盗黄金时代”（即 17 世纪中叶至 18

---

① 例如，Janice E. Thomson, *Mercenaries, Pirates, and Sovereigns: State-Building and Extraterritorial Violence in Early Modern Europe*, Princeton: Princeton University Press, 1994; Stefan Eklöf Amirell and Leos Müller, eds, *Persistent Piracy: Maritime Violence and State-Formation in Global Historical Perspective*, Basingstoke: Palgrave Macmillan, 2014; Matthew Norton, “Classification and Coercion: The Destruction of Piracy in the English Maritime System,” *American Journal of Sociology*, 119, 6 (2014), pp. 1537–1575。

② “海盗问题”学术网络（the Problem of Piracy Network）的发起人及负责人为美国梅里马克学院历史系的约翰·考克雷（John Coakley）、英国斯特拉斯克莱德大学历史系的大卫·威尔逊（David Wilson）、澳门大学历史系的关正衔（Nathan C. Kwan）；该学术网络及其双年会相关信息、研究成果发表情况详见 https://problemofpiracyconference.home.blog。

世纪20年代），而对于16世纪之前的海事活动明显关注不足。在远洋技术大幅发展、新航线开辟之前，人类海上活动及商品流通的规模往往局限在特定的海域，受制于季风与洋流的影响；舰船上装载火炮之前，后世所理解的海战并不常见，区域内部对海权的争夺也不显得那么激烈。因而这些时期的海事活动（包括海盗活动）对政治与社会的影响容易被主流叙事所忽视。然而，海盗历史几乎与人类航海历史一样悠久，只要航海活动形成一定规模、牵涉军事或商贸方面的利益，在海上及沿海地带就自然会发生掠夺行为，产生以此为营生的群体。就像大海会改变陆地的物理形态，海上的暴力活动也会对沿海地区的社会和经济形态产生实质性且持续的影响。①

英国近代史上常见君主与私掠海盗的合作，英国常以“海盗之国”著称，甚至有学者认为英帝国的崛起正是得益于活跃的海盗活动。② 英格兰王室与海盗在近代长久的合作，正是始于中世纪，同时英格兰自身也没有免于海盗问题的困扰。本文即以英格兰为例，重点关注13世纪后期到15世纪前期北大西洋东岸的海盗问题以及王权的应对。该时期英格兰所面临的海盗问题大体上分为两大类。一是本土海盗的侵扰——英格兰及友邦的商船经常在海上或沿海地区遭到英格兰海盗的劫掠，并向英王投诉，请求获得赔偿。过于猖獗的本土海盗不仅会给本国商贸活动带来损害，甚至可能造成外交上的困境。二是外国海盗的攻击，尤其是来自法国和低地国家的舰船侵扰。本文探究以英格兰为代表的西欧国家在中世纪晚期所面临的海盗问题的本质，包括王国海上力量的基本构成，君主在战争和国防问题上对所谓“海盗”群体的依赖。

同时，应对海盗问题的策略与措施也是一国海洋政策的重要组成部分。自14世纪起，西欧、南欧各国整体上日益重视海上力量与海洋主权的建设。在这样的时代背景下，跨海贸易、海盗活动、王权应对，共同构成了北大西洋东岸常见而活跃的互动图景，为我们深入理解大航海时代前夕西欧沿海国

---

① Nikolas Jaspert, " 'Piracy', Connectivity and Seaborne Power in the Middle Ages", in Michel Balard, ed., *The Sea in History: The Medieval World*, Woodbridge: Boydell, 2017, pp. 45-57.

② Clive M. Senior, *A Nation of Pirates: English Piracy in Its Heyday*, Newton Abbot: David & Charles, 1976; Mark G. Hanna, *Pirate Nests and the Rise of the British Empire, 1570-1740*, Chapel Hill: University of North Carolina Press, 2015.

家海洋政策的形成与发展提供了重要参考，也为进一步理解近代大西洋史的发展奠定了重要基础。

一 西塞罗视角的局限

古希腊古风时代（约公元前8—前6世纪）地中海区域的文献中就提及了海盗的活动，使用了ληστής（*lēistēs*）一词来指称海盗；到公元前4世纪中后期出现了πειρατής（*peiratēs*）一词，这两个词在相关文献中常作同义词使用。汉语中的“海盗”特指在海上与沿海进行劫掠的盗贼，但古希腊语文献中的ληστής（*lēistēs*）与πειρατής（*peiratēs*）兼指土匪与海盗，具体的区分则需要依靠语境或额外的限定词。[①]

现代英语中的“海盗”（pirate）一词来源于拉丁语中的*pirata*，而*pirata*正是源于古希腊语中的πειρατής（*peiratēs*）。[②] 中世纪英格兰一些编年史也确实能见到*pirata*一词，但中世纪拉丁语中的*pirata*往往指海上战争的一种形式，大多带有浓厚的主观色彩，而非一个客观且公认的法律术语。[③]“海盗”在16世纪前并不是一个法律意义上明确成形的概念，“海盗”（pyrottes/pyrotes/pirotes）一词直到1536年才正式出现在英格兰的法律文件

---

① Philip de Souza, *Piracy in the Graeco-Roman World*, Cambridge: Cambridge University Press, 2002, pp. 6-9, 17-30.

② 拉丁语文献中指称海盗的词还有*praedo*，来源于*praeda*（意为掠夺物、赃物、战利品），有时也用*latro*。De Souza, *Piracy in the Graeco-Roman World*, Cambridge: Cambridge University Press, 2002, pp. 12-13; P. G. W. Glare, ed., *Oxford Latin Dictionary*, 2nd edn., Oxford: Oxford University, 2012, pp. 1109, 1521, 1572.

③ 例如，Henry R. Luard, ed., *Flores Historiarum*, Vol. 2, London: HMSO, 1890, p. 165; Henry R. Luard, ed., *Chronica Majora*, Vol. 3, London: HMSO, 1876, pp. 28-29; Henry R. Luard, ed., *Annales Monastici*, Vol. 3, London: HMSO, 1866, pp. 34, 390。有些诗歌作品中还用“rover”一词来指称海盗，来源于中古荷兰语的*rōver*或是中古低地德语的*rōver*，如G. C. Macaulay, *The Complete Works of John Gower: Edited from the Manuscripts with Introductions, Notes, and Glossaries*, Oxford: Clarendon Press, 1901, p. 290, “A Rovere of the See Was Nome”（III. 2369）; Sir George Warner, ed., *The Libelle of Englyshe Polycye: A Poem on the Use of Sea-power 1436*, Oxford: Clarendon Press, 1926, p. 9, “Are the Gretteste Rovers and the Gretteste Thevys”（l. 159）。亦参见 Thomas K. Heebøll-Holm, *Ports, Piracy and Maritime War: Piracy in the English Channel and the Atlantic, c. 1280-c. 1330*, Leiden: Brill, 2013, pp. 15-22; N. A. M. Rodger, “The Law and Language of Private Naval Warfare,” *Mariner's Mirror*, 100, 1 (2014), p. 7。

中，用于定性这种在海上和沿海进行非法掠夺的罪行。[①] 中世纪时期英格兰行政和司法档案中极少使用*pirata* 的同源词来指称那些在海上或沿海地区使用暴力、实施劫掠行为的人，较为常见的写法，是将这些人称为“不法分子”或“作恶者”（盎格鲁-诺曼语中的 *meffesours*，对应现代英语中的 malefactors、wrongdoers），更多时候甚至直截了当地指其为“某地之人”（“gentz de...”）。[②]

那么，中世纪时期那些在海上或沿海实施暴力掠夺行为的人究竟算怎么回事呢？既然时人并没有“海盗”这一共识，中世纪的“海盗”只是后世附会的概念吗？事实上，不同历史时期，人们对海盗及海盗问题的理解本就不尽相同，与其所处时代的政治和社会背景息息相关。西塞罗在罗马共和国晚期（公元 1 世纪前后）将海盗视为“人类公敌”（*communis hostis omnium*），将其划归到了权威和秩序的对立面，认为广泛而持续的海盗活动会对国家和社会构成威胁，是必须打击的对象。[③]然而，海上的暴力活动如何定性，涉事海员是民是盗，都涉及阶级立场和话语权的问题。托马斯 K. 希伯尔-霍尔姆（Thomas K. Heebøll-Holm）指出，西塞罗这一观点的提出正值罗马帝国形成之际，代表了一种帝国权威的视角，而这种视角后来又在17—18 世纪欧洲殖民主义扩张时期产生了共鸣，也因此造成了传统研究在海盗问题上的刻板印象。[④] 阿梅德奥·波利坎特（Amedeo Policante）也认为，相对于通俗文化中对海盗的奇幻化、浪漫化的想象，海盗是人类公敌这一观点的构建，及其在历史进程中的不断复兴，正与帝国主义话语体系的建立和发展有关。[⑤] 这一视角时至今日也颇具影响力，现代国际法中的普遍管辖权原则（universal jurisdiction）正是源于制裁海盗这样的“人类公敌”的需求。[⑥]

---

① Alfred P. Rubin, “The Law of Piracy”, *Denver Journal of International Law and Policy*, 15, 2&3 (1987), pp. 173-234; *The Statutes of the Realm*, Vol. 3, London: George Eyre and Andrew Strahan, 1817, pp. 533, 671.

② 例如，The National Archives (TNA), SC 8/39/1929; SC 8/311/15559; SC 8/120/5998; *Calendar of the Patent Rolls* (*CPR*), 1301-1307, London: HMSO, 1898, p. 358.

③ M. Winterbottom, ed., *M. Tulli Ciceronis: De Officiis*, Oxford and New York: Oxford University Press, 1994, p. 155 (III. 107). 这也是现存拉丁语文献中最早使用 *pirata* 一词的文本。

④ Thomas K. Heebøll-Holm, *Ports, Piracy and Maritime War: Piracy in the English Channel and the Atlantic, c. 1280-c. 1330*, Leiden: Brill, 2013, pp. 2-5.

⑤ Amedeo Policante, *The Pirate Myth: Genealogies of an Imperial Concept*, London: Routledge, 2015.

⑥ Eugene Kontorovich, “The Piracy Analogy: Modern Universal Jurisdiction's Hollow Foundation,” *Harvard International Law Journal*, 45, 1 (2004), pp. 183-237; Mark Chadwick, *Piracy and the Origins of Universal Jurisdiction: On Stranger Tides?*, Leiden: Brill, 2019, pp. 1-25.

再看布罗代尔，虽然其对包括海盗在内的盗匪群体怀有深刻的同情，并不将盗匪视作天然的罪犯、人类的公敌，但在其建构的阶级叙事中，这一群体属于社会底层，是社会边缘人群，盗匪活动则被视为对统治阶级的报复、对政治及社会秩序的反叛。这实质上依然延续了政府权威与盗贼劫掠的二元对立。[①] 将海盗视为边缘群体，将海盗活动视为对社会秩序的挑战和破坏，这种研究范式在当代大西洋史的海盗研究中影响深远，无论是马库斯·雷迪克（Marcus Rediker）和彼得·莱恩博（Peter Linebaugh）这样的马克思主义学者，还是彼得·厄尔（Peter Earle）和大卫·科廷利（David Cordingly）这样意识形态比较保守的学者，他们都或多或少受到这种范式的影响——雷迪克和莱恩博将海盗描绘成阶级压迫的反抗者，而厄尔与科廷利则更认同英国皇家海军所代表的秩序，反对将海盗恶行美化成英雄主义。[②] 然而，这种范式或许能够解释 16 世纪地中海和 18 世纪早期加勒比海的情况，却并不适用于中世纪时期的北大西洋东岸。在西塞罗视角下，合法进行海外贸易的海商与劫掠商船的海盗是泾渭分明的两个群体，破坏秩序的海盗与维护秩序的海军也是水火不容的两个群体。这与中世纪西欧沿海地区的实际情况并不吻合。

中世纪北大西洋东岸的海盗问题并非单纯海上盗贼破坏海上和平、妨害海上交通及运输安全的问题，其与地区间的贸易往来、战争进程、国防部署、外交战略密不可分。这些所谓的海盗也远非社会的边缘人群，多数是港口城镇的居民、商人，有些还具有较高的社会地位，在当地担任要职、颇具声望，甚至不乏自称皇帝或国王的海军将领者。[③]他们往往是国家海上力量

---

① 〔法〕布罗代尔：《地中海与菲利普二世时代的地中海世界》第 2 卷，第 120—148 页。

② Peter Linebaugh and Marcus Rediker, *The Many-Headed Hydra: Sailors, Slaves, Commoners, and the Hidden History of the Revolutionary Atlantic*, Boston: Beacon Press, 2000; Marcus Rediker, *Villains of All Nations: Atlantic Pirates in the Golden Age*, Boston: Beacon Press, 2004; Peter Earle, *The Pirate Wars*, London: Methuen Publishing, 2003; David Cordingly, *Spanish Gold: Captain Woodes Rogers and the Pirates of the Caribbean*, London: Bloomsbury Publishing, 2011. 亦见 Mark G. Hanna, "Well-Behaved Pirates Seldom Make History: A Reevaluation of English Piracy in the Golden Age," in Peter C. Mancall and Carole Shammas, eds., *Governing the Sea in the Early Modern Era: Essays in Honor of Robert C. Ritchie*, San Marino: Huntington Library Press, 2015, pp. 129-168。

③ Frederic L. Cheyette, "The Sovereign and the Pirates, 1332," *Speculum*, 45, 1 (1970), pp. 46-47; N. A. M. Rodger, *The Safeguard of the Sea: A Naval History of Britain, 660-1649*, New York and London: W. W. Norton & Company, 1997, pp. 147-149.

的重要依仗，却又不在君主的严密掌控之下。中世纪北大西洋东岸的海盗问题因此显得尤为复杂，也值得予以更多关注，进行深入探讨。

二 海商、海军还是海盗?

在当代人的一般观念中，海商是海盗劫掠的目标，海盗是海军打击的对象，海军所维持的海上秩序保护了海商的贸易活动。官匪之间或许偷偷摸摸有所勾连，但至少隶属不同的组织。不过，在中世纪英格兰乃至整个欧洲，海商、海军、海盗并不是三个割裂的概念——三者之间并不存在明确的界限，而是可以互相转换的角色。这也正是为什么西塞罗视角并不适用于中世纪欧洲的海盗问题。

中世纪欧洲敌对势力之间的所谓海战，往往以这些形式实现：在海上劫掠船只，攻击停靠在海岸和港口的船只，或是登陆后上岸烧杀掠夺。一方面削弱敌方的后勤运输能力、扰乱敌方的商业贸易路线，另一方面也为己方补充物资、攫取财物。不难发现，海盗行为与战争行为光从形式上并不容易区分，而且实施海上劫掠的所谓海盗往往也正是在为国王或领主执行任务的海军水手，而海军舰队中绝大部分船只还是海商的船只。这些海军水手并不是我们现代人理解的那种训练有素、进退有度的现代海军官兵——实际上，中世纪时期的英格兰并没有当代意义上的、专门负责海上防御与攻击的常备海军。用大卫·洛兹（David Loades）的话来说，13—14世纪的海军就好比中世纪的议会，与其说是一个机构，不如说是一项事务——在特定时期为达成特定的军事目的才会征召舰船、组建舰队。中世纪语境下“navy”一词并不是特指王室辖下的海军部队，而往往泛指整个王国范围内可供军用的船舶资源。[①]

中世纪英格兰海军舰队的任务主要在三个方面：①后勤运输；②攻击敌船及敌国沿海地区；③护卫渔船和商船。后勤运输任务是其中最为重要的一项，尤其是当英格兰君主征战欧陆时，兵马和粮草补给都需要通过舰队穿越英吉利海峡，源源不断地输送到前线，战俘和战利品也可能需要运回后方。在威尔士地区或苏格兰边境地区的军事行动中也常用到运输舰队；水路往往

---

① David Sylvester, “Communal Piracy in Medieval England's Cinque Ports,” in Niall Christie and Maya Yazigi, eds., *Noble Ideals and Bloody Realities: Warfare in the Middle Ages*, Leiden: Brill, 2006, p. 168; David Loades, *The Tudor Navy: An Administrative, Political and Military History*, Farnham: Ashgate Publishing, 1992, p. 11.

比陆路更为快捷，也更节省部队的体力。还有信使、代理人、外交使节等，其跨海交通也需要用船，并且要保障航线安全。[①]

尽管英格兰君主自己确实拥有一定数量的船只战舰，但总体来说数量稀少、规模有限，并且不会全部用于战事——战舰的建造和维护费用高昂。登记在国王名下的舰船称为“王船”（*naves regis*/king's ships），而出征舰队中王船所占比例通常很小。[②] 比如在1322年至1323年与苏格兰交战期间，英格兰方面共有约284艘舰船参与了行动，但其中爱德华二世派出的王船只有十艘，约占3.5%。英法百年战争中规模最大的一场军事行动——1346年的克雷西会战中，爱德华三世往英格兰庞大的运输舰队中投入了25艘王船，这是其在位期间派出王船数量最多的一次；即便如此，王船比例仍只占到3.3%（参与战役的舰船总数达到了747艘）。[③] 直至亨利八世在位末期（即16世纪中叶），英格兰王室才真正开始建设规模相对可观的常备舰队，并永久地保留下了直属王室政府、统管海军事务的配套机构，由此形成了近代英国皇家海军（Royal Navy）的雏形。[④]

既然投入战役的王船数量如此有限，当战事需要大量船只和船员时，中世纪晚期的英格兰又是靠什么来组建规模庞大的海军队伍的呢？最主要的来源即是征用商船。[⑤] 上文提到，中世纪海军的后勤运输任务至关重要，而被

① Craig L. Lambert, “Naval Service and the Cinque Ports, 1322-1453,” in Gary P. Baker, Craig L. Lambert, and David Simpkin, eds., *Military Communities in Late Medieval England*, Woodbridge: Boydell, 2018, p. 216; Susan Rose, *Medieval Naval Warfare 1000-1500*, London and New York: Routledge, 2002, pp. 60-61.

② 登记为“王船”的船只，有些是所有权完全属于国王的个人财产，有些则是国王与某些贵族或船主共有的，通过签订某种协议长期为国王效力，参见 Graham Cushway, *Edward III and the War at Sea: The English Navy, 1327-1377*, Woodbridge: Boydell, 2011, pp. 21, 225-235。

③ British Library (BL), Cotton MS, Nero C. VIII, fol. 264r; BL, Harleian MS 3968, fol. 132r; Craig L. Lambert, *Shipping the Medieval Military: English Maritime Logistics in the Fourteenth Century*, Woodbridge: Boydell, 2011, pp. 12-13, 69-72, 136-140.

④ N. A. M. Rodger, *The Safeguard of the Sea: A Naval History of Britain*, Vol. I, New York and London: W. W. Norton & Company, 1997, pp. 221-237; C. S. L. Davies, “The Administration of the Royal Navy under Henry VIII: The Origins of the Navy Board,” *English Historical Review*, 80, 315 (1965), pp. 268-288; Tom Glasgow, Jr., “Maturing of Naval Administration 1556-1564,” *Mariner's Mirror*, 56, 1 (1970), pp. 23-26.

⑤ Craig L. Lambert, *Shipping the Medieval Military: English Maritime Logistics in the Fourteenth Century*, Woodbridge: Boydell, 2011, pp. 11-19; Craig L. Lambert, “The Contribution of the Cinque Ports to the Wars of Edward II and Edward III: New Methodologies and Estimates,” in Richard Gorski, ed., *Roles of the Sea in Medieval England*, Woodbridge: Boydell, 2012, pp. 63-66.

海军运输舰队征用的商船本身就是海商用以运输货物的。在海上航行的商船，尤其是那些运输贵重商品的商船，由于日常面临遭遇劫掠的风险，自身都有一定的防御能力。[①] 因此，只需再加强一下防御工事，就可以直接投入战役的后勤运输工作。

自 13 世纪 90 年代起，英格兰大大小小的港口城镇为英王的征战计划提供了大量的海事资源，包括船只和随船海员。1297 年秋爱德华一世征战佛兰德时，参与战事的 273 艘舰船中的绝大部分是由英格兰南部及东南部港口城镇提供的。而 1298 年 2 月初，为将兵力从斯勒伊斯（Sluis）撤回，爱德华一世下令征用诺福克（Norfolk）和萨福克（Suffolk）两郡所有适合运输的船只。[②] 尤其是为大型战役做准备时，往往需要在全英格兰范围内征用商船。1297 年至 1346 年，英格兰众港口为海军舰队提供的商船总数达到 2449 艘；值得一提的是，其中大型港口提供的商船数量其实只占到 55.9%，这说明还有大量小型港口参与其中。而 1355 年至 1399 年，从英格兰诸港口征用的商船总数约为 1110 艘，其中仅 63%来自大型港口。[③] 这样大规模地募集船只，实质上是在全国范围内分摊海事成本，以免过度消耗部分港口的船舶资源，影响到正常的海上贸易活动——从某港口征用的商船数量一般占到该港口全部船舶数量的 20%到 40%。[④]

除了王船及各港口提供的商船，英格兰海军舰队的另一个稳定来源是五

---

① Susan Raich Sequeira, "The English Navy in the Twelfth Century", *English Historical Review*, 135, 575 (2020), pp. 752-753.

② Bryce Lyon, "The Failed Flemish Campaign of Edward I in 1297: A Case Study of Efficient Logistics and Inadequate Military Planning", *Handelingen der Maatschappij voor Geschiedenis en Oudheidkunde te Gent*, 59, 1 (2005), pp. 36-37; Bryce Lyon, and Mary Lyon, eds, *The Wardrobe Book of 1296-1297: A Financial and Logistical Record of Edward I's 1297 Autumn Campaign in Flanders Against Philip IV of France*, Brussels: Palais des Académies, 2004, pp. 103-115; *CPR*, 1292-1301, London: HMSO, 1895, p. 328.

③ Maryanne Kowaleski, "Shipping and the Carrying Trade in Medieval Dartmouth", in Marie-Luise Heckmann and Jens Röhrkasten, eds., *Von Nowgorod bis London: Studien zu Handel, Wirtschaft und Gesellschaft im mittelalterlichen Europa*, Göttingen: V&R Unipress, 2008, pp. 465-487; 相关数据详见第 483 页上 Table 17, "Home Ports of Merchant Ships Used in the English Navy, 1297-1451"。

④ Craig L. Lambert, *Shipping the Medieval Military: English Maritime Logistics in the Fourteenth Century*, Woodbridge: Boydell, 2011, pp. 174-183.

港同盟（Confederation of the Cinque Ports）提供的船舶和人力资源。① 五港同盟曾以海军服务换取在税收与司法方面的特权——根据同盟持有的特许状，同盟每年需要向英格兰王室提供57艘船只，每艘船配备船员21人，无偿服役15天。苏珊·罗斯（Susan Rose）指出，这些要求只是一种制式表述，实际操作中会更为灵活，因为相关公函和特许状中从未对舰船规格提出过具体要求——舰船大小不一，自然也不都正好需要21名船员；一艘船从启航去执行任务到返回港口，也不太可能正好控制在15天内。② 英格兰王室在13世纪时尤其倚重五港同盟的海军服务；而在14世纪时，传唤五港同盟无偿履行海军义务的诏令越来越少见；到14世纪中期，通过封建诏令征用五港舰队的方法已然过时，更多时候同盟海员与其他服务于君主的海员一样按劳取酬。③ 当然，这并不代表五港同盟到14世纪时不再积极参与英格兰的海上军事活动。随着战事愈加频繁、战争规模不断扩大，仅依赖封建诏令来集结海军显然是不现

① 五港同盟是由英格兰肯特郡（Kent）和萨塞克斯郡（Sussex）诸多东南沿海港口城镇所结成的古老同盟，位于英吉利海峡的东端。虽然名为“五港”，但同盟成员远不止五个。五港得名于同盟的五个头部成员——黑斯廷斯（Hastings）、罗姆尼（Romney）、海斯（Hythe）、多佛（Dover）、桑威奇（Sandwich）；同盟的主要成员实则有七个，除上述五港外，还有温奇尔西（Winchelsea）与莱伊（Rye），称作“古代城镇”（Ancient Towns），最初附属于黑斯廷斯，后与五港地位平齐。此外，同盟中还有诸多附属成员（Limbs），到13世纪末时，附属成员数量达到24个，14—16世纪也继续有小港口加盟。参见K. M. E. Murray, *The Constitutional History of the Cinque Ports*, Manchester: Manchester University Press, 1935, pp. 1-8, 42-59。

② Susan Rose, “The Value of the Cinque Ports to the Crown 1200-1500,” in Richard Gorski, ed., *Roles of the Sea in Medieval England*, Woodbridge: Boydell, 2012, pp. 43-44.

③ N. A. M. Rodger, “The Naval Service of the Cinque Ports,” *The English Historical Review*, 111, 442 (1996), pp. 643-646; Craig L. Lambert, “The Contribution of the Cinque Ports to the Wars of Edward II and Edward III: New Methodologies and Estimates,” in Richard Gorski, ed., *Roles of the Sea in Medieval England*, Woodbridge: Boydell, 2012, pp. 66-67. 根据克雷格·L. 兰伯特(Craig L. Lambert）的研究，财政署档案中载有五港同盟海员领受工钱的记录，例如在1326年因参与海岸防御任务领取了工钱（TNA, E 101/17/25, m. 4d），在1338年因相关的海军服务领取了工钱（TNA, E 101/21/7, m. 2），在1342年因参与布列塔尼战役的运输任务也领取了工钱（TNA, E 36/204, pp. 222-223, 225-227, 229, 239）。13—15世纪普通海员服役时的收入一般为每日3便士，船长则为每日6便士；14世纪中叶黑死病的肆虐所造成的劳动力短缺并未给海员的基本工资水平带来实质变化，但在通货膨胀的影响下，多数海员每周能获得6便士的额外奖励；1370年普通海员的日薪提升至4便士。参见Maryanne Kowaleski, “The Shipmaster as Entrepreneur in Medieval England,” in Ben Dodds and Christian Liddy, eds., *Commercial Activity, Markets and Entrepreneurs in the Middle Ages*, Woodbridge: Boydell Press, 2011, pp. 171-172; N. A. M. Rodger, *The Safeguard of the Sea: A Naval History of Britain*, Vol. I, New York and London: W. W. Norton & Company, 1997, p. 498; 具体数据详见Susan Rose, ed., *The Navy of the Lancastrian Kings: Accounts and Inventories of William Soper, Keeper of the King's Ships, 1422-1427*, London: Navy Records Society 123, 1982。

实的，尤其是1337年英法百年战争开启后，英王需要整合全英格兰的港口资源来支持战事。大量港口参与海军舰队的组建，自然降低了五港同盟船只在其中的占比，同时也消解了五港同盟在海事资源和海军服务上的独特性。不过值得强调的是，尽管此时五港同盟在海事资源上不再一家独大，但同盟的地理位置、五港人士在航海与海防方面的丰富经验依然不容忽视。

三 英格兰本土海盗问题的实质

至此我们已经知晓，中世纪晚期英格兰海军部队的组建主要依靠英格兰诸港口集体贡献的船舶与人力资源，并非王室直属的常备部队，也并没有一个王室政府控制下的常务机构来进行统一管理。因此在通常情况下，英王并没有能力，也未必有意愿全盘掌控海员的行动。自然也不能默认英格兰海员与君主总是一条心——海员攻击的对象常常并不限于官方所想要打击的目标。劫掠敌船合法合规，是英格兰海上防御的重要组成部分，同时也是一门暴利行当，因此，海员往往会自主决定劫掠的对象，敌我不分，无差别攻击往来商船，或是在休战期间无视君主下达的和平公告，我行我素，继续打劫过路商船。

因此，中世纪英格兰君主经常收到本国、盟国或友国商人的投诉，诉说自己遭遇了英格兰海员的暴力劫掠，要求英王主持公道、赔偿损失。比如从1305年一份伦敦商人的请愿书中可知，在爱德华一世在位第21年时（即1292年11月至1293年11月），有四名伦敦商人在从加斯科涅运送货物返回伦敦的途中遇到了一艘桑威奇船，该船本应奉命执行海上护卫任务，保护本国商船免受敌船袭击，却趁此机会打劫了伦敦商船，抢走了他们的钱财和货物。[①] 又如1322年，一位名叫阿尔布雷希特·德·不来梅（Albrecht de Bremen）的德国商人向英王爱德华二世控诉道，其商船在埃塞克斯郡的哈维奇港（Harwich）卸货时遭到了劫掠，当时有两艘分别来自温奇尔西（Winchelsea）和格林尼治（Greenwich）的船驶来，船上下来很多持有武装的人，将他和同行的九人驱离自家商船，然后追打他们，还打死了一名水手，最后夺走了商船和船上货物。[②] 同样在14世纪20年代，布拉班

① TNA, SC 8/120/5998; *CPR*, 1301-1307, London: HMSO, 1898, p.358.

② TNA, SC 8/5/239.

特公爵（duke of Brabant）约翰三世曾多次致函爱德华二世，向他转达鲁汶商人对英格兰海员劫掠行为的控诉。[①] 佛兰德伯爵、埃诺伯爵、布列塔尼公爵也都向爱德华二世及爱德华三世进行过类似投诉。[②]

这些案例生动地展现了中世纪晚期英格兰海盗行为的实质：本该护卫商船的海军船只监守自盗打劫了本国商船，本该攻击敌国船只的英格兰海员无差别地打劫了友国商船。当然还有一种常见的情形，即敌对两国的海员在休战期间依然互相攻击，下文会具体谈到这一情况。有时甚至王室自身也难以幸免——比如1328年，英格兰与苏格兰签订了《北安普敦条约》，结束了第一次苏格兰独立战争，并在贝里克（Berwick）为爱德华三世之妹琼（Joan）与罗伯特·布鲁斯之子兼继承人大卫（David）举行婚礼；尽管英苏在官方立场上不再敌对，但有一艘运送小麦供婚礼之用的贝里克商船在运输途中仍然遭遇了英格兰"海盗"，船与小麦都被劫去了桑威奇。[③]

无论是14世纪的律师还是当代的学者，在界定私掠行为与海盗活动的区别时都会强调，私掠行为是奉官方之令的合法行动，是在海上执行君主的法律，而海盗活动则是自发的无差别劫掠，是法外之举。两者的核心区别其实不在于劫掠行为本身，而在于有无国家权威为其背书。[④] 然而，这条界限既模糊又脆弱，实际事件中的所谓"海盗"往往都有着合法身份，也很擅长披着合法的外衣做些未获授权之事。[⑤] 上述案例中在海上劫掠商船的并不是一个专门的海上犯罪团伙，并非海商与海军之敌，而恰恰与海商甚至与英

---

① TNA, SC 1/15/97-98.

② TNA, SC 1/34/91; SC 1/34/93; SC 1/38/42; SC 1/38/63; SC 1/55/95.

③ *Calendar of Close Rolls* (*CCR*), 1327 - 1330, London: HMSO, 1896, p.409; W. Mark Ormrod, *Edward III*, New Haven and London: Yale University Press, 2013, pp. 71-73.

④ Michel Mollat, "Guerre de course et piraterie à la fin du Moyen Age: aspects économiques et sociaux. Position de problèmes", *Hansische Geschichtsblätter*, 90 (1972), pp. 1 - 14; Janice E. Thomson, *Mercenaries, Pirates, and Sovereigns: State-Building and Extraterritorial Violence in Early Modern Europe*, Princeton: Princeton University Press, 1994, p. 22; Eugene Kontorovich, "The Piracy Analogy: Modern Universal Jurisdiction's Hollow Foundation," *Harvard International Law Journal*, 45, 1 (2004), pp. 210-223; Frederic L. Cheyette, "The Sovereign and the Pirates, 1332," *Speculum*, 45, 1 (1970), p. 48.

⑤ Lauren Benton, "Legal Spaces of Empire: Piracy and the Origins of Ocean Regionalism," *Comparative Studies in Society and History*, 47, 4 (2005), pp. 704 - 713; Mark Chadwick, *Piracy and the Origins of Universal Jurisdiction: On Stranger Timdes?*, Leiden: Brill, 2019, pp. 55-82.

格兰海军同属一个群体。北大西洋东岸的中世纪海盗、海商、海军之间，就是这样一种互相纠缠、互相转换的复杂关系。

事实上，官方计划之外的海上暴力冲突，严重的话不仅妨碍地区间的正常贸易往来，甚至可能造成地区间的外交困境。比如1292—1293年，巴约讷（位于英王在法国的采邑加斯科涅地区）渔民与诺曼渔民之间的争执逐渐演变为海战，双方海员以暴力劫掠的形式在海上互相攻击，五港同盟的海员也牵涉其中，还累及其他一些英格兰与爱尔兰的船只。而这种性质的暴力劫掠，与其说是海盗活动，不如说是私斗行为，但二者在表现形式上确也没有实际区别。其间，法王腓力四世与英王爱德华一世均下达过和平指令，试图平息这场海上争端，但成效颇微。1293年5月，一支五港同盟的舰队在圣马蒂厄角（Pointe Saint-Mathieu）击败了诺曼人的舰队，随后巴约讷人攻陷了法国港口拉罗谢尔（La Rochelle），将这次冲突推向了高潮。英法之间针对此事的和谈也不顺利。1294年5月，法王甚至宣布没收英王在法国的采邑加斯科涅，英王在6月下旬宣布解除对法王的效忠宣誓，于是英法之间正式开战，就此打破了1259年《巴黎条约》签订之后维持了35年的和平。[①] 又如在1410年前后，英格兰方面有意重启与法国的战事，需要布列塔尼和佛兰德保持中立，拒绝与法国方面结盟。但是，布列塔尼和佛兰德的商船却在英吉利海峡频繁遭到一些英格兰海商的骚扰，这就给兰开斯特王朝的外交计划造成了很大的阻碍。[②]

四　王权的有限干预

理解了海商、海军、海盗这三种角色之间的复杂关系后，便不难想象，每一艘携带冷兵器、具有防御能力的商船其实都是潜在的海盗船。战争时期

① F. M. Powicke, *The Thirteenth Century, 1216-1307*, 2nd edn, Oxford and New York: Oxford University Press, 1991, pp. 644-648; Thomas K. Heebøll-Holm, *Ports, Piracy and Maritime War: Piracy in the English Channel and the Atlantic, c. 1280-c. 1330*, Leiden: Brill, 2013, pp. 83-97; Michael Prestwich, *Edward I*, New Haven and London: Yale University Press, 1997, pp. 377-383.

② Stephen P. Pistono, "Henry IV and the English Privateers," *The English Historical Review*, 90, 355 (1975), pp. 322-330; Thomas K. Heebøll-Holm, "Towards a Criminalisation of Piracy in Late Medieval England," in Louis Sicking and Alain Wijffels, eds., *Conflict Management in the Mediterranean and the Atlantic, 1000-1800: Actors, Institutions and Strategies of Dispute Settlement*, Leiden: Brill, 2020, pp. 169-170.

就更不消说了，如果没有相关地区的领主颁发的通行证（safe-conduct），或者没有护卫舰船伴行，在海上遭到暴力劫掠是大概率事件。事实上，中世纪欧洲人将遭遇海盗视作航海风险的一部分，而非需要根除的痼疾。

英王爱德华一世显然明白英格兰海员可能会打着公务的幌子胡作非为——1282 年，爱德华一世派五港同盟的舰队去执行护卫任务时，同时给五港总督（Warden of the Cinque Ports）下达了指令，要求总督派遣信任的人随船监督，以确保不会有人借此机会为非作歹。[①]然而，这样的干预措施罕见，一般情况下也不能指望有人被严肃问责。[②]

其实在 13 世纪末期之前，英格兰君主对臣民在海上发生的纠纷不甚关心，很少积极介入，"王之和平"（pax regis）的覆盖范围尚未延伸至海上事务，海洋上的司法管辖权起初不在其兴趣范围内。无论是借合法私掠的名义打劫其他商船，还是出于个人恩怨发生私斗、互相报复，或是单纯的打劫行为，民间渔民和商人在海上发生的争执大多与王室的政治利益无关。用 F. W. 布鲁克斯（F. W. Brooks）的话来说，13 世纪早期的安茹君主们面对自己臣民在海上的纠纷，经常"适时地装聋作哑"（being conveniently deaf）。[③]何况，由于战时征用的海军舰船正是出自这些商船和渔船，对于国王来说，海员温顺守序反倒没什么益处，好勇斗狠才是其优良品质；从这个意义上讲，在海上时不时发生冲突，也是一种练兵。

转折出现在 13 世纪末——随着北大西洋东岸的航海活动越来越频繁、海洋在国际交流与地区发展中的作用越来越突出，民间的海上纠纷不再局限于地方上的商业利益，而是越来越明显地影响到了王室乃至王国的利益。1297 年 8 月，英王爱德华一世率领一支舰队向佛兰德进发。这支舰队共有 273 艘舰船，其中 73 艘来自五港同盟，59 艘来自大雅茅斯（Great Yarmouth），加起来几乎占到整支舰队的一半。当舰队抵达斯勒伊斯时，五港同盟与大雅茅斯的海员大打出手。大雅茅斯在 1303 年出具的一份调查报告显示，大雅茅斯方面损失惨重——至少 17 艘船被烧，另有 12 艘船遭到了洗劫，

① *CCR*, 1279-1288, London: HMSO, 1902, p. 158: "……应使海洋免受海上恶徒之害……王之臣民不得假借王命行恶。"

② David Sylvester, "Communal Piracy in Medieval England's Cinque Ports," in Niall Christie and Maya Yazigi, eds., *Noble Ideals and Bloody Realities: Warfare in the Middle Ages*, Leiden: Brill, 2006, pp. 169-170.

③ F. W. Brooks, "The Cinque Ports' Feud with Yarmouth in the Thirteenth Century," *Mariner's Mirror*, 19, 1 (1933), p. 33.

165 人死亡。[①]这场内讧使得爱德华一世的佛兰德之行出师未捷先遭重创。尽管英王在同年 9 月上旬就安排了仲裁，试图平息这场争端，但五港与大雅茅斯的海员并未就此作罢，在随后的两年中，双方依旧报复不止。1301 年初，两地代表前往议会再度接受调解，虽然在王室政府的干预下双方暂时握手言和，但这种和平异常脆弱。1302 年 11 月，双方渔民之间又爆发严重冲突，王室不得不再次介入调停。[②]

13 世纪以来五港人与大雅茅斯人积怨重重，但英格兰君主此前对两地纷争很少过问。1297 年在斯勒伊斯发生的这场冲突对五港人和大雅茅斯人来说，不过是宿怨难平的必然结果，是近百年的积怨中又一个小插曲，但对此时的爱德华一世而言，两地皆是英格兰海上运力的重要依仗，两地人士在海上持续不断的冲突严重削弱了英格兰在英吉利海峡及北海海域的后勤运输能力，英格兰海上力量的稳定性大大下降，英格兰与欧陆多地之间的贸易航线也因此危机四伏。英格兰君主终于认识到，五港人与大雅茅斯人之间的矛盾（尤其是由此而发的海上冲突）并不只关乎两地自身的利益，而会直接影响到王室乃至英格兰王国的政治和军事利益。

爱德华一世或许正是从 1297 年这场私斗中吸取了教训，在之后几年对苏格兰的战役中，不再安排五港同盟与大雅茅斯的舰船参与同一场行动。[③]大约从 14 世纪起，英格兰海军舰队在组织架构上大致分为南北两个部分，以泰晤士河为界；而在需要驶入爱尔兰海时偶尔也会组建一支西部舰队（通常包含从布里斯托尔至卡莱尔的西部港口，有时还有英格兰西南部和爱尔兰岛上的港口）。南部舰队（史料中经常称其为西部舰队，导致了一些术语上的混乱）涵盖的港口位于泰晤士河以南，包括东南部的五港同盟在内，沿着蜿蜒的海岸线直至英格兰西部的布里斯托尔；北部舰队包含的港口则位于泰晤士河以北，直至英苏边境的贝里克，位于诺福克郡的大雅茅斯就位列

① TNA, JUST 1/945; F. W. Brooks, "The Cinque Ports' Feud with Yarmouth in the Thirteenth Century," *Mariner's Mirror*, 19, 1 (1933), p. 44.

② TNA, JUST 1/395; TNA, JUST 1/945; *CPR*, 1301-1307, London: HMSO, 1898, p. 183; F. W. Brooks, "The Cinque Ports' Feud with Yarmouth in the Thirteenth Century," *Mariner's Mirror*, 19, 1 (1933), pp. 47-48.

③ Thomas Rymer, ed., Foedera, conventiones, Litterae, et cujuscunque generis acta publica, inter reges Angliae et alios quosvis imperatores, reges, pontifices, principes, vel communitates, Vol. 1, Pt. 2, 1272-1307, London, 1816, pp. 886, 913-914, 916-917, 928, 936; *CPR*, 1292-1301, London: HMSO, 1895, p. 518.

其中。诚然，南北舰队的分立主要是为应对不同区域的航线需求，便于实际的管理，但也确实将五港同盟和大雅茅斯这对宿敌相隔开来。[①] 甚至到1337年末，英法百年战争拉开序幕之际，爱德华一世之孙爱德华三世在派遣舰队执行任务时也没有忘记提防五港人与大雅茅斯人之间的摩擦，特意给两地人士都下达了和平指令，强调在此强敌环伺之际，一定要团结一心，禁止双方在海上相遇时再起冲突。[②]

不过需要指出的是，尽管英格兰君主在意识到两地宿怨会严重动摇其海上力量的稳定性后就时不时介入调停，但王室的调解多呈权宜之势，只求暂时平息事态，由此产生了一种循环往复的干预机制：两地人士之间爆发重大冲突后，王室介入调停，传召双方代表于未来某日进行御前调解，同时令其在此之前保持和气，不准再战；在理想状态下，双方应当偃旗息鼓，并在之后的御前调解中握手言和，达成一些协议——当然和平协议会由君主和御前会议提出，双方直接接受且并无谈判之权；但实际情况是，君主的和平指令及和平协议经常遭到无视，两地人士往往都非常强势，互不相让；即使双方表面上接受了协议，暂时放过了彼此，很快也还会有小规模的冲突事件发生，致使王室不得不多次宣读和平公告，予以警告，但会继续遭到无视，直至下一次重大冲突爆发，又开启新一轮调停。[③]

造成这种无尽循环的根本原因在于，君主对具体事件中到底是谁先动的手、谁占理更多、谁在无理取闹，其实兴趣寥寥，而只求涉事双方快速熄火，接受和平协议，以免扰乱军事计划。同理，君主通常也不会对任何一方施以重惩，因为他非常需要这些港口人士的船只与服务。因此，尽管从13世纪末起英格兰君主对其臣民在海上的掠夺行为（以及由此引发的纷争）很难再睁一只眼、闭一只眼，但王室政府的干预举动显然有其限度。

---

① N. A. M. Rodger, *The Safeguard of the Sea: A Naval History of Britain*, Vol. I, New York and London: W. W. Norton & Company, 1997, p. 134; F. W. Brooks, "The Cinque Ports' Feud with Yarmouth in the Thirteenth Century," *Mariner's Mirror*, 19, 1 (1933), p. 47.

② *CCR*, 1337-1339, London: HMSO, 1900, p. 283.

③ *CCR*, 1296-1302, London: HMSO, 1906, pp. 59-60, 62-63; Jiazhu Hu, "The Cinque Ports and Great Yarmouth in Dispute in 1316: Maritime Violence, Royal Mediation and Political Language," *International Journal of Maritime History*, 32, 3 (2020), pp. 666-680 (尤见 p. 672, Figure 1).

五　王权的刻意纵容

上文提到，过于猖獗的海盗活动可能会阻碍外交事务，但并不能就此默认本土海盗横行一定是因为君主软弱、无力治理，有时也可能是故意纵容的结果。正如尼古拉斯·A. M. 罗杰（Nicholas A. M. Rodger）在其英国海军史著作《海洋护卫：英国海军史》中所提，受控的海盗在某种程度上也是一项外交工具。①

15 世纪初，尽管理论上英法之间已经休战，根据协议，两国及周边国家的船只可以自由往来、不受攻击，但英吉利海峡仍然海盗横行，英法两国的海员在海上互相攻击，也累及佛兰德、卡斯蒂利亚等地的商人，英法两国及其盟友之间的商贸往来受到了很大的影响，甚至一度陷入停滞。自 C. L. 金斯福德（C. L. Kingsford）在 20 世纪 20 年代发表了对英格兰西南部海盗集团的研究以来，学术史上通常默认 15 世纪初英吉利海峡区域的混乱是由英格兰政府无力约束本国私掠者的无授权海盗行为所致，但 C. J. 福德（C. J. Ford）的研究显示，至少 1400 年至 1403 年夏的海上混战，其根源在于法国方面对法国海盗的刻意纵容，而英格兰方面随后也默许了本土海盗对其法国同行的报复行动——看似是两国海盗脱离了政府控制的混战，实则是两国政府的海上对弈，是政治行动在海上的延伸。②

1396 年，英王理查二世与法王查理六世在巴黎达成了一项休战协议，旨在两国之间维持 28 年的和平，并由理查二世迎娶查理六世之女伊莎贝拉（时年 7 岁）为王后来缔结盟约。1399 年理查二世遭到废黜、亨利四世成功篡位后，亨利四世希望与法国延续友好关系，委任杜伦主教沃尔特·斯基尔劳（Walter Skirlaw）与伍斯特伯爵托马斯·珀西（Thomas Percy）为特使前往巴黎确认之前的协议——两人都是法国王室的老熟人，在理查二世时期多次出使法国，也参与了 1396 年休战协议的谈判。然而，法国方面拒绝为其

① N. A. M. Rodger, *The Safeguard of the Sea: A Naval History of Britain*, Vol. I, New York and London: W. W. Norton & Company, 1997, p. 116.

② Charles L. Kingsford, *Prejudice and Promise in Fifteenth-Century England*, Oxford: Frank Cass & Co., Ltd., 1925, pp. 78-106; C. J. Ford, "Piracy or Policy: The Crisis in the Channel, 1400-1403," *Transactions of the Royal Historical Society*, 29 (1979), pp. 63-78.

颁发通行证，甚至还扣押了英格兰特使的传令官。[1] 1400 年初理查二世死后，查理六世似乎失去了为女婿捍卫王位、介入英格兰内政的理由，但瓦卢瓦家族依然不认可英格兰的新君，认为亨利四世是谋害理查二世的凶手。不过，无论是资金方面还是限于内政，英法双方都没有做好全面战争的准备。在此背景下，15 世纪头几年里，双方持续着隐蔽的消耗战，一边不断在边境地区及海上发生小规模冲突，一边不断会面和谈、修改协议条款，表面上维持着和平的假象。[2]

1400 年 6 月，英法之间正式重启休战协议。C. J. 福德注意到，1400 年间遭遇英格兰海盗的 12 艘法国船只，全部是在 1~5 月截获的。而同年 6 月至次年 3 月，法国方面并无英格兰海员违反和平协议的报告。也就是说，休战协议重启后，英格兰海员的海盗行为戛然而止。[3] 上文已经说明，中世纪晚期英格兰王室直辖的王家舰船数量有限，海上行动主要依赖大量由港口城镇提供的船只和人力资源。福德指出，英格兰在此阶段确实决心落实和平协议，并且展现出了对其海上力量的控制力——不仅王家舰队做到了令行禁止，所有出海的英格兰人都遵循了英王指令。相较之下，法国方面并没有表现出履行休战协议的诚意，不仅在海上继续对英格兰船只进行袭击，对 1401 年后英格兰方面再次提出的和谈请求也一拖再拖。在这样的对比下，英格兰海员不再希冀法国政府会积极干预并通过官方渠道补偿其经济损失，于是自行对法国船只展开打击报复，抢夺对方的船只和财物。到 1401 年底，英法之间的海上冲突基本都是报复性劫掠（reprisal）。英王亨利四世曾积极干预 1400 年间发生的劫掠，赔偿法国商人的损失，但 1401 年他仅介入了三回，可见在某种程度上已经默许了英格兰海员的行为。与此同时，休战协议重启后英格兰方面精准地控制住了己方海盗对中立国家（主要是佛兰德和卡斯蒂利亚）商船的影响，少数遭到攻击、扣押的商船也很快被释放，除非该船实际上装载了法国商人的货品或是在为法国及其盟友运输物资。由此足见此阶段英格兰海盗的行动其实很有针对

---

① Stephen P. Pistono, "Henry IV and Charles VI: The confirmation of the Twenty-Eight-Year Truce," *Journal of Medieval History*, 3, 4 (1977), pp. 353-355.

② Christopher Phillpotts, "The Fate of the Truce of Paris, 1396 - 1415," *Journal of Medieval History*, 24, 1 (1998), pp. 61-80.

③ C. J. Ford, "Piracy or Policy: The Crisis in the Channel, 1400-1403," *Transactions of the Royal Historical Society*, 29 (1979), p. 66.

性，并没有脱离英格兰政府的掌控。[①]

到1402年初，法王查理六世之弟、奥尔良公爵路易一世（Louis I of Orléans）同苏格兰的克劳福德伯爵（earl of Crawford）结成同盟，一起对付亨利四世，此后法国不断派出骑兵和舰船支援苏格兰。1402年春、夏的几个月里，英法在英吉利海峡及北海海域的混战再度升级，几乎就是公然对战。不少有名有姓的英格兰“海盗”首领，比如达特茅斯的约翰·霍利（John Hawley）、弗维宜（Fowey）的马克·米克斯托（Mark Mixtow）、普尔（Poole）的亨利·佩伊（Henry Pay）、南安普敦的理查德·斯派瑟（Richard Spicer），实际上都是奉亨利四世之命在海上进行私掠活动。[②]

六　王权的灵活态度

上文所讨论的王权对海盗活动的有限干预与刻意纵容，均涉及的是本土海盗活动。而为抵御外国海盗带来的风险，在战争时期王室政府通常会安排舰船负责护卫海域，以保证商贸和后勤航线安全畅通。当然，这并不能百分百避免外国海盗的侵扰。当本国商人遭遇外国海盗袭击且在事发地控诉无果时，最常见的干预手段是进行外交交涉，由本国君主向对方君主（或领主）提出控诉并索赔。[③] 显然，外交手段的效果受制于对方政府的态度以及对方政府对其海盗的掌控能力。就如上文所提，在1400年6月英法之间重启休战协议后，亨利四世曾积极干预并遏制英格兰海盗对法国船只的劫掠行为，而法国方面则不然，并不诚心履行协议，纵容法国海盗的攻击行为，从而导致了英格兰海员的猛烈报复。报复性劫掠本身也是一种常见的弥补损失的方

① C. J. Ford, “Piracy or Policy: The Crisis in the Channel, 1400-1403,” *Transactions of the Royal Historical Society*, 29 (1979), pp. 67-75. 当然，这种控制力并没能延续很久，尤其是对汉萨同盟的商人而言，1402—1404年他们损失惨重，在1404—1405年的那个冬天，他们还尝试联合起来抵制英格兰的贸易活动来反制其海盗活动。参见 T. Lloyd, *England and the German Hanse*, Cambridge: Cambridge University Press, 2002, pp. 111 - 116; Chris Given-Wilson, *Henry IV*, New Haven and London: Yale University Press, 2014, p. 203。

② C. J. Ford, “Piracy or Policy: The Crisis in the Channel, 1400-1403,” *Transactions of the Royal Historical Society*, 29 (1979), pp. 72-76; Jonathan Sumption, *The Hundred Years War*, Vol. 4, *Cursed Kings*, London: Farber & Faber, 2015, pp. 89-93.

③ 例如，*CCR*, 1313-1318, London: HMSO, 1893, pp. 536-537, 565-566, 577, 579。反之亦然，他国君主或领主也会为其商人向英格兰君主去信交涉，例如，TNA, SC 1/15/97-98; SC 1/17/178; SC 1/38/44; SC 1/38/63。

式——遭遇劫掠且无法通过外交渠道获得赔偿的海商，在己方政府许可下攻击对方国家的商船、自行夺回等价财产，颇有些同态复仇的意味；或是由君主下令，从居留在本国领土内的该国商人处扣押等价财物，直至苦主获得赔偿。①

不过，对于某些臭名昭著的外国海盗，王室政府并不总是简单地除之而后快，反而表现出了相当灵活的态度——本部分主要通过佛兰德海盗约翰·克拉布（John Crabbe）在英格兰由敌变臣的故事来论述这一点。

约翰·克拉布是一名佛兰德商人，因在14世纪早期频繁劫掠英格兰商船而成为英格兰历史上著名的佛兰德海盗。关于约翰·克拉布海盗生涯的记载始见于1305年前后——他在比斯开湾（Bay of Biscay）拉罗谢尔附近截获了一艘来自多德雷赫特（Dordrecht）的商船，抢走了船上的葡萄酒等货物，绑架了船员，还放火烧船。彼时的多德雷赫特处于埃诺伯爵威廉一世治下，埃诺伯爵（同时也是荷兰和泽兰的伯爵）来自阿凡斯内（Avesnes）家族，与佛兰德的统治家族当皮埃尔（Dampierre）家族是世仇。1305年法国与佛兰德之间的战事尚未结束，而埃诺伯爵又是法国国王的盟友。因此对于佛兰德人约翰·克拉布来说，这艘多德雷赫特商船属于敌船，在战争时期抢夺敌人的财物算是天经地义的事情。②

14世纪初，约翰·克拉布居住在苏格兰北部港口城市阿伯丁（Aberdeen）。英格兰与苏格兰之间的敌对关系滋养了不少克拉布这样的佛兰德海盗，他们居住在苏格兰沿海，借战争的由头与苏格兰人一起打劫英格兰商船，然后将战利品带去阿伯丁洗白——替换上苏格兰的关税凭证，使其摇身一变成为从苏格兰出口的合法货物，再运至佛兰德的港口去售卖。③ 尤其是1314年班诺克本战役（Battle of Bannockburn）之后，佛兰德人在北海及英吉利海峡区域的劫掠活动越发猖狂。1315年夏起英王爱德华二世不得不予以反制——不仅派舰队沿英格兰东岸巡航、抗击佛兰德舰船，还应法王路易十世的请

① Thomas K. Heebøll-Holm, *Ports, Piracy and Maritime War: Piracy in the English Channel and the Atlantic, c. 1280–c. 1330*, Leiden: Brill, 2013, pp. 134–140.

② Henry S. Lucas, "John Crabbe: Flemish Pirate, Merchant, and Adventurer," *Speculum*, 20, 3 (1945), pp. 334–338.

③ *CCR*, 1307–1313, London: HMSO, 1892, p. 436; W. Stanford Reid, "Trade, Traders, and Scottish Independences," *Speculum*, 29, 2 (1954), p. 221.

求，驱逐在英佛兰德的商人并没收其财物。[①]

1315—1317年大饥荒席卷欧洲，约翰·克拉布也回到了家乡佛兰德。在此期间他担任一支佛兰德舰队的舰长，奉命为佛兰德人置办粮食和其他必需品。这项工作显然不仅仅是单纯的采购与运输，也包括抢夺——1316年3月初，克拉布的舰队在迪耶普（Dieppe）附近打劫了两艘大雅茅斯商船，连船带货劫去了佛兰德。[②] 1316年末，克拉布又在肯特郡东北角的萨尼特岛（Isle of Thanet）附近劫走了一艘装载葡萄酒的商船，租用该船的两位商人分别来自波尔多（Bordeaux）和巴扎斯（Bazas），均属于英王治下的加斯科涅。为此，爱德华二世在随后两年内多次致信佛兰德伯爵罗伯特三世，但伯爵有些装聋作哑，到大约1317年12月才终于回复，宣称自己对约翰·克拉布的所作所为一无所知，并保证如果在自己的司法管辖范围内抓到他就一定会予以惩罚，但又说克拉布已经因杀人遭到放逐，因此爱莫能助。然而爱德华二世调查后发现，佛兰德伯爵不仅知情，而且分了一杯羹——他在扣下苦主船上的葡萄酒后将船转赠予马尔德海姆（Maldegem）的领主。[③]显然佛兰德伯爵没有对此负责的打算，约翰·克拉布也不会为此受到惩罚。就如本部分开头所说，通过外交渠道为本国商人索赔，往往受制于诸多因素，效果有限。

约翰·克拉布可能确实遭到了放逐，因为他很快又回到了苏格兰，后来还成为贝里克市民。1318—1319年英格兰人试图攻下贝里克，克拉布在此期间参与了军队粮草的筹办，为守卫贝里克做出了贡献。1327年时他还为苏格兰王室置办过粮食，或许同他在大饥荒时期为佛兰德所做之事类似。[④]

---

① Thomas Rymer, ed., Foedera, conventiones, Litterae, et cujuscunque generis acta publica, inter reges Angliae et alios quosvis imperatores, reges, pontifices, principes, vel communitates, Vol. 2, Pt. 1, 1307-1327, London, 1818, pp. 270, 272, 274, 276-278, 280; Henry S. Lucas, "John Crabbe: Flemish Pirate, Merchant, and Adventurer," *Speculum*, 20, 3 (1945), pp. 338-339.

② *Calendar of Inquisitions Miscellaneous* (*Chancery*), Vol. 2, London: HMSO, 1916, p. 89 (No. 358); Henry S. Lucas, "John Crabbe: Flemish Pirate, Merchant, and Adventurer," *Speculum*, 20, 3 (1945), pp. 339-341.

③ *CCR*, 1313-1318, London: HMSO, 1893, pp. 387-388, 457, 536, 579, 580, 591-592; Henry S. Lucas, "John Crabbe: Flemish Pirate, Merchant, and Adventurer," *Speculum*, 20, 3 (1945), pp. 340-341.

④ Henry S. Lucas, "John Crabbe: Flemish Pirate, Merchant, and Adventurer," *Speculum*, 20, 3 (1945), pp. 342-343.

1332年英格兰与苏格兰之间战火又起，英王爱德华三世暗中扶持苏格兰的爱德华·巴里奥（Edward Balliol），助其与8岁的大卫二世争夺苏格兰王位。此时约翰·克拉布效力于苏格兰新任摄政安德鲁·默里（Andrew Murray）。8月，爱德华三世一方在赢得杜普林沼地之战（Battle of Dupplin Moor）后移师珀斯（Perth），约翰·克拉布奉命率领一支舰队由泰河湾（Firth of Tay）登陆，意欲与正在珀斯以西的安德鲁·默里形成合围之势，包抄爱德华三世的军队。然而英格兰军反应迅速，击溃了克拉布的舰队。克拉布艰难逃脱，回到了贝里克，后来又继续在安德鲁·默里麾下作战，直至同年10月被俘。①

这位臭名昭著的佛兰德海盗就此落在了英格兰人手里，但这并不是他的结局。不同于1340年被俘的法国海军将领尼可拉·贝于歇（Nicolas Béhuchet）——他曾在1338年阿讷默伊登海战（Battle of Arnemuiden）中下令屠杀英格兰战俘，两年后在斯勒伊斯海战中被英格兰人抓获并绞死——英格兰君主显然并不想取其性命，反而看重约翰·克拉布的后勤能力与情报价值，为其支付了赎金。② 1333年起约翰·克拉布便效力于爱德华三世。1333年3月起爱德华·巴里奥开始围攻战略要地贝里克，5月，爱德华三世带兵加入，7月下旬终于拿下了贝里克。③ 克拉布对贝里克的熟稔或许确实帮到了英格兰人，因为贝里克市民愤怒于克拉布的背叛，杀死了他的儿子，而爱德华三世则因“其在贝里克围城战中的出色表现”（his good service in the siege of Berwick）宽恕了他过往所有的罪行。④ 次年，克拉布还得到了一

---

① Henry S. Lucas, "John Crabbe: Flemish Pirate, Merchant, and Adventurer," *Speculum*, 20, 3 (1945), pp. 343-344; Iain A. MacInnes, *Scotland's Second War of Independence, 1332-1357*, Woodbridge: Boydell Press, p. 13.

② Thomas K. Heebøll-Holm, *Ports, Piracy and Maritime War: Piracy in the English Channel and the Atlantic, c. 1280-c. 1330*, Leiden: Brill, 2013, p. 240. 关于对阿讷默伊登海战与斯勒伊斯海战的研究，参见 N. A. M. Rodger, *The Safeguard of the Sea: A Naval History of Britain*, Vol. I, New York and London: W. W. Norton & Company, 1997, pp. 96-99; Graham Cushway, *Edward III and the War at Sea: The English Navy, 1327-1377*, Woodbridge: Boydell, 2011, pp. 90-100; Jonathan Sumption, *The Hundred Years War*, Vol. 1, *Trial by Battle*, London: Farber & Faber, 1990, pp. 239-369。

③ Jonathan Sumption, *The Hundred Years War*, Vol. 1, *Trial by Battle*, London: Farber & Faber, 1990, pp. 129-131; Iain A. MacInnes, *Scotland's Second War of Independence, 1332-1357*, Woodbridge: Boydell Press, pp. 14-16.

④ *Calendar of Documents Relating to Scotland (CDS)*, Vol. 3, 1370-1357, Edinburgh: HM General Register House, 1887, p. 196; Henry S. Lucas, "John Crabbe: Flemish Pirate, Merchant, and Adventurer," *Speculum*, 20, 3 (1945), pp. 344-345.

些封赏——除了在贝里克的一处地产，还获得了林肯郡萨默顿城堡司令官（constable of the castle of Somerton）的终身职位，年薪 20 英镑。[①]

此后约翰·克拉布继续为英格兰王室工作，也参与了贝里克的防御工事建设和粮食供应。英法百年战争开启后，克拉布因出色的海事能力以及对法国港口非常熟悉，又出现在了英格兰海军队伍之中。[②] 1339 年 4～8 月，他在北部舰队指挥部分弓兵和水手，1340 年 6 月在斯勒伊斯战役中奉命追击敌舰。之后几年他也继续为英格兰王室服务，后于 1352 年去世。[③]

佛兰德诗人路德维克·范·韦尔坦（Lodewijk van Velthem）曾将约翰·克拉布描述成一个毫无忠诚可言的投机分子："这会儿他效力于某人，一会儿又背弃他，去投靠另一人。"（Alse nu was hi met enen here, / Alse nu setti hem ten kere, / Ende trac hem an een andren dan.）[④]不过，或许正是因为苏格兰王室没有及时出手帮克拉布支付巨额赎金，而爱德华三世将他赎了出来——虽然分了 8 期，总计只支付了 100 英镑，而非原先说好的 1000 马克（相当于 666.67 英镑）——这位"投机分子"也许只是别无选择，不得不转变阵营。[⑤] 当然，克拉布也确实善于得到上位者的青睐。投靠英格兰后，他很快立下功劳，得到封赏。1333 年被俘时还被称作"臭名昭著的敌人"（notorie enemye），差点面临严酷的刑罚，到 1341 年约翰·克拉布已多次被称为"国王的侍从"（the king's yeoman），甚至有一回是"国王的士官"

---

① *CPR*, 1330-1334, London: HMSO, 1893, pp. 553-554; *CPR*, 1340-1343, London: HMSO, 1900, p. 115; Henry S. Lucas, "John Crabbe: Flemish Pirate, Merchant, and Adventurer," *Speculum*, 20, 3 (1945), p. 345.

② David Preest, Richard Barber, *The Chronicle of Geoffrey le Baker*, Woodbridge: Boydell, 2012, p. 61; Graham Cushway, *Edward III and the War at Sea: The English Navy, 1327-1377*, Woodbridge: Boydell, 2011, p. 97.

③ Jonathan Sumption, *The Hundred Years War*, Vol. 1, *Trial by Battle*, London: Farber & Faber, 1990, p. 327; Henry S. Lucas, "John Crabbe: Flemish Pirate, Merchant, and Adventurer," *Speculum*, 20, 3 (1945), pp. 346-350.

④ Lodewijk van Velthem, *Spieghel Historiael*, Vijfde Partie [fifth part], in H. van der Linden et al., eds., Den Haag/Antwerpen: Sdu Uitgevers/Standaard Uitgeverij, 1906, p. 3196, part 2, pp. 1055-1059, https://www.dbnl.org/tekst/velt003spie02_01/velt003spie02_01_0010.php. 引文为中古荷兰语。

⑤ Iain A. MacInnes, *Scotland's Second War of Independence, 1332-1357*, Woodbridge: Boydell Press, p. 195; J. S. Bothwell, *Edward III and the English Peerage Royal Patronage: Social Mobility and Political Control in Fourteenth-Century England*, Woodbridge: Boydell, 2004, p. 105. 马克（mark）在中世纪英格兰是一种记账单位，1 马克等同于 2/3 英镑。

(the king's serjeant)，显然已深受英格兰王室信赖。①

由此可见，王室政府对外国海盗的态度是非常灵活的。这一点同其在本土海盗问题的处理上其实是一脉相承的——对于英格兰王室而言，一个佛兰德海盗的生死不足为意，如果他的本事和情报能够为我所用，有助于实现更重要的政治目的，自然乐于宽恕其先前的暴行。这种灵活而宽容的态度当然并非英格兰所独有。1337 年时，法王腓力六世雇用了一位热那亚海盗来统领其海峡舰队，而这位海盗此前还在艾格莫尔特（Aigues-Mortes）附近海域打劫法国商船。②

结　语

至此我们看到，13—15 世纪活跃于北大西洋东岸的西欧海盗远非布罗代尔笔下的社会边缘人物，更非西塞罗眼中的"人类公敌"，而是掌握着海事资源和航运技术的商人乃至企业家，也是战争时期西欧沿海各国进行海岸防御和跨海运输的重要依仗。③中世纪海盗问题所映射的，并不是传统视角下盗匪活动与政府权威的对立，而是权力在海上运作的基本模式：王室政府缺乏常备海军，需要依靠港口与海商提供的海事资源，将王权扩张至海上，以应对敌国的海上势力，保护己方的航运路线；而海上权力的实践并不完全受王室政府掌控，海员为了攫取利益，经常敌我不分、无差别地劫掠来往商船。

---

① "Edward III：January 1333，C 49/6/20，" *Parliament Rolls of Medieval England*，in Chris Given-Wilson et al.，eds.，Woodbridge：Boydell，2005，British History Online，http：//www.british-history.ac.uk/no-series/parliament-rolls-medieval/january-1333-c-49-6-20. 引文为盎格鲁-诺曼语。*CCR*，1337-1339，London：HMSO，1900，p.223；*CCR*，1339-1341，London：HMSO，1901，p.139；*CCR*，1341-1343，London：HMSO，1902，p.193；*CPR*，1340-1343，London：HMSO，1900，pp.115，177；Henry S. Lucas，"John Crabbe：Flemish Pirate，Merchant，and Adventurer，" *Speculum*，20，3（1945），p.346. 有关中世纪英格兰王室内廷的官职等级，参见 T. F. Tout，*The Place of the Reign of Richard II in English History*，Manchester：Manchester University Press，1914，pp.270-314；A. R. Myer，*Crown，Household and Parliament in Fifteenth Century England*，in Cecil H. Clough，ed.，London：Hambledon Press，1985，pp.246-248；C. M. Woolgar，*The Great Household in Late Medieval England*，New Haven and London：Yale University Press，1999，pp.31-32。

② Frederic L. Cheyette，"The Sovereign and the Pirates，1332，" *Speculum*，45，1（1970），p.47.

③ 关于海上"企业家"，参见 Maryanne Kowaleski，"The Shipmaster as Entrepreneur in Medieval England，" in Ben Dodds and Christian Liddy，eds.，*Commercial Activity，Markets and Entrepreneurs in the Middle Ages*，Woodbridge：Boydell Press，2011，pp.165-182。

海商、海军、海盗三种角色的深度勾连，反映了王权与海港势力在商贸、航运、海防等领域的合作共生，在此复杂生态下，王室政府既无意愿也无余力对海盗活动进行系统性的干预，除非明显影响到了王室的利益，或者阻碍了外交政策的实施。甚至在特定时期，君主将海盗用作外交工具，通过纵容海盗活动来实现特定的战略目标。而对于有军事价值的外国海盗，王室政府也表现出了灵活的态度，俘虏后可以不计其过，为其支付赎金、收归己用。由此可见，中世纪晚期西欧王室政府应对海盗问题时的基本原则，并非出于追求司法公正或维护本国的商贸利益，而是以王室的政治利益为准则；遏制或纵容海盗活动，取决于当前具体的政治和外交局势。

放眼英国史的发展，13 世纪起王室政府与“海盗”的合作，随着英格兰君主对建设海上力量的重视，后来成为一项重要的海洋政策，其影响一直延续到了近现代。在伊丽莎白一世时期，即便英格兰已经建立起常备海军，“海盗”依然是其与西班牙争夺海上霸权时的重要助力，甚至在某种程度上以私人的商贸利益裹挟了官方在几内亚湾和西属美洲的活动。[①] 而到 17 世纪中后期和 18 世纪早期，海盗活动更是在中美洲海域进入了黄金时代，在世界历史中留下了诸多传奇，以致当代流行文化中常见其烙印，其也成为大西洋史研究中一个经久不衰的主题。

The Problem of Piracy and Royal Intervention in Late Medieval England

Hu Jiazhu

Abstract: The problem of piracy has long been a classic topic in the study of

① Elaine Murphy, "Early Modern English Piracy and Privateering", in Claire Jowitt et al., eds., *The Routledge Companion to Marine and Maritime Worlds, 1400–1800*, London and New York: Routledge, 2020, pp. 368–387; Neville Williams, *The Sea Dogs: Privateers, Plunder and Piracy in the Elizabethan Age*, New York: Macmillan, 1975; Harry Kelsey, *Sir Francis Drake: The Queen's Pirate*, New Haven and London: Yale University Press, 1998; N. A. M. Rodger, *The Safeguard of the Sea: A Naval History of Britain*, Vol. I, New York and London: W. W. Norton & Company, 1997, p. 343.

Atlantic history. Recent years have witnessed a resurgent wave of interest in this topic among maritime historians, while the medieval period has not received adequate attention. The alleged pirates operating along the East Coast of the North Atlantic, in fact, possessed abundant maritime resources and nautical skills, on which European coastal states heavily relied for shipping and coastal defence during wartime. Medieval pirates hardly represent social outcasts by Fernand Braudel, or the Ciceronian *communis hostis omnium*. The practice of piracy and the coping with it in medieval European society entangled with trade, warfare, national security, and diplomacy, mirroring not the dichotomy and confrontation between banditry and social order, but rather the way that power was exercised at sea. This article focuses on the case of late medieval England, exploring the nature of medieval European piracy, and also the reaction of royal authority with limitations and flexibility. By examining cases relating to latemedieval English piracy, this article aims to reveal the profound connection between royal authority and maritime localities in various aspects. It also seeks to contribute to a comprehensive view of maritime activities along the East Coast of the North Atlantic prior to the Age of Discovery, and enhance our understanding of the medieval origins of early modern English maritime policies.

Keywords: Late Middle Ages; England; Atlantic History; Problem of Piracy

（执行编辑：杨　芹）

海洋史研究（第二十三辑）
2024 年 11 月　第 263~301 页

“循规蹈矩”的海盗鲜少载入史册

——对英国海盗黄金时代的再审视

马克·G. 汉纳（Mark G. Hanna）*

摘　要：传统海盗研究将海盗视为自主行为体（autonomous agents）和激进分子，将海盗生活描述为简单的自由与奴役二元对立。这样的研究范式已然根深蒂固。从 17 世纪后期至 18 世纪前期活跃于加勒比群岛和印度洋之间的英国海盗的活动来看，这些海盗往往具有融入陆地社会的愿景，并希望得到陆上殖民地社群的保护，而陆地社会对海盗的态度以及海盗的法律地位也并非一成不变。这些充分说明了流行的海盗形象被过度简化，那些“循规蹈矩”的海盗也应受到海盗史研究者的重视。

关键词：英国　海盗　黄金时代　陆地社会

对于近代早期英语世界的海盗活动，相关文献往往过于静态地呈现这一现象。现代的电影制作人、小说家及历史学家们，均倾向于塑造一个单一而刻板的海盗形象，却忽视了从 16 世纪到 18 世纪全球环境的巨大变迁如何孕育了海盗活动的多样性。在流行文化中，海盗被赋予了特定的服饰、步态乃

---

* 作者马克·G. 汉纳（Mark G. Hanna），美国加州大学圣地亚哥分校艺术与人文研究所副教授。译者吴迪，广东外语外贸大学东方语言文化学院副教授；田马爽，清华大学历史系博士研究生。译者、校者郭天悦，清华大学历史系硕士研究生。审校者梅雪芹，清华大学历史系教授。

本文基于笔者 2006 年在哈佛大学完成的博士学位论文《海盗巢穴：海盗对罗德岛纽波特和南卡罗来纳查尔斯镇的影响，1670—1740》（*The Pirate Nest: The Impact of Piracy on Newport, Rhode Island and Charles Town, South Carolina 1670-1740*）的部分内容修改而成。

至言谈方式。[①] 在笔者“海盗黄金时代”（The Golden Age of Piracy）课上，学生们常好奇地询问海盗的真实面貌，他们似乎期待笔者或是沉溺于常见的陈词滥调和神话，或是以怀疑的态度去解构他们。事实上，许多海盗历史的撰写正是为了挖掘并展现海盗行为的真实本质。[②]

海盗研究已经超越了仅仅澄清传说背后的真相，转而深入探讨更为广泛且政治化的问题。海盗，他们是原始资本主义的先驱，还是无产阶级的激进分子？他们是在市场浪潮中追逐利润最大化，还是奋起反抗新兴资本主义的压迫？[③] 海盗船是否为男同性恋者逃避陆地世界的性约束提供了理想空间？[④] 而为数不多的女海盗是否已初露女权主义的锋芒？[⑤] 海盗在面对蓬勃发展的

---

① 因此，每年9月19日举行“国际海盗语言日”（International Talk Like a Pirate Day）。我们想象海盗说话的方式在很大程度上是基于演员罗伯特·牛顿（Robert Newton）在迪士尼1950年改编的《金银岛》（*Treasure Island*）中对高个子约翰·西尔弗（Long John Silver）的刻画。

② 现有描述海盗谋略、服装和语言的著作，参见 Benerson Little, *How History's Greatest Pirates Pillaged, Plundered, and Got Away with It: The Stories, Techniques, and Tactics of the Most Feared Sea Rovers from 1500-1800*, Beverly: Fair Winds Press, 2011; Benerson Little, *The Sea Rover's Practice: Pirate Tactics and Techniques, 1630-1730*, Washington: Potomac Books, 2005。

③ Peter T. Leeson, *The Invisible Hook: The Hidden Economics of Pirates*, Princeton: Princeton University Press, 2009; Marcus Rediker, *Villains of All Nations: Atlantic Pirates in the Golden Age*, Boston: Beacon Press, 2004; Marcus Rediker and Peter Linebaugh, *The Many-Headed Hydra: Sailors, Slaves, Commoners, and the Hidden History of the Revolutionary Atlantic*, Boston: Beacon Press, 2000; Marcus Rediker, *Between the Devil and the Deep Blue Sea: Merchant Seamen, Pirates, and the Anglo-American Maritime World, 1700-1750*, Cambridge: Cambridge University Press, 1987; Chris Land, "Flying the Black Flag: Revolt, Revolution, and the Social Organization of Piracy in the 'Golden Age'," *Management & Organization History*, 2, 2 (2007), pp. 169-192.

④ Hans Turley, *Rum, Sodomy, and the Lash: Piracy, Sexuality, and Masculine Identity*, New York: New York University Press, 1999; B. R. Burg, *Sodomy and the Perception of Evil: English Sea Rovers in the Seventeenth-Century Caribbean*, New York: New York University Press, 1983; and Burg, *Sodomy and the Pirate Tradition: English Sea Rovers in the Seventeenth-Century Caribbean*, New York: New York University Press, 1995; 将北海海盗作为一个文化上可接受的早期现代世界的男同性恋例子参见 Peter Lamborn Wilson, *Pirate Utopias: Moorish Corsairs and European Renegadoes*, Brooklyn: Autonomedia, 1995。

⑤ Marcus Rediker, "Liberty Beneath the Jolly Roger: The Lives of Anne Bonny and Mary Read, Pirates," in C. R. Pennell, ed., *Bandits at Sea: A Pirates Reader*, New York: New York University Press, 2001, pp. 299-320.

奴隶贸易时，是否成了无视种族界限的勇敢挑战者？[①] 他们是否是早期的“共和主义者”，已经发出了后来推动美国革命的民主之声？[②] 总之，目前海盗史学界的主流范式认为，海盗挑战了现代人眼中早期现代世界的所有负面因素。历史学家通过借鉴现代概念（例如女权主义），精心筛选相关档案材料，为当今读者构建出鼓舞人心的海盗历史篇章。

通过书写海盗史以实现政治目标并非一件新鲜事。在评论菲利普·戈斯（Philip Gosse）的巨著《海盗史》（*History of Piracy*）时，小说家、文学评论家马尔科姆·考利（Malcolm Cowley）于1933年提出，英国海盗实际上是“海洋上的雅各宾派”（Jacobins of the sea），他们勇于反抗压迫性的社会。考利深受阶级冲突观念的影响，因为他当时曾因支持肯塔基州矿工罢工而受到生命威胁。他认为，从1716年到1726年，海盗们得到了广大水手的支持。尽管传统观点认为海盗“平均预期寿命不到六个月”，但他推测海盗船长依然很容易召集船员。他进一步指出，海盗之所以消失，是因为他们未能“发展出独特的哲学思想，或摆脱统治阶级强加给他们的宗教束缚”。[③] 1984年，克里斯托弗·希尔（Christopher Hill）引领了一股对海盗历史的政治解读潮流，他认为海盗确实持有连贯的意识形态。自此以后，历史学家们一直在争论希尔的观点是否正确，以及如果正确，海盗的意识形态究竟是怎样的。[④]

马库斯·雷迪克（Marcus Rediker）在其极具影响力的著作《恶魔与深蓝海之间》（*Between the Devil and the Deep Blue Sea*，1987）和《万国恶棍》

---

① Kenneth Kinkor, “Black Men under the Black Flag,” in Pennell, ed., *Bandits at Sea: A Pirates Reader*, New York: New York University Press, 2001, pp. 195-210; Barry Clifford, *The Black Ship: The Quest to Recover an English Pirate Ship and Its Lost Treasure*, London: Headline, 1999.

② Colin Woodard, *The Republic of Pirates: Being the True and Surprising Story of the Caribbean Pirates and the Man Who Brought Them Down*, Orlando: Houghton Mifflin Harcourt, 2007.

③ Malcolm Cowley, “The Sea Jacobins,” *New Republic*, 73, 948 (1933), pp. 327-329.

④ Christopher Hill, “Radical Pirates?” in Margaret Jacob and James Jacob, eds., *The Origins of Anglo-American Radicalism*, London: Allen & Unwin, 1984, pp. 17-32. 希尔步英国犯罪史学家后尘，他们通常是 E. P. 汤普森（E. P. Thompson）的门徒，他们认为公开处决“是城市中各阶级之间斗争的中心事件，而且确实应该如此”。参见 Peter Linebaugh, *The London Hanged: Crime and Civil Society in the Eighteenth Century*, New York: Cambridge University Press, p. xvii; Douglas Hay et al., *Albion's Fatal Tree: Crime and Society in Eighteenth-Century England*, London: Allen Lane, 1975; E. P. Thompson, *Whigs and Hunters: The Origin of the Black Act*, London: Allen Lane, 1975。

（*Villains of All Nations*，2004）中探讨了这一问题。雷迪克以生动细致的笔触描绘了意识形态激进的海盗形象，这些海盗在考利和希尔的研究中仅被一笔带过。雷迪克将海盗比作艾瑞克·霍布斯鲍姆（Eric Hobsbawm）笔下“社会盗匪”（social bandit）的海上版本。[①] 在《多头蛇》（*The Many-headed Hydra*，2000）一书里，雷迪克和彼得·莱恩博（Peter Linebaugh）提出这样一种观点，即不满的劳动力与（以船舶和货物为形式的）资本所有者做斗争，前者是一个从底层呼吁权力和自由的“多头蛇”。[②] 雷迪克笔下的海盗挑战了18世纪早期几乎令当代读者反感的所有社会不平等的形式，其中最显著的是阶级压迫、种族主义和性别歧视。他的例子大多聚焦于1716年至1726年这一短暂而动荡的时期。他描述海盗船长塞缪尔·贝拉米（Samuel Bellamy）如何在一个被俘商人面前发表了一场激进的、近乎原始马克思主义的演讲。他讲述了那个时代的两位著名女海盗——安妮·邦尼（Anne Bonny）和玛丽·瑞德（Mary Read）如何以超越男性船员的英勇姿态进行战斗的故事。然而，这种解读方式也引发了更多疑问。毕竟，在之前或之后近三个世纪里，如此激进的海盗行为并不多见。这不禁让人思考：妇女或劳工在1721年是否比在1680年或1740年面临更大的困境？种族压迫是否在18世纪30年代奇迹般地得到了缓解？为何这种激进范式只在这一时期短暂出现，随后又迅速消失？如果海盗确实挑战了原始资本主义的新形式，那么1726年后的一个世纪中，当英国大西洋世界转向成熟资本主义时，为什么只有较少的水手和劳工从事海盗活动？

出版商在介绍加布里埃尔·库恩（Gabriel Kuhn）出版的重新审视海盗历史的著作——《生活在海盗旗下：对黄金时代海盗的反思》（*Life under the Jolly Roger：Reflections on Golden Age Piracy*，2010）时，称“近几十年来，学界对于处于1690—1725年这一所谓“黄金时代”并活跃于加勒比海岛屿与印度洋之间的海盗的政治遗产与文化象征，一直存在着一场激烈的意识形态之争”。在库恩看来，学者们或是将海盗描绘成浪漫化的恶棍，或是视他们为真正的社会反叛者。库恩将辩论者分为两派，一派是激进的历史学

① E. J. Hobsbawm，*Bandits*，London：Weidenfeld & Nicolson，1969；还可参见 Paul Angiolillo，*A Criminal as Hero：Angelo Duca*，Lawrence：Regents Press of Kansas，1979。

② 在近代早期英格兰，时人常以“多头蛇”或多头怪物的比喻意指威胁政治秩序的平民。——译者注

家，如希尔、雷迪克、斯蒂芬·斯内德斯（Stephen Snelders）和克里斯·兰德（Chris Land）；另一派是意识形态保守的历史学家，如大卫·科丁利（David Cordingly）、安格斯·康斯塔姆（Angus Konstam）、彼得·厄尔（Peter Earle）和罗伊·里奇（Roy Ritchie）。库恩假定其划分的政治分割线也同样适用于近代早期大西洋世界。[①] 质疑海盗英雄主义观念的历史学家认为，海盗是自私自利的疯子，与正常、体面的社会价值背道而驰。[②] 特别是英国历史学家，如厄尔和科丁利，更倾向于将皇家海军视为黄金时代真正的英雄。[③]

表面上看，海盗研究中很难将这些截然不同的特征融合起来。激进和非激进的历史学家均认为，海盗行为主体通常是寻求与陆上"常规"人类社会脱离的男性（有时也包括女性）。如果我们接受这一前提，那么就需要解释为什么会有人离经叛道地选择做一名海盗。随之而来的假设是，这些做出选择的人拥有自由意志，他们选择了一种与近乎奴役的制度相对抗的自由生活。文学学者约翰·J. 里切蒂（John J. Richetti）认为，海盗船"仿佛是社会的一个缩影，海盗传奇之所以引人入胜，部分原因在于这种自给自足的社群所展现出的激进政治独立性和道德上的孤立性"。海盗们"时而隐退至热带天堂"，但更多时候则对文明社会发动残酷的战争。从这个角度来看，海盗"就是现代革命者"。[④] 这一叙事之所以容易形成，是因为在现代文化中，海盗主题充满了神话般的共鸣。休伯特·德尚（Hubert Deschamps）在其著作《马达加斯加海盗》（*Les pirates à Madagascar*，1949）中表达了一种老生常谈的观念："（海盗是）一群独特而自由的人，他们诞生于自由的大海与

---

① 想了解 2000 年以前的海盗研究概述，请参见 C. R. Pennell，"Who Needs Pirate Heroes?" *Northern Mariner*，8，2（1998），pp. 61-79。

② 范例参见 Kris Lane，*Pillaging the Empire：Piracy in the Americas，1500-1750*，Armonk：M. E. Sharpe，1998。莱恩辩解说，他是研究新西班牙（New Spain）的历史学家，在那里，英国海盗肯定是被这样想象的。

③ Peter Earle，*The Pirate Wars*，London：Methuen，2004；David Cordingly，*Pirate Hunter of the Caribbean：The Adventurous Life of Captain Woodes Rogers*，New York：Random House，2011.

④ John J. Richetti，*Popular Fiction before Richardson：Narrative Patterns，1700-1739*，Oxford：Clarendon Press，1969，pp. 67，76；Chris Land，"Flying the Black Flag：Revolt，Revolution，and the Social Organization of Piracy in the 'Golden Age'，" *Management & Organization History*，2，2（2007）. 维达项目（Whydah project）研究主任肯尼斯·J. 金科（Kenneth J. Kinkor）同意人们对海盗的普遍看法，"他们确实是一种由共同的反叛精神维系在一起的反常规亚文化"，引自 Donovan Webster，"Pirates of the Whydah，" *National Geographic*，May 1999，http：//www. nationalgeographic. com/whydah/ story. html。

残酷的梦想之中，与人类社会其他部分及未来隔绝，没有子嗣，没有老者，没有家园，没有墓地，没有希望，但不失勇气。对其而言，暴行是职业，死亡是定数。"① 在不断扩大的近代早期世界中，对海洋主权的争夺异常激烈，海盗们也建构了属于自己的主权。

自由而孤立同时又离经叛道的海盗形象，部分源自那些起诉海盗的律师与法官的表述。1668 年，海军部法官莱奥琳·詹金斯爵士（Sir Leoline Jenkins）将海盗和海上流浪者定义为"人类敌对者"（hostis humani generis），即"不单是某个国家或民族的敌人，而是全人类公敌"。他们因此不再受任何君主、国家或法律体系给予公民的法律保护，"每个人都有权力以武装形式对抗、制服并彻底铲除他们，如同打击叛军和叛徒"。② 1723 年，一位波士顿检察官阐述了海盗的处境："海盗与每个人、每个国家，无论信仰基督还是其他，都处于无休止的战争状态。他们因自身的罪行而失去国家的庇护，自我放逐于社会之外，主动放弃了合法社会所赋予的一切权益与益处。"③ 显然，近代早期的法官与检察官，以及当代的法律史学家们，在界定海盗身份与行为时，与海盗对自身的认知存在显著的差异。④ 本文正是针对海盗被视为完全自主行为体（autonomous agents）的主流范式提出疑问，这种范式无论在流行文化还是许多学术研究中都根深蒂固，只是后者的表达更为微妙。

然而，在挑战当前的海盗研究范式之前，我们还需要了解撰写有关近代早期海盗的历史学家所面临的主要限制。最基本的障碍之一，是该领域史料有限且来源具有特殊性。近代早期，有关海盗的印刷文本通常出自海盗或前

① Hubert Deschamps, *Les pirates à Madagascar aux XVIIe et XVIIIe siècles*, Paris: Berger-Levrault, 1949, reprint in 1972, p. 7. 作者本人翻译。

② Sir Leoline Jenkins, quoted in Edwin DeWitt Dickinson, *A Selection of Cases and Other Readings on the Law of Nations*, New York: McGraw-Hill Book Co., 1929, p. 518.

③ *Tryals of Thirty-Six Persons for Piracy*, Boston: Samuel Kneeland, 1723, p. 3. 1718 年，波士顿检察官称，海盗"团结起来的唯一纽带，即在道德上同意首先消灭他们自己的人性，而后肆无忌惮地劫掠其他所有人"。参见 *Trials of Eight Persons Indited for Piracy*, Boston: B. Green, 1718, p. 9。

④ 当我们对比社会史学家、法律史学家和思想史学家研究海盗的著作时，不同类型海盗研究之间的差异就变得明显起来。范例参见 Lauren Benton, *A Search for Sovereignty: Law and Geography in European Empires, 1400－1900*, New York: Cambridge University Press, 2010; Daniel Heller-Roazen, *The Enemy of All: Piracy and the Law of Nations*, New York: Zone Books, 2009; Alfred Rubin, *The Law of Piracy*, Honolulu: University Press of the Pacific, 2006。

海盗之手，或者出自他们的反对者。C. R. 彭内尔（C. R. Pennell）在其主编的《海上盗匪》（*Bandits at Sea*，2001）引言中，揭示了海盗研究如何在一定程度上受限于对相同史料的反复解读。海盗史学家往往过于依赖从数量相对较少且作者意图难以确定的文本中进行概括，并忽视这些文本可能的受众群体。社会史学家对这些文本的描述，会使人认为这些文本是普通海员为其他普通海员撰写的。然而，作为有时相当昂贵的出版物，这些文本更可能面向具有购买能力的有文化阶层。出版商威廉·克鲁克（William Crooke）解释亚历山大·埃克斯克梅林（Alexander Exquemelin）的《海盗史》（*The History of the Buccaneers*，1684）迅速再版的原因时称：第一版“受到广泛的赞誉，尤以有识之士为主”。[①] 17 世纪由威廉·丹皮尔（William Dampier）、莱昂内尔·瓦弗（Lionel Wafer）和巴塞洛缪·夏普（Bartholomew Sharp）所著的海盗日志，主要是为了献给皇家学会会员、海军将领或司法界人士。尽管这些书对船长和军官来说可能充满吸引力，但购买者主要是牧师、律师和商人——伦敦或美洲殖民地的中产阶级。这些文本中鲜少出现底层阶级的俚语，这与后来出现的罪犯传记形成鲜明对比。[②] 历史学家有时会不加批判地接受这些文本，而不考虑作者是否为取悦特定受众而刻意传达一些信息。我们首先应该问的是：这些关于海上掠夺的故事，对它们当时的受众而言，究竟意味着什么？中产阶级读者可能对边缘地带的海上掠夺者抱有同情，面向中产读者的书因而常常为海盗行为辩护，或尽量淡化其犯罪行为。而那些针对打击海盗行为的文本则更具备偏向性，直接谴责海盗，要么无视海盗的话语，要么篡改海盗的言论。

海盗史学家可能面临的另一个常见危险是，他们可能会过度聚焦于那些在寻常史料中易出现的海盗。劳拉·罗森塔尔（Laura Rosenthal）指出，海盗研究揭示了人文学科的一大趋势，即倾向于关注那些独特且不寻常的现

① John Esquemeling, *The Buccaneers of America*, London: Printed for William Crooke, at the Green Dragon without Temple-bar, 1684, William Swan Sonnenschein, ed., Glorieta: Rio Grande Press, 1992, p. 1；除非特别注明，引用都来自威廉·克鲁克 1684 年印刷本的 1992 年版。请注意，许多不同作者用不同方式拼写了“Exquemelin”这个名字。

② 关于罪犯传记所使用的语言请参阅 John L McMullan, *The Canting Crew: London's Criminal Underworld, 1550-1700*, New Brunswick: Rutgers University Press, 1984。有关地下黑话的读者指南，请参阅 B. E. Gent, *A New Dictionary of the Canting Crew*, London: Printed for W. Hawes at the Rose in Ludgate-street, P. Gilbourne at the Corner of Cbancery-lane in Fleet-street, and W. Davis at the Black Bull in Cornbill, 1699。

象。[1] 桀骜不驯的海盗更频繁地出现在已印行的审判记录中，或者更有可能出现于《海盗通史》（*General History of the Pyrates*，1724）这样的通俗犯罪叙事之中，该书作者化名查尔斯·约翰逊（Captain Charles Johnson）船长。劳雷尔·撒切尔·乌尔里希（Laurel Thatcher Ulrich）曾在一句常被误解的话中提及这一点，她指出"举止端庄的女性很少创造历史"，因为"贤妻"不会提起诉讼或犯下滔天罪行。这句话已经成为女权主义的战斗口号，尽管乌尔里希的本意是印刷文献中很少记载那些行为规范、为社会接受的女性。[2] 类似的，这个道理也适用于海盗。那些出现在最易获取的资料（审判记录、布道、皇家公告和上述《海盗通史》等犯罪叙述）中的水手，与那些在职业生涯某个阶段犯下海盗行为的众多水手相比，是不具代表性的。在之前的研究中，笔者阐述了17世纪的大部分时间里，在南方各海域[3]、西印度群岛和印度洋从事海盗活动的人是如何悄悄地返回北美殖民地，购买土地，与当地妇女结婚，并总体上"循规蹈矩"。[4]

威廉·佩恩（William Penn）亲身体会到了这种现象。17世纪90年代，伦敦出现了多起投诉，称特拉华湾（Delaware Bay）是臭名昭著的海盗巢穴，因而佩恩到宾夕法尼亚进行调查。在那里，他遇到了詹姆斯·布朗（James Brown）。布朗数年前与一群海盗在印度洋抢掠过莫卧儿帝国的盟军船并与他们一同逃到了宾夕法尼亚。代理总督威廉·马克汉姆（William Markham）不仅欢迎布朗，还允许这个被指控的海盗迎娶他的女儿，并任命他为殖民地委员会的肯特郡代表。起初，当地上流人士对全球知名罪犯的公开宽容使佩恩感到愤怒。他发布总督令，谴责这个在"世界多个地区"犯下"多起海上及沿岸海盗罪和抢劫罪"的恶徒。[5]

然而，在讯问过无数前海盗之后，佩恩改变了对那些走上正道的前海盗

---

① Laura Rosenthal, "Pirate Studies and the End of the Humanities," *The Long Eighteenth*, January 27, 2011, http://long18th.wordpress.com/2011/01/27/pirate-studies-and-the-end-of-the-humanities/.

② Laurel Thatcher Ulrich, "Virtuous Women Found: New England Ministerial Literature, 1668-1735," *American Quarterly*, 28, 1 (Spring, 1976), p. 20.

③ 虽然"South Sea"一般特指南太平洋，但后文将其与Pacific连用，许多涉及的地区也并不与太平洋无关，所以本文中译为"南方海域"。——译者注

④ Mark Gillies Hanna, "The Pirate Nest: The Impact of Piracy on Newport, Rhode Island and Charles Town, South Carolina, 1670-1730," Ph. D. diss., Harvard University, 2006.

⑤ William Penn, *By the Proprietary of the Province of Pennsylvania, and Counties Annexed with the Advice of the Council, a Proclamation*, Philadelphia: Reinier Jansen, 1699.

的看法。他逐渐意识到，海盗行为往往只是普通水手生涯里的一个事件或一个阶段，而非终身职业。大多数生活在殖民地的前海盗（如詹姆斯·布朗）已经开启了人生的新篇章，“投身于农耕，成了种植园主”，其他一些人则“找到了自己的营生”。佩恩认为，他们大多已婚，有孩子，应该被允许“与家人一起生活在种植园里”。然而，为了确保他们彻底告别海盗生涯，佩恩建议“这类人不应被允许在沿海地区居住或从事贸易活动，以免他们成为年轻海盗的保护者和中介人”。[①]

本文认为，在近代早期大部分时间，从事海盗活动的英国人有意回到陆上社会，并在那里享受不义之财。在1716年之前，由于有社群对海盗持接纳态度，他们并未面临必须彻底脱离人类社会、与其进行持久对抗的艰难抉择。大多数从事海盗活动的水手都清楚自己在陆地上的声誉与待遇，因此在17世纪，他们很少自称为“海盗”，且通常会谨慎选择攻击目标，以免得罪那些对英国殖民港口持开放态度的政治领导人。这种情形在今日依旧可见，索马里海盗自称为海岸警卫队成员，尼日利亚海盗则常宣称自己属于某个解放军组织。我们应追随佩恩的脚步，摒弃将海盗简单归类的做法，而将其视为一种在陆地或海上更为复杂多变的职业生涯中的一部分，其中包含广泛的选择、决策与意识形态。[②]“快乐而短暂地生活”并非17世纪晚期海盗们普遍追求的座右铭。其中许多人只是为了寻求财富，“一些人留下妻子和家人作为还乡的保证”。[③] 大英图书馆中最引人入胜的文献之一是48名海盗妻子的请愿书，她们请求国王赦免她们的丈夫，以便他们能回家照顾家庭。[④]

在17世纪，即便是袭击了与英国名义上友好的国家，这些英国海盗依旧会得到帝国边缘海滨社群的支持和庇护。据一位海关官员描述，殖民地的

---

① William Penn to the Board of trade, Philadelphia, April 28, 1700, Colonial Office Records (CO), CO 5/1260, No. 43, the National Archives (TNA), London.

② 海盗活动仅仅是复杂职业生涯中的一个事件，其起源可以追溯到亚里士多德的《政治学》，他将掠夺视为战争的重要组成部分。他甚至将海盗活动与农耕、捕鱼和狩猎并列，将其视为不需要贸易活动的社会生存方式。参见 Henry A. Ormerod, *Piracy in the Ancient World*, Liverpool: University of Liverpool, 1924, pp. 71-72。

③ Jeremiah Basse to William Popple, July 18, 1697, Calendar of State Papers, Colonial Series (CSPC), 1696 - 1697, No. 1187, CSPC is available at British History Online, http://www.british-history.ac.uk/catalogue.aspx?gid=123&type=3.

④ “Petition of the Wives and Relations of Pirates and Buckaneers of Madagascar and Elsewhere in the East and West Indies to h. m.,” July 4, 1709, appears in both CO 323/6, fol. 81, TNA, London; and CSPC 1708-1709, No. 620ii.

海滨社群中，地方当局不仅“款待海盗，协助他们转移，供应食物和酒水，甚至为他们提供情报，保护他们免受司法制裁”。在那里，海盗被称为“义士”，而那些试图阻止他们“带来钱财并在当地安顿下来”的人，则被称为“乡里的敌人”。①

在某些殖民港口，海盗被默许在此购买食物和船上用品、销赃以及在各种娱乐活动上大肆挥霍。这些港口不仅让海盗获得资金，还成了海盗收集情报、招募船员以未来进行非法活动的据点。一些在英语世界其他地方可能被视为罪犯的人，在这里则可以逃避法律制裁。17 世纪的大部分时间里，一系列复杂的经济、法律、宗教、政治和文化动机促使这些港口的官员积极支持全球海盗活动。② 他们对这些海上掠夺者的看法与伦敦或东印度公司的官员不同。这种观念使海盗招募船员在 17 世纪变得简单。海盗会在马达加斯加、托图加（Tortuga）和坎佩切湾（Bay of Campeche）这些荒凉的海域航行，寻找木材和淡水，也会航行至更为发达和成熟的港口。17 世纪 60 年代和 70 年代，海盗常常在牙买加的皇家港（Port Royal）受到欢迎。到了 17 世纪 80 年代，海盗在南卡罗来纳的查尔斯镇（Charles Town）找到庇护所。至 17 世纪 90 年代，海盗甚至可以到罗德岛的纽波特（Newport）或纽约市寻求帮助。③ 这些地方并不符合“海盗乌托邦”（pirate utopia）、“临时自治区”（temporary autonomous zone）、“全球公地”（global commons）或“暴力区”（zone of violence）的特征，即最近一些历史学家对海盗上岸地的称呼。④ 这些新术语

① Robert Quary to the Board of Trade, June 6, 1699, in William Whitehead, ed., *Documents Relating to the Colonial History of the State of New Jersey*, Vol. 2, Newark: Daily Advertiser Printing House, pp. 280-282.

② 参见 Mark Gillies Hanna, “The Pirate Nest: The Impact of Piracy on Newport, Rhode Island and Charles Town, South Carolina, 1670-1730,” Ph. D. diss., Harvard University, 2006, chaps. 2-5.

③ 有关作为海盗巢穴的查尔斯镇，参见笔者的文章（Mark Gillies Hanna, “Protecting the Rights of English-men: The Rise and Fall of Carolina's Piratical State,” in Brad Wood and Michelle Lemaster, eds., *Creating and Contesting Carolina: Proprietary Era Histories*, Columbia: University of South Carolina Press, 2013, pp. 295-317)。

④ Wilson, preface to Stephen Snelders, *The Devil's Anarchy: The Sea Robberies of the Most Famous Pirate Claes G. Compaen & the Very Remarkable Travels of Erasmus Reyning, Buccaneer*, New York: Autonomedia, 2004, p. ix; Eliga Gould, “Zones of Law, Zones of Violence: The Legal Geography of the British Atlantic, circa 1772,” *William and Mary Quarterly*, 60, 3 (2003), pp. 471-510; Michael Jarvis, “Seafaring Squatters, Caribbean Commons, and Empire Building, 1630 - 1780,” paper presented at “The New Maritime History” conference, San Marino, Huntington Library, November 11-12, 2011.

强化了旧式的"陆地—海洋"两分法分析范式。雷迪克和莱恩博笔下商人和法官所惧怕的"多头蛇"海盗大多来自伦敦，而不是罗德岛的纽波特。尽管"激进主义"（radicalism）这个词可能与近代早期的世界有一定的相关性，但用其形容海上的底层阶级则有些过度。[①] 在北美殖民地，那些追求权力和自由的"激进多头蛇"大都是收入低下的副总督、无法进入贸易路线的绝望商人、拒绝审判海盗的法官、逃避王权干涉的贵格会成员（Quakers），以及藐视皇家税务官的强烈抗议、公然释放被控海盗的乡绅。

从根本上来说，如果不能销赃，掠夺就没有意义。海上环境恶劣，海盗船上的生活通常极其艰苦，充斥着疾病、昆虫、肮脏的环境和营养不良。彼得·利森（Peter Leeson）的著作《海盗经济学》（*The Invisible Hook*：*The Hidden Economics of Pirates*，2009）描述海盗船长们如何运用基本经济原理来实现利益最大化；然而，此书并未深入阐述海盗如何挥霍这些财富。[②] 金、银只有交换为有用的商品才能实现价值，否则只能作压舱物。一些将陆地和海洋联系起来的著作促使我们重新构想对殖民地美洲社会的认知。[③] 这些研究大多面向大众读者，因此更注重讲述引人入胜的故事，而较少涉及对陆—海关系中政治体制、法律文化或社会变革方面的简要分析。

以这种方式思考全球海盗问题首要目标有两个：一是将远洋海盗纳入殖民地海洋社群中讨论，二是将以往被作为独立单位研究的海洋社群与遥远的人群、地点和事件联系起来。这种新框架将看似不相关的海洋史和社会史融

---

① 克里斯托弗·希尔最初的论点是，海上激进主义是由英国内战期间的陆地激进主义导致的，查理二世的复辟清除了陆地激进主义。

② Peter T. Leeson, *The Invisible Hook*: *The Hidden Economics of Pirates*, Priceton: Priceton University Press. 另见笔者对前者的评论文章，参见 *International Journal of Maritime History*, 21, 2 (2009), p. 411。

③ 将海盗与陆地社群联系起来的历史学家主要关注市场，参见 Cyrus H. Karraker, *Piracy Was a Business*, Rindge: R. R. Smith, 1953; Pennell, "Pirates and Markets," in C. R. Pennell, ed., *Bandits at Sea: A Pirates Reader*, New York: New York University Press, 2001。关于海盗和奴隶市场的优秀作品见 Kevin Macdonald, "Pirates, Merchants, Settlers, and Slaves," Ph. D. diss., University of California, 2008。关于女性作为海盗物品接受者的研究，参见 John C. Appleby, *Women and English Piracy, 1540-1720*, Rochester: Boydell Press, 2013。学术性较低的著作，参见 Clifford Beal, *Quelch's Gold: Piracy, Greed, and Betrayal in Colonial New England*, Westport: Praeger Publishers, 2007; Patrick Pringle, *Jolly Roger: The Story of the Great Age of Piracy*, New York: Norton, 1953; Douglass Burgess, *The Pirate's Pact: The Secret Alliances between History's Most Notorious Buccaneers and Colonial America*, Chicago: McGraw-Hill, 2008。

合在一起，丹尼尔·维克斯（Daniel Vickers）称之为“海洋文化”（maritime culture）。他认为，即便最优秀的海洋史研究，也往往忽视了“水手们的来源及其金盆洗手后返回的海岸社群”。维克斯所著《年轻人与大海：帆船时代的洋基水手》（*Young Men and the Sea: Yankee Sea Farers in the Age of Sail*, 2005）是优秀的海洋史典范之作，书中将城市与小镇的社会与文化史结合起来，这些城市与小镇为航海之人提供了劳动力、货物、家庭生活和家园。① 当社会史学家不再局限于大多数海洋史中大船和远洋的视角，转而将沿海贸易、补给、船舶维护、战利品、定罪、走私、销赃、征员和雇佣等纳入研究时，陆地与海洋的世界似乎就不再泾渭分明了。② 历史学家很大程度未将维克斯的呼吁应用到海盗研究，因为他们总是认为海盗研究具有某种特殊性。

在评论伊丽莎白时代的海盗德雷克（Drake）和雷利（Raleigh）时，19世纪诗人塞缪尔·泰勒·柯勒律治（Samuel Taylor Coleridge）曾有一句名言：“没有人是海盗，除非同时代的人同意这样称呼他。”③ 如今的历史书经常会有像《女王的海盗》（*The Queen's Pirate*）（描述弗朗西斯·德雷克爵士）或《罗利的海盗殖民地》（*Ralegh's Pirate Colony*）（描述失败的洛亚诺克殖民地）这样的书名。之所以这样命名，是因为这些书回顾式地将某些行为视作海盗行径。然而，这些行为在近代早期的英国作家笔下并未被如此强调。④ 尽管许多人承认二人可能从事过海盗活动，但他们并未被直接贴上“海盗”的标签。最近，西蒙·雷顿（Simon Layton）在一场讨论19世纪英国人在印度洋的活动时深刻指出，我们应该把海盗看作一种话语，而非一个具体的行为概念。雷顿展示了英国人如何利用“海盗”一词来污蔑那些他们想要侵略的对象。⑤ 16世

---

① Daniel Vickers, "Beyond Jack Tar," *William and Mary Quarterly*, 50, 2 (1993), pp. 418, 421; Daniel Vickers, *Young Men and the Sea: Yankee Sea Farers in the Age of Sail*, New Haven: Yale University Press, 2005.

② 参见 Ian K. Steele, "Exploding Colonial American History: Amerindian, Atlantic, and Global Perspectives," *Reviews in American History*, 26, 1 (1998), pp. 70-95。

③ Samuel Taylor Coleridge, Carl Woodring, eds., *Table Talk*, Princeton: Princeton University Press, 1990, p. 268.

④ Susan Ronald, *The Pirate Queen: Queen Elizabeth I, Her Pirate Adventurers, and the Dawn of Empire*, New York: Harper Collins Publishers, 2007; Phil Jones, *Ralegh's Pirate Colony in America*, Charleston: Tempus Publishers, 2001; Harry Kelsey, *Sir Francis Drake: The Queen's Pirate*, New Haven: Yale University Press, 2000.

⑤ Simon Layton, "Discourses of Piracy in an Age of Revolutions," *Itinerario*, 35, 2 (August 2011), pp. 81-97.

纪到18世纪的历史学家试图区分海盗行为与合法私掠行为，但这并非易事。劳伦·本顿（Lauren Benton）敏锐地指出，即便是以海为生的掠夺者也深知这些法律界定的复杂性。本顿甚至称他们为“海盗律师”（pirate lawyer），因为他们明白这些区别不仅仅在于语义。在17世纪，几乎每个海盗船长都要向陆地上的政治机构索求某种形式的文书，以为其在海上的暴力行为提供合法依据。[①]

私掠者（privateer）指持有某个国家实体授予委任状的个人，委任状限制合法海上袭击的时间、地点及目标。与之不同，海盗则自行其是。这似乎很简单，但实际上非常复杂。自中世纪以来，“海上暴力行为的合法性仅取决于是否被主权国家授权”。[②] 在17世纪，几乎没有那种否认与任何政权有关联的海盗。这一时期海盗几乎总是持有某种形式的国家文件，尽管“国家”一词的含义是灵活多变的。事实上，英帝国早期争论的最激烈的问题之一，就是殖民地总督能否代表国家。那么，对于那些未经王室批准，在特许殖民地中选举产生的总督，情况又如何呢？牙买加议会有权在和平时期预先颁发私掠委任状吗？船长能从外国王公处得到委任状吗？这些问题的争论并不发生在海上，而存在于陆地上相互竞争的政治权力之间。

为理解英国海上社群如何区分合法与非法的海上暴力行为，需要追溯它们如何使用“私掠者”这个词。尽管伊丽莎白时代的海盗通常被历史学家称为私掠者，但这个词是在1655年英国从西班牙手中夺取牙买加之后才在英文文献中出现的。[③] 自主行动的英国海员继续攻击西班牙船只，希望获得财富保障未来生活。因此，新成立的牙买加政府设立所谓海事法庭（admiralty courts）以没收赃物。海军部从未官方批准设立这些法庭，所以多伊利总督（Governor Doyley）通过总督令形式为法庭提供合法性。被法庭委任去夺取被俘船只的人，此前曾是彻头彻尾的海盗，即臭名昭著的“海贼”（buccaneer），他们的生活几乎与世隔绝。[④] 牙买加岛需要这些有战斗经验的

① Lauren Benton, *A Search for Sovereignty: Law and Geography in European Empires, 1400-1900*, New York: Cambridge University Press, 2010, pp. 112-120.

② Daniel Heller-Roazen, *The Enemy of All: Piracy and the Law of Nations*, New York: Zone Books, 2009, p. 82.

③ 例如 Kenneth R. Andrews, *Elizabethan Privateering: English Privateering during the Spanish War*, Cambridge: Cambridge University Press, 1964。

④ Robert C. Ritchie, *Pirates: Myths and Realities*, Minneapolis: Associates of the James Ford Bell Library, 1986, p. 5; Carla Pestana, *The English Atlantic in an Age of Revolution*, Cambridge: Harvard University Press, 2004, p. 199.

勇士，即使他们之前犯下罪行。多伊利将他亲自委任的人称为“战争中的私人士兵”，以区别于“海盗和流浪者”；那些不属于这两类的人，他称为“潜水流浪者”。①

1661年，多伊利指责的“贝蒂号”（Betty）和“珍珠号”（Pearl）上的25名海盗中，有一位名叫“亨利·摩根（Henry Morgan）的士兵”，年龄为25岁或26岁。这是英文文献中第一次提及这位历史上最著名和最成功的海盗。如果这位确实是亨利·摩根本人，这便是他海盗生涯中唯一一次被记录的实际海盗行为——但这一事件充满了不确定性。② 在致伦敦的信中，多伊利总督将“贝蒂号”和“珍珠号”的船员称为海盗，因为他们的行为符合对海盗的基本法律界定。然而，考虑到当时特殊的时间和地点，多伊利认为“海盗”一词对这些只是遵循上级命令，在未宣战状态下行动的人来说过于严厉。他们实际上是在为谁效力，这一点并不明确。“贝蒂号”和“珍珠号”的船长持有由多伊利亲自签署的委托书，日期为1660年10月，授权他们打击“西班牙国王的臣民”。③ 此外，他们表面上试图遵守这些委任状上的规则，例如，在登上荷兰船只时，摩根和他的船员们会要求查看该船的西班牙委任状，以证明他们的行动是合法的。④

1660年斯图亚特王朝复辟在牙买加引起了混乱，因为西班牙人曾公开支持查理二世，而查理二世承诺结束克伦威尔对他们的战争。然而，查理二世上台后，决定将牙买加留作战利品。这让牙买加的英国人感到困惑：他们

① Edward Doyley, *A Narrative of the Great Success ... in Jamaica ... together with a True Relation of the Spaniards Losing Their Plate Fleet*, London: Henry Hills, and John Field, Printers to His Highness, 1658；多伊利寄往英国的一些官方信件中提到了“战争中的私人士兵”，藏于British Library（BL），Add. MS 11410, fol. 10v；Add. MS 12423, fol. 67；Add. MS 12323, BL, London。英国航运袭击者，如Peter Swayne in 1660，被称作海盗，见Add. MS 12423, fols. 76-80, BL, London。

② “Henry Morgan: Sould to Cap. Rudiers Coll. Harrington's Regm't,” Jamaica, January 17, 1661, Records of the High Court of Admiralty（HCA）1/9, part 1, fols. 109 and 173, TNA, London。大众历史学家一直将摩根称为“最伟大的海盗——海盗亨利·摩根爵士”，参见Sue Core, *Henry Morgan, Knight and Knave*, New York: North river Press, 1943, p. v。大多数历史学家说，摩根于1662年首次出现在历史记录中，但《牛津国民传记词典》中称：“摩根于1665年8月首次出现在历史记录中，当时他刚从一次掠夺袭击中与另外两名船长进入皇家港。”[s. v. Morgan, Sir Henry（c. 1635-1688）, by Nuala Zahedieh, last modified October 2008, http://www.oxforddnb.com/view/article/19224? docPos=2.] 这三人中，只有摩根没有从温莎总督那里获得委任状，参见CO 1/20, fol. 38, TNA, London。

③ HCA 1/9, part 1, fols. 105, 179, TNA, London.

④ HCA 1/9, part 1, fols. 100, 170-174, TNA, London.

是生活在一个享有英国公民权利和自由的殖民地，还是仍然处于被征服领土的军事管理之下？多伊利试图阻止对西班牙人的掠夺行为，但这却“激怒了依靠掠夺赃物为生的民众”。士兵们的生活建立在“没有掠夺，就没有报酬”的基础上，他们重新主张西印度群岛的传统法律文化，宣称和平“与他们的世界无关”。[①] 然而，“边界之外无和平”的时代逐渐结束，加勒比地区的行动开始对欧洲产生影响。在这个新的世界里，多伊利不知如何处置摩根和他的船员。没有新登基国王的明确指示，多伊利“不知自己是否有权力，因此不愿意审判他们”。海盗罪是死罪，所以海盗案件的审判极为敏感。他提醒海军部，“这里的私人士兵们是按照惯例行事的，之前岛上不存在政权机构之时，他们中的一些人可以获得豁免”。多伊利努力在他认为的“混乱”中创造秩序，不得不“指挥没有报酬的士兵、没有给养的水手和不守法的平民”。[②]

牙买加需要全新的法律词汇去界定海上暴力。复辟后最初几年的报告描述了英国“海盗”，他们“不遵守任何规则，除了他们自己的传统，也从不服从任何命令”。据一位作者说，牙买加的人口构成复杂，不仅包括许多“私人武装分子”，还包括“更多流动不定的人群”，以及作者“难以归类的其他人”。[③] 这些术语在语义上是灵活的，因为这些人并不完全是自主行动、只服务自身利益的海上强盗。在很多情况下，这些劫掠者不久之前才从国家海军退役，他们曾作为国家海上防御的准合法防御力量，或服役于类似沃里克伯爵（Earl of Warwick）麾下的私人海军，在海上作战。

《牛津英语词典》（*Oxford English Dictionary*）将“私掠者”一词的首次使用追溯到1664年：上校托马斯·林奇（Thomas Lynch）在牙买加提出，“委任私掠者只能作为最后的手段，是充满危险的权宜之计”。林奇质疑那些“除了航海以外一无所有，除了从事劫掠外没有其他职业”的人的服从

① Col. Edward D'Oyley, governor of Jamaica, to his kinsman Sec. Nicholas, March, 1661, *CSPC*, 1661-1668, No. 61. 枢密院下令于1661年6月将伦敦的罪犯船运往牙买加，强化了这一主张；W. L Grant and James Munro, ed., *Acts of the Privy Council of England*, *Colonial Series*, Vol. 1, A. D. 1613 - 1680, London: Printed for His Majesty's Stationery Office by Anthony Brothers, Hereford, 1908, pp. 310, 314-315.

② HCA 1/9, part 1, fol. 170, TNA, London.

③ Add. MS 11410, fols. 7v-10, BL, London.

性。[1]《牛津英语词典》忽略了1661年埃德蒙·希克林吉尔（Edmund Hickeringill）逮捕摩根之后，希克林吉尔在其辩解性的《论牙买加》（*Jamaica Viewed*）中使用了这个词。希克林吉尔是一名牧师，毕业于剑桥大学，主张英国对该岛的权利，并指出该岛在西班牙西印度群岛的战略意义："因此，牙买加的私掠者经常光顾此区域，劫掠不属于他们的珍贵货物。"他认为，作为一个掠夺基地，牙买加可能比伊斯帕尼奥拉岛（Hispaniola）更有价值。[2] 他选择使用"私掠者"这个词的时候，正逢最后一批西班牙人撤离该岛并结束正式的战争状态。

1665年至1667年，英国对荷兰和法国的战争进一步使得"私掠"成为掠夺西班牙的掩护。1671年，一项旨在防止商船被扣押、促进优良船舶增加的法案正式出台，其中明确规定了"私掠者战利品分配"的条款，并建议遵循"私人武装船只的常规做法"进行分配，这一举措在法律上正式确立了"私掠者"的地位。[3] 这个词巧妙地融合了私人独立行为与国家利益的双重含义——法令中提到了"我们的"私掠者。有些英国人用"海匪"（buccaneer）这个词表示"私掠者"，而法文词"boucanier"最初仅指"西印度群岛的牧牛人"。到了17世纪70年代和80年代，"海匪"一词在伦敦的印刷商中几乎成了一种带有民族自豪感的亲切称谓，但在牙买加则不然。至1699年，威廉·哈克（William Hacke）在其海盗航行记录集的索引中，已将"海匪"与"私掠者"并列，暗示两者在当时已几乎被视为同义词。[4] 日记作家约翰·伊芙林（John Evelyn）在海军大臣塞缪尔·佩皮斯（Samuel Pepys）家中与威廉·丹皮尔共进晚餐后，戏谑地将其称作前"海匪"

① Lt Col. Thomas Lynch to Sec. Sir Henry Bennet（Lord Arlington），Jamaica，May 25，1664，*CSPC*，1661-1668，No. 744.

② Edmund Hickeringill，*Jamaica Viewed*，2nd ed.，London：Printed for Iohn Williams，at the Crown in St. Paul's Church-yard，1661，p. 47.

③ An Act to prevent the delivery up of Merchants Shipps，and for the Increase of good and serviceable Shipping，22 & 23 Car. 2，c. 11，*Statutes of the Realm*，*Vol.* 5，*1628-80*，1819，pp. 720-722，available at British History Online，http：//www. british-history. ac. uk/source. aspx？pubid=351.

④ John Esquemeling，*The Buccaneers of America*，London：Printed for William Crooke，at the Green Dragon without Temple-bar，1684，William Swan Sonnenschein，ed.，Glorieta：Rio Grande Press；这里的翻译是"伟大的摩根，我们的海盗"。哈克多次提到"海匪"（buccaneers）一词，参见 William Hacke，*A Collection of Original Voyages*，London：Printed for James Knapton，at the Crown in St. Paul's Church-Yard，1699，index，p. 44。

(buccaneer)。[1] 1708 年，一份印度洋海盗妻子们的请愿书仍将她们的丈夫称为"海匪"(buckaneers)。[2]

伦敦的詹金斯法官在 1668 年将海盗定义为所有人的敌人；在皇家港，他的定义似乎完全脱离了西印度群岛的复杂现实。荷兰外科医生亚历山大·埃克斯克梅林在《美洲海匪》(*Buccaneers of America*) 一书中详尽地记录了这种现实，该书于 1684 年被翻译成英文。有趣的是，尽管这位作者显然对他所描述的海盗头目怀有偏见（他认为亨利·摩根欺骗了他），但在涉及法律细节时，他却表现得相当谨慎。埃克斯克梅林为自己频繁地用"海盗"一词指代西印度群岛上所有英国和法国海上掠夺者而辩护，理由是"他们的行为没有受到任何君主的保护或支持"。他说，西班牙人曾抱怨这些海盗在和平时期的袭击，但英国当局只是回应说："这些人并非以陛下臣民的身份犯下海盗行为，因此，天主教陛下可以根据他认为合适的方式对他们采取行动。"查理二世否认曾"向牙买加居民颁发任何许可或委任状，以对付天主教陛下的臣民"。[3] 这是对所谓犯罪行为的相当简明的谴责。埃克斯克梅林深知，牙买加中没有人会用"海盗"来形容被正式委任执行报复任务的私掠者。亨利·巴勒姆 (Henry Barham) 在 1722 年写的《牙买加历史》中抱怨道，埃克斯克梅林没有"区分海匪 (buccaneers) 与海盗 (pyrates) 及私掠者 (privateers) 之间的区别"。他澄清道，"私掠者 (privateer) 与海匪 (buccaneers) 或自由劫匪 (freebooter) 之间有很大的区别"，因为"前者拥有皇家政府颁发的委任状，而后者则完全依靠自己的力量行动，没有来自任何政府的法律委任状或授权，因此他们与海盗 (pyrate) 无异"。[4]

尽管殖民地居民对海上掠夺行为持实用主义态度，但人们不禁会问，更熟悉欧洲正式战争标准的伦敦读者会对帝国边缘地带发生的这种暴行有何看法。幸运的是，《海盗史》的英文译者明确地表达了他期望读者能取得的收获。在序言中，该书详细描述了"我们英格兰民族"的"光辉事迹"。今天

---

① Anton Gill, *The Devil's Mariner: A Life of William Dampier, Pirate and Explorer, 1651–1715*, London: Michael Joseph, 1997, p. 238.

② "Petition," CO 323/6, fol. 81, TNA, London.

③ John Esquemeling, *The Buccaneers of America*, London: Printed for William Crooke, at the Green Dragon without Temple-bar, 1684, William Swan Sonnenschein, ed., Glorieta: Rio Grande Press, 1992, p. 55.

④ Henry Barham, "Civil History of Jamaica to the Year 1722," Add. MS 12422, p. 80, BL, London.

人们看来是过度暴力的行为却被誉为“人类在军事行动和英勇无畏方面的伟大尝试，其程度之深，足以与亚历山大大帝、尤利乌斯·恺撒和其他九大伟人（Nine Worthies of Fame）相提并论”。17 世纪的作者常常将弗朗西斯·德雷克爵士等伊丽莎白时代的海盗与这些历史人物相提并论。他们不仅为摩根的所谓“海盗行为”辩护，也描述了“我们的同胞和亲人那些无与伦比甚至是独一无二的冒险故事和英勇事迹，他们在国王和国家的召唤下，展现出了无畏而值得效仿的勇气，我们应该效仿”，因为“英国人具备行胜于言的禀赋”。[①]

在 17 世纪 70 年代，牙买加政权更迭频繁，对海上掠夺者时而谴责其为海盗，时而又欢迎其作为私掠者。这种不确定性驱使许多船员前往北美殖民地，并将新的牙买加法律词汇一并带来。1675 年春，当菲利普国王战争（King Philip's War）爆发时，马萨诸塞总督约翰·莱弗里特（John Leverett）在波士顿“击鼓招募志愿者”，以保卫新英格兰免受土著武士的攻击。不到三个小时，就有 110 名志愿者在塞缪尔·莫斯利上尉（Captain Samuel Moseley）的带领下自愿应召。当地一位新英格兰人评论说，“莫斯利上尉曾是牙买加的一名资深私掠者，他不仅英勇无畏，更是一位出色的战士”，他率领着一支由“大约 12 名经验丰富的私掠者组成的队伍，他们此前已在牙买加活动了一段时间”。[②] 莫斯利和他的手下成为美国早期最惨烈的战争中的核心人物。莫斯利在西印度群岛的经历很少为人所知，但这是新英格兰人第一次使用“私掠者”一词。[③]

到 17 世纪 70 年代，几乎所有从事海盗活动的船长都认为自己是一名私

---

① John Esquemeling, *The Buccaneers of America*, London: Printed for William Crooke, at the Green Dragon without Temple-bar, 1684, William Swan Sonnenschein, ed., Glorieta: Rio Grande Press, 1992, pp. 3-4.

② *The Present State of New-England with Respect to the Indian War*, London: Printed for Dorman Newman, at the Kings-Arms in the Poultry, and at the Ship and Anchor at the Bridg-foot on Southwark side, 1675, pp. 4-5.

③ 托马斯·哈钦森在他的《马萨诸塞湾的历史》中声称：“莫斯利曾是牙买加的一名老私掠船长，他可能是被称为海匪（buccaneers）的那类人中的一员”。参见 Thomas Hutchinson, *The History of the Colony and Province of Massachusetts-Bay*, Vol. 1, Lawrence Shaw Mayo, ed., Cambridge: Harvard University Press, 1936, p. 244。《牛津英语词典》第 2 版（1989）将私掠者（privateer）定义为“志愿士兵、自由职业者、游击队员”。这种用法的唯一证据来自莫斯利和他的船员在菲利普国王战争中自愿为殖民地而战的记载，而没有考虑到莫斯利在西印度洋的服役。在笔者提出申诉后，他们修改了这个定义。

掠者，并这样称呼自己。美洲殖民地勘测总监爱德华·伦道夫（Edward Randolph）向国王陛下的海关专员报告了他在17世纪70年代首次遭遇海盗的情景。据他回忆，新英格兰人在船上装备60—70门大炮，“对他们所谓的私掠者进行了全副武装”。这些船航行到西班牙的西印度群岛，“在那里对当地居民犯下各种暴行，掠夺大量金银、贵重的装饰品、教堂银器和其他财宝后凯旋”。[①] 威廉·丹皮尔回忆说，在17世纪80年代，臭名昭著的海盗们随意处置从法属港口小戈阿夫（Petit-Goâve）的总督那里购买的空白委任状，使这个港口成为“所有绝望的人的避风港和庇护所”。[②] 面对这种行为的泛滥，托马斯·林奇爵士在1684年愤怒地警告法国总督说：“向身份不明的个人授予战争委任状，在整个印度群岛（Indies）范围内都是违反国际法的。”[③] 还有一些海盗声称他们为唐·安德烈斯（Don Andrés，或Andreas）而战，这位库纳族（Kuna）印第安人曾从西班牙的奴役中逃脱，并因其英勇事迹而被誉为“达连皇帝”（Emperor of Darien，达连是当时对巴拿马东南部的称呼）。[④]

我们之所以对17世纪70年代和80年代的英国海盗有着深入的了解，是因为他们非常重视自己在陆地上的声誉，积极塑造自己的身份形象。前海盗威廉·丹皮尔、莱昂内尔·瓦弗、巴塞洛缪·夏普和巴兹尔·林格罗斯（Basil Ringrose）都出版了自己的航海日志，以供公众阅读；对他们中的许多人来说，出版著作成为海盗生涯之外的新事业。丹皮尔是一位博物学家、水文学家、旅行作家、航海家，最重要的是，他也是一名海盗，尽管他总是自称私掠者。从1679年到1688年，他几乎与同时代所有著名的海盗并肩作战，参与了从西印度群岛到太平洋海岸，再到南海的多次重大海盗袭击，最终完成了环球航行。丹皮尔于1697年首次出版《新环球航海记》（*A New Voyage Round the World*），至1706年已发行五个版本。丹皮尔拒绝承认他的行为存在道德问题，而是选择模棱两可的立场。文学学者安娜·尼尔

① Edward Randolph, “A Discourse About Pyrates,” May 10, 1696, Gosse Collection, GOS/9, National Maritime Museum, Greenwich.

② William Dampier, *A New Voyage Round the World*, London: Printed for James Knapton, at the Crown in St. Paul's Church-yard, 1697, pp. 137, 192.

③ Lynch to the Lord President of the Council, Jamaica, June 20, 1684, CO 1/54, No. 132, TNA, London.

④ Lieut Gov. Hender Molesworth to William Blathwayt, February 3, 1684, *CSPC*, 1685, No. 2067.

（Anna Neill）认为，他删改自己的真实暴力行为，是为了突出他“观察自然现象和人类社会”的能力。[①] 丹皮尔从未明确否认“海盗生涯”的真实性，但他试图说明其职业存在更高的价值。丹皮尔称，他的职业不仅仅是掠夺和伤害英国的敌人。丹皮尔的肖像画很可能是由汉斯·斯隆爵士（Sir Hans Sloane）委托绘制，其恰如其分地展现了丹皮尔对自己双重身份的认同：这幅画名为《威廉·丹皮尔——海盗和水文学家》（*William Dampier-Pirate and Hydrographer*）。因此，海盗们极其珍视自己在陆地上的声誉，以至于他们愿意将自己的故事写成书并公之于众。

到了17世纪80—90年代，“海盗”（pirate）和“私掠者”（privateer）这两个词频繁互换使用，甚至经常并列提及，用以描述同一群人，具体做法取决于陆地上的政治立场。1681年7月2日，牙买加议会通过限制和惩罚私掠者和海盗的法案。[②] 1683年2月，该法案进一步修订，明确禁止英国人效忠于外国王公。这一禁令的初衷是为了维持和平条约，而该法案的目的是厘清司法管辖权的复杂情况，这些复杂情况曾使得岛上的案件难以起诉和判决。牙买加法律首次公开宣布，海盗行为将像在英国那样依据亨利八世统治时期第28年颁布的第15号法案受到审判。为了避免过去因法律漏洞和误判而让众多海盗逍遥法外的历史重演，该法案宣告，审理海盗的殖民地法院具备合法地位，而负责审理此类案件的法官和官员将“免受任何形式的起诉、骚扰或困扰”。法律还规定，“以任何方式故意为海盗或私掠者提供庇护、藏匿地点、交易或通信的人”，且未协助逮捕私掠者或海盗，“将作为从犯和共犯被起诉”。军官依照命令召集队伍抓捕在陆上或海上的海盗，反抗的海盗将被作为重罪犯依法处死。拒绝追捕海盗的官员每次违命都将被罚款50英镑。该法案也奖励举报海盗的行为。[③]

北美殖民地信件和记录称南方海域水手为私掠者，伦敦媒体则给他们冠

---

① Anna Neill, “Buccaneer Ethnography: Nature, Culture, and Nation in the Journals of William Dampier,” *Eighteenth Century Studies*, 33, 2 (Winter, 2000), p. 168. 尼尔的文章聚焦于丹皮尔在与文明社会的敌人相处多年后，试图与文明人类重新建立联系。然而，尼尔分析丹皮尔的视角是一种非历史的、静态的“海盗”视角，将丹皮尔的作品与18世纪20年代的叙事混为一谈，有失公允。安东·吉尔（Anton Gill）同样声称，“丹皮尔正煞费苦心地与他们（海盗）保持距离”，参见 Anton Gill, *The Devil's Mariner: A Life of William Dampier, Pirate and Explorer, 1651-1715*, London: Michael Joseph, 1997, p. 63。

② Acts of Jamaica passed on the 2nd July 1681, CO 139/7, pp. 1-18, TNA, London.

③ *The Laws of Jamaica*, London: Printed by H. Hills for Charles Harper at the Flower de Luce over against St Dunstan's-Church in Fleet-street, 1683.

以“著名海盗洛朗”、“范霍恩，著名的海盗”或“臭名昭著的海盗班尼斯特”等称号。[①] 这种语义差异的背后存在法律原因，因为私掠者向殖民地总督购买了委任状，并利用掠夺来的财富支付酬金和关税，从而将这些财富合法化。相比之下，海盗直接掠夺的战利品则被视为赃物，原主人有权提起诉讼并要求归还。除非无人认领，这些货物才会最终归国王或海军上将所有。这就解释了为何许多殖民地官员对追捕海盗并不热衷——因为没收海盗的赃物并不能为殖民地带来直接的经济利益。而那些对海盗法律复杂性感到最为困惑的，或许是身居英国的殖民地业主，他们身处国王与殖民地官员之间的拉锯战中，左右为难。在南卡罗来纳业主领主致其总督和国王的信件中，劫掠者、海盗这两个词常被交替使用。他们既向贸易和拓殖贵族委员会（Lords of Trade and Plantations）承认殖民地存在海盗（piracy）问题，又恳求本地总督在“抓捕私掠者问题上和（我们）保持一致立场”。[②]

像塞缪尔·莫斯利一样，南方海域的许多海盗在17世纪80年代向北迁徙，主要在特许殖民地（charter colony）停留。托马斯·潘恩（Thomas Paine）船长的经历就体现了这一时期持有可疑委任状的英国船长们所面临的法律地位困境。1683年3月，潘恩从巴哈马群岛启航，据称他持有牙买加林奇颁发的委任状，指示他攻击海盗。然而，潘恩的船只加入了一支从西班牙沉船打捞白银的船队。之后，联合船队以法国国旗作为幌子，劫掠圣奥古斯丁。[③] 在那之后，潘恩航行到罗德岛。当时，新罕布什尔皇家总督爱德华·克兰菲尔德（Edward Cranfield）碰巧在纽波特，他发现潘恩的委任状是伪造的，因为委任状“把克兰菲尔德的职衔写成了国王寝宫侍从官员，而非枢密院，因此我知道这是伪造的”。他命令罗德岛的官员逮捕这个海盗，“但他们拒绝了”。海关官员威廉·戴尔（William Dyre）支持克兰菲尔德，要求“逮

① *London Gazette*, May 3, 1686; January 31, 1683; May 16, 1687.

② 摘录自 Marion Eugene Sirmans, *Colonial South Carolina: A Political History, 1663-1763*, Chapel Hill: The University of North Carolina Press, 1966, p. 41; Earl of Craven to Lords of Trade and Plantations, May 27, 1684, *CSPC*, 1681-1685, No. 1707。

③ Lynch to Secretary Sir Leoline Jenkins, Jamaica, November 6, 1682, CO 1/49, No. 91, TNA, London; Governor Lilburne to the Lords Proprietors of the Bahamas, May 27, 1684, CO 1/54, Nno. 109i, TNA, London. 他在始终没有委任状的情况下掠夺西班牙人。更多关于潘恩的背景故事，参见 William Dampier, *A New Voyage Round the World*, London: Printed for James Knapton, at the Crown in St. Paul's Church-yard, 1697, pp. 26, 38, 51-52; Howard Chapin, "Captain Paine of Cajacet," *Rhode Island Historical Society Collections*, 23, 1 (1930), pp. 19-32。

捕头号海盗”，并指控罗德岛总督威廉·科德林顿（William Codrington）故意不帮助他扣押潘恩和他的船。戴尔的副官恳求科德林顿将潘恩关起来，但“他搪塞了我，答应明天早上给我答复，那时海盗们就有时间武装自己，以防被捕”。当戴尔的副官解释说潘恩的委任状显然是伪造的，并“抢劫了圣奥古斯丁镇”时，科德林顿却“仍然视而不见”。不仅纽波特居民拒绝逮捕像潘恩这样一个以“臭名昭著、流血和抢劫闻名的头号”海盗，而且当地商人塞缪尔·史林普顿（Samuel Shrimpton）甚至向潘恩和他的船员“提供补给、援助、庇护和鼓励”。克兰菲尔德将罗德岛官员的无礼行为与英国内战中的激进共和主义联系起来，这些人“告诉人民，他们有权自己制定法律，无须任何誓言约束”。[①] 英国王国政府赞同这个观点，并颁布法令，命令殖民地总督积极镇压海盗，“不得给予任何援助，尤其不能援助一个叫托马斯·潘恩的人”。王国政府称，在和平时期抢劫佛罗里达的人不是私掠者，而是海盗，“你们要消灭这些海盗，要将他们视为邪恶的种族和人类的敌人”。[②]

根据《海盗通史》的记载，“在战争时期，（海盗）几乎没有生存空间，因为所有具有冒险精神的人都投身于私掠船中，海盗因此失去了活动的机会”。[③] 历史学家普遍认为，和平时期海上劳动力闲置，海盗活动更为猖獗，而战时工作机会则相对充裕。然而，1688 年对法战争爆发时，情况恰恰相反。英国殖民地官员向船长们提供了许多模糊的委任状，船长利用这些委任状在印度洋上进行掠夺。他们因频繁袭击前往穆斯林朝圣地的船只而被称为“红海海盗”。正是这片水域，使他们成为海盗，因为英国东印度公司垄断了航运，禁止英国私人船舶在非洲以东航行。弗朗西斯·尼科尔森（Francis Nicholson）强烈反对皇家委任海盗，他担心“这些私掠者，或者更确切地

① Relation of T. Thacker, Deputy-Collector, August 16, 1684, CO 1/55, No. 36ii, TNA, London; William Dyre to Sir Leoline Jenkins, Boston, September 12, 1684, CO 1/55, No. 36, TNA, London; Extract from a letter of Governor Cranfield, October 7, 1683, *CSPC*, 1681-1685, No. 1299; Governor Cranfield to Lords of Trade and Plantations, October 19, 1683, *CSPC*, 1681-1685, No. 1320.

② King Charles II to the Gov. and Magistrates of Massachusetts, April 13, 1684, CO 5/904, pp. 201-202, TNA, London; King Charles II to Lynch, April 13, 1684, Co 138/4, pp. 229-231, TNA, London.

③ Charles Johnson, *A General History of the Robberies and Murders of the Most Notorious Pyrates*, London: Printed for, and sold by T. Warner, at the Black-boy in Pater-Noster-Row, 1724, preface.

说是海盗，一旦挥霍完他们不正当获取的财富，就会制造麻烦"。[1] 颁发过诸多委任状的纽约总督本杰明·弗莱彻（Benjamin Fletcher）承认："如果他们变成海盗，也许是我的不幸，但不是我的罪过。"[2] 1692年，约翰·希金森（John Higginson）牧师对不断升级的塞勒姆女巫危机（Salem Witch Crisis）感到焦虑，并写信给在印度圣乔治堡（Fort St. George）的儿子纳撒尼尔（Nathaniel），让他为兄弟托马斯（Thomas）留出一些钱，以便当他从"阿拉伯"返回时使用，"无论他与私掠者一同去过哪里"。[3]

在印度洋掠夺者的证词中，他们始终坚称自己为私掠者，并指出他们的船长持有殖民地总督颁发的委任状。1696年红海海盗案的审判揭示了海盗与伦敦律师之间截然不同的思维方式。法庭明确地将海盗活动（piracy）定义为"海上的抢劫"，但水手们并不认为自己的行为等同于抢劫。约翰·丹恩（John Dann）回忆亚丁湾航行，"我们在那里又遇到了两艘英国私掠船，他们过来与我们会合"。检察官打断道，"你称它们为私掠船，但它们是否与你们一样，拥有同样的合法身份?"丹恩承认，"是的，大人。我想它们最初也是有委任状的"。这句话暗示了其他船员可能并未严格遵守委任状的要求。即使在伦敦，陪审团也认定这些人无罪，这一判决令检察官感到遗憾，因为担心他们无罪释放会使"野蛮国家"误以为英国是"海盗的庇护所、据点和巢穴"。[4] 因此，解决方案是组织一个新的陪审团重新进行审判。

这里的身份认同是关键问题：水手们如何自我认知，以及外界如何识别和归类他们？几乎没有水手会自称"海盗"。巴兹尔·林格罗斯写道，他和其他的私掠者被"识别并标记为'英国海盗'，这是他们给我们的称谓"。[5]

---

① Lieutenant-Governor Nicholson to Lords of Trade and Plantations, July 16, 1692, *CSPC*, 1689-1692, No. 2344；使用"海盗"和"私掠者"去描述美洲殖民地的同一类人的类似用法，参见 EL 9590, Huntington Library。

② Answer of Governor Fletcher to the depositions taken against him, August 22, 1696, *CSPC*, 1696-1697, No. 161。

③ "Higginson Letters," *Massachusetts Historical Society Collections*, 3rd ser., Vol. 7, Boston: Published by the Society, 1838, p. 199.

④ *The Tryals of Joseph Dawson, Edward Forseith, William May, William Bishop, James Lewis, and John Sparkes for Sseveral Piracies and Robberies by Them Committed*, London: Printed for John Everingham, Bookseller, at the Star in Ludgate-street, 1696, pp. 6, 8, 18.

⑤ Basil Ringrose, *The History of the Bucaniers of America*, the second edition, London: Printed for William Whitwood; And Sold by Anthony Feltham, in Westminster-Hall, 1695, p. 78.

这种标签的赋予是否出于某种意识或策略性？尽管水手们显然有充分的理由不愿将自己与海盗画等号，但外界在使用或避免这一称谓时的动机则显得较为模糊。

由于17世纪的海盗在殖民地有可能被当作私掠者，因此他们也许没有历史学家通常所认为的那样充满反叛精神。例如，几乎没有证据表明17世纪的英国海盗没有种族歧视的想法。亨利·摩根应该很容易转变角色，成为种植园主和奴隶贩子。罗伊·里奇指出，在王权向海盗宣战之前，奴隶也是海盗的掠夺目标：既然已经逃离了劳苦的生活成为海盗，为什么不让奴隶代做划船、拖船、烹饪、清洁和其他不愉快的船上工作？[①] 女性奴隶通常被用来获得性满足，最著名的例子是“巴切尔喜悦号”（Batchelor's Delight）事件，其船员从西非海岸掳走了50名女性，这艘船因此得名。一份1683年的宣誓声明记载了一个例子，一个16人的海盗团体被他们掠夺的22名奴隶袭击，这些奴隶最终被击退。[②] 对于南卡罗来纳或牙买加等新兴种植园经济体来说，奴隶是有价值的商品。奴隶不仅为海盗提供劳动力，而且海盗还将其作为商品与陆上社会进行交易。

丹皮尔深刻地描绘了17世纪80年代，他和南海海盗同伴们如何看待与非洲奴隶的关系。据他回忆，他的海盗队伍在一次南方海域的航行中，“用3艘三桅帆船运载1000名黑人，皆是体格强壮的青年男女”。丹皮尔并未将这些奴隶视为船员补充，而是计划将他们的劳动力用于陆地作业：“这是一个让我们发家致富的最好机会，我们带领这些黑人，在达连地峡的圣玛利亚（Santa Maria）安家落户，指挥他们在金矿中开采黄金。”然而，这个计划的关键环节在于构建贸易网络：“我们有北方各海域对我们的扶助；那里可以出口我们的货物，或进口有用的货物与人员；不久之后，西印度群岛各地都将向我们伸出援手。”丹皮尔想的蓝图宏大且诱人：夺取西班牙矿山（“美

① Robert C. Ritchie, *Pirates: Myths and Realities*, Minneapolis: Associates of the James Ford Bell Library, 1986, p. 8. 关于船上的奴隶，另见 John Esquemeling, *The Buccaneers of America*, London: Printed for William Crooke, at the Green Dragon without Temple-bar, 1684, William Swan Sonnenschein, ed., Glorieta: Rio Grande Press, 1992, pp. 97-100, 247; Examination of Richard Arnold, August 4, 1686, William Blathwayt Papers, BL 327, Huntington Library; Philip Ayres, ed., *Voyages and Adventures of Captain Bartholomew Sharp*, London: Printed by B. W. for R. H. and S. T., 1684; Anonymous, "Journal of the South Sea Expedition," 1679, Add. MS 11410, fol. 354, BL, London。

② "A True and Perfect Narrative and Relation of all the Horrid and Villainous Murthers, Robberies, Spoils, and Piracies," October 18, 1683, *CSPC*, 1681-1685, No. 1313.

洲迄今为止发现的最富有的金矿"),让黑人奴隶进行开采,坐拥两洋之利,寻求当地库纳族印第安人同盟("西班牙人的死敌")的庇护,并通过北方殖民地构建广泛的贸易联系。这一构想被随后的英国人持续传承,延续了数十载。①

海盗或许确实被视作"社会土匪",但海盗并没有雷迪克所归咎于他们的那些意识形态和行为。甚至使这一理论赫赫有名的霍布斯鲍姆,也并未断言这些土匪必然倡导激进的社会变革。社会土匪通常忠于本地社群,他们相信传统道德、社会等级和经济正义原则。② 事实上,17 世纪的英国海盗在政治和意识形态上呈现广泛的多样性,其中不乏保守派。大多数海盗对天主教和伊斯兰教持有强烈的反感。③ 雷迪克和莱恩博在《多头蛇》中指出,这些海盗其实是在回望那些他们曾失去的权利。同样,陆地上的殖民者也感到自己的传统权利被剥夺。摩根声称自己信仰宗教,但不是激发沃里克伯爵和其他激进清教徒反君主制的激进宗教。相反,他信奉国教。显然,他试图与伦敦的宗主国中央建立更紧密的联系,让自己显得不那么边缘。他资助皇家港新建英国国教教堂。为了宣传他的皈依,"应亨利·摩根爵士和其他资助教堂的慷慨绅士们的请求",他在伦敦出版了一册布道文。在给摩根的献词中,这本小册子宣称"向世界展示我们在牙买加有一位多么伟大的正统宗

① 丹皮尔反复提到海盗如何让奴隶做他们大部分肮脏的工作,参见 John Masefield, ed., *Dampier's Voyages*, Vol. 1, London: E. Grant Richards, 1906, pp. 180-181。

② 林肯·法勒(Lincoln Faller)在对强盗的描绘中发现了这种保守的天性,参见 Lincoln Faller, *Turned to Account: The Forms and Functions of Criminal Biography in Late Seventeenth-and Early Eighteenth-Century England*, Cambridge: Cambridge University Press, 1987, p. 121。安东·布洛克(Anton Blok)和其他人质疑社会强盗的"真实"程度以及被神话化的程度。根据布洛克的说法,"我们更容易将那些我们最不熟悉或很少见到的事物和人理想化,而且我们往往会忽略对所爱形象有害的信息"。参见 Anton Blok, "The Peasant and the Brigand: Social Banditry Reconsidered," *Comparative Studies in Society and History*, 14, 4 (1972), p. 501。霍布斯鲍姆在对布洛克的回应中承认,他没有完全区分活着的土匪和那些被载入群体记忆的土匪,参见 Eric Hobsbawm, "Social Bandits: Reply," *Comparative Studies in Society and History*, 14, 4 (1972), pp. 503-505。

③ 尽管发生了流血事件,但埃克斯克梅林笔下的海盗似乎受到真正宗教动机的驱使。有些人实际上祈祷并认为得到了神助。参见 John Esquemeling, *The Buccaneers of America*, London: Printed for William Crooke, at the Green Dragon without Temple-bar, 1684, William Swan Sonnenschein, ed., Glorieta: Rio Grande Press, 1992, pp. 116-117, 233; Basil Ringrose blesses and praises God in John Esquemeling, *The Buccaneers of America*, the second volume, London: Printed for William Crooke, at the Green Dragon without Temple-bar, 1684, William Swan Sonnenschein, ed., Glorieta: Rio Grande Press, 1992, p. 395。

教赞助者”。[①] 几个月后，在摩根和圣雅哥德拉维加（St. Jago de la Vega）的会众面前，一篇布道使用了如下经文：“因此，恺撒的物归于恺撒。”这篇布道的要点是“爱戴长官”，并强调好基督徒不应是“煽动叛乱的鼓吹者”或“自由主义的追求者”。此时，摩根是岛上托利派的领袖，在1683年的牙买加角（the Point）骚乱中，他们抨击了持不同政见的新教徒。他的政党自称“忠诚俱乐部”，与岛上的辉格派相对立。[②] 这篇布道也在伦敦印刷出版。[③] 许多其他海洋掠夺者的著作频繁援引伊丽莎白时代海匪和激进的新教的传统。乔尔·贝尔（Joel Baer）发现了一首由模范自由主义海盗船长亨利·埃弗里（Henry Every，或 Avery）创作的民谣《埃弗里的诗》（*Every's Verses*），其中不乏对保守原则的宣扬。这位船长声称自己出身于贵族家庭，并表达了攻击英国传统敌人的愿望。[④] 更重要的是，这首民谣暗示了詹姆斯党（Jacobitism）——这或许代表17世纪末最保守的政治立场。

17世纪的海盗明白，他们的生存、声誉乃至整体的幸福感，皆取决于他们在伦敦或殖民地中那些社会上层人士心目中的形象。反过来，殖民地的贵族们也渴望读到那些维护现状，并让他们对已经通过其他途径证明合理的行为感到安心的海盗故事。丹皮尔和莱昂内尔·瓦弗的航海日志被精心印刷，以吸引皇家学会的成员。安娜·尼尔在分析丹皮尔的《新环球航海记》时指出，“将海盗和科学相提并论似乎很奇怪”。[⑤] 据说，南方海域的海盗用英国王室和海军大臣塞缪尔·佩皮斯的名字来命名加拉帕戈斯群岛（the Galapagos）的一些岛屿。

海盗可能是相当反革命的。1684年百慕大（Bermuda）成为皇家殖民地，而当詹姆斯二世于1685年2月6日登上王位时，心怀不满的百慕大人发生了叛乱。船长威廉·菲普斯（William Phips）当时正好在该岛登陆，他

---

① J. L., LL B., *A Sermon Preached on January 1st 1680/1 in the New Church at Port-Royal in Jamaica, Being the First Time of Performing Divine Service There*, London: Printed by Nathaniel Thompson, 1681.

② Governor Sir Thomas Lynch to Lords of Trade and Plantations, November 2, 1683, *CSPC*, 1681-1685, No. 1348.

③ *A Sermon Preached before the Governour, Council & Assembly of Jamaica in St. Jago de la Vega, Martii 18, 1680/1*, London: Printed by T. Milbourn, for the Author, 1682, pp. 1-3, 11.

④ Joel H. Baer, "Bold Captain Avery in the Privy Council: Early Variants of a Broadside Ballad from the Pepys Collection," *Folk Music Journal*, 7, 1 (1995), pp. 4-26, 此民谣见 p. 13。

⑤ Anna Neill, "Buccaneer Ethnography: Nature, Culture, and Nation in the Journals of William Dampier," *Eighteenth Century Studies*, 33, 2 (Winter, 2000), p. 165.

声称百慕大“计划建立自由政府，从事海盗活动”。[①] 之后不久，巴塞洛缪·夏普在非法掠夺西班牙商船［尽管他确实持有尼维斯（Nevis）副总督的委任状］后到达百慕大，立即着手帮助皇家总督罗伯特·罗宾逊爵士（Sir Robert Robinson）镇压这场明确呼吁自由和解放的叛乱。[②] 夏普的海盗手下言之凿凿，称这些威胁总督生命的人是“叛乱分子”。[③] 总督意识到夏普的存在是一把双刃剑。一方面，他将这个岛屿从无政府状态中拯救出来；另一方面，他也可以轻而易举地自己接管百慕大群岛。罗宾逊向贸易和拓殖贵族委员会请求足够的弹药和士兵，以“抵御海盗或其他敌人”，并防止“像夏普这样的人再次来袭并统治殖民地”。[④] 第二年，皇家海军舰长乔治·圣罗（George St. Lo）航行到百慕大，以海盗罪逮捕夏普和他的船员。然而，圣罗发现，真正的激进分子是陆地上的百慕大人，他认为这些人是“反叛、混乱、虚伪的人，完全反对君主制政府”。[⑤] 在尼维斯，以“大力支持私掠者”著称的总督詹姆斯·拉塞尔爵士（Sir James Russell）拒绝以海盗罪审判夏普及其船员。[⑥] 前海盗成为海盗猎人是数百年来的传统，这使得认定叛匪更加困难。在那些因能为“国家”效力而获得赦免和保护的海盗中，有 17 世纪初的亨利·梅华林爵士（Sir Henry Mainwaring）、17 世纪 80 年代的亨利·摩根爵士以及臭名昭著的约翰·考克森（John Coxon）。

罗伊·里奇在开创性著作《基德船长与反海盗战争》（*Captain Kidd and the War Against the Pirates*）中首次提出，只有将海盗与陆地政治联系起来，才能真正理解海盗行为。对里奇来说，基德船长那复杂且极具影响力的故事之所以引人入胜，是因为它涉及大英帝国广泛的政治行为主体，包括亚美尼亚商人、加勒比地区总督、东印度公司的代理人、纽约的英勇水手，甚至威廉国王本人。1688 年战争爆发时，基德是加勒比地区的一名海盗，战争使

---

① Deposition of Captain William Phips, June 1685, *CSPC*, 1685-1688, No. 262.

② Captain St Lo, R. N., to the Earl of Sunderland, HMS Dartmouth, at Boston, September 10, 1686, CO 1/60, No. 47, TNA, London; The President and Council of New England to Lords of Trade and Plantations, October 21, 1686, CO 1/60, No. 80, TNA, London.

③ Governor Cony to the Earl of Sunderland, December 17, 1685, CO 1/58, No. 119, TNA, London.

④ Sir Robert Robinson's request to the Lords of Trade and Plantations concerning Bermuda, September 7, 1686, CO 1/60, No. 43, TNA, London.

⑤ Declaration of Captain George St Lo, November 27, 1687, *CSPC*, 1685-1688, No. 1533.

⑥ Information of Captain St Lo, as to the state of Nevis, July 19, 1687, *CSPC*, 1685-1688, No. 1356.

他摇身一变成为合法私掠者，保护尼维斯岛免受法国人的侵略。不久后，他负责指挥保护纽约港口的唯一一艘船只。他在纽约结婚，并在三一教堂为自己预留了一席之地。他成为极具争议的人物并非源于海盗身份，而是源于他接受王室清剿海盗的任务委托。基德委任的消息传开后，甚至吸引了远在泽西和宾夕法尼亚等殖民地农场中的年轻人北上加入。① 总督弗莱彻回忆说："最近有一位基德船长抵达这里，并出示了一份盖有英国大御印的委任状，用于镇压海盗。当他来到这里的时候，许多绝望而穷困潦倒的人从四面八方蜂拥而至，希望获得巨额财富。"基德的船员们达成"无猎物，无报酬"的协议，这样，"如果他没有完成委任状中指定的任务，他就无法在没有报酬的情况下管理这样一群人"。② 这一预言后来得到了证实。

所以，基德曾是一名海盗和私掠者，现在依然以私掠者的身份追捕海盗。他招募了来自殖民地的海盗加入自己的船队，共同捕获那些在印度洋上活动的海盗，而这些海盗同样大多来自殖民地。基德被特别指派去抓捕那些计划返回殖民地港口的海盗，他们期待着像前辈一样受到殖民地贵族的欢迎。然而，从红海返回原港口的船长们，虽然名义上是私掠者，但他们在完成任务后必须向委任他们的总督支付一笔事先约定的费用。但如果基德在海上将他们作为海盗抓获，那么被扣押的货物便无法合法转移。相反，这些货物可能会被原主人追回，或者在无法追回的情况下，归王室或海军将领所有。而基德获得了一项特殊授权，允许他在航行结束后将大部分战利品交给英国的贵族。③ 从这个角度可以看出，为什么许多殖民地商人都对基德的这次冒险感到不安，包括纽约总督本杰明·弗莱彻，他曾大量投资那些基德本应绳之以法的海盗，因此他的担忧也情有可原。但谁能料到，事情会如何发展呢？

基德船上的志愿者想过他们要做什么吗？他们真要去追捕那些打算返回殖民地的海盗吗？人们可以想象支持基德的辉格党人的动机，但那些农场出身的年轻人又是怎么想的呢？他们能想象自己从事的不是海盗活动吗？过去

① Robert C. Ritchie, *Captain Kidd and the War Against the Pirates*, Cambridge: Harvard University Press, p. 62.

② Governor Fletcher to Board of Trade, New York, June 22, 1697, CO 5/1040, No. 32, TNA, London.

③ Ritchie, *Captain Kidd and the War Against the Pirates*, Cambridge: Harvard University Press, p. 54.

4 年里，船员们习惯于在殖民港口集结，掠夺穆斯林朝圣乘坐的船只。基德计划在同样的水域行动，由于他持有皇家委任状，所以进入的门槛非常低，也许比前一个世纪任何潜在的海盗活动都要低。这意味着不同类型的人在决定是否加入时会做出不同考量。1713 年《乌得勒支条约》签订后，海盗金盆洗手的成本极大地提高（稍后我们会详细探讨这一点），这使得少数愿意冒巨大风险的人更有可能将海盗当成永久职业，就像今天的街头帮派成员一样。

基德按照委任状规定，拒绝攻击一艘荷兰船，因此激怒了他的船员。相反，他袭击了一艘由英国船长指挥、持有法国委任状的亚美尼亚船只。难道还有比持有皇家委任状更能证明国家的认可吗？当然，托利党人并不同意，他们甚至质疑国王是否有权颁发此类委任状。与当时流传的关于品行端正的海盗的传闻不同，基德的故事成为公众关注的焦点，迫使人们思考私掠者和海盗之间的紧张关系，以及他们与陆地社群的联系。几个世纪以来，历史学家们一直在争论基德是否有罪，但里奇指出，当时的讨论主要发生在纽约、波士顿、伦敦和印度的法庭及咖啡馆里。在一首名为《基德船长的幽灵与岸边小憩者的对话》（*Dialogue between the Ghost of Capt. Kidd, and the Napper in the Strand*, 1702）的民谣里，基德警告小偷说：“我希望你能从我的悲惨境遇中吸取教训……要小心行事，不要超出你的委任范围。”[①] 在乔治·法夸尔（George Farquhar）的戏剧《哈里·怀尔德爵士》（*Sir Harry Wildair*, 1701）中，一个角色更是直言不讳地表达了当时社会的普遍疑问：“基德，他究竟是不是海盗？”

这里的重点是，基德船长的传奇故事为几个世纪以来模糊不清的定义和区别提供了清晰的界限。这场辩论在殖民地因 1704 年审判约翰·奎尔奇（John Quelch）船长而达到高潮。奎尔奇持有攻击法国船只的委任状，但他却转而前往巴西劫掠葡萄牙船只。多年来，殖民地的居民对任何形式的委任状都持接受态度，但在此案中，由王室任命的总督约瑟夫·达德利（Joseph Dudley）觉得他有必要表明立场。奎尔奇被处决后，引发了民众的暴乱。陆地居民中间也引发了争论。科顿·马瑟（Cotton Mather）牧师试图向主要由商人组成的信徒群体阐明：“私掠行为极易堕落为海盗行径，且私掠活动往

---

① 摘录自 William Hallam Bonner, “The Ballad of Captain Kidd,” *American Literature*, 15, 4 (1944), p. 365。

往伴随着非基督教的情绪，成为许多放荡与邪恶行为的温床。”[①]

从1700年到1713年《乌得勒支条约》的签订，大西洋两岸对私掠者与海盗之间的区别进行了显著的明确和规范化。亚历山大·贾斯蒂斯（Alexander Justice）于1705年首次出版《海洋主权和法律通论》（*General Treatise of the Dominion and Laws of the Sea*），随后的1709年版和1710年版则进一步探讨了海盗法以及护航扣押许可证的相关法律。[②] 1708年，议会通过了《鼓励美洲贸易法案》[Act for the Encouragement of Trade to America，亦称《美洲法案》（America Act）] 以及《巡洋和护航法案》（Cruisers and Convoys Act）。后者虽有时被称为《英国战利品法案》（British Prize Act），但其对殖民地的影响尤为深远。该法案取消了王室和海军财务部门对一定比例战利品的获取权，大大减轻了迫使船长沦为海盗的经济压力。在海事法庭对其战利品加以适当的裁定之后，私掠船船长即可获得丰厚的利润。该法案还简化了获得护航扣押许可证的流程，并允许私掠者自由分配利润。同时，对掠夺物的定罪程序也得到了优化，提高了效率，而法院官员的收费也大幅降低。[③] 美洲私掠者从此不再受强制征兵的威胁，这一做法曾在诸如《水手变海盗》（*The Sailor Turn'd Pyrate*）、《征兵队的祸害》（*A Scourge for a Press Gang*）等民谣中被指责为海盗现象的诱因。

正如玛格丽特·林肯（Margarette Lincoln）所指出的，布里斯托尔船长伍德·罗杰斯（Woodes Rogers）无疑是这种新精神的典范。1708年，他开始了那个时代最成功的一次私掠探险，在这次航行中，他环游世界，并成为国际名人。罗杰斯不是海盗，他精细地做航海记录，遵守严格的航海纪律，有两名律师和航行赞助人代表随行。罗杰斯甚至仅仅因为船员彼得·克拉克

① Cotton Mather, *Faithful Warnings to Prevent Fearful Judgments*, Boston: Printed & Sold by Timothy Green, at the north end of the town, 1704.

② Alexander Justice, *A General Treatise of the Dominion of the Sea: and a Compleat body of the Sea-laws ... together with Several Discourses about the Jurisdiction and Manner of Proceeding in the Admiralty of England, both in Criminal and Civil Matters ... Pyracy, and of Letters of Marque and Reprizal*, London: Printed for the Executors of J. Nicholson; J. and B. Sprint in Little Britain; and R. Smith, under the Piazza of the Royal Exchange, 1710.

③ Anne, c. 13 (1708); 6 Anne, c. 37 (1708); see Add. MS 8832, fol. 1, BL, London. 对该法案的最佳解释参见 Carl Swanson, *Predators and Prizes: American Privateering and Imperial Warfare, 1739-1748*, Columbia: University of South Carolina Press, 1990, pp. 34-36; Richard Pares, *Colonial Blockade and Neutral Rights, 1739-1763*, Philadelphia: Porcupine Press, 1975, pp. 6, 64-66。

（Peter Clark）说希望自己乘坐的是一条海盗船，就将他关押起来。罗杰斯奉行有约束的私掠行为，从捕获的马尼拉大帆船“我们的圣母号”（Nuestra Señora de la Encarnación）获得了200万比索财富。[①] 当他返回时，罗杰斯出版了他的个人日记《环游世界的巡航》（*A Cruising Voyage Round the World*），书中强调了合法私掠相较于那些“无法无天”的海盗生活的优越性。[②]

对私掠行为的标准化新定义也让殖民地的海盗难以保持良好的行为。17世纪90年代，说服纽约渔夫加入基德的红海冒险很容易，因为基德持有皇家委任状，而地方长官也愿意忽略可能的违规行为。随着合法私掠、新渔场作业以及新扩张的奴隶贸易的营利性不断提升，官员们成功降低了海盗对那些本就对犯罪无兴趣之人的吸引力。然而，一些殖民地官员担心，在和平时期鼓励陆地社群进行私掠的新做法可能会“催生出一群海盗，给世界带来灾难”。[③] 1713年《乌得勒支条约》签订后，这种情况确实发生了。

该条约标志着海盗历史上的一个重大变化：大多数水手转而从事和平的工作，而那些拒绝放弃“海盗生活”的人则面临着全新的司法环境。仅仅几年之后，那些曾经欢迎非法海上掠夺者的港口开始反对他们，极大地提高了海盗生活的进入和退出壁垒。起初，这些障碍不大，但一些海盗可能希望他们最终能金盆洗手，并带走一些战利品。失去退路的顽固分子聚集在人口稀少的巴哈马群岛。在反海盗战争初期，即大约1716年到1722年，那些自愿加入海盗团伙的人，很可能曾幻想在陆地上的某个地方（也许是北卡罗来纳）找到容身之所，或者期盼着再做最后一票大买卖后获得赦免。事实上，1717年，英国政府许诺赦免在1718年9月之前投诚的海盗。E. T. 福克斯（E. T. Fox）提出，1715年英国詹姆斯党人叛乱后，许多水手寄希望于那位需要海军力量的篡位者能给予他们赦免。阿恩·比亚卢舍夫斯基（Arne Bialuschewski）认为，在短暂的反海盗战争期间，海盗

① Woodes Rogers, *A Cruising Voyage Round the World*, London: Cassell, 1928, p. xi; Kris Lane, *Pillaging the Empire: Piracy in the Americas, 1500-1750*, Armonk: M. E. Sharpe, 1998, p. 182.

② 引自 Burg, *Sodomy and the Pirate Tradition: English Sea Rovers in the Seventeenth-Century Caribbean*, New York: New York University Press, 1995, p. 156。另见 David Cordingly, *Pirate Hunter of the Caribbean: The Adventurous Life of Captain Woodes Rogers*, New York: Random House, 2011。

③ Mr. Dummer to Mr. Popple, January 17, 1709, *CSPC*, 1708-1709, No. 301.

们频繁提及詹姆斯党人，不过是为了掩盖他们的罪行；但这仍然意味着，海盗们非常在意自己在陆地上被如何看待，他们更希望被视为传统事业的英勇战士，而非海盗。福克斯指出，海盗密切关注陆上政治势力的兴衰。1722 年起义失败后，潜在的英国海盗数量急剧减少。如果福克斯是正确的，那么对选择在海上从事海盗活动的人来说，未来在陆地定居的前景仍然是关键因素。①

至 18 世纪 20 年代，加入海盗团伙显然是彻底改变人生的决定。在五六年的时间里，只有少数人愿意承受巨大风险并选择这种生活方式，他们是一群经过自我筛选、对惩罚无所畏惧的人。至关重要的是，陆地社群决定了赌局的成败。历史学家主要关注船长，但他们是最不可能回到陆地上生活的人，因为他们的名字已经在大众读物上广为流传。当爱德华·洛（Edward Low）1722 年到达马布尔黑德港（Marblehead）时，他能为那些加入他船队的年轻渔民提供什么呢？他们注定再也无法回到陆地与亲朋好友相聚，将冒着生命危险去掠夺海上那些实际上毫无价值的货物。他们获得的任何财富都无法在海上找到消费之地，食物也必须依靠偷窃。他们很可能永远无法拥有两相情愿的性关系，时不时还要忍受饥饿，而如果不被吊死，他们最终很可能会死在商船或皇家海军舰艇的手中。这绝非一幅自由与解放的生活画卷。意识到这样的命运多么可怕，我们就不难理解为何普通的水手宁愿选择加入皇家海军，在梅纳德（Maynard）船长麾下服役，追捕黑胡子（Blackbeard）或索尔加德船长（Captain Solgard），甚至去追捕臭名昭著的爱德华·洛，也不愿成为海盗。我们往往忽略了，那些追捕海盗的船员，其实与海盗船上的船员大多来自同一社会阶层。

最近关于激进海盗研究范式的核心前提之一是，海盗们活出了自由的幻想。随着这种想象在维多利亚开始形成，海盗不仅代表了对法律或政治控制的突破，甚至代表了对社会期望、规定和习俗的背离。这在男性因社会限制而产生焦虑，从而催生逃避现实的幻想时尤其具有吸引力。虽然这些神话起源于文学运动，但历史学家已经吸收了这种自由范式，并对其进行了大量扩展。海盗生活在 1716 年至 1726 年可能最接近这种理想状态，

---

① E. T. Fox, "Jacobitism and the 'Golden Age' of Piracy, 1715-1725," *International Journal of Maritime History*, 22, 2 (2010), pp. 277 - 303; Arne Bialuschewski, "Jacobite Pirates?" *Histoire Sociale/Social History*, 44, 87 (2011), pp. 147-164.

历史学家将这一时期的海盗描述为生活在“自由、平等和博爱”的精神之下。[①]

历史学家现已承认，近代早期大西洋世界的大多数人在某种程度上是不自由的。自由和奴役的简单二分法掩盖了更为普遍的灰色地带。被俘的爱尔兰人被押往“巴巴多斯”（barbados'd），过着类似于非洲奴隶的生活，而海盗水手们则生活在被皇家海军强制征召的恐惧之中。面对专横的船长，普通水手们奋起反抗，发起叛乱。而落入海盗之手，则可能面对另一种更为致命的不自由形式。牧师马瑟告诫他的教众，眼光短浅的人经不住诱惑而为海盗，却会陷入“最糟糕的奴役”。[②]《海盗通史》的作者在其关于民法的论述中指出，“如果一艘船被海盗袭击”，那么“根据海事法，船长就会成为劫持者的奴隶”。[③]

沃尔特·肯尼迪（Walter Kennedy）效仿摩根和埃弗里成为海盗的经历是一个最极端的案例。肯尼迪认为海盗过着民主生活；“他们极力避免将权力过度集中在一个人手中”，因为“他们中的大多数人曾遭受过上司的恶劣对待，因此小心避免重蹈覆辙”。但他也发觉，海盗生活在“恐惧和艰难的痛苦中”，还担心被更大的船只掠夺。此外，“他们得到的战利品，除了让他们在船上痛痛快快地喝个烂醉之外，没有其他用途，除了两三座小岛，没有别的地方可以让他们上岸；因为目前，无论是在牙买加、巴巴多斯还是百慕大群岛，上岸都变得极其危险”。[④]

海盗船长们很快发现，招募忠诚的船员越来越困难。最好的情况是在非洲海岸悲惨的奴隶船上找到愿意出海的水手。肯尼斯·金科（Kenneth

---

① Barry Clifford, *Expedition Whydah: The Story of the World's First Excavation of a Pirate Treasure Ship and the Man Who Found Her*, New York: Cliff Street Books, 1999, p. 163; Marcus Rediker, “‘Under the Banner of King Death’: The Social World of Anglo-American Pirates, 1716 to 1726,” *The William and Mary Quarterly*, 38, 2 (1981), pp. 203-227; J. S. Bromley, “Outlaws at Sea, 1660-1720: Liberty, Equality and Fraternity among Caribbean Freebooters,” in J. S. Bromley, ed., *Corsairs and Navies, 1660-1760*, London: Hambledon Press, 1987, pp. 1-20.

② Mather, *The Converted Sinner*, Boston: Printed for Nathaniel Belknap, 1724, p. 8.

③ Charles Johnson, *A General History of the Robberies and Murders of the Most Notorious Pyrates*, London: Printed for, and Sold by T. Warner, at the Black-boy in Pater-Noster-Row, 1724, p. 377.

④ *The Lives of the Most Remarkable Criminals*, London: Printed and Sold by John Osborn, at the Golden-Ball in Pater-Noster-Row, Mdccxxxv, 1735, pp. 57-58.

Kinkor）和巴里·克利福德（Barry Clifford）声称，反海盗战争期间，海盗船上的黑人船员比例高达30%，但他们忽视了海盗历史上这一特殊时期的特殊背景。[①] 奴隶或前奴隶是少数容易被说服加入海盗队伍的人，因为海盗船能为他们提供更多的自由。对于白人水手来说，海盗职业的准入和退出门槛可能很高，但对于奴隶而言几乎毫无门槛。然而，我们不了解他们在船上的待遇。阿恩·比亚卢舍夫斯基在最新研究中提出了疑问，他认为在大约反海盗战争期间，海盗船并未为前奴隶提供真正的自由。他的研究表明，海盗认为奴隶是“无价值的货物”，并据此对待被捕获的非洲人，有时甚至会把他们扔到海里。[②]

海盗船长对水手的极度需求，造就了一种比强征更恶劣的大西洋奴隶制新形态——被“强迫”成为海盗。《海盗通史》的作者曾困惑于为何有人愿意“奋不顾身地投身于如此危险的生活”，但也不得不承认，许多人是被迫走上海盗之路的。作者认为，真正的海盗必须是自由选择的，“因为犯下重罪或海盗行为，需要内心的意愿和自由的意志。海盗不应被视为受胁迫者，而是自由人；因为在这种情况下，仅凭行为本身并不能使人有罪，除非意愿使之如此”。[③] 夏季在新英格兰和纽芬兰渔场工作的水手最容易被“强迫”成为海盗。1724年被俘的两名纽波特水手乔纳森·巴洛（Jonathan Barlow）和尼古拉斯·西蒙斯（Nicholas Simmons）后来回忆了他们的悲惨经历，这与许多被海盗奴役的同伴经历相似。巴洛回忆说：“他们对我极其残忍，我手上有一个戒指，只因我没有主动将它献给船长，他们就要砍掉我的手指。

① Barry Clifford, *Expedition Whydah: The Story of the World's First Excavation of a Pirate Treasure Ship and the Man Who Found Her*, New York: Cliff Street Books, 1999, p.165; Kenneth Kinkor, "Black Men under the Black Flag," *Bandits at Sea*, New York: New York University Press, 2001, pp.195-210. 见证者的记载，参见 William Snelgrave, *A New Account of Some Parts of Guinea, and the Slave Trade*, London: James, John, and Paul Knapton, 1734, preface。

② Arne Bialuschewski, "Black People under the Black Flag: Piracy and the Slave Trade on the West Coast of Africa, 1718-1723," *Slavery and Abolition*, 29, 4 (2008), pp.461-475. 一个受欢迎的巡回博物馆展览展示了塞缪尔·贝拉米的前奴隶船“维达号”（Whydah）上的文物，甚至声称这是一艘自由的船。然而，在对贝拉米的船员的审判中，他们声称自己实际上是因为生命威胁而被迫加入的。根据船员的陈述，其中两人确实被判无罪，参见 *Trials of Eight Persons Indited for Piracy*, Boston: B. Green, 1718, p.12。

③ Charles Johnson, *A General History of the Robberies and Murders of the Most Notorious Pyrates*, London: Printed for, and sold by T. Warner, at the Black-boy in Pater-Noster-Row, 1724, pp.3, 449.

海盗船长想要打掉我的牙齿，甚至威胁要射穿我的喉咙。”西蒙斯试图跳船逃生，这一行为相当于自寻死路。[①] 另一名被抓去当海盗的约翰·斯图尔特（John Stewart）声称自己是被迫的。他向人们恳求说：“在还有逃脱的希望的时候，没有人愿意选择与死亡危险同行。”然而，当他终于逃离了“海盗的暴政”，等待他的结果是在苏格兰被判有罪。最终他于1721年在爱丁堡被处决。[②]

海盗船长深知，他们所能提供的生活既短暂又艰苦，这使他们陷入了一个极其不稳定的境地。如何让被迫加入的人放弃一切去战斗？为维持局面，船长会起草一份由全体船员签署的协议，其条款包括船上生活规则、战利品分配原则以及为战斗中失去肢体的人提供残疾保险。大多数历史学家描述了这些条款自由的一面，但协议的实质也是一种束缚。海盗们明白，以往的殖民地陪审团对海盗船员是否真心服从命令非常敏感，特别针对那些声称自己是被迫加入的人。这些协议条文意味着成为海盗是自愿行为（尽管事实上，一些海盗成员是被迫签署这些协议，以避免残酷的惩罚）。这些协议使海盗船长能够有效控制船员，因为所有人都清楚，一旦在协议上签字，就意味着在殖民地法庭上将被视为有罪。虽然大多数历史学家认为制定这些文件的主要目的是规范船上的生活，但实际上，它们也同样是为了应对陆地上的当局。这些协议被公开刊登在殖民地的报纸和出版物上，即便海盗们仍在海上进行掠夺活动。

既然自由意志是攻击性海盗行为的中心内涵，我们可能会认为那些被判无罪的海盗缺乏自由意志。无罪释放的多是身居技术职位的人，如外科医生和木匠，部分原因在于他们往往无须签署协议。此外，年轻的男孩也常被无罪释放。虽然我们可能会认为，在奴隶制盛行且常与美洲原住民交战的社会中，黑人和美洲原住民海盗会面临偏见，但这些群体却常因被视为无自由意志的俘虏或仆人而被无罪释放。海盗船上的黑人经常被遣返回其主人身边，

① Robert Francis Seybolt, ed., *Captured by Pirates: Two Diaries of 1724－1725*, Boston: Southworth Press, 1929; 另见 Robert Francis Seybolt, Jonathan Barlow and Nicholas Simons, “Captured by Pirates: Two Diaries of 1724－1725,” *New England Quarterly*, 2, 4 (1929), pp. 658－669。

② *The Last Speech and Dying Words, of John Stewart, Who Was Executed within the Flood-Mark at Leith, upon the 4th January 1721, for the Crime of Piracy and Robbery*, Edinburgh: Printed by Robert Brown in Forrester's-Wynd, 1721.

或被安排到皇家海军服役。[①]

当索尔加德船长登上“游骑兵号”（Ranger）海盗船时，他目睹了这些协议条款造成的绝望：一名海盗“拿着手枪和酒瓶向前走，狂饮后咒骂几句，随即将枪口对准自己的脑袋，结束了自己的生命”。[②] 年轻的渔夫尼古拉斯·梅里特（Nicholas Merritt）在1722年被爱德华·洛俘虏，他的经历能解释被海盗囚禁的致命困境。他问道：“人什么时候才能安全?”他要么作为海盗死在战斗中，要么被迫签署协议，一旦逃跑就会面临处决。梅里特抗议道：“这哪有正义！这对我来说是极大的折磨。”[③] 当然，有些人确实自愿宣称自己是海盗，但还有许多人竭力避免参与海盗活动，或试图寻找逃脱的机会。[④] 这就解释了为什么海盗俘虏故事的作者要用大量笔墨来证明他们的积极抵抗。[⑤]

劳伦·本顿注意到，在审判海盗时，被告最常提出的辩护理由即被迫从事海盗活动。[⑥] 1696年对红海海盗的伦敦审判中，被控海盗的辩护律师称水手们只是在遵循命令行事。检察官表示怀疑，询问其中一名被告：“你认为抢劫不是海盗行为吗?”回答说：“我是被迫这样做的。”检察官讽刺地说：“你们都在互相强迫对方。”[⑦] 包括报纸在内的印刷文献主要聚焦于海盗船长，他们臭名昭著的行为使他们不可能悄无声息地重新回归陆地社会。殖民

---

① 根据《新英格兰时报》（*New-England Courant*）报道，索尔加德船长和他的船员于1723年6月10日俘虏了43名男子。37人是白人，6人是黑人。抵达纽波特后，有30人被关进监狱，其余人则留在索尔加德的船上，为进一步行动做准备。船上的6名黑人没有被监禁。索尔加德船长称，来自玛莎葡萄园岛（Martha's Vineyard）的21岁印第安男子（名为Tom Mumford，别名Umper）在船上时只是一名仆人，因此他也被释放。*New-England Courant*, June 17, 1723; *Tryals of Thirty-Six Persons*, Boston: Samuel Kneeland, 1723, p. 7. 另有一位奴隶被无罪释放，而一名自由黑人水手被处决的例子，参见 *Trials of Eight Persons Indited for Piracy*, Boston: B. Green, 1718, p. 11。

② *New England Courant*, June 17, 1723; *Boston News-letter*, August 8, 1723.

③ 引自Russell W. Knight, ed., *Ashton's Memorial: An History of the Strange Adventures and Signal Deliverances of Philip Ashton*, Jr., Salem: Peabody Museum of Salem, 1976, p. 52。

④ 关于这两种人的例子，参见 *Trials of Eight Persons Indited for Piracy*, Boston: B. Green, 1718, p. 11。

⑤ 这类似于对遭囚禁的印第安人奴隶的叙事，参见Paul Baepler, ed., *White Slaves, African Masters: An Anthology of American Barbary Captivity Narratives*, Chicago: University of Chicago Press, 1999。

⑥ Lauren Benton, *A Search for Sovereignty: Law and Geography in European Empires, 1400-1900*, New York: Cambridge University Press, 2010, pp. 118-119.

⑦ *The Tryals of Joseph Dawson, Edward Forseith, William May, William Bishop, James Lewis, and John Sparkes for Several Piracies and Robberies by Them Committed*, London: Printed for John Everingham, Bookseller, at the Star in Ludgate-street, 1696, p. 21.

地高层往往对普通水手的服从程度更加在意，这些水手的任务是服从命令，因而许多水手在审判中也被无罪释放。1723年纽波特对海盗的大规模处决中，一名海盗警告"以航海为业的人们"要避免"落入海盗之手，且如果被海盗带走，也不要跟着他们当海盗"。[①] 检察官很快对这一言论变得警惕起来，并反驳说，那些被指控海盗行为的人确实是在听从命令，但那命令来自魔鬼。[②]

虽然殖民地报纸让海盗船长恶名远播，但也记录了海盗船员的不服从行为。波士顿的约瑟夫·斯威瑟（Joseph Sweester）的朋友在《新英格兰时报》（*New-England Courant*）上刊登公告，声称斯威瑟是"游骑兵号"海盗船上"被迫加入"的船员之一。[③]当索尔加德船长捕获该船并把犯人带到纽波特审判时，斯威瑟利用这个公告作为证据，最终被判无罪。证人证词显示，斯威斯特不仅拒绝执行海盗的命令，而且大部分时间都在船舱里哭泣。[④] 在许多情况下，海盗水手的雇主和朋友会在殖民地报纸上刊登公告，宣告普通水手的无辜，详细描述他们的遭遇，并表达殖民地家人对他们归来的热切期盼和祈祷。[⑤]

这些公告试图为无辜的水手发声。这一时期，海盗相关的印刷文献蓬勃发展，包括布道、审判记录、报纸、剧本，甚至一些最早的英文小说。正是在这些文献中，海盗的公众形象首次被塑造出来。就连那些对海盗不再抱有

---

① Cotton Mather, *Useful Remarks: An Essay upon Remarkables in the Way of Wicked Men*, New-London: Printed and sold by T. Green, 1723, pp. 37-38.

② *The Arraignment, Tryal, and Condemnation of Captain William Kidd, for Murther and Piracy*, London: Printed for J. Nutt, near Stationers-Hall, 1701, p. 5; *The Trials of Five Persons for Piracy, Felony and Robbery*, Boston: Printed by T. Fleet, for S. Gerrish, at the lower end of Cornhill, 1726, p. 5.

③ *New-England Courant*, June 17, 1723.

④ *New-England Courant*, June 24, 1723; *Tryals of Thirty-Six Persons for Piracy*, Boston: Samuel Kneeland, 1723。

⑤ 例如，"雪花团结号"（Snow Unity）船长罗伯特·伦纳德（Robert Leonard）在《美洲水星周刊》（*American Weekly Mercury*）上刊登公告，宣称1723年1月他的船遭到爱德华·洛的袭击，爱德华·洛迫使他的两个手下理查德·欧文（Richard Owen）和弗雷德里克·范德·斯库（Frederick Vander Scure）加入，"他们是纽约人，在那里有家人"。参见 *American Weekly Mercury*, July 4, 1723。类似广告参见 *Boston Gazette*, August 22, 1720; *Boston News-letter*, September 19, 1720; *Boston News-letter*, October 24, 1720; *Boston News-letter*, October 31, 1720; *Boston Gazette*, November 14, 1720; *Boston Gazette*, November 21, 1720; *New England Courant*, October 8, 1722; *American Weekly Mercury*, June 27, 1723; *Boston News-letter*, August 15, 1723; *Boston News-letter*, October 18, 1723（两个单独广告）。

同情之心的波士顿商人，也被曾经居住于此的爱德华·洛的传奇冒险所吸引。然而，18 世纪的一代海盗无法发出自己的声音，这与 17 世纪最后 20 年出版日记的南方海域海盗不同。像丹尼尔·笛福（Daniel Defoe）笔下的鲍勃·辛格顿（Bob Singleton），或是《海盗通史》中米森船长（Captain Misson）这样的虚构人物，都展现了海盗的宏大话语。而《海盗通史》中最著名的、据传出自塞缪尔·贝拉米船长之口的无产阶级长篇大论，很可能只是为了迎合书中贵族读者的愤怒情绪而虚构的。毕竟，在海盗船上做笔记的机会少之又少。[①]

最接近海盗真实话语的是审判记录或临刑演讲。审判记录的出版商经常省略、忽视或篡改被告的声音。也许历史学家最希望撰写日记的两位海盗是女性——安妮·邦尼和玛丽·瑞德。然而，根据牙买加的审判记录，她们选择不向法庭提出任何对他们有利的证人或证据。法官判定她们有罪后，问她们是否有什么话要为自己辩护，“她们中没有一个人提供任何实质性的东西”，最后法官判处她们死刑。[②] 这原本是一个可以深刻探讨女性压迫的绝佳时机，但遗憾的是，我们只能通过《海盗通史》中对这些女性生活的描述来窥见一二，却只在其中读到与笛福的《罗克珊娜》（*Roxana*）和《莫尔·弗兰德斯》（*Moll Flanders*）等故事相似的熟悉情节。甚至该书作者也承认：“有些人可能会认为整个故事不过是一部小说或浪漫作品。”[③]

海上掠夺活动并未消失，很大程度上，正是陆地上政策的转变使英国的海盗活动难以为继，却鼓励了英国私掠者的兴起。到 18 世纪 30 年代，殖民地报纸上出现的海盗只剩下西班牙人。[④] 那些“西班牙海岸警卫队，即海盗”逐渐取代英国船长在新闻中的位置。[⑤] 关于西班牙掠夺殖民地船只的持

① 历史学家不断争论这部著作的作者。几个世纪以来，它一直被认为是小说家丹尼尔·笛福的作品。最近这一观点遭到了质疑，阿恩·比亚卢舍夫斯基认为这可能是印刷商纳撒尼尔·米斯特的作品。参见 Arne Bialuschewski, “Daniel Defoe, Nathaniel Mist, and the ‘General history of the Pyrates’,” *The Papers of the Bibliographical Society of America*, 98, 1 (2004), pp. 21-38。

② “Trial of Mary Read and Anne Bonny, alias Bonn, November 28th, 172,” CO 137/14, p. 19, TNA, London.

③ Charles Johnson, *A General History of the Robberies and Murders of the Most Notorious Pyrates*, London: Printed for, and sold by T. Warner, at the Black-boy in Pater-Noster-Row, 1724.

④ 英国人一直怀疑西班牙人秘密煽动了对海盗的战争，参见 *Boston Newsletter*, August 22, 1723; *Boston Gazette*, August 19, 1723。

⑤ *Boston Evening-Post*, February 23, 1736.

续报道，进一步推动英国政治家在 1739 年发动一场全面战争。曾揭露英国海盗暴行的殖民地报纸，现在却刊登规范管理私掠活动的法律，包括 1708 年的《美洲法案》。① 詹金斯之耳战争（The War of Jenkins' Ear）作为第一场大规模的私掠战争，为英国船长的贪婪野心提供了宣泄口，同时也符合陆地政治当局的利益。岸上当局此时已建立起完善的行政和法律机制，能够控制私掠行为。②

“Well-Behaved” Pirates Seldom Make History
—*A Reevaluation of the Golden Age of English Piracy*

Mark G. Hanna

Abstract: Traditional pirate studies view pirates as autonomous agents and radical individuals, depicting pirate life as a simple dichotomy between freedom and enslavement. This research paradigm has become deeply entrenched. However, examining the activities of English pirates who were active between the late 17th and early 18th centuries in the Caribbean and the Indian Ocean reveals that these pirates often harboured visions of integrating into landed societies and sought the protection of land-based colonial communities. Additionally, the attitudes of landed societies towards pirates and the legal status of pirates were not static. These factors collectively demonstrate that the popular image of pirates has been overly simplified, and that “well-behaved” pirates also deserve attention from pirate history researchers.

Keywords: English; Pitrates; Golden Age; Landed Society

（执行编辑：江伟涛、吴婉惠）

① *New York Weekly Journal*, September 10, 1739.

② 卡尔·斯旺森（Carl Swanson）指出，亚历山大·汉密尔顿博士（Dr. Alexander Hamilton）在战争期间沿着东海岸旅行，他在日记中写道，在几乎每一个港口，谈话的唯一话题都是海盗。汉密尔顿抱怨说，在纽约，“餐桌上的谈话都是关于海盗的，这种谈话现在已经变得如此普遍，以至于令人厌倦”。参见 Carl Swanson, “American Privateering and Imperial Warfare, 1739-1748,” *William and Mary Quarterly*, 42, 3 (1985), pp. 357-358。

海洋史研究（第二十三辑）
2024 年 11 月　第 302～319 页

大西洋上的尼德兰水手

威姆·克娄斯特（Wim Klooster）*

摘　要： 八十年战争时期，西班牙哈布斯堡王朝对尼德兰采取了宗教、经济和军事等多方面的镇压与限制，促使尼德兰开始到欧洲之外的地方进行冒险和商业投资。17 世纪，尼德兰已经成为大西洋世界一支令人生畏的力量，并逐渐将其势力范围扩张到非洲和美洲。在此过程中活跃于大西洋的尼德兰西印度公司与西班牙、葡萄牙进行了多场战争，其中主战场是当时世界上最大的制糖地——巴西。1624 年，为争夺巴西，尼德兰和葡萄牙开始了为期 30 年的战争。此后，尼德兰一度占领半个巴西，但最终却出于种种原因失去了巴西，其中一个不可忽视的原因是尼属巴西水手所起的作用。本文将以尼属巴西水手为研究对象，从微观视角再现尼属巴西水手从应征到应征后的海陆活动，进一步澄清那段历史的真实面貌，透视尼德兰人失去巴西的深层历史动因，表明尼属巴西水手糟糕的待遇、微薄且不稳定的工资、恶劣的工作环境是尼属巴西衰落的重要内部原因之一，从而拓展对尼德兰海外扩张的理解并引发相关思考。

关键词： 西印度公司　大西洋　尼属巴西水手

---

* 作者威姆·克娄斯特（Wim Klooster），克拉克大学（Clark University）历史与国际关系系教授。译者郭天悦，清华大学历史系硕士研究生；白婵，清华大学硕士研究生。校者张烨凯，美国布朗大学历史系博士候选人；郭逸鹏，清华大学历史系博士研究生；梅雪芹，清华大学历史系教授。

本文为首次发表。

17 世纪，尼德兰共和国（the Dutch Republic）崛起，成为大西洋世界的一支强大力量。在此之前，尼德兰几乎没有船只驶达非洲或美洲，然而从17 世纪 20 年代起，尼德兰主动出击，和这些大陆建立起大规模的贸易往来。不过，与尼德兰人由本土扩展到西非、加勒比地区，特别是在巴西的战争相比，这些贸易起初并不起眼。这次扩张中，水手们的努力是不可或缺的，他们帮助尼德兰建立和维护航线，并保卫了尼德兰的据点。这篇文章将聚焦尼属巴西水手的角色以及他们的生活。

尼德兰在大西洋世界的海上活动的背景是与西班牙哈布斯堡王朝的八十年战争，尼德兰共和国正是在这场战争中诞生的。起义之前，西班牙治下的低地国家中有七个省最终联合起来组成了新的共和国。这场战争因一场史无前例的反传统教派的风暴而起。在这场风暴中，新近皈依加尔文宗（Calvinism）的男男女女向天主教会发泄愤怒。对此，国王菲利普二世（Philip II）派出军队，宣布数千名“叛军”犯了叛国罪或异端罪，并开征新税，致使尼德兰境内更多的群体不服从哈布斯堡王朝的统治。①

1568 年战争开始后，西班牙军队将领本打算速战速决，但却徒劳无功。西班牙军队在尼德兰的一个城镇里大肆屠杀，尼德兰人遭到迫害——其中许多落到宗教裁判所手中的就是乘船来到西班牙帝国各处冒险的水手，但这并没有阻止这些坚定抵抗侵略的人。② 西班牙当局使用了另一种武器——经济封锁，旨在打击尼德兰的贸易。多年来，尼德兰人往返航行于伊比利亚半岛，在安达卢西亚收购食盐，在塞维利亚和里斯本购入各种各样的异国产品，如丁香、胡椒、肉豆蔻、糖、黄金和白银。突然间，西班牙和葡萄牙的港口都对他们关闭，禁运阻断了亚洲和美洲商品从西葡港口流向阿姆斯特丹。③

---

① Jonathan I. Israel, *The Dutch Republic: Its Rise, Greatness, and Fall, 1477-1806*, Oxford: Clarendor Press, 1995, pp. 156-157, 167-169.

② Henry Charles Lea, *The Inquisition, Spanish Dependencies: Sicily, Naples, Sardinia, Milan, the Canaries, Mexico, Peru, New Granada*, London: Macmillan & Co, 1922, p. 154.

③ Eddy Stols, "Os Mercadores Flamengos em Portugal e no Brasil antes das Conquistas Holandesas," *Anais de História. Publicação do Departamento de História da Faculdade de Filosofia, Ciências e Letras de Assis*, 5 (1973), pp. 33-34; Eddy Stols, *De Spaanse Brabanders, of de handelsbetrekkingen der Zuidelijke Nederlanden met de Iberische wereld, 1598-1648*, Brussels: Paleis der Academieñ, 1971, pp. 107-108; Agustín Millares, *Historia de la Inquisición en las Islas Canarias*, 4 vols., Las Palmas de Gran-Canaria: La Verdad, 1874, Vol. 2, pp. 148-151.

一　大西洋世界的贸易和战争

尼德兰海外扩张的进程和西班牙禁运的时间吻合，这可能因为后者在一定程度上导致了尼德兰船主到欧洲以外的地方进行冒险和商业投资。当大型舰船前往亚洲寻找财富时，小型船只在大西洋的不同角落间穿梭，开拓西非、加勒比地区、南美洲北部海岸和巴西的市场，并运回当地产品。很快，商业上的机会为尼德兰人建立贸易据点和海外定居点奠定了基础。然而，比禁运更重要的是尼德兰国内战争引起的变化。南方的混乱、苦难以及颠沛流离使许多有一技之长的男男女女移民到北方，夯实了荷兰（Holland）这个最强省份的经济基础。在南部港口安特卫普被西班牙军队攻陷后，北部叛军封锁了斯海尔德河（the river Scheldt），导致安特卫普与外界隔绝。这件事影响深远，因为安特卫普历来是南欧与伊比利亚帝国之间的货物进口和再分配中心。阿姆斯特丹商人本来只能在哈布斯堡王朝的贸易体系中长期扮演不太重要的角色，但如今他们却控制了安特卫普与欧洲各港口乃至更广阔世界的商业联系。[①] 同时期，他们还超越了传统的贸易网络，与俄罗斯、意大利以及东地中海的港口建立了联系，并乘船进入了印度洋和大西洋。[②]

为了协调尼德兰在印度洋的贸易，1602 年尼德兰东印度公司（the Dutch East India Company，VOC）成立。1621 年，在西班牙和尼德兰共和国十二年停战期结束时，西印度公司（the West India Company，WIC）也加入了东印度公司的行列，但它的活动领域仅限于大西洋世界。西印度公司不只是一个商业组织，事实上，它首先是一个战争机器，要与因王室联姻合并的西班牙和葡萄牙作战。

尼德兰起义的最后阶段以 1648 年联省共和国独立告终。出于上述原因，这场斗争不仅在欧洲和印度洋进行，还在加勒比海、南美洲和非洲展开。大

---

① Clé Lesger, *The Rise of the Amsterdam Market and Information Exchange: Merchants, Commercial Expansion and Change in the Spatial Economy of the Low Countries, c. 1550-1630*, Aldershot: Routledge, 2006, pp. 46, 65-67, 71, 74, 129-130, 135-137, 151, 173-179.

② Oscar Gelderblom, *Zuid-Nederlandse kooplieden en de opkomst van de Amsterdamse stapelmarkt (1578-1630)*, Hilversum: Verloren, 2000, pp. 158, 178-182, 224.

西洋的大部分战争是海战。17 世纪 20—30 年代，尼德兰私掠船俘获了数以百计的伊比利亚船只，其中大部分来自 1640 年以后才脱离西班牙宣告独立的葡萄牙。随后几年里，尼德兰船只及其船员也主要针对葡萄牙在非洲和美洲的要塞。

西印度公司的战略部署很有侵略性，其显著特征就是进攻伊比利亚在北非的贸易站与加勒比地区和南美洲的殖民地。公司对此投入了大量人力。1624 年，海军将军雅各布·威利肯斯（Jacob Willekens）率领1240 名水手和 1510 名士兵对萨尔瓦多·达·巴伊亚（Salvador da Bahia，葡属巴西殖民地的首府）发动进攻。1628 年，皮特·海恩（Piet Heyn）指挥了至少 3780 人（其中 70%是水手）的部队在古巴附近截获了一支西班牙珍宝舰队。不过规模最大的要数亨德里克·隆克（Hendrick Loncq）于 1630 年率领的进攻伯南布哥（Pernambuco）的军队，以及维特·德·维特（Witte de With）于 1647 年率领的军队，这两支军队的人数都在 7200 人左右。

西印度公司的主战区在巴西。在巴西的尼德兰人曾短暂地占领了萨尔瓦多·达·巴伊亚（1624—1625）。1630 年尼德兰人卷土重来，开展了一场极为成功的征服运动，12 年后，巴西的一半落入尼德兰人之手。17 世纪时巴西是美洲竞争最激烈的战场。1645 年，葡萄牙殖民者开始反攻，导致尼德兰人在这个前景光明的殖民地（当时世界上最大的产糖地）渐渐不能维持。尼德兰人的控制区逐渐缩小，到 1654 年时尼德兰当局只能投降。

尼德兰人运行帝国的方式不同于英格兰人，后者的水手是强征入伍的。[①] 尽管尼德兰人拒绝采用这种方式，不过在尼德兰远洋船上效力的水手也不完全自由。就像那些最终在大西洋彼岸驻扎的士兵一样，水手们也经常成为人贩子或所谓“售魂者”（soul seller，即早期的人贩子）的加害对象。这些人贩子通常是女人，她们在阿姆斯特丹、鹿特丹和米德尔堡（Middelburg）等港口为年轻男性提供食物、酒和住宿。几个星期之后，她

---

① John Donoghue, *Fire under the Ashes: An Atlantic History of the English Revolution*, Chicago: University of Chicago Press, 2013, pp. 225-226; Denver Brunsman, *The Evil Necessity: British Naval Impressment in the Eighteenth-Century Atlantic World*, Charlottesville: University of Virginia Press, 2013.

们就会想尽办法说服客人应征海军或大公司。[①] 当然并非所有的房主（也不全是女人）都是剥削者。例如，在1630年至1660年，鹿特丹的苏格兰水手至少可以从61个个人、夫妇、团体（都是苏格兰人）中选择房主。[②]

想应征西印度公司的水手可以直接去公司的招聘办公室，在那里他们会被问及专业知识和经验。这些招聘办公室是西印度公司在初创时期因海员需求巨大而在阿姆斯特丹、鹿特丹和米德尔堡港等地设立的。加入公司的有许多德国人或斯堪的纳维亚人。17世纪20年代末，许多尼德兰本地人也开始加入西印度公司，其中一些人甚至为了加入公司而提早结束学徒生涯。激发他们热情的是皮特·海恩从西班牙珍宝舰队上夺取的战利品。[③] 如此多的年轻人为西印度公司效力，致使东印度公司一时间难以为其海上活动招揽到海员。[④] 然而，事实证明这种热情是短暂的。接下来的几十年里，西印度公司潜在的应聘者热情下降，主要原因是他们的工作条件比在海军及商业领域服务的水手差。[⑤] 17世纪50年代早期，在尼属巴西海岸，服务于西印度公司和尼德兰海军的水手之间的差别变得非常明显。海军舰队上的水手不但可以获得比西印度公司舰队水手更多的给养和更好的待遇，而且工作还比后者更少更简单。这种鲜明的对比导致了两个水手群体间的关系紧张。[⑥]

水手比士兵更频繁地横渡大洋，并利用自身的迁徙从事一些小额贸易。

---

① Johannes de Hullu, "De matrozen en soldaten op de schepen der Oost Indische Compagnie," *Bijdragen tot de Taal-, Land- en Volkenkunde van Nederlandsch Indië*, 69 (1914), pp. 318-323; Marc A. van Alphen, "The Female Side of Dutch Shipping: Financial Bonds of Seamen Ashore in the 17th and 18th Century," in J. R. Bruijn and W. F. J. Mörzer Bruyns, eds., *Anglo-Dutch Mercantile Marine Relations 1700-1850*, Amsterdam: Rijksmuseum "Nederlands Scheepvaartmuseum", Leiden: Rijkusuiversiter Leiden, 1991, pp. 125-132; Douglas Catterall, "Interlopers in an Intercultural Zone? Early Scots Ventures in the Atlantic World, 1630-1660," in Caroline A. Williams, ed., *Bridging the Early Modern Atlantic World: People, Products, and Practices on the Move*, Farnham: Ashgate, 2009, pp. 83-87.

② Douglas Catterall, "Interlopers in an Intercultural Zone? Early Scots Ventures in the Atlantic World, 1630-1660," in Caroline A. Williams, ed., *Bridging the Early Modern Atlantic World: People, Products, and Practices on the Move*, Farnham: Ashgate, 2009, pp. 83-87.

③ P. J. van Winter, *De Westindische Compagnie ter kamer Stad en Lande*, 's-Gravenhage: Martinus Nijhoff, 1978, p. 230.

④ Nationaal Archief, The Netherlands (NAN), Archief Staten-Generaal, Resolutions of the States General, May 1, 1629.

⑤ Piet Boon, *Bouwers van de zee. Zeevarenden van het Westfriese Platteland, c. 1680-1720*, Haarlem: Stichting Hollandse Historische Reeks, 1996, p. 129.

⑥ NAN, Archief Staten-Generaal 12564. 34, president and council of Brazil to the States General, Recife, August 21, 1651.

有一次，水手和士兵们在新阿姆斯特丹出售了些胭脂虫；还有一次，水手们从新尼德兰带回了毛皮，后来被当局没收，他们的妻子还因此要求西印度公司赔偿。[①] 事实上，水手们的交易往往是灰色乃至非法的，例如水手们会将巴西产的糖藏在衬衫和裤子里，然后在到达尼德兰的某个港口后卖掉它们。[②] 这种买卖的主要风险是顾客有可能不付款。如果是这样的话，水手们就血本无归了。

未婚的水手们常常挥霍掉他们所有的钱。一次，在大西洋肆虐的风暴中，有人无意中听到一个水手对另一个水手说："我们多可怜啊，海上日夜的劳作常年损害着我们的身体和生命，尤其是在这样恶劣的暴风雨天气里。而且我们的待遇很差，工资很低。"然而风暴一过，他们的想法就会变为："只要我们有钱，我们去阿姆斯特丹时又会玩得很开心。每天吃到撑、喝酒、逛妓院。等钱花光了，我们再去赚。"[③] 回到尼德兰共和国时，一些水手的确花掉了他们在短时间内赚到的钱。因此这些水手被称为"六周贵族"。[④] 事实上，水手们的野心并不大。他们只想找个工作，然后把赚来的钱花在喝酒和妓女身上。

二 巴西

尼德兰档案馆提供了许多有关水手们在巴西的资料。大西洋世界前哨的战争是怎样的？如上所述，尼德兰占领巴西的行动从一开始就是一个错误。1624 年，一支由 1240 名水手和 1510 名士兵组成的舰队出色地占领了葡属

---

① WIC directors to Petrus Stuyvesant, Amsterdam, April 15, 1650, in Berthold Fernow, ed., *Documents Relating to the History of the Early Colonial Settlements Principally on Long Island*, Albany: Weed, Parsons and Company, 1883, p. 123; NAN, Collectie Radermacher, p. 542, minutes of WIC board meeting, September 1, 1634.

② NAN, Oude West-Indische Compagnie 8, WIC board to Johan Maurits and the High Council in Brazil, Amsterdam, July 1, 1640.

③ S. P. l'Honoré Naber, Reise Nach Brasilien, 1623-1626, red., *Reisebeschreibungen von deutschen Beamten und Kriegsleuten im Dienst der niederländischen West- und Ost-Indischen Kompagnien 1602-1797*, Den Haag: Spring Verlag, 1930, Vol. 2, pp. 126-127.

④ C. D. van Strien, *British Travellers in Holland during the Stuart Period: Edward Browne and John Locke as Tourists in the United Provinces*, Leiden: E. J. Brill, 1993, p. 194; Carla Rahn Phillips, *Six Galleons for the King of Spain: Imperial Defense in the Early Seventeenth Century*, Baltimore: Johns Hopkins University Press, 1986, pp. 189-190.

巴西首府萨尔瓦多·达·巴伊亚。然而随后的一年中，这支部队又被葡萄牙舰队轻松地诱降了，尼德兰人失掉了这座港口。四年后（1629 年 5—6 月），亨德里克·科内利兹·隆克将军（General Hendrick Cornelisz Loncq）率领了一支由 20 艘舰船、6 艘小艇以及 3500 名士兵和 3780 名水手组成的远征军，分批从尼德兰共和国向巴西出发。[①] 在佛得角群岛上耽搁了很长时间后，舰队规模又扩充到了 23 艘舰船和 12 艘小艇。次年 2 月 14 日，舰队出现在巴西北部的伯南布哥海岸。随后的入侵取得成功，水手们也为士兵们助了一臂之力。尼德兰人占领奥林达（Olinda）后得以在累西腓（Recife）的城镇中建立殖民总部。隆克将军对自己取得的成功颇为满意，于 5 月 8 日安心地踏上了返程。[②]

尼德兰人虽然在伯南布哥被葡萄牙人烧毁了船只，但也留下了足够的船只来守卫新尼德兰殖民地。接下来的几个月，有 520 名水手的尼德兰守卫舰船得到来自本土的 11 艘载有 545 名水手的舰船增援。[③] 增援的尼德兰军队在 1631 年 9 月 12 日与西班牙舰队的海战中发挥了重要作用。西班牙政府的计划是，效仿伊比利亚无敌舰队成功从尼德兰人手中夺取萨尔瓦多·达·巴伊亚的先例，派遣一支新的舰队去重建其在累西腓的权威。[④] 两个月后，唐·安东尼奥·德·奥昆多（don Antonio de Oquendo）指挥的一支由 24 艘武装舰船和 10 艘非武装舰船组成的舰队停泊在萨尔瓦多·达·巴伊亚，与尼德兰海军将军阿德里安·扬斯·帕特（Admiral Adriaen Jansz Pater）派来的 16 艘阻止西班牙舰队的舰船对峙，之后双方在伯南布哥海岸边进行了一场血战。尼德兰方配有 38 门炮的“乌得勒支号”和配有 46 门炮、重达 100

① George Edmundson, "The Dutch Power in Brazil (1624-1654). Part I - The Struggle for Bahia (1624-1627)," *The English Historical Review*, Vol. No. 11, Vol. No. 42 (1896), pp. 231-259; M. G. de Boer, "De val van Bahia," *Tijdschrift voor Geschiedenis*, Vol. No. 58 (1943), pp. 38-49; Johannes de Laet, *Iaerlyck Verhael van de Verrichtinghen der Gheoctroyeerde West-Indische Compagnie in derthien Boecken*, in S. P. L'Honoré Naber, ed., 's-Gravenhage: Martinus Nijhoff, 1931-1937, Vol. 3, pp. 15-16.

② Johannes de Laet, *Iaerlyck Verhael van de Verrichtinghen der Gheoctroyeerde West-Indische Compagnie in derthien Boecken*, in S. P. L'Honoré Naber, ed., 's-Gravenhage: Martinus Nijhoff, 1931-1937, Vol. 2, p. 144.

③ NAN, Archief Staten-Generaal 5752, report by Gerhardt van Arnhem en Ewolt van der Dussen, Middelburg, August-September 1630.

④ Carla Rahn Phillips, *Six Galleons for the King of Spain. Imperial Defense in the Early Seventeenth Century*, Baltimore: Johns Hopkins University Press, 1986, pp. 189-190.

吨的旗舰“威廉亲王号”均被烧毁。前者中有70人被成功救出，后者最多只救出5人，死者包括海军将军帕特，因身负重甲而溺亡。[①]

尼德兰官方估计，此战包括士兵和水手共计死亡350人，另有100人受伤。[②] 此战西班牙惨胜，共585人死亡和失踪，201人受伤，显然西班牙的损失更大。[③] 尼德兰本可以勉强取胜但最终战败，其中的关键原因在于6艘尼德兰舰船的船长没有听从登船作战的命令。[④] 6名船长后来被军事法庭或处以放逐，或处以没收工资，或两项兼罚。[⑤]

8年后，奥昆多（Oquendo）执掌所谓的“第二无敌舰队”（second Armada），它得名于1588年试图征服英格兰无果的无敌舰队。这支拥有85艘舰船、13000名士兵和8000名水手的“第二无敌舰队”，在英格兰南部水域与海军上将马尔滕·特隆普（Lieutenant Admiral Maerten Tromp）以及海军中将维特·德·维特率领的95艘尼德兰舰船作战，史称“唐斯海战”（Battle of the Downs）。1639年10月31日海战结束。西班牙人惨败，损失了9000—10000人，包括几乎所有指挥官。[⑥] 战败的影响在南美洲都有所体现。1640年1月1日，秘鲁总督写信给西班牙国王，说尼德兰人现在可以畅通无阻地出现在利马的港口城市卡劳（Callao）。因此，利马

① Johannes de Laet, *Iaerlyck Verhael van de Verrichtinghen der Gheoctroyeerde West-Indische Compagnie in derthien Boecken*, in S. P. L'Honoré Naber, ed., 's-Gravenhage: Martinus Nijhoff, 1931-1937, Vol. 3, pp. 15-16.

② NAN, Archief Staten-Generaal 5753, Diederick van Waerdenburgh to the States General, Antonio Vaz, October 7, 1631; Johannes de Laet, *Iaerlyck Verhael van de Verrichtinghen der Gheoctroyeerde West-Indische Compagnie in derthien Boecken*, in S. P. L'Honoré Naber, ed., 's-Gravenhage: Martinus Nijhoff, 1931-1937, Vol. 3, pp. 15-16.

③ S. P. l'Honoré Naber, Reise Nach Brasilien, 1623-1626, red., *Reisebeschreibungen von deutschen Beamten und Kriegsleuten im Dienst der niederländischen West- und Ost-Indischen Kompagnien 1602-1797*, Den Haag: Spring Verlag, 1930, Vol. 2, pp. 86-88; David F. Marley, *Wars of the Americas: A Chronology of Armed Conflict in the New World, 1492 to the Present*, Santa Barbara: ABC-CLID, 1998, p. 119.

④ NAN, Archief Staten-Generaal 5753, Diederick van Waerdenburgh to the States General, October 7, 1631.

⑤ NAN, Archief Staten-Generaal, 5753, sentences by the Court-Martial, The Hague, July 30, 1633.

⑥ Carla Rahn Phillips, *Six Galleons for the King of Spain: Imperial Defense in the Early Seventeenth Century*, Baltimore: Johns Hopkins University Press, 1986, pp. 218-219. 奥昆多三个月后死于疾病。

的居民带着他们所有的金银财宝集体逃往山区。[1]

与其形成鲜明对比的是，葡属巴西的首府萨尔瓦多·达·巴伊亚则充斥着欢快的气氛。1639 年初，西葡联合舰队在托雷伯爵费尔南多·德·马斯卡伦哈斯（Fernando de Mascarenhas）的领导下抵达巴西海岸，这是当时出现在巴西海岸最大的舰队。[2] 这支舰队拥有共计 30 艘盖伦大帆船，其中 18 艘属于西班牙，12 艘属于葡萄牙，有 34 艘商船协同出征，配有 10000 名士兵和 4000 名水手，并得到了 13 艘载有粮食、水、弹药和其他物资的小型船只协助。与此同时，还有一支伊比利亚人的陆军正在北上尼德兰殖民地的途中。从截获的信件和与战俘的交谈中，尼德兰人得知这支舰队将要对累西腓发动正面攻击。驻扎在尼属巴西内陆的士兵被召集到累西腓迎战，不过这就使得尼德兰控制的种植园沦为伊比利亚人的猎物。在此情况下，当地大部分尼德兰居民匆忙地埋藏了大笔钱财后舍弃糖厂，逃往尼德兰的堡垒和累西腓。[3]

尼德兰方只有一支由十四五艘舰船和六七艘小艇组成的舰队，如果没有尼德兰共和国本土的增援，是无法应付这支强大舰队的。共和国当局派出了 17 艘舰船，前 6 艘分别于 1638 年 10 月和 11 月抵达，其余于 12 月前半月抵达，它们中的大多数都可编入舰队。[4] 尼德兰人对敌军侦察几日无果后，于 1639 年 1 月 12 日率先发起了这场必将打响的海战。由于北风强劲，庞大的伊比利亚舰队只能以极低的速度驶向累西腓。当舰队最终到达伯南布哥时，风向又转为南风，导致舰队偏航累西腓 60 多海里。[5] 此时舰队的水和给养已大量消耗，随后疫病又夺去了许多人的性命。

战斗刚开始，尼德兰海军将军威廉·科内利兹·洛斯（Admiral Willem

---

① Pablo Emilio Pérez-Mallaína Bueno and Bibiano Torres Ramírez, *La Armada del Mar del Sur*, Sevilla: C. S. I. C, 1987, p. 218.

② J. C. M., *Warnsinck*, *Van vlootvoogden en zeeslagen*, Amsterdam: Van Kampen, 1940, p. 146.

③ Hermann Wätjen, *Das holländische Kolonialreich in Brasilien: Ein Kapitel aus der Kolonialgeschichte des 17. Jahrhunderts*, 's-Gravenhage: Martinus Nijhoff, Gotha: F. A. Perthes A. – G., 1921, p. 203; *Iovrnalier verhael ofte copye van sekeren brief, gheschreven uyt Brasil, nopende de victirye die Godt almachtigh aen de geoctroyeerde West-Indische Compagnye verleent heeft*, s'Gravenhage: Elzevin, 1640.

④ Iovrnalier verhael ofte copye van sekeren brief, gheschreven uyt Brasil, nopende de victirye die Godt almachtigh aen de geoctroyeerde West-Indische Compagnye verleent heeft, s'Gravenhage, 1640.

⑤ J. C. M., *Warnsinck*, *Van vlootvoogden en zeeslagen*, Amsterdam: Van Kampen, 1940, p. 147.

Cornelisz Loos）就阵亡了。当时一本小册子提到，“我们海军将军的双肩被敌方少将的军舰发射的炮弹打掉，他的头差点和前胸分家了”。[①] 不过尼德兰人毫不气馁，继续进攻了近一周，伊比利亚人既要与饥饿和干渴斗争，还不得不面对极端高温和不利的风向，因而失败了，而尼德兰人仅损失两艘舰船，阵亡人数也不超过 80 人。[②]

但尼德兰人并没有完全按计划作战。就像 1631 年一样，一些船长不光彩地玩忽职守了。被罚的五个人中，有两个人被处死刑，以儆效尤。[③] 总的来说，他们还是取得了一场大胜。尼德兰人在累西腓与唐斯海战的胜利加速了西班牙帝国的崩溃。以海军来看，西班牙不再具备为所欲为的能力，这为 1640 年底葡萄牙推翻西班牙的统治创造了良好的契机。[④]

接下来的几年里，巴西海岸又发生了几场血腥的海战，但并未对局面产生实质性影响。其中一场海战发生在 1648 年 9 月 28 日，一个由 7 艘尼德兰舰船组成的分舰队在萨尔瓦多・达・巴伊亚海岸伏击两艘葡萄牙舰船。其中一艘葡萄牙军舰的指挥官在被包围后引爆了本舰的火药，两艘尼德兰舰船一并被炸。此外，尼德兰人还放弃了一艘被认为已经不能修复的舰船，后来证实这艘舰船被葡萄牙人修复，可以再度航行。这场战斗中，尼德兰方面至少死亡 100 人，另有 50 人受伤，其中一些人伤势严重。[⑤]

这两艘被袭的葡萄牙舰船本是前两天出海，打算保护海岸免受极端活跃的尼德兰私掠船袭击的。这些私掠船不仅得到了西印度公司、各省海军部和个人的支持，[⑥] 而且得到了一家总部设在尼德兰米德尔堡港的新公司的支持。这家公司经西印度公司批准而运营，其人员以前是反西班牙的私掠者，活跃于北海（North Sea）。事实证明，后来这些人以新的身份取得了巨大的

---

① *Hovrnalier verhael ofte copye van sekeren brief*, *gheschreven uyt Brasil*, *nopende de victirye die Godt almachtigh aen de geoctroyeerde West-Indische Compagnye verleent heeft*, s'Gravenhage: Elzevin, 1640.

② J. C. M. *Warnsinck*, *Van vlootvoogden en zeeslagen*, Amsterdam: Van Kampen, 1940, pp. 128-159.

③ J. C. M. *Warnsinck*, *Van vlootvoogden en zeeslagen*, Amsterdam: Van Kampen, 1940, pp. 128-159.

④ C. R. Boxer, *Salvador de Sá and the Struggle for Brazil and Angola*, *1602-1686*, London: University of London, 1952, p. 141.

⑤ W. J. van Hoboken, *Witte de With in Brazilië*, *1648-1649*, Amsterdam: Noord-Hollandsche Uitgeversmij, 1955, pp. 119-127.

⑥ 与只有一个海军部的英国不同，尼德兰共和国有地区海军部。

成功。1647年和1648年，尼德兰俘获了220艘往返于葡萄牙和巴西之间的葡萄牙船只，其中大部分是这家新公司俘获的。这意味着每4艘连接殖民地和宗主国的舰船中就有3艘被俘。①

私掠行为的鼎盛时期并不长久，到17世纪50年代初就几乎完全崩溃。因为葡萄牙找到了一个解决“海盗”的有效方案，即建立了一个有限责任公司——巴西总公司（Companhia Geral para o Estado do Brasil），该公司使用军舰为巴西贸易船只护航。既然尼德兰的威胁已经从累西腓以南的巴西海岸消退，葡萄牙的运糖船又一次可以几乎不受干扰地横渡大洋了。葡萄牙的成功还得益于第一次英荷战争（First Anglo-Dutch War，1652-1654），这场战争使得米德尔堡私掠者的行动更靠近本土水域，以便与邻国英格兰形成对峙之势。②

三　水手的生活

对于那些保卫尼属巴西殖民地的海员来说，就业有几项好处：多年的食宿、工资保障与晋升机会。③ 许多人认为海员的待遇比一个不熟练的工人或农业工人在岸上过着不稳定的生活要好。不过，这并不意味着海员忠于西印度公司。工作结束时，他们常常会选择另一个海上雇主。例如，1624年，扬·皮特茨·范·德·古德（Jan Pietersz van der Goude）结束攻占巴西萨尔瓦多·达·巴伊亚任务回国后，在东印度公司一艘开往印度洋的船上工作。另一位名叫海布列赫特·达米斯（Huybrecht Dammiss）的人，曾在1630年入侵巴西的远征队中当过水手，同年晚些时候，他又效力于一艘前往亚速尔

① I. J. van Loo, “Kaapvaart, handel en staatsbelang: het gebruik van kaapvaart als maritiem machtsmiddel en vorm van ondernemerschap tijdens de Nederlandse Opstand, 1568-1648,” in C. Lesger and L. Noordegraaf, eds., *Ondernemers & bestuurders. Economie en politiek in de Noordelijke Nederlanden in de late Middeleeuwen en vroegmoderne tijd*, Amsterdam: Nederlandsch Economisch-Historisch Archief, 1999, p. 367; Evaldo Cabral de Mello, *Olinda Restaurada. Guerra e Açúcar no Nordeste, 1630-1654*, Rio de Janeiro: Editora Forense-Universitária, 1975, pp. 83, 88.

② F. Binder, “Die zeeländische Kaperfahrt 1654-1662,” Archief, Mededelingen van het Zeeuwsch Genootschap der Wetenschappen, 1976, No. 40, pp. 92, 42.

③ H. Ketting, “Leven, werk en rebellie aan boord van Oost-Indiëvaarders (1595-1650),” *werk en rebellie aan boord van Oost-Indiëvaarders (1595-±1650)*, Amsterdam: ASKan., 2002, p. 59.

群岛的商船。这两人都曾托熟人在他们不在时劫掠一些钱物补充他们微薄的工资。① 水手们有时也会在战胜敌人舰队后把银子装进自己的口袋，1628年西班牙珍宝舰队被俘获之后就发生了这种情况。同样的情况还发生在1640年，尼德兰在巴西海岸打赢伊比利亚的舰队后，② 水手们侵吞了战利品，只是这回战利品变成了糖。糖有时是从尼属巴西偷来的，不全是从葡萄牙船上偷来的。1640年，一些有商业头脑的水手把在巴西偷来的糖藏进衬衫和裤子里，等下船后在尼德兰出售。③

水手们前往遥远的海岸时，将陷于贫困的妻子留在宗主国内，这种情况并不少见，档案提供了一瞥这些妻子痛苦的机会。例如1651年，在4艘巴西船只上服役的水手的妻子联手请愿获取丈夫的工资，虽然她们有权得到丈夫20个月的工资，但她们只得到了10个月的额度，付款方是谁并不清楚。在要求阿姆斯特丹海军部补齐款项未果后，这些妇女又敲开了尼德兰政府的大门，后者立即下令提供这笔薪金。不过，实际情况可能并非如此，因为两个月后，尼德兰联省议会（States General）议长抱怨说，有水手妻子登门拜访要求支付报酬并将她们的丈夫遣送回家。④

这些妇女知道，水手们在入侵非洲和美洲期间身处险境。⑤ 例如，1625年，水手们参加了对巴西城镇圣埃斯皮里托（Espirito Santo）的进攻。虽然每两名水手有两名士兵从侧翼掩护以弥补水手们经验的不足，但这并不能阻止攻击的失败，部分原因就是水手缺乏经验。⑥ 再如1630年对奥林达的进攻中，水手们再次被用来支援陆地部队。他们中有许多人在启程后才被教导如何使用武器。⑦

---

① Gemeentearchief Rotterdam, Oud Notarieel Archief 156, 23/46, act of December 24, 1624. GAR, ONA 190, 271/412, act of September 2, 1630.

② J. C. M. *Warnsinck*, *Van vlootvoogden en zeeslagen*, Amsterdam: Van Kmampen, 1940, p. 154.

③ NAN, Oude West-Indische Compagnie 8, WIC board to Governor Johan Maurits and the Hich Council, Amsterdam, July 1, 1640.

④ NAN, Archief Staten-Generaal, resolutions of the States General, July 8 and September 30, 1651.

⑤ Johannes de Laet, *Iaerlyck Verhael van de Verrichtinghen der Gheoctroyeerde West-Indische Compagnie in derthien Boecken*, in S. P. L'Honoré Naber, ed., 's-Gravenhage: Martinus Nijhoff, 1931-1937, Vol. I, pp. 70-71, 91, 95, 106, 108, 114; Vol. 2, p. 144, Vol. IV, pp. 77, 153-154, 223, 250.

⑥ Johannes de Laet, *Iaerlyck Verhael van de Verrichtinghen der Gheoctroyeerde West-Indische Compagnie in derthien Boecken*, in S. P. L'Honoré Naber, ed., 's-Gravenhage: Martinus Nijhoff, 1931-1937, Vol. 1, pp. 70-71, Vol. 2, p. 144.

⑦ J·巴尔斯写道：巴西土地上的奥林达，位于伯南布哥总督区，已于1630年2月16日被男人们以勇气与无畏精神所征服。

和士兵一样，在战斗中终身致残的水手也可以要求赔偿。1627 年，西印度公司董事会通过了针对公司船上所有官员和水手的赔偿制度。失去右臂赔付 800 荷兰盾，失去双眼赔付 900 荷兰盾，失去双腿赔付 800 荷兰盾。[①] 1645 年以后，在国家战争中服役于舰队的赔偿款就被大幅削减了：失去右臂只赔付 250 荷兰盾，失去双眼赔付 800 荷兰盾，失去双腿赔付 400 荷兰盾。这两种赔付标准中都包含失去一只胳膊或一条腿以及双手或双脚的相应赔偿。[②]

疾病也造成了水手和士兵的伤亡，部分原因是船上卫生条件恶劣，在寒冷的冬季，窗户一直紧闭，船上没有可供洗澡的水。水手们甚至在雨天的甲板上待一天也不换衣服，这使一些人染上肺炎。此外，还有各种各样的虱子困扰着水手们，他们被这些虱子叮咬后是无法痊愈的。[③] 而且西印度公司也并不重视卫生。例如，1647 年尼德兰组建的一支包含 6000 人的舰队出发前往巴西，镇压葡萄牙人反抗尼德兰统治的叛乱，其中的一艘福禄特船（用于越洋运输的尼德兰船）刚从格陵兰岛运载鲸油返航，未经彻底清洁就装载了 150 名出征巴西的士兵。很快船上就爆发了一场传染病，夺走数十人的生命。[④]

虽然坏血病没有传染性，但这种疾病也能夺人性命。1630 年，尼德兰进攻伯南布哥期间，坏血病导致 1/3 的士兵和水手死亡。[⑤] 坏血病患者表现为疲劳、虚弱、关节僵硬和全身淤青。任何劳累都可能致命，医生们只能让他们完全静养，但这也只是医治症状，无法根治。1630 年以后，坏血病不断导致巴西海岸的尼德兰人死亡。1648 年，管理殖民地的高级委员会安排

① Articulen, ende ordonnantien ter vergaderinge vande Negenthiene der Generale Geoctroyeerde West-Indische Compagnie geresumeert ende ghearresteert (1641). The amounts were identical to those paid by the Dutch East India Company (1634): A. Bijl, De Nederlandse convooidienst. De maritieme bescherming van koopvaardij en zeevisserij tegen piraten en oorlogsgevaar in het verleden, 's-Gravenhage, 1951, pp. 138-139.

② A. E. Leuftink, *De geneeskunde bij's lands oorlogsvloot in de 17e eeuw*, Assen: Van Gorcum, 1952, p. 126.

③ W. Buijze, *Georg Everhard Rumphius' reis naar Portugal 1645-1648: Een onderzoek*, Den Haag: W. Buijze, 2002, pp. 101-102.

④ W. J. van Hoboken, "Een troepentransport naar Brazilië in 1647," *Tijdschrift voor Geschiedenis*, 62 (1949), p. 102.

⑤ 根据德·莱特计算，参见 Johannes de Laet, *Iaerlyck Verhael van de Verrichtinghen der Gheoctroyeerde West-Indische Compagnie in derthien Boecken*, in S. P. L'Honoré Naber, ed., 's-Gravenhage: Martinus Nijhoff, 1931-1937, Vol. 2, p. 144, Vol. II, pp. 115, 127。

刚从萨尔瓦多·达·巴伊亚海岸返航的5艘公司船上的水手检查身体，发现一半的人患有坏血病。这一诊断结果并不奇怪，这些水手只吃去壳谷粒，佐以少量的肉。[①] 尼德兰水手患坏血病的概率比西葡水手大好几倍。尽管岸上经常供应柑橘类水果、洋葱、大蒜和辣椒等食物，但来自欧洲北部的水手们还是更喜欢富含蛋白质却缺乏维生素（尤其是维生素C）的食物，因此坏血病才总是如影随形。他们通常的食物包括面粉、船用饼干（由小麦和黑麦面粉混合制成）、咸肉、鱼、奶酪、黄油、去壳谷粒、豆类（如豌豆）。这种饮食对防治坏血病毫无裨益。[②]

即使没有患上坏血病，船上的生活有时也是悲惨的。1645年至1646年的严冬使一支驶往巴西的尼德兰舰队停航三个月，之后又在英国怀特岛（Isle of Wight）滞留了两个月。“洛安达号”（the Loanda）的情况非常糟糕，士兵和水手们联名请求上级起锚回家。他们认为，如果再不返航，自己会死于物资短缺和疾病。然而当他们有所抱怨，就会立即被铐上手铐。不过他们表示宁愿淹死也不愿被缓慢折磨致死。[③]

一些水手和士兵拼命逃避海外服役。1648年，一艘驶往巴西的船在尼德兰的布劳沃斯港（Brouwershaven）停下，6名本应负责警卫的水手划一艘小船上了岸。在无视三次传唤后，他们被海军部判处脱逃罪流放海外三年。[④] 虽然还不清楚为什么这6个人不想去巴西，但毫无疑问的是，在1647年至1648年，水手和士兵在等待自己的船只与一支大舰队一起出航时，从自巴西返航的同僚处听到一些信息后改变了主意。[⑤] 后者向他们述说了尼德兰殖民地的糟糕境况、在殖民地时和往返航程所受的困苦以及狗一般的待遇。获准离船的人利用这个机会永不返回，其余的人则大声抗议。

在巴西，许多士兵和水手工作多年却得不到报酬，因为他们被迫在合同期满后还要长时间在殖民地服役。因此，大批士兵叛逃到敌方，而水手们返

① NAN, Aanwinsten 405, fol. p. 310.

② Carla Rahn Phillips, *Six Galleons for the King of Spain: Imperial Defense in the Early Seventeenth Century*, Baltimore: Johns Hopkins University Press, 1986, pp. 172-180; J. van Spilbergen, *De reis om de wereld, 1614-1617*, in J. C. M. Warnsinck, ed., 's-Gravenhage: Martinus Nijhoff, 1943, p. 161.

③ Request of May 1, 1646, submitted to Michiel van Gogh, in Buijze, Rumphius' reis, pp. 58-59.

④ NAN, Archief Staten-Generaal, resolutions of the States General, May 2, 1648.

⑤ W. J. van Hoboken, "Een troepentransport naar Brazilië in 1647," *Tijdschrift voor Geschiedenis*, 62 (1949), p. 109; Pierre Moreau, *Histoire des derniers troubles du Brésil entre les Hollandois et les Portugais*, Paris: Chez Augsytin Courbe, 1651, pp. 192-194.

回尼德兰共和国后则很快向当局报告了这种苛政。1650 年，刚从巴西返航的两艘军舰上的水手索要报酬时，对恩克豪森（Enkhuizen）的 3 名海军委员会成员施暴，对当地造成严重威胁。市长甚至被迫分发火药给市民并命令他们保护海军委员会及其成员的安全。[①]

四 衰落与终结

尼属巴西的衰落始于 17 世纪 40 年代末。1645 年葡萄牙人反攻后，尼德兰控制的殖民地急剧变小，海防变得重要起来。这时尼属巴西的生存也变得岌岌可危。1646 年初，联省议会给西印度公司注资并提供舰船后，西印度公司向殖民地派遣了新的士兵。随后联省议会采取行动，于 1647 年至 1648 年向殖民地派遣一支庞大的舰队。由于西印度公司濒临破产，国家的助力对饱受威胁的殖民地而言可以说是雪中送炭。

1648 年 3 月 18 日，这支拥有 12 艘海军军舰、7 艘公司小艇的庞大的舰队抵达累西腓。数千名士兵下船后，舰队指挥官维特·德·维特冒险拦截了一支从里约热内卢出发的葡萄牙运糖舰队，并封锁了葡萄牙控制的萨尔瓦多·达·巴伊亚。尼德兰军队认为由于防御不足和长期缺乏衣物和食物，萨尔瓦多·达·巴伊亚已变得极其脆弱。但同时，德·维特也感觉到，海军补给和衣食等必需品在累西腓十分匮乏，这令他的行动受到严重制约。他在给巴西殖民地高级委员会（the Colonial High Council）的信中经常提到这一点。[②] 委员会的成员或许也不该受到指责，因为他们根本没有足够的装备或食物可供调配，无法改变水手们的悲惨境遇。对此，一位历史学家这样概括说："水手们长期被围困在日趋衰落、毫无希望的殖民地，没有取得显著功绩，营养不良，战利品被扣压，船只疏于养护，所有这些都影响水手们的士气。"[③]

第一批将不满转化为行动的水手来自"忠实的牧羊人号"（Loyal

① NAN, Archief Staten-Generaal, resolutions of the States General, March 5, 1650.

② C. R. Boxer, *The Dutch in Brazil, 1624-1654*, Oxford: Clarendon Press, 1957, pp. 229-230; W. J. van Hoboken, *Witte de with in Brazilië, 1648-1649*, Amsterdam: Noord-Hollandsche Uitgeversmij, 1955, pp. 175-178.

③ W. J. van Hoboken, *Witte de With in Brazilië, 1648-1649*, Amsterdam: Noord-Hollandsche Uitgeversmij, 1955, p. 194.

Shepherd)，该舰奉命于 1648 年 6 月将部队运送到陷入险境的尼德兰殖民地罗安达（Luanda，今安哥拉），但并未到达那里，因为水手和士兵们夺取了船只的控制权，将它驶到葡萄牙控制下的里约热内卢，许多人就在那里定居下来，害怕返航回到尼德兰共和国后逃不过死刑的命运。[①] 接下来是“海豚号”（Dolphin)，船员们抱怨吃不饱，不愿吃长虫的面包，但这样的抗议被船长忽视了，船员指控生病的船员死于缺少食物，船上的司膳总管疾呼：“哦，愿我在死之前填饱肚子!”真切地反映了忍饥挨饿、饱受坏血病折磨的船员们的心声。[②] 1649 年 5 月，德·维特正带领着舰队大部前往里约热内卢，一群水手控制了船舵，控诉他们提供了服务却得不到可以下咽的食物。船长无力抵挡团结一致的船员，接下来的三天里把自己锁在船舱里。水手们把船驶回尼德兰，并告诉当局称船因海风和洋流向北偏航太远，因此暂时无法返回巴西。[③] “海豚号”的返航为后来水手们在巴西的抗议定下了基调。总共有 7 艘舰船接连违抗船长意愿，将船驶离巴西海岸返航欧洲。

维特·德·维特很快就以“海豚号”为例一再敦促联省议会召回舰队，但没有得到答复。最后，维特·德·维特担心形势恶化，营养不良且未被支付战利品配额的水手们可能发生叛乱，因此于 11 月 9 日带领两艘舰船踏上了返回尼德兰共和国的旅程。这意味着累西腓的高级委员会只剩下一艘舰船和四艘小艇可供使用。由于缺乏食物和船员，这些小艇被迫缩短航程。[④] 第二年春，情况突然好转，因为 10 艘战舰从尼德兰出发——它们在维特·德·维特率领的舰队和其他船只返航之前即已奔赴巴西。但事实证明，情况的好转只是暂时的。两年后，新船上的水手们显然效仿此前的同僚，没有得到海军部或殖民地高级委员会允许就擅自返航了。[⑤] 尽管为了保住巴西而对抗葡萄牙人的海上战线还没有被完全放弃，但人们已经感觉到了水手数量急剧下降，俘获的敌舰也很难再投入使用。累西腓的征募虽然满足了殖民地对

① Van Hoboken, Witte de with 194, pp. 106 - 107, NAN SG 12564. 40, inv. nr. 1, testimony of Joost Weisberger, The Hague, March 10, 1655.

② W. J. van Hoboken, *Witte de With in Brazilië, 1648 - 1649*, Amsterdam: Clarendon Press, 1955, p. 197.

③ W. J. van Hoboken, *Witte de With in Brazilië, 1648 - 1649*, Amsterdam: Clarendon Press, 1955, pp. 201, 204.

④ Evaldo Cabral de Mello, *Olinda Restaurada. Guerra e Açúcar no Nordeste, 1630-1654*, Rio de Janeiro: Editora Forense-Universitária, 1975, p. 110.

⑤ C. R. Boxer, *The Dutch in Brazil, 1624-1654*, Oxford: Clarendon Press, 1957, pp. 228, 233.

水手的需求，但斩获战利品时，军官们却无法控制他们，因为这些曾是平民百姓的人的目标在于得到战利品而不是杀敌。①

1652 年第一次英荷战争爆发使殖民地形势更加严峻。由于巴西缺乏海上保护，从尼德兰港口出发向殖民地运送补给的船只往往要冒很大风险。②为此，联省议会决定组织一支包括 6 艘军舰和 2 艘小艇的远征军，然而这一决定因尼德兰共和国各省之间的分歧而流产。最终，泽兰省（Zeeland）和阿姆斯特丹海军部派遣了两艘舰船和一艘小艇。然而，在这些船只离开前，尼属巴西就已经失守。③ 当时，停留在巴西海岸的最后一艘舰船“巴西号”（Brazil）决定返航宗主国，这也让葡萄牙舰队对累西腓进行封锁再无障碍。由于缺少水手，士兵们缺乏斗志。尼德兰当局迅速投降，剩下的水手和士兵最终自由地返回欧洲。

水手和士兵一样，对尼德兰在大西洋上的建设和防御发挥了关键的作用。虽然他们不像在英格兰那样被强征入伍，但他们的选择也不总是自由的。在巴西殖民地，17 世纪发生的国际战争比美洲其他任何地方都要多，水手们因待遇抗议逐渐增多，最终导致了一系列的叛乱，几乎控制了所有保护海岸线的船只。1653 年末，这些士兵放弃战斗，葡萄牙舰队毫不费力地进驻尼属巴西首都累西腓，尼德兰当局不得不交出美洲最珍贵的殖民地。

The Sailors of the Dutch Atlantic

Wim Klooster

Abstract: During the Eighty Years' War, the Dutch started ventures and made investments outside of Europe as a result of Habsburg Spain's military, economic, and religious suppression and constraints. In the seventeenth century,

① NAN, Archief Staten-Generaal 12564. 34, president and council of Brazil to the States General, Recife, June 22, 1651.

② WIC directors to the States General's deputies for West Indian affairs, Amsterdam, July 30, 1652, in J. R. Brodhead, ed., *Documents Relative to the Colonial History of the State of New-York; Procured in Holland, England and France*, Albany: Weed, Parsons and Company, 1856, Vol. I, p. 484.

③ Evaldo Cabral de Mello, De Braziliaanse affaire. *Portugal, de Republiek der Verenigde Nederlanden en Noord-Oost Brazilië, 1641–1669*, Zutphen: Walburg Pers, 2005, pp. 120–121.

the Dutch Republic emerged as a formidable power in the Atlantic world, and gradually expanded its sphere of influence to Africa and the Americas. At the time, the West India Company (WIC), which was active in the Atlantic Ocean, fought many wars with Spain and Portugal. The main theater of the West India Company was Brazil, the largest sugar producing area in the world at that time. In 1624, the Dutch and Portugal began a thirty-year War for Brazil. Afterwords, the Dutchmen once occupied half of Brazil, but eventually lost Brazil due to various reasons, one of which cannot be ignored was the role played by the Dutch Brazilian sailors. This research takes the Dutch Brazilian sailors as its research subjects, reenacting their recruitment procedures and on-the-water and on-land actions to further illuminate the historical context of that time period and uncover the fundamental causes of the Dutch losing Brazil. The study demonstrates that one of the key internal causes of the Dutch Brazil's decline was the terrible treatment of Dutch Brazilian sailors, their meagre and unstable wages, their unfavourable working conditions, which deepens our understanding of the Dutch overseas expansion and prompts pertinent thought.

Keywords: The West India Company (WIC); Atlantic Ocean; The Dutch Brazilian Sailors

（执行编辑：刘璐璐）

海洋史研究（第二十三辑）
2024 年 11 月　第 320~348 页

菲利普国王的牧群：早期新英格兰的印第安人、殖民者与畜牧问题

弗吉尼亚·德约翰·安德森（Virginia DeJohn Anderson）*

摘　要：早期新英格兰的殖民者畜养牛、猪等家畜，新英格兰殖民的成功在很大程度上依赖家畜。然而，家畜引发了土地使用、产权和政治权威的争议，加剧了殖民者和印第安人之间的冲突。殖民者的家畜破坏印第安人的玉米地，印第安人的捕猎设施也造成家畜的死伤，造成了殖民者与印第安人的矛盾。随着印第安人也开始从事畜牧业，双方的紧张关系进一步升级。1669 年被称为菲利普国王的万帕诺亚格部落首领因放牧问题与普利茅斯镇发生争端，被称为猪岛事件。这些矛盾可能导致了菲利普国王战争。家畜引

* 作者弗吉尼亚·德约翰·安德森（Virginia DeJohn Anderson），科罗拉多大学博尔德分校（University of Colorado Boulder）历史系名誉退休教授。译者王大千，清华大学历史系博士研究生。校者梅雪芹，清华大学历史系教授；徐嘉熠，清华大学外文系博士研究生；郭逸鹏，清华大学历史系博士研究生。

本文译自 Virginia DeJohn Anderson, "King Philip's Herds, Indians, Colonists, and the Problem of Livestock in Early New England," *The William and Mary Quarterly*, Third Series, 51, 4 (1994), pp. 601–624。

笔者对弗雷德·安德森（Fred Anderson）、詹姆斯·阿克斯特尔（James Axtell）、伯纳德·贝林（Bernard Bailyn）、芭芭拉·德沃尔夫（Barbara DeWolfe）、鲁斯·赫姆（Ruth Helm）、斯蒂芬·英尼斯（Stephen Innes）、凯伦·库珀曼（Karen Kupperman）、格洛里亚·梅因（Gloria Main）、丹尼尔·曼德尔（Daniel Mandell）、乔治·菲利普（George Phillips）、尼尔·索尔兹伯里（Neal Salisbury）、理查德·怀特（Richard White）、安妮·延森（Anne Yentsch）的有益评论表示感谢。笔者感谢在哈佛大学查尔斯·沃伦中心、美国文物学会及马萨诸塞州历史学会共同举办的研讨会上的参与者，感谢他们对本文初稿的回应。本文在撰写过程中，得到以下慷慨资助：来自查尔斯·沃伦中心提供的奖学金、国家人文科学基金夏季助学金及科罗拉多大学研究与创意工作委员会提供的赠款。

入改变了印第安人、殖民者之间的关系。

关键词： 菲利普国王战争　猪岛事件　印第安人　殖民者　畜牧业

1669 年暮春的一天，罗德岛一个显赫家族里雄心勃勃的小儿子收到普利茅斯镇书记员的一封信。正如他的许多邻居一样，这个年轻人饲养了大量牲畜，并依照惯例将他的猪赶到附近一个岛上，在那里它们可以不受捕食者影响，安全觅食。但正是这一点引起普利茅斯居民的注意，这些居民命令书记员谴责他，因为他将畜群驱赶到“猪岛”（hog-Island）的这一行为“侵犯”了城镇权利。镇上的人们坚持要他转移放在岛上的“那些猪或其他牲畜”，否则将诉诸法律。他们采取了不同寻常的步骤，要求书记员准备信件一式两份并保留副本。实际上，甚至在收件人对他们的行为提出异议前，他们就在准备法律诉讼。①

对于 17 世纪新英格兰人来说，与当地官员产生纠纷司空见惯，特别是当他们的利益追求与公共权利冲突时尤其如此，但是这次情况不同以往。我们好奇，被英国人称为菲利普国王的梅塔卡姆（Metacom）如何看待普利茅斯镇书记员下达的强制性指令。实际上，这封信是写给他的，他是马萨索伊特（Massasoit）的儿子，现任万帕诺亚格部落（Wampanoags）酋长。由于这些记录（其中没有任何向英格兰的猪主人下达的类似命令）未提及这场争议的结果，我们或许可以推测菲利普遵照了镇上的诉求。这次争议虽然时间短暂，但其重要性并不因此而降低，因为它涉及的这个人很快与美国历史上人口比例最大、最具破坏性的战争联系在一起。②

三个世纪以来，历史学家们以各种方式描述菲利普——野蛮人的酋长、无辜基督徒移民的死敌、欧洲侵略者注定的牺牲品，但从未将他描述为一个猪群的饲主。虽然“猪岛事件”似乎与随后发生的菲利普国王

① Clarence S. Brigham ed., *The Early Records of the Town of Portsmouth*, Providence: E. L. Freeman & Sons, state printers, 1901, pp. 149-150. 关于放牧使用岛屿的问题，参见 Carl Bridenbaugh, *Fat Mutton and Liberty of Conscience: Society in Rhode Island, 1636-1690*, Providence: Brown University Press, 1974, pp. 16-17。

② Douglas Edward Leach, *Flintlock and Tomahawk: New England in King Philip's War*, New York: Macmillan, 1958, pp. 243-244; 关于战争对城镇影响的细节报告，参见 Richard I. Melvoin, *New England Outpost: War and Society in Colonial Deerfield*, New York: W. W. Norton & Company, 1989, pp. 92-128。

战争的恐怖无关，但这两件事实际上是有联系的。由于对殖民者的不满情绪与日俱增，菲利普于1675年诉诸暴力，而在战争开始之前，没有什么比控制牲畜更频繁地困扰殖民者与印第安人之间的关系。[①] 英格兰殖民者通过大西洋向北美引入了成千上万的牛、猪、羊、马（没有一种是北美本土物种），因为他们认为牲畜对自身的生存至关重要，但从未想到这些畜群会招致印第安人反感。这些动物加剧了与生存方式、土地使用、财产权及最终政治权威相关的一系列问题。整个17世纪60年代，菲利普发现自己陷入两难境地，试图努力维护印第安人权利的同时适应英国人的存在。普利茅斯居民对他的抵制让他看到英格兰人的弹性也有局限，这表明殖民者最终看重的是他们的牲畜，而非与他的人民保持良好关系。当菲利普认清这一事实时，他在从牲畜饲主到战争领袖的道路上迈出了关键一步。

一

对新英格兰的成功殖民在很大程度上依赖从大西洋彼岸的故乡引入家畜。在普利茅斯殖民地早期历史中，这一点体现得最为明显。直到1624年，也就是“五月花号”到达四年后，爱德华·温斯洛（Edward Winslow）从英国带来“三头小母牛和一头公牛，即这片土地上最早出现的那种牛”。这个日期并非巧合，它标志着清教徒“饥饿时代”终结，乳制品和肉类开始补充到他们的饮食中。到1627年，自然增长和进口增加使得普利茅斯畜群数量至少达到15头，这提高了农业生产力。[②] 或许是学习普利茅斯的经验，马萨诸塞湾殖民地的领袖们一开始就带来了动物。17世纪30年代，约翰·

---

① 当历史学家对牲畜进行调查时，通常从生态学角度来研究。参见 William Cronon, *Changes in the Land: Indians, Colonists, and the Ecology of New England*, New York: Hill and Wang, 1983; Alfred W. Crosby, *Ecological Imperialism: The Biological Expansion of Europe, 900-1900*, New York: Cambridge University Press, 1986。

② William Bradford, *Of Plymouth Plantation, 1620-1647*, in Samuel Eliot Morison, ed., New York: Rutgers University Press, 1952, p. 141; Nathaniel Shurtleff and David Pulsifer, eds., *Records of the Colony of New Plymouth in New England*, 12 vols., Boston: Press of W. White, 1855-1861, XII, pp. 9-13. 也可参见 Darrett B. Rutman, *Husbandmen of Plymouth: Farms and Villages in the Old Colony, 1620-1692*, Boston: Beacon Press, 1967, pp. 14-15。

温斯罗普（John Winthrop）定期记录移民及牲畜的到达情况，经常记录船上动物和人的死亡率。据爱德华·约翰逊（Edward Johnson）推测，“大迁移”（Great Migration）参与者斥资12000英镑运输牲畜跨越大洋，其中还不包括那些动物的原始饲养成本。[①]

早期记录常常关注土地对牲畜的承载能力。约翰·史密斯（John Smith）注意到，在新英格兰有“大量的草，虽然草茎又长又密，既不能割也不能吃，非常糟糕，但那些牲畜非常喜欢并吃得很香”。弗朗西斯·希金森（Francis Higginson）告诉英国朋友，“土壤的肥沃令人羡慕，从到处生长的大量的草就可以看出这点”。“难以置信，”他补充道，“我们的牛、羊、马和猪在这片土地上茁壮成长，非常喜欢这里的水土。”殖民者倾向于在有充足天然牧草的地区定居。盐水沼泽吸引定居者来到新罕布什尔汉普顿，而萨德伯里（Sudbury）的创建者们也重视他们镇上河边的新鲜草地。黑弗里尔（Haverhill）的定居者与殖民地政府谈判，为他们的城镇争取了一大片土地，以满足他们“拥有一片牧场……的过分愿望”。大多数内陆林中空地无声见证了印第安人晚近的垦殖活动，他们定期放火烧荒避免这一地区重新被森林植被覆盖。[②]

一个城镇的畜群规模很快成为衡量其富裕程度的重要标准。早在1634年，威廉·伍德（William Wood）就注意到多切斯特（Dorchester）、罗克斯伯里（Roxbury）和坎布里奇（Cambridge）等地对于牛群来说特别“适宜育肥”。其他时人也补充了畜群增长迅速的城镇名单。1651年，爱德华·约翰

① John Winthrop, *The History of New England from 1630 to 1649*, in James Savage, ed., 2 vols., Boston: Gale, Sabin Americana, 1825–1826, Vol. 1, passim; Edward Johnson, *Johnson's Wonder-Working Providence, 1628–1651*, in J. Franklin Jameson, ed., Original Narratives of Early American History, New York: Charles Scribners' Sons, 1910, p. 54.

② John Smith, "Advertisements for the Unexperienced Planters of New-England, or anywhere..." (1631), *Collections*, 3rd ser., lll (1833), Massachusetts Historical Society, p. 37; Higginson to His Friends at Leicester, Sept. 1629, in Everett Emerson, ed., *Letters from New England: The Massachusetts Bay Colony, 1629–1638*, Amherst: University of Massachusetts Press, 1976, p. 31; Edward Johnson, *Johnson's Wonder-Working Providence, 1628–1651*, in J. Franklin Jameson, ed., Original Narratives of Early American History, New York: Charles Scribners' Sons, 1910, pp. 188–189, 195–196, quotations on pp. 234–235. 还可参见 William Wood, *New England's Prospect*, in Alden T. Vaughan, ed., Amherst: University of Massachusetts Press, 1977; orig. pub. 1634, pp. 33–34。关于选择印第安人空地作为英国人定居点的问题，参见 Howard S. Russell, *A Long, Deep Furrow: Three Centuries of Farming in New England*, Hanover: University Press of New England, 1976, p. 22。

逊统计了几个社区的人口和牲畜数量，以此来衡量神的眷顾。他的统计显示，有三四十户人家的城镇也能拥有几百头牲畜。[①] 就像《旧约》里的先知一样，新英格兰的农民一边清点畜群，一边祈祷。

他们对牲畜的兴趣部分源自他们在英格兰的经历。许多移民来自英格兰森林牧场地区，在那里他们从事牛群养殖和谷物种植的混合畜牧业。在新英格兰，农业因素的天平向畜牧业倾斜，因为该地长期劳动力短缺，使得养牛成为一种非常有效的资源利用方式。市政官员通常会雇用1—2个镇上的牧民，让其他牲畜的主人腾出手来清理田地、耕种庄稼、建造房屋和栅栏。在移民们成功种植英国干草之前，牲畜以丰富但营养价值较低的本地牧草为食，将原本价值不高的牧草转化为牛奶和肉类以供消费和销售。牲畜对于生存如此重要，以至于新英格兰人改变了英格兰人常见的围栏方式。英格兰法律要求农民将牲畜圈养在有栅栏或篱笆的牧场内，以保护他们的庄稼，但新英格兰的农民却被要求在玉米地周围建造并维护足够坚固的篱笆，以阻止四处游荡的牲畜进入。[②]

饲养牲畜对文化和经济都有影响。对于殖民者来说，本土家畜的缺乏彰显了该地区必不可少的原始野性。“这个国家尚未开发，”1621年罗伯特·

---

① William Wood, *New England's Prospect*, in Alden T. Vaughan, ed., Amherst: University of Massachusetts Press, 1977, pp. 58-60; Samuel Maverick, *A Briefe Discription of New England and the Severall Townes Therein Together with the Present Government Thereof* (1660), Boston: Press of D. Clapp & Son, 1885, pp. 8-15; Paul J. Lindholdt, ed., *John Josselyn, Colonial Traveler: A Critical Edition of "Two Voyages to New-England"*, Hanover: University Press of New England, 1988, pp. 110-119, 138-141; Edward Johnson, *Johnson's Wonder-Working Providence, 1628-1651*, in J. Franklin Jameson, ed., Original Narratives of Early American History, New York: Charles Scribners' Sons, 1910, pp. 68-69, 72, 110, 188-189, 195-197. 在17世纪的科德角镇（Cape Cod），大多数家庭拥有牛和猪，参见Anne E. Yentsch, "Farming, Fishing, Whaling, Trading: Land and Sea as Resource on Eighteenth-Century Cape Cod," in Mary C. Beaudry, ed., *Documentary Archaeology in the New World*, New York: Cambridge University Press, 1988, Table 13.8, p. 149。

② Virginia DeJohn Anderson, *New England's Generation: The Great Migration and the Formation of Society and Culture in the Seventeenth Century*, New York: Cambridge University Press, 1991, pp. 30-31, 151-152, 154-156; Howard S. Russell, *A Long, Deep Furrow: Three Centuries of Farming in New England*, Hanover: University Press of New England, 1976, chap. 4; William Cronon, *Changes in the Land: Indians, Colonists, and the Ecology of New England*, New York: Hill and Wang, 1983, pp. 141-142; Darrett B. Rutman, *Husbandmen of Plymouth: Farms and Villages in the Old Colony, 1620-1692*, Boston: Beacon Press, 1967, pp. 17-19; David Thomas Konig, *Law and Society in Puritan Massachusetts: Essex County, 1629-1692*, Chapel Hill: The University of North Carolina Press, 1979, pp. 118-119.

库什曼（Robert Cushman）这样写道，“土地尚未开垦，城市尚未建造，牛群尚未驯化。”这个英国人看到了这片野蛮土地及其人类和动物居民之间令人不安的平衡。库什曼指出，亚美利加“宽敞而空旷”，印第安人“只会在草地上奔跑，狐狸和野兽也同样如此”。[①] 这样的评价最终刺激了殖民者对这片土地所有权的主张。约翰·温斯罗普认为，这些“野蛮人”没有合法的权利，“因为他们既不围垦土地，也不维护土地，只要有机会就会搬走他们的住所”。温斯罗普反对印第安人的半游牧习惯，源于一种将文明等同于定居的文化假设，他将这种生活方式与饲养家畜相联系。温斯罗普借鉴《圣经》中的历史指出，“随着人类和牲口数量的增加，他们通过圈占和其他特殊手段占有了一些土地”，由此产生了对土地的“公民”权利。因此，用英国人和英国家畜来征服——事实上是驯化——荒野成为一种文化上的当务之急。托马斯·莫顿（Thomas Morton）诙谐地写道，只有文明开化的移民及其引入的牲畜“以勤勉产奶”，新英格兰才能成为一个新的迦南——一片奶与蜜之地。[②]

因此，只有那些顺从“驯化”的印第安人可以居住在“新英格兰迦南”地区。当然，他们必须信仰基督教。此外，殖民者坚持他们完全采纳英格兰的生产生活方式，包括饲养家畜。罗杰·威廉姆斯（Roger Williams）敦促当地人“遮蔽肮脏的裸体，饲养一些牲畜，由此从野蛮走向文明”。[③] 约翰·艾略特（John Eliot）提供家畜和其他物质奖励，以吸引印第安人变得

---

① Cushman, “Reasons and Considerations Touching the Lawfulness of Removing out of England into the Parts of America ‘and’ of the State of the Colony, and the Need of Public Spirit in the Colonists,” in Alexander Young, ed., *Chronicles of the Pilgrim Fathers of the Colony of Plymouth, From 1602 to 1625*, 2d ed., Boston: C. C. Little and J. Brown, 1844, pp. 243, 265.

② Allyn B. Forbes et al., eds., *Winthrop Papers, 1498 - 1654*, 6 vols., Boston: Massachusetts Historical Society, 1929 - 1992, Vol. 2, p. 120; Thomas Morton, *New English Canaan or New Canaan* ... (1637), in Charles Francis Adams, Jr., ed., *Publications of the Prince Society*, XIV, Boston: Prince Society, 1883, p. 230. 对于新英格兰迦南来说，蜂蜜也是进口的，因为蜜蜂并非美洲本土动物，参见 Alfred W. Crosby, *Ecological Imperialism: The Biological Expansion of Europe, 900-1900*, New York: Cambridge University Press, 1986, pp. 188-189。关于英国人对殖民与财产权之间联系的关注，见 William Cronon, *Changes in the Land: Indians, Colonists, and the Ecology of New England*, New York: Hill and Wang, 1983, p. 130; Neal Salisbury, *Manitou and Providence: Indians, Europeans, and the Making of New England, 1500 - 1643*, New York: Oxford University Press, 1982, pp. 176-177。

③ Glenn W. LaFantasie, ed., *The Correspondence of Roger Williams*, 2 vols., Hanover and London: Brown University Press/University Press of New England, 1988, Vol. 2, p. 413.

文明。他告诫一位原住民听众："如果你能更明智地认识上帝，遵照他的吩咐，你就能比（原文如此）你现在做得更多。"依照上帝命令和英国人的做法，每周劳动六天，艾略特承诺，"你应当像他们一样拥有布匹、房子、牲畜和财富，上帝会赐予你这些"。①

为了帮助印第安人实现这一转变，清教徒官员建立了 14 个"祈祷城镇"（praying towns），在那里，印第安人获得上帝赐予的物质奖励的同时还可以逐渐开始皈依基督教。这些社区的居民不仅学会像英格兰人那样礼拜上帝，还会穿英国衣服，住英式结构的房子，并用英格兰的牲畜进行耕种。从英格兰送来的支持这一文明计划的货物中，有 7 只牛铃铛，被用来分发给那些把传统锄头农具改换为犁的印第安农民。② 不久，牲畜数量增加成为"祈祷城镇"成功的标志，正如英国社区成功的标志一样。丹尼尔·古金（Daniel Gookin）在 1674 年报告中写道，祈祷城镇中的哈萨纳梅西特［Hassanamesitt，今格拉夫顿（Grafton）］是"养牛养猪的好地方；在这方面，这里的人是印第安人同规模城镇中物资储备最丰富的"。然而，他继续观察的结果显示，尽管这些原住民在种植庄稼和饲养动物方面"做得和其他印第安人一样好，甚至更好"，但他们"在勤奋和远见方面远远比不上英格兰人"。③

祈祷的印第安人通过饲养牲畜这一行为成为所谓文化适应实验的参与者。通过迁移到像纳蒂克（Natick）或哈萨纳梅西特这样的地方，他们声称

① Letter from Eliot in Thomas Shepard, "The Clear Sun-shine of the Gospel Breaking Forth upon the Indians in New-England..." (1648), *Colls.*, 3rd ser., MHS, IV (1834), pp. 57-58.

② William Kellaway, *The New England Company, 1649-1776: Missionary Society to the American Indians*, New York: Barnes and Noble, 1962, p. 69.

③ Gookin, *Historical Collections of the Indians in New England* (1674), *Coils.*, 1st ser., MHS, I, 1792, pp. 184, 185, 189; Paul J. Lindholdt, ed., *John Josselyn, Colonial Traveler: A Critical Edition of "Two Voyages to New-England"*, Hanover: University Press of New England, p. 105. 关于祈祷城镇的建设，参见 James Axtell, *The Invasion Within: The Contest of Cultures in Colonial North America*, New York: Oxford University Press, 1985, chap. 7; Francis Jennings, *The Invasion of America: Indians, Colonialism, and the Cant of Conquest*, Chapel Hill: The University of North Carolina Press, 1975, chap. 14; Salisbury, "Red Puritans: The 'Praying Indians' of Massachusetts Bay and John Eliot," *William and Mary Quarterly*, 3rd ser., XXXI (1974), pp. 27-54; James P. Ronda, "Generations of Faith: The Christian Indians of Martha's Vineyard," *William and Mary Quarterly*, XXXVIII (1981), pp. 369-394。

打算遵循英国人的方式——包括畜牧业——以求得到基督教上帝的恩惠。[①]但是这些“祈祷城镇”仅仅涵盖当地原住民的少数派，大多数印第安人拒绝了向英格兰人生活方式转变。对绝大多数人来说，牛群和猪群作为祈祷的印第安人转变的象征这一点有着截然不同的意义。它们可能会成为摩擦的来源，这揭示了印第安人和殖民者之间深刻的分歧。

当印第安人遇到这些不熟悉的动物时，他们必须决定如何称呼它们。据威廉姆斯报道，纳拉甘塞特人（Narragansetts）首先寻找本土动物和新出现动物外表与行为上的相似之处，然后简单地用已知动物名字来称呼这两种动物。因此，“ockqutchaun-nug”这种“长着红色毛发的野兽，个头和猪差不多，而且长得像猪一样”的名字，被用来称呼英格兰猪。然而，纳拉甘塞特人发现大多数家养动物都没有相似之处，于是就使用了以下新词，诸如“cowsnuck”、“goatesuck”、“hogsuck”或者“pigsuck”。威廉姆斯解释说，“以-suck为词尾的词汇在他们的语言中很常见，由于不知道该给这些动物取什么名字，因此他们把这一词尾加入英语词汇中。”[②]

二

给这些动物取印第安名字并不意味着大多数印第安人想拥有牲畜。事实上，最初与家畜接触会产生反作用，因为畜牧业不容易与原住民的习俗相适应。印第安人几乎不可能赶着成群的牛进行冬季狩猎，因为它们需要棚屋和饲料来抵御寒冷的天气。猪会与它们的主人争夺坚果、浆果和根茎，任何种

① 祈祷的印第安人从未完全适应英国人的计划来改变自身文化，参见 Harold W. Van Lonkhuyzen, “A Reappraisal of the Praying Indians: Acculturation, Conversion, and Identity at Natick, Massachusetts, 1646-1730,” *New England Quarterly*, LXIII (1990), pp. 396-428; Kathleen J. Bragdon, “The Material Culture of the Christian Indians of New England, 1650-1775,” in Mary C. Beaudry, ed., *Documentary Archaeology in the New World*, New York: Cambridge University Press, 1988, pp. 126-131。他们试图平衡英国解决方式与当地偏好二者的尝试在菲利普国王战争后遭到沉重打击，参见 Daniel Mandell, “‘To Live More Like My Christian English Neighbors’: Natick Indians in the Eighteenth Century,” *The William and Mary Quarterly*, 3rd ser., XLVIII (1991), pp. 552-579。

② Williams, *A Key into the Language of America*, in John J. Teunissen and Evelyn J. Hinz, eds., Detroit: Wayne State University Press, 1973, pp. 173-175. “ockqutchaun”指土拨鼠，笔者非常感谢普利茅斯种植园的詹姆斯·贝克（James Baker）提供的这一信息。

类牲畜的出现往往会赶走鹿。[①] 此外，对于印第安人来说，大多数动物是他们的猎物，他们对动物作为财产这一概念本身就感到十分纠结。他们认为，一个人只能拥有死去的动物，这些动物是猎人用来与家族成员分享的。[②]

此外，畜牧业会影响传统上基于性别的劳动分工，继而将深远地改变妇女的生活。主要负责农业生产的妇女是否能承担起畜牧业的新职责？如果不能，男性参与牲畜饲养将在何种程度上改变女性作为主要食物供应者的强大角色？谁来保护妇女的庄稼不受动物侵害？牲畜繁殖及照料的时间周期与根据农业种植周期确定月份的印第安历法如何协调？[③]

畜牧业也挑战了原住民的精神信仰和实践。因为印第安人的精神世界对于人类和动物并没有严格区别，他们的狩猎仪式旨在安抚动物的灵魂，这些动物与其说地位低于人类，倒不如说与作为狩猎者的人类不尽相同。在这一信仰中，动物被认为是森林的合法居住者，猎杀动物需要对它们的习性有深入的了解。印第安人能将这些关于动物是属灵之物（manitous）抑或作为“不同于人类的人格”（other-than-human persons）的观点应用到家畜身上吗？或者说这些家畜的英格兰起源以及它们对人类主人的依赖会妨碍它们与熊、鹿、海狸等一同被纳入原住民的精神世界吗？[④]

---

① William Cronon, *Changes in the Land: Indians, Colonists, and the Ecology of New England*, New York: Hill and Wang, 1983, p. 101; M. K. Bennett, “The Food Economy of the New England Indians, 1605-75,” *Journal of Political Economy*, LXIII (1955), pp. 369-397.

② William Cronon, *Changes in the Land: Indians, Colonists, and the Ecology of New England*, New York: Hill and Wang, 1983, pp. 129-130.

③ Harold W. Van Lonkhuyzen, “A Reappraisal of the Praying Indians: Acculturation, Conversion, and Identity at Natick, Massachusetts, 1646-1730,” *New England Quarterly*, LXIII (1990), pp. 412-413; Joan M. Jensen, “Native American Women and Agriculture: A Seneca Case Study,” *Sex Roles: A journal of Research*, lll (1977), pp. 423-441; Neal Salisbury, *Manitou and Providence: Indians, Europeans, and the Making of New England, 1500-1643*, New York: Oxford University Press, 1982, p. 36. 关于驯养动物如马如何扰乱了印第安社会中基于性别的劳动分工，参见 Richard White, “The Cultural Landscape of the Pawnees,” *Great Plains Quarterly*, 11 (1982), pp. 31-40。非常感谢乔治·菲利普提供这一参考文献。

④ Kenneth M. Morrison, *The Embattled Northeast: The Elusive Ideal of Alliance in Abenaki-Euramerican Relations*, Berkeley: University of California Press, 1984, chap. 2; Gregory Evans Dowd, *A Spirited Resistance: The North American Indian Struggle For Unity, 1745-1815*, Baltimore: Johns Hopkins University Press, 1992, chap. 1; Neal Salisbury, *Manitou and Providence: Indians, Europeans, and the Making of New England, 1500-1643*, New York: Oxford University Press, 1982, pp. 35-36; Elisabeth Tooker, ed., *Native North American Spirituality of the Eastern Woodlands: Sacred Myths, Dreams, Visions, Speeches, Healing Formulas, Rituals, and Ceremonials*, New York: Paulist Press, 1979, pp. 11-29.

最后，饲养牲畜的决定与原住民自英格兰人建立早期殖民地起就产生的对家畜的强烈敌意背道而驰。由于殖民者经常在他们到来之前因流行病而人口减少的印第安村庄旧址上建立城镇，因此英国人和印第安人居住地之间没有界线。当地村庄和殖民者城镇可以靠得很近，这种偶然的接近导致了关系紧张。至少在最初，这两个看似不可能毗邻而居的族群间的摩擦，与其说源于印第安人和英格兰人关于财产概念的不同观念，不如说源于牲畜的行为。家畜被放养到森林里去觅食，它们从英格兰人的城镇游荡到印第安人的玉米地，饱餐一顿，然后继续前进。

从来不筑篱笆保护土地的印第安人对这样的突袭毫无防备。甚至他们的地下储藏坑也被证明是脆弱的，因为猪“找到了打开谷仓门和洗劫谷仓的方法”，促使当地妇女“恳求她们的丈夫把树干滚到坑里”，以防止更大损失。[①] 猪还破坏了原住民另一个重要食物来源。当它们沿着海岸线“看着低洼的水（正如印第安妇女做的那样）”，寻找蛤蜊，这是它们“最令原住民憎恨的行为”，原住民称它们为“肮脏的害人精”等等。[②] 在普利茅斯殖民地，利河伯（Rehoboth）的殖民者和他们的印第安邻居就非法入侵动物造成的损失进行了长期争论。起初，在 1653 年，殖民者声称对印第安人的抱怨“一无所知”。到 1656 年，殖民者已经沿着城镇边界围起栅栏。但因为存在一条牲畜“可以游过”的河流（它分开英格兰人和原住民土地），这些动物仍然能通过自己的方式进入印第安人的玉米地。四年后，菲利普的哥哥瓦姆苏塔（Wamsutta），即英格兰人所称的亚历山大，仍在向普利茅斯当局报告印第安人的抱怨。[③]

英格兰的牲畜在森林里游荡，也造成了许多麻烦。牛和猪走进了鹿

① Nathaniel B. Shurtleff, ed., *Records of the Governor and Company of the Massachusetts Bay in New England*, 5 vols., Boston: William White, Printer to the Commonwealth, 1853－1854, Vol. 1, pp. 102, 121, 133; John Noble, ed., *Records of the Court of Assistants of the Colony of the Massachusetts Bay, 1630–1692*, 3 vols., Boston: County of Suffolk, 1901－1928, pp. 11, 46, 49, 引自 William Wood, *New England's Prospect*, in Alden T. Vaughan, ed., Amherst: University of Massachusetts Press, 1977, p. 113。

② Williams, *A Key into the Language of America*, in John J. Teunissen and Evelyn J. Hinz, eds., Detroit: Wayne State University Press, 1973, p. 182.

③ Shurtleff and Pulsifer, eds., *Plym. Col. Recs.*, Ⅲ, pp. 21, 106, 119–120, 167, 192.

的陷阱，英格兰人认为印第安人要为牲畜所受的伤害负责。[①] 同样，1638年，塞勒姆（Salem）的威廉·哈索恩（William Hathorne）发现他的一头牛被箭射中，坚持要求赔偿。塞勒姆的官员从当地印第安人那里索要了100英镑的天价，当时一头牛的价值大约是20英镑。罗杰·威廉姆斯替原住民向约翰·温斯罗普陈情，解释殖民者指控错了犯事的印第安人，酋长们非常愤怒，因为英格兰人要他们亲自为其臣民所谓的冒犯行为承担罚款责任。“他们也不相信英格兰的地方长官会这样做，”威廉姆斯报告说，“因此，他们希望我们能接纳他们所做的、符合我们公义的事情。”[②]

威廉姆斯接着说：“这件事混乱不堪，需要一只耐心和温柔的手来纠正彼此之间的误解和错失。”他预见到，殖民者试图在印第安人狩猎的地方饲养牲畜，会招致无休止的指责。原住民领袖们发现威廉姆斯是一个富有同情心的倾听者，告诉他“他们的人在狩猎或出行时是恐惧的”，因为他们有理由相信，他们将要为每一个在森林中发现的受伤或死亡的家畜负责。威廉姆斯敦促温斯罗普与印第安人合作，制定一个公平的程序，以便此后在类似事件中遵循这个程序，这样印第安猎人就不会因为一个似乎对他们不利的严格的司法系统而有危机感。[③]

三

殖民当局没有认识到英格兰人和印第安人的生存机制在根本上是不相容的，而是一再允许联合使用土地。[④] 在这样做的时候，他们假设印第

① 举例来说，参见 Shurtleff, ed., *Mass. Bay Recs.*, I, p. 143; Charles J. Hoadly, ed., *Records of the Colony and Plantation of New Haven*, 2 vols., Hartford: Case, Tiffany and Company, 1857-1858, Vol. 1, p. 150。关于印第安人狩猎技术介绍，参见 Williams, *A Key into the Language of America*, in John J. Teunissen and Evelyn J. Hinz, eds., Detroit: Wayne State University Press, 1973, pp. 224-225。

② LaFantasie, ed., *Correspondence of Williams*, Vol. 1, Hanover and London: Brown University Press/University Press of New England, 1988, p. 192.

③ LaFantasie, ed., *Correspondence of Williams*, Vol. 1, Hanover and London: Brown University Press/University Press of New England, 1988, p. 193, quotations on p. 192.

④ 关于联合用地的问题，参见 Peter A. Thomas, "Contrastive Subsistence Strategies and Land Use as Factors for Understanding Indian-White Relations in New England," *Ethnohistory*, XXIII (1976), pp. 1-18。

安人会同意殖民者的牲畜实际上也拥有对森林和田地的使用权。印第安人只有接受对他们活动的某些限制，才能在英格兰人声索的土地上狩猎。例如，在巴恩斯特布尔镇（Barnstable）设置陷阱的印第安人，每天都要“尽心且勤勉地”查看他们的陷阱，检查是否有被困的牲畜，如果发现，“会迅速把它们放出来”。[①] 在1649年佩科特镇（Pequot）创建时，康涅狄格政府对印第安猎人施加了更严格的限制。莫西干（Mohegan）酋长恩卡斯（Uncas）被命令“他或他的手下不得在镇里设置陷阱”，尽管殖民地官员认为没有充分理由“禁止和限制恩卡斯和他的手下打猎和捕鱼”，除非他们在安息日这么做。1650年，康涅狄格当局从通克西斯（Tunxis）印第安人那里获得了牧场，同样承认土著人拥有在土地上狩猎、捕鱼和捕鸟的权利，只要这些活动“不违反当地任何规定对牛造成伤害”。[②] 一直到1676年，在菲利普国王战争之后，康涅狄格的官员允许“友好的”印第安人“在被征服的纳拉甘塞特地区狩猎，只要他们设置的陷阱不侵害英国人的利益”。[③]

联合使用土地这一行动注定要失败，不是因为印第安人不愿遵守英格兰人的条件，而是因为在狩猎土地上放牧牲畜会不可避免地产生问题。意外伤害必然发生，并且会妨碍到殖民者，而印第安人则对家畜走出森林进入玉米地造成的损失而感到愤怒。牲畜对英格兰人来说是不可或缺的，而印第安人是厌恶它们的，牲畜的行为破坏了双方的和睦相处。试图解决由穿越森林的牲畜引发的争端只能导致双方的挫败。

毫无疑问，印第安人首先认识到联合使用土地和殖民者的动物无限制觅食造成的固有困难。一位康涅狄格的酋长甚至试图限制殖民者使用土地，而那土地是他曾愿意直接赠予他们的。当住在斯坦福德（Stamford）附近的派米基（Pyamikee）与镇政府官员谈判时，他试图让英格兰人同意不把他们的牲畜放在这片土地上，因为他知道“英格兰人的猪会在邻近土地上破坏

① Shurtleff and Pulsifer, eds., *Plym. Col. Recs.*, Ⅱ, pp. 130-131.

② 引文见于 Kenneth L. Feder, “‘The Avaricious Humour of Designing Englishmen’: The Ethnohistory of Land Transactions in the Farmington Valley,” *Bulletin of the Archaeological Society of Connecticut*, 45 (1982), p. 36。

③ J. Hammond Trumbull et al., eds., *The Public Records of the Colony of Connecticut ...*, 15 vols., Hartford: Hartford, Brown & Parsons, 1850-1890, Vol. 2, p. 289. 殖民地官员最终禁止印第安人秋天在森林烧荒，这种做法烧掉了灌木丛，使狩猎更加高效，但对殖民者的干草堆造成危险。Shurtleff, ed., *Mass. Bay Recs.*, Ⅴ, pp. 230-231.

他们（印第安人）的玉米”，“万一这些猪越过了那条五英里（1 英里 = 1609.344 米）长的河”也会造成这种结果。但是殖民者只向派米基保证，牲畜总是在饲养者的监督下迁徙。[①]

另一个案例中，在 1648 年的罗德岛，一个不幸的肖米特（Shawomet）印第安人花了五天时间从他的玉米地里追赶猪，结果被一个英格兰人用棍子打了个正着，这个英格兰人“愤怒地质问那个印第安人为什么追赶猪”。当他回答说“因为这些猪确实吃了玉米”，英格兰人就“冲向印第安人”，于是在这些争论者之间发生了一场混战。对案件进行裁决的尝试导致问题进一步复杂化，因为涉事英格兰人是罗德岛人，而涉事土地则被宣称隶属普利茅斯。由于对能否在普利茅斯法庭得到公正审判持怀疑态度，作为受害印第安人代表的肖米特酋长普汉姆（Pumham）要求在马萨诸塞审理此案。[②]

普汉姆信任英国司法制度，这一点或许值得注意。然而，和普汉姆一样，许多印第安人利用殖民地法庭就非法入侵的牲畜所造成的损失寻求赔偿。反过来，英格兰当局常常承认这些投诉的合法性，并给予赔偿，比如 1632 年，马萨诸塞州法院命令理查德·索尔顿斯托（Richard Saltonstall）爵士给“萨加莫尔·约翰（Saggamore John）一大桶玉米，以补偿畜群对其玉米的损害”。[③]然而，关于非法侵入的投诉如此频繁，以至于殖民地政府指示各个城镇制定当地仲裁程序，以免法庭应接不暇。在普利茅斯殖民地，审查这类案件的任务不是由镇行政委员负责，就是由特别委员会负责。如果牲畜的主人无视支付损失的命令，受害的印第安人可以“向某些地方法院申请授权，以扣押令

---

① Hoadly, ed., *New Haven Recs.*, Ⅱ, pp. 104-107.

② Allyn B. Forbes et al., eds., *Winthrop Papers, 1498 - 1654*, 6 vols., Boston: Massachusetts Historical Society, 1929-1992, Vol. 5, pp. 246-247. 早在六年前将土地卖给来自马萨诸塞州的定居者时，普汉姆就已经与海湾殖民地建立了联系。Neal Salisbury, *Manitou and Providence: Indians, Europeans, and the Making of New England, 1500 - 1643*, New York: Oxford University Press, 1982, p. 230.

③ Shurtleff, ed., *Mass. Bay Recs.*, I, p. 102. 城镇和殖民地当局给予印第安人赔偿的类似例子参见 Shurtleff, ed., *Mass. Bay Recs.*, I, pp. 121, 133; Trumbull et al., eds., *Public Recs. of Conn.*, Ⅱ, p. 165, Ⅲ, p. 81; Shurtleff and Pulsifer, eds., *Plym. Col. Recs.*, Ⅲ, p. 132, IV, p. 68; Howard M. Chapin, ed., *The Early Records of the Town of Warwick*, Providence: E. A. Johnson, 1926, p. 89; Leonard Bliss, Jr., *The History of Rehoboth, Bristol County, Massachusetts...*, Boston: Boston, Otis, Broaders, and Company, 1836, p. 44。也可参见 Yasuhide Kawashima, *Puritan Justice and the Indian: White Man's Law in Massachusetts, 1630-1763*, Middletown: Wesleyan University Press, 1986, chap. 7。

方式收回赔偿”。[①] 马萨诸塞州和康涅狄格州采取了类似措施。[②]

但是，殖民者并不像他们看起来那样配合。他们坚持要求印第安人求助于对他们来说陌生的英格兰司法系统，该系统诉讼程序是用一种难以理解的语言进行的，因此需要使用并非总是可靠的译员（上述案例中，普汉姆反对普利茅斯法庭审理的理由之一是他不信任法庭口译员）。此外，英国人很快要求印第安人在寻求赔偿之前把他们的玉米地围起来。早在 1632 年，从索尔顿斯托那里获得赔偿的萨加莫尔·约翰，不得不承诺“在未来一年内，乃至以后”都会将他的田地围起来。[③] 1640 年，马萨诸塞州法律要求定居者帮助他们的印第安邻居“砍伐树木、修剪和打磨栏杆，并为围栏打洞”来制作围栏，但这种友好的姿态伴随着严格的附带条款。任何印第安人如果在得到这样的帮助后拒绝将自己的土地围起来，就丧失了起诉索赔的权利。此外，印第安人还必须查明是哪些动物践踏了他们的玉米——如果这些动物在被发现入侵之前来过又离开，这是不可能完成的任务。[④] 从 17 世纪 50 年代开始，普利茅斯地方官员允许印第安人扣押非法入侵的动物，但这意味着他们要么必须把这些动物赶到最近的英格兰人所建的畜栏，要么在自己土地上建造一个畜栏，然后步行到最近的城镇“迅速通知上报”有动物被这样扣押了。[⑤]

即使他们遵守英格兰人的条件，印第安人也不指望针对动物非法入侵的法律得到公平执行。殖民地政府的强制力是有限的——地方行政官很难去查看每一个倒下的围栏和被毁坏的土地——依靠地方裁决意味着市民必须自我监督。新英格兰殖民者爱打官司是出了名的，但是为免于英格兰邻居的指控而辩护是一回事，公正地判决印第安人的入侵指控则是另一回事。当靠近殖民地政府中心地带出现问题时，印第安人的诉求通常能得到公平倾听，就像波士顿附近的萨加莫尔·约翰那样。但是，动物非法入侵法的执行力在殖民

① Shurtleff and Pulsifer, eds., *Plym. Col. Recs.*, V, p. 62; IX, p. 143 (quotation), p. 219.

② Shurtleff, ed., *Mass. Bay Recs.*, I, pp. 293 - 294; Trumbull et al., eds., *Public Recs. of Conn.*, Ⅲ, pp. 42-43.

③ Shurtleff, ed., *Mass. Bay Recs.*, I, pp. 99.

④ William H. Whitmore, ed., *The Colonial Laws of Massachusetts, Reprinted from the Edition of 1660, with the Supplements to 1672, Containing Also, the Body of Liberties of 1641*, Boston: Rockwell and Churchill, City Printers, 1889, p. 162. 1662 年普利茅斯殖民地法律要求定居者帮助印第安人建造围栏，参见 Shurtleff and Pulsifer, eds., *Plym. Col. Recs.*, XI, pp. 137 - 138。

⑤ Trumbull et al., eds., *Public Recs. of Conn.*, III, pp. 42 - 43; Shurtleff and Pulsifer, eds., *Plym. Col. Recs.*, Ⅲ, p. 106, 192; XI, pp. 123, 137-138.

地边缘则变得更加随意。在距离波士顿30英里的祈祷城镇欧克玛卡麦西特/马尔伯勒（Okommakamesit/Marlborough），印第安人放弃了150英亩带有苹果园的土地，“这对他们来说几乎没什么好处，也不可能有什么好处；英国人的牛会吃掉所有果实，因为果园是开放且没有围栏的”。他们显然不指望得到补偿。[①] 在罗德岛和普利茅斯争议地带，殖民者之间很难就谁负责达成一致。在这种情况下，正如普汉姆和他的肖米特族人所发现的那样，那些挥舞棍棒的英格兰人很轻易就将法律掌握在自己手中。在更远的地方，比如缅因州，就连正当程序的幌子也可能失效。1636年，萨科（Saco）专员授权他们的一名成员“处死任何被证明杀害过英格兰人的猪的印第安人”，并命令所有殖民者当即“逮捕、处决或杀死任何杀害过英格兰人、杀死英格兰人的畜群、破坏他们的货物或对他们施暴的印第安人”。[②]

考虑到殖民地法律体系的缺陷，许多印第安人按照他们自己的正义观念对待入侵的牲畜也就不足为奇了。印第安人偷或杀牲畜的行为可能不像英格兰人认为的那样胡作非为，而更多的是为报复所遭受的损失。在松散的乡村群体中，印第安人更看重对亲属的忠诚，而不是对更大社会群体的忠诚。这些亲属关系的力量曾经限制了酋长的权威［地方法官们失去了这一点权威，因为他们曾命令酋长赔付哈索恩（Hathorne）的牛］，并允许为报复家庭成员所受不公而采取暴力行为。[③] 英格兰当局并没有费心去调查印第安人偷窃和虐待动物的动机。但是举例来说，当普汉姆和其他肖米特人——他们之前遇到了暴躁的殖民者和无效的法庭——后来被指控“杀牛和强行闯入”殖民者土地时，毋庸置疑他们在实施自己的报复型正义。[④]

四

一旦印第安人以自己的方式处理这些纷争，他们可能会被指控偷窃

① Gookin, *Historical Collections of the Indians in New England* (1674), *Coils.*, MHS, 1792, p. 220.

② Charles Thornton Libby ton Lib by et al., eds., *Province and Court Records of Maine*, 5 vols., Portland: Maine Historical Society, 1928-1960, Vol. 1, pp. 2-4.

③ Neal Salisbury, *Manitou and Providence: Indians, Europeans, and the Making of New England, 1500-1643*, New York: Oxford University Press, 1982, pp. 41-42; Yasuhide Kawashima, *Puritan Justice and the Indian: White Man's Law in Massachusetts, 1630-1763*, Middletown: Wesleyan University Press, 1986, chap. 1.

④ John Russell Bartlett, ed., *Records of the Colony of Rhode Island and Providence Plantations, in New England*, 10 vols., New York: AMS Press, 1968; orig. pub. 1856-1865, Vol. 1, p. 391.

和破坏财产，此时英格兰法将完全不利于他们。对这类罪行的惩罚进一步破坏了英格兰人和印第安人两个群体间的关系。由于无力支付必要的罚金（通常是用英国货币征收的），印第安人发现自己被监禁或被判处肉体惩罚。[①] 因此，即使牲畜数量增加，他们的选择也减少了。对这些动物的报复导致来自英国人的严厉的制裁，而按照英格兰标准来安置这些动物，则要求印第安农业做出不可接受的改变，并在实际上放弃狩猎行为。到 17 世纪中叶，印第安人十分清楚，英格兰人和那些讨厌的动物不会消失。对英格兰人来说，他们认为解决办法是让印第安人放弃原有的生活方式，自己成为牲畜饲养者。

一些印第安人——最著名的是菲利普国王——接纳了畜牧业，尽管这么做并不是屈服于英格兰人的范例和劝导。他们的接纳并不是一个有意或无意走向文化适应的步骤，他们拒绝进行英格兰人所提倡的完全转变，后者将畜牧业与文明开化联系在一起。取而代之的是，原住民的决定符合更广泛的跨文化借用模式，这在最初几十年的接触中形成了英格兰人与印第安人关系的重要主题。正如殖民者将原住民的作物和农业技术融入自己的农业系统一样，印第安人从一系列英格兰制造的物品中选择枪支、布匹和铁锅等，作为弓、箭、兽皮和陶器的更有效的替代品。在这样做的过程中，两个群体都没有丧失自己的文化身份，而且当一些印第安人开始饲养牲畜时——同样主要出于实际考虑——特地选择最低限度扰乱自身生活轨迹的英格兰牲畜。

饲养牲畜的印第安人绝大多数更喜欢猪。[②] 与其他进口动物相比，猪更像狗这种印第安人已经拥有的驯化动物。这两个物种都捡拾食物，吃主人的

---

① 印第安人损害牲畜的例子参见 Trumbull et al., eds., *Public Recs. of Conn.*, I, p. 226; Hoadly, ed., *New Haven Recs.*, II, p. 361; Shurtleff, ed., *Mass. Bay Recs.*, I, pp. 87, 88; IV, pt. 2, pp. 54, 361; Shurtleff and Pulsifer, eds., *Plym. Col. Recs.*, IV, pp. 92-93, 190-191, V, p. 80, IX, Ⅲ, p. 209; Samuel Eliot Morison, ed., *Records of the Suffolk County Court, 1671-1680*, Boston: Colonial Society of Massachusetts, 1933, XXIX, p. 404。

② 几乎所有提到印第安人拥有牲畜的参考文献都特别提到了猪，参见 Chapin, ed., *Early Recs. of Warwick*, p. 102; Shurtleff and Pulsifer, eds., *Plym. Col. Recs.*, IV, p. 66, V, pp. 6, 11-12, 22, 85; Bartlett, ed., *R. I. Col. Recs.*, II, pp. 172-173; Brigham, ed., *Early Recs. of Portsmouth*, pp. 149-150; Trumbull et al., ed., *Public Recs. of Conn.*, Ⅲ, p. 55。也可参见 Robert R. Gradie, "New England Indians and Colonizing Pigs," in William Cowan, ed., *Papers of the Fifteenth Algonquian Conference*, Ottawa: Carleton University, 1984, pp. 147-169, 非常感谢芭芭拉·德沃尔夫提供这一参考文献。

残羹剩饭。尽管猪还会与人类争夺野生植物和贝类，可能破坏当地的玉米田，但这些不利因素被它们提供的肉类和印第安人可以随心所欲处理自己的猪而抵消。和狗一样，猪也会积极抵御狼等捕食者。罗杰·威廉姆斯记录了“两只怀着小猪的英格兰猪”将一匹狼驱离开刚杀死的鹿，然后自己吃掉猎物的例子。猪也可以像狗一样被训练，招之即来，这对在森林里觅食的动物来说是一种有用的特性。[①]

养猪只需要相对较少地调整当地日常生活方式，程度上远远低于养牛。它对劳动要求很少，无论何人——不管是男人还是女人——只需完成照顾它们的基本任务。养牛要么会极大地增加女性工作量，要么会让男性参与到新型劳动中，使他们与村庄更紧密地联系在一起。牛需要每晚喂食，每天挤奶。大多数公牛犊必须被阉割，少数公牛则需要细心照料。由于牛在冬天需要饲料和住所，印第安人不得不收集、晒干草料，建造、清理谷仓——这些活动在狩猎季节影响了他们的流动性。每个村庄都有一些人必须成为牧民。在森林里失去一头牛比失去一头猪更严重，因为猪的繁殖率要高得多。[②]

作为有限劳动力投资的回报，当地养猪人获得了全年的蛋白质，取代了他们无法从日益减少的鹿群那里得到的肉。事实上，这些印第安人的饮食得到了改善，避免因过去依赖玉米和野味而引起的季节性营养不良。[③] 猪还替代了以前从野生动物那里获得的产品。古金在 1674 年指出，印第安人“以前用熊油来涂他们的皮肤和头发，但现在用猪油”。至少在一个例子中，印第安人用“绿色猪皮”代替鹿皮制作软鞋。相比之下，殖民者们看重牛的原因对印第安人来说没什么吸引力。移民用牛犁地耕作，但使用锄头耕作的

① Juliet Clutton-Brock, *Domesticated Animals from Early Times*, Austin: Heinemann, 1981, pp. 73, 74; Williams, *A Key into the Language of America*, in John J. Teunissen and Evelyn J. Hinz, eds., Detroit: Wayne State University Press, 1973, p. 226.

② Juliet Clutton-Brock, *Domesticated Animals from Early Times*, Austin: Heinemann, 1981, pp. 68, 73; Howard S. Russell, *A Long, Deep Furrow: Three Centuries of Farming in New England*, Hanover: University Press of New England, 1976, p. 35, 88; Percy Wells Bidwell and John I. Falconer, *History of Agriculture in the Northern United States, 1620–1860*, Washington: Duke University Press, 1925, repr. New York: Peter Smith, 1941, pp. 25, 31–32.

③ 目前有一个粗略但具启发性的证据。考古研究发现，一个可追溯至 17 世纪中期的纳拉甘塞特墓地（时间地点大致与印第安人养猪的历史证据相对应），印第安人骨骼令人惊讶地没有显示出他们患有缺铁性贫血，也几乎没有季节性营养不良。这些特征源于饮食改良，尽管饮食具体内容无法复原，但猪肉消费可能是一个重要因素。参见 Marc A. Kelley, Paul S. Sledzik, and Sean P. Murphy, "Health, Demographics, and Physical Constitution in Seventeenth-Century Rhode Island Indians," *Man in the Northeast*, 34 (1987), pp. 1–25。

印第安人不需要它们。殖民者还珍视牛群提供的肉类和奶制品；虽然印第安人会吃牛肉，但大多数原住民成年人在生理上无法消化乳糖，除非只是少量摄入，因此他们可能会避免食用奶制品。[①]

殖民者们饲养猪，也吃猪肉，但他们不像印第安人那样偏爱猪而不是牛。在英格兰人看来，牛是温顺的上等动物。相反，猪是一种邋遢的动物，在泥里打滚，吃垃圾，据说还会杀死不留心的孩子。殖民者给他们的牛取名为斑纹（Brindle）、火花（Sparke）和天鹅绒（Velvet），没人给猪起名字。英格兰人为了吃咸肉、火腿和培根，出于宽容饲养猪，容忍它们令人讨厌的行为。最重要的是，养猪不像养牛那样能促进养成勤奋和规律的生活习惯。那些歌颂畜牧业文明开化效益的作家们，毫无疑问想象定居的印第安农民与他们的英国邻居一起平静地采集干草、放牧牛群，但现实远非如此田园牧歌。[②]

殖民者们遇到的印第安人的生活方式和以前没什么不同，但现在猪在他们的土地上游荡，偶尔也会进入英格兰人的玉米地。[③] 殖民者不情愿地承认印第安人对动物的财产权，但通常认为土著人的猪是偷来的。1672 年，海湾殖民地官员坚持认为印第安人偷了猪，尽管承认“很难证明”他们确实做了这种事。其他解释——比如印第安人捕获了野生动物或者从定居者那里购买了猪——则很少被提出。事实上，“英格兰人，尤其是在内陆种植园，……散养了很多猪”，而印第安人拥有猪的说法引起了怀疑。[④]

为了防止动物盗窃和识别走失动物，移民们给动物耳朵上做了专门标记。每位主人都有独特标志在镇上登记备案，当动物被报失或发现走失时，会通过备案检查确认。城镇和殖民地要求使用耳标的命令激增，标记本身也

---

① Gookin, *Historical Collections of the Indians in New England* (1674), *Coils.*, MHS, 1792, p. 153; Shurtleff, ed., *Mass. Bay Recs.*, IV, pt. 2, p. 360. 关于印度人的乳糖不耐受，见 Alfred W. Crosby, *Ecological Imperialism: The Biological Expansion of Europe, 900 - 1900*, New York: Cambridge University Press, 1986, p. 27。

② 关于当时英国人对待家畜的态度，参见 Keith Thomas, *Man and the Natural World: A History of the Modern Sensibility*, New York: Pantheon Books, 1983, pp. 54, 64, 95, 96。这种态度一直持续到 19 世纪，参见 Harrier Ritvo, *The Animal Estate: The English and Other Creatures in the Victorian Age*, Cambridge: Harvard University Press, 1987, p. 21。殖民者同意猪对儿童的危险性评估，参见 City of Boston, *Second Report of the Record Commissioners* (Boston Town Records, 1634-1660), Boston: Rockwell and Churchill, 1877, p. 145。举例来看，关于牛的名字参见 George Francis Dow, ed., *Records and Files of the Quarterly Courts of Essex County*, 9 vols., Salem: Essex Institute, 1911-1975, Vol. 3, pp. 361, 428。

③ Trumbull et al., eds., *Public Recs. of Conn.*, III, p. 55n.

④ Shurtleff, ed., *Mass. Bay Recs.*, IV, pt. 2, p. 512.

日益复杂（标记由作物、狭缝、“叉子”、“半便士”等混合组成），这些都成为衡量牲畜数量增长的很好的标准，耳标本身成为一种代代相传的财产形式。[①] 然而，地方法官不允许原住民为猪做标记，而是命令“任何印第安人都不得给他们的猪做耳标，否则将处以没收的惩罚”。一个印第安人如果想卖掉一头猪，必须保证猪的耳朵完好无损；如果他卖猪肉，必须出示从猪身上取下的未标记的耳朵。这种做法使得原住民对英国猪的采购成为问题，因为这些动物已经有了耳标。如果这个印第安人随后想要出售这样的动物，他可能会被要求“提供可靠的证据，证明他从一些英格兰人那里诚实地获得了有这样标记的猪”。此外，印第安人还受到无良殖民者的左右，这些人可能会偷走他们的动物，并用耳标将其据为己有。殖民者没有禁止印第安人养猪，但他们否认印第安人通过耳标这一公认象征合法地拥有猪。[②]

五

印第安人选择性参与畜牧业，几乎没有改善原住民和殖民者之间的关系。这反而在先前的问题清单上又增加了一些同样令人烦恼的新问题，包括印第安人动物的侵入、盗窃问题和证明动物财产所有权的困难。对殖民者来说，最不受欢迎的变化可能是，有进取心的印第安人开始销售猪和猪肉，与生产同样商品的英格兰生产商竞争。许多与耳标相关的命令，其开头都是假定原住民的竞争与其不诚信密不可分。在马萨诸塞湾殖民地，存在“怀疑一些印第安人偷猪并卖给英格兰人的理由”；在普利茅斯，殖民者抱怨“印第安人从英格兰人那里偷猪并卖给他们”。因此，地方法官敦促殖民者在他

---

① 举例来说，有关耳朵标记的条款参见 Trumbull et al.，eds.，*Public Recs. of Conn.*，I，pp. 118，517；Shurtleff，ed.，*Mass. Bay Recs.*，IV，pt. 2，pp. 512 - 513；Brigham，ed.，*Early Recs. of Portsmouth*，pp. 72-73。关于耳朵标记的介绍，参见 Brigham，ed.，*Early Recs. of Portsmouth*，pp. 261-286，288-295，320-322。关于牛和马通常打上烙印，所有者常常在镇上报备登记动物情况的描述，参见 William H. Whitmore，ed.，*The Colonial Laws of Massachusetts，Reprinted from the Edition of 1660，with the supplements to 1672，Containing Also，the Body of Liberties of 1641*，Boston：Rockwell and Churchill，City Printers，1889，pp. 158，258；City of Boston，*Fourth Report of the Record Commissioners*（Dorchester Town Records），2d ed.，Boston：Rockwell and Churchill，1883，pp. 35-36。

② John D. Cushing，ed.，*The Laws of the Pilgrims：A Facsimile Edition of“The Book of the General Laws of the Inhabitants of the Jurisdiction of New-Plimouth，1672-1685”*，Wilmington：Michael Glazier，Incorporated，1977，p. 44；也可参见 Shurtleff，ed.，*Mass. Bay Recs.*，IV，pt. 2，pp. 512-513。

们的动物上做标记，以保护其财产不受原住民盗贼侵害。事实上，这一盗窃指控并未得到证实；真正的问题在于商业，而不是犯罪。耳标规定的目的至少是既让印第安人诚信，也为他们出售猪制造困难。[①]

与印第安人的竞争超出了殖民者预期。1669 年，也就是菲利普国王战争爆发前六年，普利茅斯议会提议许可某些殖民者“与印第安人进行火药、盐沼、枪支和金钱（现在已被禁止）的交易”，以此来阻止当地印第安人的猪肉贸易。地方官员抱怨说，“现在印第安人运往波士顿的猪肉很大一部分以较低价格出售”，这损害了普利茅斯猪肉销售商的利益。议会认为没必要在出售武器的提议和对竞争的抱怨之间建立明确联系，但最可能的解释是，普利茅斯印第安人用他们在波士顿销售猪肉的收益从海湾殖民地特许经销商那里购买枪支，介入马萨诸塞议会前一年建立的军火交易。如果印第安人能从普利茅斯供应商那里获得武器，他们大概会把波士顿猪肉贸易给予旧殖民地的生产商。议会对帮助波士顿消费者没有表现出特别的兴趣，这些消费者为了买更便宜的肉而抛弃了他们英格兰同胞的商品；议会的明确目标是确保猪肉贸易“落入我们的一些人手中，从而保持价格高企。”[②]

普利茅斯政府对这一事件的关注证明了原住民在新环境中的一系列显著调整。如果印第安人真的把猪肉而不是活物带到海湾殖民地，说明他们已经学会了用一种吸引英格兰消费者的方式保存肉类。一些殖民者注意到印第安人对腌制技术的无知，因而认为印第安人不知道如何保存食物。[③] 我们不知道普利茅斯印第安人是否学会了用盐腌制并售卖猪肉，但毫无疑问，他们认为波士顿是新英格兰最赚钱的食品市场。几乎从一开始，波士顿商人和店主就与农民争夺小镇所在的肖穆特半岛上相对稀少的土地。早在 1636 年，官员们就禁止每个家庭在肖穆特半岛上放牧 2 头以上的牛，到了 1647 年，镇上牛群

---

① Shurtleff, ed., *Mass. Bay Recs.*, IV, pt. 2, p. 512; John D. Cushing, ed., *The Laws of the Pilgrims: A Facsimile Edition of "The Book of the General Laws of the Inhabitants of the Jurisdiction of New-Plimouth, 1672–1685"*, Wilmington: Michael Glazier, Incorporated, 1977, p. 44.

② Shurtleff and Pulsifer, eds., *Plym. Col. Recs.*, V, pp. 11–12. 关于殖民地军火贸易，参见 Patrick M. Malone, *The Skulking Way of War: Technology and Tactics among the New England Indians*, Lanham: Madison Books, 1991, p. 49。

③ Thomas Morton, *New English Canaan or New Canaan ...* (1637), in Charles Francis Adams, Jr., ed., *Publications of the Prince Society*, XIV, Boston: Prince Society, 1883, p. 161.

数量固定为 70 头。[①] 到了 1658 年，猪已经成为一种公害，以至于波士顿官员要求猪主人把猪“关在自己地盘上”，实际上限制了每个家庭可饲养猪的数量。[②] 由于这些限制，许多波士顿人显然放弃了饲养动物，而是从附近城镇牲畜生产商那里购买肉类，这些生产商也在为西印度群岛市场饲养牲畜。[③] 普利茅斯印第安人去波士顿时知道这一点吗？他们的商业头脑不应被低估。虽然没有特别提到肉类贸易，威廉姆斯注意到印第安商人“会逛遍所有市场，尝试所有地方，跑二三十英里、40 英里甚至更多，并为了节省六便士在森林里住宿”。具有讽刺意味的是，原住民的商业活动受到殖民者怀疑，而非认可。印第安人越像英格兰人，殖民者就越发不喜欢他们。[④]

六

原住民畜牧业规模很难衡量，因为殖民地的记录主要保存动物成为冲突来源的实例。证据确实表明，居住在英国殖民地附近的印第安人比居住在更远地方的印第安人更倾向于饲养家畜。万帕诺亚格人生活在普利茅斯殖民地和罗德岛之间的希望山（Mount Hope）地区，他们显然在与英格兰殖民者接触了大约 30 年后，从 17 世纪中叶就开始养猪。[⑤] 从他们适应环境的地点和时间来看这绝非偶然现象。

万帕诺亚格人与定居者有密切联系，因此，他们比居住在其他地方的原

---

① Darrett B. Rutman, *Winthrop's Boston: A Portrait of a Puritan Town, 1630–1649*, Chapel Hill: The University of North Carolina Press, Omohundro Institute of Early American History and Culture, 1965, p. 206.

② City of Boston, *Second Report of the Record Commissioners* (Boston Town Records, 1634 – 1660), Boston: Rockwell and Churchill, 1877, p. 145.

③ 1676 年波士顿部分税收估值表明，不到一半的户主拥有牛或猪，参见 City of Boston, *First Report of the Record Commissioners of the City of Boston*, Boston: Rockwell and Churchill, 1876, pp. 60–67。关于国内外牲畜和肉类市场发展，参见 Karen J. Friedmann, “Victualling Colonial Boston,” *Agricultural History*, XLVII (1973), pp. 189 – 205; Darrett B. Rutman, “Governor Winthrop's Garden Crop: The Significance of Agriculture in the Early Commerce of Massachusetts Bay,” *The William and Mary Quarterly*, 3rd ser., XX (1963), pp. 396–415。

④ Williams, *A Key into the Language of America*, in John J. Teunissen and Evelyn J. Hinz, eds., Detroit: Wayne State University Press, 1973, p. 218.

⑤ 居住在长岛东端的蒙托克印第安人（Montauk Indians）在 17 世纪也饲养生猪。就像大陆上的万帕诺亚格人一样，蒙托克人住在一个被英国殖民者包围的地区，他们已经与定居者接触了几十年。参见 Jasper Dankers and Peter Sluyter, “Journal of a Voyage to New York in 1679–80,” *Memoirs of the Long Island Historical Society*, I, New York: Brooklyn, 1867, p. 126。

住民更需要牲畜。英国殖民者逐渐将希望山周围的林地转变为围栏农田和开阔草场，造成了生态上的变化，万帕诺亚格人赖以生存的鹿群数量减少；他们用猪肉代替过去由鹿提供的蛋白质。他们的猪和猪肉贸易也可能是为了在其他贸易项目消失或价格下降时向定居者提供一种新商品。到 17 世纪 60 年代，新英格兰毛皮贸易随着海狸灭绝而结束。与此同时，随着海外贸易改善带来了更多硬通货，殖民地不再将贝壳作为法定货币，英格兰人对贝壳需求急剧下降。[1] 但猪和猪肉作为毛皮和贝壳的替代品失败了。大多数殖民者自己也有猪——且正如 1669 年普利茅斯地方官员回应所示——因此显然倾向于将动物市场限制在英格兰生产者手中。

万帕诺亚格人养猪也加剧了与殖民者在土地问题上的紧张关系，造成了比贸易问题更难解决的争端。由于无法支撑人们熟悉的生存活动而对印第安人用处不大的土地因养猪重新恢复了价值；事实上，像离岸岛屿这样的地方对养猪人有特殊的吸引力。万帕诺亚格人保留自己土地的愿望恰好在定居者表示有兴趣获得土地时觉醒。到 17 世纪 60 年代，年轻一代移民已经长大成人并需要农场。在普利茅斯殖民地，北部是更强大的马萨诸塞湾殖民地，西部是顽固的罗德岛，富有侵略性的移民们对他们的万帕诺亚格人邻居的土地虎视眈眈。17 世纪 60 年代，达特茅斯（Dartmouth）、斯旺西（Swansea）和米德波罗（Middleborough）建立了新的村庄，而像利河伯和陶顿（Taunton）这样的城镇增加了领土，实际上封锁了希望山地区的万帕诺亚格人。[2]

在这些事态发展中，没有人比菲利普国王承受的压力更大。自 1662 年起，作为万帕诺亚格部落的酋长，他一直试图保护自己的人民，并在面对英国入侵时保持独立。随着时间的推移，他的任务变得越来越困难。随着他的调停能力减弱，印第安人和定居者的利益冲突越来越多。由于万帕诺亚格的土地与马萨诸塞、罗德岛和普利茅斯接壤，菲利普常常不得不在不同时期与三个经常互相竞争的殖民地政府抗衡。更加问题丛生的是他与邻近城镇的关系，这些城镇居民追求自己的经济利益，几乎不担心任何一个殖民地政府干

---

① William Cronon, *Changes in the Land: Indians, Colonists, and the Ecology of New England*, New York: Hill and Wang, 1983, p. 101; Salisbury, "Indians and Colonists in Southern New England after the Pequot War: An Uneasy Balance," in Laurence M. Hauptman and James D. Wherry, eds., *The Pequots in Southern New England: The Fall and Rise of an American Indian Nation*, Norman: University of Oklahoma Press, 1990, pp. 90-91.

② 关于普利茅斯殖民地扩张，参见 Darrett B. Rutman, *Husbandmen of Plymouth: Farms and Villages in the Old Colony, 1620-1692*, Boston: Beacon Press, 1967, p. 21。

预，也不考虑他们的行为将如何影响印第安人的福祉。

菲利普在各种非法侵入案件中最直接地面对了新英格兰地方主义的影响。殖民地政府命令城镇解决印第安人的不满，但不能或不愿强制执行。从17世纪50年代中期开始的六年里，尽管普利茅斯法庭下令解决这个问题，但利河伯的居民几乎无视附近印第安人关于牲畜造成损害的投诉。1664年，在这个问题初次出现的十多年后，菲利普亲自出庭——这次是控诉利河伯居民侵入万帕诺亚格的土地砍伐树木——即使这样，他也希望有一个有利结果。[①] 但即使他这样做了，法院很快就使他的问题变得更加复杂，因为法院决定将非法侵入案件提交给相关城镇行政管理人员。从那以后，菲利普和他的族人就不得不向那些可能拥有这些可恶畜群的人寻求正义。[②]

1671年，在殖民地政府宣布不干涉非法入侵政策后，万帕诺亚格部落领导人在处理那些态度从冷漠到敌对的城镇居民时遇到了更大问题。当时，普利茅斯官员指控菲利普囤积武器，并与其他印第安团体密谋攻击殖民者。他否认了这些指控，并向马萨诸塞殖民地地方长官提告，以证实自己的清白。但是普利茅斯官员威胁菲利普，如果他不服从普利茅斯的权威，就会被强制执行。菲利普签署了一份协议，进一步削弱了他保护万帕诺亚格人利益的能力。这个协议迫使他在处理任何当地领土前，都要征得普利茅斯同意，但殖民地官员在接洽印第安人土地买卖前，不受菲利普许可限制。他还同意，原住民和定居者间的分歧将提交殖民地政府解决，尽管地方法官甚至在处理简单的非法入侵案件方面的记录让人几乎没有理由感到乐观。[③]

普利茅斯法庭企图颠覆菲利普对他族人的权威，以便帮助新一代殖民者获得万帕诺亚格人的土地，而新一代殖民者又会饲养新一代的牲畜。早在1632年，威廉·布拉德福德（William Bradford）就认识到，拥有动物的殖民者需要大量土地来养活他们的牲畜。他抱怨人们放弃普利茅斯去有草地的地方建立新城镇，但他无法阻止他们。相反，他只能慨叹："现在没有人认

① Shurtleff and Pulsifer, eds., *Plym. Col. Recs.*, Ⅲ, pp. 21, 167; Ⅳ, p. 54.

② 17世纪60年代中期通过了要求镇行政委员裁决非法侵入案件的法律；该记录没有特定日期。参见 Shurtleff and Pulsifer, eds., *Plym. Col. Recs.*, XI, p. 143。

③ Shurtleff and Pulsifer, eds., *Plym. Col. Recs.*, Ⅴ, p. 79.

为自己能活下去，除非他有牛群和饲养它们的大片土地。”[1] 在 17 世纪 60 年代及 70 年代早期，随着牲畜数量再次激增，扩张加速。在菲利普国王战争之前的 20 年里，普利茅斯官员至少与当地印第安人接触了 23 次来购买土地，并经常对牧场提出特殊需求。有时他们只需要“一小块土地”，在其他情况下，他们想要“所有印第安人能腾出的土地”。[2]

为了维持畜群生存，英国人开始寻求印第安人的土地，而他们的扩张行动与万帕诺亚格人迫切需要保护他们仅存的领土相冲突。联合使用土地虽然充满了问题，但至少认识到彼此的生存需要；然而，17 世纪 60 年代，这种处理方式大大减少。现在英格兰人不仅想要更多土地，而且要求独享土地。即使在照顾到印第安人利益也不会构成什么威胁的情况下，他们仍旧坚持自己拥有财产权。让菲利普把他的猪放到猪岛上可能不会伤害普利茅斯的居民，而且可能会改善印第安人和殖民者间的关系。可是，即使菲利普提出要和他们一样利用土地来实现同样目的，镇上的人却直截了当地拒绝分享土地，菲利普对此怎么看呢？在 1669 年那个春天，菲利普亲身体验了他当初作为原住民代表时所遇到的那种英格兰人的毫不妥协。猪岛事件后，乃至经历过 1671 年被迫屈服于普利茅斯，菲利普不可能不明白，殖民者坚持要他自己向他们屈服，但他们绝不会向他自己屈服。

在日益紧张的气氛中，非法入侵有了新的意义。随着殖民地居民向当地村庄迁移，牲畜进入印第安人土地的概率成倍提升。由于两个族群都在争夺有限土地，殖民者并未限制他们的动物在任何可能的地方放牧，而印第安人对这种入侵变得越来越敏感。只要涉及牲畜，英格兰人就无视印第安人的财产权，同时要求土著人承认英格兰人的权利。印第安人憎恨牲畜的入侵，因为这通常预示着英格兰人会要求正式拥有他们的牲畜已经非正式占有的土地。一方面，新英格兰城镇明显无力或不愿解决非法入侵问题；另一方面，向殖民地政府寻求帮助又受阻，印第安人因此常常诉诸他们自己的手段来控制牲畜——他们杀死了那些讨厌的牲畜。这种回应一度将印第安人送上法

---

① William Bradford, *Of Plymouth Plantation, 1620-1647*, in Samuel Eliot Morison, ed., New York: Rutgers University Press, 1952, p. 253.

② Shurtleff and Pulsifer, eds., *Plym. Col. Recs.*, III, pp. 84, 104, 123, 142, 216-217; IV, pp. 18, 20, 45, 70, 82, 97, 109, 167; V, pp. 20, 24, 24-25, 95, 96, 97-98, 98-99, 109, 126, 151.

庭，但到1671年，他们面临更为严重的后果。

那一年，住在纳蒂克附近的一群愤怒殖民者几乎要攻击希望山地区的万帕诺亚格人，因为他们杀死了入侵印第安土地的殖民者的牲畜。马萨诸塞湾殖民地印第安人事务专员丹尼尔·古金代表印第安人进行调解，恳求殖民者宽容，他辩称，“与印第安人为马和猪而战是不值得的，因为事情太微不足道，不值得流血”。他敦促定居者把他们的牲畜留在自己的土地上。如果有任何误入原住民的土地而被杀死的牲畜，其主人应该将事实记录下来，大概是为了便于法律追讨。[①] 战争虽然得以避免，但这一事件表明，围绕牲畜的紧张局势已十分危险。

双方现在都明白，关于非法入侵动物的争端所引发的分歧已经大到无法和平解决。每当印第安人杀死破坏他们玉米地的牲畜时，殖民者就谴责这种行为是对英国财产权的蓄意侵犯——一些殖民者想要用武力来捍卫这种权利。对印第安人来说，动物入侵是对他们土地主权不可容忍的侵犯。这个问题在17世纪70年代早期加剧了，因为英格兰人决心剥夺菲利普捍卫万帕诺亚格人不断缩小的土地的一切手段，甚至拒绝有效地控制他们的牲畜。牲畜非法入侵的问题之所以导致如此紧张局面，在于它与财产权和统治权威这些根本问题息息相关。

当1675年战争爆发时，印第安人首先进攻，但其潜在原因与四年前引发英格兰人咄咄逼人态度的原因相似。罗德岛基督教贵格会教徒约翰·伊斯顿（John Easton）在战争初期找到菲利普，问他为什么要与殖民者作战；菲利普的回答表明，对主权、土地和动物的担忧交织在一起，战争不可避免。他向伊斯顿罗列了一连串不满事项，回忆起过去与英格兰人的对抗，尤其强调土地和动物方面的棘手问题。他抱怨说，当印第安领袖同意出售土地时，“英格兰人会说，这超出了他们同意的范围，书面证明一定是对他们不利的”。如果任何酋长反对这种买卖，英格兰人就会“另立一个国王，把土地给或卖给英国人，这样印第安人就没有希望留土地了”。甚至在卖掉土地后，印第安人还遭受着英格兰人的侵犯，因为“英格兰人的牲畜和马仍然在增加，当他们从英格兰人活动的地方移走30英里时”——这对希望山土原住民来说是不可能

① 古金的评论在普利茅斯总督托马斯·普林斯（Thomas Prince）写给他的一封信中得到转述。古金听人说，有人指控他煽动菲利普反抗英国人；普林斯的信旨在向他保证情况并非如此。参见 *Colls.*, 1st ser., MHS, VI, 1799, repr. 1846, pp. 200-201。

的——“他们也无法阻止他们的玉米被破坏”。印第安人曾期望“当英格兰人从他们手中买下土地时，他们就会把牲畜保留在自己的土地上”。①

由于牲畜象征英国殖民者不间断的推进，因此战争期间，牲畜成为原住民格外敌视的目标。本杰明·丘奇上校（Colonel Benjamin Church）曾在几场战役中领导殖民部队，他报告说，印第安人“从掠夺和摧毁牲畜开始他们的敌对行动”。② 在布鲁克菲尔德（Brookfield）附近的一次袭击中，印第安人烧毁了住宅，并“对属于居民的畜群造成巨大损害”。在利河伯，“他们赶走了许多牲畜和马匹”；在普罗维登斯（Providence），他们“杀死将近100头牲畜”；在纳拉甘赛特地区，他们“带走了至少1000匹马，好像还有2000头牛和许多羊”。③ 1675年夏天，随着伤亡人数增加，英国军队未能阻止菲利普从希望山撤退，只捕获了“菲利普国王牧群里六头、八头或十头小猪”。④

殖民者赖以生存的牲畜使他们暴露在伏击中。战争初期，印第安人袭击了“从罗德岛来的五个要去波卡塞特地峡（Pocasset Neck）寻找畜群

① “A Relacion of the Indyan Warre, by John Easton, 1675,” in Charles H. Lincoln, ed., *Narratives of the Indian Wars, 1675-1699*, Original Narratives of Early American History, New York: Charles Scribner's Sons, 1913, II.

② Church, *Diary of King Philip's War, 1675-1676*, in Alan and Mary Simpson, ed., Chester: The Pequot Press, 1975, p. 75；也可参见 William Hubbard, *The History of the Indian Wars in New England from the First Settlement to the Termination of the War with King Philip, in 1677*, in Samuel G. Drake, ed., New York: Kraus Reprint, 1969; orig. pub: W. E. Woodward, 1865, p. 64。

③ “Capt. Thomas Wheeler's Narrative of an Expedition with Capt. Edward Hutchinson into the Nipmuck Country, and to Quaboag, now Brookfield, Mass., first published 1675,” *Collections of the New-Hampshire Historical Society*, II (1827), p. 21; Douglas Edward Leach, ed., *A Rhode Islander Reports on King Philip's War: The Second William Harris Letter of August*, 1676, Providence: Rhode Island Historical Society, 1963, pp. 44, 46, 58. 关于其他攻击牲畜的介绍，参见 Church, *Diary of King Philip's War, 1675-1676*, in Alan and Mary Simpson, ed., Chester: The Pequot Press, 1975, p. 172; Samuel G. Drake, *The Old Indian Chronicle; Being a Collection of Exceeding Rare Tracts, Written and Published in the Time of King Philip's War...*, Boston: Antiquarian Institute, 1836, pp. 13, 35, 58; William Hubbard, *The History of the Indian Wars in New England from the First Settlement to the Termination of the War with King Philip, in 1677*, in Samuel G. Drake, ed., New York: Kraus Reprint, 1969, orig. pub: W. E. Woodward, 1865, pp. 164, 192, 234, 242。

④ Samuel G. Drake, *The Old Indian Chronicle; Being a Collection of Exceeding Rare Tracts, Written and Published in the Time of King Philip's War...*, Boston: Antiquarian Institute, 1836, p. 10；这段叙述的无名作者随后提到菲利普的“牛群和猪群”被捕获，尽管没有确凿证据证明菲利普拥有牛群，参见 p. II。他的确拥有一匹马，1665年由普利茅斯法庭赠送，参见 Shurtleff and Pulsifer, eds., *Plym. Col. Recs.*, IV, p. 93。

的人”。殖民者们到有军士驻守的房子里去寻求庇护，把他们的牲畜安置在栅栏围起的院子里，但无法提供足够的干草让它们维持很长时间。他们迟早得把这些动物赶到牧场去，或者带回更多干草。菲利普和他的部队——他们深谙英格兰牲畜胃口贪婪——会在那儿等着。1676 年 3 月格罗顿（Groton）附近“一群印第安人……伏击了两辆从加里森（Garison）去取干草的大车”。就在同一时间在康科德（Concord），“两个人去寻找干草，其中一人被杀了”。殖民者们认为他们能够逃跑已是万幸，即使他们的动物不幸落难。1676 年 5 月，当哈特菲尔德（Hatfield）的居民把牲畜放出去吃草时，他们损失了全部的 70 头牛和马，因为印第安人预料到了这次行动。[①]

印第安人抓牛、杀牛主要为了剥夺殖民者的食物，但他们的一些掠夺行为也表明了他们对动物本身的强烈敌意。当时一篇报道说：“对于抓到的牛，他们很少直接杀死；如果他们杀掉牛，也只是吃一点点肉。他们或者切开它们腹部，放任它们把肠子拖在身后走上几天，或者挖出它们的眼睛，或者砍掉它们的一条腿，等等。”[②] 英克里斯·马瑟（Increase Mather）描述了在切姆斯福德（Chelmsford）附近发生的一件事，印第安人“抓住了一头母牛，敲掉了它的一个角，割掉了它的舌头，让这个可怜的动物陷入了极大的痛苦之中”。[③] 这种残害使人想起更常对人类受害者施加的酷刑，这么做也许同样是出于仪式目的。[④] 当然，印第安人发现几乎“死亡游戏”中任何动物的尸体都能派上用场，比如被杀死的牛，“把它们放在那里，既不吃掉也

① 引文出自 William Hubbard, *The History of the Indian Wars in New England from the First Settlement to the Termination of the War with King Philip, in 1677*, in Samuel G. Drake, ed., New York: Kraus Reprint, 1969; orig. pub: W. E. Woodward, 1865, pp. 83, 195–196, 222。关于哈特菲尔德的突袭参见 George W. Ellis and John E. Morris, *King Philip's War, Based on the Archives and Records of Massachusetts, Plymouth, Rhode Island and Connecticut, and Contemporary Letters and Accounts*, New York: The Grafton Press, 1906, pp. 227–228; Richard I. Melvoin, *New England Outpost: War and Society in Colonial Deerfield*, New York: W. W. Norton & Company, 1989, pp. 101, 107。

② 引文出自一段无名作者的战争叙述，参见 Samuel G. Drake, *The Old Indian Chronicle; Being a Collection of Exceeding Rare Tracts, Written and Published in the Time of King Philip's War...*, Boston: Antiquarian Institute, 1836, p. 102。

③ Increase Mather, *A Brief History of the War with the Indians in New England...* (1676), in Samuel G. Drake, ed., Boston: Printed for the Author for Private Distribution, 1862, p. 132.

④ 关于印第安人使用酷刑，参见 Francis Jennings, *The Invasion of America: Indians, Colonialism, and the Cant of Conquest*, Chapel Hill: The University of North Carolina Press, 1975, pp. 160–164。

不带走”，这样做是为了恐吓敌人。[①]

然而，对印第安人来说，象征性表达敌意是一种奢侈，他们通常负担不起。随着战争的进行，玉米地被毁，狩猎中断，印第安人经常需要捕获牲畜作为食物。当丘奇（Church）和他的部队在一个果园里发现一个废弃的印第安人营地时，他们发现苹果不见了，还有“他们那天刚杀死猪”的证据。在另一处地方，殖民部队在印第安人的锅里“发现了一些正在煮的英格兰牛肉”。在缅因（Maine），1676 年 8 月菲利普去世后，战斗持续了几个月，“英格兰人从印第安人那里抢走了很多战利品，大约 1000 磅干牛肉和其他东西”。[②] 1676 年夏天，爱德华·伦道夫（Edward Randolph）受国王之托前去调查新英格兰事件，他向贸易委员会报告战争造成的破坏。他估计，移民们损失了“大小 8000 头牛”——牲畜数量大幅减少，但不足以饿死殖民者致使他们战败，也不足以支撑印第安人走向胜利。[③]

总之，牲畜在新英格兰的存在并不是造成印第安人和殖民者之间关系恶化的唯一原因。但由于其普遍存在与不断增加，家畜在更大的、悲剧性的人类戏剧中扮演着关键角色。移民们生存不能没有家畜，但随着动物数量增加，印第安人发现越来越难以与它们共处。双方都威胁要在牲畜事务上采取暴力——英国人在 1671 年，印第安人则在 1675 年兑现了各自曾发出的威胁。如果没有把家畜引进美洲，印第安人与殖民者之间的文化差异会保持下去。但牲畜的存在使分歧成为焦点，制造了无数摩擦，考验了合作极限，并最终导致战争。

---

① Douglas Edward Leach, ed., *A Rhode Islander Reports on King Philip's War: The Second William Harris Letter of August, 1676*, Providence: Rhode Island Historical Society, 1963, p. 46.

② Church, *Diary of King Philip's War, 1675–1676*, in Alan and Mary Simpson, ed., Chester: The Pequot Press, 1975, p. 133; William Hubbard, *The History of the Indian Wars in New England from the First Settlement to the Termination of the War with King Philip, in 1677*, in Samuel G. Drake, ed., New York: Kraus Reprint, 1969, orig. pub: W. E. Woodward, 1865, p. 276, pt. 2, p. 223.

③ Randolph's report is in Nathaniel Bouton et al., eds., *Provincial Papers: Documents and Records Relating to the Province of New-Hampshire*, Vol. I, Concord: Gale, Making of Modern Law, 1867, p. 344. 基督徒印第安人在战争中也遭受了牲畜损失，参见 Gookin, "An Historical Account of... the Christian Indians in New England...," *Archaeologia Americana*, II (1836), American Antiquarian Society, pp. 451, 504, 512。

King Phillip's Herds: Indians, Colonists, and the Problem of Livestock in Early New England

Virginia DeJohn Anderson

Abstract: In early New England, livestock such as cattle and hogs played a central role in the success of colonial settlements. However, the proliferation of these animals led to disputes over land use, property rights, and political authority, while exacerbating tensions between colonists and Native Americans. The encroachment of colonists' livestock into Native cornfields, coupled with Native hunting practices that threatened the animals, fueled conflict between the two groups. As Native Americans took up ranching themselves, these tensions escalated. One notable episode occurred in 1669, when King Philip, leader of the Wampanoag, clashed with the town of Portsmouth over grazing rights, an event colloquially known as the Hog Island episode. These disputes ultimately contributed to the outbreak of King Philip's War and illustrate how the introduction of domesticated animals significantly changed the relationship between Native peoples and European settlers.

Keywords: King Philip's War; Hog Island Episode; Indians; Colonists; Livestock

（执行编辑：申斌）

海洋史研究（第二十三辑）
2024 年 11 月 第 349~384 页

在伊甸园与帝国之间：胡格诺派难民与新世界的应许

欧文·斯坦伍德（Owen Standwood）*

摘　要：本文探讨了 17 世纪欧洲胡格诺派难民的流散现象。胡格诺派试图在欧洲建立殖民地以保持独特群体身份，但面临诸多困难，最终将目光转向新大陆。17 世纪至 18 世纪初，北美和英属北美地区胡格诺派难民尝试种植葡萄和养蚕，最终，胡格诺派难民在流亡中度过余生，部分难民在美洲原住民领地找到了新的家园。

关键词：胡格诺派　亨利·迪凯纳　跨国网络　大西洋避难地　新英格兰

一　胡格诺派的流亡

1687 年秋天，对于那些刚逃离路易十四治下法国的胡格诺派来说情况

---

* 作者欧文·斯坦伍德（Owen Standwood），美国波士顿学院历史学副教授。译者廖平，英国牛津大学历史学博士，自由译者。
本文译自 "Between Eden and Empire: Huguenot Refugees and the Promise of New Worlds Owen Stanwood," *The American Historical Review*, 118, 5（2013）, pp. 1319-1344。
菲尔·本尼迪克特（Phil Benedict）、乔恩·巴特勒（Jon Butler）、艾莉森·盖姆斯（Alison Games）、苏珊·拉成尼希特（Susanne Lachenicht）、玛丽·佩利谢尔（Marie Pellissier）、贝特兰德·范·鲁姆贝克（Bertrand Van Ruymbeke）和多位匿名评审阅读本文并给本文初稿提出意见，普罗旺斯、巴黎和拜罗伊特的听众也在若干处地方提出有益的建议，笔者在此表示感谢。约翰·卡特·布朗图书馆（John Carter Brown Library）、大英图书馆埃克尔斯北美研究中心（Eccles Centre for North American Studies）以及纽伯里图书馆（Newberry Library）、英国国家学术院交换项目为本文提供了财政支持。

变得更加危急了。他们在苏黎世的牧师保罗·勒布莱（Paul Reboulet）向日内瓦的一位同工报告，穿过瑞士到达德意志的正常逃亡路线已经变得不稳定了。勒布莱写道，难民再也不能前往拜罗伊特（Bayreuth）了，因为“那里已经没有办法接收他们了”，而乌尔姆（Ulm）当局也“不再允许过境难民在那里住宿”。不过，在更遥远的地方还有一点希望的微光。荷兰东印度公司向任何愿意“前往好望角定居”的胡格诺派提供援助，旨在建立一个拥有“数千家庭”的社区。这位牧师说道：“这个地区什么都出产，尤其是葡萄酒。”这个选项对于那些想要寻找稳定社区的法国家庭来说想必有些极端，勒布莱想在其中找到闪光点，便转向了大的格局。他写道：“长期以来，我一直相信神的计划就是要我们四散出去，将福音带给整个世界。”①

勒布莱的信恰如其分地引出了欧洲扩张和帝国主义历史上一个几乎被人遗忘的章节。在 17 世纪的最后 20 年里，随着路易十四对新教活动加以限制并最终禁止，大约 20 万名法国新教徒逃离了这个王国，涌向邻近的新教国家，而还有数量少得多的一群人（可能有 5000—10000 人）选择彻底离开欧洲，前往英格兰和荷兰海外帝国。他们在美洲和南非殖民地建立的社区从不缺乏研究的学者，但还没有人对这一全球性移民的原因和结构进行系统性的考察。② 不管那些陷入这场危机的人怎么看，这一国际性的难民流散远非任意而为。难民们自己想要在海外建立理想的法国新教徒社区——伊甸园式的新世界，他们可以在其中和平富足地生活。

① 保罗·勒布莱致雅克·特龙金（Jacques Tronchin），1687 年 10 月 4 日，Archives Tronchin, Vol. 50, Bibliothèque de Genève（简称 BGE）。有关勒布莱的背景，参见 Eugène Haag and Émile Haag, *La France protestante*, 10 vols., Paris: Joël Cherbuliez, 1846-1859, Vol. 8, p. 396。

② 法国学者夏尔·魏斯（Charles Weiss）在 19 世纪 50 年代提出了“胡格诺派流亡”（Refuge）一词，以描述欧洲的胡格诺派网络，参见 Charles Weiss, *Histoire des réfugiés protestants de France depuis la révocation de l'édit de Nantes jusqu'à nos jours*, 2 vols., Paris: Charpeneier, 1853。尽管目前还没有人尝试写一本专著对全球性的胡格诺派流亡进行考察，但有若干部重要的论文集，参见 Bertrand Van Ruymbeke and Randy J. Sparks, eds., *Memory and Identity: The Huguenots in France and the Atlantic Diaspora*, Columbia: University of South Carolina Press, 2003; Eckart Birnstiel and Chrystel Bernat, eds., *La diaspora des huguenots: Les réfugiés protestants de France et leur dispersion dans le monde (XVIe-XVIIIe siècles)*, Paris: Champion, 2001; Mickaël Augeron, Didier Poton, and Bertrand Van Ruymbeke, eds., *Les Huguenots et l'Atlantique*, Vol. 1, *Pour dieu, la cause ou les affaires*, Paris: Les Indes Savantes, 2009, Vol. 2, *Fidélités, racines et memoires*, Paris: Les Indes Savantes, 2012。另见 Patrick Cabanel, *Histoire des protestants en France, XVIe-XXIe siècle*, Paris: Fayard, 2012, pp. 709-864 中有关胡格诺派流亡的部分。

与此同时，赞助他们的国家有其他的愿望，这些移民可以成为帝国的代理人，替他们的保护者探索开发新世界。欧洲的领导人此前从没有利用欧洲内部的人口危机来进行海外扩张，但这件事在随后的100年里鼓励了数量很大的移民，包括德意志人、阿尔斯特苏格兰人以及其他群体漂洋过海。①

我们能从这一故事中看出很多有关近代早期欧洲及大西洋世界的正式和非正式政治的内容。起关键作用的主要人物是一帮重要的胡格诺派牧师和绅士——有点像一群非正式的难民元老，他们想要维持一个法国新教徒流亡教会。这些胡格诺派元老并不总是意见一致，而且他们也没有制定正式的制度，但他们有很大的影响力。这很像一个国家。成员拥有共同的宗教愿景、被迫害者的道德权威以及与欧洲新教国家许多有权势的君主王公和教会领袖有关系。不过他们没有钱，所以胡格诺派在欧洲各国的宫廷里讨钱，运用他们私底下的关系来接触正式的官僚制度及流出的财政资源。从本质上讲，胡格诺派希望建立一个跨国的准国家政权，这个政权是在欧洲国家体系内部和之外运作的。②

不过尽管胡格诺派的期望很高，但他们从来没有成功地在欧洲或欧洲以外建立一个新的新教法国。构思整个计划的绅士亨利·迪凯纳（Henri

① 有关德意志和爱尔兰移民，参见 Philip Otterness, *Becoming German: The 1709 Palatine Migration to New York*, Ithaca: Cornell University Press, 2006; Aaron Spencer Fogelman, *Hopeful Journeys: German Immigration, Settlement, and Political Culture in Colonial America, 1717-1775*, Philadelphia: University of Pennsylvania Press, 1996; Patrick Griffin, *The People with No Name: Ireland's Ulster Scots, America's Scots Irish, and the Creation of a British Atlantic World, 1689-1764*, Princeton: Princeton University Press, 2001; Marianne S. Wokeck, *Trade in Strangers: The Beginnings of Mass Migration to North America*, University Park: Pensylvania State University Press, 1999。

② 虽然学者们并没有忽视欧洲的胡格诺派流亡领袖，但少有人考察他们在政治上的重要性，关注的只是胡格诺派流亡领袖的神学和思想方面。参见 Hubert Bost, *Ces messieurs de la R. P. R.: Histoires et écritures de huguenots, XVIIe-XVIIIe siècles*, Paris: Honoré Champion, 2001; Gerald Cerny, *Theology, Politics and Letters at the Crossroads of European Civilization: Jacques Basnage and the Baylean Huguenot Refugees in the Dutch Republic*, Dordrecht: Kluwer Academic Publishers, 1987。笔者所谓"胡格诺派元老"概念是受了 Marie de Chambrier, *Henri de Mirmand et les réfugiés de la révocation de l'édit de Nantes, 1650-1721*, Neuchâtel: Attinger Frères, 1910, pp. 104-105 中对胡格诺派流亡政治的讨论的影响。此外，苏珊·拉成尼希特认为胡格诺派在这一时期拥有一个"他们自己的国家"，参见 Susanne Lachenicht, "Huguenot Immigrants and the Formation of National Identities, 1548-1787," *Historical Journal*, 50, 2 (2007), pp. 309-331。

Duquesne）在他作品中最为清晰地体现了这些难民的伊甸园梦想，但帝国的逻辑是冷冰冰的，许多政治经济学家和政客关心国家利益甚于新教事业，这两方面就发生了冲突。胡格诺派网络的能量足以使数千移民迁到世界的尽头，但到该世纪末，这些移民就受制于心血来潮的帝国官僚，后者随意让他们执行各种异想天开的任务。他们在卡罗来纳生产丝绸，在新英格兰边远地区让印第安人改信基督教，并且为东印度公司的贸易船队生产小麦和葡萄酒。虽然他们像勒布莱设想的那样尝试将福音传到地极，但他们干的事情主要还是帮助他们的东道国扩张，特别是英国和荷兰。

这一讽刺的结果让我们重新思考近代早期世界中国家与网络的相对力量。随着大洋和全球视角在历史研究中风靡起来，历史学家已经强调了跨国网络（不管是经济网络、族裔网络还是宗教网络）是理解全球史的关键。货物和人员的移动往往更多依靠的是这些非正式的联系，而不是当时尚在形成过程中的国家。[①] 随着研究网络的热情升高，研究国家特别是帝国的热情大幅下降。研究大西洋世界的历史学家常常将帝国称为“难以达成的”或

① 例如参见 Jonathan Israel, “Diasporas Jewish and Non-Jewish and the World Maritime Empires,” in Ina Baghdiantz McCabe, Gelina Harlaftis, and Ioanna Pepelasis Minoglou, eds., *Diaspora Entrepreneurial Networks: Four Centuries of History*, Oxford: Berg Publishers, 2005, pp. 3-26; Ole Peter Grell, “Merchants and Ministers: The Foundations of International Calvinism,” in Andrew Pettegree, Alastair Duke, and Gillian Lewis, eds., *Calvinism in Europe, 1540-1620*, Cambridge: Cambridge University Press, 1994, pp. 254 - 270; Francesca Trivellato, *The Familiarity of Strangers: The Sephardic Diaspora, Livorno, and Cross-Cultural Trade in the Early Modern Period*, New Haven: Yale University Press, 2009; Sebouh David Aslanian, *From the Indian Ocean to the Mediterranean: The Global Trade Networks of Armenian Merchants from New Julfa*, Berkeley: University of California Press, 2011; David J. Hancock, “The Triumphs of Mercury: Connection and Control in the Emerging Atlantic Economy,” in Bernard Bailyn and Patricia L. Denault, eds., *Soundings in Atlantic History: Latent Structures and Intellectual Currents, 1500-1830*, Cambridge: Harvard University Press, 2009, pp. 112-140; Rosalind J. Beiler, “Dissenting Religious Communication Networks and European Migration, 1660-1710,” in Bernard Bailyn and Patricia L. Denault, eds., *Soundings in Atlantic History: Latent Structures and Intellectual Currents, 1500-1830*, Cambridge: Harvard University Press, 2009, pp. 210-236。明确将该网络与帝国史相联系的则见 Alison Games, *The Web of Empire: English Cosmopolitans in an Age of Expansion, 1560-1660*, New York: OUP USA, 2008; Daviken Studnicki-Gizbert, *A Nation upon the Ocean Sea: Portugal's Atlantic Diaspora and the Crisis of the Spanish Empire, 1492-1640*, New York: OUP USA, 2007; Kerry Ward, *Networks of Empire: Forced Migration in the Dutch East India Company*, Cambridge: Cambridge Universty Press, 2009。

“协商的”实体，一旦远离中心，它的权力很快就消散了。[①] 然而，胡格诺派的命运表明，即便是强大的网络也需要国家的帮助才能繁荣发展，而帝国官员非常善于利用网络来扩大自己的权势。此外，一旦难民的目标与庇护他们的帝国发生冲突，最后胜出的很少是胡格诺派。到 18 世纪，一个法国海外伊甸园的梦想依然没有实现，而大多数难民只是勉强被接受的外来者，为异国的发展效犬马之劳。

二 前往新“伊甸园”

路易十四的政策几乎将法国新教徒教会完全摧毁，而全球性的胡格诺派流散就是从这个教会的灰烬中发生的。1598 年的南特敕令保证法国的胡格诺派拥有有限的权利，但太阳王在大部分时间里逐渐削减这些特权，最终在 1685 年 10 月彻底撤销南特敕令。皇家龙骑兵对新教居民进行恐吓，迫使不堪其扰的胡格诺派教徒放弃他们的宗教，以保住住房和家人，这种做法始于普瓦图（Poitou），但很快就蔓延到整个王国。路易十四洋洋得意地说，法国近 80 万名新教徒中的绝大多数都公开放弃了他们的信仰，尽管很多人继

① 法帝国史学家强调其弱势，英帝国史学家则强调其“协商”的性质，参见 James Pritchard, *In Search of Empire: The French in the Americas, 1670 - 1730*, Cambridge: Cambridge University Press, 2004; Eric Hinderaker, *Elusive Empires: Constructing Colonialism in the Ohio Valley, 1673 - 1800*, Cambridge: Cambridge University Press, 1997; Kenneth J. Banks, *Chasing Empire across the Sea: Communications and the State in the French Atlantic, 1713 - 1763*, Montreal: Mcgill-Queen's University Press, 2006; “Negotiated Authorities: The Problem of Governance in the Extended Polities of the Early Modern Atlantic World,” in Jack P. Greene, ed., *Negotiated Authorities: Essays in Colonial Political and Constitutional History*, Charlottesville: University of Virginia Press, 1994, pp. 1 - 24; “Beyond Power: Paradigm Subversion and Reformulation and the Re-creation of the Early Modern Atlantic World,” in Jack P. Greene, ed., *Interpreting Early America: Historiographical Essays*, Charlottesville: University of Virginia Press, 1996, pp. 17 - 42。将此观点拓展到一般性帝国则见 Christine Daniels and Michael V. Kennedy, eds., *Negotiated Empires: Centers and Peripheries in the Americas, 1500 - 1820*, London: Routledge, 2002。胡格诺派史学家已应用网络来分析胡格诺派流亡，见 Mark Greengrass, “Informal Networks in Sixteenth-Century French Protestantism,” in Raymond A. Mentzer and Andrew Spicer, eds., *Society and Culture in the Huguenot World, 1559 - 1685*, Cambridge: Cambridge University Press, 2002, pp. 78 - 97; J. F. Bosher, “Huguenot Merchants and the Protestant International in the Seventeenth Century,” *William and Mary Quarterly*, 52, 1 (1995), pp. 77 - 102; 还可参见苏珊·拉成尼希特的众多论著，特别是 *Hugenotten in Europa und Nordamerika: Migration und Integration in der Frühen Neuzeit*, Frankfurt: Campus, 2010。

续在私底下做礼拜。与此同时，很多人决心离开这个王国，到 1685 年底，纵然面临严苛的刑罚，胡格诺派教徒源源不断地从陆路和海路离开法国。①

这些初来乍到的人挤满了欧洲各新教国家的城市。在北部和西部的人往往从海路逃往英格兰或荷兰，这些国家与迪耶普、拉罗谢尔和波尔多等城镇有着频繁的贸易联系。到 1687 年，一位诺曼底访客提到，鹿特丹“几乎成了一座法国城镇，因为非常多鲁昂和迪耶普的居民来这里避难”。② 更多的难民从朗格多克、维瓦赖和多菲内翻过阿尔卑斯山，前往日内瓦和更远的瑞士各州，一个目击者说，1687 年夏天那里每天都要接收 350 名新来的人，甚至更小的城市也不能幸免，从 1684 年到 1692 年，有 26543 名胡格诺派教徒经过德意志边境上的战略要地沙夫豪森（Schaffhausen），而这座瑞士城镇只有 5000 名常住居民。③

为了管理这么多新来的人，一个由胡格诺派牧师和绅士组成的网络应运而生，其中大多数是在 17 世纪 80 年代初情况恶化时逃离法国的知名牧师。例如色当的牧师皮埃尔·朱里厄（Pierre Jurieu）在 1681 年成为鹿特丹瓦隆人教堂的牧师，他在那里被称为难民中的思想领袖。蒙彼利埃的伊萨克·迪·布尔迪厄（Isaac du Bourdieu）选择了伦敦，他在针线街教堂（Threadneedle Street Church）争取到了一个职位，然后在更年轻的威斯敏斯特萨伏依教堂安定了下来。保罗·勒布莱虽然没有那么出名，但他也走了类似的道路，从维瓦赖去了苏黎世。这些牧师和他们的教会（有的是在 100 多年前成立的）成

---

① 南特敕令被撤销前夕法国新教的状况，见 Philip Benedict, *The Huguenot Population of France, 1600-1685: The Demographic Fate and Customs of a Religious Minority*, Philadelphia: The American Philosophical Society Independence Square, 1991; Samuel Mours, *Essai sommaire de géographie du protestantisme réformé français au XVIIe siècle*, Paris: Librairie Droz, 1966; Janine Garrisson, *L'édit de Nantes et sa révocation: Histoire d'une intolerance*, Paris: Seuil, 1985。该时期法国的宗教政策见 Patrick Cabanel, *Histoire des protestants en France*, Paris: Fayard, 2012, pp. 507-606。

② Dianne W. Ressinger, ed., *Memoirs of Isaac Dumont de Bostaquet, a Gentleman of Normandy, before and after the Revocation of the Edict of Nantes*, London: Huguenot Society of Great Britain and Ireland, 2005, p. 143. 另见 David van der Linden, "The Economy of Exile: Huguenot Migration from Dieppe to Rotterdam," in Jane McKee and Randolph Vigne, eds., *The Huguenots: France, Exile, and Diaspora*, Brighton: Liverpool University Press, 2013, p. 99-112。

③ 瑞士方数字见 Philippe Joutard, "The Revocation of the Edict of Nantes: End or Renewal of French Protestantism?" in Menna Prestwich, ed., *International Calvinism, 1541-1715*, Oxford: Oxford University Press, 1985, pp. 339-368; Rémy Scheurer, "Passage, accueil et intégration des réfugiés huguenots en Suisse," in Michelle Magdelaine and Rudolf von Thadden, eds., *Le Refuge Huguenot*, Paris: Colin, 1985, pp. 45-62。

了难民的权力中心，为新来的人提供属灵和实际方面的支持。[①] 除了这些牧师，不少知名的流亡绅士也帮助这些新来的人，包括原凡尔赛宫的新教徒领袖亨利·德吕维尼（Henri de Ruvigny）和尼姆（Nîmes）的律师亨利·德·米尔芒（Henri de Mirmand），后者搬到了苏黎世，并利用自己的财富和才能游走于欧洲的宫廷，以帮助许多在瑞士举步维艰的胡格诺派。[②]

这些牧师、绅士和贵族形成了一个跨国的游说团体，他们传达的是明显的宗教讯息。他们的主要目标是维持一个法国新教徒流亡教会，让它保持运作，以备将来回到祖国。虽然他们关心的主要是自己人，但他们也得争取其他新教徒的支持。为此，他们宣称法国的乱局预示着一场对新教世界的根本性挑战。纯正教会与罗马敌基督势力即将发生一场斗争，而路易十四打响的第一枪不过是一个预兆。正如朱里厄在一本于1689年用英文出版的小册子中所写的："教皇党是一头不停吞噬的怪兽，而且它从来不会说吃够了，我们可以想象，当它吃完了法国，让这个国家变得像匈牙利和波希米亚一样，就会停在那里吗?"唯一的办法就是"新教君主"团结起来，将他们之间的小矛盾放在一面，一同对抗敌人，不管是在战场上还是在更微妙的灵魂争夺战上。朱里厄等人指出，其中一个具体做法就是向大批受迫害的圣徒提供庇护。1688年，瑞士一群难民牧师在向"国王、诸侯、官员和其他所有福音新教基督徒"呼吁时清楚地表明了这一立场。他们呼吁欧洲各新教国家"建立一个圣徒的联盟与团契"，特别是乞求当局"给我们可怜的人有栖身的地方，如果有地的话可以给我们耕种"。简而言之，胡格诺派将自己置于所谓"新教国际"（Protestant International）的中心，这个全球性的信徒网

---

① 朱里厄的到来见 Hubert Bost, ed., *Le consistoire de l'Église wallonne de Rotterdam, 1681–1706*, Paris: Honoré Champion, 2008, pp. 46–47；其在胡格诺派流亡中更为人知的角色，见 Guy Howard Dodge, *The Political Theory of the Huguenots of the Dispersion, with Special Reference to the Thought and Influence of Pierre Jurieu*, New York: Columbia University Press, 1947; F. R. J. Knetsch, "Pierre Jurieu: Theologian and Politician of the Dispersion," *Acta Historiae Neerlandica*, 10 (1971), pp. 213–241。有关布尔迪厄的事见 Robin Gwynn, ed., *Minutes of the Consistory of the French Church of London, Threadneedle Street, 1679–1692*, London: Huguenot Society of Great Britain and Ireland, 1994, p. 123。

② Marie Léoutre, "*Député Général* in France and in Exile: Henri de Massue de Ruvigny, Earl of Galway," in Jane McKee and Randolph Vigne, eds., *The Huguenots: France, Exile, and Diaspora*, Brighton: Liverpool University Press, 2013, pp. 145–154; Marie de Chambrier, *Henri de Mirmand et les réfugiés de la révocation de l'édit de Nantes, 1650–1721*, Neuchâtel: Attinger Frères, 1910.

络将拯救世界免于毁灭。①

不过，正如这些牧师的呼吁所示，胡格诺派游说网络有的是道义权威，但缺的是财政手段。他们有不少最重要的目标，从为欧洲的难民提供援助，到派牧师前往法国照顾还留在那里的信众，但这些都需要钱。幸运的是，在其他新教徒中有很多胡格诺派的支持者。在17世纪80年代的英格兰，难民问题一开始将全国的政治生活圈团结了起来。1681年，查理二世颁布了他的第一份“准予募款书”，向这些“受迫害的新教徒”提供支持，进而建立一个“法国委员会”，在十年中向难民分发善款。在政治光谱的另一端，长老会派的罗杰·莫里斯（Roger Morrice）哀叹“胡格诺派的苦难”，说他们是“非常合适的慈善对象”。在欧洲其他地方，奥兰治亲王的宫廷欢迎众多难民来到荷兰，而在日内瓦的一个新教牧师网络成立了一个“法国交易所”（Bourse française），以资助那些路过该城的人。②

尽管难民们用普世主义的话语来包装他们的事业，但他们的主要目的还是维持他们这一独特群体。因为大多数胡格诺派教徒希望有朝一日

① Peter Jurieu, *Seasonable Advice to All Protestants in Europe, of What Persuasion Soever, for Uniting and Defending Themselves against Popish Tyranny*, London: Printed for R. Baldwin, 1689, pp. 7-8; “Les pasteurs, anciens et autres chrétiens protestants de France réfugiés en Suisse pour le cause de l'Evangile, aux rois, princes, magistrats et tous autres chrétiens protestants évangeliques,” *Bulletin de la Société de l'histoire du protestantisme français*, 9 (1860), pp. 151-152. “新教国际”的概念来自 Herbert Lüthy, *La banque protestante en France de la révocation de l'édit de Nantes à la Révolution*, 2 vols., Paris: SEVPEN impr. Tournon et Cie, 1959 - 1961; I. F. Bosher, “Huguenot Merchants and the Protestant International in the Seventeenth Century,” in Randolph Vigne and Charles Littleton, eds., *From Strangers to Citizens: The Integration of Immigrant Communities in Britain, Ireland, and Colonial America, 1550 - 1750*, Brighton: Liverpool University Press, 2001, pp. 412-424; Robin Gwynn, “The Huguenots in Britain, the ‘Protestant International’ and the Defeat of Louis XIV,” in Randolph Vigne and Charles Littleton, eds., *From Strangers to Citizens: The Integration of Immigrant Communities in Britain, Ireland, and Colonial America, 1550 - 1750*, Brighton: Liverpool University Press, 2001, pp. 412-424.

② “Papers Relating to Brief, 1681,” *Proceedings of the Huguenot Society of London*, Vol. 7 (1901 - 1904), pp. 164-166; Mark Goldie et al., eds., *The Entring Book of Roger Morrice, 1677- 1691*, 7 vols., Woodbridge: Boydell, 2007, Vol. 2, pp. 210-211; Randolph Vigne, “Huguenots at the Court of William and Mary,” in Charles Wilson and David Proctor, eds., *1688: The Seaborne Alliance and Diplomatic Revolution*, Greenwich: Roundwood Press, 1989, pp. 111 - 130; Cécile Holtz, “La Bourse française de Genève et le refuge de 1684 à 1686,” in Olivier Fatio, ed., *Genève au temps de la révocation de l'édit de Nantes, 1680-1705*, Geneva: Librarie Droz, 1985, pp. 439-491.

能回到法国，所以他们需要保持他们自己的语言和礼仪。为此，难民的领导人提倡建立他们所谓的“殖民地”。这些法国定居点将存在于近代早期欧洲的附庸国境内，它们努力维持着，是法国教会和群体繁荣发展以待将来回到祖国的地方。许多文献说明了这一殖民愿景背后的哲学原理和原因。难民代表将四散前往新教地区，寻找合适的土地，要靠近市场，但缺少人口，因此胡格诺派的工匠和农民可能会受到欢迎。然后他们会和当地领袖协商，让他们给予新移民援助以及免税待遇和继续从事原来行业的许可。胡格诺派利用慈善和利益向他们的赞助者推销这一愿景。这些新移民将“增加它们臣民的数量”，这是“国家最重要的力量”。与此同时，牧师们说新教（特别是加尔文派）君主有义务援助他们受苦的同教中人。他们说，如果胡格诺派失败了，那么整个新教事业都要一起灭亡。[①]

欧洲最常见的胡格诺派殖民地潜在地点是德意志和爱尔兰。在南特敕令被撤销的几天之后，勃兰登堡选侯腓特烈·威廉一世就邀请难民到那些从三十年战争以来就一直荒废的地方定居。数以千计的难民涌入勃兰登堡，并很快也进入邻近的德意志邦国，将大多数空余的土地占了。[②] 德意志前景的黯淡导致胡格诺派在17世纪90年代转向爱尔兰，这个王国也因为战争而人口锐减。1691年，夏尔·德·萨伊（Charles de Sailly）对该岛进行了长途考察，其间有好些新教地主主动找到他，想要给他们空空如也的庄园招人。殖民爱尔兰的想法从英伦三岛传到了瑞士，亨利·德·米尔芒和其他难民领袖游说英格兰大使托马斯·考克斯（Thomas Coxe），将那些“想要加入这样一个殖民地”的难民运过去，他们“因为什么东西都极度缺乏，

① “Mémoire par le dessein des colonies,” Collection Court, 17L, fols. 105-108, BGE. 收款法庭有很多类似的计划和通信，它们说明了殖民背后的原因。另参见 Susanne Lachenicht, “Intégration ou coexistence? Les huguenots dans les îles britanniques et le Brandebourg,” *Diasporas: Histoire et sociétés*, 18 (2012), pp. 108-122。

② 有关在德意志的流亡，参见 Susanne Lachenicht, *Hugenotten in Europa und Nordamerika: Migration und Integration in der Frühen Neuzeit*, Frankfurt: Campus, 2010; Myriam Yardeni, *Le Refuge huguenot: Assimilation et culture*, Paris: Honoré Champion, 2002, pp. 111-150; François David, “Les colonies des réfugiés protestants français en Brandebourg-Prusse, 1685-1809: Institutions, géographie, et évolution de leur peuplement,” *Bulletin de la Société de l'histoire du protestantisme français*, 140 (1994), pp. 111-142。

维持不下去了”。[1]

胡格诺派的殖民愿景是新旧政治理论的混合体。一方面，它利用了主导欧洲大部分地区的统治复合性，主权常常由远在天边的宗主和在地的领袖分享。[2] 另一方面，让新来的人在新的土地上定居并且取得特殊的地位，这样的先例非常少。这样的计划之所以能成功，是因为没有国家的胡格诺派使用了国家利益的话语，核心的策划者觉得这很有说服力。建立一个爱尔兰定居点的提议就是很好的例子。这位佚名的策划者先说了政治经济学中老生常谈的话：“人民众多乃是王国之幸，让国王和国家变得伟大强盛的其实不是土地的广袤，而是臣民的数量。”在扯了一些历史之后，请愿者提到爱尔兰“天然是欧洲最肥沃的国家之一”，但缺少“良好忠实的臣民”。本地的爱尔兰人很懒惰，迷信天主教，不可能开发土地或放弃他们叛逆的方式，但如果国王能够鼓励“那些宗教和道德与爱尔兰人正相反的新居民来建立良好的殖民地”，这个王国将很快发掘它的潜力。这些胡格诺派殖民地在为难民提供保障和指望的同时，也在帮国王开发爱尔兰。[3]

尽管满怀希望，但胡格诺派在欧洲建立一个殖民地网络的雄心还是遇到

① “L'émigration en Irlande: Journal de voyage d'un réfugié français, 1693,” *Bulletin de la Société de l'histoire du protestantisme français*, 17 (1868), pp. 591 - 602; Michelle Magdelaine, “Conditions et préparation de l'intégration: Le voyage de Charles Sailly en Irlande (1693) et le projet d'Édit d'accueil,” in Vigne and Littleton, eds., *From Strangers to Citizens: The Integration of Immigrant Communities in Britain, Ireland, and Colonial America, 1550-1750*, Brighton: Liverpool University Press, pp. 435 - 441; Thomas Coxe to the Earl of Nottingham, January 6, 1692, SP 96/9, The National Archives, Kew. 有关更普遍的在爱尔兰的胡格诺派流亡，参见 Raymond Hylton, *Ireland's Huguenots and Their Refuge, 1662-1745: An Unlikely Haven*, Brighton: Sussex Academic, 2005; Ruth Whelan, “Promised Land: Selling Ireland to French Protestants,” *Proceedings of the Huguenot Society of London*, 29, 1 (2008), pp. 37-50; Susanne Lachenicht, “New Colonies in Ireland? Antoine Court and the Settlement of French Refugees in the 18th Century,” *Proceedings of the Huguenot Society of London*, 29, 2 (2009), pp. 227-237; C. E. J. Caldecott, H. Gough, and J.-P. Pittion, eds., *The Huguenots and Ireland: Anatomy of an Emigration*, Dun Laoghaire, Ireland: Sussex Academic, 1987。

② J. H. Elliott, “A Europe of Composite Monarchies,” *Past and Present*, 137 (November 1992), pp. 48 - 71; H. G. Koenigsberger, “Dominium Regale or Dominium Politicum et Regale: Monarchies and Parliaments in Early Modern Europe,” in Koenigsberger, ed., *Politicians and Virtuosi: Essays in Early Modern History*, London: The Hambledon Press, 1986, pp. 1-26.

③ “Copie of the Remonstrance of the Protestants in France to remove into Ireland,” Rawl. Mss. A 478, fol. 30, Bodleian Library, Oxford. 当然，这份请愿书利用了英格兰长期以来殖民爱尔兰的野心，见 Nicholas P. Canny, *Making Ireland British, 1580 - 1650*, Oxford: Oxford University Press, 2003。

了不少困难。即便在勃兰登堡，给予土地的优惠在1690年后就取消了，而后勤方面的挑战也限制了移民爱尔兰的数量。但更大的问题是，殖民地背后的政治理论——在东道国内外建立族裔定居点——让许多欧洲人很难接受。一些英格兰官员担心国内出现大规模的法国人社区，希望将难民分散到全国各地。德意志领导人倒是支持法国人“聚族别居”的愿望，哪怕在德意志也出现了一些问题。例如在拜罗伊特藩伯统治下的城镇埃朗根（Erlangen），在法国人到来后不久，新的德意志难民就从普法尔茨来到此地，而到17世纪80年代末，法国人在他们自己的殖民地内已经成了少数。而且在从瑞士到伦敦的各个地方，胡格诺派教徒与当地人发生了矛盾，后者认为这些新来的人会和他们争夺工作机会和资源。几乎在所有案例中，殖民地并不是真正隔绝的：它们是在其他人的国家内部生造出来的社区。为了能够真正适应，难民们需要同化，放弃一些他们的法国特色——那些以为殖民地有助于维持流亡教会的胡格诺派领袖为这样的结果感到不安。[①]

还有另一种解决方案。在欧洲以外还有大片大片的富饶土地，从北美的森林，到南美的丛林，再到从加勒比海到印度洋的肥沃岛屿。前往这些海外领地比前往德意志甚至爱尔兰更加困难，但对欧洲人来说至少是退而求其次，那里几乎没有人，而且远离有可能摧毁残存信仰的政治宗教风暴。因此，当移民刚开始的时候，许多难民就开始梦想新世界了，这并不令人感到惊讶。毕竟胡格诺派教徒在一些方面是理想的海外移民。在16世纪，法国第一阶段几乎不成功的殖民就是新教徒领导的，而在随后那个世纪，大西洋和更远的地方也有很多胡格诺派教徒，有的是在路易十四的海军服役，有的则是在拉罗谢尔、波尔多和诺曼底的大商人家族中，他们把持了大西洋贸易。此外，有一些新教徒在圣克里斯托弗和瓜德罗普的岛屿殖民地上安居乐业，他们在那里获得宽容甚至被完全接纳；还有一小撮人更加小心翼翼地在新法兰西生活。许多胡格诺派教徒熟悉美洲，即便是不熟悉的人也很容易获取相关信息。[②]

---

① Robin D. Gwynn, *Huguenot Heritage: The History and Contribution of the Huguenots in Britain*, London: Routledge & Kegan Paul, 1985, pp. 110–143; Myriam Yardeni, “Refuge et intégration: Le cas d'Erlangen,” in Yardeni, ed., *Le Refuge Huguenot*, Paris: Colin, 1985, pp. 137–150.

② 早期美洲胡格诺派殖民地参见 Frank Lestringant, *Le huguenot et le sauvage: L'Amérique et la controverse coloniale, en France, au temps des guerres de religion (1555–1589)*, Geneva: Librarie Droz, 2004; Mickaël Augeron and Laurent Vidal, “Réseaux ou refuges? Logiques d'implantation du protestantisme aux Amériques au XVIe siècle,” in Guy Martinière, Didier Poton, and François Souty, eds., *D'un rivage à l'autre: Villes et protestantisme dans l'aire atlantique* （转下页注）

从17世纪80年代初开始，欧洲的胡格诺派难民们得到很多关于海外殖民地的著作。尤其是在所谓“大西洋避难地”（即英伦三岛与荷兰，法国难民多从沿海地区来到大西洋彼岸）。[①] 阿姆斯特丹、鹿特丹和海牙的印刷厂发行了很多推广殖民地的小册子，介绍南卡罗来纳和宾夕法尼亚。鹿特丹牧师夏尔·德·罗什福尔（Charles de Rochefort）出版了一本综合性著作，叙述了各美洲殖民地。1685年，由于伦敦的难民数量大增，针线街教堂的长老们找到宾夕法尼亚和卡罗来纳的业主，“了解他们为”那些无法在首都找到工作或获得救济的潜在移民“提供了什么”。这样的活动并不仅限于伦敦或阿姆斯特丹。日内瓦的印刷商也出版了有关殖民地的册子，还有对殖民地的手抄描述，包括1687年一份来自新英格兰的亲历报告，这些材料是通过胡格诺派名流的成熟网络进行流传的。[②]

（接上页注②）（XVIe-XVIIe siècles），Paris：Imprimérie nationale，1999，pp. 31-61。17世纪胡格诺派的商人和海员见 I. F. Bosher，“Huguenot Merchants and the Protestant International in the Seventeenth Century，” in Randolph Vigne and Charles Littleton，eds.，*From Strangers to Citizens：The Integration of Immigrant Communities in Britain，Ireland，and Colonial America，1550-1750*，Brighton：Liverpool University Press，2001；Mickaël Augeron，“Se convertir，partir ou résister? Les marins huguenots face à la révocation de l'édit de Nantes，” in Augeron，Poton，and Van Ruymbeke，eds.，*Les Huguenots et l'Atlantique*，Vol. 1，*Pour dieu，la cause ou les affaires*，Paris：Les Indes Savantes，2009，pp. 349-368。17世纪法国中的胡格诺派，参见 Leslie Choquette，“A Colony of 'Native French Catholics'? The Protestants of New France in the Seventeenth and Eighteenth Centuries，” in Van Ruymbeke and Sparks，eds.，*Memory and Identity：The Huguenots in France and the Atlantic Diaspora*，Columbia：University of South Carolina Press，2003，pp. 255-266；Gérard Lafleur and Lucien Abénon，“The Protestants and the Colonization of the French West Indies，” in Van Ruymbeke and Sparks，eds.，*Memory and Identity：The Huguenots in France and the Atlantic Diaspora*，Columbia：University of South Carolina Press，2003，pp. 267-284。

① Bertrand Van Ruymbeke，“Un refuge atlantique? Les réfugiés huguenots et l'Atlantique anglo-américain，” in Guy Martinière，Didier Poton，and François Souty，eds.，*D'un rivage à l'autre：Villes et protestantisme dans l'aire atlantique*（XVIe-XVIIe siècles），Paris：Imprimérie nationale，1999，pp. 195-204.

② Charles de Rochefort，*Récit de l'estat present des célèbres colonies de la Virginie，de Marie-Land，de la Caroline，du nouveau duché d'York，de Penn-Sylvania，et de la Nouvelle Angleterre*，Rotterdam：Chez Reinier Leers，1681；Robin Gwynn，ed.，*Minutes of the Consistory of the French Church of London，Threadneedle Street，1679-1692*，London：Huguenot Society of Great Britain and Ireland，1994，p. 143. 这些宣传推广小册子的基本情况见 Bertrand Van Ruymbeke，*From New Babylon to Eden：The Huguenots and Their Migration to Colonial South Carolina*，Columbia：University of South Carolina Press，2006，pp. 35-49；Van Ruymbeke，“Vivre au paradis? Representations de l'Amérique dans les imprimés de propagande et les lettres de réfugiés，” *Bulletin de la Société de l'histoire du protestantisme français*，153（2007），pp. 343-358。（转下页注）

最大胆的胡格诺派海外殖民地计划不仅超出了“大西洋避难地”，也超出了整个大西洋。亨利·迪凯纳是路易十四主要海军将领的儿子，他在1685年到瑞士沃州的奥博内（Aubonne）男爵领地，日内瓦与洛桑之间莱芒湖畔的一个小村子里隐居。这是胡格诺派旅行家兼作家让-巴普蒂斯特·塔韦尼耶（Jean-Baptiste Tavernier）的故居，这座城堡有一座明显带有近东风格的塔楼，那是塔韦尼耶旅行的纪念碑。在这个异域的环境下，迪凯纳计划着自己前往东印度群岛冒险，如果这个殖民愿景成真，那么胡格诺派流亡的面貌就会发生改变。①

迪凯纳的计划是穿过半个地球，将难民送到东印度群岛的一座岛上。在由多篇组成一册的其中一篇短文里，他解释了胡格诺派在海外建立殖民地背后的原因。他首先提到市面上的计划非常多，“自从法国及皮埃蒙特山谷的改革宗教会流散以来，”他说，“人们除了谈论殖民地和新定居点就不干别的了。”然而，这些计划在许多方面都有缺陷。其中最重要的是多样性问题；这样的殖民地往往是在其他人的国内。许多胡格诺派教徒愿意“生活在相同语言、相同民族和相同宗教的人中间，因此性情与生于异国的人不太相容，这几乎总是纷争、矛盾和许多其他麻烦的根源”。此外，迪凯纳虽然对新教君主的善举表示感激，但他承认难民会带来资源负担，并且希望胡格诺派教徒不要再“从一个国家到另一个国家”游荡，“在他们的弟兄中间寻找一些庇护所，并从后者的劳动中获得一些糊口的食物”。如果这些“可怜的羊”能够再度“聚成一群”，他们就能“欣喜地吃自己的面包，不用成为他们弟兄

（接上页注②）关于罗什福尔的事见 Everett C. Wilkie，“The Authorship and Purpose of the Histoire naturelle et morale des îles Antilles：An Early Huguenot Emigration Guide，” Harvard University Library Bulletin，n. s.，2，3（1991），pp. 26-84。来自新英格兰的报告反映了胡格诺派难民中间流传的手抄叙述。对日内瓦图书馆收款法庭档案中原件的英文翻译见 Charles W. Baird，*History of the Huguenot Emigration to America*，2 vols.，New York：Dodd. Mead & Company，1885，Vol. 2，pp. 379-395。

① 迪凯纳唯一的传记作者明显对他不是很客气，见 Émile Rainer，*L'utopie d'une république huguenote du marquis Henri du Quesne et la voyage du François Leguat*，Paris：Ecrivains Associés，1959。更晚近、更简短的研究见 Paolo Carile，*Huguenots sans frontières：Voyage et écriture à la Renaissance et à l'Âge classique*，Paris：Classiques Garnier，2001，pp. 97-136；Philippe Haudrère，“À la recherche de l'île d'Éden，aventures de protestants français sur la route des Indes orientales，” in Augeron，Poton，and Van Ruymbeke，eds.，*Les Huguenots et l'Atlantique*，Vol. 1，*Pour dieu，la cause ou les affaires*，Paris：Les Indes Savantes，2009，pp. 389-395；Randolph Vigne，“Huguenots to the Southern Oceans：Archival Fact and Voltairean Myth，” in Jane McKee and Randolph Vigne，eds.，*The Huguenots：France，Exile，and Diaspora*，Brighton：Liverpool University Press，2013，pp. 113-124。

的负担”。①

迪凯纳建议他的同胞能被一起带到一个海外殖民地，这个殖民地既是法国的，也是新教的。他一开始对此地点保密，但在他小册子的最后透露是波旁岛（Île Bourbon，今留尼汪岛），他将这个地方称为“伊甸岛”（Isle of Eden），“因为它的富庶和美丽会让人把它当作人间天堂”。他提议在这座偏远的岛屿上建立一个法国加尔文派的贵族统治乌托邦，一个由一名“首长”治理的“共和国”，还有一个由敬虔的人组成的元老院来辅佐他。他希望殖民者追求的不是新的“秘鲁”，一个“充满珍珠宝石的国家”，而是“一个由诚实的人组成的社会，建立在一片肥沃且令人愉悦的地方，此地充满健康、自由、不受打扰的信仰、公义、仁爱，并且最重要的是安全”。②

迪凯纳的方案借鉴了难民众多的殖民计划，但在一个重要的方面与众不同。在德意志或者甚至是爱尔兰建立殖民地的关键是保持一个法国新教教会，以备最终返回法国。迪凯纳抛弃了这个目标。他认为“全欧洲的大迫害”比“教会不久将要得救”更有可能发生，而且哪怕新教能在法国重新建立，胡格诺派也依然是少数，“只是被宽容，而不占主导地位”，再来一位暴君就能将宽容一笔勾销。③ 一个新教的法国是建立不起来的——至少在法国境内办不到。只有在海外的一个新伊甸园，胡格诺派才可能建立他们的理想社会。

迪凯纳对一个胡格诺派新世界的设想绝非无源之水。它吸收了欧洲思想特别是加尔文派思想中若干常见的内容。他对伊甸园的描述呼应了法国的旅行文学，但也建立在新教乌托邦的观念之上，这样的观念激励了从 16 世纪胡格诺派的尝试到在新英格兰建立清教徒定居点的一系列殖民冒险，而且在

① Henri Duquesne, *Recueil de quelques mémoires servant d'instruction pour l'établissement de l'Ile d'Eden*, Amsterdam: Chez Henry Desbordes, 1689, avertissement. 本文使用 François Leguat, *Voyage et aventures de François Leguat et de ses compagnons en deux îles désertes des Indes orientales* (*1690-1698*), in Jean-Michel Racault and Paolo Carile, eds., Paris: Les Editions de Paris, 1995, pp. 241-264 的附录中所收录之版本。

② Henri Duquesne, *Recueil de quelques mémoires servant d'instruction pour l'établissement de l'Ile d'Eden*, Amsterdam: Chez Henry Desbordes, 1689, pp. 244, 247. 他的政治理论奇怪地将共和制与君主制混杂，这在胡格诺派政治思想中颇为典型，相关综述参见 Myriam Yardeni, "French Calvinist Political Thought, 1534-1715," in Menna Prestwich, ed., *International Calvinism, 1541-1715*, Oxford: Oxford University Press, 1985, pp. 315-337。

③ Henri Duquesne, *Recueil de quelques mémoires servant d'instruction pour l'établissement de l'Ile d'Eden*, Amsterdam: Chez Henry Desbordes, 1689, p. 242.

路易十四时期的法国新教徒作家中尤其盛行。这将是一个“新耶路撒冷”，一个旨在保存信仰而不是发财的殖民地，平凡的基督徒在那里可以为神的荣耀而工作，而迪凯纳本人就像摩西一样，再现《圣经》中的出埃及，前往应许之地。[①] 其他同时期的难民在出版物和私人通信中也提出了与迪凯纳设想类似的观点。例如夏尔·德·罗什福尔在提倡美洲时说，那里不是一个富得流油的地方，但对于希望单纯过日子的虔诚人来说是理想的避难所。罗什福尔写道：“那些在地里劳作的人将得到面包作为奖赏。”[②]

这种想要在异域海岸建立一个理想的新教法国的乌托邦冲动令难民们着迷，也让胡格诺派领袖不安。迪凯纳向亨利·德·米尔芒推销他的殖民地，但这位瑞士难民的伟大领袖完全没有给他好脸色看。在一封现已散佚的信中，米尔芒显然抱怨迪凯纳的计划不切实际，给那些乘船前往世界尽头的人带来的危险多于安全。[③] 虽然米尔芒可能是真的为难民们着想，但迪凯纳的计划显然让胡格诺派的大元老们有别的想法，尤其是皮埃尔·朱里厄和他的追随者。朱里厄因他的政治领导力和他对世界末日的猜想而闻名，在他看来，光荣革命和 1689 年奥格斯堡同盟战争的爆发预示着敌基督的失败近在眼前，因此胡格诺派教徒就可以回到法国。在同一年，朱里厄散发了一封信，宣称鹿特丹和伦敦的难民举步维艰，他们正在成批地死去，在瑞士的难

① 有关迪凯纳的思想根源和宗教愿景，参见 Paolo Carile, *Huguenots sans frontières : Voyage et écriture à la Renaissance et à l'Âge classique*, Paris: Classiques Garnier, 2001, pp. 97 - 103; 特别是 Jean - Michel Racault, *L'utopie narrative en France et en Angleterre , 1675 - 1761*, Oxford: Oxford University Press, 1991, pp. 63 - 67，作者假设迪凯纳的愿景与同时期约翰·洛克和第一代沙夫茨伯里伯爵安东尼·阿什利·库珀起草的“卡罗来纳基本宪章”存在共通之处。

② Charles de Rochefort, *Récit de l'estat present des célèbres colonies de la Virginie , de Marie-Land , de la Caroline , du nouveau duché d'York , de Penn-Sylvania , et de la Nouvelle Angleterre*, Rotterdam: Chez Reinier Leers, 1681, p. 4. 有关法国新教徒政治思想和著作中的乌托邦思想，参见 Myriam Yardeni, *Utopie et révolte sous Louis XIV*, Paris: Librairie Nizet, 1980。其中将迪凯纳和勒加作为乌托邦思想家的例子见 Myriam Yardeni, “Protestantisme et utopie en France au XVIᵉ et XVIIᵉ si`ecles,” *Diasporas : Histoires et societies*, 1 (2002), pp. 51 - 58; Jean-Michel Racault, *L'utopie narrative en France et en Angleterre , 1675 - 1761*, Oxford: Oxford University Press, 1991; Laetitia Cherdon, “L'imaginaire comme refuge: Utopies et prophéties protestantes à l'époque de la révocation de l'édit de Nantes,” thèse doctorale, Université de Liège, 2009。

③ 迪凯纳的回信保存了下来，参见迪凯纳致米尔芒，1689 年 2 月 19 日，Collection Court, 170, fols. 79 - 80, BGE。

民最好待在原地。[1]

不过，尽管有一些官方的疑虑，新世界的应许还是对许多普通的难民很有吸引力。早在 1679 年，胡格诺派难民就在伦敦募款，以获得前往殖民地的旅费，在法国形势恶化后募集的旅费有增无减。[2] 在1687 年和 1688 年的最初几个月，法国委员会拨款让至少 152 名贫困难民获得了前往“西印度”殖民地——一般指卡罗来纳，但也包括弗吉尼亚、新英格兰、纽约和新泽西——的旅费。[3] 这条史料不能用来确定具体有多少胡格诺派难民漂洋过海：毕竟有些拿了钱的人可能一直都没走，而许多其他移民可能是自掏腰包或找私人筹款。[4] 但不管这个数字是多少，无疑有很

---

① 朱里厄的预测最早出现在 Pierre Jurieu, *Accomplissement des prophéties*, Paris: La Documentation Française, 1994。其英文译本很快出现，并在整个新教世界掀起波澜。他的信在 Marie de Chambrier, *Henri de Mirmand et les réfugiés de la révocation de l'édit de Nantes, 1650-1721*, Neuchâtel: Attinger Frères, 1910, p. 100 中有节选。有关朱里厄对光荣革命的看法的有用概述，参见Guy Howard Dodge, *The Political Theory of the Huguenots of the Dispersion, with Special Reference to the Thought and Influence of Pierre Jurieu*, New York: Columbia University Press, 1947, p. 34-93。有关朱里厄和迪凯纳之间的思想张力，参见 Jean-Michel Racault, *L'utopie narrative en France et en Angleterre, 1675-1761*, Oxford: Oxford University Press, 1991, pp. 64-66。

② George B. Beeman, "Notes on the City of London Records Dealing with the French Protestant Refugees, Especially with Reference to the Collections Made under Various Briefs," *Proceedings of the Huguenot Society of London*, 7 (1901-1904), pp. 108-192.

③ 这些数字出自 MS 2/1 - 2/6, Royal Bounty Papers, Huguenot Library, University College London。虽然难民前往各个地方，但最受欢迎的目的地是南卡罗来纳，其次是纽约。有关对在北美的难民的研究，特别参见 Jon Butler, *The Huguenots in America: A Refugee People in New World Society*, Cambridge: Harvard University Press, 1983。有关南卡罗来纳，参见 Bertrand Van Ruymbeke, *From New Babylon to Eden: The Huguenots and Their Migration to Colonial South Carolina*, Columbia: University of South Carolina Press, 2006。有关纽约，参见 Neil Kamil, *Fortress of the Soul: Violence, Metaphysics, and Material Life in the Huguenots' New World, 1517-1751*, Baltimore: Johns Hopkins University Press, 2005; Paula Wheeler Carlo, *Huguenot Refugees in Colonial America: Becoming American in the Hudson Valley*, Brighton: Sussex Academic Press, 2005。有关对研究状况的良好分析，参见 Geneviève Joutard and Philippe Joutard, "L'Amérique huguenote est-elle un paradoxe?" *Bulletin de la Société de l'histoire du protestantisme français*, 151 (2005), pp. 65-90。

④ Jon Butler, *The Huguenots in America: A Refugee People in New World Society*, Cambridge: Harvard University Press, 1983, pp. 41-67; 对跨大西洋移民总数最好的估计见于 Bertrand Van Ruymbeke, "Le Refuge dans les marches atlantiques," *Diasporas: Histoire et societies*, 18 (2011), pp. 30-48, here 31-32。不过，这些数字是有局限的，因为很多移民化整为零前往新大陆，并不见于官方档案。有一个很好的资源可以让我们了解部分移民状况，参见 "Site de la Base de données du Refuge huguenot," Laboratoire de recherches historiques Rhône-Alpes (LARHRA), http://www.refuge-huguenot.fr/。

多难民被建立遥远殖民地的想法所吸引。1686 年，一位法国官员造访英格兰的港口，他发现有不少难民已经离开布里斯托尔和普利茅斯，前往“美洲的岛屿”。[①]

来自殖民地的报告偶尔也反映出迪凯纳的乌托邦构想。例如在 1688 年，一个难民从卡罗来纳写信给荷兰的一位通信人，介绍了那里的情况。与迪凯纳设想的殖民地一样，他写道，卡罗来纳不是一个发横财的地方。但如果有人愿意劳动，并且只想“踏踏实实地”过完他或她的一生，那么这个殖民地就是完美的选项。他邀请那些“还有点家底、愿意工作、甘愿吃苦且只想过安生日子”的难民前来。[②] 加尔文本人或许也会说，通往伊甸园的道路并不好走，但旷野的试炼吸引了许多胡格诺派难民。

三　葡萄、丝绸与战争

不管怎样，鼓励胡格诺派逃离欧洲的并不只有乌托邦式的梦想。这些难民正好遇到了一个国家形成和帝国扩张的时代。一个最好的例子就是法国，让-巴普蒂斯特·科尔贝特（Jean-Baptiste Colbert）提出了一种被一位学者称为“信息国家”（information state）的构想，但“政治经济学的革命”延伸到了英格兰、荷兰和其他国家，那里的政治家发现了英格兰裔爱尔兰人威廉·佩蒂所谓的“政治算术”（political arithmetic），即试图用数字来建构一个更符合理性主义原则的国家。[③]

胡格诺派难民很符合这些计划，因为他们是潜在的新臣民，而且欧洲领导人认为他们的特殊技能可以增强国家的实力。特别是在英格兰，作家

---

① “Memoire sur qui concerne les François de la religion pretendue reformée,” *HSP*, 7 (1901-1904), pp. 160-162.

② Molly McClain and Alessa Ellefson, “A Letter from Carolina, 1688: French Huguenots in the New World,” *William and Mary Quarterly*, 3rd ser., 64, 2 (2007), pp. 377-394, here 393-394.

③ 有关科尔贝特，参见 Jacob Soll, *The Information Master: Jean-Baptiste Colbert's Secret State Intelligence System*, Ann Arbor: University of Michigan Press, 2009。有关佩蒂，参见 Ted McCormick, *William Petty and the Ambitions of Political Arithmetic*, Oxford: Oxford University Press, 2009。总体情况参见 Steve C. A. Pincus, “A Revolution in Political Economy?” in Maximillian E. Novak, ed., *The Age of Projects*, Toronto: University of Toronto Press, 2008, pp. 115-140。有关对英格兰领导理解数字方式的精彩诠释，参见 William Deringer, “Calculated Values: The Politics and Epistemology of Economic Numbers in Britain, 1688-1738,” Ph. D. diss., Princeton University, 2012。

们歌颂人口众多的好处，常常感叹英格兰人的数量太少。更多人口就能生产更多东西，这样就能维持国家最重要的贸易平衡。他们也可以当兵，以及充实因为战争或自然灾害而人口减少的土地。一些作家主张吸引并归化有特殊技能的移民，例如生产丝绸、加工银器或制作家具——这些都是胡格诺派教徒的强项。[①] 他们作为受迫害新教徒的身份不是减分项，而这些看得见摸得着的才能让胡格诺派对欧洲领导人尤其有吸引力。

虽然欧洲国家争抢臣民不是什么新鲜事，但到 17 世纪 80 年代，这一竞争也有了一个全球性的维度。科尔贝特和他的英格兰对手都认为海外殖民地对国家的福祉有重要的贡献。“海外种植园”能提供欧洲没有的商品，特别是可以在欧洲由国内劳动力进行加工的原材料。此外，殖民地臣民可以消费本国的制成品，而海外贸易可以确保强大的航运业不断发展，为成千上万的人提供就业。唯一的问题就是缺人，如果种植园吸收了太多王国本土的人口，成本就会压倒收益。[②]

在这种背景下，胡格诺派流散的出现必然会被一些人视为神的恩赐。正如一位政治经济学家非常贴切地说：“这里以及邻近其他国家的大量难民既

---

① 有关这种话语的例子，参见 Josiah Child, *A New Discourse of Trade*, London: John Everingham, 1693; Slingsby Bethel, *The Interest of the Princes and States of Europe*, London: John Wickins, 1681; Carew Reynel, *The True English Interest; or, an Account of the Chief National Improvements: In Some Political Observations, Demonstrating an Infallible Advance of This Nation to Infinite Wealth and Greatness, Trade and Populacy, with Imployment, and Preferment for All Persons*, London: Giles Widdowes, 1674。有关这一时期的人口工程，参见 Steve Pincus, “From Holy Cause to Economic Interest: The Study of Population and the Invention of the State,” in Alan Houston and Steve Pincus, eds., *A Nation Transformed: England after the Restoration*, Cambridge: Cambridge University Press, 2001, pp. 272 - 298; Daniel Statt, *Foreigners and Englishmen: The Controversy over Immigration and Population, 1660-1760*, Newark: University of Delaware Press, 1995。有关丝绸和银器行业中的胡格诺派，参见 Hugh Tait, “London Huguenot Silver,” in Irene Scouloudi, ed., *Huguenots in Britain and Their French Background, 1550-1800*, London: Macmillan, 1987, pp. 89 - 112; Natalie Rothstein: “Huguenots in the English Silk Industry in the Eighteenth Century,” in Irene Scouloudi, ed., *Huguenots in Britain and Their French Background, 1550-1800*, London: Macmillan, 1987, pp. 125-140。有关家具行业，参见 Neil Kamil, *Fortress of the Soul: Violence, Metaphysics, and Material Life in the Huguenots' New World, 1517-1751*, Baltimore: Johns Hopkins University Press, 2005, pt. 3。

② Josiah Child, *A New Discourse of Trade*, London: John Everingham, 1693, pp. 164-208 列出了争论的内容。有关海外殖民地耗尽国力的正统观点，参见 William Petyt, *Britannia Languens, or a Discourse of Trade: Shewing the Grounds and Reasons of the Increase and Decay of Land-Rents, National Wealth and Strength*, London: Richard Baldwin, 1680, p. 121。

是我们慈惠的体现，也有利于我们。”[①] 许多难民拥有重要的技能，他们也是额外的人手，可以完成其他人没有做或不能做的工作，例如在欧洲万里之外建立边缘定居点。最后，这些难民似乎非常适合协助实现两个特别的目标，这两个目标激励了英格兰和（规模较小的）荷兰的帝国计划。数十年以来，英格兰思想家尤其想要在美洲和其他海外种植园生产生丝绸和葡萄酒，希望能让这两种主要来自法国或远东的重要商品实现本土供应。胡格诺派教徒的祖国有着生产丝绸和葡萄酒的传统。他们能够轻而易举地将他们的专长带到种植园，将这些野心变成现实。[②]

这些在海外生产丝绸和建立葡萄酒种植园的梦想在胡格诺派流散之前几十年就有了。最初抵达北美的英格兰和法国探险家都注意到那里有很多野葡萄树和桑树（桑树的叶子可以养蚕），而这两种产品通常都出现在早期的潜在出产名单中。特别是在弗吉尼亚，当局试图引进外国专家协助执行这些计划。例如在 1629 年，胡格诺派贵族桑塞（Sancé）男爵就提议让他的同胞来弗吉尼亚建立一个殖民地，“在那里种植葡萄和橄榄，并生产丝绸”。[③] 在 17 世纪 50 年代，当时有一批种植园主想要推行农业多元化，摆脱对烟草的依赖，另一位弗吉尼亚领袖招来了亚美尼亚顾问，尝试发展该殖民地的丝绸产业。[④] 这些计划都没有成功，但它们激励了后人的效仿。到南特敕令被撤销时，许多英格兰规划者设想在北美南部建立一个新地中海，外国移民和英格兰人可以在那里合作种植那些能在欧洲获得暴利的特殊作物。

当难民们开始涌入欧洲城市时，这些农业雄心已经超出了弗吉尼亚，传到了卡罗来纳和宾夕法尼亚等更年轻的殖民地。殖民地规划者向贸易主管局

---

① Francis Brewster, *Essays on Trade and Navigation*, London: Tho. Cockerill, 1695, p. 18.

② 历史学家对这些努力的关注还远远不够，但可参见 Ben Marsh, “Silk Hopes in Colonial South Carolina,” *Journal of Southern History*, 78, 4 (2012), pp. 807-854。对葡萄酒的研究往往关注的是殖民地和本国对外国（特别是法国和葡萄牙）葡萄酒的需求，参见 David Hancock, *Oceans of Wine: Madeira and the Emergence of American Trade and Taste*, New Haven: Yale University Press, 2009; Charles Ludington, *The Politics of Wine in Britain: A New Cultural History*, Basingstoke: Palgrave Macmillan, 2013。

③ 桑塞男爵安托万·德·里杜耶（Antoine de Ridouet）致国务大臣多切斯特子爵，1629 年 6 月 14 日，CO1/5, No. 14, The National Archives, Kew。

④ *The Reformed Virginian Silk-Worm; or, a Rare and New Discovery of a Speedy Way, and Easie Means, Found Out by a Young Lady in England, She Having Made a Full Proof Thereof in May, Anno 1652*, London: John Streater, 1655, pp. 38-39. 类似的例子参见 Edward Williams, *Virginia: More Especially the South Part Thereof, Richly and Truly Valued*, London: Thomas Harper, 1650。

(Lords of Trade) 提交了许多生产丝绸或建立葡萄酒种植园的提议，并且鼓励法国新教徒定居在这些地方。在17世纪70年代，卡罗来纳的业主沙夫茨伯里伯爵安东尼·阿什利·库珀派他的秘书约翰·洛克前往法国，洛克在那里掌握了这两个行业的合理生产方式——显然是为了将这一专业知识用于卡罗来纳。[①] 胡格诺派教徒知道他们可以在关键的努力中运用这些公认的技能，以获得好处。例如在最初请求在卡罗来纳获得土地和庇护的请愿书中，有一份关于两位难民领袖提出将卡罗来纳的气候和胡格诺派的专长相结合的请愿书，这会给他们的赞助人带来巨大的红利。毕竟这些难民“熟悉葡萄、谷物的栽种和布匹的制作，在很多地方还会生产丝绸”。[②] 这样的说法不胫而走：大多数难民都不假思索地提出他们有葡萄酒和丝绸产业方面的才能(哪怕有些人，例如商人或工匠，其实对种植一窍不通)，而英格兰官员也大多注意到这些难民能给殖民地经济部门带来好处。

最雄心勃勃的计划可能出现在伦敦主教亨利·康普顿（Henry Compton）的档案中，他是一位胡格诺派的代言人。在17世纪90年代，一位不具名的规划者为一个跨大西洋的胡格诺派社区起草了一份法文的提案书。为了回应伦敦难民过度拥挤的问题，作者先是建议将他们分散到东盎格利亚的滨海城镇小雅茅斯，他们可以在该王国人口稀少的地区促进制造业扩张。与此同时，作者建议在卡罗来纳建立一个殖民地，“那些在英格兰找不到合适位置的人”会来到这个殖民地，“例如葡萄种植者和丝绸制作者，还有懂文化的人”，后者可以教导印第安人信仰基督教。这两个难民社区会有所联系：卡罗来纳的殖民者可以消费小雅茅斯的制成品，而卡罗来纳的葡萄酒、丝绸和其他产品可以被运回东盎格利亚。[③]

主张这种计划的并非只有处于中心的作家和官员。在殖民地内部也有很

---

① 洛克的笔记手稿最终在对殖民地生产丝绸和制作葡萄酒的猜想狂潮期间出版：John Locke, *Observations upon the Growth and Culture of Vines and Olives: The Production of Silk, the Preservation of Fruits*, London: Richardson and Clark, 1766。有关这一作品的背景，参见David Armitage, "John Locke, Carolina, and the Two Treatises of Government," *Political Theory*, 32, 5 (2004), pp. 602-627, here 611-612。

② "Humble Proposition faite au Roy et à Son Parlement pour donner retraite aux Étrangers protestans et au proselites dans ses Colonies de L'amerique et sur tout en la Carolina, March 1679," in A. S. Salley, ed., *Records in the British Public Record Office Relating to South Carolina, 1663-1684*, Columbia: Public Record Office, 1928, pp. 63-64.

③ "Memoire touchant la maniere de recevoir & employer les proselites & protestans," n. d., Rawlinson Mss., C 982, fols. 228-229, Bodleian Library.

多有关生产丝绸和制作葡萄酒的计划。一位我们只知道名叫“多菲内的迪朗”（Durand of Dauphiné）的胡格诺派旅行家在他的作品中揭示了这样的计划有多流行。迪朗在1686年逃离法国，甚至在他到达英格兰之前，他就沾上了“卡罗来纳热”，这在读过有关该殖民地宣传小册子的难民中还挺常见的。他和一位女性伙伴一起计划投身丝绸生意，但天气的恶劣与同伴的去世让这一计划不了了之，迪朗最后去了弗吉尼亚。当这位法国人看到皮埃蒙特地区时，他认定这是最好的，这个气候宜人的地区让他想起了法国南部，特别是那里有很多野葡萄树。许多种植园主想卖给他土地，给胡格诺派葡萄农建殖民地。迪朗探索了拉帕汉诺克河（Rappahannock River）附近的山区，提到“这些山坡上可以种植上好的葡萄，葡萄酒无疑会非常棒”。迪朗本人再也没有回来，不久之后，许多法国人接受了法国委员会的资助，在弗吉尼亚定居。[①]

弗吉尼亚以南和以北的殖民地规划者也制订了类似的计划，利用胡格诺派教徒将这些殖民地变成生产葡萄酒和制作丝绸的基地。在宾夕法尼亚，威廉·佩恩雇用一位法国新教徒在这个殖民地试验生产葡萄酒，他认为只要有熟悉适当技术的“优秀葡萄种植者”，这个计划就能成功。[②] 在更南边的南卡罗来纳，后来成为总督的绅士纳撒尼尔·约翰逊（Nathaniel Johnson）爵士带头进行丝绸和葡萄酒试验。一位18世纪初的评论者写道，“他光是在丝绸一项每年就能赚三四百英镑”，而且还有一片“不小的葡萄园”。他在1686年担任背风群岛总督以及后来担任南卡罗来纳总督时都倡导胡格诺派教徒移民，这或许并非偶然。他有一个种植园名叫“锡尔克霍普”

---

① Durand de Dauphiné, *A Huguenot Exile in Virginia; or, Voyages of a Frenchman Exiled for His Religion: With a Description of Virginia and Maryland*, in Gilbert Chinard, ed., New York: Press of the Pioneers, 1934, pp. 126-127, 154. 有关17世纪前往弗吉尼亚的胡格诺派移民，参见 Royal Bounty Papers, MS 2/5; Fairfax Harrison, "Brent Town, Ravensworth and the Huguenots," *Landmarks of Old Prince William: A Study of Origins in Northern Virginia*, 2 vols., Richmond: The Old Dominion Press, 1924, Vol. 1, pp. 177-196。

② *Recüeil de diverses pieces, concernant la Pensylvanie*, The Hague: Chez Abraham Troyel, 1684, p. 59. 威廉·佩恩满怀希望地认为，会有很多胡格诺派教徒选择宾夕法尼亚，虽然药剂师莫伊塞斯·沙拉（Moises Charas）去了宾夕法尼亚，但后继者寥寥。有关佩恩对难民的拉拢，参见 Richard S. Dunn and Mary Maples Dunn, eds., *The Papers of William Penn*, 5 vols., Philadelphia: University of Pennsylvania Press, 1981-1987, Vol. 2, pp. 108, 285-286, Vol. 3, p. 34；有关对他失败的一种解释，参见 Jon Butler, *The Huguenots in America: A Refugee People in New World Society*, Cambridge: Harvard University Press, 1983, pp. 52-53。

（Silk Hope，意为“丝绸希望”），这个种植园最后落入了一个名叫加布里埃尔·马尼戈（Gabriel Manigault）的胡格诺派种植园主手中，并接收难民们来此劳作，直到18世纪60年代还在生产这一珍稀的商品。[①]

到18世纪初，从宾夕法尼亚到卡罗来纳有几十甚至几百名胡格诺派教徒在种葡萄和养蚕。在17世纪80年代和90年代，几乎每一封来自殖民地的胡格诺派信件都提到了将北美变成新地中海的挑战与美好前景。1683年，南卡罗来纳的一位胡格诺派定居者提到他种的“葡萄树长势好得出奇”，只要裁剪得当，有望产出欧洲更好的葡萄酒。后来的报告就没有那么激动人心了：1690年，一位瑞士定居者承认，他的大多数葡萄酒试验都无果而终，而生产丝绸也很困难，因为他的桑树不够大。[②] 尽管有这么多失败的开头，但这些胡格诺派在英属北美生产丝绸和制作葡萄酒的尝试一直在继续，甚至直到美国革命前夕。结果，最大一群难民聚居在大陆殖民地的南部——这里的纬度与法国南部相近，而后者就是这些热门商品的原产地。[③]

这些计划并不仅限于北美或英帝国。最有意思的葡萄种植试验发生在好望角的荷兰补给站，荷兰东印度公司的领导人长期以来一直鼓励该地发展农业，以为公司船只和其他前往亚洲的旅客提供给养。早在南特敕令被撤销前夕的1685年10月，领导公司的“十七人董事会”就提议让“信仰改革宗

---

① John Oldmixon, *The British Empire in America, Containing the History of the Discovery, Settlement, Progress and Present State of All the British Colonies, on the Continent and Islands of America*, 2 vols., London: Herman Moll, 1708, Vol. 1, p. 379; John Archdale, *A New Description of That Fertile and Pleasant Province of Carolina*, London: John Wyat, 1707, p. 30. 有关约翰逊将胡格诺派带去背风群岛的努力，参见约翰逊致贸易及拓殖委员会，1688年10月22日，CO 153/4, 75, The National Archives, Kew。约翰逊支持南卡罗来纳的一项胡格诺派归化法，参见 Bertrand Van Ruymbeke, *From New Babylon to Eden: The Huguenots and Their Migration to Colonial South Carolina*, Columbia: University of South Carolina Press, 2006, pp. 126-128。有关锡尔克霍普种植园，参见 Ben Marsh, “Silk Hopes in Colonial South Carolina,” *Journal of Southern History*, 78, 4 (2012), pp. 807-854。

② “路易·蒂布（Louis Thibou）的信”，1683年9月20日，South Caroliniana Library, Columbia（http://www.teachingushistory.org/lessons/Thibou.htm 有刊载和翻译）；Robert Cohen and Myriam Yardeni, eds., “Un Suisse en Caroline du Sud à la fin du XVII siècle,” *Bulletin de la Société de l'histoire du protestantisme français*, 134 (1988), pp. 59-71。

③ 这些后来的胡格诺派殖民地尚未得到历史学家的充分关注，但参见 Arlin C. Migliazzo, *To Make This Land Our Own: Community, Identity, and Cultural Adaptation in Purrysburg Township, South Carolina, 1732-1865*, Columbia: University of South Carolina Press, 2007; Bobby F. Edmonds, *The Huguenots of New Bordeaux*, McCormick: Cedar Hill Unltd, 2005。

的法国难民”到好望角定居，“特别是那些懂得栽培葡萄树的”。[①] 荷兰人在他们南非前哨站的目标没有英格兰人在北美的计划那么宏大。他们并不想向全世界出口葡萄酒，只是希望好望角的小型定居殖民地可以为他们的船只供应葡萄酒和谷物。公司通过胡格诺派领袖的成熟网络公开招揽定居者——保罗·勒布莱写给他在日内瓦同工的信就表明了有关该殖民地的消息是怎样传播的——他们还发布公告，宣称向任何愿意千里迢迢前往好望角并从事农业的难民提供免费的旅行、土地和协助。有好几百人报名参与，而在他们愿意专心从事的工作中，就有在欧洲适宜种植葡萄的气候下生产葡萄酒。到17世纪90年代末，“开普葡萄酒”已经与谷物和烟草一道，成为该殖民地最大的收入来源。胡格诺派旅行家弗朗索瓦·勒加（François Leguat）在17世纪90年代末发现那里遍地种植着葡萄，尽管他承认那里的葡萄酒“不是最好的”。[②] 英格兰东印度公司为了模仿这一计划，于1689年提议在圣赫勒拿岛的前哨站进行类似的难民葡萄种植计划，但派去的9个移民大多在几年之内就放弃了吃力不讨好的任务，回到了欧洲。[③]

---

① “Extract from the Resolutions of the Assembly of the Seventeen, Dated 3rd October, 1685,” in C. Graham Botha, ed., *The French Refugees at the Cape*, 3rd ed., Cape Town: Struik (C.), 1970, p. 126. 笔者对这一时期好望角的理解主要依据 Kerry Ward, *Networks of Empire: Forced Migration in the Dutch East India Company*, Cambridge: Cambridge Universty Press, 2009, pp. 127-177。

② 勒布莱致特龙金，1687年10月4日，Archives Tronchin, Vol. 50, BGE; *Reglement, De l'assemblée des Dix-sept, qui representent la Compagnie des Indes Orientales des Païs-Bas, suivant lequel les Chambres de le ditte Compagnie auront pouvoir de transporter au Cap de Bonne Esperance des Personnes de tout sexe de la Religion reformée, entre autres les refugies de France, & des Vallees de Piedmont* (n. p., n. d.), Collection Court, 17U, fols. 207-208, BGE; François Leguat, *The Voyage of Fran ¸cois Leguat of Bresse to Rodriguez, Mauritius, Java, and the Cape of Good Hope*, 2 vols., London: Hakluyt Society, 1891, Vol. 2, p. 277. 有关开普葡萄酒的赢利能力，参见 H. C. V. Liebbrandt, ed., *Precis of the Archives of the Cape of Good Hope: Letters Dispatched, 1696-1708*, Cape Town: W. A. Richards and Sons, 1896, pp. 3, 22, 25, 48-49, 69, 104, 136。

③ Hudson Ralph Janisch, ed., *Extracts from the St. Helena Records*, Jamestown, St. Helena: Guardian Printing Office, 1885, pp. 44-45, 49; 伦敦致圣赫勒拿岛，1689年4月5日，India Office Records, E/3/92, fol. 17v, British Library, “Instructions for Mr Poirier Supervisor of All the Companyes Plantations Vineyards and Cattle in the Island of St. Helena,” India Office Records, E/3/92, fol. 18v, British Library; Trevor W. Hearl, “St Helena's Forgotten Frenchmen: The Huguenot Wine Project,” in Hearl, ed., *St Helena Britannica: Studies in South Atlantic Island History*, A. H. Schulenberg, Ramsbottom: Society of Friends of St Helena, 2013, chap. 3。感谢舒伦贝格博士分享此文。

除了制作葡萄酒和生产丝绸之外，帝国官员对难民还有别的企图，考虑到胡格诺派想要的是和平与稳定，这样的企图显得更加讽刺。在 17 世纪的最后十年，欧洲烽烟四起，奥格斯堡同盟的成员国在英格兰国王兼奥兰治亲王威廉三世的领导下，企图压制路易十四的野心。许多胡格诺派教徒在英格兰、荷兰和普鲁士的军队中服役，他们既是为了谋求生计，也是想为更大的新教事业尽一份力。这一规律也扩展到了欧洲以外，越来越多的难民被安置在战区——这些地方与宣传文胆们构想的世外桃源天差地别。[①]

这些战争与定居的区域就有北美的边远地区，那里夹在新英格兰和新法兰西中间，这一地区不如南边肥沃宜人。不管怎样，至少有一位胡格诺派访客宣传说，老实巴交的良民可以在这里获得和平与安全。他写道："如果我们懂得种地的可怜难民弟兄来到这里，他们一定能够过上舒适小康的生活；因为英格兰人非常懒，而且只善于种植印第安谷物和放牧牲畜。"数百人不仅在波士顿定居，还在若干边远的城镇，包括马萨诸塞的牛津，他们在那里可以种地，并生产沥青和松脂等海军补给品。[②]

这些难民不太了解的是，他们定居的地方是战区。牛津靠近新英格兰和新法兰西的边境，而这其实并非偶然。这一地区的官员经常鼓励新定居者去充实边境地区，一旦法国人或印第安人发起攻击，他们可以成为缓冲带，但英格兰殖民者不太愿意接受这种差事，在 17 世纪 80 年代末，许多边远地区的居民放弃了他们的定居点，导致这一地区大部分荒无人烟。除了让法国新教徒在边境看门，新英格兰人还希望他们可以承担另一项特殊任务：他们可以让印第安人改信新教，进而抵消耶稣会士在新法兰西取得的一些斩获。官员们认为，法国人

---

① 有关这一时期胡格诺派教徒的参军状况，参见 Matthew Glozier, *The Huguenot Soldiers of William of Orange and the "Glorious Revolution" of 1688: The Lions of Judah*, Brighton: Liverpool University Press, 2008; Matthew Glozier and David Onnekink, eds., *War, Religion and Service: Huguenot Soldiering, 1685-1713*, London: Ashgate Publishing, 2007。朱里厄间谍网络的证据见 SP 84/220, The National Archives, Kew。

② "Narrative of a French Protestant Refugee in Boston," Charles W. Baird, ed., *History of the Huguenot Emigration to America*, 2 vols., New York: Dodd. Mead & Company, 1885, Vol. 2, p. 393. 新英格兰胡格诺派难民受到的关注不如北美其他地区的难民群体，亦可参见 Jon Butler, *The Huguenots in America: A Refugee People in New World Society*, Cambridge: Harvard University Press, 1983, pp. 71-143; Lauric Henneton, "L'autre refuge: Huguenots et puritains en Nouvelle-Angleterre," in Augeron, Poton, and Van Ruymbeke, eds., *Les huguenots et l'Atlantique*, Vol. 2, *Fidélités, racines et memoires*, Paris: Les Indes Savantes, 2012, pp. 103-112; Catherine Randall, *From a Far Country: Camisards and Huguenots in the Atlantic World*, Athens: University of Georgia Press, 2009。

通过让原住民信天主教，他们可以成功地将数以千计的印第安人拉到他们一边。为了赢得北美，英格兰人必须如法炮制，又有什么人比法国新教徒更能与法国天主教徒一决雌雄呢？1688 年，由一群新教牧师成立的新英格兰公司拨款给牛津的牧师丹尼尔·邦代（Daniel Bondet），让他去设立一个印第安人传教点，“教导印第安儿童英格兰语言和基督教要旨”。公司董事长说，这个计划“在那些与法国人交流的印第安人中”将尤其成功，因为胡格诺派懂得他们的语言，“或能让他们知道教皇党的诡计和真心信教的必要”。①

新英格兰的这一地区很快成为属灵战争和属世战争的中心——两边都有法国人参与。新教徒在 1690 年发起论战，波士顿的胡格诺派牧师埃策希尔·卡雷（Ezechiel Carré）写了一本法文的小册子。这个小册子的标题是《耶稣会士教导新大陆野蛮人改宗的教义节选》（Echantillon, de la doctrine que les Jésuites ensegnent aus sauvages du nouveau monde, pour les converte），刊登了奥尔巴尼发现的耶稣会教理问答，揭露了天主教徒在传教时所用的卑劣手段。卡雷和波士顿牧师科顿·马瑟所写的前言指出，他们为什么要进行更为诚实的新教传教工作，这会终结耶稣会的主导地位，并且巩固英格兰人对边远地区的控制。卡雷的目的之一就是确立胡格诺派的帝国意义——这一次他们不再制作葡萄酒和生产丝绸，而是制造新的基督徒。② 不过，在法国人及其阿布纳基（Abenaki）印第安盟友真刀真枪的攻击下，这一属灵计划失败了。1696 年 8 月，一个战团闯入牛津，“放火并杀死了多名居民，其余的人被迫逃亡，撇下了他们的住所和设施”。③ 与此同时，邦代的传教并不成功，虽然另一个牧师接续了他的工作，但到 1700 年，大多数新教信徒都已离开，宣称天主教比新教“更好看”，耶稣会士给他们的“脖子上戴上银

---

① 罗伯特·博伊尔（Robert Boyle）致约瑟夫·达德利（Joseph Dudley）和威廉·斯托顿（William Stoughton），1688，Company for the Propagation of the Gospel in New England, Letter Book, 1688-1761, 2, Alderman Library, University of Virginia；罗伯特·汤普森（Robert Thompson）致斯托顿，1692 年 11 月 2 日，Company for the Propagation of the Gospel in New England, Letter Book, 1688-1761, 12, Alderman Library, University of Virginia。有关英格兰和法国在这一地区的传教工作的导论，参见 James Axtell, *The Invasion Within: The Contest of Cultures in Colonial North America*, New York: Oxford University Press, 1986。

② 这份小册子于 1690 年出现在波士顿。有关翻译和分析，参见 Evan Haefeli and Owen Stanwood, "Jesuits, Huguenots, and the Apocalypse: The Origins of America's First French Book," *Proceedings of the American Antiquarian Society*, 116 (2006), pp. 59-120。

③ "Petition of Gabriell Bernon of Boston, lately arrived from thence, 18 Dec 1696," CO 5/859, No. 49, The National Archives, Kew.

质的十字架”。[1] 胡格诺派的传教工作就到此为止了：乌托邦雄心和帝国计划在北美边远地区一样行不通。

类似的战略考量也影响了亨利·迪凯纳远征东方的结果。尽管迪凯纳有乌托邦式的目标，但他依靠的是国家的支持，而且他取得国家支持的方式是强调胡格诺派有能力赢得或获取法国国王圈占的领土。迪凯纳建立伊甸园的马斯克林群岛（Mascarene Islands）战略位置十分重要。荷兰人希望占领这些岛屿，作为往来好望角和印度的荷兰东印度公司船只的补给站，而且不管法国人用什么形式，他们想要确保法国人不会在他们中间取得新的领土。自从17世纪60年代以来，法国人在波旁岛维持了几个小定居点，与毛里求斯的荷兰据点只有几里路远。在1688年战争爆发前夕，公司截获了一批文件，显示法国人对马斯克林群岛有所图。[2]

这种危机感就是1689年初迪凯纳向荷兰议会提出请求的背景。他出版的小册子宣称伊甸岛无人居住，移民只是想要找一个安静的地方隐居，逃离欧洲的冲突。一份早期的草稿特地反驳了一种明显在法国流传的说法，说他的真实目的是招募一支难民军队与“太阳王”作战。[3] 尽管迪凯纳一再反驳，但他向荷兰议会请求援助的内容表明法国方面的怀疑是正确的。他提议“武装若干船只”并“夺取一座……法国人占据多年的……小岛”。他宣称胡格诺派难民作为受迫害者，可以基于“复仇权”获得该岛——本质上讲，赢得这座岛可以补偿难民被路易十四和龙骑兵镇压“非法”剥夺的财产。荷兰议会支持了这项任务，认为胡格诺派对复仇的渴望与荷兰的扩张计划相吻合。在1689年最初的几个月里，荷兰东印度公司同意提供运输，而迪凯纳兄弟和几个代理人致力于为新殖民地寻找居民。[4]

---

① Mary de Witt Freeland, *The Records of Oxford, Mass.: Including Chapters of Nipmuck, Huguenot and English History from the Earliest Date, 1630*, Albany: J. Munsell's sons 1894, pp. 157–158; Jacques Laborie to the Earl of Bellomont, June 17, 1700, in James Phinney Baxter et al., eds., *Documentary History of the State of Maine*, 24 vols., Portland, Maine: Maine Historical Society, 1889–1916, Vol. 10, pp. 59–60.

② 这些档案在 VOC 4026, Nationaal Archief, The Hague。

③ "Projet de M. le Marquis du Quesne touchant une nouvelle Colonie en l'Isle Eden," Collection Court, 17D, fol. 62, BGE.

④ "Requesten van den Marquis du Quesne en geassocieerden, om permissie tot het doen van sen equipagie om het eylant Bourbon ofte Mascarenhas op de franschon te ucuperen, met een advis van de Oostinde compe. daer op, overgegeven in den jaere 1689" (French translation), Staten Generaal, 12581.40, Nationaal Archief.

迪凯纳的乌托邦愿景与他的好战意图存在张力，这一计划悲惨且戏剧性的结局清楚地体现了这一点。1690年初，一个由8名法国人组成的侦察小组出发，落实他们的海军将领及其荷兰赞助者的设想。根据小组领导人弗朗索瓦·勒加后来出版的著作，迪凯纳的乌托邦式宣传成了吸引移民的主要动力；在几十年之后，勒加依然大量引用迪凯纳的论著，他宣称数百名普通难民聚集在阿姆斯特丹，准备出发建立殖民地，尽管迪凯纳决定在得知地点安全之前不派他们出去。[①] 然而，这艘船的船长安托万·瓦洛（Antoine Valleu）是一位来自雷岛的胡格诺派，他认为这一使命更像是一次侦察任务，而不是建立一个殖民地。在航行到波旁岛附近时，瓦洛决定不让殖民者登岛，可能是因为法国人的兵力比他预料的更强。他转而将他们放到附近的罗德里格斯（Rodrigues）岛上。之后他返回波旁岛，绑架了一个名叫阿雷（Arré）的当地黑人，并开始搜集有关该岛的情报。在停靠开普敦之后，瓦洛落入了法国人手中。虽然这位船长本人只透露了少量有关该计划的细节，但他被俘的同伴则据实以告。瓦洛告诉阿雷“迪凯纳先生计划夺取波旁岛，然后带他去见这位迪凯纳先生，以通报该岛的情况”。在见过迪凯纳后，他们想要前往开普殖民地，那里“有400名法国难民……他们说他们在等这位迪凯纳先生下令随后他们出发征服波旁岛”。[②]

瓦洛的被俘基本上终结了这一计划。罗德里格斯岛上的7名幸存者在那里熬了两年，然后才造了一艘小船前往毛里求斯，一位荷兰总督怀疑他们是路易十四的间谍，双方发生冲突后，他们又在牢里待了好几年。[③] 迪凯纳的

① François Leguat, *The Voyage of François Leguat of Bresse*, London: Hakluyt Society, 1708, Vol. 1, pp. 40-42. 勒加著作最新的版本是拉考特（Racault）和卡莱尔（Carile）于1995年编辑的法文版。英文版是基于18世纪一个译本的原件，但塞缪尔·帕斯菲尔德·奥利弗（Samuel Pasfield Oliver）进行了非常专业的编辑。

② “Interrogatoire du nommé Valleau de l'Isle de Rhé,” May 20, 1692, C^3 1, fol. 186, Archives nationales d'Outre-Mer, Aix-en-Provence, France.

③ 勒加在《弗朗索瓦·勒加的布雷斯之旅》（*The Voyage of François Leguat of Bresse*）（第2卷）中按照年代顺序记载了难民们在毛里求斯和巴达维亚的历险经历。有关学术性的叙述，参见 Émile Rainer, *L'utopie d'une république huguenote du marquis Henri du Quesne et la voyage du François Leguat*, Paris: Ecrivains Associés, 1959; Alfred North-Coombes, *The Vindication of François Leguat: First Resident and Historian of Rodrigues (1691-1693)*, 2nd ed., Rose-Hill, Mauritius: Editions de l'océan Indien, 1991。有人怀疑勒加的叙述是虚构的，诺思-库姆斯让这种怀疑寿终正寝，尽管学术界现在有时还会出现。

计划失败了：他既没有建立一个新伊甸园，也没有扩张荷兰帝国，而尽管学者们往往指责迪凯纳本人要为这一惨败负责，但当时至少有一个人认为祸首另有其人。迪凯纳的小册子现在只有一个副本保存下来，在这个孤本的空白页上，一位不知名的人写道“一切已经几乎就绪”，这时“荷兰议会撤销了捐款，导致这一计划失败，让迪凯纳先生蒙受了不白之冤”。可能荷兰人意识到他们不太可能从这一努力中得到太多好处，特别是当瓦洛没能将情报传回来时。不管失败的原因是什么，迪凯纳作为殖民规划者的生涯结束了。他回到瑞士，在相对低调中度过了余生。①

四　失败的流亡与成功的探索

这个故事演完最后一幕谢幕时，胡格诺派元老们正在进行最重要的战斗。1697 年，欧洲列强的代表在荷兰城市赖斯韦克（Ryswick）开会，商讨结束奥格斯堡同盟战争，难民领袖们想要确保他们的事业能继续下去。一份请愿书提醒威廉三世“法国的改革宗新教徒处境悲惨，被逐出他们的国家，被剥夺他们的财产，被强制送往蛮荒之地，许多人被关进修道院、监狱或军舰，下手的是一位前所未见的暴君”。新教列强对这些人是有责任的，要运用他们在谈判中的地位帮助法国恢复宽容，难民们就可以最终回到家园。但尽管他们奋力游说，谈判代表对胡格诺派的事业没有出什么力，这主要是因为英格兰当局担心法国也会要求他们对英格兰的天主教徒做出类似的让步。其实，路易十四确实邀请难民回来并恢复他们的财产，但条件是他们要改信天主教。对想要保持自己信仰的人来说，回国的大门依然紧闭，或许永无重开之日。②

赖斯韦克和会的失望标志着胡格诺派元老们黄金时代的结束。虽然个别

① 这条手写的笔记出现在巴黎的法国国家图书馆藏Henri Duquesne, *Recueil de quelques mémoires servant d'instruction pour l'établissement de l'Ile d'Eden*, Amsterdam: Chez Henry Desbordes, 1689副本的扉页之后。有关迪凯纳的余生，参见 Émile Rainer, *L'utopie d'une république huguenote du marquis Henri du Quesne et la voyage du François Leguat*, Paris: Ecrivains Associés, 1959, pp. 33-40。虽然他很少在胡格诺派难民中扮演首要角色，但我们偶尔会看到他在 1697 年赖斯韦克和会期间进行游说，后来还争取解救在“太阳王”舰队中服苦役的胡格诺派教徒。

② “Requête des réfugiés français au roi d'Angleterre avant la paix de Ryswick,” Collection Court, 17M, fol. 134, BGE. 难民们还向路易十四本人提交了类似的情愿，参见 TT 430, fol. 124, Archives nationales de France, Paris。

难民依然地位显赫，但南特敕令被撤销前后胡格诺派的那种风头此时已经所剩无几。在各个避难地中，新教徒邻居已经对中间的外来人感到厌烦。在瑞士，英格兰大使注意到，农民和穷人“对法国难民极端愤怒，主要是因为……目前”谷物“匮乏”。[①] 在英格兰本土的情况也没有好到哪里去，那里的普通民众觉得给这些新来的新教徒的援助太多了，后者还与本地人竞争工作岗位和救济物，因此民怨很大。部分因为此，英格兰为难民筹集善款在17世纪90年代末基本停止。一份募款书宣称：“敕令撤销以来那些入境的人非常多，他们的需要非常大，以至于他们能负担的生计与他们抱怨的越来越多的需要相比，只是九牛一毛。”没有援助的话，这些难民很快就会沦为街头乞丐。[②] 许多人的处境如桑德雷维尔（Sondreville）先生，他告诉苏黎世当局，他“为了得到面包已经浪迹了整个欧洲”，但“在任何地方都再也得不到帮助了”。[③]

最要命的是，这意味着像桑德雷维尔这样的难民只能任由各个国家或帝国摆布，而后者对他们的事业漠不关心。再也没有人称颂他们是新教的英雄，再也没有一个强大的难民网络可以提供支持，胡格诺派的机会所剩无几，而这些机会往往是其他人不愿意定居的穷山恶水。虽然难民们对伊甸园的梦想依然存在，而且他们也不再想着回到故乡了，但帝国的现实限制了他们的选择。没有什么比17世纪最后一次海外定居计划更能说明这一点了，当时英格兰势力、胡格诺派和瑞士势力进行合作，最终将数百名难民送到弗吉尼亚边境上的一个废弃的美洲原住民村子。[④]

这个计划源自一位英格兰医生兼殖民地总督丹尼尔·考克斯（Daniel Coxe）的设想。在17世纪80年代，考克斯继承了一份半个世纪前的皇家特权许可状，可以建立一个他称为“卡罗拉纳”（Carolana）的殖民地。他主张的边界横跨北美大片地区，包括已经被法国人和西班牙人甚至卡罗来纳的英格兰业主所主张的领土。考克斯的设想将此前所有难民殖民地的愿望都包括在内。他设想他的殖民地可以为帝国生产丝绸和制作葡萄酒。他提到，北

① 托马斯·考克斯致诺丁汉伯爵，1692年2月13/23日，SP 96/9，The National Archives，Kew.

② The Case of the Poor French Refugees，London，1697，p. 2.

③ M. Sondreville to Zurich comité，n. d.，E 1 25. 18：Franz. Angelegenheiten，1699 Dez. -1703，Staatsarchiv Zürich，Switzerland.

④ 概况见 David E. Lambert，*The Protestant International and the Huguenot Migration to Virginia*，New York：Peter Lang，2010。

美内陆“天然适于生长出色的葡萄”，而“大量的”丝绸“可以在这个有很多白色和红色桑树的地区生产出来”。在这样一个天堂里，“那些懂得丝绸行当的人，例如许多难民，认为短时间内可以生产出很多丝绸”。[①] 在农业前景之外，这个殖民地也将成为对付法国人的战略资产，后者显然想要从圣劳伦斯河向南扩张到密西西比，将北美的英格兰殖民地包围进来。考克斯告诉国王，如果将良好的新教徒适当地定居在那里，卡罗拉纳将成为“法国人与当地陛下臣民之间的某种屏障”。[②]

为了充实他的殖民地，考克斯接触了现有的胡格诺派绅士网络，这些绅士基于在这个危机时刻寻找新的避难地。他的主要合作者之一是夏尔·德·萨伊，后者协调过迪凯纳的伊甸岛计划，从那以后一直给在爱尔兰的难民充当代理人。萨伊与一名贵族德·拉·穆塞（De la Muce）侯爵一起，承诺为那些“困苦的新教难民”成立一个殖民地，这些难民在英格兰会成为“陛下很大的负担”，但在北美可以致力于“扩张他帝国的边界”。[③] 考克斯和他的合作者想要召集数百甚至数千名困苦的难民，而零星的证据表明他们想找自愿的移民并不困难。萨伊的合作者——“勒布莱先生”，可能就是前面提到的那位牧师，或者是那位牧师的亲属——在伯尔尼找到了 72 名愿意移民“佛罗里达”的胡格诺派教徒，但在精疲力竭地到达鹿特丹后，他们发现萨伊已经撇下他们从伦敦出发了，让他们处在“相当恶劣的处境中，如果没有一些好心人援助，他们就会在痛苦和饥饿中死亡”。[④] 与此同时，纽约的胡格诺派教徒也表示他们有兴趣搬迁到他们所谓的“密西西比”（Meschasipi），这是因为他们认为总督没有给他们

① Daniel Coxe, *A Description of the English Province of Carolana: By the Spaniards Call'd Florida, and by the French La Louisiane*, London: Edward Symon, 1722, pp. 50, 74-75; “An Account of the Commodities of the Growth and Production of the Province of Carolana alias Florida,” CO 5/1259, No. 24, The National Archives, Kew; Daniel Coxe, *Proposals for Settling a Colony in Florida*, London: Duke University Press, 1698.

② “Opinion of the Board of Trade,” CO 5/1288, 139, The National Archives, Kew. 有关更大的背景，参见 Verner W. Crane, *The Southern Frontier, 1670-1732*, Durham: Duke University Press, 1928, pp. 47-70。

③ “The Humble Petition of Oliver Marquis de la Muce, and Mr. Charles de Sailly, on the Behalf, of Many Protestants Refugees, Come and Coming Every Day from beyond Sea,” CO 5/1259, No. 30, The National Archives, Kew.

④ Nathaniel Weiss, “Le mirage de la Floride (1698-1699),” *Bulletin de la Société de l'histoire du protestantisme français*, 39 (1890), pp. 142-145, 329.

应得的尊重，并与之发生冲突。[①]

这一计划很快就失败了。来自伯尔尼的移民无望地等待萨伊回来，后来在荷兰议会的援助下，前往德意志和爱尔兰。[②] 一群胡格诺派绅士乘坐考克斯的一艘船离开，去寻找新殖民地的地点，但却在密西西比河河口遇上了一艘法国军舰。在经过一番武力叫嚣后，两艘船分道扬镳，但也表明想要重新安置在已经被路易十四圈占的领地上还是有潜在危险的。[③] 就连英格兰贸易部都认为在卡罗拉纳安置胡格诺派危险可能大于收益。如果没有“持续的军力……保护他们”，定居者“很容易遭到异教徒的骚扰或攻击，后者对他们可不会客气”。[④] 鉴于所有这些不利因素，考克斯和他的难民决定前往弗吉尼亚，考克斯在弗吉尼亚与北卡罗来纳交界的下诺福克县（Lower Norfolk County）也有一块较小的土地。这个计划似乎还有一点希望。难民们在伦敦主教筹集的善款支持下在伦敦集合，并于 1699 年底和 1700 年初乘多艘船只，最终踏上了前往新大陆的旅程。[⑤]

然而，在他们抵达弗吉尼亚时，难民们遇到了另一个意外。总督弗朗西斯·尼科尔森（Francis Nicholson）及其盟友单方面宣布规划给难民的土地并不适合他们。他们对贸易部报告说，那里是“低洼的沼泽地，不适合种植和改良，故将来自干燥温和气候的法国人送到这里，无异于

① 加布里埃尔·贝尔农（Gabriel Bernon）致纽约法国教会法院，1699 年 3 月 27 日，*Collections of the Huguenot Society of America*, Vol. 1, New York: The Society, 1886, pp. 338-339。

② Nathaniel Weiss, “Le mirage de la Floride (1698-1699),” *Bulletin de la Société de l'histoire du protestantisme français*, 39 (1890), p. 329.

③ 有关这一航程以及在密西西比河的遭遇，参见“Coxe's Account of the Activities of the English in the Mississippi Valley in the Seventeenth Century,” in Clarence Walworth Alvord and Lee Bidgood, eds., *The First Explorations of the Trans-Allegheny Region by the Virginians, 1650-1674*, Cleveland: Arthur H. Clark Company, 1912, pp. 229-250, here 247; d'Iberville au ministre, February 26, 1700, C^{13}A 1, fol. 225, Archives nationales d'Outre-Mer; Bertrand Van Ruymbeke, “A Dominion of True Believers Not a Republic for Heretics: French Colonial Religious Policy and the Settlement of Early Louisiana, 1695-1730,” in Bradley G. Bond, ed., *French Colonial Louisiana and the Atlantic World*, Baton Rouge: LSU Press, 2005, pp. 83-94。

④ “Opinion of the Board of Trade,” CO 5/1288, 142, The National Archives, Kew.

⑤ 有关他们出发的细节，参见 R. A. Brock, ed., *Documents, Chiefly Unpublished, Relating to the Huguenot Emigration to Virginia and to the Settlement at Manakin-Town*, Richmond: The Society, 1886; 枢密院致威廉三世，1699 年或 1700 年 3 月 7 日，Fulham Papers, 11, fol. 103, Lambeth Palace Library, London。

送他们进坟墓”。[①] 尼科尔森转而决定将这些新来的人安置在一个名叫马纳金镇（Manakin Town）的边远社区，就在詹姆斯河（James River）的瀑布线下面。鉴于此前胡格诺派定居点的帝国意图，选这个地方也就说得通了。难民们可以把守殖民地边界免遭印第安人和法国人攻击，而且他们也将生活在当地大地主威廉·伯德（William Byrd）的荫庇之下，后者也是尼科尔森的盟友。此外，这个新殖民地位于潜在葡萄种植区的中心，而根据一份报告的说法，这些胡格诺派难民确实很快生产出了“上好的葡萄酒，这对他们自己和殖民地都大有裨益”。[②] 换言之，这个殖民地的存在是为了满足帝国官员的奇思妙想，远远超过难民自身的需要。

这些难民中有一人对这个从伊甸园到帝国的转变持相当正面的看法。他就是吉耶讷一位商人的儿子雅克·德·拉·卡斯（Jacques de la Case），他一生大部分时间都在漂泊迁徙之中。在南特敕令被撤销之前，他和许多年轻的法国新教徒一样，在勃兰登堡选侯的军队中服役，然后在1689年加入了迪凯纳的伊甸岛远征。他后来在罗德里格斯岛上待了两年，又在毛里求斯和巴达维亚被荷兰人关了许多年，然后回到阿姆斯特丹，并参加了前往弗吉尼亚的新征程，并于1701年抵达。除了一份简短的遗嘱外，卡斯没有留下相关经历的证词，但二手记载表明他是一个刚愎自用、特立独行的人。他在前往东印度的途中与船长起了冲突，斥责后者在法国放弃了自己的信仰，他还参与了马纳金镇教会的一场派系斗争，导致社区部分居民搬到了北卡罗来纳。不过，尽管卡斯天赋异禀、阅历丰富，他也不过是一枚棋子；他的外国主子们将他在全世界挪

① “Proposalls Humbly Submitted to the L’ds of ye Councill of Trade and Plantations for Sending Ye French Protestants to Virginia, 1698,” in R. A. Brock, ed., *Documents, Chiefly Unpublished, Relating to the Huguenot Emigration to Virginia and to the Settlement at Manakin-Town*, Richmond: The Society, 1886, p. 6. 另参见尼科尔森致贸易部，1700年8月1日，CO 5/1312, No. 1, The National Archives, Kew。有关马纳金镇的学术视角，参见 David E. Lambert, *The Protestant International and the Huguenot Migration to Virginia*, New York: Peter Lang, 2010; James L. Bugg, Jr., “The French Huguenot Frontier Settlement of Manakin Town,” *Virginia Magazine of History and Biography*, 61, 4 (1953), pp. 359-394。

② John Oldmixon, *The British Empire in America, Containing the History of the Discovery, Settlement, Progress and Present State of All the British Colonies, on the Continent and Islands of America*, 2 vols., London: Herman Moll, 1708, Vol. 1, p. 306. 另参见 Robert Beverley, *The History and Present State of Virginia*, in Louis B. Wright, ed., Chapel Hill: The University of North Carolina Press, 1947, pp. 134, 282。

来挪去，想要实现的目标与慈善或新教事业关系不大，而都是为了荷兰和英格兰的发展。[①]

当然，卡斯有许多胡格诺派邻居在全球各地的避难地中生存了下来，甚至还混得风生水起。但他们是通过融入当地才实现这一点的。虽然英格兰和荷兰殖民地的胡格诺派教徒一直保持法国特性，在他们自己的教会和家中讲自己的语言，坚持自己的信仰，但他们很快就放弃了米尔芒和迪凯纳等名流的目标。这些社区不是法国的堡垒，没有居住流亡教会的遗民，而是众多法国人小集体，追求各自的生活和利益。这并不奇怪，因为当局经常鼓励或要求胡格诺派同化。例如当开普殖民地的难民在 1692 年要求拥有自己的官员时，总督西蒙·范·德·施特尔（Simon van der Stel）拒绝了。他指责难民们“慵懒怠惰”，消费自己作为受迫害者的地位，提醒他们对公司有誓言在先，不要再提出这种独立的要求。[②] 几年之后，弗吉尼亚总督咨议会（Virginia Council）批评了法国人，因为他们在请愿书中“经常称自己的居住地为法国殖民地”，暗示“他们的定居点得有另外的政府”。总督下令他们“今后不得使用殖民地的头衔”，并且要用英文提

① 有关德·拉·卡斯，参见 François Leguat, *The Voyage of François Leguat of Bresse*, 2 vols., London: Hakluyt Society, 1708, Vol. 1, pp. 6, 53; Vol. 2, pp. 156, 194, 217–218; Émile Rainer, *L'utopie d'une république huguenote du marquis Henri du Quesne et la voyage du François Leguat*, Paris: Ecrivains Associés, 1959, pp. 52–53, 111–112, 115; R. A. Brock, ed., *Documents, Chiefly Unpublished, Relating to the Huguenot Emigration to Virginia and to the Settlement at Manakin-Town*, Richmond: The Society, 1886, pp. 30, 37, 69–70。他的遗嘱见 Henrico County, Wills and Administrations (1662–1800), 92–93, Library of Virginia, Richmond。一些档案将他的名字拼作“La Caze”。笔者感谢丹·勒丁顿（Dan Ludington）提示注意德·拉·卡斯的遗嘱。

② “Resolution, 28 November 1689,” reprinted in C. Graham Botha, *The French Refugees at the Cape*, 3rd ed., Cape Town: C. Struik, 1970, pp. 151–152. 有关更大的背景，参见 Pieter Coertzen, *The Huguenots of South Africa, 1688–1988*, Cape Town: Tafelberg, 1988, pp. 93–95。大多数有关南非胡格诺派的研究强调，当时的殖民地政策排斥使用法语，导致他们被迅速同化。不过，近来的研究指出仍有某种程度的法国文化留存。基于一个家庭进行的有意思的人口分析见 Laura J. Mitchell, *Belongings: Property, Family, and Identity in Colonial South Africa—An Exploration of Frontiers, 1725–c. 1830*, New York: Columbia University Press, 2009, chap. 5。比较分析见 Thera Wijsenbeek, “Identity Lost: Huguenot Refugees in the Dutch Republic and Its Former Colonies in North America and South Africa, 1650 to 1750—A Comparison,” *South African Historical Journal*, 59 (2007), pp. 79–102。

交请愿书。[①] 在别人的帝国中维持政治自主非常困难，而许多胡格诺派教徒也非常乐意拿独立换取富裕的生活。一些难民依然嵌入全球性网络中，但这些网络越来越多关注的是贸易而非政治。1716 年，纽约商人托马·巴耶（Thomas Bayeux）写信给法国的家人论及路易十四的死时承认，他再也不会回到他的祖国了，他和他的家庭“在这个国家扎下了根，有很多牵挂”。对像巴耶这样的商人而言，成功和安逸削弱了前几十年激励难民的政治目标。[②]

虽然胡格诺派的伊甸园从来没有实现，但全球性胡格诺派流亡的真实历史对将来大西洋世界的宗教移民是有影响的。在 18 世纪，更多受迫害打压的人漂洋过海。和胡格诺派教徒一样，他们使用政治经济学和国家利益的话语来争取别人支持他们的事业，例如 1708 年到 1709 年“可怜的普法尔茨人”就附和了之前的说法，称“增加人口是提升一个国家财富和

① “A Collection of Several Matters Relating to the French Refugees from the 12th of March1 701/2,” CO 5/1312, No. 40. lxi, The National Archives, Kew. 自从乔恩·巴特勒（Jon Butler）在《美国胡格诺派：新世界社会的难民》（*The Huguenots in America: A Refugee People in New World Society*）中提出胡格诺派消失的范式以后，其他学者已经提出更有说服力的观点，认为法国文化与宗教持续的时间比此前认为的要长得多，特别参见 Paula Wheeler Carlo, *Huguenot Refugees in Colonial America: Becoming American in the Hudson Valley*, Brighton: Sussex Academic Press, 2005; Neil Kamil, *Fortress of the Soul: Violence, Metaphysics, and Material Life in the Huguenots' New World, 1517-1751*, Baltimore: Johns Hopkins University Press, 2005; Bertrand Van Ruymbeke, *From New Babylon to Eden: The Huguenots and Their Migration to Colonial South Carolina*, Columbia: University of South Carolina Press, 2006。不过，不管这些家庭和个人的命运如何，殖民时期北美的胡格诺派社区到 18 世纪末甚至更早就已经失去他们的独特性。

② 托马·巴耶致皮埃尔·杜·布比森（Pierre du Buisson），1715/1716 年 3 月 10 日，2 E 38, Archives départementales du Calvados, Caen, France；有关更大的背景，参见 Luc Daireaux, “Un Normand à New York: Le Refuge huguenot vu à travers la correspondance de Thomas Bayeux (1708-1719),” in Augeron, Poton, and Van Ruymbeke, eds., *Les huguenots et l'Atlantique*, Vol. 2, *Fidélités, racines et memoires*, Paris: Les Indes Savantes, 2012, pp. 135-146。有关对这些胡格诺派商人网络的分析，参见 I. F. Bosher, “Huguenot Merchants and the Protestant International in the Seventeenth Century,” in Randolph Vigne and Charles Littleton, eds., *From Strangers to Citizens: The Integration of Immigrant Communities in Britain, Ireland, and Colonial America, 1550-1750*, Brighton: Liverpool University Press, 2001; Herbert Lüthy, *La banque protestante en France de la révocation de l'édit de Nantes à la Révolution*, Paris: SEVPEN impr. Tournon et Cie, Vol. 2, 1959-1961。

实力的手段”。[①] 与之前一样，国家依靠跨国网络来管理这些人的迁移，但这些移民常常步胡格诺派的后尘，前往殖民地的边缘，他们可以在那里实现一些长久以来的战略或经济目标。弗吉尼亚总督亚历山大·斯波茨伍德（Alexander Spotswood）在皮埃蒙特地区建立了他的“日耳曼纳”（Germanna），他希望在那里生产葡萄酒，开采银矿，而塞缪尔·沃尔多（Samuel Waldo）在缅因失败的德意志定居点本来打算生产沥青、松脂和其他海军补给品。这样的计划甚至一直坚持到美国革命前夕，如南卡罗来纳新波尔多（New Bordeaux）的胡格诺派—德意志人混居城镇——这是开始北美葡萄酒产业的又一尝试，佛罗里达新士麦那（New Smyrna）失败的希腊人和梅诺卡人殖民地，以及圣多明各普瓦图的阿卡迪亚农民进行的试验。[②] 与保罗·勒布莱的愿景相反，这些胡格诺派教徒并没有将福音传到地极。从长远看，他们甚至没能保住自己的教会。不过，他们在不知不觉中成了帝国的使者。

Between the Garden of Eden and the Empire: Huguenot Refugees and the Promise of the New World

Owen Standwood

Abstract: The article explores the dispersion of Huguenot refugees in 17th-century Europe. The Huguenots attempted to establish colonies in Europe to

---

① *London Gazette*, March 31-April 4, 1709, quoted in Alison Olson, “The English Reception of the Huguenots, Palatines and Salzburgers, 1680-1734: A Comparative Analysis,” in Randolph Vigne and Charles Littleton, eds., *From Strangers to Citizens: The Integration of Immigrant Communities in Britain, Ireland, and Colonial America, 1550-1750*, Brighton: Liverpool University Press, 2001, pp. 481-491, here 486.

② 有关这些不同的例子，参见 William J. Hinke, “The 1714 Colony of Germanna, Virginia,” *Virginia Magazine of History and Biography*, 40, 4 (1932), pp. 317-327; Marianne S. Wokeck, *Trade in Strangers: The Beginnings of Mass Migration to North America*, University Park: Pensylvania State University Press, 1999, p. 20-21; Robert L. Meriwether, *The Expansion of South Carolina, 1729-1765*, Kingsport: Southern Publishers, 1940, pp. 252-254; Bernard Bailyn, *Voyagers to the West: A Passage in the Peopling of America on the Eve of the Revolution*, New York: Alfred A. Knopf Inc., 1986, pp. 451-461; Christopher Hodson, *The Acadian Diaspora: An Eighteenth-Century History*, Oxford: Oxford University Press, 2012。

maintain their unique group identity, but faced numerous challenges, eventually turning their attention to the New World. From the 17th to the early 18th century, Huguenot refugees in North America and British North America attempted grape cultivation and silk farming. Ultimately, the Huguenot refugees spent their lives in exile, with some finding new homes in Native American territories in the Americas.

Keywords: The Huguenots; Henri Duquesne; Transnational Network; Atlantic Refuge; New England

（执行编辑：林旭鸣）

海洋史研究（第二十三辑）
2024年11月　第385~414页

新英格兰与牙买加殖民地的不自由劳动谱系

林福德·D. 菲舍尔（Linford D. Fisher）*

摘　要：在近代早期的大西洋世界中，存在奴隶制、契约劳动、劳役劳动、雇佣劳动等一系列不自由劳动形式。以17世纪中期到18世纪晚期的新英格兰和牙买加为例，这两个地区虽然在奴隶制的规模、种族通婚的接受度等方面存在差异，但在其他的不自由劳动形式上却具有相似性。这两个地区对白人契约仆的需求都一直持续到18世纪末；印第安人、黑人、“黑白混血儿”也都被卷入这两个地区各种形式的契约劳动中；虽然新英格兰的奴隶劳动分工没有牙买加那么高度分层，但一样具有多样性。尽管契约劳动与奴隶制之间的边界不总是很清晰，奴隶制也具有可塑性，但奴隶制终归是不自由劳动谱系中最极端、最残酷的形式。

关键词：新英格兰　牙买加　不自由劳动谱系　奴隶制　契约劳动

1747年12月21日，牙买加种植园主艾萨克·史密斯释放了他的两个奴隶：妇女南妮和小男孩约翰·史密斯。鉴于约翰·史密斯的姓氏，几乎可

---

* 作者林福德·D. 菲舍尔（Linford D. Fisher），布朗大学历史系副教授。译者张咪，武汉大学历史学院博士研究生。校者杜华，武汉大学历史学院副教授。

本文译自作者2015年5月15日于马萨诸塞历史协会波士顿地区美国早期史研讨会（MHS Boston Area Early American History Seminar）上的会议稿。

以肯定的是，他是艾萨克的儿子，即艾萨克与南妮的“黑白混血儿”[①] 后代。在牙买加，不是所有的奴隶主都会自动给予其被奴役的后代自由，但这确实偶尔发生。释放文件的措辞，透露了史密斯对约翰的特殊情感：“考虑到奴隶约翰·史密斯具有细心、勤奋等良好的品行，以及其他正当理由，在此我特别提出……”史密斯没有花费很多笔墨解释释放这两人的原因，他非常清楚一件事情：他希望南妮和约翰在余生中完全摆脱所有形式的被迫劳动。史密斯写道：“我免除上述提及的奴隶约翰·史密斯遭受的奴隶制、契约劳动（Servitude）、劳役劳动（Service）、雇佣劳动等各种形式的不自由劳动，并免除我本人或我的继承人、遗嘱执行人或管理人，在今后任何时间，以任何理由、任何形式再次奴役他们的权力。”[②]

史密斯在释放文件中列举了奴隶制、契约劳动、劳役劳动、雇佣劳动这一系列不自由劳动形式，暗示了约翰·史密斯和南妮即使在获得自由之后，也可能遭遇一系列不自由劳动。虽然他们的故事只在这份简短的文献中被不完整地记录下来，但这促使人们思考奴隶一生当中在种植园奴隶制内外更广泛的遭遇。有关大西洋奴隶贸易的研究已经记载了发生在非洲骇人听闻的、非人道的奴隶劫掠，致命的“中段航程”[③] 以及大西洋各大港

---

① 在这篇论文中，笔者使用了术语“黑白混血儿”（“mulatto”）（通常带有引号），而不是“混血种族的”（“mixed raced” or “mixed ethnicity”），仅仅因为在牙买加的语境中，“黑白混血儿”指代的是一个专门、特定的种族，即其白人和非洲人的后代，这里非洲人指的是没有混血血统的黑人）。为了更好地区分他们的差异性，不同血统的个体使用了不同的术语。例如，参见爱德华·朗（Edward Long）在《牙买加的历史，或对岛屿的古代和现代状态的一般调查：介绍其定居、居民、气候、产品、商业、法律、政府等情况》（*The History of Jamaica or, General Survey of the Antient and Modern State of the Island: With Reflections on Its Situation Settlements, Inhabitants, Climate, Products, Commerce, Laws, and Government*, Vol. 2, London: T. Lowndes, 1774, pp. 260-261）一书中的种族代称。然而，在新英格兰和英属北美的其他地区，“黑白混血儿”适用于更广泛的有色人种，包括混合血统的印第安人。参见杰森·R. 曼奇尼（Jason R. Mancini）的博士学位论文《超越保留地：新英格兰南部和长岛东部的印第安人幸存者，1713-1861》（“Beyond Reservation: Indian Survivance in Southern New England and Eastern Long Island, 1713-1861”, Ph. D. diss, University of Connecticut, 2009）。

② Manumissions Liber 5, 1747, Jamaica National Archives, 1B/11/6/5, p. 5.

③ 跨大西洋三角贸易包括出程（Outward Passage）、中段航程（Middle Passage）、归程（Homeward Passage）三个阶段。“出程”指的是欧洲殖民者载着俘获或“交换”黑奴所用的枪支弹药和廉价消费品从欧洲港口到达非洲的旅程；“中段航程”（Middle Passage）指的是殖民者将黑奴从非洲运到美洲的旅程；“归程”指的是殖民者到达美洲后，出售黑奴，获取巨额利润，满载金银、棉花、甘蔗等返回欧洲的旅程。——译者注

口耻辱的奴隶市场。[1] 正如种植园研究所表明的，日常残酷、惨重的种植园劳动不仅使得种族等级制度具体化，还加强了商品资本主义对奴隶的终身非人化。严苛的法律以及身体上的惩罚、折磨等都是奴隶可能会遭遇的现实。[2]

然而，在不低估上述事实的同时，值得思考的是，殖民活动尤其大型种植园，对劳动力有极大的需求。这促进了大西洋世界白人契约劳动、美洲原住民劳役劳动和契约劳动等新的劳动形式的出现。虽然非洲奴隶制可能是近代早期大西洋世界最骇人听闻、存在时间最长、范围最广泛的不自由劳动制度，但它并不是强迫大西洋世界的人群从事劳动的唯一手段。此外，奴隶制与其他不自由劳动制度在加勒比海的不同岛屿之间、在加勒比海和美洲大陆之间也存在差异。不同区域尽管环境和语境截然不同，但不自由的劳动形式却有相似性。

区别大西洋世界的奴隶制、契约劳动和其他劳动形式差异性的一种方法是将其置于“不自由谱系”的某个位置上。[3] 这一方法不仅可以帮助我们超越奴隶制与自由之间简单的二分关系来理解不自由劳动，还有助于我们意识到奴隶制本身并不是固定不变的概念，它只是不自由谱系中的最极端形式。虽然奴隶制本身很残酷，但往往也是可塑的，对每个参与其中的个体来说并不总是终身的。我们可能习惯认为，新英格兰的奴隶制在某种程度上要比加勒比海的奴隶制更温和，甚至更灵活，但牙买加的文献记载表明，牙买加的奴隶数量与新英格兰基本等同，并且牙买加被释放的奴隶人数远超我们的想象，因此牙买加有更多的自由黑人。采用“不自由谱系”这一研究方法，

---

① John Kelly Thornton, *Africa and Africans in the Making of the Atlantic World, 1400-1800*, New York: Cambridge University Press, 1998; Stephanie E. Smallwood, *Saltwater Slavery: A Middle Passage from Africa to American Diaspora*, Cambridge: Harvard University Press, 2007; Marcus Rediker, *The Slave Ship: A Human History*, Reprint edition, New York: Penguin Books, 2008.

② Richard S. Dunn, *A Tale of Two Plantations: Slave Life and Labor in Jamaica and Virginia*, Cambridge: Harvard University Press, 2014; Trevor Burnard, *Mastery, Tyranny, and Desire: Thomas Thistlewood and His Slaves in the Anglo-Jamaican World*, first edition, Chapel Hill: The University of North Carolina Press, 2004; Vincent Brown, *The Reaper's Garden: Death and Power in the World of Atlantic Slavery*, Cambridge: Harvard University Press, 2008.

③ 最近的学术研究开始朝着这个解释的方向发展，然而也具有争议性。Simon P. Newman, *A New World of Labor: The Development of Plantation Slavery in the British Atlantic*, Philadelphia: University of Pennsylvania Press, 2013, p. 2.

也能让我们更加细微地理解奴隶制本身的变化。以种族为基础的奴隶制在英属大西洋世界兴起时并没有完全成形，它不断变化以应对更广泛的文化运动、法律发展和劳动需求。随着时间的推移，17 世纪更具可塑性的不自由劳动形式发展成以种族为基础的奴隶制，但这种变化并非一蹴而就，不同地区的变化速度也有所不同。

但是，可继承的、终身的非洲奴隶制仍然是骇人听闻、不人道的和重要的。本文采用“不自由谱系”方法来研究不同的劳动实践和制度，尝试理解劳动者的切身经历，以及大西洋世界是一个种族奴隶制与其他形式的劳动交织融合的世界。这一论点并不是要低估种族的重要性，而是试图理解种族偏见的文化观念如何与其他文化因素相互交织。确切来说，本文要探讨的问题是，如何调和以种族为基础的、世代继承的黑人奴隶制与允许黑人、“黑白混血儿”、印第安人等族裔获得自由，与白人跨种族通婚、继承财产，甚至给予有白人血统的有色人种所有特权的法律之间的关系。

我们习惯把奴隶制与自由看作一种静态和对立的存在状态，但随着时代的变化，现实要动态得多。也许，问题不是“谁被奴役了？”而是“谁是真正自由的？”迈克尔·瓜斯科（Michael Guasco）认为，英格兰人生活在一个不自由的世界里，这种不自由有着深厚的民族和宗教历史。[①] 此外，到了 16 世纪，英格兰人越来越多地接触到广阔的、不自由的大西洋世界。奴隶制和绝对不受限制的自由都不是常态。正如西蒙·P. 纽曼（Simon P. Newman）所指出的：“大多数劳动者都处于某种附属地位，受到了某种程度的约束或强迫，他们都被剥夺了各种权利和自由……奴隶制与其他强迫劳动制度之间的区别更多的是程度问题，而不是种类问题。”[②] 白人的不自由劳动虽然可以与黑人奴隶制放在同一谱系中分析，但终归与黑人奴隶制不同。

因此，本文试图通过对 17 世纪中期到 18 世纪晚期新英格兰与牙买加的比较，以更复杂细微的方式来理解近代早期大西洋世界的各种不自由劳动形式。本文还试图理解一个令人沮丧而又复杂的文化机制，这个机制同时沿着种族和阶级的路线运行，内部有许多的不一致，对那些身受其害的人（后

① Michael Guasco, *Slaves and Englishmen: Human Bondage in the Early Modern Atlantic World*, Philadelphia: University of Pennsylvania Press, 2014, pp. 14-33.

② Simon P. Newman, *A New World of Labor: The Development of Plantation Slavery in the British Atlantic*, Philadelphia: University of Pennsylvania Press, 2013, p. 3.

来的废奴主义者认为，也包括实施机制的人）有明显的、可怕的、长期的影响。从这个角度来看，17—18 世纪的奴隶制不是一种固定的“制度”，而更像是可以协商的、不稳定的、不断变化的地方性实践。

一 牙买加与新英格兰的背景

从表面上看，牙买加与新英格兰几乎没有什么共同之处。新英格兰是一个以宗教为导向的小规模商业前哨，安全地隐藏在英国殖民地最遥远的边缘地带。牙买加则是一个大胆却失败的计划的产物，该计划通过夺取西班牙在加勒比海的一个重要殖民地，来打击其商业霸权。通过持续不断大规模生产蔗糖，牙买加迅速成为非洲奴隶的主要进口地和英国在大西洋世界商业事业的核心。新英格兰则复制了英国的城镇和农场模式，小规模生产，剩余原材料供给“糖岛”（sugar islands）[①] 使用，该地区对奴隶的需求比加勒比种植园少得多。新英格兰殖民地早期有许多自由的、在政治上重要且军事上强大的原住民，一些原住民后来因为战争等成为契约仆或奴隶。牙买加只有一小部分幸存的原住民，他们要么分散在岛上，要么在 1655 年英国接管时，处在西班牙的奴隶制或其他劳动形式的奴役之下。

然而，这两个地区也有许多不明显的相似之处。两地都处在使其相互依赖的大西洋贸易世界中。从波士顿、新伦敦和普罗维登斯出发的船只定期抵达皇家港和金斯敦港口，这些港口挤满了来自新英格兰的蔬菜、牛、鱼和木材等货物。1678 年，一位商人向贸易和种植园委员会报告，新英格兰殖民地对“西印度群岛来说是至关重要的，没有它，牙买加、巴巴多斯和加勒比其他岛屿就无法存续”。[②] 新英格兰船只为牙买加的物资供应做出了贡献，从大西洋的停靠港口给牙买加带来葡萄酒、啤酒和其他商品。甚至早在 17 世纪晚期，新英格兰的商人就在印第安人和非洲人的奴隶贸易中发挥了一定作用。1685 年 11 月 9 日，马萨诸塞波士顿的菲尔・内尔的一艘名为“贝蒂”的船载着葡萄酒、啤酒、一名乘客和“11 个黑人”，驶向了金斯敦。[③] 几个月后，另一艘从新英格兰驶出的船带着鱼、花、面包、豌

① “糖岛”指加勒比地区。

② Deposition of Thomas Breedon, Oct. 1, 1678, CO 1/42, p. 339b, The National Archives, Kew, England.

③ Jamaican shipping records, CO 142/13, p. 3, The National Archives, Kew, England.

豆、猪肉、葡萄酒和“20个黑人”抵达金斯敦。[①] 在17世纪新英格兰的殖民战争期间及其后，新英格兰的船只也将印第安奴隶带到了牙买加和加勒比其他岛屿。[②]

另外，牙买加人和新英格兰人都是更广阔文化的一部分，这种文化熟悉奴隶制，且没有为之感到不安。[③] 尽管大卫·哈克特·费希尔（David Hackett Fisher）认为，奴隶制是一个与新英格兰清教精神对立的劳动体系，但绝大多数新英格兰人很少对奴役非洲人和印第安人表示不安。在佩科特战争（1636—1638）和菲利普国王战争（1675—1676）之后，当地的印第安人经常被奴役。波士顿至少在17世纪30年代末，就存在非洲奴隶。现实因素而非反对奴隶制的道德禁律在很大程度上解释了新英格兰殖民地没有大规模依赖非洲奴隶的原因。马萨诸塞总督约瑟夫·达德利（Joseph Dudley）在1708年10月写给贸易和种植园委员会的信中明确指出了这一点，“每个人都意识到了非洲奴隶贸易对西印度群岛的绝对必要性和巨大利润”。但将这种特殊的大规模劳动模式移植到新英格兰是困难的。达德利列出了新英格兰人没有大规模使用非洲奴隶的各种原因，包括天气（冬天低下的生产力）、为奴隶提供四季衣服的成本、从奴隶贸易中买到挑剩下的奴隶（商人在加勒比海出售最好的奴隶）、新英格兰的地形（更利于奴隶逃跑）。[④] 最终的结果是，新英格兰的农民、商人和精英们更愿意要“来自英国、爱尔兰、泽西岛和根西岛的白人契约仆”。为了鼓励引进白人契约仆，马萨诸塞殖民地通过了一项法律，对每个进口的黑人奴隶征收4英镑的人头税。[⑤] 同年，罗德岛总督塞缪尔·克兰斯顿（Samuel Cranston）也报告了类似的事情，即罗

---

① Jamaican shipping records, CO 142/13, p. 6, The National Archives, Kew, England.

② Linford D. Fisher, “ ‘Dangerous Designes’: The 1676 Barbados Act to Prohibit New England Indian Slave Importation,” *William and Mary Quarterly*, 3rd ser., 71, 1 (2014), pp. 99-124.

③ 迈克尔·瓜斯科认为，在殖民的初期阶段，英国人深受奴隶制和蓄奴观念的影响。参见 Michael Guasco, *Slaves and Englishmen: Human Bondage in the Early Modern Atlantic World*, Philadelphia: University of Pennsylvania Press, 2014, chap. 1。

④ 参见理查德·S. 邓恩（Richard S. Dunn）《两个种植园的故事：牙买加和弗吉尼亚奴隶的生活和劳动》（*A Tale of Two Plantations: Slave Life and Labor in Jamaica and Virginia*），他在第283页谈及牙买加黑人穿的衣服：男性通常赤裸上身，很少戴帽子或穿鞋子。根据理查德·利贡（Richard Ligon）的说法，一个种植园主每年给每个奴隶买衣服的花费只需35英镑。

⑤ Governor Dudley to the Council of Trade and Plantations. CO 5/865, Nos. 8, 8. i. Boston, New England: Oct 1, 1708, Colonial State Papers Online.

德岛的"种植园主"更愿意要白人契约仆，而不是非洲奴隶。[①]

出于以上和其他原因，新英格兰的奴隶数量要比牙买加少得多，其奴隶制大多以小规模的蓄奴模式为标志。蓄奴在新英格兰并不普遍，蓄奴的家户平均只有一两个奴隶。根据乔安妮·波普·梅利什（Joanne Pope Melish）的说法，或许新英格兰奴隶制最核心的一个特征是奴隶不仅住在家户里，还成为家庭的一分子。[②] 但牙买加与新英格兰奴隶制最显著的差异仅仅是规模。牙买加种植园以百为单位来统计奴隶人口，新英格兰则以几个或几十个来统计。如上文所述，新英格兰的总督们在报告中声明，该地区更欢迎白人契约仆，但新英格兰人确实蓄奴，并从18世纪10—20年代开始更频繁地进口奴隶。只不过，非洲奴隶从未超过新英格兰人口的2%到3%。即使在新英格兰规模最大的种植园地区，即罗德岛南部所谓的"纳拉甘塞特国家"（Narragansett Country），奴隶最多只占总人口的13%，最大的种植园也只有40个奴隶，由斯坦顿家族持有。[③] 在其他较大的种植园中，罗兰·鲁宾孙（Rowland Robinson）持有28个奴隶，罗伯特·哈泽德（Robert Hazard）持有24个奴隶，其余的种植园主平均只有4个奴隶。[④] 1756年，新英格兰的奴隶人数差不多达到了最高值。该年，罗德岛有4697个黑人、35939个白人和400—600个自由的印第安人。[⑤] 在牙买加，白人和黑人的比例完全翻转，奴隶与白人的比例超过了10∶1。1730年，牙买加有7648个白人和74525个"黑人奴隶，包括男人、妇女和儿童"。到了1774年，牙买加有

---

① Governor Cranston to the Council of Trade and Plantations, December 5, 1708, National Archives, CO 5/1264, fol. 90.

② Melish, *Disowning Slavery: Gradual Emancipation and "Race" in New England, 1780-1860*, Ithaca: Cornell University Press, 1998, pp. 27-28.

③ Robert K. Fitts, *Inventing New England's Slave Paradise: Master/Slave Relations in Eighteenth-Century Narragansett, Rhode Island*, Studies in African American History and Culture, New York: Garland Publishing., 1998, pp. 83-84. See also Richard A. Bailey, *Race and Redemption in Puritan New England*, first edition, New York: Oxford University Press, 2011, pp. 26-27.

④ 以上数据来自米勒统计"纳拉甘塞特的种植园主"（The Narragansett Planters）中的第70—71页。罗伯特·菲茨（Robert Fitts）在关于纳拉甘塞特种植园主的研究中指出，没有文献证明这个地区有如此规模的种植园。他认为，文献记录的最大规模的种植园的奴隶数量至多是19名，在1751年由南金斯敦的威廉·鲁宾孙持有。参见菲茨《发明新英格兰的奴隶天堂：18世纪罗德岛纳拉甘塞特的主人/奴隶关系》（*Inventing New England's Slave Paradise: Master/Slave Relations in Eighteenth-Century Narragansett*），第85页。

⑤ William Davis Miller, "The Narragansett Planters," *Proceedings of the American Antiquarian Society* 43, 1 (n. d.), pp. 68-69.

12737 个白人，192787 个黑奴。[①] 尽管与牙买加相比，奴隶制在新英格兰没有那么重要，但它依然是一个重要的经济因素。[②]

种族通婚是新英格兰与牙买加一个持续存在的区别。总的来说，牙买加的种植园主似乎要比新英格兰的种植园主更公开地持有黑人和印第安人情妇，或者更频繁地强迫非洲人和印第安人与他们发生性关系。[③] 尽管牙买加的托马斯·西斯尔伍德（Thomas Thistlewood）在 37 年间与 138 名女性发生 3852 次性行为不具有代表性，但现存的记录表明，牙买加这种活动的频率和开放度更高。[④] 关于社会对主奴之间性关系和更广泛的跨种族关系的普遍或相对接受度（或至少是实际接受度）的最主要证据，或许来自教会记录。教区教会的文件通常会记录“黑白混血儿”的洗礼，有时还会记载受洗者的名字和父母双方的名字。1741 年 6 月 13 日，“詹姆斯·鲁尔（James Rule）和黑人阿比盖尔（Abigal）的黑白混血女儿”蕾切尔（Rachel）接受了洗礼。[⑤] 詹姆斯·鲁尔还在同一天让他另外两个“黑白混血儿”后代托马斯和詹姆斯接受了洗礼。白人女性也与黑人男性发生性关系。克拉伦登教区教堂的文件记录了“玛丽·亨特（Mary Hunt）与一位黑人的亲生女儿凯瑟琳·爱丽丝（Catherine Elizth）”于 1741 年 4 月 2 日接受洗礼。[⑥]

在新英格兰，奴隶主和其他白人家庭成员也强奸或对他们的奴隶实施性行为，但频率更低，社会接受度也不高。此外，从严格意义上来说，在新英

---

① CO 318/2, p. 19, 76, The National Archives, Kew, England.

② Lorenzo J. Greene, *The Negro in Colonial New England, 1620 - 1776*, New York: Columbia University Press, 1942, pp. 101, 123; Joanne Pope Melish, *Disowning Slavery: Gradual Emancipation and "Race" in New England, 1780 - 1860*, Ithaca: Cornell University Press, 1998, p. 16; Edgar J. McManus, *Black Bondage in the North*, Vol. 1, Syracuse: Syracuse University Press, 1973, p. 17.

③ Trevor Burnard, *Mastery, Tyranny, and Desire: Thomas Thistlewood and His Slaves in the Anglo-Jamaican World*, first edition, Chapel Hill: The University of North Carolina Press, 2004, p. 5.

④ Trevor Burnard, *Mastery, Tyranny, and Desire: Thomas Thistlewood and His Slaves in the Anglo-Jamaican World*, first edition, Chapel Hill: The University of North Carolina Press, 2004, p. 156. 有关英属大西洋世界跨种族性行为问题的讨论参见 Jenny Shaw, *Everyday Life in the Early English Caribbean: Irish, Africans, and the Construction of Difference*, Athens: University of Georgia Press, 2013, pp. 35-37。

⑤ Clarendon Parish, church records, Jamaica Archives, 1B/11/8/4/1: Baptisms (1666 - 1804; 1671-89 missing), p. 104. See also St. Andrew Parish, church records, Jamaica Archives, 1B/11/8/1/1a: Baptism and Marriages (1666-1806), p. 81.

⑥ Clarendon Parish, church records, Jamaica Archives, 1B/11/8/4/1: Baptisms (1666 - 1804; 1671-89 missing), p. 104.

格兰的大部分地区，非法的跨种族性行为被定为犯罪。1705 年，马萨诸塞殖民地一项法律规定，“与黑人或黑白混血女性”发生性关系的白人男性将受到鞭打，而这位妇女将被卖到国外。① 从奴隶主在遗嘱中对奴隶的优待——要么将其释放，要么赠送其不动产或其他财产，基本上可以推断出强奸或跨种族的性行为。例如，康涅狄格米尔福德镇的刘易斯·莱伦（Lewis Lyron）去世时，把五个奴隶中的其中四个遗赠给了亲戚，而释放了他的第五个奴隶贝丝（Bess），还让她使用他的房子、土地以及经营他的蒸馏生意。②

虽然新英格兰与牙买加奴隶制的规模不同，但这两个地区也存在相似之处：不自由谱系。尽管历史学家经常将黑人奴隶制划分为历史研究的一个独立单元，但近代早期大西洋世界的人们可能只是将其视为各种劳动形式中的一种。1687 年，一位流亡到波士顿的法国新教徒对新英格兰的工资劳动和不自由劳动的交织做了精辟的总结。这位不知名的移民告诉他在欧洲的教友，新英格兰的“无论任何职业”都“绝对需要”雇佣劳动的帮助。殖民者既可以把契约仆一同带来，也可以依靠该地区各种自由和不自由的劳工。人们可以购买黑人，他们出现在波士顿的大多数家户中，数量从 1 个到 6 个。新英格兰人选择非洲奴隶、白人雇佣工或当地的原住民从事农场劳动。每个选项的标价不同。购买非洲人的终生劳动力要花 20—40 西班牙金币（10 法郎）。白人是稀有劳动力，一般每日付 2 先令才能让他们费心劳作。每天支付 1.5 先令可以雇到原住民，但他们显然是特殊的，为了让他们做这项工作要提供适当的工具，即“用于劳作的动物或工具”。出于某种尚不清楚的原因，雇用原住民通常需要额外支付 18 便士供他们膳宿。③ 尽管存在以上这几种选择，一些观察人士认为，如果可能的话，最好雇用白人劳工。

牙买加社会也为种植园主和社会精英提供了各式的劳动力选择。当然，需求量最大的是在种植园工作的奴隶，但大量自由和不自由的雇佣工以及奴隶、白人、黑人和印第安人劳工，都被用来维持岛上的产糖机器年复一年的持续运转。

---

① John C. Hurd, *The Law of Freedom and Bondage in the United States*, Boston: Little, Brown & Co., 1858, 1: 263.

② Melish, *Disowning Slavery: Gradual Emancipation and "Race" in New England, 1780-1860*, Ithaca: Cornell University Press, 1998, p. 30.

③ Edward Thornton Fisher, trans., *Report of a French Protestant Refugee, in Boston, 1687*, Brooklyn: J. Munsell, printer, 1868, pp. 20-21.

二 契约劳动的种类

乍一看，契约劳动似乎是近代早期大西洋世界奴役程度最轻的不自由劳动形式。部分原因是，至少从我们现代人的角度来看，它通常意味着暂时的安排，有结束日期，劳动者会在未来获得自由。自愿契约劳动最常见，在这种情况下，出于各种原因，白人、黑人、印第安人、混血儿与主人以书面形式签订一定时限且有相互义务的合同。尤其是来自英格兰、爱尔兰、苏格兰和欧洲大陆贫穷、有进取心的白人会签订契约约束自己从事一定年限的劳动，以换取被带到无论是新英格兰、弗吉尼亚还是加勒比海等英属大西洋地区的机会。商人和船长运送了成千上万的这类契约仆，把他们卖给主人劳动五年或七年。[①] 白人契约仆有不同的类别。例如，在1680年巴巴多斯岛的人口普查清单中，区别了“雇佣的契约仆”和“购买的契约仆”。[②]

然而，还有其他被迫进入不自由劳动体系的白人契约仆，虽然他们的劳动有时限，但在实际服劳役期间，他们的经历与印第安人奴隶甚至非洲奴隶类似。不列颠群岛低阶层的白人经常被迫在英属大西洋地区服劳役。这些白人契约仆包括以下几类：一类是被指控的罪犯，将他们运到海外缓解了不列颠群岛监狱人满为患的情况；一类是战俘，通常在爱尔兰或苏格兰的各种叛乱期间被俘；[③] 还有一类是被人贩子，通常是他们的苏格兰同乡“绑架”，作为实际上的奴隶运送到牙买加。[④] 有时，贩卖苏格兰契约仆受到英属加勒

① 关于各种形式的契约，参见 Christopher Tomlins, *Freedom Bound: Law, Labor, and Civic Identity in Colonizing English America, 1580-1865*, Cambridge: Cambridge University Press, 2010。

② St. Michaels, 1680 Barbados census. CO 1/44, The National Archives, Kew, England, p. 147.

③ 关于白人契约仆，参见 John C. Hurd, *The Law of Freedom and Bondage in the United States*, Vol. 1, Boston: Little, Brown & Co., 1858, pp. 218-219; Christopher Tomlins, *Freedom Bound: Law, Labor, and Civic Identity in Colonizing English America, 1580-1865*, Cambridge: Cambridge University Press, 2010; Michael Guasco, *Slaves and Englishmen: Human Bondage in the Early Modern Atlantic World*, Philadelphia: University of Pennsylvania Press, 2014。关于在加勒比的爱尔兰仆人，参见 Hilary McD. Beckles, "A 'Riotous and Unruly Lot': Irish Indentured Servants and Freemen in the English West Indies, 1644-1713," *The William and Mary Quarterly*, 47, 4 (1990), pp. 503-522。

④ Edward Long, *The History of Jamaica Or, General Survey of the Antient and Modern State of the Island: With Reflections on Its Situation Settlements, Inhabitants, Climate, Products, Commerce, Laws, and Government*, Vol. 2, London: T. Lowndes, 1774, p. 287.

比岛政府的鼓励。1703 年，牙买加立法机构通过的一项法律规定，只要带着至少 30 名这些类型的契约仆到岛上的船长，都将获得免除所有其他港口费用的奖励。[①] 这一鼓励措施无疑只会增加加勒比群岛对不列颠群岛白人契约仆的需求，反过来，可能进一步助长绑架无辜苏格兰男孩的非法行为，并使之常规化。

在牙买加的奴隶市场上，没有任何劳动合同的白人契约仆数量非常庞大，以至于议会制定法律，规定这类契约仆的服役时限以防止终身奴役。[②] 白人契约仆在牙买加皇家港的奴隶码头被排成一队出售，就像刚到达的非洲人一样，“供种植园主挑选和使用”。[③] 当然，非洲人与这些苏格兰人、爱尔兰人之间的一个重要的区别是，前者通常终身服役，并将自己的奴隶身份传给后代，而后者通常服劳役四五年之后就能获得自由。

有关加勒比海白人契约仆最普遍的报告是，他们通常没有受到良好的对待。[④] 契约仆很努力地工作，但从一些报道报来看，由于主人对他们的投资不是终身的，在某些情况下，他们得到的照顾不如非洲奴隶和印第安人奴隶。虽然契约只在规定的几年内履行，但当地的法律允许，如果契约仆有逃跑、偷主人东西、让另一个契约仆怀孕等违规行为，主人可以增加几年服役时间。[⑤] 由于白人契约仆在牙买加遭受了严苛的对待，该岛的立法机构通过

---

① Edward Long, *The History of Jamaica or, General Survey of the Antient and Modern State of the Island: With Reflections on Its Situation Settlements, Inhabitants, Climate, Products, Commerce, Laws, and Government*, Vol. 2, London: T. Lowndes, 1774, p. 289.

② "An Act for Regulating Servants," 1681; *Acts of Assembly, Passed in the Island of Jamaica; from 1681, to 1754, Inclusive*, London: Printed for Curtis Brett and Company, 1756, p. 2. 大卫·埃尔蒂斯（David Eltis）认为，爱尔兰战俘的服役时间很少会超过十年。David Eltis, *The Rise of African Slavery in the Americas*, Cambridge: Cambridge University Press, 1999, p. 76.

③ Edward Long, *The History of Jamaica or, General Survey of the Antient and Modern State of the Island: With Reflections on Its Situation Settlements, Inhabitants, Climate, Products, Commerce, Laws, and Government*, Vol. 2, London: T. Lowndes, 1774, p. 288.

④ 例如参见 Edward Long, *The History of Jamaica or, General Survey of the Antient and Modern State of the Island: With Reflections on Its Situation Settlements, Inhabitants, Climate, Products, Commerce, Laws, and Government*, Vol. 2, London: T. Lowndes, 1774, p. 291。

⑤ "An Act for Regulating Servants," 1681; *Acts of Assembly, Passed in the Island of Jamaica; from 1681, to 1754, Inclusive*, London: Printed for Curtis Brett and Company, 1756, pp. 2-3. 参见 Edward Long, *The History of Jamaica or, General Survey of the Antient and Modern State of the Island: With Reflections on Its Situation Settlements, Inhabitants, Climate, Products, Commerce, Laws, and Government*, Vol. 2, London: T. Lowndes, 1774, p. 291。

了一系列法律，规定主人应该如何对待契约仆。1675 年，牙买加议会通过了“一项管理契约仆、规定主人和契约仆之间权利的法案”。[①] 1681 年，牙买加的一项法案禁止主人在没有当地治安法官命令的情况下裸体鞭打契约仆，要求主人每周给契约仆提供“四磅好肉”和其他食物，每年给契约仆提供足够的衣物（三件衬衫、三套内衣、三双鞋子、三双长袜和一顶给男契约仆的帽子），并要求当地官员检查已故契约仆的尸体，以避免主人匆忙或可疑地埋葬契约仆。[②]

在英国对新英格兰的殖民过程中，白人契约仆也发挥了关键的作用。[③] 在定居过程中，马萨诸塞海湾公司雇用契约仆来帮忙，其他公司或个人则通过各种契约给契约仆支付来新英格兰的路费，以换取其通常五年时间的劳动。[④] 早期的记录和信件表明，人们关心如何处理这些逃避职责、逃到邻近城镇或殖民地的白人契约仆。1632 年 2 月，普利茅斯总督威廉·布拉德福德（William Bradford）写信给马萨诸塞湾总督，要求制定一项有关逃到殖民地边界线外的白人契约仆的政策。尽管普利茅斯法院还没有出台任何有关逃亡的法律，但布拉德福德说他已经通知普利茅斯居民在雇用贫穷的白人为契约仆之前，先看他们的解雇证书。[⑤] 两年之内，马萨诸塞海湾公司通过了一项法律，要求前往另一“种植园”的契约仆出示证明自己自由的文件，如果不能出示，警察有权鞭打他们，并把他们送回主人那里。[⑥] 一年后，也就是 1635 年，马萨诸塞法院通过了一项对契约仆逃跑管理更加严厉的法律，

---

① February 1675, “An Act for the good Governing of Servants, and Ordering the Rights between Masters and Servants,” The National Archives, CO 1/36, 146aff.

② *Acts of Assembly, Passed in the Island of Jamaica; from 1681, to 1754, Inclusive*, London: Printed for Curtis Brett and Company, 1756, p. 3.

③ 参见 Joshua Micah Jasajan-Dorja Marshall, “Settling Down: Labor, Violence and Land Exchange in the Anglo-Indian Settlement Society of 17th Century New England, 1630-1692,” Ph. D. diss, Brown University, 2003, chap. 1; Simon P. Newman, *A New World of Labor: The Development of Plantation Slavery in the British Atlantic*, Philadelphia: University of Pennsylvania Press, 2013。

④ Justin Winsor and Clarence. F. Jewett, *The Memorial History of Boston: Including Suffolk County, Massachusetts, 1630-1880*, Vol. 2, Boston: Osgood, 1881, pp. 488-489.

⑤ “Bradford's Letter to Winthrop, 1631,” *The New-England Historical and Genealogical Register (1847-1868)*, 2, 3 (1848), p. 240.

⑥ Justin Winsor and Clarence. F. Jewett, *The Memorial History of Boston: Including Suffolk County, Massachusetts, 1630 - 1880*, Vol. 2, Boston: Osgood, 1881, p. 489; Nathaniel Bradstreet Shurtleff, *Records of the Governor and Company of the Massachusetts Bay in New England*, Vol. 1, New York: AMS Press, 1968, p. 115.

授权当地官员“在海上或陆地上”追捕任何逃跑的契约仆，并“用武力”将他们带回。[①]

对白人契约仆的需求一直持续到18世纪，这乍一看似乎是反常的，尤其在牙买加更为反常。毕竟，当时大西洋奴隶贸易方兴未艾，为什么牙买加的种植园主还要继续购买五年左右时限、劳动力相对昂贵的白人契约仆呢？部分原因是该地区人口不稳定，以及立法机构需要确保每个种植园有一定比例的白人数量。种植园里的白人甚至是契约仆的存在，让处于黑人奴隶叛乱和起义带来的持续恐惧中的种植园主和立法者感到了些许安全。每个岛屿都通过了一项“不足法律”，要求一定比例的白人契约仆对应一定比例的黑人奴隶，比例不足将要罚款。牙买加1675年通过的一项法律要求每个种植园中“一个白人对应十个黑人”。[②] 这些“不足法律”也随着时代而变化。1681年的法律要求每100人中要有11个白人，到了1703年则要求每100人中要有6个白人，再到1770年每100人中要有4个白人。[③] 然而，随着时间的推移，种植园主认为，支付不足税要比招募新的英国契约仆更便宜。[④]

此外，白人可能被敌对的欧洲民族国家和印第安民族俘获，被迫服劳役

---

① Nathaniel Bradstreet Shurtleff, *Records of the Governor and Company of the Massachusetts Bay in New England*, Vol. 1, New York: AMS Press, 1968, p. 157. 1643年，联合殖民地也通过了类似的法律。Nathaniel B. Shurtleff, *Records of the Colony of New Plymouth in New England*, Vol. 4, New York: AMS Press, 1968, pp. 6-7.

② February 1675, "An Act for the Good Governing of Servants, and Ordering the Rights between Masters and Servants," The National Archives, CO 1/36, 146aff. 还可参见 Edward Long, *The History of Jamaica or, General Survey of the Antient and Modern State of the Island: With Reflections on Its Situation Settlements, Inhabitants, Climate, Products, Commerce, Laws, and Government*, Vol. 2, London: T. Lowndes, 1774, p. 291。尽管爱德华·朗（Edward Long）认为第一部这样的法律是在1681年通过的，但这一看法并不正确。实际上，1681年的法律措辞给较小的种植园提供了规范。这项法律要求，如果种植园中有五个奴隶，需要配备一个白人契约仆，当奴隶数量达到十个时，需要增加一个白人契约仆，之后每增加十个奴隶就要再增加一个白人契约仆（据报道，100个奴隶对应11个白人契约仆）。*Acts of Assembly, Passed in the Island of Jamaica; from 1681, to 1754, Inclusive*, London: Printed for Curtis Brett and Company, 1756, p. 1.

③ Edward Long, *The History of Jamaica or, General Survey of the Antient and Modern State of the Island: With Reflections on Its Situation Settlements, Inhabitants, Climate, Products, Commerce, Laws, and Government*, Vol. 2, London: T. Lowndes, 1774, pp. 290-291.

④ Edward Long, *The History of Jamaica or, General Survey of the Antient and Modern State of the Island: With Reflections on Its Situation Settlements, Inhabitants, Climate, Products, Commerce, Laws, and Government*, Vol. 2, London: T. Lowndes, 1774, p. 291.

和做苦工。这种类型的白人俘虏出现在法国人和西班牙人管控加勒比海时期，以及新英格兰人与法国人和印第安人作战时期。[①] 在这些语境下，可能有人会说，“奴隶制”这一术语指的不是实际的终身奴隶制，而是被当作奴隶对待的羞辱经历，即便时间比较短暂。历史学家们仍在争论，是否应该把这些白人俘虏的经历称为“奴隶制”。[②] 白人可能觉得自己是奴隶，尤其当他们被迫做了多年苦工之后。但这二者之间的一个关键区别是，英国白人俘虏有希望通过向当地官员请愿获得正义或被英国当局解救，而在种植园里劳动的黑人奴隶无法求助官方，因为在英国人看来，没有不公正需要纠正。黑人奴隶和印第安人奴隶确实偶尔会获得自由（下文将讨论），但这样的经历是个例而非常态。

尽管我们习惯把契约仆等同于大西洋的白人，但印第安人、“黑白混血儿”甚至是黑人也会通过自愿契约、年幼时的非自愿契约、债务服役、战争服役等途径，成为有时限的契约仆。这些类型的黑人和印第安人契约仆在新英格兰似乎比在牙买加更常见。1728 年，理查德·洛德（Richard Lord）雇用了坦珀伦斯·斯蒂尔（Temperance Still），“一位来自林恩的自由印第安人妇女”（因此可能是奈安蒂克印第安人）“作为女仆在他家里住了 1 年又 11 个月”，他承诺给她 23 镑的微薄薪水。斯蒂尔服劳役期满后，洛德拒绝支付这笔钱，斯蒂尔就把他告上了法庭。[③] 和白人契约仆一样，如果主人察觉到黑人和印第安人的不当行为，其服役时限可能会被延长。新伦敦的理查德·克里斯托弗斯（Richard Christophers）的一个黑人契约仆最初被出售时，

① 例如，可参见被西班牙人俘虏的英国人在古巴服五年劳役的例子：CO 1/38，pp. 47ff。也可以参考亚历山大·汉密尔顿（Alexander Hamilton）被俘虏的例子。他在 18 世纪 20 年代的杜默战争（Dummer's War）中被东阿贝纳基人俘虏，并被以“永远的奴隶”的身份赠送给了莫霍克人。但最终，在古巴服劳役的英国俘虏和汉密尔顿都获得了自由。参见 *Alexander Hamilton's Journal*，1722. CO 5/10，pp. 269–276。

② 例如参见 Don Jordan and Michael Walsh，*White Cargo：The Forgotten History of Britain's White Slaves in America*，New York：New York University Press，2008；Michael Guasco，*Slaves and Englishmen：Human Bondage in the Early Modern Atlantic World*，Philadelphia：University of Pennsylvania Press，2014；Simon P. Newman，*A New World of Labor：The Development of Plantation Slavery in the British Atlantic*，Philadelphia：University of Pennsylvania Press，2013；Robert C. Davis，*Christian Slaves，Muslim Masters：White Slavery in the Mediterranean，the Barbary Coast and Italy，1500–1800*，Basingstoke：Palgrave Macmillan，2004；Hilary McD Beckles，“The Concept of ‘White Slavery’ in the English Caribbean during the Early Seventeenth Century，”*Early Modern Conceptions of Property*，in J. Brewer and S. Staves，eds.，New York：Routledge Press，1995。

③ New London County Court Records，County Files，Native America，Box 1，Folder 29，Connecticut State Archives.

其服役期为12年。当她生了一个私生子后，她受到的惩罚是增加六年服役期。[①] 在牙买加，没有上千也有成百的自由黑人、印第安人和“黑白混血儿”契约仆。西班牙镇在1754年的人口普查中登记了数个“自由黑人”（其职业被登记为“契约仆”）以及几十个同样自由的黑人，他们住在白人家庭中。[②]

印第安人和非裔的儿童比白人儿童更容易陷入最不自由的契约劳动中，这种情况在新英格兰地区很普遍。[③] 对很多新英格兰的原住民来说，这往往由战争所致，尤其在17世纪原住民战败后，殖民地官员就把他们的孩子分配到当地的白人家户中。有时，印第安人和非裔儿童的父母出于各种现实原因，让他们的孩子到白人家庭做契约仆。最常见的原因是贫困。对印第安人和非洲家庭来说，让白人家庭承担抚养孩子的费用，以换取孩子一段时间的劳动，是令人心痛的，但在某些情况下，尤其对单亲家庭来说，这似乎是最好的解决方案。当契约仆也是孩子们学习某种特定技能或做生意的一种方便和常见的方法。

在许多情况下，孩子们在这件事上别无选择。1729年2月，一位名叫阿比盖尔（Abigale）的佩克特妇女将她7岁的女儿莎拉（Sarah）送到格罗顿镇的威廉·摩根（William Morgan）家中做契约仆，莎拉18岁时契约将被解除。官方契约中包含着特定的互惠义务，在理论上，这些义务可以由法律强制执行。莎拉同意遵守契约，也不会逃跑；摩根则同意给莎拉提供食物和衣服，如果她生病，也不会抛弃她。最重要的是，摩根承诺“期满时，给予她自由”。我们可以从契约中的一个附加条款看出，阿比盖尔对莎拉的投

① Barbara W. Brown and James M. Rose, *Black Roots in Southeastern Connecticut, 1650 - 1900*, Gale Genealogy and Local History Series, Vol. 8, Detroit: Gale Research Co., 1980, p. 457; New London County Court Records, Native America, Nov. 1689, Connecticut State Archives.

② "An Account of the Houses, the Annual Rents or Estimate of Rents Thereof in and Belonging to the Town of St. Jago de la Vega in the Island of Jamaica, with an Account of the Number of People of free Condition in Each Family Taken Seriatim upon an Actual and Particular Survey and Enquiry Made in the Months of July and August 1754," Jamaica Archives, 7/18/5/27.

③ David J. Silverman, "The Impact of Indentured Servitude on the Society and Culture of Southern New England Indians, 1680 - 1810," *The New England Quarterly*, 74, 4 (2001), pp. 622 - 666, doi: 10.2307/3185443; Ruth Wallis Herndon and Ella Wilcox Sekatau, "Colonizing the Children: Indian Youngsters in Servitude in Early New England," in Colin G. Calloway and Neal Salisbury, ed., *Reinterpreting New England Indians and the Colonial Experience*, Boston: Colonial Society of Massachusetts, 2003; John Sainsbury, "Indian Labor in Early Rhode Island," *The New England Quarterly*, 48 (1975), pp. 378-393.

资和关心：摩根“要求他自己和他的继承人，在莎拉当学徒期间，教她阅读英语”。[①]

有时，契约仆也会被出售或转让给其他所有者。1742年，康涅狄格新伦敦的塞缪尔·艾弗里（Samuel Avery）在法庭上起诉了詹姆斯·赖特（James Wright）。几年前，赖特以20英镑把一个名叫汉娜的印第安人卖给了艾弗里，服役期限为六年。赖特似乎也保证汉娜不会逃跑，但汉娜确实逃跑了。因此，艾弗里想要回他支付的一部分钱。[②] 黑人和印第安人契约仆也可以作为遗产在家庭中继承。1705年，新伦敦的居民约翰·罗杰斯（John Rogers）去世后时，留下了一个12岁的“印第安男孩”和一个6岁的“黑人男孩”。这两个男孩由罗杰斯抚养长大，他们的服役时间还没有结束（虽然没有命名）。罗杰斯的孩子请求法庭同意，这两个男孩应该为罗杰斯的遗孀萨拉（Sarah）终生服役。如果萨拉去世后，这两个男孩的服役期限还没有到，法院应该命令他们“属于她的孩子”。[③] 不过，在法院记录中，没有找到这两个男孩最初如何与罗杰斯夫妇签订契约的信息。

但是，契约是一项狡猾的交易，它似乎是一种将准奴隶制和不自由的劳动永久化的方法，只是没有将其称为奴隶制而已。在新英格兰，非官方的债务——服役循环机制使得一些自由的印第安人、非洲人和混血儿继续在非自由和非自愿的安排中服劳役。最常见的是，当地的英国贸易商给自由的印第安人提供大量的信贷，当他们无法还款时，英国商人就把他们告上法庭，他们经常被迫陷入有时限的奴隶制以偿还债务。[④] 例如，1700年，科德角的一群印第安人向马萨诸塞湾殖民地官员请愿，抱怨“一些贪婪的英国人借给他们小额信贷，并要求他们通过服役偿还，服役的时间往往是不合理的”。

① New London County Court Records, County Files, Native America, Box 1, Folder 29, Connecticut State Archives.

② New London County Court Records, County Files, Native America, Box 1, Folder 42, Connecticut State Archives.

③ New London County Court Records, County Files, Native Americans, Box 4, Folder 46, Connecticut State Archives.

④ David J. Silverman, "The Impact of Indentured Servitude on the Society and Culture of Southern New England Indians, 1680-1810," *The New England Quarterly*, 74, 4 (2001); Ruth Wallis Herndon and Ella Wilcox Sekatau, "Colonizing the Children: Indian Youngsters in Servitude in Early New England," in Colin G. Calloway and Neal Salisbury, eds., *Reinterpreting New England Indians and the Colonial Experience*, Boston: Colonial Society of Massachusetts, 2003.

这些印第安人提出了一个解决方案，即除非两名和平法官审查和允许，否则任何印第安人不得“作为契约仆”。[①]

三 比较奴隶制与契约劳动

在新英格兰和牙买加，契约仆自愿或不自愿要从事各种劳动。印第安人、黑人、“黑白混血儿”和白人也逐渐被卷入各种形式的契约劳动中。相比之下，奴隶制不易改变，更具种族基础，更加持久。历史学家认为，17世纪英国殖民地的奴隶制相比18世纪初，规定较少且更加灵活，而在后一时期奴隶制的种族规定更为严格。[②]

然而，“契约劳动”与“奴隶制”之间的界限并不总是那么清晰。历史学家经常纠结档案中发现的专有名称，尤其是那些关于黑人、印第安人或混血儿“契约仆”的称呼。殖民时期印第安人和非洲人的实际地位之所以令人困惑，部分原因是英国人有时不愿将他们从事的劳动称作“奴隶制”。学者们指出，与其他欧洲人相比，英国人更愿意将自己视为近代早期大西洋世界更优化的劳动制度的实践者，在这样一种自我宣扬的道德的等级制度中，他们认为最好使用“契约劳动”而不是“奴隶制”的表述，即便实际情况仍然是后者。在早期使用非洲奴隶时，英国殖民地官员和观察家更倾向称其为“黑人契约仆”而不是“黑人奴隶”，因为前者听起来不那么刺耳。[③]

即使在18世纪也是如此。1708年，一名马萨诸塞官员在回答贸易和种植园委员会关于殖民地奴隶数量的调查时说：“根据我的统计，波士顿有400个黑人契约仆，超过一半人在此地出生；100人在城镇或村庄出生，150人生于马萨诸塞。”[④] 而在百慕大，官方则用“99年契约仆”这样一个荒唐的名词，来指代印第安人奴隶，并且经常带有知情的附加说明：“如果上述

① June 18, 1700, Massachusetts Bay General Council Meeting Minutes, The National Archives, CO 5/787, p. 366.

② T. H. Breen and Stephen Innes, *"Myne Owne Ground": Race and Freedom on Virginia's Eastern Shore, 1640-1676*, vol. 25th anniversary, New York: Oxford University Press, 2005; Edmund S. Morgan, *American Slavery, American Freedom: The Ordeal of Colonial Virginia*, New York: W. W. Norton & Co., 2003.

③ Michael Guasco, *Slaves and Englishmen: Human Bondage in the Early Modern Atlantic World*, Philadelphia: University of Pennsylvania Press, 2014, p. 194.

④ Response to the Board of Trade and Plantations, October 1, 1708. CO 5/865, The National Archives, p. 8.

契约仆能活那么久的话。”[①] 无论如何，这些非洲和印第安人的“契约仆”肯定是被当作终身奴隶对待的。

而且，对于白人或“基督教”契约仆，贸易和种植园委员会想尽可能地不这样称呼他们。1676年5月，委员会对拟议的牙买加法律做了微小的调整。尤其针对“管理基督教契约仆的法案”，上议院指出，他们“对该法案使用的契约仆一词不满意”，因为它是“奴役和奴隶制的标志”。作为替代，上议院建议使用“服务”一词，因为“这些契约仆只是多年的学徒”。[②]

尽管如此，撇开帝国的措辞不谈，大西洋世界各类不自由劳动形式之间还是存在差异的。在牙买加，一名爱尔兰白人“奴隶”，可能也有类似被暴力手段俘获、艰难的“中段航程”、在奴隶市场被销售和强迫劳动等非洲奴隶制的某些经历，但二者仍然存在不同之处。随着时代的变化，区分动产奴隶制与其他劳动形式最主要的两个方面：其一，是否具有继承性和是否终身服务；其二，是否具有被赎身的权力。一般来说，根据殖民法，无论是通过履行规定的服役条款，还是被别人买走或以其他方式释放，非洲奴隶最难赎身，其次是印第安人，最易赎身的是英国白人，包括男人、女人和孩子。大多数白人俘虏、契约仆所期望的是，这种不自由劳动不是终身的，通常也不会转移到他们的孩子身上。

但是，在某些情况下，即使是非洲人和印第安人，也可以通过被购买、在战争中服役或由主人直接释放等各种方式“赎身”。通过这些方式获得自由的非洲人、“黑白混血儿”和印第安人也会期望他们的孩子摆脱奴役。因此，虽然黑人属性（Blackness）和印第安人属性（Indianness）是被合法奴役的指标，但黑人和印第安人并不都是奴隶。

印第安人奴隶和契约仆的例子，突出体现了动产奴隶制与契约劳动之间的区别。印第安人可能会在美洲的各个地方成为终身奴隶。在许多情况下，

---

① 例如，1668年10月16日安德鲁的销售契约，参见 Bermuda. A. C. H. Hallett, *Bermuda Under the Sommer Islands Company, 1612-1684: Civil Records*, Bermuda: Juniperhill Press, 2005, Vol. 3, p. 310。

② May 30, 1676, “Journall of Trade & Plantations From Feb. 1674-March 1676,” p. 124, CO 391/1. “基督徒”的语言作为一个谁可以、谁应该成为奴隶的界限，是一个相关但独立的话题，笔者在本文不做讨论。当印第安人奴隶和非洲奴隶开始在牙买加、新英格兰和其他地方受洗时，引起了人们的担忧。殖民地的法律很快向奴隶主保证，洗礼并不会改变奴隶的地位。有关弗吉尼亚基督教和种族之间相互关系的谈论参见 Rebecca Anne Goetz, *The Baptism of Early Virginia: How Christianity Created Race*, Baltimore: Johns Hopkins University Press, 2012。

他们的孩子也被算作奴隶。印第安人可以作为有明确服役时限的契约仆——奴隶（servant-slaves）被出售。新英格兰殖民者从佩克特战争和菲利普国王战争中获得印第安人战俘，地方法官将其作为奴隶或者供给当地使用，或把他们卖到更广阔的外国大西洋奴隶市场。在菲利普国王战争期间，大多数新英格兰殖民地的常规做法是殖民者将印第安人男性战俘处决或者运送到海外，然而康涅狄格和罗德岛却建立了一项针对非军人的平民印第安人战俘的新制度。这项新制度尤其针对那些希望得到地方政府赦免和保护的投降者。普罗维登斯采用了一套分级复杂且具有期限的地方性奴役制度，即根据投降者的年龄分配 7—25 年的服役期。① 纽波特的地方法官则颁布了一项 9 年服役期的制度。② 而康涅狄格将平民印第安战俘分配到当地的英国家庭，让他们当 10 年的契约仆，且每年给每名男性 5 先令，作为"他们对康涅狄格政府臣服的回谢"。③

从理论上讲，根据上述制度，印第安人契约仆将在规定期满后获得自由。但是，由于他们的奴役期限并不总像自愿契约仆一样有明确的文件记录，这使得印第安人很难证明自己可以获得自由，尤其在一二十年之后。因此，新英格兰的一些印第安人在多代奴隶制的重压下劳动，承诺的自由从未真正实现。当地法院文件中就有这样的例子。1739 年，康涅狄格新伦敦镇的塞缪尔·理查兹（Samuel Richards）的一位名叫西撒（Ceasar）的印第安人奴隶，为他的自由辩护，声称他生来自由。他是菲利普国王战争期间印第安人投降者贝蒂（Betty）的亲生儿子。根据康涅狄格对这些投降者的政策，当贝蒂投降时，她服役 10 年之后就应该获得自由。然而，她直至死亡一直在服役，且奴隶制的判决传给了她的儿子西撒，他在 1739 年仍然被奴役，此时距菲利普国王战争已经过了 63 年。④ 西撒并不是唯一有这种遭遇的战争投降者后代，菲利普国王战争中其他投降者的孩子在所谓的服役期结束后

① *Collections of the Rhode Island Historical Society*: *Staples, W. R. Annals of the Town of Providence, 1843*, Vol. 5, Providence, 1843, p. 170.

② John Russell Bartlett, ed., *Records of the Colony of Rhode Island and Providence Plantations, in New England*, 10 vols., New York: AMS Press, 1968, Vol. 2, p. 549.

③ Charles J. Hoadly, *The Public Records of the Colony of Connecticut*, Hart ford: Lockwood & Braimard Company, 1876, Vol. 2, p. 298.

④ New London County Court Records, County Files, Native America, Box 1, Folder 39, Connecticut State Archives.

的几十年里，同样一直被奴役。[①]

鉴于上述情况，目前还不完全清楚契约劳动与奴隶制的清晰边界。尽管印第安人、非洲人、“黑白混血儿”和白人都可以成为且曾经都是各类不自由劳动者，但终身奴隶或动产奴隶，大多是非白人。在 17 世纪，种族边界可能不那么清晰，或者不那么严格。少数情况下，新英格兰的地方立法试图限制奴隶制的时长和范围。例如，罗德岛在 1652 年 5 月通过的一项法律规定，“黑人或白人”不得作为奴隶超过 10 年，或者如果他们在 14 岁之前就被奴役，过了 24 岁就不能再作为奴隶。[②] 然而，这样的立法很罕见。到 18 世纪初，大多数新英格兰殖民地的法律都明确规定，印第安人、黑人和“黑白混血儿”可以受到终身、可继承的奴役。[③]

在牙买加，英国居民部分沿袭了西班牙之前复杂的种族等级制度，以区分不同程度的混血非洲人。白人与黑人（negro）的后代被称为“黑白混血儿”（mulatto）；白人与黑白混血儿的后代被称为 terceron；白人和 terceron 的后代被称为 quateron；白人和 quateron 的后代被称为 quinteron；白人和 quinteron 的后代被官方指定为白人。然而，实际上，牙买加人对 tercerons 和 quaterons 同等对待；与非洲人的血统相差三个等级，本质上就拥有与白人相同的社会特权，比如可以在选举中投票。[④] 牙买加的居民爱德华·朗（Edward Long）报道说：“白人和 quateron 所生的孩子被称为英国人，且他们认为自己没有黑人种族的所有污点。用低于他们真实身份的等级称呼他们，是对他们最大的侮辱。”[⑤] 牙买加人对印第安人和黑人的后代、黑白混血儿与黑人的后代也有类似但不同的等级制度术语。[⑥] 但非洲人和“黑白混

---

① Memorial of Peter Pratt, May 1721, Yale Indian Papers Project.

② John Russell Bartlett, ed., *Records of the Colony of Rhode Island and Providence Plantations, in New England*, 10 vols., New York: AMS Press, 1968, Vol. 1, p. 243.

③ Melish, *Disowning Slavery: Gradual Emancipation and "Race" in New England, 1780-1860*, Ithaca: Cornell University Press, 1998, p. 34.

④ Edward Long, *The History of Jamaica or, General Survey of the Antient and Modern State of the Island: With Reflections on Its Situation Settlements, Inhabitants, Climate, Products, Commerce, Laws, and Government*, Vol. 2, London: T. Lowndes, 1774, pp. 260-261.

⑤ Edward Long, *The History of Jamaica or, General Survey of the Antient and Modern State of the Island: With Reflections on Its Situation Settlements, Inhabitants, Climate, Products, Commerce, Laws, and Government*, Vol. 2, London: T. Lowndes, 1774, p. 332.

⑥ Edward Long, *The History of Jamaica or, General Survey of the Antient and Modern State of the Island: With Reflections on Its Situation Settlements, Inhabitants, Climate, Products, Commerce, Laws, and Government*, Vol. 2, London: T. Lowndes, 1774, p. 332.

血儿”并不清楚如何用这些种族等级术语来理解印第安人。有一个观察者指出，一些非洲人“认为人类分为黑人和白人这两大部分，他们认为所有民族的白人（他们在此物种类比中理解印第安人）联合起来，使他们成为奴隶”。[①]

四 奴隶制的种类

由于种植园的性质，牙买加的劳动力是高度分层和多样化的。像威斯特摩兰教区的美索不达米亚这样大规模的种植园，需要大量熟练和非熟练的劳动力。[②] 被迫在田间劳作的奴隶被分配了不同的任务，且劳动强度不同。随着时间的推移，第一批人被分配了挖洞、种植和修剪甘蔗等最劳累的工作。第二批人的工作稍不那么费力，他们经常在田间除草，协助收获。第三批人和第四批人的任务更轻松些，这些人中通常包括还未适应艰苦的田间劳作的孩子。但田间的劳动力只是让种植园实现赢利的环节之一。每一轮生产环节都需要技能熟练或懂销售的劳动力。被奴役的锅炉工和蒸馏工，是将生甘蔗加工成糖这一生产环节的重要技术人员。被奴役的手艺人充当制桶工人、木匠、泥瓦匠、铁匠和机修工。被奴役的牲畜饲养员、马车夫与种植园的牲畜一起工作。一个大型种植园还需要人力来从事园艺、烹饪、缝纫、洗衣服等劳动。这些家务劳动通常由妇女从事，但妇女也会出现在各种强度的田地劳动中。

在新英格兰殖民地，没有类似的等级严格的奴隶劳动制度，主要因为该地几乎没有大规模以单种作物为主的种植园。但新英格兰的劳动分工也一样具有多样性。新英格兰殖民地中的一些种植园，例如罗德岛的纳拉甘塞特，生产诸如小麦、黑麦、亚麻、大麻、大麦、燕麦和玉米等各种作物。[③] 非洲奴隶和印第安奴隶不仅犁地、除草、种植、收获，还修建房子，充当包括铁

---

① *A Letter to the Right Reverend the Lord Bishop of London from an Inhabitant of His Majesty's Leeward-Carribbee-Islands*, London: J. Wilford, 1730, p. 93.

② 以下对美索不达米亚劳动力角色的描述摘自 Richard S. Dunn, *A Tale of Two Plantations: Slave Life and Labor in Jamaica and Virginia*, Cambridge: Harvard University Press, 2014, pp. 141-142。

③ Robert K. Fitts, *Inventing New England's Slave Paradise: Master/Slave Relations in Eighteenth-Century Narragansett, Rhode Island*, Studies in African American History and Culture, New York: Garland Publishing., 1998, p. 78.

匠、制绳工和锚工在内的熟练工匠和机修工。和牙买加的情况一样，奴隶妇女和儿童提供了全方位的家庭服务，包括清洁、缝纫、烹饪和跑腿的差事。但在新英格兰的这些农场中，劳动分工并没有那么严格；工作季节性很强，奴隶的任务经常是重叠的。[①]

尽管如此，将新英格兰的奴隶制视为一个整体，其在熟练和非熟练的劳动力方面与牙买加存在很多相似之处。在纽波特、普罗维登斯和波士顿，城市中的印第安人和非洲奴隶担任家庭用人、脚夫和熟练工匠。抓捕逃奴的广告通常会列出逃奴所具有的专业技能或手艺。当一个名叫大卫·莱尔（David Lyell）的印第安奴隶逃离他的主人时，《波士顿时事通讯》将其描述为“擅长木工活”的人。[②]

尽管牙买加存在大西洋世界最固定、可继承的、以种族为基础的奴隶制，但该地的非洲奴隶、“黑白混血儿”奴隶和印第安人奴隶也具有一定的流动性。一些种植园主会与他们的奴隶签订年度契约，允许奴隶付钱代替自己每年创造的劳动价值以获得暂时的自由身份。为了做到这一点，奴隶会想办法赚钱来支付主人所需的契约年费。对于更有进取心的奴隶来说，这可能包括成为中间商，从事武器、弹药、生活必需品等物资的贸易。[③]

对于那些有销路的奴隶来说，更常见的选择是将自己出租，赚取工资偿还主人的年度契约，并提供盈余。在某些情况下，这些有偿劳动的奴隶会在牙买加南海岸的金斯敦或西班牙镇附近建造或租用小屋，以便更靠近他们的市场或新的就业场所。[④] 然而，当这些挣工资的奴隶没有赚够足够的钱，转而靠出售盗窃的物品和牲畜偿还年度契约时，问题就出现了。议会虽然没有完全取缔自我雇佣，但最终也采取了严厉的措施打击这种行为。1719 年，议会通过了一项法律，要求奴隶主向与其签订合同的每个奴隶提供经过公证的并得到当地治安法官批准的许可证。只有这样，奴隶才能出租自己，从事

① Robert K. Fitts, *Inventing New England's Slave Paradise: Master/Slave Relations in Eighteenth-Century Narragansett, Rhode Island*, Studies in African American History and Culture, New York: Garland Publishing, 1998, p. 87.

② *Boston News-Letter*, July 23-20, 1716.

③ *Acts of Assembly, Passed in the Island of Jamaica; from 1681, to 1754, Inclusive*, London: Printed for Curtis Brett and Company, 1756, p. 119.

④ *Acts of Assembly, Passed in the Island of Jamaica; from 1681, to 1754, Inclusive*, London: Printed for Curtis Brett and Company, 1756, p. 120.

贸易和其他独立业务，并在城镇附近建造或出租自己的小屋。[1] 无证工作的奴隶将被鞭打 130 下。牙买加居民如果与无证的雇佣劳动奴隶交易，或以其他方式鼓励他们将面临 50 镑罚款的威胁。地方当局有权拆除任何由有偿劳动的奴隶建造的未经授权的小屋或农舍。[2]

但是，为了获取利润，奴隶主也直接出租自己的奴隶，特别是那些有市场贸易技能的奴隶。白人殖民者，尤其是许多劳工阶层经常抱怨这样的安排。1734 年，圣克里斯托弗一位名叫库珀·史密斯（Cooper Smith）的官员向贸易和种植园委员会报告，"在贸易中雇用黑人而不雇用白人"阻碍了白人契约仆和熟练劳工迁移到岛上。[3] 作为回应，殖民地议会有时会通过法律，减少奴隶从事一些工作的机会。巴巴多斯在 1676 年 4 月通过了一项法律，规定当地居民不能"让黑人在任何行业中工作，即不能让他们成为史密斯所提及的木匠、车匠、泥瓦匠、织工、船夫等"。[4] 在一场奴隶阴谋爆发后，安提瓜岛的居民也同样认为，"奴隶不能成为工匠、监工或商人"。[5] 新英格兰的奴隶主有时也会"出租"他们的奴隶，甚至印第安人奴隶。1693 年 1 月，爱德华·帕尔默（Edward Palmer）将他"名为威廉·马瑟（William Mather），别名为斯泰德班戈（Scanderbag）"的印第安奴隶租给大卫·卡彭特（David Carpenter），期限为一年。斯泰德班戈的劳动价值为每年 17 英镑，大卫直接将钱支付给帕尔默，斯泰德班戈显然不会从中获益。[6]

在新英格兰和牙买加，被奴役的黑人、"黑白混血儿"、印第安人尽可能地利用主人给予的最低限度的经济自由度。被奴役的印第安人和非洲人经常举办集市，向白人和其他的印第安人、黑人及"黑白混血人"出售当地的原材料和加工好的小玩意儿和商品。新英格兰和牙买加的法律试图规范这

---

① *Acts of Assembly, Passed in the Island of Jamaica; from 1681, to 1754, Inclusive*, London: Printed for Curtis Brett and Company, 1756, pp. 119-120.

② *Acts of Assembly, Passed in the Island of Jamaica; from 1681, to 1754, Inclusive*, London: Printed for Curtis Brett and Company, 1756, pp. 121-122.

③ 向贸易和种植委员会提交的关于圣克里斯托弗的报告，1734 年 5 月 22 日，参见 The National Archives, Kew, England, CO 152/20, p. 86。

④ "A Supplementall Act to a former Act Entituled an Act for the Better Ordering and Governing of Negroes," April 21, 1676, Acts and Statutes of the Assembly, 1650-1682 ("Transcript Acts"), Barbados Department of Archives, n. d., pp. 410-420.

⑤ CO 150/22, pp. 313-320, The National Archives, Kew, England.

⑥ New London County Court Records, County Files, Native America, Box 1, Folder 1, Connecticut State Archives.

类地方商贸活动，但是这类贸易活动还是以不同的方式存在并获得了不同程度的成功。牙买加的议会通过了法律，试图限制居民与白人契约仆、黑人、印第安人和“黑白混血儿”契约仆或奴隶进行贸易。[①] 1698 年，马萨诸塞禁止居民与“任何印第安人、黑白混血儿或黑人契约仆或奴隶”进行交易。[②] 1708 年，康涅狄格的一项法律禁止未经奴隶或契约仆的主人许可和“命令”，从“任何印第安人、黑白混血儿或黑人契约仆或奴隶”那里购买或接受“任何商品、金钱、货物或供应”。[③] 随后，殖民地的法律还限制奴隶和契约仆的流动。新英格兰实施了各种宵禁。新罕布什尔在 1714 年通过了一项法律，禁止任何“印第安人、黑人或黑白混血儿的契约仆或奴隶”在晚上 9 点以后离开主人的房子，除非他们外出是给主人做事。[④] 尽管如此，奴隶和契约仆找到了维护自身独立和对抗殖民法律的办法。

新英格兰的印第安人奴隶和契约仆也可以继承财产。1711 年，约瑟夫·彻奇（Joseph Church）在遗嘱中将其在小康普顿 15 英亩土地的一半留给了他的“印第安男孩阿莫斯（Amos）”。然而，这份赠予取决于阿莫斯的服役期满（服役的期限并未明确说明）。如果阿莫斯不遵守，他将会被卖掉，收益平均分给彻奇的孩子。[⑤] 牙买加也有类似的情况，很多白人主人将“土地、奴隶、牲畜、现金和证券等大量财产”遗赠给他们的（可能是自由的）“黑白混血儿”和黑人。议会于 1761 年通过了一项法律，严格限制这种做法。接受这些赠予的人大多是“他们在合法婚姻之外生的黑白混血儿”。然而，该法案并没有涉及任何已经继承的土地或早已转让的牲畜，也没有禁止“黑白混血儿”、黑人或印第安人拥有财产。它还允许“黑白混血儿”继承较小份额的遗产，最高为价值 2000 镑的“不动产”。这项法律的

---

① “An Act for Regulating Servants,” 1681; *Acts of Assembly, Passed in the Island of Jamaica; from 1681, to 1754, Inclusive*, London: Printed for Curtis Brett and Company, 1756, p. 2; “An Act to Prevent the Enticing or Inveigling of Slaves from the Possessors; and for the Preventing the Transportation of Slaves by Mortgagers and Tenants for Life and Years; and for Regulating Abuses Committed by Slaves,” 1719, p. 119.

② John C. Hurd, *The Law of Freedom and Bondage in the United States*, Vol. 1, Boston: Little, Brown & Co., 1858, p. 266.

③ Charles J. Hoadly, *The Public Records of the Colony of Connecticut*, Vol. 5, Hart ford: Lockwood & Braimard Company, 1876, pp. 52-53.

④ John C. Hurd, *The Law of Freedom and Bondage in the United States*, Boston: Little, Brown & Co., 1858, p. 26.

⑤ Taunton Probate Book, Vol. 3, Part 1, p. 21.

出台，主要出于种族方面的考虑，该法案明确指出："这样的遗赠往往不利于这个岛上的白人与黑人及其后代维持绝对必要的区别，这可能使得这个岛上白人居民人数减少。"[①] 但牙买加从西班牙沿袭的种族等级制度，再次影响了这项法律的生效情况，它保护的是超过三个代际（通过与白人通婚）的非裔黑人的后代。

五　自由黑人、"黑白混血儿"和印第安人

虽然我们可能已经习惯把（尤其是 18 世纪末期的）新英格兰视为一个有着大量自由黑人的独特地域，但不全然如此。与弗吉尼亚和英属北美的其他地方类似，新英格兰与加勒比地区大量被奴役的非洲人、印第安人和"黑白混血儿"出于各种原因，逐渐获得了自由。奴隶和契约仆在其主人的遗嘱中或出于其他一些个人原因获得自由，牙买加档案中保存的大量解放手稿证明了这一点。[②] 牙买加议会的私人法案宣布，获得自由的"黑白混血儿"、印第安人与那些父母是白人的英国人拥有"同样的权利和特权"。[③] 这些人通常是但不总是，父母中有一人是白人的混血儿。

非洲人甚至是"咸水黑人"（Saltwater Negroes）[④] 也会被授予自由，有时是对公共服务（通常是参与战争）的奖励，有时是对投降的奖赏。1665 年，牙买加议会在讨论与牙买加高地黑人逃奴（Maroons）正在进行的战争时，同意立即给予所有被捕获并投诚的"奴隶或契约仆"自由。牙买加议会还许诺，任何黑人逃奴，只要投降，并带来其他不论是死或是活的黑人逃奴或其领袖，就能获得自由。[⑤] 因此，1667 年 11 月 26 日，牙买加议会下令"赦免瓦马哈利的黑人多明戈·亨利克斯（Domingo Henriques）所犯的所有

---

① *The Laws of Jamaica: Comprehending All the Acts in Force, Passed between the Thirty-Second Year of the Reign of King Charles the Second and the Thirty-Third Year of the Reign of King George the Third*, Vol. 2, St. Jago de la Vega: Alexander Aikman, 1792, p. 23.

② "Manumissions Liber 5, 1747," p. 30b, Jamaica National Archives.

③ 例如，参见 1716 年的一系列私人行为，*The Laws of Jamaica: Comprehending All the Acts in Force, Passed between the Thirty-Second Year of the Reign of King Charles the Second and the Thirty-Third Year of the Reign of King George the Third*, Vol. 1, no page number。

④ "咸水黑人"（Saltwater Negroes）是在美洲出生的"克里奥尔黑人"（Creolian Negroes）对从非洲来的黑人的蔑称。——译者注

⑤ "The Council Book of Jamaica," microfilm, Jamaica Archives, 1B/5/3/1-Minute Books of the Council of Jamaica, Vol. 1, June 1661-July 1672, p. 130.

罪行，并给予他本人、他的妻子和两个孩子自由；他立即宣誓效忠”。[①] 同样，1668年3月，牙买加总督宣布大赦瓦马哈利投降的黑人，他们“可以在这个岛上安静地做自己的事情”。[②] 牙买加官员在很多方面，尤其在逃奴方面，对黑人的自由问题采取了务实的办法。简言之，自由黑人（即使以前是“叛乱者”）可以对牙买加的法律负责，这比高地上持久存在的、对立的黑人叛乱者要好。18世纪中期，牙买加至少建立了四个“自由黑人城镇”，在某种程度上，这是一种策划、管理和控制自由黑人的措施。[③]

在最罕见的情况下，加勒比地区的有色人种不仅是自由人，他们还能跨越社会阶层，成为种植园主和奴隶主。牙买加的社会和法律以这样一种方式安排，在理论上给自由的印第安人、非洲人和“黑白混血儿”创造了适度的法律、物质和社会空间，这使得他们中的一些人拥有了种植园和奴隶。西班牙城1754年的人口普查显示，1271名居民中有405人是“自由黑人和黑白混血儿”。西班牙城的419所房子中有114所由自由黑人所有或出租。西班牙城的一些自由黑人居民也是种植园主，奴隶在种植园为其工作。[④] 类似的，我们从人头税记录可知，许多教区的黑人和“黑白混血儿”拥有超过20名奴隶劳作的种植园。例如，1763年，圣凯瑟琳教区记录了一个名叫玛丽·罗丝（Mary Rose）的“自由黑白混血儿”拥有22名奴隶和10头牛。[⑤] 金斯敦和圣安德鲁斯教区1745年的一份税收清单，记录了1000多个黑人。其中，20个是“自由黑人”或“自由黑白混血儿”。这20个自由黑人中有13人蓄奴，7人没有奴隶，只有1人拥有牛。至少这个案例意味着，自由黑人更有可能拥有奴隶而非牛。[⑥]

---

① The Council Book of Jamaica," microfilm, Jamaica Archives, 1B/5/3/1 - Minute Books of the Council of Jamaica, Vol. 1, June 1661-July 1672, p. 155.

② "The Council Book of Jamaica," microfilm, Jamaica Archives, 1B/5/3/1 - Minute Books of the Council of Jamaica, Vol. 1, June 1661-July 1672, p. 158.

③ CO 318/2, p. 81, The National Archives, Kew, England.

④ "An Account of the Houses, the Annual Rents or Estimate of Rents Thereof in and Belonging to the Town of St. Jago de la Vega in the Island of Jamaica, with an Account of the Number of People of Free Condition in Each Family Taken Seriatim upon an Actual and Particular Survey and Enquiry Made in the Months of July and August 1754," Jamaica Archives, 7/18/5/27.

⑤ "Roll of Parish Taxes for the Parish of St. Catherine for the Year 1763," St. Catherine's Vestry Minutes, 1759-1768, Jamaica Archives, 2/2/4, p. 69a. 玛丽·罗丝最先被列为自由的“黑白混血儿”，但随后又被列为自由黑人。

⑥ Kingston and St. Andrews Vestry Minutes, Jan-1744-1748/49, Jamaica Archives, 2/6/1A.

牙买加通过的法律通常承认并保护这些自由黑人种植园主的存在。1717年，牙买加议会通过了“一项对奴隶所犯罪行实施更有效惩罚的法案”，法案的部分内容是为了处理奴隶在公共用地上养自己的牛。问题在于这当中的一些牛是奴隶在附近的种植园偷的，并重新打上烙印。作为对其偷牛的惩罚，议会禁止“黑白混血儿和黑人”养“马、骡、驴或牛等牲畜”。但法律做了重要的让步：“有住所和十个奴隶的自由黑白混血儿、黑人和印第安人除外。”[①] 印第安人拥有种植园的档案证据更少，但这项法律条款表明他们确实存在，而且至少有一个理论上的社会空间分配给这些人。

任何特定地区自由黑人的确切数量都很难确定，但这两个地区在18世纪都有一个趋势：自由黑人的人数在逐渐稳步增加。人口报告散见于贸易和种植园委员会与不同英属北美和大西洋殖民地的总督和代理人之间的大量通信中。1730年，牙买加自由黑人、“黑白混血儿”和印第安人的人数约为865人，“黑人奴隶，包括男人、妇女和儿童在内”的人数为74525人。1774年，自由黑人的数量稳步攀升到4093人，奴隶有192787人。[②] 然而，值得注意的是，同样的人口估算清单没有列出1741年的任何自由黑人，这证实了追踪散乱且令人难以捉摸的自由黑人人口确实困难。殖民地官员有时也注意到，精确计算自由黑人的数量是很困难的，因为他们常常不能投票或参与社区生活。圣文森特的书记员在记录了1130名“加勒比自由黑人”后指出，年轻白人的数量不能“精准地确定；自由黑人的数量尽管是可观的，但也不能精确”。[③]

新英格兰自由黑人的人数也在18世纪稳步增加。到1790年，根据第一次联邦人口普查的官方数据，新英格兰的黑人奴隶有3763人，自由黑人有13119人，[④] 但这是在废奴运动、独立战争和逐步解放奴隶的法律颁布之后出现的局面。从18世纪70年代开始，小规模的解放奴隶在新英格兰明显增加。1774年12月15日，《康涅狄格公报》报道说，诺维奇镇的塞缪尔·盖杰（Samuel Gager）“最近解放了三名忠实的奴隶”，这在很大程度上源于他“值得称赞的自由意识和对正义的认真对待”。此外，盖杰还提出以低于

① *Acts of Assembly, Passed in the Island of Jamaica; from 1681, to 1754, Inclusive*, London: Printed for Curtis Brett and Company, 1756, pp. 115-116.

② CO 318/2, pp. 81-82, The National Archives, Kew, England.

③ CO 318/2, p. 234, The National Archives, Kew, England.

④ Willie Lee Rose, *Slavery and Freedom*, Oxford: Oxford University Press, 1982, p. 7.

市场价值的价格将附近的农场租给新获得自由的非洲人，“作为对他们过去服役的补偿”。[①] 1770 年至 1790 年，这类的解放在新英格兰成倍增加。

然而，在某些情况下，解放自己的奴隶不是一种慈善或遵守更高道德原则的行为，而是一种逃避责任的行为，尤其是逃避照顾年老、体弱或生病的奴隶的责任。为了防止这种行为的发生，罗德岛的一些城镇通过了法律，要求奴隶主在解放年老体弱的奴隶前，向城镇财务主管缴纳 100 镑。[②] 牙买加的地方政府也担心契约仆和奴隶会成为当地教区或城镇的经济负担。早在 1681 年，牙买加议会就通过了一项禁止释放生病契约仆的综合法律。如果一个被释放的生病的契约仆被教区起诉或者死亡，前主人必须支付费用。[③]

在这两个地区，自由的有色人种在社会和政治参与等方面都受到了限制。新英格兰和牙买加的法律禁止自由黑人和“黑白混血儿”参加陪审团和投票。[④] 1724 年，罗德岛的南金斯敦通过了一项法律，禁止奴隶（尤其是黑人奴隶）饲养“羊、猪、牛、马或任何种类的家禽”。[⑤] 和牙买加一样，该法律旨在减少偷牛事件，但它也表明，罗德岛南部的奴隶拥有独立的经济事业。

对牙买加的有色人种来说，自由最令人沮丧的一个方面是，它总是具有不确定性（新英格兰的不确定性较低）。当然，白人可能因违法而被监禁，甚至长达一年没有被保释或假释。[⑥] 但自由的非洲人、印第安人和混血儿，无论自由或富有程度如何，如果被判犯有任何被认为不利于“糖岛”所赖以生存的奴隶和种植园社会结构的罪行，就会被依法剥夺自由。例如，1725 年，牙买加议会通过的一项法律规定，如果发现任何“自由黑人、印第安人或黑白混血儿”犯了“雇佣、隐藏、怂恿、款待或派遣任何逃跑或反叛的黑人或其他奴隶”的罪行，这些人将“丧失自由”，被卖为奴隶，并被运

① *Connecticut Gazette*, December 15, 1774.

② John Russell Bartlett, ed., *Records of the Colony of Rhode Island and Providence Plantations, in New England*, 10 vols., New York: AMS Press, 1968, Vol. 4, pp. 415-416.

③ *Acts of Assembly, Passed in the Island of Jamaica; from 1681, to 1754, Inclusive*, London: Printed for Curtis Brett and Company, 1756, p. 3.

④ Melish, *Disowning Slavery: Gradual Emancipation and "Race" in New England, 1780-1860*, Ithaca: Cornell University Press, 1998, p. 39.

⑤ 转引自 Robert K. Fitts, *Inventing New England's Slave Paradise: Master/Slave Relations in Eighteenth-Century Narragansett, Rhode Island*, Studies in African American History and Culture, New York: Garland Publishing, 1998, p. 112。

⑥ *Acts of Assembly, Passed in the Island of Jamaica; from 1681, to 1754, Inclusive*, London: Printed for Curtis Brett and Company, 1756, p. 149.

到岛外。[①] 重新成为奴隶可能比处决友善一些，后者是对奴隶罪犯的严重惩罚。但是，当1747年艾萨克·史密斯签署解放文件，宣布他希望南妮和约翰·史密斯永远摆脱“各种奴隶制、契约劳动、劳役劳动、雇佣劳动”时，他想到的也许正是这种解放后的不自由。[②]

在新英格兰，自由有时也是脆弱的。印第安人和黑人可能被迫成为奴隶或契约仆以偿还债务，或作为对犯罪的惩罚，或用来支付被盗或损坏的物品的费用。在最好的情况下，这种契约仆或奴隶制是有时限的，通常由地方法官或法院设定。1706年，康涅狄格新伦敦县的两个印第安人闯入诺维奇、韦瑟斯菲尔德和新伦敦的多户英国家庭中，偷走了许多物品，包括一只羊、一把枪、一艘独木舟和一些朗姆酒等。托夸斯·阿什图基特和帕比森基最初被送往新伦敦的监狱，但后来被判鞭打“裸体”，按照他们偷窃或损坏物品的价格的三倍支付费用，如果他们不能支付，则“出卖他们的劳动力，成为契约仆”，托夸斯被判做19个月的契约仆，帕比森基作为共犯被判做2个月契约仆。[③] 在牙买加和新英格兰，白人也可能被迫成为契约仆以偿还债务。[④]

在牙买加和新英格兰，以种族为基础、可继承的奴隶制的消亡有不同的路径和时间顺序。新英格兰各州在18世纪80年代通过了逐步解放奴隶的法律，但缺乏明确的反奴隶制法规，这意味着直到1830年，仍然可以在新英格兰地区找到奴隶，当时罗德岛仍有17名奴隶。[⑤] 随着北方殖民地在18世纪八九十年代通过逐步解放奴隶的法律，这些地区的广告开始列出每个黑人奴隶或契约仆剩下的服役“时间”。1792年，马萨诸塞州的一则广告提到，露西娜·德比（Lucina Derby），一个“服役多年的”“黑人契约仆”已经“不再服役”。[⑥] 这表明，解放导致了黑人契约仆的增加，对新英格兰黑人和混血儿来说，这是一种相对罕见的劳动类别，可能被当作通往更稳定的自由生活的垫脚石。

1834年，英国议会制定的一项法案废除了牙买加和大英帝国其他地区

① *Acts of Assembly, Passed in the Island of Jamaica; from 1681, to 1754, Inclusive*, London: Printed for Curtis Brett and Company, 1756, p. 150.

② Manumissions Liber 5, 1747, Jamaica National Archives, 1B/11/6/5, p. 5.

③ New London County Court Records, County Files, Native America, Box 1, Folder 3, Connecticut State Archives.

④ "The Council Book of Jamaica," microfilm, Jamaica Archives, 1B/5/3/1-Minute Books of the Council of Jamaica, Vol. 1, June 1661-July 1672, pp. 51ff.

⑤ William Davis Miller, "The Narragansett Planters," *Proceedings of the American Antiquarian Society*, 43, 1 (n. d.), 69n1.

⑥ *Western Star*, October 16, 1792.

的奴隶制。直到 1838 年，大英帝国的奴隶制才完全被废除。这一转变也涉及了四年的契约仆期，1838 年的解放并没有完全解决这个问题。① 具有讽刺意味的是，严格说来，尽管新英格兰的奴隶制规模很小，但其持续的时间超过了牙买加。据记载，新英格兰最后一个奴隶死于 1859 年，比牙买加正式解放奴隶整整晚了 25 年。② 在牙买加与新英格兰，虽然契约仆继续存在，但不自由谱系中最不自由的劳动形式——奴隶制终于终结了。

The Labor Spectrum of Unfreedom in Colonial New England and Jamaica

Linford D. Fisher

Abstract: In the early modern Atlantic world, there existed all kinds of unfreedom labor such as slavery, servitude, sevice and hire. In New England and Jamaica in the mid-17th to the late 18th century, although they differed in the scale of slavery and the acceptance of miscegenation, there were some similarities in other forms of unfreedoom labor. The demand for white servants in the both areas persisted into the eighteenth century; Indians, Black, and "mulatto" were also involved in various forms of servitude in both regions; while the division of slave labor in New England was less highly stratified than in Jamaica, it was equally diverse. Although the boundary between servitude and slavery was not always clear and slavery is plastic, slavery was ultimately the most extreme and brutal form of the spectrum of unfreedoom labor.

Keywords: New England; Jamaica; Unfreedom Labor Spectrum; Slavery; Servitude

（执行编辑：王一娜）

① Matthew J. Smith, *Liberty, Fraternity, Exile: Haiti and Jamaica after Emancipation*, first edition, Chapel Hill: The University of North Carolina Press, 2014.

② Robert K. Fitts, *Inventing New England's Slave Paradise: Master/Slave Relations in Eighteenth-Century Narragansett, Rhode Island*, Studies in African American History and Culture, New York: Garland Publishing, 1998, p. 88.

海洋史研究（第二十三辑）
2024 年 11 月　第 415～438 页

达荷美统治者与葡萄牙—巴西奴隶贸易

安娜·露西娅·阿劳若（Ana Lucia Araujo）*

摘　要： 本文考查葡萄牙统治者同达荷美国王的往来信件，聚焦于 1797 年至 1818 年统治达荷美王国的阿丹多赞国王。这些信件为理解西非与欧洲的相互认知以及外交关系，提供了全新的信息。通过讲述阿丹多赞治下主要的政治、军事冲突，信件还反映出西非的统治者对拿破仑战争的了解程度。这些通信记录说明了欧陆争端对达荷美经济造成的冲击，以及那些事件如何加速了维达等从事大西洋奴隶贸易的西非港口的衰败，并为阿丹多赞最后被废黜的动因提供了线索。

关键词： 大西洋奴隶贸易　达荷美王国　葡萄牙　贝宁　巴西

在大西洋奴隶贸易时代，达荷美王国（Kingdom of Dahomey）分别于 1750 年、1795 年、1805 年、1811 年及 1818 年向巴西与葡萄牙派去了至少五批使团。[①] 这些使团旨在协商大西洋奴隶贸易的条款，因此当时的达荷

---

* 作者安娜·露西娅·阿劳若（Ana Lucia Araujo），美国霍华德大学（Howard University）历史系教授。译者田泽浩，北京大学国际关系学院博士研究生。校者王渊，北京大学外国语学院助理教授。

本文译自 "Dahomey, Portugal, and Bahia: King Adandozan and the Atlantic Slave Trade," *Slavery and Abolition*, 3, 1 (2012), pp. 1-19。

① 这些使团分别于特格贝苏、阿贡格罗、阿丹多赞、盖佐国王统治时期派出。达荷美信件落款上的时间有时是写作的时间，会早于使团最终抵达的年份，本文中的年份以后者为准。贝宁湾的其他王国也向巴西派去了使团。波多诺伏（阿尔德拉）于 1810 年派去了一个使团，拉各斯（奥宁）于 1770 年、1807 年、1823 年向巴西派出了使团。

美国王与葡萄牙统治者之间留下了大量往来书信。其中达荷美方于1805年及1811年随使团递送的书信，虽然大多是由关押在阿波美（Abomey）的、教育程度低的葡萄牙囚犯写的，但即便如此，它们依然体现出阿丹多赞国王（King Adandozan，1797—1818年在位）的雄心壮志与个人喜好。现存的文字记录稀少，这些书信则使我们能够听见国王本人的声音。它们既有助于我们理解葡萄牙的统治者和官员如何认知阿丹多赞及其使团，还记录了阿丹多赞治下主要的政治和军事冲突。书信记录同样揭示了西非统治者对拿破仑战争的了解程度，表明法国大革命时期达荷美经济受到的冲击，以及这些事件如何导致了维达（Ouidah）等进行大西洋奴隶贸易的西非港口的衰败。部分信件介绍了送给葡萄牙摄政王的礼物，因而帮助我们进一步理解酒类、烟草、枪支、织物等新商品的引进给达荷美日常生活带来的变化，以及精英阶层是如何利用和改造这些商品，将其转化为象征成功的文化符号，从而收获政治与宗教威望。这些通信记录重新阐释了阿丹多赞治下大西洋奴隶贸易的危急程度，为寻找他被废黜的可能动因提供了线索。此外，信件还能帮助认识大西洋奴隶贸易时期非洲的能动性。

一　在巴伊亚的达荷美使团

葡萄牙人于1721年在维达修筑了圣施洗约翰要塞。这一军事存在使得葡萄牙和巴西的奴隶商人在贝宁湾地区（Bight of Benin）的几个奴隶港口落脚。该地区包括了如今的多哥、贝宁共和国以及尼日利亚西部。[①] 达荷美王国于1727年征服维达王国（Kingdom of Hueda），夺取维达港，获得了前往海岸线的直接通道。实际上，自阿加扎国王（King Agaja，约1716—1740年在位）以降，达荷美十分依赖进口枪支以推进王国扩张。[②] 1770—1850年，大多数被送往巴西巴伊亚萨尔瓦多港（Salvador da Bahia）的非洲人均由贝宁湾地区的港口上船，例如维达、拉各斯［Lagos，或奥宁（Onim）］、小

① Pierre Verger, *Flux et reflux de la traite des nègres entre le Golfe de Bénin et Bahia de Todos os Santos, du XVIIe au XIXe siècle*, Paris: Mouton, 1969, p. 132.

② Robin Law, *The Slave Coast of West Africa, 1550-1750: The Impact of the Atlantic Slave Trade on an African Society*, Oxford: Clarendon Press, 1991, p. 203.

波波（Little Popo）以及波多诺伏（Porto-Novo）等。[①] 当时的巴西奴隶贸易没有遵循传统的三角航线模式。葡萄牙—巴西奴隶商人会直接前往贝宁湾购入奴隶，支付的则是产自巴伊亚的劣等烟草，以及黄金、火药和纺织品等其他充当货币的商品。

19 世纪初，英国为终止非洲与美洲各港口的奴隶贸易而持续施压，并且采取了一系列严厉措施，大西洋奴隶贸易因而经历了一段危机。自 1815 年的《英葡条约》后，赤道以北的奴隶贸易均被宣告违法，维达港也不例外。[②] 此外，这一时期的拉各斯港成为维达的有力竞争者。这些事件对西非的大西洋奴隶贸易产生了巨大影响，并且严重干扰了达荷美王国的商业活动。

派往巴西与葡萄牙的几批达荷美使团留下了大量往来书信，其中对大西洋两岸发生的事件都有描述。作为王国的官方代表，西非的使团留驻在殖民事务专司，并由葡萄牙王室报销差旅花费。因为使团的到来常常碰上当地的纪念活动和宗教庆典，所以使节也会出席庆祝。使节通常要在巴伊亚的萨尔瓦多停驻几个月，因为维达的葡萄牙要塞由萨尔瓦多管辖。[③] 只有在同葡萄牙和巴西官员会面后，使节才获准前往里斯本觐见葡萄牙国王。

1743 年，在征服维达后的武装冲突中，达荷美军队摧毁了葡萄牙要塞。[④] 1750 年，为恢复同葡萄牙以及同巴西的关系，特格贝苏国王（King Tegbesu）向巴西派遣了一个使团。[⑤] 这次出使是巴西土地上发生的首场外交

---

① Robin Law, *Ouidah: The Social History of a Slave 'Port', 1727–1892*, Athens: Ohio University Press and James Currey, 2004, p. 156; Pierre Verger, *Fluxo e refluxo do tráfico de escravos entre o Golfo do Benin e a Bahia de Todos os Santos*, Rio de Janeiro: Corrupio, 1987, p. 27. 根据“跨大西洋奴隶贸易数据库”（http://www.slavevoyages.org）：航行，1770—1850 年从贝宁湾登船的 551800 名非洲奴隶中有 336800 人被运往巴西，其中约九成在巴伊亚的萨尔瓦多上岸。

② 巴西奴隶贸易于 1831 年正式废除，但非法奴隶贸易持续至 1850 年。

③ 1763 年巴西首都从萨尔瓦多迁至里约热内卢时，葡萄牙在维达的要塞继续由巴伊亚大区长官管辖。详见 Law, *Ouidah: The Social History of a Slave 'Port', 1727–1892*, Athens: Ohio University Press and James Currey, 2004, p. 34。

④ Robin Law, *Ouidah: The Social History of a Slave 'Port', 1727–1892*, Athens: Ohio University Press and James Currey, 2004, p. 60.

⑤ Pierre Verger, *Fluxo e refluxo do tráfico de escravos entre o Golfo do Benin e a Bahia de Todos os Santos*, Rio de Janeiro: Corrupio, 1987, pp. 279–287; Silvia Hunold Lara, *Fragmentos Setecentistas: Escravidão, cultura e poder na América portuguesa*, São Paulo: Companhia das Letras, 2007, p. 194; Ana Lucia Araujo, "Images, Artefacts and Myths: Reconstructing the Connections Between Brazil and the Kingdom of Dahomey," in Ana Lucia Araujo, ed., *Living History: Encountering the Memory of the Heirs of Slavery*, Newcastle: Cambridge Scholars Publishing, 2009, pp. 180–202.

活动，据推断也是达荷美同巴西的第一次外交接触。首位职业葡语记者若泽·弗莱雷·德·蒙塔霍约什·马什卡雷尼亚什（José Freire de Montarroyos Mascarenhas）给出使活动写了一篇短小却详细的报告。[①] 在他的报告中，称特格贝苏国王为"奇埃·希里·步隆孔"（Kiay Chiri Broncom），说他是个"热爱葡萄牙民族的人"。[②] 同样据该报告，达荷美使团由一个名为舒鲁马·纳迪尔（Churumá Nadir）的人领导，除随行翻译外还有两个人：格里杰科姆·桑托洛（Grijocome Santolo）和内宁·拉迪什·格瑞通休姆（Nenin Radix Grytonxom）。一行人于1750年9月抵达巴伊亚属区的主要港口城市萨尔瓦多。使者住在萨尔瓦多的耶稣会学院，马什卡雷尼亚什对他们的房间做了细致的描述：

> ……天花板覆盖着珍贵的布单，地上则铺着精致的毯子。椅子的靠背华美，凳子都有靠垫，一切都用流苏装饰。为来使备好了一间华贵的卧室，床上饰有象牙和玳瑁。尼德兰的床单，交织装饰了来自佛兰德的精美蕾丝，上盖带流苏的红色织物，流苏细密，一切都精美地蒙着一层薄纱。[③]

马什卡雷尼亚什写道，达荷美使者此时穿着一件"类似高级法官的长袍以及一件珠光丝绒外套"。他身后有几名仆从和四个十岁的女孩，她们都"依家乡风情赤身裸体"。[④] 在等待面见巴西总督时，使者游览了萨尔瓦多。当时城中正在庆祝葡王诞辰。[⑤] 舒鲁马·纳迪尔第一次面见巴西总督、阿托

---

① "……建交使者，由强大的达荷美国王，'奇埃·希里·步隆孔'，辽阔的几内亚腹地之主"派来，面见高贵的阿托吉亚伯爵，阿托吉亚、佩尼谢、塞尔纳谢、蒙福尔特、维良、伦巴、巴雷塔岛等城镇的主人，阿达乌费圣母玛利亚与罗当老镇的领主，基督骑士团骑士，出身于阿尔加维王国、如今的巴西总督、陛下的顾问、行政长官、海军元帅堂路易斯·佩雷格里诺·德·阿泰德大人——来寻求同强大的我主葡萄牙国王的友谊，以及高度的团结……"参见 Relaçam da Embayxada..., anno de 1751, Lisboa: Officina de Francisco da Silva, escrita por J. F. M. M。

② Relaçam da Embayxada..., anno de 1751, f. 4, Lisboa: Officina de Francisco da Silva, escrita por J. F. M. M.

③ Relaçam da Embayxada..., anno de 1751, f. 5, Lisboa: Officina de Francisco da Silva, escrita por J. F. M. M.

④ Relaçam da Embayxada..., anno de 1751, f. 5, Lisboa: Officina de Francisco da Silva, escrita por J. F. M. M.

⑤ 其时葡萄牙国王若昂五世已于1750年7月31日离世，但他的死讯很久以后才抵达巴西。

吉亚伯爵路易斯·佩德罗·佩雷格里诺·德·卡瓦略·梅内塞斯·德·阿泰德（Luís Pedro Peregrino de Carvalho Meneses de Ataíde, Count of Atouguia）是在1750年10月22日。为了那一天的会面，葡萄牙官员向达荷美使团提供了奢华的葡萄牙服饰，却遭到对方拒绝。使团决定穿着自备的衣服，马什卡雷尼亚什对此同样有细致记述。会面当天，葡萄牙官员在耶稣会学院的教堂前聚集游行。在会面发言时，达荷美使者说：

> 我主在上，祂无疑创造此间寰宇。苍穹博大，有目共睹，却无法阻碍不同法律治下生民的交流，亦不能阻碍有益于世人贸易的和平与嘉谊。吾王期望同葡王缔结此等嘉谊，以国王之口许诺，承诺忠诚遵从，并在他本人身后，劝诫后继者继续。[①]

随后，达荷美使者向葡萄牙国王与阿托吉亚伯爵送上礼品——两个有装饰锁的大铁箱，还有陪同使团的4个达荷美女孩。[②] 除去1个抵达巴伊亚后失明的姑娘，其他“礼物”都送往了里斯本。[③] 使团于1751年4月12日回到贝宁湾，搭乘的是“彼岸慈悲耶稣希望圣母号”。这艘大船从萨尔瓦多带着8101卷烟草出航，随后装载着834名奴隶从西非返航，于1752年6月27日归来。[④]

阿贡格罗国王（King Agonglo，1789—1797年在位）掌权时期恰逢西欧大动荡。法国大革命后，大西洋争端最终引发拿破仑战争，法国、葡萄牙、西班牙、英格兰均受到深刻影响。事实上，海地革命的壮大和法国国民议会

---

① Relaçam da Embayxada..., anno de 1751, f. 10, Lisboa: Officina de Francisco da Silva, escrita por J. F. M. M.

② Relaçam da Embayxada..., anno de 1751, f. 11, Lisboa: Officina de Francisco da Silva, escrita por J. F. M. M.

③ Pierre Verger, *Fluxo e Refluxo do tráfico de escravos entre o Golfo do Benin e a Bahia de Todos os Santos*, Rio de Janeiro: Corrupio, 1987, p. 285.

④ Pierre Verger, *Fluxo e Refluxo do tráfico de escravos entre o Golfo do Benin e a Bahia de Todos os Santos*, Rio de Janeiro: Corrupio, 1987, p. 308. 这次航行、这艘船和这位船长不在“跨大西洋奴隶贸易数据库”中，因为按照编者的说法，该数据库仅包含“记录留存至1994年后的船只”。详见 David Eltis, Stephen D. Behrendt and David Richardson, “National Participation in the Transatlantic Slave Trade: New Evidence,” in José C. Curto and Renée Soulodre-La France, eds., *Africa and the Americas: Interconnections during the Slave Trade*, Trenton: Africa World Press, 2005, p. 22.

1794年废奴的决议，都极大地加快了维达奴隶贸易的衰落。正如罗宾·洛（Robin Law）所说，即便拿破仑·波拿巴于1802年恢复了法国奴隶制和奴隶贸易，1794年后也很少有法国运奴船赴维达进行贸易。[①] 从阿贡格罗写给葡萄牙统治者的信中，能窥见大西洋奴隶贸易的衰落对维达的影响。

1795年5月，阿贡格罗国王的又一批使团抵达了巴伊亚。这次出使旨在将维达港变为巴西奴隶进口的唯一源头。使团包括了达荷美国王的两名代表，以及一位名为路易斯·卡埃塔诺·德·阿松桑（Luiz Caetano de Assumpção）的翻译。阿贡格罗1795年3月26日的信中将这个翻译唤作"我的白人"。实际上，他是个黑白混血奴隶，逃离了主人、葡萄牙要塞的指挥官弗朗西斯科·安东尼奥·达·丰塞卡·厄·阿拉冈（Francisco Antônio da Fonseca e Aragão），并向达荷美王国寻求庇护。[②] 葡萄牙中尉弗朗西斯科·沙维尔·阿尔瓦雷斯·多·阿马拉尔（Francisco Xavier Alvarez do Amaral）与指挥官阿拉冈不和，正是他劝阿贡格罗不必经由阿拉冈同意就将使团派往巴伊亚。据皮埃尔·韦尔热（Pierre Verger）称，阿马拉尔正是替阿贡格罗向葡萄牙玛丽亚一世女王（Queen Maria of Portugal）写信的人。[③]

在一封由使团递送的、标注为1795年3月20日的公函中，阿贡格罗国王就自巴伊亚进口的烟草卷的重量表达了不满。国王还请求巴伊亚的行政长官葡萄牙的堂·费尔南多·若泽（Dom Fernando José of Portugal）向他提供诸如丝绸、镂金和白银等其他商品。另外，国王还请求将维达定为贝宁湾地区向巴西提供奴隶的唯一源头。他要求葡萄牙商船不可在邻近的其他港口开展贸易活动。[④] 然而对方拒绝了这项提议，并解释称垄断不仅会提高奴隶价格，还会阻止船长自由拣选奴隶。[⑤] 这封信支持了其他历史学者已提出的观

① Robin Law, *Ouidah, the Social History of a West African Slaving "Port", 1727-1892*, Athens: Ohio University Press, 2004, p. 156.

② 达荷美国王的官员给葡萄牙的堂·费尔南多·若泽送了一个名叫路易斯·卡埃塔诺的白人，以及两个要去面见国王的使者，讨论船只去往其港口一事。1795年3月20日，阿波美。见Agonglo to Maria, March 20, 1795, II-34, 2, 10, Doc. 551, f. 1, Rio de Janeiro: Biblioteca Nacional.

③ Pierre Verger, *Fluxo e refluxo do tráfico de escravos entre o Golfo do Benin e a Bahia de Todos os Santos*, Rio de Janeiro: Corrupio, 1987, p. 287.

④ Agonglo to Maria, March 20, 1795, II-34, 2, 10, Doc. 551, f. 1, Rio de Janeiro: Biblioteca Nacional.

⑤ Pierre Verger, *Fluxo e refluxo do tráfico de escravos entre o Golfo do Benin e a Bahia de Todos os Santos*, Rio de Janeiro: Corrupio, 1987, p. 287.

点——枪支、火药、酒类和烟草等商品是18—19世纪非洲主要的进口货物。这些商品的引进改变了达荷美当地的习俗和日常生活。① 在18世纪，达荷美人在军事战役、打猎和防御行动中部署了多种枪支。多位欧洲旅行者报告称，他们抵达阿波美时当地人会鸣枪致意，其他仪式上同样也会鸣枪。②

虽然要衡量达荷美人的奢侈品消费程度较为困难，但进口酒类和烟草同时面向统治阶级和平民大众。烟草原本产自美洲，而饮酒则成功适应了非洲当地早已有之的消费习惯。欧洲18世纪晚期的记录显示，除了饮用棕榈酒和一种名为皮托（pitto）的当地啤酒，欧洲人还向这一地区引入了好几种葡萄酒和啤酒。③ 在各式会面和欢迎仪式上，旅行者举起小杯白兰地祝福国王安康。与此同时，达荷美当地早有纺织传统，而引进诸如丝绸等进口布料则大概是为了当地精英能够公开展示财富。④ 例如，在1772年对达荷美宫廷的一次拜访中，罗伯特·诺里斯（Robert Norris）带去了“几匹丝绸以贡献礼”，随后国王“穿着一件丝质睡衣”接见了他。⑤ 诺里斯还参加了一次盛装游行，女子穿戴着“富丽的绸缎、白银手镯和其他饰物，有珊瑚和大量其他质地的珍贵饰珠……”⑥

阿贡格罗的使节从巴伊亚动身前往里斯本，达荷美的垄断提议得到同样的否定答复。两位使者还在里斯本受洗赐名：第一位叫若昂·卡洛斯·德·

---

① Robin Law, *The Slave Coast of West Africa, 1550-1750: The Impact of the Atlantic Slave Trade on an African Society*, Oxford: Clarendon Press, 1991, pp. 202 - 204; David Northrup, *Africa's Discovery of Europe, 1450-1850*, New York: Oxford University Press, 2002, p. 81.

② Robert Norris, "A Journey to the Court of Bossa Ahadee, King of Dahomey, in the Year of 1772," Archibald Dalzel, *The History of Dahomy: An Inland Kingdom of Africa*, London: Elibron Classics, 2005 (1793), p. 119.

③ Archibald Dalzel, *The History of Dahomy: An Inland Kingdom of Africa*, London: Elibron Classics, 2005 (1793), p. 31; Robert Norris, "A Journey to the Court of Bossa Ahadee, King of Dahomey, in the Year of 1772," Archibald Dalzel, *The History of Dahomy: An Inland Kingdom of Africa*, London: Elibron Classics, 2005 (1793), p. 112.

④ Robert Norris, "A Journey to the Court of Bossa Ahadee, King of Dahomey, in the Year of 1772," Archibald Dalzel, *The History of Dahomy: An Inland Kingdom of Africa*, London: Elibron Classics, 2005 (1793), p. 119; David Northrup, *Africa's Discovery of Europe, 1450 - 1850*, New York: Oxford University Press, 2002, p. 87.

⑤ Robert Norris, "A Journey to the Court of Bossa Ahadee, King of Dahomey, in the Year of 1772," Archibald Dalzel, *The History of Dahomy: An Inland Kingdom of Africa*, London: Elibron Classics, 2005 (1793), pp. 107, 132.

⑥ Robert Norris, "A Journey to the Court of Bossa Ahadee, King of Dahomey, in the Year of 1772," Archibald Dalzel, *The History of Dahomy: An Inland Kingdom of Africa*, London: Elibron Classics, 2005 (1793), p. 138.

布拉干萨（João Carlos de Bragança），由堂·若昂王子（Prince Dom João）任教父，[①] 第二位则叫堂·曼努埃尔·康斯坦丁诺·卡洛斯·路易斯（Dom Manoel Constantino Carlos Luiz）。在给阿贡格罗国王的一封回信中，玛丽亚女王解释称，堂·曼努埃尔在葡期间患上“一场小感冒，但他的情况突然恶化”，致使他于1796年2月19日离世。[②] 使者葬在里斯本的弗兰塞齐亚教堂，葡王室出资为其料理后事。后来，在一封1810年呈送的信件中，阿丹多赞国王（阿贡格罗之子）为此向摄政王子堂·若昂·卡洛斯·德·布拉干萨表达了谢意。[③]

在通报达荷美使者堂·曼努埃尔死讯的同一封信件中，堂娜·玛丽亚女王知会阿贡格罗，他的第二名使者堂·若昂·卡洛斯·德·布拉干萨回国前将先前往巴伊亚。[④] 国务大臣路易斯·平托·德索萨（Luiz Pinto de Souza）在另一封信中知会巴伊亚行政长官，一个旨在“向国王传播福音并让他信仰基督”的天主教布道团将会陪同达荷美使者返回贝宁湾。[⑤] 这个布道团包括两名传教士西普里亚诺·皮雷斯·萨尔迪尼亚（Cypriano Pires Sardinha）和维森特·费雷拉·皮雷斯（Vicente Ferreira Pires），预计会在达荷美驻留两年。[⑥] 另一封信中，国务大臣命令地区长官向达荷美使者颁发基督骑士团勋章，翻译则获皇家军事修会圣地亚哥宝剑勋章。[⑦] 使者和两名教士于1796年12月离开巴伊亚。在黄金海岸的埃尔米纳（Elmina）停留了几日后，他

---

① 达荷美使者获赐的教名是其时的王子、后来的葡萄牙国王若昂六世的名字，下文如无注明均指后者。若昂六世（1816—1822年在位），母亲是葡萄牙玛丽亚一世女王（1777—1816年在位），自1799年摄政，又称摄政王子。因此下文中1799年后的达荷美书信便以国王相称。——译者注

② Maria to Agonglo, February 19, 1796, II-34, 2, 10, Doc. 563, f. 9, Rio de Janeiro: Biblioteca Nacional.

③ Adandozan to João, October 9, 1810, Lata 137, Pasta 62, Doc. 3, f. 4v, Rio de Janeiro: Instituto Histórico e Geográfico Brasileiro.

④ Maria to Agonglo, February 19, 1796, II-34, 2, 10, Doc. 563, f. 9, Rio de Janeiro: Biblioteca Nacional.

⑤ Souza to Fernando, April 7, 1796, II-34, 2, 20, Doc. 563, f. 1, Rio de Janeiro: Biblioteca Nacional.

⑥ 皮雷斯出版了在达荷美的这一年的记录，见 Vicente Ferreira Pires, *Viagem de África em o Reino de Dahomé escrita pelo Padre Vicente Ferreira Pires no ano de 1800 et até o presente inédita*, São Paulo: Companhia Editora Nacional, 1957。

⑦ Souza to Fernando, April 7, 1796, II-34, 2, 20, Doc. 563, f. 2, Rio de Janeiro: Biblioteca Nacional.

们于 1797 年 4 月抵达了维达。[①]

接见两名传教士时，阿贡格罗国王可能告知了来者，自己已“准备好聆听教诲并接受天主教信仰的洗礼”。[②] 随后有关国王将会改宗的消息流传开，先前失败的王位竞争者的后裔、国王的仇人们，包括一个叫多甘（Dogan）的王子，抓住机会想维护他们的利益。据历史学家艾萨克·阿戴博·阿金霍宾（Isaac Adeagbo Akinjogbin）称，在 1797 年 5 月 1 日，“王宫中一个叫奈-万杰列［Nai-Wangerie，或纳·万吉列（Na Wanjile）］的女人开枪杀死了阿贡格罗”。[③] 然而，埃德娜·G. 贝（Edna G. Bay）参考了保罗·哈祖梅（Paul Hazoumé）以及维森特·费雷拉·皮雷斯的记录提出，国王是被毒杀的：“借由一场阴谋，主谋多甘是他的一个兄弟，还联合了一个国王亲近的女人。”[④] 皮埃尔·韦尔热参考皮雷斯和一篇由法国要塞末任总督德约·德·拉·加雷纳（Denyau de la Garenne）所写的报告，证实了第二种说法。[⑤] 据韦尔热称，德·拉·加雷纳在报告中说国王于 1797 年被他的一个妻子杀害，而新即位的国王“不满 20 岁，肯定会比他的父亲更温和，老国王的暴政已遭邻国和臣民痛恨”。[⑥] 恰如他的父亲，新任统治者阿丹多赞国王（他的名言是“我已‘铺开我的地毯’，且‘只有怯懦才能再将它卷起’”）很快便将收获达荷美史上最凶残国王的名号。[⑦]

皮埃尔·韦尔热还指出，除去阿丹多赞，达荷美王国历史上从未有其他

① Vicente Ferreira Pires, *Viagem de África em o Reino de Dahomé escrita pelo Padre Vicente Ferreira Pires no ano de 1800 et até o presente inédita*, São Paulo: Companhia Editora Nacional, 1957, p. 7.

② Isaac Adeagbo Akinjogbin, *Dahomey and its Neighbors*, Cambridge: Cambridge University Press, 1967, p. 185.

③ Isaac Adeagbo Akinjogbin, *Dahomey and its Neighbors*, Cambridge: Cambridge University Press, 1967, p. 186.

④ Edna G. Bay, *Wives of the Leopard: Gender, Politics and Culture in the Kingdom of Dahomey*, Charlottesville & London: Virginia University Press, 1998, p. 155; Paul Hazoumé, *Le Pacte de Sang au Dahomey*, Paris: Institut d'ethnologie, 1956; Vicente Ferreira Pires, *Viagem de África em o Reino de Dahomé escrita pelo Padre Vicente Ferreira Pires no ano de 1800 et até o presente inédita*, São Paulo: Companhia Editora Nacional, 1957.

⑤ Pierre Verger, *Flux et reflux de la traite des nègres entre le Golfe de Bénin et Bahia de Todos os Santos, du XVIIe au XIXe siècle*, Paris: Mouton, 1969, p. 231.

⑥ Denyau de la Garenne, “Rapport écrit à Paris, le 25 nivôse [according to the Republic calendar: December 21 or 22 or January 20 or 22],” de l'an VII (1799), Archives Nationales, col. C6/27, quoted in Pierre Verger, *Flux et reflux de la traite des nègres entre le Golfe de Bénin et Bahia de Todos os Santos, du XVIIe au XIXe siècle*, Paris: Mouton, 1969, p. 249.

⑦ Judith Gleason, *Agõtime: Her Legend*, New York: Viking Compass Books, 1970, p. 58.

国王会将任何阿波美的达荷美人卖作奴隶。[①] 据勒·埃里塞（Le Hérissé），罗宾·洛认定，由韦格巴贾国王（King Wegbaja）建立的达荷美传统竭力避免买卖王国境内出生的人口。据洛所说，违反该规定是一项“重罪……执行之严，甚至禁止买卖经过达荷美时怀孕的女奴”。[②] 虽然阿丹多赞是唯一因将王室成员卖作奴隶而被铭记的国王，但是有证据表明，此前也有被卖到美洲当奴隶的达荷美人。

其实，达荷美王国中究竟谁有权选择新国王的问题并没有一致的答案。部分当代研究者把决定王位继承者的权威归为一个由大臣组成的委员会，其他人则认为是“弥官”（migan，首席大臣或首席行刑手）和“枚扈”（mehu，次席大臣）。[③] 因此，最终决定可能是先由国王本人将临终遗愿托付给他的一众妻子，再由她们宣布王位的继承人。所以王位过渡阶段总是伴随剧烈的动荡和不安，谋划阴谋的既包括图谋王位的继承人，也有他们的母亲和兄弟。故此当新国王最终确立后，反对集团的成员被卖作奴隶也就不足为奇。[④]

1797 年，阿丹多赞站稳脚跟后，他惩罚了所有或多或少参与谋害他父亲的敌人。据阿金霍宾，“众多站错队的王子、酋长和将军无一例外地被处死或卖作奴隶”。[⑤] 纳·阿贡提梅（Na Agontime）大概就名列其中，并成为阿丹多赞暴行最著名的受害者。她是阿贡格罗众多妻子中的一个，一般认为是伽克佩王子（Prince Gakpe）的母亲，王子后来成为盖佐国王（King Gezo，1818—1858 年在位）。埃德娜·G. 贝称，阿丹多赞掌权后，宫里很多女性都被监禁并卖作奴隶。[⑥] 其实，虽然阿丹多赞统治的许多相关要素都

① Pierre Verger, *Os libertos: Sete caminhos na liberdade de escravos da Bahia no século XIX*, Salvador: Corrupio, 1992, p. 71.

② Robin Law, *Ouidah, the Social History of a West African Slaving "Port", 1727-1892*, Athens: Ohio University Press, 2004, p. 149. 据勒·埃里塞，“达荷美的一大特征是不可出卖人民。这一原则源于韦格巴贾国王，没有国王敢违背。谁对任何臣民违背诺言，最终必将导致他的死亡”。见 A. Le Hérissé, *L'Ancien Royaume du Dahomey: Moeurs, Religion, Histoire*, Paris: Emile Larose, 1911, p. 56。

③ Edna G. Bay, *Wives of the Leopard: Gender, Politics and Culture in the Kingdom of Dahomey*, Charlottesville & London: Virginia University Press, 1998, p. 87.

④ Robin Law, "The Politics of Commercial Transition: Factional Conflict in Dahomey in the Context of the Ending of the Atlantic Slave Trade," *Journal of African History*, 38 (1997), p. 213.

⑤ Isaac Adeagbo Akinjogbin, *Dahomey and its Neighbors*, Cambridge: Cambridge University Press, 1967, p. 186.

⑥ Edna G. Bay, *Wives of the Leopard: Gender, Politics and Culture in the Kingdom of Dahomey*, Charlottesville & London: Virginia University Press, 1998, p. 162.

不清楚，比如在他未成年的1797—1804年可能摄政的人员构成，但还是难以证明新国王承担迫害他父亲反对者的全部责任。

二 阿丹多赞国王

笔者曾在另一篇文章中提出，阿丹多赞国王的治下是达荷美王国历史上的政治与经济危机时期。[①] 作为王国最为重要的收入来源，奴隶贸易正急剧衰落。正如罗宾·洛所提出的，并由阿丹多赞寄给葡萄牙统治者的信件所证实的，这一衰落不能归因于国王个人有意主导的反奴隶贸易政策。[②] 诚然，无论是对抗北面的玛希人（Mahi），还是对抗在东北方接受达荷美进贡的奥约王国（Kingdom of Oyo），阿丹多赞的战事都不顺利。[③] 阿丹多赞统治时期，奥约的权威通常体现在一桩轶事中：厌倦纳贡的阿丹多赞给“阿拉芬”（alafin，国王）送去了一顶华盖，上面绣着一只捧着玉米狼吞虎咽的狒狒。按照传统，奥约的统治者回赠了达荷美国王一把锄头，勉励他耕耘土地并缴纳贡赋。阿丹多赞随即回答道：“我们的父辈的确耕耘过，但用的是步枪，不是锄头。达荷美的国王只种下战争。”[④] 然而，由于退位后阿丹多赞的名讳连同所有符号都被达荷美王朝名册除名，手捧玉米的狒狒形象今日已和盖佐国王绑定在一起。依照口述传统，后者才是故事中的国王。因为他不仅扩大了达荷美版图，还将王国从对奥约进贡的义务中解放了出来。[⑤] 事实上，盖佐的确抓住了约鲁巴人内战的机会，从奥约的控制下逐渐夺回了达荷美的领土。

---

① Ana Lucia Araujo, "Images, Artefacts and Myths: Reconstructing the Connections Between Brazil and the Kingdom of Dahomey," in Ana Lucia Araujo, ed., *Living History: Encountering the Memory of the Heirs of Slavery*, Newcastle: Cambridge Scholars Publishing, 2009, pp. 180-202.

② Robin Law, "The Politics of Commercial Transition: Factional Conflict in Dahomey in the Context of the Ending of the Atlantic Slave Trade," *Journal of African History*, 38 (1997), pp. 218-219.

③ Isaac Adeagbo Akinjogbin, *Dahomey and Its Neighbors*, Cambridge: Cambridge University Press, 1967, pp. 187-188.

④ Le Hérissé, *L'Ancien Royaume du Dahomey: Mœurs, Religion, Histoire*, p. 313, quoted by Robin Law, *Ouidah: The Social History of a West African Slaving "Port", 1727-1892*, Athens: Ohio University Press, 2004, p. 87; Francesca Piqué and Leslie Rainer, *Wall Sculptures of Abomey*, London: The J. Paul Getty Trust, Thames and Hudson, 1999, p. 73.

⑤ 在贝宁，狒狒的形象也出现在如今阿波美维达奴隶之路沿线的浮雕与纪念碑上。详见 Ana Lucia Araujo, *Public Memory of Slavery: Victims and Perpetrators in the South Atlantic*, Amherst: Cambria Press, 2010, p. 136。

受拿破仑战争影响，法国要塞在阿丹多赞掌权的那一年遭到废弃。在随后的 1807 年与 1812 年，葡萄牙和英国的要塞也撤空了。此时，重要性不断提升的拉各斯港正威胁着西非最繁忙的奴隶港口维达的统治地位。大西洋奴隶贸易危机不仅体现在维达奴隶出口生意的衰落上，还记录在阿丹多赞掌权期间和葡萄牙统治者与巴西官员的多封往来书信中。

在阿丹多赞统治时期，一个新的使团动身前往巴伊亚。达荷美方代表于 1805 年 2 月搭乘“天兔号”抵达了萨尔瓦多。这批外交使团包括两位使者和一名巴西翻译。翻译名叫伊诺森西奥·马尔克斯·德·圣安娜（Innocencio Marque de Santa Anna），此前一直被囚禁在阿波美，因为葡萄牙要塞指挥官不像法国人和英国人，不曾交纳赎金解救达荷美人在波多诺伏和巴达格瑞（Badagry）的几次战役中被俘的本国属民。

在使节捎去的一封信中，阿丹多赞抱怨称，葡萄牙要塞的军需官在向达荷美购买奴隶的烈酒酒桶中掺水。在同一封信中，阿丹多赞还抗议道，这个军需官和新来的要塞长官正故意压价，甚至偷偷拐卖非洲奴隶：“（本来）交付价值 1 盎司的货，他才能买走 1 个人。可价值 13 盎司的奴隶他只给 5 盎司，而价值 8 盎司的男女，他就给 3 盎司。”[①] 阿丹多赞也很担心葡萄牙船长在散播他的谣言。据他所说，“天主赋予了白人记忆和天赋来通晓读写，而祂给我们记忆力只是为了记下眼下发生之事，我们自有长者来提醒我们忘却之事。”[②] 在达荷美国王看来，非洲人虽然不会读写，他们仍然能够履行诺言，但欧洲人却不值得信任。在这封信中，他还抱怨了那些伪造金银购买奴隶的葡萄牙商人。他辩称，那些商人伪造了商品的重量，还用假冒的丝绸和丝绒购买奴隶。这些埋怨有助于证实沃尔特·罗德尼（Walter Rodney）的观点——虽然这引起了一些历史学家的异议——卖给非洲人的欧洲货物“即便作为日常消费也是最次等的：劣质松子酒、劣质火药、满是孔洞的锅和水壶、小珠子和其他各种废品”。[③]

---

① Adandozan to Bahia, Lata 137, Pasta 62, Doc. 1, ff. 3-3v, Rio de Janeiro, Instituto Histórico e Geográfico Brasileiro. 这封信没有注明日期，但很可能写于 1804 年，与 1805 年的使节团一起发出。

② Adandozan to Bahia, Lata 137, Pasta 62, Doc. 1, f. 6, Rio de Janeiro, Instituto Histórico e Geográfico Brasileiro.

③ Walter Rodney, *How Europe Underdeveloped Africa*, Washington: Howard University Press, 1981, p. 102. 对该作者说法提出疑问的如 David Northrup, *Africa's Discovery of Europe, 1450-1850*, New York: Oxford University Press, 2002, p. 81。

受其港口奴隶外销下滑影响，阿丹多赞坚持要求葡萄牙人仅在维达一地交易。为证明他主张的正当性，他警告堂·若昂·卡洛斯·德·布拉干萨，附近的其他港口都敌视葡萄牙人。他随后解释说，巴达格瑞国王纵容杀害白人，甚至还用一个白人的头颅“做成碗喝水”。他接着列举了邻国犯下的暴行：一个英国船长在他拉各斯的家中被杀害，波多诺伏的一个水手曼努埃尔·维森特（Manoel Vicente）杀了他的船长，而叫作若昂·佩德罗（João Pedro）的船长被杀死在如今尼日利亚境内的埃克佩（Ekpe）。总而言之，阿丹多赞列了一张需要的商品清单，包括火药、步枪、烈酒、丝绸、烟斗和玻璃制品等。[①]

在1805年使团捎给摄政王子堂·若昂·卡洛斯·德·布拉干萨的另一封信中，阿丹多赞讲述了他是如何俘获了葡萄牙臣民伊诺森西奥·马尔克斯·德·圣安娜。[②] 由于活人献祭是达荷美的一项传统，国王还特意提到，他献祭了11个人来向他已故的父亲报告德·圣安娜的忠心服务。讲完这一恐吓行为后，阿丹多赞表达了他同摄政王子讨论开发达荷美金矿的意愿，他声称金矿“尚属机密”。如此行文当然是用来吸引葡萄牙投资珍稀自然资源的一种策略。在信中，阿丹多赞还解释称，在达荷美君主死后，他的后继者必须在举行几项仪式之后方能掌权。刚刚成年的他如今才正式上位，并获悉了当下和此前的统治事宜。这一辩解是他为自己开脱的尝试，在最近的一起事件中，他的士兵俘虏了葡萄牙在维达要塞的两名军官。此外，阿丹多赞请求摄政王子赋予维达在贝宁湾地区垄断葡萄牙及巴西奴隶贸易的特权。在信的结尾，他请求葡萄牙摄政王向他派去“懂得如何制造（大炮）零件、枪支、火药以及其他发动战争必要之物”的人员，还有30顶配有长翎的不同颜色的帽子，以及20匹丝绸。[③] 这些请求说明阿丹多赞还很关注诸如织物和帽子等奢侈品的进口。诚然，好几幅欧洲游记的插图都描绘了达荷美国王头戴饰有巨型羽毛的硕大彩色帽子。[④]

---

① Adandozan to Bahia, Lata 137, Pasta 62, Doc. 1, ff. 6v, Rio de Janeiro, Instituto Histórico e Geográfico Brasileiro.

② Adandozan to João, November 20, 1804, II-24, 5, 4, Doc. 124, f. 1, Rio de Janeiro: Biblioteca Nacional.

③ Adandozan to João, November 20, 1804, II-34, 5, 4, Doc. 124, f. 3, Rio de Janeiro: Biblioteca Nacional.

④ 在这些游记中，参见 Archibald Dalzel, *The History of Dahomy: An Inland Kingdom of Africa*, London: Elibron Classics, 2005 (1793); Frederick E. Forbes, *Dahomey and the Dahomans: Being the Journals of Two Missions to the King of Dahomey, and Residence at His Capital*, London: Longman, Brown, Green, and Longmans, 1851。

阿丹多赞的使节从巴伊亚前往里斯本，并从那里再次回到巴伊亚。1805年10月，使团搭乘“极光号”从巴伊亚返回达荷美。在致海军与海外事务大臣弗朗西斯科·达·库尼亚·德·梅内塞斯（Francisco da Cunha de Menezes）的信中，总理大臣阿纳迪亚伯爵（Viscount of Anadia）解释说，由于1795年达荷美使节的花销过多，本次来访的支出必须降到最低。尽管有此限制，阿纳迪亚补充道，使团依然下榻在绝佳的住处，而离开巴伊亚前他们还收到了一笔钱和一箱六匹的“我国（皇家）织造的最上乘的丝绸”。[①] 在致阿丹多赞的一封信中，阿纳迪亚还写道，囚禁葡萄牙臣民有违人性与社会法则，也会损害他同葡萄牙君主的珍贵友谊。[②] 他还强调，阿丹多赞的要求只有在释放葡萄牙囚犯后才会得到回应。

在1807年废除本国奴隶贸易，尤其是在1808年葡萄牙王室迁至里约热内卢之后，英国增加了对葡萄牙的压力，迫使其禁止巴西奴隶贸易。葡萄牙王室的迁移依靠英国海军支持，以躲避拿破仑·波拿巴的军队，后者此前曾颁令在欧陆范围封锁英国。1810—1826年，英国和巴西订立了几项双边协定，旨在废除巴西奴隶贸易。虽然有人道主义理由来维护英方的施压举动，但英国的首要目的其实是彻底终止巴西的甘蔗种植。阻止巴西进口廉价的非洲劳动力至关重要，因为巴西产糖的售价要低于英属西印度群岛。[③]

在这一新形势下，阿丹多赞最后一次向巴西派去使团。四名使者于1811年1月抵达巴伊亚，带去给摄政王子的礼物和一个女奴。他们直到1812年10月才返回达荷美。[④] 由于葡萄牙宫廷已于1808年迁至里约热内卢，使者无须再前往里斯本。然而，摄政的堂·若昂·卡洛斯·德·布拉干萨却不再授权达荷美使节前来里约热内卢。

1811年使团捎去了一封长而细致的信，落款时间为1810年10月9日，信中阿丹多赞对迫使葡萄牙王室转移到巴西的一系列事件表示惊讶。此外，

① Anadia to Francisco, July 31, 1805, II-24, 5, 4, Doc. 126, f. 1, Rio de Janeiro: Biblioteca Nacional.

② Anadia to Francisco, July 30, 1805, II-24, 5, 4, Doc. 138, f. 1v, Rio de Janeiro: Biblioteca Nacional.

③ Alberto da Costa e Silva, *Um rio chamado Atlântico: A África no Brasil e o Brasil na África*, Rio de Janeiro: Nova Fronteira, 2003, p. 15.

④ Pierre Verger, *Os libertos: Sete caminhos na liberdade de escravos da Bahia no século XIX*, Salvador: Corrupio, 1992, p. 81; Pierre Verger, *Flux et reflux de la traite des nègres entre le Golfe de Bénin et Bahia de Todos os Santos, du XVIIe au XIXe siècle*, Paris: Mouton, 1969, p. 273.

他对于没能在对抗法国的战斗中协助葡萄牙王室表示遗憾：

> 很快，消息开始传来，说法国攻占了里斯本，而陛下您连同整个王室都遭到囚禁，西班牙国王也沦为囚犯。一段时间后，又有船驶来，带来新情报，说陛下您还有我们的葡萄牙女王已经在英葡两国海军的保护下向巴伊亚进发。之后，又一艘船带话称您已移驾里约热内卢。我们知道卡达维尔公爵（Duke of Cadaval）在那里逝世，为此我十分遗憾，深表哀悼……我感触最深之处在于不再与陛下为邻，不能踏过坚实的土地、用我的臂膀去向您施以援助。为此我深情祝愿，因为在这一端我也在腹地打过许多场仗。[①]

在这同一封信中，阿丹多赞细致讲述了他进攻玛希国、波多诺伏王国和奥约王国的事。他报告称，为了给在阿波美—卡拉维（Abomey-Calavi）战斗中牺牲的士兵复仇，他在阿波美市场将“阿丹果吉”战争（War of “Adangogi”）中的俘虏集体斩首。此外，为了震慑敌人，打消他们挑衅的念头，他把余下的俘虏也全部售卖。阿丹多赞还解释说，自从他母亲死后，父亲的仇敌就开始密谋对付他，于是他抓了对方的母亲。父亲的仇人叫萨克佩·马奎诺（Sakpe Maquino），大概是玛希国的一个国王。据阿丹多赞所说，这位国王听闻阿丹多赞母亲的死讯后，就娶了一个女人并赐名“奥耶卡玛”（Aoecama），意思是玛希国王丧母之痛与达荷美国王相同：“达荷美国王将像他那样呻吟。”这封信上说，玛希国王搬到了一个叫作“阿耶”（Aê）的地方，意为“战争无法到来的土地”。[②] 听闻此事，阿丹多赞发动战争袭击了玛希国王，并在信里详细讲述了这段经历：

> ……摧毁了那个地方，杀死国王并焚尸。俘虏了他的儿子和孙子，以及前面提到的叫那个名字的女人。杀光了他的百姓，把他这一辈所有人的下颌全取下来装饰我家的房门。把他们钉在木桩上，而前面提到萨克佩的那个妻子正在我手中呻吟，而且还会继续呻吟直到她死。我讲这

① Adandozan to João, October 9, 1810, Lata 137, Pasta 62, Doc. 2, f. 1, Rio de Janeiro, Instituto Histórico e Geográfico Brasileiro.

② Adandozan to João, October 9, 1810, Lata 137, Pasta 62, Doc. 2, f. 3, Rio de Janeiro, Instituto Histórico e Geográfico Brasileiro.

> 些事是因为我们相隔甚远，请同样给我战争的消息，同样给我与法兰西人和其他民族的战争的消息，我会很乐于得知。[①]

阿丹多赞的信显示出西非人是怎样关注拿破仑战争的，这并不纯粹出于好奇，而是因为这些事件间接冲击了美洲的奴隶市场，以及西非港口的大西洋奴隶贸易。这些记录显示，同葡萄牙的统治者及军队被迫躲避拿破仑·波拿巴的懦弱行径相比，达荷美的军队是何等强大。在此之后，阿丹多赞表露了他的不满和请求。首先，他要求葡萄牙摄政王给葡萄牙要塞派来一位指挥官，一名教士和一名外科医生。然后他补充称，他留意到摄政王子并未允许西非使者前往王家宫廷所在的里约热内卢。在文中他还细数了他对巴西奴隶贩子弗朗西斯科·费利什·德索萨（Francisco Félix de Souza，1754－1849）的不满，他称此人为葡萄牙在维达要塞的书记官。

> 现在我要告诉陛下葡萄牙人在这边的优良统治。因为一个人即便和他的手足兄弟敌对，也总是会与其保持和睦。我听说有指示称，我的使者将不能从巴伊亚继续前行，必须返回我的国家。因此，听闻此事我难以置信，这不可能是真的，因为葡萄牙的国王从未把来到他王驾前的使者遣返。我还要说，要塞的书记官弗朗西斯科·费利什对这座要塞毫无贡献。他在领陛下的空饷。他住在波波（Popo），在那里做生意，还用要塞的旗帜发出信号，警告过往船只不要在我的港口下锚，指示所有船长不要驶入我的港口。其实他是想带走要塞的驻兵，在波波把他们卖掉。……因为我跟他对质，要求他彻底离开波波，他就开始指挥那些船长不要买我的奴隶，说他们全是老弱病残。每当一艘船抵达波波，这个书记官就开始四处走动，把所有奴隶召集起来准备卖掉。然后等船长跳下船，这个书记官就是第一个卖掉奴隶开市的人。他阻挠当地人直接用这些奴隶做生意。他只给他们谈好价钱的一半，从来不付余款。我问这个书记官为什么要在船只到来的时候这么做，为什么要禁止我和我的商人去做我们的生意，他答复说这是巴伊亚来的指示，是海军和将军下达的。我要是想了解更多，就该去向巴伊亚发问。……他一直在伤害我，

① Adandozan to João, October 9, 1810, Lata 137, Pasta 62, Doc. 2, f. 3, Rio de Janeiro, Instituto Histórico e Geográfico Brasileiro.

> 想让我失去我兄弟的友谊。[1]

阿丹多赞对巴西奴隶商人弗朗西斯科·费利什·德索萨的商业活动进行了长篇描述，有助于解释他们日后的分歧，这一分歧最终导致了德索萨在阿波美被关押。事实上，这个巴西商人在几年后盖佐废黜阿丹多赞的政变中发挥了关键作用。盖佐掌权后，他邀请德索萨在维达安家，赐予他国王在商界代表的地位。从此，盖佐的历史就同德索萨牢牢绑在了一起。

在这封信里，阿丹多赞提到，1805 年派往巴伊亚的前一批达荷美使团带了 24 个奴隶去卖，以换得各式订单，“自白人的土地发来。所有这些奴隶都活着抵达了巴伊亚，可直到今天我连一根针或是别针的金额都没收到”。[2] 阿丹多赞先是感谢对方为他与他父子派遣的两批使者提供了周到招待，他们先后于 1795 年和 1805 年抵达巴伊亚。随后，阿丹多赞提出了新的请求：

> 现在我要向我的兄弟提出请求：请给我四个水泵以供及时灭火。陛下，我的兄弟，您是一个伟大的信仰基督的国王，理应欣赏我向您提出的请求：我想要追随天主的律法，因为这是您信仰的律法。我也想依照它来生活。我知道天主的律法是充满忠诚的，而要实现这一愿望，简而言之，我需要两个教士和能装饰一座教堂的所有圣像，以及教堂的饰物，还有两个放在塔上的钟和两名建造前述教堂的瓦匠。因为我想要让我的兄弟开心，通过建造一座教堂，告诉所有来到我土地的白人，我是您忠诚的兄弟。我还要请求您给我建这座教堂的木材，连同几种画像。最后，我的兄弟，陛下您比我还清楚，我要如何把这座教堂修建得很好。我向您求几件圣人遗物来保护主的躯体，在我去打仗时免受敌人的攻击。[3]

---

① Adandozan to João, October 9, 1810, Lata 137, Pasta 62, Doc. 2, f. 4, Rio de Janeiro, Instituto Histórico e Geográfico Brasileiro.

② Adandozan to João, October 9, 1810, Lata 137, Pasta 62, Doc. 2, f. 4, Rio de Janeiro, Instituto Histórico e Geográfico Brasileiro.

③ Adandozan to João, October 9, 1810, Lata 137, Pasta 62, Doc. 2, f. 5, Rio de Janeiro, Instituto Histórico e Geográfico Brasileiro.

在阿波美修筑教堂的提议是关键的一步，因为教堂是一个能够吸引欧洲旅行者和商人前来维达的西方文化符号，从而有助于改善达荷美同欧洲国家的关系。与此同时，阿丹多赞改宗天主教大概是引起葡萄牙摄政王子注意、令他的使者在里约热内卢获得接见的一种策略。这或许还表明了他是如何迫切地要增加维达港内葡萄牙及巴西奴隶贸易船只的数量。

还是在这封信中，阿丹多赞报告称日益攀升的人口死亡率正在动摇他的统治。据他的描述，不断提升的死亡率由猝死、髋部疼痛与天花导致。这些事件显然引起了众多骚乱，大概还加剧了政治局势的不稳定状况。阿丹多赞对枪支和奢侈品的请求表明，大西洋奴隶贸易对他的统治在经济、政治与文化上造成的冲击。对外国酒类及其他舶来品的日益依赖，刺激了发动战争来获取更多俘虏的需求。与此同时，有必要继续用活人献祭，以保护王国不受敌人和疾病侵害：

> 我还要请求一些长火枪……射击时不会损坏的那种。我在这边买到的那些射击时会出故障。那么当我使用这些步枪时，我将会说："这玩意是从我兄弟手里弄来的。"这种枪要有24支，还要有红、白葡萄酒。还有，给王国的烈酒要和送往巴西的一样，以及好几种利口酒。我还要几桶不同的红酒，连同几只毛茸茸的小狗……我向我的兄弟请求更多：几双孔雀，其他像鹅一样好看的鸟，还有几对里斯本鸡。[①]

阿丹多赞没有掩饰这些奢侈品和异国动物的作用。它们都是象征成功的符号，用来震撼他宫廷的成员。这是由于他在这些人当中的人气正在下降："我向您提出请求，是因为我想靠拥有所有这些东西来引起我百姓的赞叹，让他们对自己说：'我的国王并不懂读书写字，但他怎么就拥有这么多白人的精美玩意？'"[②] 阿丹多赞还详尽描述了他手上的其他奢华物件，都是祖辈从当时的葡萄牙统治者那里收到的。他请求堂·若昂送给他木头雕像或大件瓷器，上面要刻画着两只狮子和两条狗；一面中间画着狮子的旗帜，另一面带有布拉干萨家徽的旗子："为的是等我出门，我能把它们撑在我前面。"

---

① Adandozan to João, October 9, 1810, Lata 137, Pasta 62, Doc. 2, f. 45 Rio de Janeiro, Instituto Histórico e Geográfico Brasileiro.

② Adandozan to João, October 9, 1810, Lata 137, Pasta 62, Doc. 2, f. 5v, Rio de Janeiro, Instituto Histórico e Geográfico Brasileiro.

最后，阿丹多赞描述了他送给葡萄牙国王的礼物："两条皮带，保护您珍贵的裤子。我还从我国给您送去一把椅子，以及我的一个匣子，给您装烟管。还有三个小的，给陛下身边的仆从。它们都会保护烟管防止损坏。……我还送给您一面旗帜，上面展示着我发动的那些战争、抓获的那些人、砍下的那些头颅，供您欣赏，让您在出门散步的时候撑在前面。"[①] 在同一封信中，阿丹多赞提到他的使团共有六个人，包括作为礼物送给国王的奴隶儿童："女孩打扫您的房间……男孩清理您的鞋子。"[②]

传统上，阿丹多赞被描绘为一个暴君，他的统治时期是一个极其恐怖的时期。[③] 他被达荷美官方历史除名，无法进入先王名单。尽管历史学家就阿丹多赞退位的原因莫衷一是，但英方施压和法国大革命时期导致大西洋奴隶贸易衰落，在他最终倒台一事中发挥了关键作用。[④] 其实，通常将阿丹多赞描绘为邪恶国王的传统也忽略了一点，即盖佐掌权后可能处死了阿丹多赞的子嗣，并把阿丹多赞的一些亲属和支持者售卖。[⑤]

历史学家通常认为盖佐的统治期是一个过渡时期，王国由非法的奴隶贸易转向合法的棕榈油生意。[⑥] 然而，在他统治前期，盖佐继续主张的奴隶贸易是王国收入的核心部分。虽然英国多次尝试限制奴隶贸易，但在盖佐治下，维达的奴隶贸易总量甚至高于阿丹多赞统治时期，年均奴隶出口额则十

---

① Adandozan to João, October 9, 1810, Lata 137, Pasta 62, Doc. 2, f. 7v, Rio de Janeiro, Instituto Histórico e Geográfico Brasileiro.

② Adandozan to João, October 9, 1810, Lata 137, Pasta 62, Doc. 2, f. 7, Rio de Janeiro, Instituto Histórico e Geográfico Brasileiro.

③ Elisée Soumonni, "The Compatibility of the Slave and Palm oil Trades in Dahomey, 1818-1858," in Robin Law, ed., *From Slave Trade to 'Legitimate' Commerce: The Commercial Transition in Nineteenth-Century West Africa*, New York: Cambridge University Press, 2002, p. 79.

④ Elisée Soumonni, "The Compatibility of the Slave and Palm oil Trades in Dahomey, 1818-1858," in Robin Law, ed., *From Slave Trade to 'Legitimate' Commerce: The Commercial Transition in Nineteenth-Century West Africa*, New York: Cambridge University Press, 2002, p. 80; Isaac Adeagbo Akinjogbin, *Dahomey and Its Neighbors*, Cambridge: Cambridge University Press, 1967, p. 201.

⑤ Maurice Ahanhanzo Glèlè, *Le Danxome: du pouvoir aja à la nation fon*, Paris: Nubia, 1974, p. 120; Alberto da Costa e Silva, *Francisco Félix de Souza, mercador de escravos*, Rio de Janeiro: MINC/BN, Departamento Nacional do Livro, 2002, p. 87; Paul Hazoumé, *Le Pacte de Sang au Dahomey*, Paris: Institut d'ethnologie, 1956, pp. 5-6. 难以证实阿丹多赞的宗族被卖掉后是送去美洲还是贝宁湾邻近的王国。

⑥ Elisée Soumonni, "The Compatibility of the Slave and Palm Oil Trades in Dahomey, 1818-1858," in Robin Law, ed., *From Slave Trade to 'Legitimate' Commerce: The Commercial Transition in Nineteenth-Century West Africa*, New York: Cambridge University Press, 2002, pp. 78-92.

分接近。[①] 1848年，在盖佐写给维多利亚女王的一封信中，他和好几代先王完全一致，继续要求维达能垄断奴隶贸易：

> 国王恳求女王颁布一项法律，禁止船只在维达海岸线之后任何靠近国王属地的地方交易，因为有了贸易航线，人们逐渐富裕，开始抵抗国王的权威。国王希望关停巴达格瑞、波多诺伏、阿伽多和拉各斯所有生产棕榈油的工厂，因为如今在这些地方做的生意也可以在维达完成，并且那样国王才能收到关税。……国王希望女王会送给他一些优质塔枪和大口径火铳，而且要很多，让他能发动战争。国王还要用很多贝壳币，所以希望女王的臣民能带大量贝壳到维达来交易。[②]

自阿丹多赞过渡到盖佐的权力交接的一些相关细节尚不明朗，但阿丹多赞很可能继续生活在阿波美的一间房子里。[③] 理查德·伯顿（Richard Burton）在1864年造访了阿波美，他观察道："阿丹多赞已被扳倒，而我相信他还作为政治犯活着。"[④] 这些事实表明，盖佐没有足以消灭他前任的力量。[⑤] 正如罗宾·洛主张，在1825年盖佐大概遭到了反对，因为他售卖达荷美的臣民变得"不受欢迎"。为了解决政治困难，他可能提出过要"把阿丹多赞迎回王位"。[⑥] 盖佐的软弱可以解释为什么会有抹黑阿丹多赞的大规模政治运作。

---

① 根据"跨大西洋奴隶贸易数据库"（http://www.slavevoyages.org），在阿丹多赞统治时期（1797—1818），约有16502名非洲奴隶在维达上船；而在盖佐统治时期（1818—1858），约有30378名非洲奴隶在同一个港口上船。阿丹多赞治下每年平均奴隶出口量为785.8名，略大于盖佐统治时期的759.46名。

② "Enclosure 2: Letter from the King of Dahomey to Her Majesty Queen Victoria, Alluded to in the Preceding, Abomey, November 3, 1848," in Tim Coates, ed., *King Guezo of Dahomey, 1850-52: The Abolition of the Slave Trade on the West Coast of Africa*, London: Stationery Office, 2001, pp. 12-13.

③ Maurice Ahanhanzo Glèlè, *Le Danxome: du pouvoir aja à la nation fon*, Paris: Nubia, 1974, p. 120; Edna G. Bay, *Wives of the Leopard: Gender, Politics and Culture in the Kingdom of Dahomey*, Charlottesville and London: Virginia University Press, 1998, p. 174.

④ Richard Burton, *A Mission to Gelele, King of Dahome*, Vol. II, London: Routledge, 1893, p. 293; Isaac Adeagbo Akinjogbin, *Dahomey and Its Neighbors*, Cambridge: Cambridge University Press, 1967, p. 200.

⑤ Edna G. Bay, *Wives of the Leopard: Gender, Politics and Culture in the Kingdom of Dahomey*, Charlottesville & London: Virginia University Press, 1998, p. 174.

⑥ Robin Law, "The Politics of Commercial Transition: Factional Conflict in Dahomey in the Context of the Ending of the Atlantic Slave Trade," *Journal of African History*, 38 (1997), p. 216.

1818年，盖佐向巴西派去一个使团。使者在巴伊亚登陆，并且再次等候前往里约热内卢。然而他们没能抵达宫廷就返回了达荷美。[①] 在使团捎去的盖佐写给堂·若昂·卡洛斯·德·布拉干萨国王的信里，他提到了弗朗西斯科·费利什·德索萨：

我，盖佐，达荷美国王，由我的使者、嫡子阿穆伏乌（Amufoú）代表，来到陛下的王座前。陪同他到来的是陛下的四名封臣，由于我兄弟的暴行和苛政，他们在我的领地上被我兄弟阿丹多赞手下的官员关押了18年。现在是我在统治这个王国。我得知陛下曾索要这些葡萄牙人，上一任却没有理睬。就在我刚刚接手统治的时候，您的封臣弗朗西斯科·费利什·德索萨，此前陛下要塞的书记官，前来觐见，并提议将前述的葡萄牙人和我的使者一同送去巴西……自我接管称王以来，是这个名叫弗朗西斯科·费利什·德索萨的人在帮助我的百姓。他为我的港口寻找船只，有葡萄牙的，也有从其他国家来的。因此我授权弗朗西斯科·费利什·德索萨，在我领地全境同已至和将至的白人做生意，因为此人有天赋，而且船员都很赞赏他。高贵的国王，我没什么可以送您的，只有两个奴隶女孩和一个工厂的布料，以此确认我们的友谊。我恳求陛下收下，愿苍天保佑您高寿。我是您的兄弟与好友达荷美之王。[②]

与埋怨德索萨的阿丹多赞不同，这封信的内容无疑证明了盖佐国王有多么看重这个巴西商人，以及他是具有多么重大政治影响力的人物，不管是在达荷美社会，还是在欧洲访客的眼中。[③]

因为阿丹多赞已被达荷美官方历史抹去，阿波美历史博物馆不再保存任

① Pierre Verger, *Os libertos: Sete caminhos na liberdade de escravos da Bahia no século XIX*, Salvador: Corrupio, 1992, p. 70.

② Gezo to João, Lata 137, Pasta 62, Doc. 6, f. 1v, Rio de Janeiro, Instituto Histórico e Geográfico Brasileiro. 这封信未注明任何日期。尽管文件袋上写着其中的信件是在1811年归档的，但这一封肯定在1811年之后寄来，因为盖佐直到1818年才掌权。

③ 关于德索萨政治影响力的讨论，见 Ana Lucia Araujo, "Enjeux Politiques de la Mémoire de l'Esclavage dans l'Atlantique Sud. La Reconstruction de la Biographie de Francisco Félix de Souza," *Lusotopie*, 14, 2 (2009), pp. 107-131; Ana Lucia Araujo, "Forgetting and Remembering the Atlantic Slave Trade: The Legacy of the Brazilian Slave Merchant Francisco Felix de Souza," in Ana Lucia Araujo, Mariana P. Candido and Paul Lovejoy, eds., *Crossing Memories: Slavery and African Diaspora*, Trenton: Africa World Press, 2011, pp. 79-103。

何曾属于他的物件。然而，他的遗产还保存在大西洋的另一端。皮埃尔·韦尔热在里约热内卢的国家博物馆（曾经的皇家博物馆）找到了一把达荷美王座（约 1797 年）。[①] 它或许曾属于阿丹多赞，或者是他王座的复制品（见图 1）。韦尔热主张，阿丹多赞国王让 1811 年的使团带来了这件礼物，将木刻王座送给了葡萄牙摄政王堂·若昂六世。这一假设还被玛丽亚·格拉汉姆（Maria Graham）1823 年 8 月 14 日的个人日记支持。她写道，自己参观了里约热内卢的一所博物馆，并在那里看到了一套非洲藏品，包括一个非洲王子的木刻王座。[②] 如果直到近期研究者依然没有发现任何能证明这把王座出处的书面证据，那么由阿丹多赞的最后一批使团递送、在本文中考查的 1810 年信件则证实，他不仅给摄政王子堂·若昂·卡洛斯·德·布拉干萨送去了一把“椅子”，还有一面描绘他战争的旗帜，以及一个装烟斗的大“匣子”（见图 2）。这三件物品在国家博物馆的收藏中保存了近两个世纪，尽管只有烟管架和王座曾对外展出。2014 年，博物馆开设了新的展览“记忆”[③]，[④] 策展人是历史学家玛丽莎·德·卡瓦略·苏亚雷斯（Mariza de Carvalho Soares）。这次展览以非洲藏品为特色，其中就包括了这些物件。不幸的是，巴西国家博物馆在 2018 年 9 月的一场火灾中被毁，[⑤] 阿丹多赞送给堂·若昂·卡洛斯·德·布拉干萨的礼物无一幸免。

结　语

本文考查的官方通信让我们进一步理解，在大西洋奴隶贸易时期连接起达荷美、葡萄牙和巴西的外交、政治、经济、文化关系。在一段战争频发、社会动荡的时间，两位君主互赠礼物的信件揭示了酒类、丝绸、瓷器和烟草等舶来品与奢侈品不断增长的重要性，并表明这些物品多么深刻地形塑了达

① 皇家博物馆（今改称国家博物馆）由当时的国王堂·若昂六世于 1818 年建立。

② Maria [Graham] Callcot, *Journal of a Voyage to Brazil, and Residence there during 1821, 1822, 1823*, London, Longman, Hurst, Rees, Orme, Brown, and Green [etc.], 1824.

③ 原文为斯瓦希里语 Kumbukumbu。——译者注

④ Mariza de Carvalho Soares, Michele de Barcelos Agostinho, Rachel Corrêa Lima, *Getting to Know the Kumbukumbu, Brazil, 1818–2018*, Nashville: Slave Societies Digital Archive Press, 2021, https://archive.slavesocieties.org/kumbukumbu.

⑤ Ana Lucia Araujo, "The Death of Brazil's National Museum," *The American Historical Review*, 124, 2 (2019), pp. 569–580.

荷美人的日常生活，以及它们变得多么不可或缺。阿丹多赞详细具体地讲述达荷美对邻近王国发动的战争，此举是想要震撼和威胁葡萄牙官员，从而向葡萄牙人取得关于大西洋奴隶贸易更优惠的条款，并将维达确定为贝宁湾地区向巴西供应奴隶的唯一源头。

阿丹多赞的退位和他之后被达荷美官方历史的除名，颇能显示出历史书写维护权力斗争最终赢家的政治用途。其实，阿丹多赞治下大西洋奴隶贸易的危机，特别是维达奴隶出口的衰落，都和盖佐推翻他的政变有着重大联系。这些书信表明，阿丹多赞面对的这一衰落与随之而来的政治阻力，并不仅仅是达荷美内政造成的后果，也不仅仅因为国王本人“邪恶”的本性，而是更广阔的跨大西洋背景下历史变迁引起的结果，其中拿破仑战争所带来的变革至关重要。

图 1　阿丹多赞的王座

资料来源：巴西里约热内卢国家博物馆，由安娜·露西娅·阿劳若于 2009 年拍摄（版权所有）。

图 2 烟管架

资料来源：巴西里约热内卢国家博物馆，由安娜·露西娅·阿劳若于2009年拍摄（版权所有）。

Dahomean Rulers and the Luso-Brazilian Slave Trade

Ana Lucia Araujo

Abstract: This article examines the correspondence between the Portuguese rulers and Dahomean kings, in particular King Adandozan who reigned the Kingdom of Dahomey between 1797 and 1818. The letters provide us with new elements to understand West African-European reciprocal perceptions and diplomatic relations. In describing the main political and military conflicts of Adandozan's reign, the letters also reveal to what extent West African rulers were aware of the Napoleonic Wars. The correspondence sheds light on the impact European conflicts had on Dahomey's economy and how those events contributed to the decline of the Atlantic slave trade in West African ports such as Ouidah, giving clues about the motivations that eventually led to Adandozan's deposition.

Keywords: Atlantic Slavery Trade; Kingdom of Dahomey; Portugal; Benin; Brazil

（执行编辑：申斌）

海洋史研究（第二十三辑）
2024 年 11 月　第 439～459 页

弗朗西斯科·费利什·德索萨的遗产：一个贝宁湾的巴西奴隶商人

安娜·露西娅·阿劳若（Ana Lucia Araujo）*

摘　要：本文关注西非奴隶贸易所遗留的政治遗产。巴西商人德索萨在达荷美王国的奴隶贸易中发迹，迁居西非并在当地留下丰富的物质与文化遗产。对今日贝宁共和国境内移民社区的走访显示，德索萨的后人为祖先和家族建立了完整连续的历史书写，并由此衍生出一种独特的南大西洋身份认同。德索萨本人则不仅成为传奇式的成功商人，更跃升为当地美洲移民的共同祖先，其中甚至融合了西非本土的伏都教传说。而通过强调德索萨在贝宁历史上的重要作用，其后人亦由此为自己提供了无形的政治资本，从而进一步延续德索萨家族的影响力。

关键词：奴隶贸易　达荷美王国　贝宁　记忆　历史书写

巴西奴隶商人弗朗西斯科·费利什·德索萨（Francisco Félix de Souza，1754－1849）经营的生意涵盖巴西与西非的达荷美王国（The Kingdom of Dahomey），即今日的贝宁共和国。20 世纪 60 年代以来，德索萨的生平已然成

---

* 作者安娜·露西娅·阿劳若（Ana Lucia Araujo），美国霍华德大学（Howard University）历史系教授。译者田泽浩，北京大学国际关系学院博士研究生。校者王渊，北京大学外国语学院助理教授。

本文改编自《奴隶制的公共记忆：南大西洋的受害与加害者》（*Public Memory of Slavery: Victims and Perpetrators in the South Atlantic*，Amherst：Cambria Press，2010）第六章“弗朗西斯科·费利什·德索萨的遗产”（The Legacy of Francisco Félix de Souza，pp. 279－347）。

为大量学术研究的对象。[①] 此人之所以获得如此热度，或许是贝宁国内宣传奴隶制记忆的官方项目运作的结果，但大多数学者从未考虑过这一点。关于德索萨的生平研究已经超越了单纯的事实，更关键的是它牵涉到了口述传统与书面材料之间的长期对立，从而成为一个方法论上的典型案例。它挑战了记忆与历史书写二者之间的关系。

学界通常认为德索萨在贝宁历史上发挥过至关重要的政治与经济作用，但近年来罗宾·洛（Robin Law）对此提出了疑问。[②] 德索萨的形象与他在贝宁湾奴隶贸易中的实际地位似乎并不相称。即便有新的证据表明，其他许多商人更加成功，但德索萨依然占据着贝宁乃至整个南大西洋地区奴隶贸易记忆的中心位置。是何种要素使得关于此人的记忆延续下来？而弗朗西斯科·费利什·德索萨又为何成为巴伊亚与贝宁湾商品交换的一个象征符号？他是如何被传颂为贝宁的非—葡—巴社群的创始人与参照点的呢？集体记忆与家族记忆是怎样调和他作为奴隶贩子与慈善家的双重身份的？在德索萨神话的重建过程中，巴西扮演了怎样的角色？借由分析历史文件，访谈德索萨家族成员，以及考察位于贝宁沿海城市维达（Ouidah）辛博美祖宅之中的德索萨纪念堂，笔者尝试回答这些疑问。

一　奴隶制的跨国记忆

20 世纪 90 年代初，纪念奴隶制度与跨大西洋奴隶贸易引起了一场席卷欧美的跨国运动。在贝宁兴起了一场关于奴隶制历史的讨论，随后政府与国际机构合作，连同联合国教科文组织等非政府组织推出了一系列官方项目。甚至连与奴隶贸易有一定关联的地方精英都投身于这场新运动。许多巴西和葡萄牙奴隶商人的后代，以及从巴西回到西非的解放奴

① David Ross, "The First Chacha of Whydah: Francisco Félix de Souza," *Odu*, 2, 2 (1969), pp. 19-28; Robin Law, "A carreira de Francisco Félix de Souza na África Ocidental (1800-1849)," *Topoi*, 2, 2 (2001), pp. 9-39; Alberto da Costa e Silva, *Francisco Félix de Souza, mercador de escravos*, Rio de Janeiro: Nova Fronteira, 2004.

② Robin Law, "A carreira de Francisco Félix de Souza," "The Atlantic Slave Trade in Local History Writing in Ouidah," in Naana Opoku-Agyemang, Paul E. Lovejoy and David V. Trotman, eds., *Africa and Trans-Atlantic Memories: Literary and Aesthetic Manifestations of Diaspora and History*, Trenton: Africa World Press, 2008; Robin Law, *Ouidah, The Social History of a West African Slaving "Port", 1727-1892*, Athens: Ohio University Press, 2004.

隶的后代，开始在公共空间宣传自己家族的过往，这都促进了这一纪念现象的成功。

之所以在贝宁出现回忆奴隶制度的思潮，与哥伦布抵达美洲500周年的纪念活动有关。当时有争论称，大西洋奴隶贸易与非洲人民开发美洲的贡献没有受到应有的关注。这场讨论促成了两项独特的提案，一个是称作“奴隶之路”（The Slave Route）的跨国科考立项，另一个是称为“维达92”（Ouidah 92）的伏都教（Vodun）庆典，后者更偏向宗教活动并带有吸引游客的性质。这两个项目有一定关联，并且都得到了联合国教科文组织和贝宁新政府的支持。[①]

1991年，经过长达20多年的军政府独裁，贝宁进行了民主选举。尼塞福尔·索格洛（Nicéphore Soglo）当选为总统。新政府既致力于促进宗教信仰自由，同时更希望吸引游客以发展本国经济。在这一背景下，许多旨在发展文化旅游业的项目都格外重视伏都教信仰和跨大西洋奴隶贸易。[②] 这些新项目重点关注奴隶贸易的物质与非物质遗产，各自采取了不同的纪念形式，比如设立纪念碑以及建立家族博物馆等。这些项目规划颇具争议，[③] 在当地报纸上引发了一场大讨论。[④] 在维达能够感受到关于奴隶制记忆的多种维度，其中既有来自奴隶后代的讲述，又有奴隶贸易历史罪人后代的讲述。这份记忆烙印在当地的自然与政治景观当中，被各式矛盾与冲突割裂，而后者并不总能为访客与游人所理解。正是在这一语境中，在维达当地依然举足轻重的巴西奴隶商人弗朗西斯科·费利什·德索萨的家族，在这场纪念运动中

---

① Emmanuelle Kadya Tall, “De la démocratie et des cultes voduns au Bénin,” *Cahiers d'études africaines*, 35, 137 (1995), pp. 195-208; Ana Lucia Araujo, “Mémoires de l'esclavage et de la traite des esclaves dans l'Atlantique Sud: enjeux de la patrimonialisation au Brésil et au Bénin,” Ph. D. diss., Université Laval, 2007; Ana Lucia Araujo, *Public Memory of Slavery: Victims and Perpetrators in the South Atlantic*, Amherst: Cambria Press, 2010.

② 伏都教包含许多自然力量的人格化神明。伏都这个词本身也有神祇之意。苏珊娜·普雷斯顿·布里叶指出，伏都神明是“统治世界与其中生命的神秘力量”。参见 Suzanne Preston Blier, *African Vodun: Art, Psychology, and Power*, Chicago: University of Chicago Press, 1995, p. 4。

③ Emmanuelle Kadya Tall, “De la démocratie et des cultes voduns au Bénin,” *Cahiers d'études africaines*, 35, 137 (1995); Nassirou Bako-Arifari, “La mémoire de la traite négrière dans le débat politique au Bénin dans les années 1990,” *Journal des Africanistes*, 70, 1-2 (2000), pp. 221-231.

④ Ana Lucia Araujo, “Mémoires de l'esclavage et de la traite des esclaves dans l'Atlantique Sud: enjeux de la patrimonialisation au Brésil et au Bénin,” Ph. D. diss., Université Laval, 2007, p. 156.

扮演了至关重要的角色。

弗朗西斯科·费利什·德索萨的生平揭示了关于奴隶制度存在的多种记忆。它们虽然偶有交集，但更多时候并不协调。在贝宁共和国，解放奴隶与奴隶商人的后代使用的话语中存在一种独特的集体记忆。然而，因为他们没有体验过祖先的生活，当时的亲历者都已不在人世，所以研究先人的记忆需要媒介。

如玛丽安娜·赫希（Marianne Hirsch）所说，“后代记忆（postmemory）是指，有的人在成长过程中长期被自己出生之前就已存在的叙事所支配，祖辈的故事会抹除这些后来者自己的故事，而塑造祖辈故事的苦难事件既难以理解，又难以重现”。[①] 在媒介记忆的这种语境中，遗产（heritage）的概念，无论是物质或是非物质的，总是绕不开的，因为遗产是一种主动参与身份传递的历史传承。[②] 对于奴隶制的后人（也即那些自称是奴隶的直系或旁系后代的人），他们记忆的特征是裂隙与间断。而在奴隶制的加害者（包括奴隶主、奴隶商人以及其他帮凶）的后人当中，记忆则是完整连贯的。有的奴隶商人带有欧美背景，在奴隶贸易时期定居西非沿海地区。他们的族人始终有能力保持自己与祖先定居地之间的联系，同时也保持着与大西洋另一端的联系。这些不曾间断的纽带，以及家族在跨大西洋奴隶贸易中积累的财富，使他们得以传承个人与家族的财产，比如房屋、家具、器物、照片等等。他们在当地社会牢固把持着精英地位，这帮助他们通过融合当地风俗保存自身的文化与宗教习惯，从而维持着与巴西或葡萄牙祖籍社群的联系。这种根深蒂固的南大西洋身份在很大程度上建立于葡萄牙—巴西的父权与天主教传统，既牢不可破又包容灵活，因为它接受相互的交流借鉴。[③]

二 巴西奴隶贸易与奴隶制度

葡萄牙人是最早抵达几内亚湾（Gulf of Guinea）的欧洲人。1721 年，

① Marianne Hirsch, *Family Frames, Photography Narrative and Postmemory*, Cambridge: Harvard University Press, 1997, p. 22.

② Bogumil Jewsiewicki, "Patrimonialiser les mémoires pour accorder à la souffrance la reconnaissance qu'elle mérite," in Bogumil Jewsiewicki and Vincent Auzas, eds., *Traumatisme collectif pour patrimoine: Regards croisés sur un mouvement transnational*, Quebec: Presses de l'Université Laval, 2008, p. 7.

③ 吉尔贝托·弗雷尔等学者最先强调葡萄牙人在南大西洋的殖民活动具有这一特点。Gilberto Freyre, *Casa Grande & Senzala*, São Paulo: Global Editora, 2003 (1933).

他们在维达修筑了圣施洗约翰要塞（São João Batista de Ajuda）。1727 年，达荷美王国征服维达王国（the Kingdom of Hueda），夺下了维达城，从而直接控制沿海地区。在奴隶贸易时期，维达是仅次于罗安达（Luanda）的重要非洲奴隶贸易港口。[①]

被运往巴西的非洲奴隶来源多样，他们都是来自受到葡萄牙商业控制的地区。虽然有的奴隶来自几内亚湾（包括贝宁湾），但他们当中的大部分人是在中西非（主要是安哥拉）被俘获的。最晚到 18 世纪末，东非的莫桑比克也开始提供奴隶。[②] 在南大西洋地区，特别是在安哥拉与巴西之间，奴隶贸易航线是直达的，并不遵从传统的三角模式。

自 17 世纪末起，巴西的奴隶制度依靠大量的奴隶进口，同时也解放了大量的奴隶。[③] 近期估算表明，在 1550 年到 1850 年，巴西进口了超过 500 名非洲奴隶，在美洲各地都堪称最多。[④] 在里约热内卢和萨尔瓦多等城市，奴隶几乎占据了一半的人口。他们从事着许多不同的职业，包括家仆、商人、鞋匠、医生、理发师、邮差、工匠、艺术家、裁缝等。

1835 年，巴伊亚有 65000 人，其中非洲人共 21940 人：17325 人（26.7%）是奴隶，其余 4615 人（7.1%）是解放奴隶。[⑤] 在 19 世纪的前 30 年，每年有 7000 名非洲人抵达巴伊亚，他们大多讲约鲁巴语（Yoruba），来自今天的尼日利亚和贝宁共和国等地区。[⑥] 这些约鲁巴人，连同比例少得多的豪萨人（Hausa），都是在富拉尼人（the Fulani）与奥约王国（the Kingdom of Oyo）属国的战争中被俘虏的。

穆斯林在巴伊亚占少数，但享有一定宗教自由，并且能够融入不同的群

---

① Robin Law, *Ouidah*, *The Social History of a West African Slaving "Port"*, *1727-1892*, Athens: Ohio University Press, 2004, p. 2; Paul E. Lovejoy, "The Context of Enslavement in West Africa: Ahmad Bābā and the Ethics of Slavery," in Jane Landers and Barry M. Robinson, eds., *Slaves*, *Subjects and Subversives: Blacks in Colonial Latin America*, Albuquerque: University of New Mexico Press, 2007, p. 25.

② Herbert Klein, "Tráfico de escravos," in *Estatísticas Históricas do Brasil*, *Séries econômicas*, *demográficas e sociais de 1500 a 1985*, Rio de Janeiro: IBGE, 1987, p. 53.

③ Rafael de Bivar Marquese, "A dinâmica da escravidão no Brasil: resistência, tráfico negreiro e alforrias, séculos XVII a XIX," *Novos Estudos*, 74, 7 (2006), p. 109.

④ The Trans-Atlantic Slave Trade Database, http://www.slavevoyages.com.

⑤ João José Reis, *Slave Rebellion in Brazil: The Muslim Uprising of 1835 in Bahia*, Baltimore: Johns Hopkins University Press, 1993, p. 6.

⑥ João José Reis, *Slave Rebellion in Brazil: The Muslim Uprising of 1835 in Bahia*, Baltimore: Johns Hopkins University Press, 1993, pp. 93-94.

体。尽管他们属于许多不同的族群，非洲穆斯林统一被称作玛略（as Malês）。这个名字源于约鲁巴语中的穆斯林（imale）。大量约鲁巴人以及部分豪萨人参与了1835年在巴伊亚爆发的玛略起义。[①] 起义者大都熟悉《古兰经》。他们佩戴护身符，能够用阿拉伯语读写，并有很多人穿着一种叫作abadas的白色长袍。在1835年起义失败后，大量非裔自由民被控参加起义却查无实据，巴伊亚政府对此类人最常用的惩罚便是驱逐回贝宁湾。[②] 后来解放奴隶延续了这场回归运动。它一直贯穿整个19世纪，直至20世纪初。

三　一个非洲—葡萄牙—巴西社区的形成

约有3000名到8000名解放奴隶回到了贝宁湾。抵达西非后，他们定居在沿海城镇中，包括今天的贝宁共和国［小波波（Petit Popo）、大波波（Grand Popo）、亚谷艾（Agoué）、维达、科托努（Cotonou）以及波多诺伏（Porto-Novo）］与尼日利亚［巴达格瑞（Badagry）和拉各斯（Lagos）］。在那里，他们加入了已经在当地立足的葡萄牙和巴西奴隶商人，建立起一个名叫阿固达（Aguda）的社区。在维达，弗朗西斯科·费利什·德索萨资助了解放奴隶并帮助他们在维达的几个社区定居，包括马洛（Maro）、巴西（Brazil）、杰努（Quénum）、佐马依（Zomaï）和伯亚（Boya）等。[③]

在贝宁，阿固达人占当前人口的5%到10%。[④] 然而，他们并非一个同质的社群。他们之中既有回归的解放奴隶后代，也有巴西和葡萄牙奴隶商人的后代，还有前两者的奴隶的后代——他们渐渐被主人同化了。这些同化的后人取的是原巴西主人的葡语名字，遵循巴西习俗和文化。[⑤] 阿固达人信天主教，但那些解放的“回归”奴隶之中也有穆斯林和信传统宗教的信徒，

---

① João José Reis, *Slave Rebellion in Brazil: The Muslim Uprising of 1835 in Bahia*, Baltimore: Johns Hopkins University Press, 1993, pp. 96-97.

② João José Reis, *Slave Rebellion in Brazil: The Muslim Uprising of 1835 in Bahia*, Baltimore: Johns Hopkins University Press, 1993, p. 207.

③ Robin Law, *Ouidah, The Social History of a West African Slaving "Port", 1727-1892*, Athens: Ohio University Press, 2004, p. 181.

④ 2021年，贝宁居民人口为1180万人。

⑤ Milton Guran, *Agudás: Os "Brasileiros" do Benim*, Rio de Janeiro: Editora Nova Fronteira, 1999, p. 88.

比如伏都教和奥里沙崇拜（Orisha worship）等。[①] 生在非洲本土的解放奴隶来自不同族群并掌握多种当地语言，但主要讲约鲁巴语或某种格贝语（Gbe language）。

虽然有上述区分，但所有的解放奴隶都有一段共同的过去，即被奴役的生活和在巴西的经历。与本地人口不同，他们已然受洗，使用葡语姓名，比如席尔瓦、雷斯、阿松桑、阿尔梅达、桑托斯、克鲁斯、帕赖索、奥利维拉以及索萨。他们打扮欧式，并且行所谓的白人礼节。早年间，阿固达人通常选择在社区内部通婚，从而保持凝聚力。这些解放奴隶借鉴了巴西的饮食风格，其中典型的是黑豆饭［feijoada，用豆子和几种猪肉烹制，类似法国的扁豆砂锅（cassoulet）］、炖菜（cozido，炖的肉和蔬菜），以及炸豆饼（acará，酥炸的白豆面团）。阿固达社区还通过发展葡萄牙—巴西式的建筑风格在公共空间增强存在感。在贝宁，这些通常是两层带阳台的“巴西式”房屋设计对当地社区产生了很大影响，后者从中借鉴了一些装饰元素。[②]

定居贝宁湾后，这些解放奴隶尝试沿用巴西奴隶社会的模式。这不单单指习俗和文化，很多解放奴隶后来也成了奴隶商人。即便他们没能像当地其他奴隶商人一样攒起一大笔钱，但还是有人富了起来。至 1850 年，一些解放的“回归”奴隶积极从事着维达、亚谷艾和波多诺伏的奴隶贸易。[③]

解放奴隶还带来了天主教兄弟会，比如在巴伊亚帮助解放了众多奴隶的善行我主兄弟会（Nosso Senhor do Bom Fim）。他们还在非洲土地上重现了博沿节（bouryan），一种流行于巴西东北部的蒙面节庆，类似巴西的宰牲节（bumba-meu-boi）。如今，通过制作巴伊亚式菜肴、用近似葡萄牙语的语言合唱，[④] 以及跳桑巴舞，阿固达人保存着鲜活的大西洋记忆。

由于礼仪规范自成一派，所以当地居民认为阿固达人是个更有教养、更

---

① Júlio Santana Braga, “Notas sobre o ‘Quartier Brésil’ no Daomé,” *Afro-Ásia*, 6-7, 4 (1968), p. 189; Milton Guran, *Agudás: Os “Brasileiros” do Benim*, Rio de Janeiro: Editora Nova Fronteira, 1999, p. 15; Manuela Carneiro da Cunha, *Negros, estrangeiros: os escravos libertos e sua volta à África*, São Paulo: Brasiliense, 1985, p. 189.

② Alain Sinou, “La Valorisation du patrimoine architectural et urbain: l'exemple de la ville de Ouidah au Bénin,” *Cahiers des Sciences Humaines*, 29, 1, 1993, p. 36.

③ Manuela Carneiro da Cunha, *Negros, Estrangeiros: os escravos libertos e sua volta à África*, São Paulo: Brasiliense, 1985, p. 109.

④ 今日的阿固达人不再说葡萄牙语，但他们保留了一些词语与表述方式，如 cama（床）、chavi（钥匙）、camisa（衬衣）、gafu（叉子）、Bondyé Senhor（早安，先生）等。Dohou Codjo Denis, “Influences brésiliennes à Ouidah,” *Afro-Ásia*, 12, 17 (1976), pp. 198-199.

讲礼节的群体。他们的西化被看作同化以及对自己非洲出身的否定，而这种明显的“优越感”并不总是受到当地居民欢迎。做一个阿固达人意味着归属于现代的资产阶级，因此也有部分当地家庭尝试遵守甚至模仿阿固达人的生活之道，例如改用葡语姓名。

1892 年，包括达荷美王国和波多诺伏王国的地区都被征服，随后划入法国达荷美殖民地。奴隶贸易的终结引起了阿固达社区繁荣的消退。然而，他们随即在殖民地社会中谋得新的一席之地。他们保持着与巴西文化的联系，并将欧洲人的存在看作一个机遇。[①] 他们的许多后人继续着祖先在巴西的职业（木匠、裁缝、石匠），而其他人则进入了管理岗位（文员、译员、商人）。[②] 他们与法国政府合作换取人情，从而巩固他们在殖民地社会的优越地位。《达荷美官报》（*Journal officiel de la colonie du Dahomey*）不仅记录了殖民时期担任管理岗位的部分阿固达社区成员的名字，还由此显示出他们是多么支持殖民政府。[③] 1960 年 8 月达荷美独立后，阿固达人无疑失去了影响力。随着民族国家意识的萌芽，他们被视为法国政府的帮凶。1972 年，马蒂厄·克雷库将军（General Mathieu Kérékou）出任贝宁总统，建立马列主义独裁政府。经济与社会方面的变动打击了几个最兴盛的阿固达家族。反对新政权的人，如弗朗西斯卡·帕特森［Francisca Patterson，原姓梅代罗斯（Medeiros）］，都被关进监狱。[④] 而其他的商人，如于尔班-卡里姆-埃利西奥·达·席尔瓦（Urbain-Karim-Elisio da Silva），则考虑出国。[⑤]

1990 年，阿固达社区的几个杰出成员，包括科托努大主教伊西多·德索萨蒙席（Monsignor Isidore de Souza，1934-1999），积极参加了全国有生力量大会（National Conference of the Living Forces of the Nation）。会上确定了权力民主过渡的形式与总统选举的安排。[⑥] 独裁政府倒台后，几项纪念奴

---

① Catherine Coquery-Vidrovitch, *L'Afrique occidentale au temps des Français: colonisateurs et colonisés* (*c. 1860-1969*), Paris: La Découverte, 1992, p. 373.

② Bako-Arifari, “La mémoire de la traite négrière dans le débat politique au Bénin dans les années 1990,” *Journal des Africanistes*, 70, 1-2 (2000), p. 222.

③ Ana Lucia Araujo, “Mémoires de l'esclavage et de la traite des esclaves dans l'Atlantique Sud: enjeux de la patrimonialisation au Brésil et au Bénin,” Ph. D. diss., Université Laval, 2007, pp. 135-136.

④ Interview by the author with Francisca Patterson (born Medeiros), Porto-Novo, August 2, 2005.

⑤ Interview by the author with Urbain-Karim Elisio da Silva, Porto-Novo, July 22, 2005.

⑥ Emmanuelle Kadya Tall, “De la démocratie et des cultes voduns au Bénin,” *Cahiers d'études africaines*, 35, 137 (1995), p. 199.

隶制度以及推广伏都教文化与信仰的项目上马，部分阿固达社区成员由此重新获得了政治舞台上的知名度与曝光度。这正是维埃拉家族的真实写照，其祖先萨比诺·维埃拉是一个从里约热内卢“归来”的解放奴隶。罗西纳·维埃拉·索格洛（Rosine Vieyra Soglo）是尼塞福尔·索格洛总统的夫人，在90年代当选议员并进入了她丈夫的政府工作。与此同时，她的兄弟德西雷·维埃拉（Désiré Vieyra）出任了文化部部长。

为推广伏都教与非洲文化，修复有关奴隶制度与奴隶贸易的记忆，贝宁启动了许多项目，随之而来的国际关注为全国大会后部分阿固达人重回政坛提供了机会。借由宣称自己的巴西身份，阿固达人受邀公开谈论奴隶制度，而这在以往是禁忌话题。但在强调奴隶制过往的同时，阿固达人并不关注自己与其他奴隶商人后代之间的共同之处，而是强调双方的差异。由此看来，设想出一套共同的巴西人记忆或许是一项性质复杂的工程，因为它同时还意味着抹除有关奴隶制记忆的多重性。[1]

阿固达人积极参与纪念运动，宣传他们的家族历史与家族遗产。来到波多诺伏与维达的美国游客与巴西官员都会拜访最重要的几个阿固达家族。阿固达人依然以他们与巴西的联系为中心，但这已不再是一种无意识的经营。巴西如今是一支新兴力量，与从前的法国殖民者截然不同。它不仅代表着与过往的一层联系，同时也是对未来的一种承诺、一道希望的曙光。

四 巴西奴隶商人

一般认为弗朗西斯科·费利什·德索萨是贝宁阿固达社区的创建者。他可能于1754年出生在巴伊亚州的萨尔瓦多，[2] 但我们对他定居维达之前的生活知之甚少。家族传统将他刻画为一位典型的巴西富豪。据传他是个白人，父系祖籍葡萄牙，而从母亲身上继承了当地的亚马孙血统。尽管亚马孙在18世纪末19世纪初还几乎是一片未知的土地，但巴西雨林在其家族话语中时常出

---

① Bako-Arifari, “La mémoire de la traite négrière dans le débat politique au Bénin dans les années 1990”, *Journal des Africanistes*, 70, 1-2 (2000), p. 223.

② Costa e Silva, *Francisco Félix de Souza, mercador de escravos*, Rio de Janeiro: Nova Fronteira, 2004, p. 12; Robin Law, “A carreira de Francisco Félix de Souza,” in Naana Opoku-Agyemang, Paul E. Lovejoy and David V. Trotman, eds., *Africa and Trans-Atlantic Memories: Literary and Aesthetic Manifestations of Diaspora and History*, Trenton: Africa World Press, 2008, p. 5.

现，是想象中物产富饶的巴西的一个象征符号。西蒙妮·德索萨（Simone de Souza），是来自德·索萨家族的历史学家，就将弗朗西斯科·费利什·德索萨的出身描绘成一个主要由军人与公务员构成的高贵家庭。据她所说，巴西商人是葡萄牙官员多美·德索萨（Tomé de Souza，1503-1573/1579）的八世孙，而后者是首任巴西总督，还是萨尔瓦多的创建者。[①] 如今德索萨家族略微修改了这个版本，宣称弗朗西斯科·费利什·德索萨是多美·德索萨的孙子，即便这一说法难以自圆其说，因为总督去世约 200 年后德索萨才出生。[②] 这一改动是一种补足德索萨缺失的早年信息的尝试，试图借此来重建关于他的记忆。

德索萨于 1792 年首次造访西非海岸。[③] 他在此驻留了三年，返回巴西后又于 1800 年归来，正式定居非洲。在维达，他或许担任过葡萄牙要塞的长官。这一职位因他兄弟雅辛托·若泽·德索萨（Jacinto José de Souza）的死而空了出来。[④] 几年后，他辞职成为个体奴隶商人[⑤]。据见过德索萨的旅行者所说，他初到非洲之时非常贫穷，甚至偷过献给伏都教神庙的货币贝壳。[⑥]

在维达城中，德索萨曾经与达荷美国王阿丹多赞（Adandozan，1797—1818 年在位）不和，或许是由于阿丹多赞欠了他一笔钱。传说德索萨来到达

---

① Simone de Souza, *La Famille de Souza du Bénin-Togo*, Cotonou: Les éditions du Bénin, 1992.

② "Discours de bienvenue du porte-parole de son Excellence Mito Honoré Feliciano Julião de Souza, Chacha 8 à la délégation de l'Université de Rutgers (État du New Jersey)," *Ouidah*, July 24, 2005.

③ Robin Law, "A carreira de Francisco Félix de Souza," in Naana Opoku-Agyemang, Paul E. Lovejoy and David V. Trotman, eds., *Africa and Trans-Atlantic Memories: Literary and Aesthetic Manifestations of Diaspora and History*, Trenton: Africa World Press, 2008, pp. 13-14; Robin Law, *Ouidah, The Social History of a West African Slaving "Port", 1727-1892*, Athens: Ohio University Press, 2004, p. 165; Costa e Silva, *Francisco Félix de Souza, mercador de escravos*, Rio de Janeiro: Nova Fronteira, 2004, p. 12.

④ Robin Law, *Ouidah, The Social History of a West African Slaving "Port", 1727-1892*, Athens: Ohio University Press, 2004, p. 165.

⑤ Pierre Verger, *Flux et reflux de la traite des nègres entre le Golfe de Bénin et Bahia de Todos os Santos, du XVIIe au XIXe siècle*, Paris: Mouton, 1969, p. 638; Law, "A carreira de Francisco Félix de Souza," in Naana Opoku-Agyemang, Paul E. Lovejoy and David V. Trotman, eds., *Africa and Trans-Atlantic Memories: Literary and Aesthetic Manifestations of Diaspora and History*, Trenton: Africa World Press, 2008, p. 16; Robin Law, *Ouidah, The Social History of a West African Slaving "Port", 1727-1892*, Athens: Ohio University Press, 2004, p. 165.

⑥ Costa e Silva, *Francisco Félix de Souza, mercador de escravos*, Rio de Janeiro: Nova Fronteira, 2004, p. 14; Robin Law, "A carreira de Francisco Félix de Souza," in Naana Opoku-Agyemang, Paul E. Lovejoy and David V. Trotman, eds., *Africa and Trans-Atlantic Memories: Literary and Aesthetic Manifestations of Diaspora and History*, Trenton: Africa World Press, 2008, p. 11.

荷美首都阿波美要账，却被国王关进大牢。[①] 传说还提到，狱卒为了教训他，把他丢进了装满靛青的大缸，并在几周里反复这样折磨他。[②] 据说德索萨在狱中见到了伽克别王子（Prince Gakpe），于1797年被刺的国王阿贡格罗（Agonglo，1789—1797年在位）的儿子之一。伽克别在狱中拜访了德索萨，两人决定团结起来扳倒阿丹多赞。为了巩固同盟，传说两人缔结了血盟，这是古代达荷美王国的著名传统。[③]

德索萨成功越狱，大概躲在小波波［如今的阿内霍（Anécho）］。在那里，他为伽克别王子输送了枪支货物，使其得以筹划政变。[④] 阿丹多赞于1818年被废黜，而伽克别王子则成了盖佐（Gezo，1818—1858年在位）国王。新王邀请德索萨定居维达，主管王国的商业运营。德索萨接受了头衔“沙沙”（chacha），这个荣誉称号来自同伴助他越狱时的称呼。[⑤] 传说达荷美守卫询问德索萨的同伙从狱中运出的是何物，他们说那是一捆chacha，意为“地毯”。[⑥] 但是故事的这个版本不太可信，因为在达荷美王国所用的丰语（Fon language）里，“地毯”一词是zàn。而chacha（一般写作cacà）在丰语中实际表示“迅速办好”。[⑦] 这也许是葡萄牙语“快点，快点”（já já）的转写，而德索萨当时可能就是这样说的。“沙沙”最终成了德索萨家族族长的世袭头衔。在首任“沙沙”死后，达荷美国王任命了其继任者。

一般认为弗朗西斯科·费利什·德索萨的职位等于总督。[⑧] 但近几年，

---

① Paul Hazoumé, *Le Pacte de Sang au Dahomey*, Paris: Institut d'Ethnologie, 1956, p. 28.

② Paul Hazoumé, *Le Pacte de Sang au Dahomey*, Paris: Institut d'Ethnologie, 1956, p. 29.

③ Paul Hazoumé, *Le Pacte de Sang au Dahomey*, Paris: Institut d'Ethnologie, 1956, p. 29.

④ Costa e Silva, *Francisco Félix de Souza, mercador de escravos*, Rio de Janeiro: Nova Fronteira, 2004, p. 86.

⑤ Ana Lucia Araujo, "Enjeux politiques de la mémoire de l'esclavage dans l'Atlantique Sud: La reconstruction de la biographie de Francisco Félix de Souza," *Lusotopie*, 16, 2 (2009), pp. 107-131.

⑥ Costa e Silva, *Francisco Félix de Souza, mercador de escravos*, Rio de Janeiro: Nova Fronteira, 2004, p. 89.

⑦ Basilio Segurola and Jean Rassinoux, *Dictionnaire Fon-Français*, Madrid: Société des missions africaines, 2000.

⑧ 误传德索萨得到了总督称号的不实消息主要是由布鲁斯·查德温的小说《维达总督》散布的。Robin Law, "A carreira de Francisco Félix de Souza," in Naana Opoku-Agyemang, Paul E. Lovejoy and David V. Trotman, eds., *Africa and Trans-Atlantic Memories: Literary and Aesthetic Manifestations of Diaspora and History*, Trenton: Africa World Press, 2008, p. 18; Robin Law, *Ouidah, The Social History of a West African Slaving "Port", 1727-1892*, Athens: Ohio University Press, 2004, pp. 167-168. 其他作者，比如米尔顿·古兰（Milton Guran）（*Agudás: Os "Brasileiros" do Benim*, Rio de Janeiro: Editora Nova Fronteira, 1999, p. 22）也声称德索萨得到了总督称号。

将德索萨视作白人族长的当地传统受到了罗宾·洛的质疑。他提醒称，这一又名“约沃甘”（yovogan）的职位总是由当地人占据。[①] 对德索萨地位的添油加醋在一定程度上出自英国旅行家，他们把他描述成一个有钱有势的人。然而，同样是这些游记表明，欧洲旅客初抵维达之际，先面见了“约沃甘”，在此之后才拜访了“沙沙”。故此，德索萨其实是一个地方领袖，称作“卡波希尔”（caboceer）。[②] 即便总督一词不能精确描述德索萨的职责，阿尔贝托·达·科斯塔·厄·席尔瓦（Alberto da Costa e Silva）指出，在一个君主专制国家“国王的商业专员本身就是一项政治职务”。[③] 因此，将德索萨视为达荷美社会中举足轻重的人物也可以理解。

盖佐在位及德索萨任其专员之时，恰逢大西洋奴隶贸易缓慢衰落、向棕榈油贸易转型的阶段。直到19世纪30年代，德索萨还拥有许多运奴船，十分富有。[④] 但到了40年代他的生意大幅缩水。这既因为他年事已高，也由于英国海军对奴隶贸易的打压，没收了他22艘运奴船。[⑤] 在1849年德索萨弥留之际，他欠了盖佐国王以及巴西和古巴商人大笔债务。据部分家族成员所说，德索萨死后，达荷美国王派人到家中收走了他的财产。

五　辛博美的纪念堂

辛博美（Singbomey）是德索萨家族的祖宅，坐落于维达的巴西社区。19世纪上半叶，德索萨和一些阿固达家庭来此定居。庭院的尽头是两座大屋，外观上橙红色的油漆借鉴了18—19世纪的巴西民居。这两间单层建筑

---

① 1823年后，一位姓达格巴（Dagba）的人担任了这一职位。

② Robin Law, *Ouidah, the Social History of a West African Slaving "Port", 1727-1892*, Athens: Ohio University Press, 2004, p. 168.

③ Alberto da Costa e Silva, *Francisco Félix de Souza, mercador de escravos*, Rio de Janeiro: Nova Fronteira, 2004, p. 90.

④ Robin Law, "A carreira de Francisco Félix de Souza," in Naana Opoku-Agyemang, Paul E. Lovejoy and David V. Trotman, eds., *Africa and Trans-Atlantic Memories: Literary and Aesthetic Manifestations of Diaspora and History*, Trenton: Africa World Press, 2008, p. 23.

⑤ John Duncan, *Travels in Western Africa in 1845 & 1846: Comprising a Journey from Whydah, through the Kingdom of Dahomey, to Adofoodia in the Interior*, London: Frank Cass, 1968 (1847), Vol. 1, p. 204; Robin Law, "A carreira de Francisco Félix de Souza," in Naana Opoku-Agyemang, Paul E. Lovejoy and David V. Trotman, eds., *Africa and Trans-Atlantic Memories: Literary and Aesthetic Manifestations of Diaspora and History*, Trenton: Africa World Press, 2008, p. 28.

原是德索萨住宅的一部分，如今内部是一座纪念堂。它虽然历史悠久，但直到20世纪90年代才对公众开放，当时奥诺雷·费利西亚诺·茹利昂·德索萨（Honoré Feliciano Julião de Souza）出任第八代“沙沙”。

克里斯蒂安·德索萨（Christian de Souza）与大卫·德索萨（David de Souza）陪同笔者参观了纪念堂。[①] 其间他们显然试图为关于他们祖先的记忆平反，将德索萨定义为一个伟大的企业家而非奴隶贩子。[②] 他们强调了家族与巴西的联系，并以奴隶贸易在当时尚是合法活动为由为他的生意辩解。依照德索萨家族的观点，他通过引入新货物与新作物促进了非洲的发展，其中包含油棕树。

笔者在访谈中收集的各式记录表明，弗朗西斯科·费利什·德索萨的家族历史中存在彼此之间的背叛，以及同欧洲人合作换取政治势力的现象。家族内部不同利益集团的存在往往引发严重的矛盾。有的故事还涉及离奇的死亡，或许是毒杀的结果，同达荷美王室的分歧同样烙印在家族记忆当中。至今依然有传说称，德索萨家族与阿波美丰人的婚姻难以圆满，可能导致包括疾病与离婚在内的严重后果。一个德索萨家族的老太太称，她的女儿因与阿波美丰人通婚而郁郁寡欢。[③] 根据流传的各种说法，那些不听家族警告之人日后都将抱憾终生。看来与盖佐国王的血盟即便带来了利益，其代价也相当高昂。

参观纪念堂的过程中，可以观察到多种记忆的相交之处，其中既包含大西洋奴隶贸易与达荷美王室，也涉及达荷美与巴西的经济文化交流。克里斯蒂安·德索萨认为，官方历史强调“建设者”盖佐国王与“奴隶商”弗朗西斯科·费利什·德索萨的矛盾，但克里斯蒂安·德索萨自己则尽可能减少家族与达荷美王室之间的不和，转而着重关注双方的合作。

据家族所说，德索萨解救了被卖作奴隶的纳·阿贡缇美（Na Agontimé），阿贡格罗国王的妃子、盖佐国王的母亲。据说在她丈夫死后，纳·阿贡缇美被阿

---

① Christian de Souza, during the visit of Francisco Félix de Souza's memorial, Singbomey (Ouidah), June 19, 2005.

② Ana Lucia Araujo, "Renouer avec le passé brésilien: la reconstruction du patrimoine post-traumatique chez la famille De Souza au Bénin," in Bogumil Jewsiewicki and Vincent Auzas, eds., *Traumatisme collectif pour patrimoine: Regards croisés sur un mouvement transnational*, Quebec: Presses de l'Université Laval, 2008, pp. 305-330.

③ Interview by the author with Marie de Souza (fictitious name) and David de Souza, Cotonou, July 23, 2005.

丹多赞国王卖作奴隶送往巴西。[①] 虽然缺少书面证据来支撑这一说法，但几位达荷美国王的神化形象都出现在了巴西马拉尼昂州的伏都教神庙矿井之家（Casa das Minas）之中。[②] 这些神明早在阿贡格罗继位前就已出现，而且他们很可能是达荷美本地的神明，而非王国在对外战争中从周边国家引进的。[③] 有一种说法被梅尔维尔·赫斯科维茨（Melville Herskovits）与皮埃尔·韦尔热（Pierre Verger）等学者接受，即纳·阿贡缇美将阿波美的伏都教信仰引入了巴西。[④] 通过解救国王母亲的传说，弗朗西斯科·费利什·德索萨将跨大西洋奴隶贸易造成的隔阂转化为与巴西有益的联系。

虽然有此传说，但没有证据显示德索萨确实曾前往巴西寻找纳·阿贡缇美。1821 年，他获得了允许他回到家乡的护照，但他并未启程前往巴西。至于他此后为何始终没有尝试动身，其原因同样扑朔迷离。[⑤] 存在两种可能：要么盖佐国王阻止德索萨离开达荷美，要么是奴隶商人存在法务问题，不能入境其时的葡萄牙殖民地巴西。盖佐国王派出的大概是德索萨的一个手下多索-尤沃（Dossou-Yovo），而他可能是此前帮助德索萨从阿波美越狱的一个同伙。[⑥]

克里斯蒂安·德索萨和大卫·德索萨证实了他们的祖先身体强健的说法。据二人所说，弗朗西斯科·费利什·德索萨育有 201 个子女，其中有

---

① Edna Bay, *Wives of the Leopard: Gender, Politics and Culture in the Kingdom of Dahomey*, Charlottesville: University of Virginia Press, 1998, p. 180; Edna Bay, "Protection, Political Exile, and the Atlantic Slave Trade: History and Collective Memory in Dahomey," *Slavery & Abolition*, 22, 1 (2001), pp. 16-18.

② Luis Nicolau Pares, "The Jeje in the Tambor de Mina of Maranhão and in the Candomblé of Bahia," *Slavery & Abolition*, 22, 1 (2001), pp. 91-115.

③ Pierre Verger, "Le culte des vodoun d'Abomey aurait-il été apporté à Saint Louis de Maranhão par la mère du roi Ghèzo?" *Études Dahoméennes*, 8 (1952), pp. 22-23; Edna Bay, "Protection, Political Exile and the Atlantic Slave-Trade: History and Collective Memory in Dahomey," in Kristin Mann and Edna G. Bay, ed., *Rethinking the African Diaspora: The Making of a Black Atlantic World in the Bight of Benin and Brazil*, London: Frank Cass, 2001, p. 57; Judith Gleason, *Agotime: Her Legend*, New York: Grossman, 1970.

④ Pierre Verger, *Os Libertos: Sete Caminhos na Liberdade de Escravos da Bahia no Século XIX*, Salvador: Corrupio, 1992, pp. 71-72.

⑤ Robin Law, *Ouidah, the Social History of a West African Slaving "Port", 1727-1892*, Athens: Ohio University Press, 2004, p. 166.

⑥ Robin Law, *Ouidah, the Social History of a West African Slaving "Port", 1727-1892*, Athens: Ohio University Press, 2004, p. 177; Edna Bay, *Wives of the Leopard: Gender, Politics and Culture in the Kingdom of Dahomey*, Charlottesville: University of Virginia Press, 1998, p. 179.

106个女儿和95个儿子。他们没有将这种非比寻常的后代数量归结于德索萨的财富或名下大量的奴隶，而是归功于他超凡的身体条件。由于他富豪的名气，今日维达许多居民都宣称是他的后人。他不仅在家族话语中具有强健体魄与性感外形等特点，在虚构作品中也是如此，比如布鲁斯·查德温（Bruce Chatwin）的小说《维达总督》（*The Viceroy of Ouidah*，1980）与维尔纳·赫尔佐格（Werner Herzog）的改编电影《青蛇》（*Cobra Verde*，1987）。在影片当中，这位巴西商人不消开口就能震慑男人、吸引美女。

19世纪末期，法国政府废除了达荷美君主制度，德索萨家族有权集体决定“沙沙”的人选。此前家族已经失去了大部分影响力，并且内部分化更加严重。要选出家族的最高代表十分困难，以致这一身份长期空缺。

六　有疗愈神力的祖先

在纪念堂内，弗朗西斯科·费利什·德索萨的旧卧室依然保存完好。置身其中，不仅能看到他用过的巴西式木床——每天都及时收拾，仿佛他还在世一般——还能看到他的墓。这个房间营造出他依然生活在家族成员之间的感觉。据大卫·德索萨所说，他的祖先去世后，达荷美国王“送来了12个奴隶，这12个活人要与他一同下葬，但他的后人说：‘没有商量的余地，我们不允许这样的事情发生’……而后这些人全都自由了”。[①] 尽管族人反对，德索萨还是得到了一个达荷美大酋长葬礼的全部待遇：四个活人被献祭，两人在沙滩上，两人在他的墓前。[②] 有关这段故事的记录显示了家族西化、人道的形象——既排斥当地的宗教实践，也拒绝对奴隶采取暴行。

据说德索萨族人都信天主教，但在他们的祖先定居维达后，盖佐国王下令在城中建造了几座伏都教神龛来保护他。在弗朗西斯科·费利什·德索萨的墓旁摆放着一个陶瓷大缸，或许是他从巴西带来的。缸内放着清水，用于

① Filmed interview by the author with Christian de Souza and David de Souza, during the visit of Francisco Félix de Souza's memorial, Singbomey (Ouidah), June 19, 2005.

② Robin Law, *Ouidah, the Social History of a West African Slaving "Port", 1727-1892*, Athens: Ohio University Press, 2004, p. 215.

在祭祀仪式上疗愈家族成员。[①] 在这一语境下，祖先本人也成了一个伏都教神明，一个有疗愈之力的神祇。在伏都教信仰中，神灵或神祇必须存在于一个明确的物质空间中。弗朗西斯科·费利什·德索萨借由他的墓确定了他存在于自己的旧房间中，而陶瓷缸中的水则会生出解药。这个房间已然象征着德索萨家族与巴西的初始联系，以及家族对维达城中的阿固达与其他社区的政治影响力。对弗朗西斯科·费利什·德索萨的这种神圣化增强了家族的权威，这超越了政治、经济、家庭的领域，同时到达了宗教的层面。

恰如维达的其他精英，德索萨家族也拥有从周边区域找来的奴隶，用于当地的经济生产。他们受雇从事农业与家庭服务。其中那些为伏都教通灵崇拜所接纳的人（称 Fa、Egungun 及 Zangbeto）都获得了宗教职务。比如奥娄古斗（Olougoudou）家族的一位祖先曾属于阿贝奥库塔（Abeokuta）王室家族，他在 1830 年被带到维达，当时奴隶贸易出口已经违法。据已故的历史学家埃米尔·奥娄古斗（Émile Olougoudou）教授所说，他的祖先登上了一艘开赴美洲的运奴船。在沿西非海岸前进时，船只出现问题被迫进入维达港。奥娄古斗称，德索萨买下了船上总计 600 名奴隶，从来自美洲的奴隶制中“解救”了他们。[②]

奥娄古斗的记录表明，德索萨并未被他的奴隶所敌视，他有着恩人的形象。这一形象与当时英国人游记中的记录相似。据弗雷德里克·福布斯（Frederick Forbes）所说，德索萨的价值观与当地人的不同，比如他反对活人献祭。[③] 德索萨家族赞颂了他这方面的美德，正如大卫·德索萨所说：

> 当奴隶被带到维达售卖时，有的家族认出了其成员。他们曾经请求“沙沙”帮忙赎买要被卖到海外的俘虏。在美名（颂词）里有一个专门的称呼来赞颂弗朗西斯科·费利什·德索萨。我们说他是赎回奴隶并还给其家人的人（……）他是解救奴隶的人。[④]

---

① Filmed interview by the author with David de Souza, during the visit of Francisco Félix de Souza's memorial, Singbomey (Ouidah), June 19, 2005.

② Interview by the author with Émile Olougoudou, Ouidah, July 24, 2005.

③ Frederick E. Forbes, *Dahomey and the Dahomans: Being the Journals of Two Missions to the King of Dahomey and Residence at His Capital in the Years 1849 and 1850*, London: Frank Cass, 1966 (1851), Vol. I, pp. 106-108.

④ David de Souza, during the interview by the author with Honoré Félicien Julião de Souza (Chacha VIII) and David de Souza, Singbomey, Ouidah, June 19, 2005.

诚然，大卫·德索萨所说的词是 é plé vi plé nò，意为“他曾经赎买孩子和孩子的母亲”。但在20世纪90年代，奥诺雷·费利西亚诺·茹利昂·德索萨出任“沙沙”八世之际，颂词中的这一部分被禁止了，因为它明显指涉了人口买卖。虽然赎买孩子及其母亲可以解读为一种防止家庭成员失散的善举，但它也可以解读成巴西商人彰显财富的一种手段：他有财力买来同一家族中的许多成员。因此关于“沙沙”一世的记忆是根据今日的道德观念重新建构的。他变得关注人权，乐于解放奴隶。不过这种看法似乎由来已久。在其游记中，约翰·邓肯（John Duncan）报告称德索萨对他的奴隶很仁慈。[①] 诚然，一些见过他本人的旅行者都提到，德索萨将自己看作一个大慈善家，“通过买来准备出口的奴隶，他解救了他们的性命”，从而使他们免于牺牲。[②]

从辛博美向海边走上约100米，是弗朗西斯科·费利什·德索萨的达冈神庙（temple of Dagoun），其中供奉的是他的伏都神。尽管他信天主教，但德索萨是唯一拥有伏都教守护神的阿固达人。根据达冈起源中最可靠的版本，盖佐国王邀请德索萨来维达定居后，他赐予后者两位伏都神明来保护这座城市：第一座供奉在城市的入口，第二座则在出口。德索萨最后还得到了第三位伏都神明来保护他本人，也就是达冈。[③]

近几年，当时在盖佐治下被派往维达的宗教领袖的后人始终与德索萨家族交好。[④] 德索萨家族与达荷美王室并非一直友好，而达荷美国王派来的这些传统宗教领袖也属于双方紧张关系的一部分。正是通过他们，国王得以影响、控制德索萨家族。在宗教领袖监督下，现任“沙沙”保有管理巴西居民区中传统神庙的权力。不像其余的神庙，达冈神庙的负责人由德索萨家族委员会选出，而非伏都教的最高领袖。

---

① John Duncan, *Travels in Western Africa in 1845 & 1846: Comprising a Journey from Whydah, through the Kingdom of Dahomey, to Adofoodia in the Interior*, London: Frank Cass, 1968 (1847), Vol. 1, p. 114.

② Robin Law, "The Atlantic Slave Trade in Local History writing in Ouidah," in Naana Opoku-Agyemang, Paul E. Lovejoy and David V. Trotman, eds., *Africa and Trans-Atlantic Memories: Literary and Aesthetic Manifestations of Diaspora and History*, Trenton: Africa World Press, 2008, p. 274, No. 20.

③ Manuela Carneiro da Cunha, *Negros, estrangeiros: os escravos libertos e sua volta à África*, São Paulo: Brasiliense, 1985, pp. 203-204.

④ Interview by the author with Honoré Félicien Julião de Souza (Chacha VIII) and David de Souza, Singbomey, Ouidah, June 19, 2005.

七 更新关于弗朗西斯科·费利什·德索萨的记忆

对弗朗西斯科·费利什·德索萨记忆的平反是在约15年前开始的，正是“沙沙”八世获得任命之时。如今家族成员公开谈论奴隶贸易，他们中的许多人认为德索萨和他的后代不能因家族过去参与奴隶贸易而被谴责。他们觉得不能用今日的标准来评判古人，并称奴隶贸易在当时是合法的商业活动，即便我们知道德索萨和他的后代持续从事奴隶贸易直至19世纪50年代，其时奴隶贸易已然非法。虽然有上述的辩白，其家族成员为了重新建立有关他们祖先的记忆，也为了取得政治资本，还是掩盖了德索萨经历中有关奴隶贸易的部分。

最近几年，大概是由于联合国教科文组织“维达92”项目的反响以及“奴隶之路”项目的启动，在贝宁讨论奴隶制过往已不再是禁忌。然而，非洲内部的奴隶制度以及穆斯林奴隶贸易都没有出现在这些公共纪念活动中。非洲土地上的奴隶制度依然拥有更人道与更仁慈的形象，因此较之大西洋奴隶贸易与奴隶制度更易于接受。但众所周知，随着跨大西洋奴隶贸易的兴起，非洲大陆上的奴隶制度性质发生了根本改变，奴隶制度也成了许多非洲社会的中心制度。①

罗宾·洛宣称在19世纪上半叶弗朗西斯科·费利什·德索萨并非维达唯一的重要商人。好几位其他成功的奴隶商人也在城中站稳了脚跟，包括若阿金·特莱斯·德·梅内塞斯（Joaquim Teles de Menezes）、胡安·何塞·赞格罗尼斯（Juan José Zangronis）、若阿金·达·阿尔梅达（Joaquim da Almeida）以及多明戈斯·若泽·马丁斯（Domingos José Martins）等。尽管洛对维达奴隶贸易的网络做出了细致分析，但他顾及历史层面的同时却忽视了重要的记忆层面，特别是关于弗朗西斯科·费利什·德索萨如何在维达城与达荷美王国的历史中成为一个神话人物，哪怕他只是当地奴隶贸易众多参与者当中的一个。爱丽丝·苏蒙尼（Élisée Soumonni）与阿尔贝托·达科斯塔·席尔瓦曾就此提出几点重要看法。他们提到，德索萨在向棕榈油贸易的转型中发挥了关键作用，这对他成名有很大帮助。长期以来，他担任了阿固

① Paul E. Lovejoy, *Transformations in Slavery: A History of Slavery in Africa*, Cambridge: Cambridge University Press, 2000, p. 21.

达社区的“守护者”。当地人则认为他比较西化，领先于本土居民。他之所以能够得到这样的定位，要归功于盖佐国王授予他的职位。这个职位助他拥有了慷慨仁慈的美名。虽然祖籍巴西，弗朗西斯科·费利什·德索萨却化身为完美的西非酋长。[①]

总的来说，关于德索萨的神话建立在巴西与达荷美王国联系与交流的基础上。在建构出的一个南大西洋世界的体系中，大西洋奴隶贸易构成了一道鸿沟，而德索萨则不再是那个通过买卖人口敛财的奴隶贩子。他变通保存着巴西身份，允许解放的巴西“回归”奴隶社群找寻他们的非洲故土，因而成了一位仁慈的守护神。

虽然德索萨不是古代达荷美王国境内唯一活跃且富有的商人，但他通过成为阿固达社区一个重要的历史参照以及一个真正的神，从而在这一地区奴隶贸易的历史上大获成功。今天之所以重新建构有关他的记忆，是为了重新建构这一地区与巴西的联系。弗朗西斯科·费利什·德索萨神话的演变也是历史学家与人类学家工作的结果。尽管大部分被带往巴西的奴隶来自中西非地区，但是他们仍然优先研究巴伊亚与贝宁湾之间的关系。

虽然从初抵非洲之际起，德索萨和他的后代就在与非洲女性生儿育女，但家族成员似乎坚持着一种“生理”真实性的想法。这种想法与种族的纯粹性无关，而是包含了一种“巴西性”，在此意为混血的身份。德索萨的神话从巴西创建者神话中借来了三个种族：家族的起源建立于一个葡萄牙裔的巴西人与一个美洲印第安人的相遇，她诞下一个真正的巴西个体，后者又完美适应了非洲环境。“将深度混合的血脉均匀融合”，这种混杂使德索萨拥有理想化的“巴西”身份，其中包括了天主教信仰、父权制度、一夫多妻制以及非洲信仰，连同随之而来融合的多种文化与习俗。[②]

这一神话的成功建构归功于几大政治经济要素，包括德索萨的财富，以及在达荷美参与大西洋奴隶贸易的关键时期中他所担任的职务。近年来，德索萨神话的宗教元素在确立他“总督”身份的过程中发挥了关键作用。德索萨向达荷美引入了天主教，但他同时也亲身参与了当地的宗教活动。作为维达城中非洲—葡萄牙—巴西社群最举足轻重的代表人物，弗朗西斯科·费

---

① Élisée Soumonni, *Daomé e o mundo atlântico* , SEPHIS, South-South Exchange Programme for Research on the History of Development, Centro de Estudos Afro-Asiáticos, 2, 2001, p. 13.

② 按弗雷尔所言，这种巴西身份“以深度混血充当润滑剂，缓和了征服者与被征服者之间的关系。”*Casa Grande & Senzala*, São Paulo: Global Editora, 2003 (1933), p. 231.

利什·德索萨也逐渐非洲化了。他象征着杂糅的身份，其基础是与一个足够的或想象的巴西的联系。这些元素共同构成了德索萨神话的基础，并得到了当下的纪念活动以及地方领袖取得的新影响的进一步强化，使德索萨家族重新获得了贝宁去殖民化以来所失去的政治力量。[①]

在全球化的世界中，奴隶制度与奴隶贸易被视为反人类罪，但德索萨家族却成功强调了其合法地位，即便并不一定是在经济与政治层面。其崭新的象征性地位依赖家族的巴西起源，以及对“混血”和不同文化相遇的赞颂。矛盾的是，联合国教科文组织的官方项目既助力缅怀了奴隶贸易的受害者，也纪念了那些曾经奴役与售卖他们的人。在这些官方项目的支持下，通过重建关于祖先的记忆，德索萨家族正缓慢拿回政治资本。如果从一种西方的视角难以想象称颂一个奴隶商人，那么在非洲语境下则要易于接受得多，因为大西洋奴隶贸易以及美洲的奴隶制度并不被看作非洲的问题。此外，在非洲土地上，奴隶贸易与奴隶制度这段近代历史包含着多股力量，很难分辨受害者与加害者。

对关于弗朗西斯科·费利什·德索萨记忆的价值化过程在当地是一次相对成功的发明，其中依托的概念是，他不仅是当地最重要的奴隶商人，还是弱者的保护人。然而，以非裔美国人为代表的部分游客，以及曾为奴隶贸易提供大量俘虏的克图人（Ketu）与萨瓦卢人（Savalu）等，都强烈反对这一历史重构。

The Legacy of Francisco Félix de Souza: A Brazilian Slave Merchant in the Bight of Benin

Ana Lucia Araujo

Abstract: This article focuses on the political legacy of slave trade in West

① Emmanuelle Kadya Tall, "De la démocratie et des cultes voduns au Bénin," *Journal des Africanistes*, 70 (1-2), 35 (137); Emmanuelle Kadya Tall, "Dinamique des cultes voduns et du Christianisme céleste au Sud-Bénin," *Cahiers des Sciences Humaines*, 31, 4 (1995), pp. 797-823; Milton Guran, *Agudás*: *Os "Brasileiros" do Benim*, Rio de Janeiro: Editora Nova Fronteira, 1999, pp. 274-275.

Africa. Brazilian trader Francisco Félix de Souza made his fortune in the Kingdom of Dahomey. He then moved to West Africa and left behind an abundance of fiscal and cultural legacy. Interviews conducted within the immigrant community in today's Republic of Benin shows that the descendants of de Souza have managed to create a continuing writing of history for their ancestor and the family, constructing in this sense a unique South Atlantic identity. It makes de Souza a legendary trader of success, as well as the common ancestor for all the South American immigrants in Benin, the process of which even involves local Vodun traditions. While emphasizing on de Souza's crucial role in history, his descendants also provides invisible political capital for themselves, which would continue to enhance the family's influence.

Keywords: Slave Trade; The Kingdom of Dahomey; Benin; Memory; The Writing of History

（执行编辑：刘璐璐）

学术述评

海洋史研究（第二十三辑）
2024年11月 第463~473页

跨大西洋视角下的气候与环境

——《欧洲与美国在小冰期的冷面相迎》评介

刘晓卉*

2021年10月21日，国际顶级医学期刊《柳叶刀》发布了名为《倒计时：追踪健康与气候变化进展》的报告。在报告中，90多名专家称气候变化将成为“人类健康的决定性事件”，它所带来的粮食短缺、极端天气和传染病等影响可能比新冠疫情更具灾难性和持久性。①气候变化给人类带来的问题越来越受到各界的广泛关注，而人类也积极应对气候变化可能带来的风险，从2016年的《巴黎协定》到2021年的《中美关于在21世纪20年代强化气候行动的格拉斯哥联合宣言》，无不显示了各个国家对气候问题的重视。

然而，历史学界却较少关注气候之于人类的意义及其如何影响人类历史的进程，在很长一段时间内，鲜有历史学者将气候作为其研究的重心。实际上，作为一个重要的自然地理环境要素，在人类历史进程中，气候具有强大的塑造力量，漫长持续的极端天气甚至可能改变人类历史的走向，尤其是在严重依赖天气的前工业化时代，生计农业的一个明显特征便是“看天吃饭”。气候不但关乎粮食丰歉，还影响人类的感受和疾病的传播，极端天气是社会动荡、政治变革的重要诱因。历史学界在气候问题研究方面是匮乏

---

* 作者刘晓卉，上海师范大学外国语学院、上海师范大学世界史系副教授。

① “The Lancet Countdown: Tracking Progress on Health and Climate Change,” *The Lancet*, 2021.

的，这主要有两方面原因。其一，历史学者担忧陷入环境决定论，尤其是过分强调自然环境因素对历史事件的决定作用通常会被看作环境决定论的支持者，而“环境决定论”在学界已饱受诟病。然而，对环境因素的重视并不等同于环境决定论，同时近几十年来勃兴的环境史也提醒史学家们，历史发展中的自然和物质因素不可忽视。其二，历史学者缺乏气候变化方面的研究路径和方法，而随着各种新史料的出现，特别是古气候学近年来的新进展，气候和早期社会变化的关联研究成为可能。于是，近些年出现了一些气候史方面的优秀著作，如气候在美国历史发展中所起到的作用就得到了一些历史学者的关注和探讨。[①]

山姆·怀特的《欧洲与美国在小冰期的冷面相迎》就是其中一部。该著作由哈佛大学出版社于 2017 年出版。作者山姆·怀特是俄亥俄州立大学历史系的教授，他毕业于美国哥伦比亚大学，并获得博士学位。[②]该书主要关注小冰期的气候变化如何影响欧洲人在美洲的殖民经历，同时也探讨了欧洲人的到来和天气的骤变对印第安人产生的影响。大而言之，这是一个关于人类社会如何与其所依存的生态系统互动的故事，这个故事发生在跨大洲的语境和极端天气变化的背景下，这两重变化使故事充满了惊险与意外。现存的众多美国史研究都是从 1620 年“五月花号”着陆普利茅斯开始写起的，而从哥伦布 1492 年来到新大陆到“五月花号”着陆的这段历史往往被美国史学者所忽视，作者关注的历史时期主要从 16 世纪到 17 世纪早期，正好填补了美国史在这一时间段的书写空白。在研究资料的利用上，作者除了使用书信、航海日记、旅行记事等书面材料，还借助考古学和气候学的物质证据来重新建构早期的气候变化，如树木的年轮、珊瑚和贝壳等水下沉积物、洞穴石笋、冰芯及人类骨骼等。除了英语文献外，作者还利用了西班牙语、法语、荷兰语、意大利语等多种语言所书写的资料来构建此段历史。

---

① 有关气候史的著作参考 John Brooke, *Climate Change and the Course of Global History: A Rough Journey*, Cambridge: Cambridge University Press, 2014; Dagomar Degroot, *The Frigid Golden Age: Climate Change, the Little Ice Age, and the Dutch Republic*, Cambridge: Cambridge University Press, 2018。北美气候史方面的著作有 Anya Zilberstein, *A Temperate Empire: Making Climate Change in Early America*, Oxford: Oxford University Press, 2016; Thomas M. Wickman, *Snowshoe Country: An Environmental and Cultural History of Winter in the Early American Northeast*, Cambridge: Cambridge University Press, 2019。

② 山姆·怀特主攻气候史和环境史研究，他的代表作除了此书外还有 *The Climate of Rebellion in the Early Modern Ottoman Empire*, Cambridge: Cambridge University Press, 2011。

小冰期是气候史上一个重要的阶段，气候学家一般认为其开始于中世纪晚期至工业时代早期结束，即起于14世纪止于19世纪中期。小冰期备受学者关注的原因是这一时期气候不稳定，异常变动，如酷寒、干旱和风暴频繁发生，这一特殊时期对于人类理解气候变动具有重要意义。《小冰河时代：气候如何改变历史（1300-1850）》的作者布莱恩·费根曾言，小冰期“正是今天史无前例的全球变暖的缘起，同时也是我们展望未来气候的依据”。[①]在那个气候极端、无规律可循的时代，气候是如何塑造环境、影响人类生活和历史发展进程，人类又是如何应对和适应气候变化的，这也是21世纪面临严峻气候问题的我们亟须了解的。因此，《欧洲与美国在小冰期的冷面相迎》对小冰期气候史的研究具有重要的现实意义。

一 内容译介

作者的核心观点是，气候和气候变化在欧洲人的北美殖民进程中起到了重要作用。艾尔弗雷德·克罗斯比等学者认为新大陆发生的环境变迁完全是由入侵的欧洲人造成的，[②] 而实际上，包括气候在内的自然环境因素在其中也起到了很大作用。作者尝试从气候角度对欧洲人在美洲的经历以及美洲社会的变化给出一种新的阐释。该书除了引言和结论外，共分为十个章节，按照空间的维度分别记录了西班牙人、英国人及法国人在新大陆不同地区的探险和殖民活动，试图将这些串联成一个完整的故事，意在展示人类在小冰期严酷的天气中非同寻常的经历，揭示气候如何影响人类，人类又是如何看待气候、理解环境的。

第一章和第二章讲述了1492年欧洲人发现新大陆后，在北美建立殖民地失败的探索。失败的两个重要原因便是欧洲人对美洲气候的了解不足和小冰期异常的气候变动。一方面，欧洲人对气象学和地理学的原有认识不足以帮助他们预判新大陆的环境：欧洲探险家认为与欧洲同纬度的美洲地区应该有与欧洲相似的气候，但与欧洲的海洋气候相比，北美的大陆气候更加多

① 该书重点探讨的是小冰期对欧洲社会的影响。参见〔美〕布莱恩·费根《小冰河时代：气候如何改变历史（1300-1850）》，苏静涛译，浙江大学出版社，2013，第3页。

② 〔美〕艾尔弗雷德·克罗斯比：《哥伦布大交换：1492年以后的生物影响和文化冲击》，郑明萱译，中信出版集团，2018；〔美〕艾尔弗雷德·克罗斯比：《生态扩张主义：欧洲900—1900年的生态扩张》，许友民、许学征译，辽宁教育出版社，2001。

变、不稳定，并非如欧洲人所料，纬度越高，气温越低，现实的情况却是“近赤道的一些区域气候温和。热带区域的天气夏天比冬天更加凉爽多雨。在相隔不远的距离内，季节、风和降雨的差异很大”。[①] 欧洲经典的地理学、托勒密体系和亚里士多德的气象论都无法解释美洲的气候现象。欧洲人在与新大陆环境接触的过程中，其原有的《圣经》和在古希腊经典学说影响下形成的知识体系也被撼动，他们在实践中对美洲气候的认识和了解也为现代气象学的发展奠定了基础。另一方面，欧洲人来到北美时正值小冰期初期，北大西洋涛动带来了寒冷且干燥的冬季，太阳黑子活动处于极小值，加上16世纪末17世纪初几座火山爆发之后的火山灰和硫酸盐进入大气，阻挡日光，温度骤降，异常的酷寒和干旱使欧洲探险家和殖民者毫无防备。西班牙人来到佛罗里达最初的意愿是寻找一个新的“安达卢西亚”，他们希望能够找到与母国气候相似的区域，适合橄榄、葡萄、小麦等地中海作物的生长，而现实给他们的只有失望，北美的大陆气候本就与西班牙的地中海气候不同，加上小冰期的寒冷冬季和旱灾，他们的地中海作物无法成长，于是西班牙人遭遇了粮食歉收和饥荒，他们认为佛罗里达又冷又湿、土地贫瘠。遭遇饥荒的西班牙人不得不设法从印第安人手中获取食物，饱受旱灾侵袭的印第安人早已自顾不暇，这使得双方关系紧张，甚至时常交火。恶劣的气候和天气也对航海造成阻碍，小冰期大气环流的变化和风暴阻碍了探险行程，寒冬使船员们士气大减、生病甚至死亡，加之16世纪航海技术不成熟，探险家缺少地理与航海知识，海上探险屡遭不顺。作者不仅记述了欧洲人在美洲的经历，也关注了土著人的生存状态。在严苛的环境下，印第安人的生活同样无比艰辛，不但要经历如此剧烈的气候变化以及随之而来的自然灾害，还要应对欧洲人的入侵，承受欧洲人带来的传染性疾病的困扰。由于欧洲人对其资源的争夺，印第安人口骤然减少。

第三章和第四章主要探讨了英法等国尤其是英国对西班牙北美殖民地的威胁，着重展现了气候在欧洲国家对美洲殖民地的争夺中起到的作用。在这一部分，作者首先采取了跨国的视角，分析了欧陆的形势对欧洲各国在大西洋彼岸殖民活动产生的影响。西班牙连年的战争导致国力亏空，西班牙帝国整体实力大不如前。16世纪中期，西班牙与英法等国的战火也烧到了美洲，

---

① Sam White, *A Cold Welcome: The Little Ice Age and Europe's Encounter with North America*, Cambridge and London: Harvard University Press, 2017, p. 10.

英法及荷兰的海盗和走私者经常在加勒比地区抢夺西班牙人的财宝，破坏西班牙在加勒比地区的贸易。小冰期的气候变化对欧洲各国也有影响，骤冷的天气和多雨的夏季毁掉了作物和饲料，17 世纪初的欧洲出现了灾荒、贫困、疾病传播和人口死亡等问题，加之经济衰退、社会冲突以及宗教斗争激烈，在这样的情况下，法国人和英国人相继来到北美寻求出路，在北美建立自己的殖民地。值得一提的是，自然灾难带给西班牙和英国的影响却是不同的，特别在海外扩张战略方面。饥寒对西班牙的影响比英国更大，西班牙人口死亡率更高，几次饥荒对西班牙连续的打击使其人口数量很难恢复，彼时正值西班牙国内财政困难，一些人提出这正是由其海外殖民扩张花销过高所致，要求收紧其扩张幅度，西班牙对扩张美洲殖民地的志趣遂减弱，决定放弃圣埃伦娜，只留圣奥古斯丁一个殖民地。而英国的情况则不同，由于自然灾难和经济困难，越来越多的移民从腹地迁移到伦敦谋生，移民、流浪汉等群体对城市的社会稳定造成威胁，精英阶层意识到可以将这些剩余人口转移到海外，加上探险家们对美洲带有政治鼓动色彩的宣传，英国人对移民美洲的兴趣增强。英国在北美的殖民之路同样艰辛异常，寒冷的气候难辞其咎。如西班牙探险者一样，寒冬、扩张的海冰和风暴使英国探险家遇到了重重阻碍和艰险，海上沉船事件并不鲜见，而到达殖民地后，也面临同样的干旱和饥饿，这些都导致了英国在佛罗里达殖民的失败，而导致失败的另一个原因则是探险者回国后不实的宣传，他们着力美化新大陆的环境，使将要来此的殖民者对北美极端多变的气候完全没有准备。

第五章、第六章和第七章详述了英国在北美的殖民活动。在伦敦弗吉尼亚公司的赞助下，英国人在 16 世纪末 17 世纪初开始于詹姆斯敦建立殖民地，而这一时期也是地球千年来最冷、最干燥的一个时期。同西班牙人一样，英国人对地理和气候的认知存在诸多谬误，他们认为詹姆斯敦应为温和湿润的地中海气候，适合种植橄榄、柠檬等作物。而他们刚到这里不久，1606 年到 1612 年便发生了持续时间较长的一次旱灾，糟糕的天气和不良的收成使英国人遭受了饥饿、营养不良和死亡。殖民地恶劣的卫生条件常常诱发疾病，斑疹伤寒是常见疾病，寒冷和饥荒也是斑疹伤寒的推手。此外，英国人还缺乏清洁的饮用水，由于夏季干旱，詹姆斯河河水减少，咸水从海流入河，在英国人中引发了盐中毒的现象。面对食物的匮乏，英国人为了填饱肚子，开始用自己的货物来换取土著人的食物。因为相比英国人，土著人更能适应剧烈变化的气候，他们根据气候变化种植更耐寒、耐旱的作物，同时他们也不断向南部迁移，通过狩猎和饲养牲畜来弥补农作物的供给不足。纵使如此，印第安人仍然面临食物不足的问题。变动的天气和生态的压力加剧了殖民者对领土和资源的争夺，各国殖民地之间以及殖民地与土著人之间的矛盾更加激化。英国人并没有如弗吉尼亚公司所愿，找到丰富的贵金属矿产和去往南部的航线。虽然詹姆斯敦的情况并不好，但是相比北部缅因海岸的波帕姆殖民地更为糟糕的境遇，其看起来更具希望，更值得投资商继续资助。作者在这部分中也关注了常被忽视的波帕姆殖民地的情况，由于没能在波帕姆发现贵金属，加上寒冷的气候以及与印第安人关系的恶劣，英国人很快便放弃了在这里建立殖民地。

第八章关注的是西班牙人在新墨西哥以及加利福尼亚建立殖民地的失败。怀着找到丰富的矿产和与原住民友好相处的美好期望，西班牙人开始了对新墨西哥的探险和殖民，而他们却失望地发现这里并非如他们所期待的冬天凉爽多雨、夏天炎热干燥的地中海气候，而是干燥的沙漠气候。这片贫瘠的土地无法提供足够的作物，而小冰期的寒冷使这里的冬季有 8 个月之久，饥寒交迫的西班牙人只能从土著普韦布洛人那里抢夺食物和御寒衣物，而干旱无雨的夏季使土著人的玉米歉收，土著人自己也面临饥馑，这引发了西班牙人与印第安人之间的冲突对抗。作者举了这样一个例子，一场种族之间的冲突杀戮事件的起因竟是一名西班牙士兵从土著妇女手中抢了一只火鸡，可见对稀缺资源的争夺来满足生活的基本需求是此时种族间冲突的主要诱因，这也为重新阐释历史事件提供了一些新鲜的物质层面的视角。

除了西班牙和英国，法国也在 16 世纪早期开始了在北美的殖民，法国人选择的主要区域是加拿大，这是第九章中所交代的内容。与西班牙人一样，法国人期待与法国纬度相当的北美地区有着与法国相似的气候，而“新法兰西”的冬天却比欧洲寒冷许多。对于法国探险者和殖民者来说，最为严重的问题莫过于坏血病的蔓延。无论船员还是殖民者，他们都只能以船上带来的饼干、咸肉和咸鱼为主要食物，缺乏新鲜蔬果提供维生素，很多人患上坏血病甚至死亡。在加拿大，虽然法国人并没有像原本所期望的那样找到金矿和钻石，却在渔业和毛皮贸易上获利颇丰。与早前在北美其他区域的殖民者一样，来到魁北克的法国人同样面临严酷的寒冷，但是他们展现出较强的适应能力：他们在选址定居、修建房屋、种植作物时都对环境因素有特殊的考量；他们还与一部分印第安人交好，与其建立同盟和贸易关系。除此之外，西班牙人并不太在意法国在加拿大这一苦寒之地的殖民活动，这也为其在此处殖民提供了有利条件。也正是出于上述原因，法国人在经过了多次艰难的海上探险和在纽芬兰、圣劳伦斯谷地、圣克洛伊岛等地殖民的失败后，汲取经验教训，最终成功在魁北克建立了永久殖民地，为该书总体上阴郁沮丧的基调增添了一缕亮色。

与法国人相比，英国人在北美的运气就没有那样好了。17世纪初英国对弗吉尼亚继续进行探险和殖民活动，而这一时期他们的经历异常惨烈，这是第十章所讲述的内容。1609年，装载着补给物资和更多英国人的英国船只在驶往詹姆斯敦的途中经历了暴风雨，在经历了一系列曲折磨难后到达弗吉尼亚。更多英国人的到来加重了食物短缺的问题，使得他们不停地向印第安人索取食物，而印第安人自己也深陷于干旱造成的饥荒之中，这使英国人与土著人频繁交火。最终，饥饿无助的英国人沦落到吃虫子，甚至食人的地步。靠着母国跨洋而至的供给，詹姆斯敦殖民地才勉强为继。

在最后的结论中，作者总结了在经历了寒冷、疾病、饥饿和各种其他自然灾害的磨砺后，弗吉尼亚、魁北克、佛罗里达以及新墨西哥殖民地才得以保留下来。他指出小冰期的气候变化对各国殖民者的殖民进程和势力范围形成具有重要影响，尤其是对西班牙海外势力的削弱和英法北美殖民势力的增强起到重要作用。他认为欧洲人在数个区域的失败均是由于没能就环境条件而做出适当调适。最后，山姆·怀特指出，在全球变暖的今天，要更好地了解未来气候变动，除了需要科学家的努力，历史学者利用叙述性史料对气候变动进行重新建构也非常重要。

二　对《欧洲与美国在小冰期的冷面相迎》的评议

山姆·怀特所利用的档案和其他资料丰富翔实，在借鉴其他相关学科如气候学、考古学等的基础上对早期北美殖民历史进行了较为深入的研究。他以细致的笔触描绘了早期欧洲人异常艰辛的海上探险和殖民经历，对其中涉及的人物和事件给予了生动且细致入微的刻画，虽然他和其他史学家一样探讨了欧洲人地理和航海知识的缺乏、与土著人关系的不和、对美洲过分美好的期待等政治文化因素导致的早期殖民失利，但他试图强调的却是气候这一环境要素在这段历史中的重要作用，探讨了历史上环境因素对人类活动造成影响这一环境史议题。怀特采取了较为宏观的跨大西洋视角，注重欧洲殖民者与其母国的联系，将小冰期时的北美与欧洲国家力量的对比变化相联系，具有较好的跨国研究意识。怀特的语言明快，成功地利用了自然科学的研究成果，尤其是气候学的成果，对气候理论和气候现象进行了清晰易懂、深入浅出的分析，没有任何气候学基础的读者亦能很快对小冰期气候的变动及其原因有一个大致的了解。

然而，该书的撰写也存在几个不足之处。首先，从标题和全文结构布局上看，作者本意应是把气候当作历史发展的能动因素进行分析，而有时却专注于对殖民过程中重要的个人和历史事件的描述，而使气候沦为这些故事发生的背景，在某些章节中作者甚至沉迷于对各国在北美进行的领土争夺、欧洲人与印第安人关系的叙述，只是偶尔提及气候因素，而笔者认为对于这些早期殖民故事，其他学者在其著述中也都有提及，作者无须大费笔墨，对气候所产生的影响的分析应该更多更丰富且应该贯穿行文始终。如人类一样，气候这样的自然环境因素应该亦是历史舞台上的演员，影响着这出剧目的演出，而并非幕后背景。

其次，此书关注的主题还是人类，探讨的中心仍然是人类事务。作者以欧洲人在海上和新大陆的经历为中心，分别分析了导致各国殖民活动失败的诸多因素，同时还探讨了印第安人对白人的到来所做出的反应，所有这些故事的展开都围绕着人类，在小冰期的极端气候条件下，来到美洲的欧洲人不仅面临“文化冲击”，还面对“气候冲击”，人们患病死亡，数量减少，那么这里非人的生物的情况又如何呢，气候又给它们带来怎样的冲击。除了偶尔提及玉米等作物在极端气候中收成欠佳外，作者没有对气候之于植物的影响展开叙述。同样，更几乎没有涉及气候对动物的影响。而实际上，从 17 世纪开始，海狸、熊、鹿类等动物数量大规模减少甚至在某些区域消亡，除了过度捕猎和人类入侵所致的动物栖息地减少，其中气候因素是否起到作用，作者并未给出答案。作者聚焦于气候对人类活动的影响，并未放眼于更为广阔的生态系统，没有阐述不稳定的气候给整个北美的生态系统带来的变动。艾尔弗雷德·克罗斯比认为欧洲人的到来给美洲整个生态系统带来翻天覆地的变迁，而在这变迁中，人类是否是唯一的动因，诸如气候变化这样的环境因素在整个生态系统的变迁中又起到怎样的作用呢？

最后，作者对一些问题语焉不详，克罗斯比的《哥伦布大交换：1492 年以后的生物影响和文化冲击》以及威廉·克罗农的《土地的变迁——新英格兰的印第安人、殖民者和生态》都提到 17 世纪北美丰富的动植物资源,[①] 而作者却没有交代忍饥挨饿甚至到食人地步的欧洲人为何没有利用这些丰富的动物资源来解决饥饿问题？到底是不具备相应的捕猎技巧，还是其他因素在起作用。欧洲人又为何不向印第安人学习应对气候变化和获取食物的本土知识（indigenous knowledge），如季节性迁徙、采集海洋生物为食，这是否由于其与欧洲人所习惯的固定的聚落模式相悖？欧洲人所持有的土地私有制观念是否影响了他们的行为？另外，面临如此巨大的生态环境压力，除了与土著人争夺食物与御寒用品，欧洲移民自己又是如何从大自然中获取食物和燃料资源，他们的农业和牧业活动反过来又是如何影响自然环境的，对这些问题作者均未给出详细解释。17 世纪初，大西洋彼岸的欧洲已经开启了农业革命的进程。彼时的欧洲，由于天气状况的复杂多变，农人为了适应变化开始调整农耕模式，这也拉开了欧洲农业革命的序幕，英国就是在这时开展的圈地运动。而移居大洋彼岸的欧洲人是否也有同样的举措，是否根据新大陆的环境特点在这里进行了农耕方法和技术上的适应和革新？克罗农指出英国人在新英格兰实施的土地私有制影响了当地生态系统的变迁,[②] 而气候等自然因素是否也影响欧洲人当时乃至日后对土地的占有和管理？欧洲移民在其初来乍到的 100 多年中对新大陆的土地和农业景观又有着怎样的塑造？譬如，他们 17 世纪初的毁林开荒和对土地的开垦会对土壤产生影响，没有了树木对地表的保护，气候会变得更加不稳定，这是否在一定程度上也加剧了小冰期的气候不稳定？作者提到西班牙人在新墨西哥发展了畜牧业，那么与地中海地区的畜牧业相比，新大陆严苛的环境对畜牧业造成了怎样的限制，西班牙人是如何根据新大陆的环境条件进行适应和改变的？畜牧业对区域环境又有着怎样的影响？除了简单提及畜牧业毁掉了印第安人的玉米田之外，作者并未对这些人类与生态系统的互动问题展开详细论述。

作者着大量笔墨描述欧洲人在新大陆如何生存并建立殖民地以及气候在这一过程中起到的作用，而实际上除了基本生存和殖民外，来到北美的欧洲人在 16 世纪下半叶就已经开始了美洲与欧洲大陆之间的贸易交往，尤其是

① 〔美〕艾尔弗雷德·克罗斯比：《哥伦布大交换：1492 年以后的生物影响和文化冲击》，郑明萱译，中信出版集团，2018；〔美〕威廉·克罗农：《土地的变迁——新英格兰的印第安人、殖民者和生态》，鲁奇、赵欣华译，中国环境科学出版社，2012。

② 〔美〕威廉·克罗农：《土地的变迁——新英格兰的印第安人、殖民者和生态》，鲁奇、赵欣华译，中国环境科学出版社，2012。

毛皮贸易，那么气候对彼时的跨大西洋贸易和经济交往造成了怎样的影响呢？尤其是严重依赖动物数量多寡的毛皮贸易，不但毛皮的数量会受到天气和猎物丰歉的影响，交易和运输过程也在很大程度上受制于天气。

除了上述几点之外，作者对欧洲人来到美洲之前美洲的气候变化以及气候变化对印第安人的影响未有谈及。克罗农在《土地的变迁——新英格兰的印第安人、殖民者和生态》中对比了殖民时代之前印第安人对土地的影响和欧洲人到来后对土地的改造，使读者对新英格兰地区生态变迁的过程有了明确清晰的了解。[①] 若该书作者能够将前殖民时代的土著人与气候之间的互动融入该书，讲述气候上的生态限制如何影响了印第安人的生活方式以及在应对气候问题上印第安人与白人的不同适应手段和举措，可能会帮助我们更好地了解人类与气候环境的互动模式在不同人群中的差异。

该书在书写上还有一些小的瑕疵，首先，对于一些问题反复、赘余的阐述。一些相同的内容比如小冰期的气候特征、气候所引发的自然灾害、印第安人与欧洲人之间关系的紧张甚至冲突，在各章节反复多次出现，内容多有交叉重叠，略显冗余。其次，在某几个章节中对单个国家的殖民经历的书写，在时间安排上不甚合理，有时不断变换时间顺序，难免令在时空中跳跃的读者感到云里雾里，摸不到头脑。

无论如何，此书对于气候史，尤其是北美气候史的发展有着不可忽视的贡献，为北美早期殖民史的书写提供了启示。作者在殖民史书写中融入气候这一重要的环境因素，为解释新大陆殖民时代早期出现的饥馑、疾病的频发、印第安人人口的锐减及社会和经济的瓦解、印第安人与白人之间的暴力冲突以及各国殖民者之间的势力变化等历史问题提供了新的诠释，使早期殖民史的故事更加完整。历史的走向到底具有其必然性还是由偶然事件所促成，这一直是历史学者所探寻的问题。作者尝试对这一问题进行探讨，他在书中写道，如果没有气候变化这样的“偶然”事件，“（北美）殖民活动在地理空间和时间中的演进都会大不相同”。[②] 那我们不禁会思考，气候变化这样的偶然因素在其中究竟起到多大作用，是否足以扭转历史进程，抑或只是延缓由必然性所决定的过程。该书带给我们的另一个启示就是对现实问题

---

① 〔美〕威廉·克罗农：《土地的变迁——新英格兰的印第安人、殖民者和生态》，鲁奇、赵欣华译，中国环境科学出版社，2012。

② Sam White, *A Cold Welcome: The Little Ice Age and Europe's Encounter with North America*, Cambridge and London: Harvard University Press, 2017, p. 251.

的思索，强烈的现实关怀流露其中，作者向我们展示了气候剧烈变化和极端天气给历史上的人类带来的非同寻常的经历，对今天同样面临严峻气候和环境问题的我们具有借鉴和指导意义，引发我们思考未来不确定的环境和气候变化，以及我们人类是否具有足够的韧性和适应能力来应对气候变化这一突然发生却又影响持续的“偶然事件”。

（执行编辑：王路）

海洋史研究（第二十三辑）
2024年11月 第474~484页

历史碎片的流动与整合：《大西洋世界的帝国》评介

覃思 刘超*

一 《大西洋世界的帝国》简述

英国史学家约翰·赫克斯塔布尔·艾略特（John Huxtable Elliott）爵士在著作《大西洋世界的帝国：英西1492—1830年美洲殖民史》（*Empires of the Atlantic World：Britain and Spain in America 1492–1830*，简称《大西洋世界的帝国》）于2007年出版。该书从经济、政治、文化等多维度研究英西殖民社会。与其他大西洋史学研究片面、孤立的研究取向不同，该书作者强调采取多重视角、多重方法，并关注了边缘群体。在研究方法上，作者认为机械地进行比较历史研究过于片面，希望从多角度拼接不断流动变化的历史碎片，使两国的片段史在动态交织中呈现为一个整体。

约翰·赫克斯塔布尔·艾略特爵士系英国著名历史学家，牛津大学荣誉教授。他因对西班牙历史和西班牙帝国近代早期史（1500—1800）的杰出贡献，于1999年被授予巴尔赞奖。他的主要代表作包括：《加泰罗尼亚人的起义》（*The Revolt of the Catalans*，1963）、《旧世界和新世界：1492—1650》（*The Old World and the New*，*1492–1650*，1970）、《奥利瓦雷斯伯爵》（*The Count-Duke of Olivares*，1986）等。

* 作者覃思，四川大学外国语学院讲师；刘超，南京大学学衡研究院教授。

作者的这一研究思路在该书中得到充分体现。除“引言：海外世界”以外，该书正文分为三个部分：“占领”（Occupation）、“权力巩固”（Consolidation）、“解放”（Emancipation）。每部分包括四章，共十二章。

第一部分“占领”。第一章“入侵与帝国”（Intrusion and Empire）梳理了西班牙和英国在美洲殖民史的发端，并通过描述英西两国对“殖民”的不同用词，介绍科尔特斯（Cortés）和纽波特船队的人员构成、宗教权威在殖民“正当化”中的作用、当地原住民的特点以及对纽波特在美洲建立殖民地时遇到困难的详细描述——和波瓦坦人（Powhatan）之间的冲突。基于此展示出两国殖民美洲的不同途径：西班牙偏向武力征服，但也采用商贸手段；英国虽主要利用商业手段，却也离不开暴力征服。

第二章“占领美洲地区”（Occupying American Space）描述美洲复杂多样的自然地理环境对欧洲殖民者掌控美洲的阻碍，阐述了英西殖民者在每个环节中遇到的困难、挑战，以及他们各自采取的应对方法。对两国政府的不同移民政策分别做了详细阐释，特别是西班牙政府为控制非法移民所采取的种种手段。该章还根据时间顺序对英西两国移民美洲的大致情况（人数、性别比例、人员构成、死亡率等）和促成移民的各项因素做了细致的描写。

第三章“与美洲原住民的冲突”（Confronting American Peoples）强调殖民者如何处理与美洲原住民的关系。英西殖民者对待原住民具有不同态度：西班牙试图用基督教“驯化”原住民，将他们的社会变成一个有机的、等级森严的“文明社会”；而英国则走向极端，如果不能“驯化”，就直接驱逐。

第四章“开发美洲资源”（Exploiting American Resources）描述英西殖民者在美洲掠夺资源、占用劳力、与宗主国及欧洲各国建立跨大西洋经济纽带的过程。西班牙殖民者奴役原住民，利用其社会内部原有的劳动、经济、分配体系掠夺资源，以满足自身贪欲的行径。西属殖民地农业、商业、采矿业（主要是金银）的发展，和宗主国之间的经贸、人口往来图景，奠定了“新世界”转型发展的底层逻辑。而因自然条件差异，英属殖民地的发展则主要依靠糖类作物和烟草作物的种植与出口。

第二部分“权力巩固”。承袭第一部分，该部分探讨了英西两国占领殖民地后，如何管理社会、传播宗教信仰以及思考身份认同。和看重“英国人权利”的英殖民地相比，西班牙殖民地强调“共同利益”，其殖民社会在文化和政治上更加统一。相较之下，英国殖民社会的排他性更强。

第五章“王权与殖民者”（Crown and Colonists）从统治制度方面分析殖民地的权力机关框架、权威的树立、遭遇到的抵抗，以及母国君主对新土地的态度和整合方案。殖民者通常在占领新地后开始反思母国与新土地间的关系，而君主则采取总督制进行隔海统治。但鉴于二者间的地理距离，君主威望在殖民地受到挑战。另外，君主的各类征税也时常引发殖民地反抗。在整个殖民地运行中，隔海统治的皇室扮演了资源调配者的角色，往往会根据各个殖民地的特征进行资源调配与针对性地输血和盘剥。这套系统的运行依赖总督和人民议会制：总督负责行政，人民议会负责财政。而母国和殖民地之间的互相映射关系也体现在这一套行政、司法、经济体系之中。

第六章“社会秩序”（The Ordering of Society）从家庭架构、二婚情况、混血婚姻、性道德风气、父权兴盛、男尊女卑、嫡系庶出、官位头衔等角度出发细细地讲述了殖民地与母国之间社会秩序的根基及其异同之处。殖民地社会的秩序取决于多种因素。严重不公平的权力分配、统治者任人唯亲、权力裙带关系均可能引发反抗和动乱，如“培根起义”（Bacon's Rebellion），君主则利用平乱来重新构架殖民地的王权影响力。另外，殖民地社会秩序问题也和黑人与白人之间不可逾越的种族鸿沟有极大关联。英西白人的种族血统被奉为显贵的同时，社会阶层流动在人种血统层面上受到阻碍。

第七章“作为宗教领地的美洲”（America as Scared Place）对比了西属殖民地和英属殖民地宗教发展的原因、目的、面临的共同问题、与皇室政权和社会的关系。西属地教派主要是方济会和耶稣会，而英属地以清教为主。双方均自认为被神选中来改造美洲这片蛮荒之地。两方的不同体现在宗教权威和社会关系上。西属殖民地由宗教神职人员和皇室官员共同管辖，教堂有自治权，通常不受皇室政权影响。这使得教堂能不受约束地传播教义、接收捐款，最后囤积大量社会财富、垄断教育、影响经济。而英国清教徒认为不应当只存在一种至高权威，因此英属殖民地便形成了多种教义，鼓励新兴教派对《圣经》的不同解读。总之，西属殖民地信仰统一，更有凝聚力，但它们能否接受新的思潮有待历史考证；英属殖民地教义多样，能否保持稳定又是它们应当处理的难题。

第八章“帝国与身份”（Empire and Identity）以16—17世纪西班牙的衰落、英国的兴起为背景，对比跨大西洋关系圈影响下英西殖民地与母国之间的关系演变，以及西班牙和英国移民在“新大陆”从寻求认同到重建身份的转变。在长期的殖民统治中，大西洋两岸的殖民地和宗主国早已形成联动效应，宗主国的兴衰必定影响殖民地。16—17 世纪，英国成为新的殖民霸主，重视与殖民地之间的贸易，其推出的大西洋政策也使得宗主国和殖民地的关系拉近。而西班牙在英西战争中失利，加之新帝登基，面临欧洲多国的竞争和官僚系统的腐败，这些使得西班牙及其殖民地的财政情况陷入危机。最后克里奥尔（Creole）[1] 精英阶层顺势崛起，不仅割裂了西班牙和殖民地的经济联系，还瓦解了其政治联系。

第三部分“解放”。着重讨论了英西美洲殖民地在争取独立的过程中以及独立之后有哪些差异、导致差异的原因。由于西属殖民地创造了巨大的经济利益，宗主国的政策更灵活包容。即便殖民地自我身份认同逐渐加强，西班牙当局对其的社会控制还是在客观上促进了双方合作，导致西属殖民地比英属殖民地多存活 50 年。但独立之后，由于具有建立强大的地方政府这一传统，英属殖民地建立了稳定的民族国家，西属殖民地却因这一问题陷入了困境。

第九章“变化的社会”（Societies on the Move）描绘了经济和社会背景下殖民地巨大的社会流动性，以 17—18 世纪为时间轴对比英西人口来源、政策、构成和发展趋势的异同以及人口压力的利弊和应对措施，展示以移民和奴隶为主的外来人口增长模式产生的影响。两国在扩大殖民地时欧洲竞争国和内部殖民压力带来巨大困难，而与之相关的则是两国军事、经济、人口和宗教政策。两国都遵循软硬兼施的内外路线：英国对外与欧印盟友合作，对内进行军事压制；西班牙对外压制欧洲竞争者，对内进行文化渗透、宗教感化。另外，殖民地还催生了奴隶制和自由的辩证关系，即在人口构成、种族变化、劳动制度影响下，两国呈现不同的殖民政治、经济、社会、文化、宗教和危机，并由此产生逐步式微的“不自由”奴隶和“不完全”自由奴隶。[2]

第十章“战争与改革”（War and Reform）梳理了英西在殖民地采取

---

① 克里奥尔人：西裔殖民者后裔，特定语境中具有贬义。他们在跨大西洋政策中沦为了二等公民，无法与在欧洲出生的西班牙人享有同等权利，其母国身份认同诉求难以实现。因此，他们逐渐开始探索独立身份，不再寻求和母国的相似性，而是自建一种新的独立文明及其相关身份认同。

② John Elliott, *Empires of the Atlantic World: Britain and Spain in America 1492–1830*, New Haven: Yale University Press, 2007, pp. 281–291. 作者称为“Slave and freedom coexisted in close symbiosis”，即在英西帝国统治下，因人口流动等因素，严格的奴隶制开始略有松动，出现奴隶可以置办房产等现象。

改革措施的社会背景、过程和结果。两国的军事角逐进入英西战争后暴露出结构性弱点和改革紧迫性，由此两国改革帝国防御措施及相应的财政、商业、行政、民兵制度及分析了制约因素；两国改革有所侧重、结果不一。英国低估民兵，忽视殖民地敏感性，改革效果不佳；西班牙将民兵纳入帝国防御体系，增强了殖民地军事力量。此外，英西还面临共同的安全和边界问题，两国根据国内外局势分别实施了一系列财政、行政和商业改革措施，各具优劣；虽然两国相互借鉴，因地制宜，但两国仍未修复崩溃的皇权和美国臣民关系。宗教和自由贸易也对改革过程产生巨大影响，展示出两国改革的多重动机和考虑。在此进程中，两国的帝国权威在殖民地失去了绝对优势。通过基多和波士顿暴乱对比英西殖民地阶级矛盾、统治危机、经济状况、政治体制和意识形态异同，作者认为帝国控制脆弱性、宪法模糊性、美国意识崛起、母国意识偏见不断削弱帝国权威，为美洲起义埋下伏笔。

第十一章“帝国危机”（Empire in Crisis）介绍英西在观念和意识形态转变背景下的帝国危机，分析危机的不同结果和影响：英属殖民地的暴动发展为独立运动，西属殖民地暂时压制危机。作者以时间为序，比较两国政治文化、宗教环境、地理位置、交通状况，重点介绍印刷、出版和新闻等传播媒介对两国思想启蒙和忠诚度的不同影响。比较而言，英美政治、宗教环境更自由，信息更通达，殖民地更完整，因而北美的美国人意识、团结意识和反帝国情绪更激进，显示了英属殖民地与宗主国之间心理疏远的多维历史图景。而英属殖民地撕毁帝国契约的历史背景和现实原因有：帝国软弱、在美缺乏天然支持者、冒犯新教徒、低估殖民地局势；殖民地不满帝国政治边缘化操作、未能维持边境法律和秩序。殖民地之间合作意识渐强，社区意识逐渐崩塌，导致英美激进分子寻求独立，破解难题；但是共和国捍卫革命成果也面临重重考验。该章以改革产生的蝴蝶效应为线索分析安第斯农民起义和科穆内罗斯起义的过程及失败原因，展现了殖民地的政治、宗教和观念及西班牙帝国的力量与韧性；此外还阐释了帝国危机下两国的共性，比较英属殖民地独立和西属殖民地危机得以遏制的原因。

第十二章“新世界的形成”（A New World in the Making）以共和国捍卫革命成果及西属殖民地帝国危机得以暂缓为背景介绍了英西殖民地的旧世界概况和新世界的形成过程。首先比较了英西殖民地以人民主权为基础寻求合法性的背景、过程、结果和影响的异同，并结合相关历史分析两国寻求合法性的不同路径:英属殖民地建立以宪法为基础的国家政府;西属殖民地则以民意和爱国名义,寄希望于波旁王朝、军政府或摄政委员会等权力机构。此外,该章梳理了西班牙帝国统治在南美大陆上终结的内外原因和历史过程:"美国人"问题突出,新宪法改革对"公民身份"定义模棱两可,加剧了种族问题;虽然政府建立了以共同宪法为基础的单一国家,赋予公民比英美更加广泛的特权,但"平等"的宏图抱负和寡头政治、政治参与度低等现实因素存在巨大落差,让王权复辟有了可乘之机。但是,帝国的无能和软弱强化了殖民地彻底独立的决心,因此十年间西班牙各殖民地相继独立,标志着帝国统治成为历史。该书末,作者对比英西两国殖民地独立前后的种族问题、武装构成、革命方式、意识形态和政治体制的差异,描绘了英属殖民地独立更迅速、持续时间更短和独立更顺利的历史全景图。

二 《大西洋世界的帝国》评议

正如该书作者艾略特在引言中指出,比较历史学的研究路径通常聚焦于相同点与不同点;然而在比较体量庞大的复杂政治体的历史与文化时,一系列尖锐的二元对立难以与过去历史的复杂程度形成有效对应。另外,以忽略差异为代价的相似性研究极有可能同样过度简化、人为地将多样性隐藏于同质单位体。因此,用比较的方法来研究殖民历史,需要对相似处与差异处进行同等程度的识别,才能对双方都进行公正的解释和分析。这样的研究方式毫无疑问需要细致入微的考察与分析;而单个学者难以在保证微观精确的工作的同时将大西洋新世界这个宏大整体作为研究对象。因此作者比较英西两国的美洲殖民,并强调二者在时间流动中的动态性,以历时性视角动态看待其共时性的"异"与"同",以期为比较历史研究提供更多合理比较路径。

在这样的方法路径的框架下,不难理解艾略特在书写英西美洲殖民的比较历史时的多元化多角度分析视角。相较此前同类研究,艾略特更加强调作为殖民行为主体的英西两国经验上的相互作用。正如他在本书中指出:

> 这种比较不是在两个独立的文化世界之间进行的,而是在两个文化世界之间进行的,这些文化世界清楚地意识到彼此的存在……如果说西

> 班牙的帝国观念在16世纪影响了英国人，那么西班牙人在18世纪就试图采用英国的帝国观念来回报英国人的赞美。[①]

艾略特将这样的比较历史书写类比为“手风琴演奏”：在宏观的比较视角下，以外力作用将两个社会如手风琴两个部件反复开上又合上；历史的比较便如奏琴时的开开合合，构成一个持续变动的过程。该观点极为典型地体现在他对英西两国政治过程的对比上。例如，该书第一部分书写便如同手风琴拉开时的演奏，整体层面上，大量呈现英西两国侵占美洲、掠夺资源、奴役原住民的不同。作者从经济、政治、文化、宗教、自然条件等方面对两个殖民地进行了对比，结合英西两国当时的国情，分析了两个殖民社会不同发展模态背后的历史及现实原因，从宏观层面上多维度地向读者展示英西美洲殖民地的社会面貌。二者最显著的不同在于西属殖民地得益于白银产业的兴旺，创造了巨大的财富，从而形成了等级森严的政治、经济和社会体系。而英属殖民地却没有享受到天时地利，经济发展稍显逊色，这便形成了殖民地各区域更强力的地方控制和更广泛的多样性。

而各种碎片式的差异又在溯源时找到共性。就殖民扩张本质而言，两国在早期已经相互借鉴经验，并在占领美洲过程中在步骤上具备共同特点：第一步，殖民者象征性地占领美洲；第二步，通过征服当地原住民，甚至把他们驱逐出本土，殖民者事实性地占据美洲大地；最后一步，让第一批定居者在此繁衍生息，源源不断地接纳来自宗主国的移民，同时开采当地资源，以备宗主国发展之需。此外，英西两国甚至在与美洲原住民的冲突方面也具备规律上的共性：美洲原住民人种极为复杂且散居各处，他们在信仰、语言、文化、生活方式、社会形态等方面存在极大的多样性。这为信仰基督，自诩文明的殖民者带来很多疑惑。英西殖民者在涉足美洲土地时因和原住民语言不通、文化隔阂、信仰不一而产生各类问题；而殖民者利用暴力、宗教和各种手段征服、改造、剥削原住民，介入其社会内部并改变其社会面貌的过程，展现了枪炮文明和原始文明之间持续的矛盾与冲突，以及原始社会形态遭遇外来冲击后产生的灾难性的变化。而宗教也在英西两国殖民扩张中扮演相应角色，并成为其殖民美洲一系列行为背后的逻辑。

---

① John Elliott, *Empires of the Atlantic World: Britain and Spain in America 1492–1830*, New Haven: Yale University Press, 2007, p. xvii.

而在分析殖民者对美洲资源的掠夺时，艾略特大量描述英属殖民地和西属殖民地在发展模式上的不同。然而，通过对比英西殖民地的不同经济发展模式及其成因，最终呈现的是殖民地同宗主国以及欧洲各国保持的双向互惠的关系：殖民地需要从欧洲进口美洲无法出产的各类大宗商品，而欧洲则需要殖民地的美洲产品，特别是金银；最终在更宏观的历史角度上考察，发现这种双向互动促成了跨大西洋贸易网络的迅速发展。

这样的比较历史书写典型反映了艾略特的观点："我拒绝任何将英属美洲和西属美洲历史的不同方面挤进两个整齐隔间……我试图重新拼凑一段充满碎片化的历史，展示这两个伟大的新世界文明在长达三个世纪历程中的发展，希望在某一特定时刻聚焦于其中一个文明的光，能闪耀出另一个文明的历史。"①

在该书中艾略特对当时黑人、原住民等边缘群体的关注以及在心态史领域的探索也回应了该方法观念；它们构成在时间中流动的历史碎片的要素，不停地相互碰撞、铆合、分割，与殖民地征服者群体的体验互动，成为其征服、统治史不可或缺的部分。

以第二部分为例，艾略特在该部分中重点论述的是英西占领殖民地之后在管理社会、传播宗教信仰等方面的问题，而这部分对于黑人、原住民生活状况做了大篇幅描述，充分体现其多元化的史学研究观念。比如在殖民地秩序问题方面，强调了肤色的不同对社会地位和社会资源的深刻影响（如殖民地所遵循的肤色排行制）。而社会阶层固化问题也与人种相关：烟草种植园主人、贸易主、商人等在殖民地崛起，成为新权贵阶层，他们通过开矿、贸易和压榨奴隶获得巨额利润，并通过与当地官员的联姻获取政策支持。如此，社会阶层方面权商结合、人种结合进一步固化，殖民地的社会流动性骤然降低。

另外，在宗教方面对比西属殖民地和英属殖民地时，艾略特强调本土原住民的主体体验及其影响：印第安人在殖民期间饱受病害和枪炮的双重打击，而基督教又主张原罪惩罚和心灵救赎，为宗教传播提供了充分的条件，也使得美洲成为天然的宗教圣地。比较差异时也注重原住民的角色：方济会和耶稣会以劝原住民皈依本教为核心，要给美洲原住民带去"福音"，而英

① John Elliott, *Empires of the Atlantic World: Britain and Spain in America 1492-1830*, New Haven: Yale University Press, 2007, p. xviii.

国的清教徒却是因母国宗教迫害而前往“新大陆”求救赎，原住民在此过程中只是一个边缘角色。但随着基督教在殖民地的生根发芽，两方发现印第安本土的习俗信仰，即对魔鬼的畏惧和对魔法的迷信才是他们要共同攻克的难题。与此前同类比较殖民史研究不同，艾略特将原住民、黑人的体验与过往加入他的“历史的碎片”，与其他碎片一起拼凑出马赛克式的宏观图景，更加真实地还原出英西海外殖民地发展历程的复杂性，并展示对该历史做出评估时所应考虑的“先天和后天因素的相对权重”。此外，艾略特还对心态史进行探索，如地理的心理边界所具有的模糊性对原住民和殖民者在宗教、文化和信仰等方面产生的不同影响以及间接催生的殖民地的文明—野蛮之争。

三　全球史研究视角下的反思

在二战后学界反对民族主义史学氛围中诞生的“全球史”潮流，从一开始便强调对以往研究局限于欧洲的突破、全球化视野、与以往“世界史”概念的不同，意在打破国家界限，将世界各个地区都放到相互联系的网络之中，强调它们各自的作用。方法论方面也与之呼应，全球史重视比较研究并强调比较过程中的相互影响，认为“这些影响以一种对话的方式，把比较对象进行新的整合或者综合为一种单一的分析构架”。[①]

艾略特在比较该书中的历史进程时，无疑遵循了这一方法论观念。他将英西两国的美洲殖民进程中的“异”与“同”以大开大合的方式呈现，强调二者经验的互动性以及对该历史进程的共同构建。虽然他对该书的自我定位是拼凑历史碎片，但却最终宏大并动态地展示出三个世纪内整体的美洲殖民发展进程。更重要的是，艾略特以多元化视角关注美洲原住民、黑人等边缘群体在这一进程中的身份与位置，他对该群体的大篇幅书写甚至使其成为特定画面片段中浓墨重彩的部分。

然而，该书并未挑战大西洋史研究最为人诟病的欧洲中心主义及帝国史观。艾略特在该书中坦言，要对涉及如此庞大时间跨度及地理范围的宏大历史进程进行碎片整合式书写，他无法做到面面俱到。[②] 艾略特同时强调，该

---

① 李伯重：《火枪与账簿：早期经济全球化时代的中国与东亚世界》，生活·读书·新知三联书店，2017，第13页。

② John Elliott, *Empires of the Atlantic World: Britain and Spain in America 1492-1830*, New Haven: Yale University Press, 2007, p. xviii.

书主要关注殖民社会的发展及其与各自母国的关系，而不是大西洋世界的非奴制或者美洲原住民各族的过去，而他本人始终牢记“殖民地社会的发展历程是由欧洲人与非欧洲人的持续互动塑造的”，[①] 并试图展示为何在某些特定的时间和地方发生了这样的互动。在书写过程中，作者不仅未展示作为“互动塑造”主体一方的非欧洲人的视角，亦未强调其主体经验的缺失；这或许在篇幅、能力限制之外，也体现了写作者主观能动性的缺乏。并且，艾略特对边缘人群的关注并未跳出欧洲中心主义的范畴，对原住民、黑人等边缘人群的关注同样属于帝国视角下的凝视。[②] 即是说，该书中属于原住民或者黑人的“历史碎片”，是为填补欧洲殖民者视角叙事的空缺而存在的，而非全球史视角下将历史学全球化的理念的体现。

例如第三章中，作者分析英西属殖民地在美洲的资源获取方式时对非洲黑奴进行大篇幅描述；而这本身服务于英西殖民者奴役、利用原住民劳动力情况的差异性呈现，主要目的是体现黑奴贸易在推动美洲殖民地经济发展中扮演关键性的角色。在“作为宗教领地的美洲”一章，作者详细书写原住民在殖民期间遭遇病害和武力入侵的经历，并在后文展示原住民本土信仰的一些特点；而这些“碎片”同样是为了阐释殖民者视角下的欧洲各类宗教的传播问题。即是说，本书中不乏对原住民和黑人的关注、书写、分析，然而缺失的是以该人群为主体视角以其自身社会文化发展为基础的阐释。

以全球史研究视角基本立场“摈弃以往世界史研究中那种以国家为单位的传统思维模式，基本叙事单位应该是相互具有依存关系的若干社会所形成的网络”，“从学术发生学角度彻底颠覆欧洲中心论”[③] 来审视，该书仍以帝国视角凝视并定义其“边缘人群”，泛属帝国多元文化论述。[④] 不仅未能对欧洲中心主义形成挑战，而且某种程度上强化了该论调。该书的主线仍是殖民进程中的政治史，而其中有关原住民和黑人的呈现在第一部分为“征服”“驯化”“盘剥”对象，到第二部分变为“统治”“镇压”“劝皈”对

① John Elliott, *Empires of the Atlantic World: Britain and Spain in America 1492-1830*, New Haven: Yale University Press, 2007, p. xviii.

② 凝视理论：指携带着权力运作和欲望纠结以及身份意识的观看方法，并于行为过程中产生复杂和多元的社会性、政治性关系。持该观点的重要学者包括拉康、福柯、齐泽克等。

③ 李伯重：《火枪与账簿：早期经济全球化时代的中国与东亚世界》，生活·读书·新知三联书店，2017，第12页。

④ 指殖民语境下对“边缘人群”的他者化话语，在多元文化并存的表象下构建以帝国为中心的文化权力结构。

象，再到第三部分的几近缺位，都充分说明虽然该书包括了与欧洲殖民者有紧密关联的非欧洲社群，然而其都是作为帝国视角下的凝视对象而存在的，其功能是为帝国多元叙事服务。从这个层面上讲，这样的定义不仅没能使全球视野式的多主体交织呈现，还强化了对原住民、黑人等族群的“边缘化”属性。

总体而言，《大西洋世界的帝国：英西 1492—1830 年美洲殖民史》是一部比较历史研究的优秀作品。艾略特在比较、整合事件基础上自然形成整体的宏大发展逻辑，动态而流畅地呈现 300 多年间英西美洲殖民的发展进程，兼具极高的可读性和启迪性。而将其置于全球史视野的研究框架下，该书又体现一定帝国视角式多元叙事乃至欧洲中心主义倾向。该书呈现的复杂娴熟的比较历史书写技巧、多角度新探索、具有争议性的政治意识，都使其成为一本值得读者细读并思考的著作。

（执行编辑：林旭鸣）

海洋史研究（第二十三辑）
2024年11月 第485~496页

《大西洋史：批判性评论》与大西洋史的再思考

卿倩文*

《大西洋史：批判性评论》（*Atlantic History: A Critical Appraisal*，简称《大西洋史》）由英国历史学家菲利普·D. 摩根（Philip D. Morgan）和美国历史学家杰克·P. 格林（Jack P. Greene）共同主编，牛津大学出版社2009年出版，属于该出版社“重释历史”（Reinterpreting History）系列图书之一。[1] 格林和摩根二人都是殖民史专家，并先后任教于约翰·霍普金斯大学，著作等身。前者的研究侧重于美洲殖民地政治史、社会文化史、大西洋史，后者则以殖民地奴隶研究见长。《大西洋史》的内容脱胎于2005年美国历史学会年会收录的13位历史学者的研究成果，全书结构清晰，脉络明确，在对现有大西洋史研究范式“批判性评论”初衷下，囊括了不同领域和流派学者们的论述，在一定程度上是西方史学界20世纪末大西洋研究热的体现。

一 内容概述

摩根和格林共同写作的导言部分是对大西洋史研究现状的综述，也对全

* 作者卿倩文，武汉大学重点资助博士后。

① Philip D. Morgan and Jack P. Greene, eds., *Atlantic History: A Critical Appraisal*, New York: Oxford University Press, 2009。该系列的其他图书还涉及美苏冷战、越南战争和人权革命等主题，旨在重新解读前人对一些历史问题的研究，并进行批判性讨论。

书起到了提纲挈领的作用。两位编者首先指出，自15世纪以来，大西洋逐渐成为欧洲、非洲及美洲大陆的人口、经济、社会、文化及其他互动的汇集地，对于世界近代史的研究具有重要意义。[①] 此外，史学界对大西洋史的关注并不是突然产生，早在大西洋史作为一个独立研究领域形成之前，跨海洋（transoceanic）以及跨大西洋（transatlantic）的研究视角就已经被研究者们广泛运用。

在简单回顾大西洋史的起源和发展后，两位编者针对大西洋史的一些讨论以及批评——容易流于局部，缺乏对整体的把握；边界难以界定，容易忽略大西洋与周边世界的联系；虽有大西洋史的名义，实则还是帝国史研究；过分关注大洋边缘区域，而忽视了内陆地区；过于强调联系互动，而忽略了地方个性；等等[②]——以学术史回顾的方式进行了一一回应。他们首先指出，虽然内部存在诸多差异，但作为新旧世界联系的纽带，大西洋是殖民活动的中心，其内部不同地区之间既存在个性，也存在共性，而研究者需要做的是找出不同区域之间的联系与对比。此外，大西洋与周边世界也始终通过商品交换、人口流动等方式进行互动，所以大西洋并不是孤立存在的单元。关于大西洋史与帝国史的关系，两位编者引用伯纳德·贝林（Bernard Bailyn）的话，认为大西洋史并不是对帝国史的复述或是简单叠加，而是“整体大于部分之和”。[③] 此外，帝国之间的边界是可以相互渗透的。举例来说，海盗、走私等问题并不仅存在于某个单一的帝国，而大西洋史则为研究这一类问题提供了很好的平台。针对大西洋史有可能忽略内陆地区和地方个性，两位编者指出，大西洋史并不需要大包大揽，覆盖所有领域。在其关照不到的地方，还有其他研究视角（例如该书后文中出现的大陆视角和半球视角）进行补充。

此后，两位编者更进一步提出了对大西洋史研究的几点思考。首先，在研究过程中应注重大西洋不同区域的联系与对比，而不是一味追求某种普遍模式。其次，跨边界是大西洋史的一大特点。如同全球史强调跨区域和文化

① Philip D. Morgan and Jack P. Greene, “Introduction, the Present State of Atlantic History,” *Atlantic History: A Critical Appraisal*, New York: Oxford University Press, 2009, p. 3.

② Philip D. Morgan and Jack P. Greene, “Introduction, the Present State of Atlantic History,” *Atlantic History: A Critical Appraisal*, New York: Oxford University Press, 2009, pp. 5-7.

③ Bernard Bailyn, *Atlantic History: Concept and Contours*, Cambridge: Harvard University Press, 2005, p. 60.

的互动，大西洋史也应当越过传统地理边界、去中心化，但同时又要有的放矢地构建物质、人口、文化交流的网络。帝国在此交汇，传统的帝国研究也拥有了更广阔的视野。再者，编者提出了大西洋史中值得关注的一些前沿领域，例如渔业的发展、岛屿在构建商贸网络中的作用、新旧世界的碰撞等。除了关注人员和商品的流动，大西洋史还可以探讨价值观和思想的传播，包括宗教网络在大西洋的建立、近代科学技术的传播、奴隶贸易和废奴运动及革命思想对大西洋世界的影响等。最后，编者们着眼于大西洋史的分期问题，重点讨论了贝林以及约翰·艾略特（John Elliott）对大西洋史的三段分期，分别对应无序的殖民探索阶段，建立网络及资源整合阶段，以及殖民地自我意识觉醒、争取自治的阶段。二人的分期术语虽有不同，但内核较为一致。①

总的来说，摩根和格林撰写的导言对全书的框架和主旨进行了概括，也是对该书重点问题的高度总结。接下来的内容大致分为三部分。第一部分采用传统的国家视角，分别从英国、西班牙、葡萄牙、荷兰、法国这些殖民国家的角度讨论其在大西洋的活动及互动；第二部分通过时间线索，讨论大西洋探索活动对美洲印第安社会、非洲和欧洲的影响；第三部分则是对大西洋史研究视角和理论框架的探讨。这一部分包含了不同的大西洋史研究范式，以及对大西洋史的批判性思考，其与导言相呼应，成为该书与同类书籍相比最大的亮点。

第一部分“大西洋新世界”（New Atlantic Worlds）包括第二章到第六章，该部分五位作者的研究虽然各有侧重，但基本涵盖了以下几个方面。

第一，各国大西洋体系的建立与瓦解。关于这一主题，不同的作者采用了不同的叙述方法，或遵循时间线索，或以地区为单元进行讨论。肯尼斯·J. 安德林（Kenneth J. Andrien）将西班牙殖民活动分为三个阶段：1492—1610 年殖民活动的开始，1610—1740 年殖民地秩序的成熟，1740—1825 年殖民地的改革和反叛。特雷弗·伯纳德（Trevor Burnard）则将英国的大西洋体系分为四个阶段：16 世纪末 17 世纪初的早期殖民；1620—1680 年的急速扩张，开始建立贸易网络；17 世纪末到 18 世纪上半叶的“大西洋共同体”（Atlantic community）；18 世纪末 19 世纪初美国的独立和英国大

① Philip D. Morgan and Jack P. Greene, eds., *Atlantic History: A Critical Appraisal*, New York: Oxford University Press, 2009, pp. 10-20.

西洋世界的局部瓦解。A. J. R. 拉塞尔-伍德（A. J. R. Russell-Wood）从地理区域出发，将葡萄牙殖民地分为北部和南部，分析了葡萄牙在大西洋群岛以及巴西和安哥拉的贸易、商业和殖民活动。无论是以地区还是以时间为线索，大西洋探索的动机、商贸网络的完善、殖民地与母国及殖民地之间的凝聚和冲突、奴隶贸易与废奴运动等，都是学者们高度关注的问题。

第二，大西洋范围内的联系与互动。殖民地与母国以及殖民地之间的经济、社会、文化互动是大西洋史的重要主题之一。安德林认为，尽管种族、文化和地理特征上不尽相同，西班牙的大西洋殖民地在政治、经济和宗教上构成了一个共同体。同样的理念也体现在英国与葡萄牙两个篇章中。除此之外，法国通过耶稣会等布道团和皮毛商人与殖民地原住民交往，荷兰西印度公司则试图与伊比利亚国家开展贸易竞争，以及建立所谓的“大西洋联盟”以确立自己的地位。

第三，对大西洋史及研究范式的思考。拉塞尔-伍德认为大西洋史有助于突破民族国家历史，将视野投放到更广阔的空间，对于历史研究的去中心化有着重要意义。伯纳德也指出，英国大西洋共同体融合了非洲和美洲原住民，促进了对这两个关注相对较少的群体的研究。另外，大西洋史帮助我们将眼光投射到更远更广阔的海洋区域及帝国的边缘地区，有利于学者们探讨不同文化的冲突与碰撞，在一定程度上纠正了欧洲怀疑主义和美国例外论。然而，也有作者对大西洋视角提出了疑问。例如荷兰一章的作者本杰明·施密特（Benjamin Schmidt）讨论了“大西洋史”这一术语是否可以有效地描述15—18世纪大西洋周边地区在此地的政治、社会、经济和文化的交流与互动，以及大西洋史的理念是否存在于当时的大西洋。

该书的第二部分名为“旧世界与大西洋”（Old Worlds and the Atlantic），包括第七章到第九章。需要指出的是，不同于时人及一些学者将被欧洲探险者们发现的美洲称为“新世界”，这里的“旧世界”是编者们从时间角度出发，对地理大发现前的美洲、欧洲和非洲世界的统称。新旧的对比是时间意义上的，而非地理意义上的。因此，这一部分既包括了海外探索后的欧洲，也涉及主动或被动卷入大西洋共同体的美洲印第安社会和非洲。

第七章重点讨论了欧洲人的到来及大西洋贸易对美洲印第安社会的影响。作者艾米·特纳·布什内尔（Amy Turner Bushnell）指出，直到19世纪晚期，美洲大陆还有超过一半的宜居土地在原住民的控制之下。但史学家们大多关注欧洲国家在大西洋的殖民史，研究也集中在殖民者活跃的地方，而缺乏对印第安人的关注，难免有欧洲中心论的嫌疑。[①] 因此，作者将印第安人分为三大类型——殖民帝国内部的原住民、帝国边缘的原住民、帝国之外的自治原住民，并分别介绍了他们的基本情况及其与欧洲殖民者的经济、社会和文化互动。

第八章关注地理大发现后的非洲在大西洋贸易中的位置、受到的影响，以及奴隶贸易问题。作者摩根指出，在欧洲人到来之前，非洲的奴隶贸易就已经存在，并发展出较为成熟的奴隶市场和奴隶运输体系。非洲人在大西洋贸易中也不止扮演受害人的角色，其社会中上层也通过自己的方式加入大西洋贸易，谋求利益。此外，对于整个非洲大陆而言，大西洋贸易带来的社会和政治影响更甚于经济。商人群体崛起，新的国家和政权秩序形成，集权化也有了不同程度的提高。最后，移居到美洲的非洲人通过自己的方式实现了非洲文化的延续。一方面，非洲的原始种族特性在美洲大陆扮演了重要角色；另一方面，殖民者的克里奥尔化（creolization）[②] 形成的杂糅文化也对美洲有着强大的影响。

第九章探讨了欧洲各国在冲突不断的背景下，与大西洋的政治、经济互动。该章的叙述脉络基本遵循两条线索：一是近代欧洲重大事件，包括开辟新航路、宗教改革、三十年战争、西班牙王位继承战争、七年战争、法国大革命、拿破仑战争等；二是这些事件影响下美洲殖民地形势的变化，例如16世纪法国、西班牙和葡萄牙对巴西的争夺，哈布斯堡王朝占领北美土地，三十年战争蔓延至美洲，英法在北美建立殖民地，七年战争奠定了英国在北美的主导地位，以及法国和西班牙支持下的美国独立战争，等等。

该书的第三部分“竞争视角与补充视角”（Competing and Complementary Perspectives），是对大西洋史研究视角的讨论与反思，包括第十章到第十三章。在这部分中，格林对大西洋史的几种研究视角进行了总结。除了旨在打破传统国家边界，侧重社会、经济、政治和文化共同体及其互动的“大西

---

① 事实上，学界并不缺乏对印第安人和美洲原始社会的研究，作者在这里提到的欧洲中心论，笔者认为是在强调大西洋史视角下对原住民缺乏研究，而不是广泛意义上的缺乏。

② “Creole”译为克里奥尔人，在英语中指代各种移民的后裔，可以指出生在殖民地的欧洲殖民者后代，或者殖民地中有欧洲血统的人，也可以指在美洲或加勒比地区的非洲后裔。而“克里奥尔化”则指的是移民在殖民地发展出的既继承了原来社会的传统又融合了新居住地因素的移民新文化。

洋视角”（Atlantic perspective），[1] 还有关注英国殖民者与原住民共同塑造的美国建国前历史的“多元文化视角”（multicultural perspective）。[2] 在此基础上又衍生出第三种视角——“大陆视角”（continental perspective），以及“大陆史”（continental history）。彼得·H. 伍德（Peter H. Wood）认为，大陆视角除了以原住民的历史为落脚点，关注东海岸的英国殖民地，还将研究进一步延伸至大陆中西部的西班牙、法国和俄国殖民地。[3] 伍德呼吁对多元文化的美洲，尤其是对原住民控制下的北美中部、西部的关注，在一定程度上呼应了第七章布什内尔的观点。最后，在这些视角的基础上，格林提出了第四种视角，即更为广阔的“半球视角”（hemispheric perspective）。半球视角的研究对象包括南北美洲及其周围的土地，为不同区域的对比提供了更多可能性。

值得注意的是，本部分最后一章的作者彼得·科克拉尼斯（Peter Coclanis）发出了对大西洋史批判的声音。针对近年来的大西洋史研究热，作者指出大西洋的研究视角存在一定局限性，只能为历史提供有限的阐释与分析，并认为大西洋史将人们的视线牢牢固定在西方，过于夸大了大西洋及其周边地区的历史作用，割裂了西北欧与其他欧洲地区。此外，强调大西洋地区与非大西洋地区的区别其实是一种“后见之明”，是研究者们把本不该属于近代的概念强加于当时的体现。因此，作者呼吁研究者们拓宽思路，将视线投射到西欧之外的其他欧洲地区，并进一步思考东方和西方在“大西洋时代”的联系。

二 《大西洋史》的启发

作为一部合著，《大西洋史》天然具有视角多样、内容翔实的优点。全

---

① 相关研究参见 Jack P. Greene，“Beyond Power：Paradigm Subversion and Reformulation and the Re-creation of the Early Modern Atlantic World，” in Jack P. Greene，ed.，*Interpreting Early America: Historiographical Essays*，Charlottesville：University Press of Virginia，1996，pp. 17-42；David Armitage，“Three Concepts of Atlantic History，” in David Armitage and Michael J. Braddick，eds.，*The British Atlantic World, 1500-1800*，New York：Palgrave，2002，pp. 11-30。

② Herbert E. Bolton，“The Epic of Greater America，” *American Historical Review*，38（1933），pp. 448 - 474；Max Savelle，*The Foundations of American Civilization, a History of Colonial America*，New York：Henry Holt，1942.

③ Daniel H. Usner，Jr，“Borderlands，” in Daniel Vickers，ed.，*A Companion to Colonial America*，Malden：Basil Blackwell，2003，pp. 408-424.

书十三章的作者来自不同的研究领域，事实上也是两位编者在导言中提到的“整体大于部分之和”的体现。该书在时间上沟通了近代与现代，在空间上整合了传统的欧洲、北美、拉美和非洲，在内容上汇集了殖民研究、帝国研究和民族国家研究等主题。通过不同作者的论述与比较，我们看到了多层次的大西洋史，并了解了大西洋史各研究范式的特点。大西洋史的主要课题，包括国别研究、贸易网络、宗教传播、殖民主义和帝国主义、奴隶贸易与奴隶制、人口流动和物质文化交流等，都在该书中得到体现。另外，该书也关注一些以往容易被忽略的问题，包括美洲原住民，尤其是殖民地边缘的原住民在大西洋世界中扮演的角色，及他们与殖民者的互动和冲突。非洲商人群体的崛起——通过向欧洲人出售黄金、象牙、兽皮、蜂蜡、热带树胶等商品，以及众所周知的奴隶，商人们成为大西洋贸易的获利者，并开始掌握权力。[①]

总的来说，《大西洋史》对有志于大西洋史或对此感兴趣的读者们，起到了很好的指向作用。以导言为例，两位编者在概述该书的主要思路和研究问题时，充分参考各领域、各理论的代表作品，因此导言部分不仅是对全书主要论点和研究问题的概述，也是对大西洋学术史和经典研究范式的回顾。无论是对一开始的跨大西洋视角作品，还是后来的大西洋史专著，两位编者都做到了信手拈来、如数家珍，所选取的论著也多具代表性。例如在讨论大西洋的定义和概述时回顾了唐纳德·W. 梅尼格（Donald W. Meinig）、贝林和艾略特的作品，[②] 在讨论帝国史语境中的大西洋时提到了斯蒂尔笔下的英国大西洋世界的形成和艾略特对英国和西班牙大西洋的比较，[③] 还有戴维·艾蒂斯（David Eltis）笔下的全球视角下的大西洋，[④]菲利普·D. 柯廷（Philip D. Curtin）的奴隶贸易研究和克里斯托弗·L. 布朗（Christopher L. Brown）的

① Philip D. Morgan, "Africa and the Atlantic, C. 1450 to C. 1820," *Atlantic History: A Critical Appraisal*, New York: Oxford University Press, 2009, pp. 226, 232.

② D. W. Meinig, *The Shaping of America: A Geographical Perspective on 500 Years of History*, Vol. 1, *Atlantic America 1492 - 1800*, New Haven: Yale University Press, 1986; Bernard Bailyn, *Atlantic History: Concept and Contours*, Cambridge: Harvard University Press, 2005; John Elliott, "Afterword, Atlantic History: A Circumnavigation," in David Armitage and Michael J. Braddick, eds., *The British Atlantic World, 1500-1800*, New York: Palgrave, 2002, pp. 233-249.

③ Ian K. Steele, *The English Atlantic, 1675 - 1740: An Exploration of Communications and Community*, New York: Cambridge University Press, 1986; J. H. Elliott, *Empires of the Atlantic World: Britain and Spain in America, 1492-1830*, New Haven: Yale University Press, 2006.

④ David Eltis, "Atlantic History in Global Perspective," *Itinerario*, 23 (1999).

废奴运动研究等。[①] 此外，在回顾大西洋岛屿研究、边界地区研究、宗教网络和科学技术传播等重点领域时，两位编者也列举了大量参考书目和文献。值得注意的是，编者们还关注了大西洋史与其他领域的互动，例如讨论了费尔南德·布罗代尔（Fernand Braudel）的地中海研究对大西洋史的深刻影响，[②] 并通过分析威廉·H. 麦克尼尔（William H. McNeill）和阿尔弗雷德·W. 克罗斯比（Alfred W. Crosby）的作品，与全球史和环境史强调的跨区域互动的研究思路相呼应。[③]

《大西洋史》在出版后引发了学者的广泛讨论，讨论涉及书籍本身，也投射出对大西洋史形成动因、研究路径和研究对象等问题的分歧。大西洋史的分期问题受到了史学家们的关注。例如埃里克·西曼（Erik Seeman）和保拉·E. 杜马斯（Paula E. Dumas）认为该书过于关注美国学者的研究成果，忽视了其他欧洲国家，并指出大西洋活动的影响并不止于 18 世纪，而是一直延续到 19—20 世纪，因此也应该包含这一时段的内容。[④] 西曼还提出该书的第一部分还是以国家为单位讨论大西洋，与大西洋史研究范式中强调的跨边界相悖。[⑤] 这一看法也反映了部分学者对大西洋史有名无实，实质上还是国别史与民族史的批判。2018 年，西曼与乔奇·卡尼萨雷斯·艾斯威拉（Jorge Cañizares Esguerra）共同主编的《全球史下的大西洋，1500—2000》出版，该书将大西洋史的研究时间从近代延伸到现代，并进一步打破边界，更多关注大西洋与周边世界的联系。[⑥] 关于西曼所强调的大西洋史

① Philip D. Curtin, *The Atlantic Slave Trade: A Census*, Madison: University of Wisconsin Press, 1969; Christopher Leslie Brown, *Moral Capital: Foundations of British Abolitionism*, Chapel Hill: University of North Carolina Press, 2006.

② Fernand Braudel, *The Mediterranean and the Mediterranean World in the Age of Philip II*, trans. by Siân Reynolds, 2 vols., New York: Harper & Row, 1976.

③ William H. McNeill, "Transatlantic History in World Perspective," in Steven G. Reinhardt and Dennis Reinhartz, eds., *Transatlantic History*, College Station: Texas A&M University Press, 2006, pp. 3-18; Alfred Crosby, *The Columbian Exchange: Biological and Cultural Consequences of 1492*, Westport: Greenwood, 1972.

④ Erik R. Seeman, "Reviewed Work: Atlantic History: A Critical Appraisal by Jack P. Greene and Philip D. Morgan," *Journal of World History*, 21 (2010), pp. 329-332; Paula E. Dumas, "Atlantic History: A Critical Appraisal by Jack P. Greene and Philip D. Morgan," *History*, 95 (2010), pp. 477-478.

⑤ Erik R. Seeman, "Reviewed Work: *Atlantic History: A Critical Appraisal* by Jack P. Greene, Philip D. Morgan," *Journal of World History*, 21 (2010), p. 330.

⑥ Jorge Cañizares-Esguerra, and Eric R. Seeman, eds., *The Atlantic in Global History, 1500-2000*, London: Routledge, 2018.

跨边界的特点，笔者认为，《大西洋史》是对过往大西洋史研究进行的综合性总结，而以国家为载体，以政治、经济、文化、社会等主题为脉络，讨论各殖民国在大西洋的活动，是大西洋史研究中的一类重要作品，因此是具有代表性的内容，不应该忽略不谈。[①] 另外，国家视角不等于缺乏对联系互动的讨论，而是以一个国家的大西洋活动为案例，探讨物质文化交流和互动，也能为我们对大西洋世界不同殖民国家、不同区域乃至不同群体的比较研究提供良好的基础。因此，大西洋史并不意味着要完全抛弃政治地理分界，而是强调不局限于地理分界。

毫无疑问，《大西洋史》为我们了解现有的大西洋史研究成果提供了很好的指引。近年来，中国学者陆续关注大西洋史。首都师范大学施诚 2015 年发表《方兴未艾的大西洋史》，重点讨论了西方学界对大西洋史的定义、大西洋史的兴起过程及研究现状和不足，并介绍了一些代表学者和作品；[②] 浙江师范大学李鹏涛的《“黑色大西洋”：近年来国外学界有关非洲在大西洋史中的地位与作用的研究》，讨论了大西洋史研究中的非洲史部分，包括非洲史研究进展、代表性观点、研究意义和存在问题。[③] 这两篇文章都有助于我们了解大西洋史的一些基本情况。此外还有河南大学艾仁贵对港口犹太人在跨大西洋贸易中的作用的讨论，[④] 中国社会科学院金海对英属大西洋世界的奴隶制的形成与特征、奴隶的反抗与废奴运动的讨论。[⑤] 总的来说，中国的大西洋史研究仍处于起步阶段，无论对学术史的把握，还是对大西洋史重点问题的探索，都有着很大的发展空间。

---

① 大西洋史目前的著作类型主要分为三类。第一类是以国家殖民活动为研究对象的作品，包括英国、法国、西班牙、荷兰大西洋史研究等。第二类是专题性研究，通常固定一个主题，例如讨论大西洋奴隶制和人口流动、种植园体系的兴衰、商品贸易、大西洋世界的身份认同、跨文化互动等。最后一类则是类似《大西洋史》的综合性著作。这一类作品在一定程度上集合前二者的特点，既能以政治地理单元为线索，也能以主题为线索。另外，这三种类型也存在交叉。总的来说，大西洋史研究在西方学界经过数十年的积累，著作数量庞大，内容庞杂，其中优秀的作品不胜枚举。

② 施诚：《方兴未艾的大西洋史》，《史学理论研究》2015 年第 4 期。

③ 李鹏涛：《“黑色大西洋”：近年来国外学界有关非洲在大西洋史中的地位与作用的研究》，《史学理论研究》2020 年第 1 期。

④ 艾仁贵：《港口犹太人对近代早期跨大西洋贸易的参与》，《世界历史》2017 年第 4 期。

⑤ 金海：《十七至十八世纪英属大西洋世界的奴隶制度与废奴运动》，《北京社会科学》2018 年第 9 期。

三　对“大西洋史”的再思考

伊恩·斯蒂尔（Ian Steele）曾撰文分析大西洋史在美国的热度胜于在欧洲的热度的原因。斯蒂尔认为，对美国的学者而言，近代大西洋也是美国领衔的资本全球化的开端地。因此，当欧洲学界还在从帝国角度讨论大西洋的时候，美国学者提出的新大西洋史将历史上的美国塑造成一个崇尚自由的殖民社会，并讲述了其建国前融合欧洲文化、非洲文化和拉丁美洲文化等的故事，却弱化了这一过程对原住民的不良影响及后来移民的贡献。[①] 斯蒂尔的这一看法尖锐而深刻。但事实上，大西洋史的发展并不是完全意义上的美国建国前故事，正如大西洋的发展不能仅仅通过欧洲各帝国在这一地区的活动来考察——尽管帝国殖民极大地推动了大西洋史的发展。尤其在随后的大西洋综合性专著中，可以看到更多对原住民、奴隶问题和环境问题的讨论。即便大西洋史兴起的初衷源自对美国建国前故事的解读，其后续发展显然也超过了这一范畴。

总的来说，该书关注的核心问题，即“大西洋史”这一概念是否自洽，如何定位大西洋史与其他研究的关系，始终是历史学家们辩论的话题。在该书出版之后，对于这一话题的讨论仍热度不减。笔者认为，大西洋史的出现和存在自有其价值和内在逻辑。《大西洋史》及其代表的大西洋史研究，关注的不仅是一个区域，也是世界近代史上的一个重要时代。这个时代的欧洲各国完成了政治、经济、宗教和社会上的巨大变革，走上了不同的发展道路，并通过战争、外交等一系列行为完成了利益分配，进入了新的历史阶段；主动与欧洲人开展贸易往来的非洲政客和商人群体在其中同样获益，商品交换的规模扩大，频率大幅提升，而被迫移民的奴隶则成为交换的受害者，被当作商品在世界范围内流通；美洲原住民相对封闭的状态被打破，他们和来自欧洲与非洲的新移民一起，创造出了新的美洲文化，其中既伴随暴力和冲突，也有交流与融合；最后，欧洲在扩大殖民网络不断积累殖民经验的过程中，将相对独立的亚洲也卷入了这场物质文化交流大潮。总体而言，这个时代所见证的世界范围内空前的交流与碰撞，不仅发生在大西洋，也发

① Ian K. Steele, "Reviewed Work (s): Atlantic History: A Critical Appraisal (Reinterpreting History) by Jack P. Greene and Philip D. Morgan," *The American Historical Review*, 114 (2009), p. 1407.

生在太平洋；[①] 主角不只是欧洲，也包括美洲、非洲以及亚洲。大西洋是这一幕的重要舞台，哪怕不是唯一舞台。

大西洋史研究领域的重要性和合理性毋庸置疑，但正如格林和摩根在导言中指出的，大西洋史从诞生之初，也天然地存在一些问题。一种常见的批判观点认为，大西洋并不是一个有固定边界的单元，其内在连续性和一致性仍有待商榷。此外，作为结合环境史、帝国史、全球史、世界史的一个新领域，在有些学者看来，大西洋史只是这些史学领域的一个分支。举例来说，大西洋史早期综合性著作的代表是阿伦·卡拉斯（Alan Karras）和约翰·麦克尼尔（John McNeill）共同编辑出版的《美洲大西洋社会：从哥伦布到废奴运动，1492—1888》。[②] 该书以时间为线索，将大西洋史分为三个阶段，并分别进行案例研究。值得注意的是，该书的作者们分别以世界史、环境史和美洲殖民史研究见长，这既反映了大西洋史最初的研究思路，也体现了其相对其他研究领域定位模糊的问题——在此后的大西洋史研究中这一问题也一直存在。

21 世纪初的大西洋史综合性著作如雨后春笋般涌现，研究的深度和广度也有了质的变化，更多的研究领域被纳入进来。在《大西洋史》出版的两年之前，由五位学者合著的《大西洋世界：1400—1888 年的历史》以时间为线索，讨论欧洲各国主导下的大西洋活动，囊括对大西洋的概念化讨论、移民问题、奴隶贸易和商贸网络、种族与文化融合、殖民地独立和废奴运动等主题。[③] 同年，该书的作者之一，艾莉森·盖姆斯（Alison Games）还参与编辑另一本大西洋史的专著《大西洋史的主要问题：文献与论文》。[④] 相比前书，后者添加了环境史视角，讨论了动植物及病毒传播，还讨论了宗教和海盗问题。托马斯·本杰明（Thomas Benjamin）的专著《大西洋世界：欧洲人、非洲人、印第安人及他们共同的历史，1400—1900》与《大西洋史》同年出版。与其他著作相比，《大西洋世界：欧洲人、非洲人、印第安人及他们共同的历史，1400—1900》回归相对传统的范式，遵循时间与主题相结合的论述方式，重点讨论了欧洲各帝国在大西洋的活动及与原住民观

---

① 王华：《太平洋史：一个研究领域的发展与转向》，《世界历史》2019 年第 3 期。

② Alan L. Karras and J. R. McNeill, eds., *Atlantic American Societies: From Columbus through Abolition, 1492-1888*, London: Routledge, 1992.

③ Douglas R. Egerton, Alison Games, Jane G. Landers, Kris Lane, Donald R. Wright, *The Atlantic World: A History, 1400-1888*, Wheeling, IL: Harlan Davidson, 2007.

④ Alison F. Games, and Adam Rothman, eds., *Major Problems in Atlantic History: Documents and Essays*, Boston: Houghton Mifflin, 2007.

念和文化的碰撞。[1] 而在《大西洋史》出版两年后，牛津大学组织出版了另一本综合性著作——《牛津大西洋世界参考，1450—1850》（简称《参考》），由菲利普·摩根和尼古拉斯·坎尼共同主编。[2]《参考》一书汇集37位学者的作品，将大西洋史分为"起源—巩固—整合—瓦解"四个阶段，涵盖经济、社会、政治、文化各个方面，在研究广度上更甚于《大西洋史》。

经过数十年的积累，大西洋史形成了非常丰富的成果，在此不一一列举。以上列举的几本代表性著作，可以看出作者或编者都在试图挑战传统，还原大西洋史的多面性。因此，在笔者看来，对民族国家史、物质交流史、移民史、疾病史、文化史和环境史等多领域的借鉴是大西洋史的重要特点，而研究领域的扩大和研究深度的提升将是大西洋史未来发展的重要趋势。如果处理得当，对不同领域的融合将不再是大西洋史研究的重要缺陷，而是其鲜明特点。更进一步地说，大西洋史为不同史学领域的交流和碰撞提供了绝佳的平台。

总的来说，无论从内容上还是视角上，《大西洋史》都是一本不可多得的佳作，对于世界近代史的研究者而言，该书是了解西方学界大西洋史研究成果的指南性读物。书中时刻体现的跨边界、跨领域，强调互动、联系与对比，都是历史研究的重要趋势。跨国史的兴起就是这一趋势的重要体现。学科交叉思维也是近年来历史研究的重要特点，在《大西洋史》中也有具体体现。例如法国的研究者将考古学运用到大西洋史研究中，以及布什内尔提出借用人类学知识研究大西洋活动等。对国内研究者来说，大西洋史虽然是一个相对陌生的领域，但其中涉及的奴隶史、殖民史、帝国史等，都有一定的研究基础，因此，大西洋史和大西洋研究范式的引入，将为我国世界史传统课题研究提供有益启发。最后，我们到底需要怎样的大西洋史，如何界定大西洋史的时间与空间范围，采用何种研究路径，如何区别于世界史、全球史和国别史研究等，是大西洋史研究者们长久以来试图解决，但尚未找到最佳答案的问题。这些问题也同样推动学者们不断完善研究思路、开拓研究领域、探索研究路径，为大西洋史乃至海洋史研究带来新方向和新活力。

（执行编辑：杨芹）

---

① Thomas Benjamin, *The Atlantic World: Europeans, African, Indians and Their Shared History, 1400-1900*, Cambridge: Cambridge University Press, 2009.

② Nicholas Canny and Philip Morgan, eds., *The Oxford Handbook of the Atlantic World, 1450-1850*, Oxford: Oxford University Press, 2011.

海洋史研究（第二十三辑）
2024年11月 第497~510页

“咸水黑人”的商品化、死亡及其身份认同

——评《咸水奴隶制：从非洲到美洲流散的“中段航程”》

张 咪*

1998年，著名的加纳诗人科菲·阿尼多霍（Kofi Anyidoho）组织了一场题为“记忆和愿景：非洲与奴隶制的遗产”的研讨会，带领一批研究非洲及非洲流散的学者穿越加纳腹地，考察非洲内部的奴隶贸易路线，找寻非洲人关于奴隶制和奴隶贸易的记忆。[①] 实际上，自20世纪60年代以来，以菲利普·D. 柯廷（Philip D. Curtin）为首的历史学家，就不遗余力地搜集奴隶叙事、口头传统、歌曲、谚语、民间传说、物质文化等史料，试图从非洲人的视角出发，“恢复”他们有关奴隶制和奴隶贸易的经历和记忆。[②] 斯蒂芬妮·E. 斯莫尔伍德（Stephanie E. Smallwood）于2007年出版的《咸水奴隶制：从非洲到美洲流散的“中段航程”》正是这一“奴隶主体的经历”

---

* 作者张咪，武汉大学历史学院博士研究生。

① Alice Bellagamba, Sandra E. Greene et al., eds., *African Voices on Slavery and the Slave Trade*, Cambridge: Cambridge University Press, 2013, xvii, p. 1.

② Philip D. Curtin, ed., *Africa Remembered: Narratives by West Africans from the Era of the Slave Trade*, Madison: The University of Wisconsin Press, 1967; Sandra E. Greene, *West African Narratives of Slavery: Texts from Late Nineteenth-and Early Twentieth-Century Ghana*, Bloomington: Indiana University Press, 2011; Ramesh Mallipeddi, “‘A Fixed Melancholy’: Migration, Memory, and the Middle Passage,” *The Eighteenth Century*, 55, 2/3 (Summer/Fall 2014), Special Issue, *The Dispossessed Eighteenth Century*, pp. 235-253.

(experience of slave subjects) 学术潮流的产物。[1] 斯莫尔伍德以线性的轨迹组织该书的章节结构，详细讲述了作为行为主体的非洲人如何一步步沦为战俘、大西洋商品再到美洲奴隶的过程。在这一主线叙事之下，斯莫尔伍德还将“咸水黑人”（Saltwater Negroes）[2] 的社会关系、死亡、身份认同等主题贯穿其中，深刻揭示了大西洋奴隶贸易对非洲人的影响与意义。值得一提的是，该书出版之际，正值英国废除大西洋奴隶贸易 200 周年，很多国家举办了各类周年纪念活动。各出版商在 21 世纪初就开始积极寻求与大西洋奴隶贸易研究相关的作品，以配合这次周年活动。此书是哈佛大学出版社推出的纪念作品之一，一经出版，就受到了学术界和公众的广泛关注，相关的书评就有十余篇。该书还于 2008 年获得了弗雷德里克·道格拉斯图书奖（Frederick Douglass Book Prize）。

一　从非洲战俘到美洲奴隶：大西洋市场与非洲人的商品化

大部分学者将“中段航程”（Middle Passage）[3] 指代非洲奴隶跨越大西洋到达美洲大陆的海上航程。[4] 在有关“中段航程”的最新研究中，索万德·M. 马斯塔基姆（Sowande M. Mustakeem）提出“海上奴隶制”（Slavery at sea），专门研究奴隶在海上的经历。尽管斯莫尔伍德在该书中使用“咸水奴隶制”（Saltwater Slavery）一词，但她不只着眼于非洲奴隶在奴隶船上的

① Stephanie E. Smallwood, *Saltwater Slavery: A Middle Passage from Africa to American Diaspora*, Cambridge: Harvard University Press, 2007.

② 斯莫尔伍德在该书的序言中指出，“咸水黑人”是在美洲出生的“克里奥尔黑人”（Creolian Negroes）对从非洲来的黑人的蔑称。“咸水”一词表明非洲俘虏是通过大西洋这一“海水”来到美洲的，他们身上携带着对奴隶船经历的记忆。到达美洲的奴隶及其后代不可能完全摆脱“咸水”，因为即使非洲俘虏结束了“中段航程”来到美洲，但美洲奴隶社区一直被不断新到来的非洲俘虏所重塑。“克里奥尔黑人”通过使用“咸水”一词，明确地表达了他们对强迫移民问题的认识。

③ “中段航程”是一个古老的海洋用语，可以追溯到大西洋奴隶贸易的全盛时期。它是三角贸易的重要组成部分，在从欧洲到非洲的“出程”（Outward Passage）和从美洲返回欧洲的“回程”（Homeward Passage）之间。

④ Emma Christopher, Cassandra Pybus et al., eds., *Many Middle Passages: Forced Migration and the Making of the Modern World*, Berkeley and Los Angeles, California: University of California Press, 2007; Martyn Hudson, *The Slave Ship, Memory and the Origin of Modernity*, London: Routledge, 2016.

经历，而是强调奴隶从非洲这一起点到美洲这一终点的整个被迫移民过程。斯莫尔伍德利用英国的皇家非洲公司（Royal African Company）代理人的通信、船长的航海日记、海运和海关记录等原始文献，研究了1675年至1725年被迫从西非黄金海岸迁徙到英属西印度群岛的战俘的经历。

该书最显著的学术贡献之一是对大西洋奴隶贸易定量研究的批判和反思。根据大卫·埃尔蒂斯（David Eltis）、斯蒂芬·贝伦特（Stephen Behrendt）和大卫·理查森（David Richardson）的量化统计可知，整体而言，16—18世纪非洲奴隶出口的主要地区是非洲中西部（安哥拉—刚果地区）和奴隶海岸（贝宁湾地区），黄金海岸奴隶贸易的出口直到18世纪早期才开始急速上升。[①] 斯莫尔伍德本人也坦言，从数量上来看，从17世纪中期到18世纪早期，黄金海岸的奴隶出口并没有在大西洋奴隶贸易中占据最突出的地位；在17世纪下半叶，在黄金海岸登上英国船只的俘虏只有贝宁湾的1/2，在离开非洲海岸的60条“移民流”中，黄金海岸排名第三。那她为何要选择17世纪中期到18世纪早期黄金海岸的奴隶为研究对象呢？原因有以下两点：其一，在她看来，数量的多寡并不是衡量一个地区或群体成为研究对象的决定性因素。在定量研究中，奴隶仅仅是物体而非人类主体或社会行为者，她研究的主题是奴隶的经历，尽管黄金海岸不是当时西非最大的奴隶出口地区，但不会影响其对奴隶真实经历的了解。其二，1675年至1725年是英国皇家非洲公司最活跃的时期，该公司代理人所做的记录以相对全面的形式保存下来，包括定量和文本两部分，只有通过文本类记录，才能拼贴出那些被纳入大西洋市场的非洲俘虏比较完整的人类故事。[②]

斯莫尔伍德先在大西洋的语境下梳理了近代早期黄金海岸的两次社会经济变迁。根据她的叙述，黄金海岸的第一次转型发生在15世纪末。此时该地区开始与葡萄牙人建立贸易关系，葡萄牙人从非洲的其他地区买来奴隶出售到黄金海岸，黄金海岸的森林地区则利用这些奴隶开采黄金、运输黄金到港口城市与葡萄牙交换，并将与欧洲交换的商品运回。第二次社会经济转型发生在16世纪下半叶，美洲逐渐对黄金海岸的贸易模式产生影响。美洲种

---

① David Eltis, “Stephen Behrendt, David Richardson, and Manolo Florentino, the Trans-Atlantic Slave Trade Database,” http: //www. slavevoyages. org/tast/index. faces.

② Stephanie E. Smallwood, *Saltwater Slavery: A Middle Passage from Africa to American Diaspora*, Cambridge: Harvard University Press, 2007, pp. 3-5.

植园对非洲奴隶的大量需求，使得非洲其他地区出口的奴隶转移到美洲市场，通过海上市场进入该地区的奴隶越来越少。17 世纪上半叶，黄金海岸也开始出口奴隶，只不过这一时期奴隶的出口额还很小，黄金仍然是主要的出口商品。但到了 18 世纪初，黄金海岸的金矿逐渐枯竭，该地区只能从巴西等南美国家进口黄金，与此同时，奴隶的出口数量却急剧上升，成为该地区最主要的出口商品。最终，黄金海岸的对外贸易模式从出口黄金和进口奴隶为主转变为出口奴隶和进口黄金为主。[①]

学术界一般认为，从黄金海岸出口到大西洋市场的奴隶通常是战争的产物。[②] 但是非洲的国家或部落发动战争的动机到底是什么？与大西洋奴隶贸易到底存在什么关系？学者们对此问题的看法存在分歧。菲利普·科廷研究了 18 世纪塞内加尔（Senegambia）的奴隶贸易，他将战争动机归类为经济模式和政治模式。在经济模式中，战争的明确目的是出售战俘获利；在政治模式中，战争主要是出于扩张领土、建立国家等原因，战俘只是一种可能与之相伴产生利润的附带产物。总的来说，科廷认为，18 世纪塞内加尔的战争动机是政治模式而非经济模式。[③] 凯文·希林顿（Kevin Clinton）与科廷的观点基本一致，但他认为，非洲沿海地区的欧洲奴隶贩子给战俘开的高价无疑会刺激战争的爆发。[④] 约翰·K. 桑顿（John K. Thornton）则指出，在实际实践中，严格区分经济模式和政治模式并不容易。[⑤] 在该书中，斯莫尔伍德并没有过分纠结战争的动机，在她看来，黄金海岸扩张性集权国家的兴起与大西洋市场经济是相关作用的关系。17 世纪末，居住在黄金海岸的非洲人属于阿肯人（the Akan）文化圈，而阿肯人本身又被划分为竞争的、经常是敌对的国家。这些国家积极参与或适应大西洋商业，战争是他们在大西

① Stephanie E. Smallwood, *Saltwater Slavery: A Middle Passage from Africa to American Diaspora*, Cambridge: Harvard University Press, 2007, pp. 12-20.

② 参见 Paul E. Lovejoy, *Transformations in Slavery: A History of Slavery in Africa*, Cambridge: Cambridge University Press, 2012, p. 78; Kwame Yeboah Daaku, *Trade and Politics on the Gold Coast, 1600-1720: A Study of the African Reaction to European Trade*, Oxford: Clarendon Press, 1970, p. 30。

③ Philip D. Curtin, *Economic Change in Precolonial Africa: Senegambia in the Era of Slave Trade*, Madison: The University of Wisconsin Press, 1975.

④ 〔英〕凯文·希林顿：《非洲史》，赵俊译，东方出版中心，2012，第 215 页。

⑤ John K. Thornton, *Africa and Africans in the Making of the Atlantic World, 1400 - 1800*, Cambridge: Cambridge University Press, 1998, p. 190.

洋市场上争夺位置和权力的一种手段。[1]

不论战争目的为何，那些被掠取的战俘终归大多都会成为战胜一方的财产。一部分战俘被纳入当地社会，成为生产或再生产劳动力；另一部分战俘则被当作商品，出售给欧洲商人。斯莫尔伍德从大西洋市场文化的角度深入分析了非洲战俘商品化的过程。大西洋市场的力量使得奴隶丧失了作为主体的身份和社会价值，他们所拥有的唯一价值只有可交换性。他们在身体上和象征上都被标记为商品，即使逃跑之后，还有可能被再次售卖。[2] 在皇家非洲公司的代理人看来，把战俘变为商品是一项“科学的事业”。为了确保利润的最大化，代理人用所谓的科学经验主义“管理”战俘的身体，维持其生命体征。[3] 在登船之前，代理人通常将战俘关在沿海城堡的地窖或监狱里，因代理人控制成本，这些场所环境恶劣，战俘安全性堪忧；在登船时，代理人设计科学的方法安排船上的空间，以便船上能够“满载”人类货物；他们还根据经验计算食物的供给量，食物短缺是常态，奴隶经常处于饥饿状态。

那些被纳入大西洋奴隶市场的战俘每人最少要被售卖两次，因为他们处在非洲市场和美洲市场两端。在非洲市场这一端，奴隶是被“仓储”的货物。一般情况下，奴隶船的船长在没有储存足够数量的俘虏之前，不会驶往美洲市场。对于这些船长来说，奴隶的数量比质量更重要，因为他们的报酬主要取决于被送到美洲市场的俘虏的人数而非单价。在 17 世纪下半叶的黄金海岸，战俘经常是供不应求的状态，且因船长必须在短时间内获得大量的俘虏，这使得非洲的卖家处于优势地位。而在美洲市场这一端，奴隶将被“零售交易”。对于美洲的买家来说，奴隶个人的劳动力价值更为重要。斯莫尔伍德认为在非洲供应与美洲需求之间存在悖论：当奴隶到达美洲时，使其身价翻番的运输过程，同时也会让奴隶的身心健康受到损伤，这意味着奴隶在美洲的售价可能会大打折扣。为了转为“卖方优势”，欧洲商人对非洲战俘的身体做了修理毛发、涂油等“美学准备工作”。最终，所有的货物都

---

① Stephanie E. Smallwood, *Saltwater Slavery: A Middle Passage from Africa to American Diaspora*, Cambridge: Harvard University Press, 2007, pp. 23, 26, 29.

② Stephanie E. Smallwood, *Saltwater Slavery: A Middle Passage from Africa to American Diaspora*, Cambridge: Harvard University Press, 2007, pp. 52, 54, 56, 62, 63.

③ Stephanie E. Smallwood, *Saltwater Slavery: A Middle Passage from Africa to American Diaspora*, Cambridge: Harvard University Press, 2007, p. 49.

在美洲的某个地方“找到”了一个市场，没有发现货物被直接拒绝并送回非洲海岸的情况。[①]

实际上，斯莫尔伍德所说的大西洋市场文化其实就是资本主义。她对非洲俘虏商品化过程的分析表明，大西洋奴隶贸易本身就是一种资本主义生产形式，并非仅仅是为欧洲资本主义发展提供原始资本的手段。

二 “咸水黑人”的两种死亡：身体死亡与“社会性死亡”

该书的另一学术贡献是对“咸水黑人”死亡的社会和文化意义的阐释。这也是该书的第二个主题。斯莫尔伍德不仅关注了非洲俘虏肉体的死亡，还借用了“社会性死亡”（Social Death）理论，分析了“咸水奴隶制”对非洲俘虏社会关系的影响。

对于欧洲奴隶贸易商来说，计算其“仓储”的人类货物的死亡人数和死亡率是统计利润率的一个重要指标。一些研究大西洋奴隶贸易的历史学家，用这些贸易商保留下来的死亡记录等史料做定量分析以揭示大西洋奴隶贸易的残酷性。[②] 非洲俘虏一旦被纳入“咸水奴隶制”中，肉体层面上的死亡就会随时发生在其被商品化的各个阶段或各类空间：非洲海岸的监狱、奴隶船或美洲海岸的交易市场。因奴隶船上非洲俘虏的死亡率相对较高，当时的人们将奴隶船称为“漂浮的坟墓”，将船长和海员称为“坟墓搬运工”。学者们也更关注非洲俘虏在奴隶船这一空间的死亡。事实上，自 18 世纪 80 年代英国废奴主义者首次关注这个议题并借此推动废除大西洋奴隶贸易以来，这个议题一直都是研究大西洋奴隶贸易的学者关注的重点。大多学者都认可暴力、疾病是死亡的主要原因。关于船舱拥挤是否导致了奴隶的死亡，

---

① Stephanie E. Smallwood, *Saltwater Slavery: A Middle Passage from Africa to American Diaspora*, Cambridge: Harvard University Press, 2007, pp. 70, 82, 85, 86, 157, 177.

② Herbert S. Klein, *The Atlantic Slave Trade*, Cambridge: Cambridge University Press, 2010; David Eltis and David Richardson, eds., *Routes to Slavery: Direction, Ethnicity and Mortality the Transatlantic Slave Trade*, London: Frank Cass & Co., Ltd., 1997; Joseph C. Miller, *Way of Death: Merchant Capitalism and the Angolan Slave Trade, 1730–1830*, Madison: The University of Wisconsin Press, 1981; Joseph C. Miller, “Mortality in the Atlantic Slave Trade: Statistical Evidence on Causality,” *The Journal of Interdisciplinary History*, Winter, 11, 3 (1981), pp. 385–423.

学者们则莫衷一是。[①] 西蒙·J. 霍格泽尔（Simon J. Hogerzeil）和大卫·理查森（David Richardson）提出，奴隶贩子的购买、管理策略影响了奴隶船上与性别、年龄等因素相关的死亡率。[②] 死亡率的动态变化也是学者们研究的一个分支。定量数据显示，英国奴隶船上的死亡率于18世纪50年代开始下降，学者们对下降原因提出了多种不同的解释。传统的解释包括：船壳的覆盖、甲板潮湿环境的改善、装载总人数的下降等。罗宾·海恩斯（Robin Haines）和拉尔夫·什洛莫维茨（Ralph Shlomowitz）从医疗史角度出发，将死亡率下降归因于船上外科医生疾病预防相关经验知识的提高。[③] 但对斯莫尔伍德来说，最重要的不是解释奴隶死亡的原因或死亡率的变化，而是描述奴隶生活的悲惨环境。

斯莫尔伍德不否认"数字游戏"（Numbers Game）[④] 研究的重要性，但她认为统计数字并不能完全说明"咸水奴隶制"对非洲俘虏造成的悲剧性影响，只有通过阐释死亡之于非洲俘虏个人的影响与意义，以及他（她）们是如何理解死亡的，才能讲述一个更完整的故事。大西洋史家马库斯·雷迪克（Marcus Rediker）推断，大多数俘虏似乎都相信他们死后可以"回到自己的故土"；起义或反抗的目标并不总是占领奴隶船，而是为了集体自杀，因为死亡可以让他们"返回自己的家乡"。[⑤] 斯莫尔伍德与之持相反的观点，在她看来，奴隶船上的"死亡"是"未完成"也无法完成的。因为在17—18世纪西非人的观念中，墓地和葬礼仪式不仅是死者的灵魂离开躯体、"迁移到祖先的世界"的唯一途径，还是死者与尚未出生的后代建立和保持联系的重要媒介，而西非传统的葬礼仪式无法在海洋上举行，这便切断了死者与祖先和后代的联系，使其处在一个无法完

① Nicolas J. Duquette, "Revealing the Relationship between Ship Crowding and Slave Mortality," *The Journal of Economic History*, 74, 2 (2014), pp. 535-552.

② Simon J. Hogerzeil and David Richardson, "Slave Purchasing Strategies and Shipboard Mortality: Day-to-Day Evidence from the Dutch African Trade, 1751 - 1797," *The Journal of Economic History*, 67, 1 (2007), pp. 160-190.

③ Robin Haines and Ralph Shlomowitz, "Explaining the Mortality Decline in the Eighteenth-Century British Slave Trade," *The Economic History Review*, New Series, 53, 2 (2000), pp. 262-283.

④ "数字游戏"是菲利普·柯廷在《大西洋奴隶贸易：一项人口调查》里对大西洋奴隶贸易定量研究的戏称。参见 Philip D. Curtin, *The Atlantic Slave Trade: A Census*, Madison: The University of Wisconsin Press, 1969。

⑤ Marcus Rediker, *The Slave Ship: A Human History*, New York: Penguin Group, 2007, pp. 269, 295, 297.

全死亡的状态中。[①]

与身体层面的死亡相比，“社会性死亡”对非洲俘虏的影响更为深远和持久。“社会性死亡”是历史社会学家奥兰多·帕特森（Orlando Patterson）在《奴隶制与社会性死亡：一项比较研究》一书中首创的理论。帕特森没有从奴隶作为财产的经济地位出发，而是基于奴隶的社会状况和社会关系来定义奴隶制。他认为，奴隶制的三个主要组成要素是暴力强迫、先天异化和对奴隶的普遍羞辱，奴隶的“社会性死亡”包括被迫离开原先社区和被引入新社区两个阶段。在第一个阶段，奴隶经历了“去社会化”和“去个性化”的过程，他们被迫和原社区脱离联系，处于类似死亡的状态。在第二个阶段，一方面，奴隶成为新社区的陌生人，处于边缘化的位置；另一方面，他们又有融入新社区的可能性，因此奴隶在新社区处于边缘化与融合的临界地。[②] 帕特森的这一观点在学界引发了广泛的讨论、争议和批评。[③]

在该书中，斯莫尔伍德将“社会性死亡”这一理论应用到对“咸水黑人”和“咸水奴隶制”的研究中。她认为，大西洋奴隶贸易改变了西非社会传统的“社会性死亡”形式，创造了一种新的边缘化类别。在大西洋奴隶贸易之前，奴隶制已经在非洲的一些国家和部落普遍存在。这些国家或部落的“内部人”一般不会被作为奴隶，只有战败国的俘虏才会被当作奴隶。在战俘的亲属看来，战俘的离开就意味着他们将成为“社会层面上死去的人”。虽然这些战俘被迫脱离自己原本的社区和亲属关系，一开始也是新社区的“外部人”，但仍然能够通过婚姻等方式，融入新社区，成为他们的一员，甚至提升社会地位。新社区为了让他们更好地被同化，会让他们改名，也会通过仪式切断和“净化”其出生关

① Stephanie E. Smallwood, *Saltwater Slavery: A Middle Passage from Africa to American Diaspora*, Cambridge: Harvard University Press, 2007, pp. 140, 152.

② Orlando Patterson, *Slavery and Social Death: A Comparative Study*, Cambridge: Harvard University Press, 1982, pp. 38, 45, 59.

③ John Bodel and Walter Scheidel, eds., *On Human Bondage: After Slavery and Social Death*, West Sussex: John Wiley & Sons, 2017; Vincent Brown, "Social Death and Political Life in the Study of Slavery," *The American Historical Review*, 114, 5 (2009), pp. 1231-1249; Erna Brodber, "History and Social Death," *Caribbean Quarterly*, 58, 4 (2012), pp. 111 - 115; Ross W. Jamieson, "Material Culture and Social Death: African-American Burial Practices," *Historical Archaeology*, 29, 4 (1995), pp. 39-58.

系。[①] 而那些被纳入大西洋奴隶市场的战俘却永远与他们的原社区疏远，被排斥在非洲的任何社区之外。大西洋市场文化和支持战俘买卖的国家权力使得大多数俘虏不可能被赎回和"恢复自由"。[②]

三 发明"非洲"：记忆与"咸水黑人"身份认同的重塑

该书关注的第三个主题是非洲俘虏在大西洋流散的过程中，其文化身份认同[③]的变化。或者说，被迫进入大西洋体系的"咸水黑人"是如何抵抗"社会性死亡"，重新建立社会关系和归属感的？

在非洲流散（African Diaspora）的学术谱系中，梅尔维尔·J. 赫斯科维茨（Melville J. Herskovits）居于开创者的地位。在他之前的学者们普遍认为，奴隶制对黑人思想和行为的压迫，使得非洲主义（Africanisms）在美洲消失。赫斯科维茨在其 1941 年出版的《黑人历史的迷思》一书中提出"非洲文化遗存"（African cultural survivals）这一概念，肯定非洲遗产在美洲的存在。[④] 不过，当时"非洲流散"作为一个专业名词还没有被学者们创造出来。直到 20 世纪 60 年代，随着非洲非殖民化运动和美国民权运动的发展，历史学家和知识分子才开始使用"非洲流散"这一术语来表达"非洲后裔在世界各地以及在国内的地位和前景"。自此，在学术界和大众话语中，"非洲流散"才成为一个广泛使用的概念，用来分析黑人的身份认同、家庭和归属等问题。[⑤]

根据非洲人自愿或被迫移民的目的地，"非洲流散"可以被分为非洲内

① James H. Sweet, "Defying Social Death: The Multiple Configurations of African Slave Family in the Atlantic World," *The William and Mary Quarterly*, 70, 2 (2013), Centering Families in Atlantic Histories, pp. 251 - 272; Orlando Patterson, *Slavery and Social Death : A Comparative Study*, Cambridge: Harvard University Press, 1982, pp. 53, 54.

② Stephanie E. Smallwood, *Saltwater Slavery: A Middle Passage from Africa to American Diaspora*, Cambridge: Harvard University Press, 2007, pp. 30, 57.

③ 有关"文化身份认同"的定义及与非洲流散的关系参见 Stuart Hall, *Cultural Identity and Diaspora*, in Patrick Williams, ed., *Colonial Discourse and Post-Colonial Theory*, Laura Chrisman, London: Taylor & Francis Group, 1993, pp. 392-403。

④ Melville J. Herskovits, *The Myth of the Negro Past*, New York: Harper & Brothers Publishers, 1941, p. 3.

⑤ Markus Nehl, *Transnational Black Dialogues: Re-Imagining Slavery in the Twenty-First Century*, Bielefeld: Transcript Verlag, 2016, p. 41.

部流散、非洲—印度洋流散、非洲—地中海流散和非洲—美洲流散（大西洋流散）。就目前的研究现状来看，学者关注最多的还是非洲—美洲流散。[①] 20世纪70年代之后，非洲—美洲流散的研究有了较大的突破。1974年，西德尼·明茨（Sidney Mintz）和理查德·普莱斯（Richard Price）提出了黑人文化的"克里奥尔化"（creolization），他们更强调美洲的环境对黑人身份认同的重塑。[②] 到了90年代，以保罗·洛夫乔伊（Paul Lovejoy）、约翰·桑顿、科林·帕尔默（Colin Palmer）、戈麦斯·迈克尔（Gomez Michael）等为代表的"修正主义"学派指出，非洲必须成为非洲流散研究的起点，在追溯非洲人流散的轨迹时，应该描绘出其从特定的非洲民族家园到美洲殖民地的奴隶社区的社会、文化和政治变化过程。[③] 1993年，保罗·吉尔罗伊（Paul Gilroy）的《黑色大西洋：现代性与双重意识》[④] 出版之后，"黑色大西洋"成为学界的一大"热词"，甚至很多人将"黑色大西洋"视为"非洲流散"的同义词。而詹姆斯·H. 斯威特（James H. Sweet）、安东尼·B. 平（Anthony B. Pinn）等学者指出这是一种概念误读，这两者在研究内容和路径上存在很大差异。[⑤]

斯莫尔伍德正是在修正主义学派的学术语境之下，梳理了17世纪末18世纪初从黄金海岸到英属西印度群岛的非洲俘虏的身份认同变迁。她在书中表达了对修正主义学派观点的赞同："我们只有先解答了非洲人在成为大西洋流散的受害者之前是如何理解他们自己是谁，才能充分回答在流散中非洲

① Paul Tiyambe Zeleza, "Rewriting the African Diaspora: Beyond the Black Atlantic," *African Affairs*, 104, 414 (2005), pp. 35-68.

② Sidney Wilfred Mintz, Richard Price, *The Birth of African-American Culture: An Anthropological Perspective*, Boston: Beacon Press, 1976.

③ James H. Sweet, *Recreating Africa: Culture, Kinship, and Religion in the African-Portuguese World, 1441 - 1770*, Chapel Hill: The University of North Carolina Press, 2003, p. 1; Tejumola Olaniyan and James H. Sweet, eds., *The African Diaspora and the Disciplines*, Bloomington: Indiana University Press, 2010, p. 4.

④ Paul Gilroy, *The Black Atlantic: Modernity and Double Consciousness*, Cambridge: Harvard University Press, 1993.

⑤ James H. Sweet, *Recreating Africa: Culture, Kinship, and Religion in the African-Portuguese World, 1441-1770*, Chapel Hill: The University of North Carolina Press, 2003, p. 1; Anthony B. Pinn, ed., *Black Religion and Aesthetics Religious Thought and Life in Africa and the African Diaspora*, New York: Palgrave Macmillan, 2009, p. 2. 非洲流散研究的具体内容可参考 Michael A. Gomez, *Reversing Sail: A History of the African Diaspora*, Cambridge: Cambridge University Press, 2005; Tejumola Olaniyan and James H. Sweet, eds., *The African Diaspora and the Disciplines*, Bloomington: Indiana University Press, 2010。

人变成了谁这个问题。”①

因此，斯莫尔伍德先回到黄金海岸这一流散起点，研究了黄金海岸居民的民族、文化身份认同。具体而言，斯莫尔伍德向读者抛出了以下几个问题：民族标签在人们的日常生活中有什么意义？“身份认同”存在于社会和政治组织的哪个层次上？黄金海岸的国家（states）在多大程度上对应于民族群体？什么构成了17世纪黄金海岸的一个“国家”（country）？根据作者的解读，在17世纪黄金海岸的社区中，母系氏族亲属关系（kinship-matriclan）和王权国家（kingship-state）之间存在着张力，民族身份的各种变化贯穿于这两者的相互作用之中。“国家”（countries）的边界不与国家（states）的领土范围相连，而是与母系的亲属权威相连。当母系氏族关系构成了两个交战政治实体所属的“国家”（country），而王权的权威又不足以完全推翻亲属关系的权威时，战胜一方通常不会将战俘出售给欧洲人。②

一些历史学家把非洲俘虏乘坐奴隶船横渡大西洋的航程看作他们“去文化”（deculturation）的第一步和关键一步。③ 例如，马丁·哈德森（Martyn Hudson）认为，非裔美洲人作为一种统一身份的概念在奴隶船上形成，作为“船友”的新团结出现，这将持续到美洲种植园。更进一步说，是奴隶船上的经历和记忆，而非“非洲遗存”或“新世界起源”形塑了非裔美洲人身份认同。④ 马库斯·雷迪克指出，非洲俘虏在奴隶船上创造了新的语言、新的文化实践和新的纽带，并建立了一个新生的社区。他们互相称呼对方为“船友”，形成了一种“虚构”但非常真实的亲缘关系，以取代他们在非洲被俘虏和奴役所摧毁的东西。⑤ 但在斯莫尔伍德看来，以“船友”为基础的虚构的亲属关系在美洲的新环境中才逐渐形成，奴隶船的经历和记忆为美洲奴隶

---

① Stephanie E. Smallwood, *Saltwater Slavery: A Middle Passage from Africa to American Diaspora*, Cambridge: Harvard University Press, 2007, p. 102.

② Stephanie E. Smallwood, *Saltwater Slavery: A Middle Passage from Africa to American Diaspora*, Cambridge: Harvard University Press, 2007, pp. 109-118.

③ John K. Thornton, *Africa and Africans in the Making of the Atlantic World, 1400 - 1800*, Cambridge: Cambridge University Press, 1998, p. 153.

④ Martyn Hudson, *The Slave Ship, Memory and the Origin of Modernity*, London: Routledge, 2016, p. 2.

⑤ Marcus Rediker, *The Slave Ship: A Human History*, New York: Penguin Group, 2007, pp. 18, 260.

社区新的流散身份奠定了基础。[①] 斯莫尔伍德的观点不无道理，因为到达美洲的“人类货物”将被零售到不同的殖民地，被不同的奴隶主所购买，在奴隶船上建立的亲属关系很可能被打破，这意味着到达新社区的奴隶们只能重新虚构亲属关系。

当“咸水黑人”来到美洲的新社区之后，必须利用文化工具，“解决他们特有的流离失所和异化的问题”，并“防止自我和依恋的破损或崩溃”。斯莫尔伍德将奴隶们所采用的文化工具概括为以下三个。

第一个工具是“流散的非洲”（diasporic Africa）。剥夺奴隶的非洲身份是美洲奴隶制的关键部分，但幸好奴隶还保存着对非洲的记忆。对于流散美洲的非洲人来说，非洲不仅仅是一个地理实体，还是他们随身携带的记忆中的地方的集合，即所谓的“流散的非洲”。[②] 正如文森特·布朗（Vincent Brown）所说，“非洲”这个范畴的含义不仅反映了文化的真实性，而且是政治想象的反复行为的结果。[③]

第二个工具是奴隶船的经历和记忆。正如上文提到的，奴隶船的经历和记忆为“咸水黑人”在美洲虚构亲属关系奠定了基础。亲属关系是最直接将自我与社会联系在一起的制度黏合剂，只有通过恢复亲属关系网络，“咸水黑人”才能摆脱奴隶制带给他们的“社会性死亡”。奥兰多·帕特森将主奴之间建立的关系视为虚构的亲属关系。的确，在美洲一些殖民地的奴隶主家户中，奴隶被视为家庭的成员。[④] 主奴之间所谓的亲属关系也成为内战前美国南部的奴隶主为奴隶制辩护的基本论调之一。但从奴隶的视角来看，和他们具有虚构的亲属关系的人是那些通过美洲市场和他们一起被“零售”到同一社区的非洲俘虏。同时，奴隶船的记忆也重塑了“咸水黑人”的文化。斯莫尔伍德以一个“咸水黑人”用微型独木舟和小桨来装饰已故儿子的坟墓的例子，向读者说明了“咸水黑人”将奴隶船的记忆融入葬礼仪式

---

① Stephanie E. Smallwood, *Saltwater Slavery: A Middle Passage from Africa to American Diaspora*, Cambridge: Harvard University Press, 2007, p. 120.

② Stephanie E. Smallwood, *Saltwater Slavery: A Middle Passage from Africa to American Diaspora*, Cambridge: Harvard University Press, 2007, p. 189.

③ Vincent Brown, “Social Death and Political Life in the Study of Slavery,” *The American Historical Review*, 114, 5 (December 2009), pp. 1231-1249.

④ Elizabeth Fox-Genovese, *Within the Plantation: Household Black and White Women of the Old South*, Chapel Hill: The University of North Carolina Press, 1988.

中，从而改造了非洲传统的葬礼仪式。[①]

第三个工具是美洲的在地文化。"咸水黑人"在美洲所产生的文化不是非洲文化的复制或简单延续，他们在美州的遭遇和实践重塑了其文化。他们也经历了或长或短的文化适应过程。由于奴隶社区非洲婴儿和成人死亡率很高，源源不断从非洲来的"咸水黑人"补充维持了奴隶社区的人口力量。"他们努力将社区和文化规范从奴隶制中解放出来，形成了非洲后裔在美洲建立有意义的生活的基石。"[②]

因此，"咸水黑人"的文化身份认同是由"流散的非洲"、奴隶船的经历和记忆、美洲的在地文化这三个部分共同塑造的结果。斯莫尔伍德这一精彩阐释在一定程度上解决了学界长期以来对非裔美洲人身份认同起源的分歧，并且为非洲流散研究提供了一个很好的范例。

余 论

该书在研究方法上也很有特色。作者采用了资本主义经济制度的文化史研究方法，将大西洋奴隶贸易的政治经济学与非洲奴隶的离散身份研究相结合，较为全面地考察了奴隶贸易带给非洲奴隶的经济、社会和文化影响。这一研究方法的价值在于，一方面可以让读者深入地理解近代早期大西洋资本主义所蕴含的暴力和残酷，以及其给奴隶带来的难以估量的文化和心理创伤；另一方面又向读者呈现了非洲奴隶所具有的强大"再生能力"，即尽管他们遭受了如此大的伤害，但仍有抗争精神和适应能力，没有完全失去追求自由的精神和动力。

学者对该书的批评主要集中在史料方面。例如，该书的一位评论者就指出，虽然斯莫尔伍德试图从非洲俘虏的视角重新解读大西洋奴隶贸易，但她所用的史料大多是由欧洲殖民者所书写的，这在很大程度上反映的是奴隶贸易受益者的观点，而非受害者对自己经历的理解。[③] 这一批评有一定的合理

---

① Stephanie E. Smallwood, *Saltwater Slavery: A Middle Passage from Africa to American Diaspora*, Cambridge: Harvard University Press, 2007, pp. 189, 190, 196.

② Stephanie E. Smallwood, *Saltwater Slavery: A Middle Passage from Africa to American Diaspora*, Cambridge: Harvard University Press, 2007, pp. 190, 200, 201.

③ Julie Husband, "Review: Saltwater Slavery: A Middle Passage from Africa to American Diaspora by Stephanie E. Smallwood," *African American Review*, 42, 3/4 (Fall-Winter 2008), pp. 775-777.

之处。但是，必须考虑的事实是，大西洋奴隶贸易初期，非洲社会的文化生产和传播方式主要是口头的，“咸水黑人”所记录且留存下来的文本本身就很少，他们的声音有时隐含在行动中，有时则出现在其他人的文字中。[①] 斯莫尔伍德能从奴隶贸易商、奴隶船的船长等人的文本中挖掘出非洲俘虏的声音，并进行语境化的分析，也从侧面反映出她对史料高超的解读能力。

该书的另一不足之处是作者过于强调非洲—美洲流散是单向的运动，忽视了“咸水黑人”及其后代的“返乡运动”（return movement）对非洲的反向影响。但这与作者研究的时期只有零星的奴隶通过当海员或者海盗等途径返回非洲，直到 19 世纪大规模的“返乡运动”才兴起有关。

现今，该书已经成为大西洋奴隶贸易和非洲流散研究的经典之作。很多从事相关研究的学者都在自己的论著中讨论、回应该书的观点。该书也启发了诸如索万德·M. 马斯塔基姆（Sowande M. Mustakeem）等后来的学者对“海洋奴隶制”和奴隶经历的深入研究。该书对于研究美国洲际奴隶贸易、其他被迫移民群体或流散群体的学者也大有裨益。

（执行编辑：王一娜）

① Alice Bellagamba, Sandra E. Greene et al., eds., *African Voices on Slavery and the Slave Trade*, Cambridge: Cambridge University Press, 2013, pp. 1, 4.

海洋史研究（第二十三辑）
2024 年 11 月　第 511~522 页

微观手法与宏观视野：《多明戈斯·阿尔瓦雷斯》对大西洋史研究的启示

董　鑫*

一　关于《多明戈斯·阿尔瓦雷斯》

大西洋流散史家詹姆斯·H. 斯威特（James H. Sweet）① 的《多明戈斯·阿尔瓦雷斯：非洲疗愈与大西洋世界思想史》（*Domingos Álvares, African Healing, and the Intellectual History of the Atlantic World*，简称《多明戈斯·阿尔瓦雷斯》），除“引言”（Introduction）外，共计十章。作者巧用微观史的手法，依托葡萄牙国家档案馆丰富的宗教法庭档案，辅以非洲和巴西的旅行者见闻、教区记录、语言学调查报告、西非口头传统和民族志，以多明戈斯·阿尔瓦雷斯横跨三洲的流散经验为经，以非洲疗愈的大西洋环流为纬，

---

* 作者董鑫，福建师范大学文学院副教授。

① 詹姆斯·H. 斯威特，现供职于威斯康星大学麦迪逊分校（University of Wisconsin-Madison）历史系，主要研究方向是非洲历史和非洲人流散史（African diaspora）。有两本书获奖，除了该书（Chapel Hill: The University of North Carolina Press, 2011），还有《重现非洲：非洲-葡萄牙世界的文化、亲属关系和宗教，1441—1770 年》（*Recreating Africa: Culture, Kinship, and Religion in the African-Portuguese World, 1441-1770*, Chapel Hill: The University of North Carolina Press, 2003）。目前，他正在从事一项以“黑王子号”奴隶船上的叛乱为核心的 18 世纪大西洋史研究，手稿暂定名为《“黑王子号”上的叛乱：巨变中的大西洋世界的奴隶制、海盗与自由的限度》（*Mutiny on the Black Prince: Slavery, Piracy, and the Limits of Liberty in the Revolutionary Atlantic World*）。

力图在欧美例外论（European and American exceptionalism）的巨幅挂毯上重新编织大西洋世界的思想史。

该书第一章“达荷美”（Dahomey）追溯了多明戈斯在非洲的成长史，而这段成长经历与18世纪前期达荷美的帝国扩张紧密相连。[①] 1700年前后，多明戈斯出生于现今贝宁湾一带，当时该地区的社会形态正呈现某种“疗愈社区”（Healing community）的特征：“贝宁湾的大多数人认同社区健康源自祖先和亲属的统一，并为所有为更大利益而牺牲的人提供互惠利益。”[②] 析而言之，这一社会形态包含三个原则：第一，社区建设原则，共同的祖先信仰和亲属关系的有无及其和谐程度决定了社区能否形成及其福祉系数；第二，等级制度原则，祭司掌握沟通祖先与神灵以维系和谐的知识和训练，占据核心地位，其他成员按亲疏关系厘定尊卑；第三，精神互惠原则，祭司为公共福祉做贡献（精神和谐、身体治疗），其他成员回馈祭司（尊重认同、贡品财富）。随着达荷美帝国的对外扩张，这份和谐被打破。这不仅是因为战争使人们陷入了流离失所、饥荒和被奴役的困境，更因为帝国将祖先信仰收编入皇室信仰、驱逐祭司的行为挑战了疗愈社区赖以维系的根本原则。面对威胁，流亡的人们着手重建社区，并适度调整原则，将亲属关系扩大至文化近似的同胞之间，也为精神互惠增添了反抗帝国迫害的政治属性。而更复杂的社区构成提升了祭司调和作用的重要性，也加剧了他们对帝国的政治威胁。多明戈斯正是在这个时间点继承了伏都教祭司的职分。因而，当1720年前后多明戈斯被贩卖给欧洲人时，他并非作为某些奴隶史家想象中奴隶贸易的“无辜”受难者，而是作为非洲帝国的潜在政敌被驱逐。

第二章至第六章讲述的是多明戈斯在南美洲的“奋斗史”，不是指他从被贩为奴到重获自由的传奇经历，而是指他在巴西重建疗愈社区的努力。第二章“航路”（Passage）为我们证明，“中段航程”（Middle Passage）的悲惨处境非但没有抹杀奴隶们的非洲过往，反而催生了一种

① 达荷美帝国的扩张对邻国的影响，罗伯特·哈姆斯已有详论，然尚欠奴隶制视角，多明戈斯的生命经验是其重要补充。哈姆斯的论述详见 Robert Harms, *The Diligent: A Voyage through the Worlds of the Slave Trade*, New York: Basic, 2001。

② James H. Sweet, *Domingos Álvares, African Healing, and the Intellectual History of the Atlantic World*, Chapel Hill: The University of North Carolina Press, 2011, p. 226.

命运共同体的意识，使重建疗愈社区的愿望更加迫切。[①] 与此同时，用以重建社区的伏都教知识在多明戈斯身上逐渐内化为一种强调人类社会与神灵世界相统一的认识论，为他理解、阐释甚至批判大西洋世界的失范现象提供了有别于欧洲的概念工具。第二章末尾至第三章“累西腓”（Recife）聚焦于多明戈斯初到南美的七年时光（1730—1737），其间他辗转于伯南布哥数个蔗糖种植园，从事体力劳动或以治疗师为生计。透过多明戈斯的视角，殖民地种植园社会与西非封建帝国的同构关系被暴露：与达荷美国王一样，种植园主将多明戈斯这样的“治疗师”在奴隶间的精神威望视作现实的政治威胁，并采取措施（具体而言第一原则是阻断，隔绝治疗师与其他人建立亲属关系）阻碍疗愈社区的成立。在招致反抗后，奴隶主将多明戈斯投入累西腓的监狱，随后卖往里约热内卢，第四章至六章“里约热内卢”（Rio De Janeiro）、“自由”（Freedom）、“疗愈的政治学”（The Politics of Healing）的故事就发生于此。在这里，多明戈斯的祭司身份很快被殖民地话语转译成“非洲治疗师”（African healers），而其借助沟通神灵对社会问题提出政治主张的能力则被归为可怖的“巫术”（葡文，feitiços）。无论如何，二者均提升了他的名气，使他很快被人买下，用以治疗雇主妻子的宿疾或诅咒，却又因效果不佳再次易主。后一任主人看重多明戈斯的商业价值，允许他以自由行医产生的利润为自己赎身。1739年，多明戈斯终于通过这一方式“赎回自由”，而这段赎身经历同样折射在他的认识论里，使“自由”和“奴役”间界限分明的殖民地常识受到质疑：赎身并非意味着脱离奴隶制，而只是从奴隶主手中购得自身所有权，解放奴隶也会蓄奴正是奴隶制加固的表现；且讽刺的是他作为奴隶在主人的庇护下事业顺风顺水，一旦获得自由，反倒旋即被教会打压。不过，多明戈斯同时也利用自由人的身份开设了数间诊疗所，并在城南建立了一个充满活力的宗教群落，借此复活了非洲疗愈社区。新的社区沿袭了祭司核心的等级制度，同时遵循达荷美时期的重建经验，将亲属关系进一

① “中段航程”在奴隶史中一般指非洲奴隶在黑奴船上的悲惨经历。持克里奥尔论的史家往往将这段非人经历描述为黑奴的创伤经验，强调其足以抹平奴隶非洲记忆的仪式效果。而近年的研究质疑了这一观点。怀特·霍桑指出黑奴船正是受压迫的黑奴突破族群限制，凝结为命运共同体的场域。斯威特更是指出，早在非洲港口等待装船的仓库中，这一场域效果就已经具备雏形。该书观点参考第二章，霍桑的论述详见 Walter Hawthorne，*From Africa to Brazil: Culture, Identity, and an Atlantic Slave Trade, 1600 - 1830*，Cambridge，New York：Cambridge University Press，2010，p. 133。

步扩大至巴西部分奴隶共同的来源地米纳海岸（葡文，Costa da Mina），更应殖民地新情况，进一步丰富了精神互惠的内容：不但为成员提供归属感，更以降神、占卜等方式替成员对殖民地奴隶制、重商主义、种族等级、性别压迫等问题做出政治批判；相对的，成员也将回馈扩大至现金货币。

第七章至终章“错位”（Dislocations）、“异端审判”（Inquisition）、“阿尔加维”（Algarve）、“晦暗不明”（Obscurity）交代了多明戈斯在欧洲受审和流放的结局。疗愈社区的出现是对殖民地天主教会及其背后的葡萄牙王权的彻底挑衅。1742 年，受了施洗并行过坚信礼的多明戈斯被天主教当局以巫术罪羁押，送往里斯本接受宗教审判。审判过程中他与审查官的精彩辩论演绎了泛灵信仰对一神论权威的挑战。表面上，多明戈斯坚称疗愈能力来自草药，是自然的物质力量，而非审查官指责的巫术、恶魔的精神契约，进而推翻了有罪推定；实际上，多明戈斯的泛灵认识论将自然（大地）和上帝共同归为了信仰对象的一种（某一伏都神），其力量没有善恶区分，这远超出天主教一神论的认知范式。通过这种方式，多明戈斯在洗脱罪名的同时维护了信仰，却无力改变教会出于和达荷美国王、种植园主相同的政治逻辑做出的判决，而被流放至葡萄牙西南边陲。1744 年，多明戈斯到达流放地卡斯特罗·马里姆村（葡文，Castro Marim），并在孤独与绝望中，化作了一面葡萄牙殖民帝国照见自身的镜子。对多明戈斯而言，认同感和归属感已成奢望（欧洲的环境全面打破了疗愈社区的建设原则：无法与白人建立亲属关系、祭司身份被看作巫师、互惠关系被货币交易取代）；对帝国臣民而言，善于“适应环境”的多明戈斯则“印证”了所有对殖民地的异域想象（他是里斯本奴隶海外流放噩梦的具现化，是国境边民巫师想象的实体，是渴望发财的投机者眼中地下宝库的活钥匙）。1747 年，他又一次被送上宗教法庭，两年后再遭流放，至此，多明戈斯的传奇戛然而止，悄然消逝在档案的缝隙之间。

该书终章的核心思想又一次对题目做出呼应：多明戈斯生命史所折射出的非洲疗愈的历史，并非为解决资本主义、奴隶制和殖民主义等大西洋世界的历史问题提供一劳永逸的方法论，而是为理解大西洋世界失序的表象下纷繁复杂的思想状况提供了别样的认识论。这一认识论被纳入了非洲思想的视角，驳斥了欧美例外论、克里奥尔论和“现代性”单一线性的历史叙事，昭示着一种崭新的大西洋世界思想史的可能性。

二 传记体微观史写作手法评析

该书以传记的手法写成，聚焦于一个流散于大西洋世界的非洲人的个体生命经验，小中见大，是一部结构整饬、论述流畅的微观史著作。更具体地说，该书的传记手法代表了全球微观史（Global Microhistory）的卓越实践与黑色大西洋的研究方向相融通的新尝试，而这一尝试越发足以被指认为一股潮流。[①]

全球微观史呼吁传记体的撰史手法，主张为生命历程彰显跨文化联系与全球性变革的一般人立传，这内在要求了一种“全球性”与“微观史”的平衡。有学者曾质疑，全球史研究追求一般性，可能会简化微观层面“跨文化接触的复杂性”。[②] 而全球微观史家的回应则显示出，传记手法对微观领域复杂性的呈现，不仅局限于传主跨文化游历的空间面向，还指向传主生命历程的时间维度，换言之，可以通过追寻跨文化旅行者早年家乡经验的方式来解读其跨文化接触中那些以掩饰、自我塑造和即兴发挥为特征的复杂纠葛。正是在这个意义上，这批先锋史家预言“对全球生活的仔细研究必然会把我们拉回一个深刻的地方历史”,[③] 甚至探讨“一个从未旅行过的人的全球纠葛”[④] 也不失为一种可能，必须从地方性视角理解全球史。

---

① 全球微观史的卓越实践参见 Tonio Andrade, “A Chinese Farmer, Two African Boys, and a Warlord: Toward a Global Microhistory,” *Journal of World History*, 21, 4 (2010), pp. 573-591; John-Paul A. Ghobrial, “The Secret Life of Elias of Babylon and the Uses of Global Microhistory,” *Past & Present*, 222 (2014), pp. 51-93; Dominic Sachsenmaier, *Global Entanglements of a Man Who Never Traveled: A Seventeenth-Century Chinese Christian and His Conflicted Worlds*, New York: Columbia University Press, 2018。共同构成这一潮流的经典形象如约翰·桑顿笔下的多纳·比阿特丽斯·金帕·维塔、文森特·卡雷塔笔下的奥拉达·埃奎亚诺、丹尼尔·斯查费笔下的安娜·金斯利，见 John K. Thornton, *The Kongolese Saint Anthony: Dona Beatriz Kimpa Vita and the Antonian Movement, 1684-1706*, Cambridge: Cambridge University Press, 1998; Vincent Carretta, *Equiano, the African: Biography of a Self-Made Man*, Athens: University of Georgia Press, 2005; Daniel L. Schafer, *Anna Madgigine Jai Kingsley: African Princess, Florida Slave, Plantation Slaveowner*, Gainesville: University Press of Florida, 2003。

② John-Paul A. Ghobrial, “The Secret Life of Elias of Babylon and the Uses of Global Microhistory,” *Past & Present*, 222 (2014), p. 58.

③ John-Paul A. Ghobrial, “The Secret Life of Elias of Babylon and the Uses of Global Microhistory,” *Past & Present*, 222 (2014), p. 59.

④ “一个从未旅行过的人的全球纠葛”这一短语，正是汉学家夏德明具有代表性的全球微观史专著的标题。见 Dominic Sachsenmaier, *Global Entanglements of a Man Who Never Traveled: A Seventeenth-Century Chinese Christian and His Conflicted Worlds*, New York: Columbia University Press, 2018。

斯威特为多明戈斯·阿尔瓦雷斯作传的努力即属此类尝试。该书对传主在中非贝宁湾的早期经历着墨颇深，并以此奠定后来殖民地奴隶生涯和葡萄牙边境流放相关章节的解释基调。虽然史料匮乏，但斯威特对多明戈斯非洲成长经历的追溯被评论家称为“大胆的”[①]、“极具挑战性的”[②]，这恰恰显示出其大胆敏锐又细腻缜密的史学修养。作者一方面预判到可能存在的质疑，在引言中坦言：“尤其在本书的前几章，关于多明戈斯在西非和巴西东北部生活的证据少得令人沮丧。”[③] 另一方面又在几个章节中旁征博引，采用西非口头传统、语言调查报告和旅行日志，力图“在多明戈斯经历的具体证据点和更广泛的历史背景之间画出一条线，用其他细节来填补空白”。[④] 实际上，该书有关多明戈斯早期私密生活的推演可谓新见颇多，引人入胜。

然而，对传主早年家乡经验的过于倚重也暴露出一些问题，体现在第二章至六章传主在巴西殖民地的经历之中。相比于前一章非洲研究的证据缺乏、无例可援，殖民地的史料丰富，在该领域内的前期研究更为扎实，这为论题更好地展开奠定基础。但矛盾的是，斯威特并没有充分利用这些优势，反而在征引现代研究与选裁史料方面表现出一些不足。一方面，作者在分析殖民地权力结构与非洲疗愈的互动关系时多少忽视了现代学术语境。作者虽然清楚地意识到疗愈的政治效果被殖民地话语转译成了“巫术”，但其研究却没有涉及当代学者有关18—19世纪巴西社会中“巫术”的政治生态的探讨。[⑤] 另一方面，斯威特在史料的解读上也违背了“金兹伯格剃刀”（Ginzburg's razor）[⑥] 原则。例如，在分析重建疗愈社区的知识时，尽管祭坛的结构形态和象征意义都指向了

① Sandra Lauderdale Graham, “Domingos Álvares, African Healing, and the Intellectual History of the Atlantic World,” *Slavery & Abolition*, 33, 1 (2012), pp. 167-169.

② Jeremy Rich, “*Domingos Álvares, African Healing, and the Intellectual History of the Atlantic World* by James H. Sweet,” *Journal of World History*, 23, 1 (2012), pp. 188-190.

③ James H. Sweet, *Domingos Álvares, African Healing, and the Intellectual History of the Atlantic World*, Chapel Hill: The University of North Carolina Press, 2011, p. 4.

④ James H. Sweet, *Domingos Álvares, African Healing, and the Intellectual History of the Atlantic World*, Chapel Hill: The University of North Carolina Press, 2011, p. 4.

⑤ 如 Diana Paton and Maarit Forde, eds., *Obeah and Other Powers: The Politics of Caribbean Religion and Healing*, Durham: Duke University Press, 2012; Carolyn E. Fick, *The Making of Haiti: The Saint Domingue Revolution from Below*, Knoxville: University of Tennessee Press, 1990。

⑥ 微观史开山人物金兹伯格为后学在防范推测失据上设下的最后防线即“金兹伯格剃刀”：“在其他条件相同的情况下，需要最少假设的解释通常被认为是最有可能的”。见 Edward Muir, “Introduction: Observing Trifles,” in Edward Muir and Guido Ruggiero, eds., *Microhistory and the Lost Peoples of Europe*, Baltimore: Johns Hopkins University Press, 1991, pp. vii-xxviii。

一种18世纪早期已然流行、由殖民地中非人创造的名为“卡伦德斯”（calundus）的巫术仪式，作者依然根据三个“关键区别”[①] 推测：“如果没有以前的知识、广泛的训练和与伏都教祭司身份相关的血统，建造这样一个祭坛是不可想象的”。[②]

究其原因，在于斯威特的传记手法没能避开“传记幻觉”（The Biographical Illusion）的叙事陷阱。法国哲学家布尔迪厄曾指出，生命史的书写中存在线性的假象，倾向于将生活描绘为一条从童年至青年再到老年的有意义、有目标的直线，为此不惜颠倒生活事件发生的顺序，删削甚至臆造史实，以求对生命经验的叙述符合可预知、可理解、可建构的价值范式（或者说人生意义）。此即为“传记幻觉”。[③] 这一幻觉奉行价值先行的原则，往往忽视具体环境及个体在不同场域中的不同位置与角色，造成该书中殖民地社会失语的现象。具体来说，斯威特对多明戈斯生命史的书写具有鲜明的一贯性。即使多明戈斯在巴西奴隶社会生活了十余年，在生产奴隶、动产奴隶、自由人之间数易身份，作者仍假定多明戈斯非洲祭司的文化品格始终如初。他反抗殖民地权力的方式来自与达荷美王国斗争的经历，重建疗愈社区的知识则来自伏都教祭司的血统和训练。作为反衬，殖民地的权力结构与奴隶文化的影响则微乎其微。斯威特将殖民地塑造成本质主义的他者，它的政治结构视非洲疗愈为不可理解的威胁，唯一的惩罚手段就是将其驱逐、排除在外；它的文化生态奉行划界区分的原则，无论彼此交流怎样密切，奴隶文化仍以其非洲来源被划分为不同的子类。最终，在多明戈斯非洲思想的一贯性面前，殖民地只能戴上暴虐的君主和沉默的麻风病人两副面具，失去自身的复杂性。“传记幻觉”造成了该书一个尴尬的局面：斯威特用以挑战西方理性和启蒙单一线性的历史叙事的传记策略本身，恰恰也可能是线性的。

难能可贵的是，作为对传记手法的纠偏，斯威特巧妙融入了黑色大西洋

---

① James H. Sweet, *Domingos Álvares, African Healing, and the Intellectual History of the Atlantic World*, Chapel Hill：The University of North Carolina Press, 2011, p. 129. 即有无固定仪式场所、乞灵于伏都神还是近祖、降灵媒介是助手还是自身。这些区别不免有些牵强，固定仪式空间、灵媒与教团主导者分离，是教团发展到一定规模的必然产物，且正如斯威特本人论证的那样，祖灵与伏都信仰往往是重合的，伏都被认为是最久远的祖灵。

② James H. Sweet, *Domingos Álvares , African Healing, and the Intellectual History of the Atlantic World*, Chapel Hill：The University of North Carolina Press, 2011, p. 110.

③ 详见 Pierre Bourdieu, *The Biographical Illusion*, in P. Gay, J. Evans, and P. Redman, eds. , *Identity: A Reader*, London：Sage, 1986, pp. 299–305。

的研究方向，这是该书最突出的整体性贡献。斯威特虽然执着于非洲公共意识形态的一贯性，却并非“非洲中心论”者，他将非洲思想置于大西洋思想史的整体关照中，考察一种思想在大西洋环流中渗透、交流和迭变的一体过程。此种考察不仅纠偏了前人的一些误区，更凸显了将大西洋史作为区域史的宏观视野。首先，该书继承前作，纠偏了克里奥尔论、非洲文化同质论。在上部佳作《重现非洲：非洲-葡萄牙世界的文化、亲属关系和宗教，1441—1770 年》中，斯威特挑战了“非洲奴隶无法在美洲复制特定的非洲制度的观念”,[①] 强调巴西奴隶文化中具体的中非来源，驳斥克里奥尔论者无根论的同时揭示非洲文化的复杂性。而在该书中，作者更进一步，突破了非洲发源地与美洲殖民地的二元性，揭示出非洲思想作为一种流散于大西洋世界的思想，是具体的、连贯的，既能保持着发源地的特色，又具备因应环境情况萌生变化的能力。其次，该书采用了第三种奴隶史书写范式，以此质疑“非洲人在大西洋世界历史中扮演的角色”。[②] 20 世纪 90 年代之前的奴隶史或将黑奴“物化”，视为大西洋贸易的一环；或将黑奴“现代化”，视作民族主义、反殖民运动、民权运动等西方启蒙思想在大西洋世界的符号表征，而该书则通过书写微观层面个体生命经验的一贯性，展现出第三种使黑奴“主体化”的书写范式：多明戈斯“对这些大西洋弊病的反对，并不是由现代主义的‘人道主义’冲动或个人‘自由’思想驱动的。相反，他坚持通过祖先和亲属的集体力量来重建‘自我’”。[③] 最后，借由对上述两个误区的纠偏，该书坚持了大西洋世界是一个整体的基本立场。由于非洲思想的具体独特性与应变能力被寄托到多明戈斯个人身上，他在非、美、欧三大洲的流散经历即代表了非洲思想在大西洋世界的环流历程。“通过健康和疗愈的镜头，我们可以看到欧洲殖民意识形态的分裂，以及非洲公共意识形态的分裂。这些意识形态从来都不是原始的欧洲或非洲意识形态，而是大西洋意识形态，它们交织在一起，使它们既相互区别，又相互构成。”[④]

---

① James H. Sweet, *Recreating Africa: Culture, Kinship, and Religion in the African-Portuguese World, 1441-1770*, Chapel Hill: The University of North Carolina Press, 2003, p. 228.

② James H. Sweet, *Domingos Álvares, African Healing, and the Intellectual History of the Atlantic World*, Chapel Hill: The University of North Carolina Press, 2011, p. 230.

③ James H. Sweet, *Domingos Álvares, African Healing, and the Intellectual History of the Atlantic World*, Chapel Hill: The University of North Carolina Press, 2011, p. 231.

④ James H. Sweet, *Domingos Álvares, African Healing, and the Intellectual History of the Atlantic World*, Chapel Hill: The University of North Carolina Press, 2011, p. 230.

作为传记体的微观史力著，该书贯彻传主生命史一贯性的手法，可谓利弊互见，但总体利大于弊。虽然论述对传主生命体验一贯性的追求限制了对某些跨文化接触行为的诠释广度，但其通过聚焦非洲具体思想的流散经历观照整个大西洋世界思想体系形成过程的全局视野，确实又具备了超越具体观点的启发性和典范意义。

三 区域史视野的借鉴意义

对于强调全球视野的当代学界而言，区域研究虽然往往能突破国别史的藩篱，但在具体操作的层面却又必须依赖对在区域内部处于环流状态的某一人、事、物或思想具体而微的考察。这一纤宏并重的时代要求与该书的研究取径若合一契。该书一方面在写作手法上选择了微观史的切入角度，另一方面又在理论视野上取道区域史的整体关照，格局恢宏又力避泛泛而谈，进行了三大颇具特色的尝试，对海洋史研究同侪而言，具有切实的借鉴意义。

特色一：统合了帝国史、殖民地史、黑奴史研究。有学者敏锐地注意到，在大西洋史研究的学术资源与科研队伍尚未被统合为一个独立学科之前，传统史学内部从事帝国史、殖民地史以及奴隶史研究的学者往往已经自发地采用了大西洋史的研究取径。[①] 故而当大西洋学术在欧美学界借助大学体制化的力量与杂志出版的推介形成独立学科，如何有效地统合这些可称为学术前史的研究领域就被提上日程。这些领域虽互有交叉，然亦各有侧重，往往不易兼顾。斯威特在该书中的努力无疑是一次有益的尝试。首先，早期采取大西洋史研究取径的帝国史学者虽然突破了单一帝国的主题，开始探讨多个帝国间的竞争关系与外交影响，关注点却仍囿于欧洲列强。斯威特则将视野进一步拓展至非洲。该书虽为多明戈斯的传记，却以西非达荷美帝国的军事扩张为引，以其向西方世界派出第一批外交使臣作结，绝非巧合。“在更广泛的大西洋研究背景下，认识到达荷美的外交、经济和军事实力在多大程度上使其成为与葡萄牙和其他欧洲强国一样关键的帝国玩家是至关重要的。”[②] 其次，基于对非洲帝国历史的引入，帝国史对殖民地史的影响叙事

① Alison Games, “Atlantic History: Definition, Challenges and Opportunities,” *The American Historical Review*, 111, 3 (2006), pp. 741-757.

② James H. Sweet, *Domingos Álvares, African Healing, and the Intellectual History of the Atlantic World*, Chapel Hill: The University of North Carolina Press, 2011, p. 225.

也变得更为全面而多元。原本帝国对殖民地的影响往往被表述为自上而下的过程，殖民地或是作为单一帝国扩张事业的海外飞地，或是作为数个帝国权力角逐的斗技场。而达荷美帝国对巴西的影响则是自下而上的，它将战争奴隶与潜在政敌输送至殖民地的下层社会，在底层社会的日常生活中增添抵抗帝国不义行径的一贯性（当然，这种一贯性也一定程度导致殖民地自身的失语）。最后，帝国史的比较视野与殖民地史的多元叙事被巧妙地汇入多明戈斯个体的生命经验，统合于奴隶史的流散书写中。这样的奴隶史写作不但轻松超越单纯从经济问题对黑奴贸易的研究，更以个体流散的视角，实现了观照整个大西洋世界历史进程的尝试。

特色二：视角没有停留在大西洋沿岸地区，而是深入大陆腹地。在美国历史学会 2005 年一次关于大西洋史的会议文集中，编者格林与摩根号召研究者研究大西洋各大陆间互动交流时应把视角从沿海推向更广阔的内陆。[①]该书在写作上对这一号召做了很好的回应，这里试举两例。一是斯威特对西非内陆民族分类一般常识的批判。他指出这些内陆民族的身份认同并非静态的类属集合，而是动态的复杂结构。“身份的层次可以像同心圆一样从亲属关系延伸到像‘玛希’（Mahi）这样的元民族符号，甚至更广泛地延伸到像‘米纳海岸’这样的起源地区。这些身份就像俄罗斯套娃，层层嵌套，每一个效用都由上下文和环境决定。”[②] 而这些身份的复杂结构，实际动态形成于两大洲的跨界交流之中，必须在大西洋的整体视角下才能历时地认识它们。本来这一地区的民族融合极其缓慢，即使历经千年交融，当地人确认身份归属的方式仍然依靠居住的村庄或直系亲属关系。达荷美的军事扩张加速了融合过程，使饱受战乱的人们依赖近亲、语言和宗教结成原始的元民族。而大西洋贸易的悲惨遭遇更是激发了同仇敌忾的非洲人结成命运共同体，并在巴西殖民地的奴隶制下最终以相同的来源地来判断民族归属。二是斯威特对葡萄牙本土 18 世纪寻宝风潮的解读。同样借助大西洋的整体视角，斯威特指出宝藏迷信的背后，反映的是殖民主义对帝国内陆臣民经济观念与异域想象的形塑，以及王权模式与日益扩张的殖民经济体量的不兼容。一般民众

① Jack P. Green and Philip D. Morgan, “Introduction: The Present State of Atlantic History,” in Jack P. Green and Philip D. Morgan, ed., *Atlantic History: A Critical Appraisal*, New York: Oxford University Press, 2009.

② James H. Sweet, *Domingos Álvares, African Healing, and the Intellectual History of the Atlantic World*, Chapel Hill: The University of North Carolina Press, 2011, pp. 16-17.

更愿意相信“外国人更容易挖走埋藏于葡萄牙地下的宝藏”的迷信，帝国臣民在亲眼看见从巴西殖民地源源不断运来的金银珠宝经由王室流入他国后，对宏观殖民经济和王权政治的焦虑与失望密切相关。而18世纪宗教法庭毫无征兆地加大对寻宝行为中巫术的惩戒力度，则反映出王权借助宗教权力对这些负面情绪的某种安抚。此外，被流放的多明戈斯能够被当地人雇用挖宝，也可归因于他黑人“巫师”的形象暗合了民众对信仰伊斯兰教的“摩尔人”埋宝者的异域想象。

特色三：对大西洋生态史研究的积极启发。以环境史家克罗斯比的《哥伦布大交换：1492年以后的生物影响和文化冲击》为代表，关注植物、动物甚至传染病的大西洋环流，以探讨三大洲间人类社会与自然环境的历史关系的研究越发在大西洋史研究中占有一席之地。[①] 而在该书的课题中，“草药”及关于草药的知识同样也可看成“哥伦布大交换”的一种。伴随多明戈斯一道环流于大西洋世界的，不是只有作为伏都教祭司的政治经验，还有他用以救死扶伤的非洲草药知识。该书通过对审判档案的梳理，令人信服地证明了非洲人与以教会为代表的西方白人对自然界力量的认识差异：前者认为草药的疗愈效果直接来自自然的力量，因而自然本身即为值得崇拜的伏都神（即大地与疾病之神，萨克帕塔）；而后者认为自然仅仅是一种物质呈现，是上帝权能（或其他神秘力量）的中介。两种看法主导了两种对权力构型的想象，前者是疗愈社区的内核，主张主体与外界的和谐关系；后者是教会或葡萄牙王权的权力结构，主张一神信仰（个人权威）秩序下的等级有序。虽然限于史料，斯威特本人在这一领域并没有展开更多的论述，但其研究依然昭示了生态研究的方向：非洲与美洲、欧洲的自然动植物的差异是如何在多明戈斯的认识中被统合入草药知识之中，并最终影响到他对新的区域环境乃至文化氛围的判断，无疑是一个有待进一步深入研究的议题。

总的来说，《多明戈斯·阿尔瓦雷斯：非洲疗愈与大西洋世界思想史》

---

① 克罗农从生态环境对比入手研究北美殖民地，卡尼与罗索莫夫聚焦非洲农作物的大西洋环流，麦克尼尔考察蚊子及其携带的传染病在殖民地起到的政治作用，均契合克罗斯比提出的“哥伦布大交换”概念。详见 Alfred W. Crosby, *The Columbian Exchange: Biological and Cultural Consequences of 1492*, New York: Praeger, 2003; William Cronon, *Changes in the Land: Indians, Colonists, and the Ecology of New England*, New York: Hill and Wang, 2003; Judith A. Carney, *Black Rice: The African Origins of Rice Cultivation in the Americas*, Cambridge: Harvard University Press, 2001; J. R. McNeill, *Mosquito Empires: Ecology and War in the Greater Caribbean, 1620–1914*, New York: Cambridge University Press, 2010。

是一部结构整饬、论说流畅，挑战性与启发性兼具的典范之作。斯威特以娴熟的技巧统合了微观史的手法与区域史的视野，于宏观和微观之间寻得了巧妙的平衡，作为整体的区域研究，为海洋史研究，特别是如东亚海域这样的具有内部一致性的海洋区域研究提供了超越性视野，值得有志于此的学者同人反复研读。

（执行编辑：刘璐璐）

海洋史研究（第二十三辑）
2024 年 11 月　第 523～529 页

《植物与帝国：大西洋世界的殖民地生物勘探》评介

谢瀚霆[*]

18 世纪初，前往美洲殖民地调查生物的德国女植物学家玛丽亚·西比拉·梅里安（Maria Sibylla Merian）在她此行的笔记《苏里南昆虫变态图谱》（*Metamorphosis insectorum Surinamensium*）中记载了她目睹奴隶使用孔雀花（flos Pavonis，peacock flower）堕胎的情形："没有得到荷兰主人善待的印第安人，为了不让子女像自己一样沦为奴隶，他们用（这种植物的）种子堕胎。"① 这种后来被称作金凤花的植物在 18 世纪作为观赏植物被引入欧洲，而与之相伴的堕胎药知识却在欧洲销声匿迹。《植物与帝国：大西洋世界的殖民地生物勘探》一书（*Plants and Empire: Colonial Bioprospecting in the Atlantic World*，简称《植物与帝国》）即以金凤花堕胎知识在欧洲的失落为切入点，描绘了一幅殖民政策、性别政治等因素影响下的跨大西洋知识传播与建构图景。该书作者为美国斯坦福大学历史系教授隆达·施宾格（Londa Schiebinger），最早出版于 2004 年，2020 年由四川大学姜虹翻译为中文出版。

作者隆达·施宾格长期关注女性主义和博物学史研究。2017 年，施宾

* 作者谢瀚霆，赣州市博物馆助理馆员。

① 〔美〕隆达·施宾格：《植物与帝国：大西洋世界的殖民地生物勘探》，姜虹译，中国工人出版社，2020，第 1 页。

格出版《奴隶的秘密疗法：18世纪大西洋世界的人、植物和医药》（*Secret Cures of Slaves: People, Plants, and Medicine in the Eighteenth-Century Atlantic World*，简称《奴隶的秘密疗法》）一书，[①] 深化了她在该书中对知识流通的研究。

20世纪80年代以来，围绕欧洲宗主国与殖民地互动的“帝国史”研究风潮在欧美学界逐渐复兴，并与新文化史、全球史、后殖民理论等研究取向相结合，兴起了从文化、种族、性别、流动网络等尺度理解和解释帝国的“新帝国史”学术潮流，其关注的国别也由英帝国扩展至其他欧洲国家的殖民活动。[②]《植物与帝国》的出版无疑是对这一学术潮流的呼应。

《植物与帝国》以大西洋世界为中心，围绕金凤花堕胎药的失落，叙述了18世纪欧洲关于殖民地植物知识收集、传播、建构的历史过程，兼顾性别史、知识史、政治史等视角，分析了金凤花知识际遇背后的政治意涵与权力话语，描绘了一幅18世纪欧洲和加勒比殖民地间植物学知识传播和建构的图景。全书内容广泛，考察详细，可谓一部研究大西洋植物知识史的佳作。

全书除导论、结语外，正文共五章。第一章、第二章勾勒了殖民地生物勘探与植物知识的收集、传播过程，考察人群交互中“知识遮蔽”的成因；第三章、第四章对金凤花在殖民地与欧洲的不同命运进行了比较与案例分析，揭示堕胎行为的政治意涵和金凤花堕胎知识在欧洲遗失的原因，追问“无知”形成的深层因素；第五章则将讨论延伸到林奈命名法及其反映的“语言帝国主义”倾向。

第一章“远航”介绍了各类植物知识收集者，强调植物知识采集的国家利益导向。欧洲重商主义国家是18世纪殖民地植物考察的主要推力，政治对抗和商业竞争的背景下，在大西洋贸易中占据重要份额的殖民地植物被视作“绿色黄金”，催生出激烈的植物竞争和生物盗窃。汉斯·斯隆（Hans Sloane）和梅里安是亲身前往殖民地考察的“旅行植物学家”的代表，梅里安更是罕见的纯粹为了科学远航的女性。这些探险者大多受到政府、科研机构或贸易公司资助派遣，服务于殖民扩张的目的，为实现国家或个人的商业

---

① Londa Schiebinger, *Secret Cures of Slaves: People, Plants, and Medicine in the Eighteenth-Century Atlantic World*, Stanford: Stanford University Press, 2017.

② 刘文明：《“新帝国史”：西方帝国史研究的新趋势》，《社会科学战线》2021年第9期。

利益前往美洲。随行的植物学助手往往是采集、记录等工作的实际负责人，诸如珍妮·巴雷特（Jeanne Baret）有时也参与其中。殖民地克里奥尔科学的兴起也推动了新旧大陆知识的碰撞交融。在实地考察的基础上，以卡尔·林奈（Carl Linnaeus）为代表的欧洲"珍奇柜植物学家"则通过自身影响力制定学术规范、经营植物园网络，扮演"知识掮客"的角色。

第二章"生物勘探"将目光转到加勒比地区植物知识的收集过程，揭示了知识传播过程中造成的知识遮蔽。18世纪生物勘探肩负着获取财富和保障殖民地生存的迫切任务，熟稔于热带植物的美洲土著和非洲人的知识体系受到欧洲植物学家的重视，成为新大陆植物知识的重要来源。加勒比地区复杂多样的地理和文化环境塑造了本土人群庞杂的知识结构，当地语言、概念和医学体系等方面的差异导致知识流通障碍重重。有意的保密也加剧了知识交流的困难，促使植物学家采取盗窃、收买等极端方式获取知识。对知识的选择性接受也导致植物知识被从原有的文化背景中剥离，以适应欧洲既有的学科框架。与殖民地类似，欧洲的药物勘探广泛征求各种群体的植物知识，在"妇女是天生的医者"的观念习俗下，女性掌握的医药知识受到植物学家关注并被大量收入官方药典中。

第三章"异国堕胎药"关注大西洋两岸人群的堕胎实践及其社会背景，分析堕胎行为背后的政治内涵。人口被18世纪的重商主义国家视作重要的资源，欧洲形成了反对堕胎的社会道德，但堕胎处于法律监管的模糊地带，事实上欧洲上流社会堕胎司空见惯，相关知识也广为人知。而殖民地奴隶群体的堕胎则更富有政治意味。金凤花的知识在殖民地奴隶妇女中并不隐秘，包括梅里安在内，18世纪旅行植物学家留下了大量奴隶使用金凤花堕胎的记载。但奴隶的医疗需求通常只由奴隶医者负责，欧洲医生和助产士鲜少与奴隶接触。部分植物学家对殖民地性经济的参与也可能影响到对植物知识的选择。性既是压迫的工具，也成为反抗的武器，奴隶妇女通过堕胎和杀婴表达不愿与殖民者合作的政治姿态。拒绝生育的风气导致殖民地奴隶人口增长缓慢，引发殖民当局关注，不得不依赖奴隶贸易补充人力，在一定程度上限制了殖民地的发展。

第四章"金凤花在欧洲的命运"正式进入对金凤花"无知"的探讨，以医药实验为切入点，分析政治文化在知识塑造中的影响。18世纪由男性主导的药物开发流程确立了一系列严格的标准，药物必须经过大量实验才得以被载入官方药典。药物实验中性别差异被视为重要变量加以考虑，但面向女性的节育药物却不在此列。堕胎的风气与国家重视人口的政策背道而驰，因而相关知识遭到道德伦理和学术规范的抵制，导致“堕胎药没有进入欧洲主流的学术研究，它们未经充分研究就被列为危险物”。[①] 人为因素下，唾手可得的节育知识被有意排斥出官方药典，甚至有着类似功效的通经药物也受到质疑。到了 19 世纪，国家行政正式介入，堕胎行为和药物涉及犯罪，使得金凤花知识最终在欧洲成为禁忌。

第五章“语言帝国主义”延伸到对植物命名后的政治文化的探讨。18 世纪，林奈命名法在众多植物命名法中脱颖而出，成为命名植物的普遍标准。与其他命名范式不同，林奈命名法完全抛弃了本土文化中对植物的称呼，采用基于属名和人名的双名法。林奈命名法提供了一种激励机制，为植物知识做出贡献的传奇人物在植物命名中受到推崇，但植物名称的拥有者大多为白人男性，女性和奴隶在命名体系中处于边缘地位。从梅里安的“孔雀花”（flos pavonios）到林奈命名法中“金凤花”（Poinciana pulcherrima）的名称转变，深刻体现出性别政治和殖民扩张对植物命名的影响。即使存在苦木（Quassia amara）和金鸡纳（Cinchona）这类不以白人男性命名的特例，但命名背后的逻辑仍然遵循推崇殖民主义的价值取向。在个人因素和政治制度的影响下，林奈命名法成为植物命名的主流，体现出政治文化在另一层面对知识体系的影响。

该书在大量挖掘 18 世纪欧洲探险者植物考察笔记、手稿和游记中相关记载的基础上，辅以报刊、图书和档案等资料，图文并茂，史料丰富。叙述中穿插了大量人物、案例，论述翔实丰满，语言平实流畅。笔者认为，该书学术价值主要体现在以下几个方面。

第一，全球史观与知识史的结合。该书立足于大西洋视角，将植物知识体系构建与知识流动过程置于欧洲和美洲殖民地间互动维度上探讨，揭示跨大西洋知识流动中的独特图景。自阿尔弗雷德·克罗斯比（Alfred Crosby）的《哥伦布大交换：1492 年以后的生物影响和文化冲击》（*The Columbian Exchange: Biological and Cultural Consequences of 1492*）[②] 出版以来，全球史视野下新旧大陆的生物交换日益受到重视。该书着眼于“18 世纪欧洲人

① 〔美〕隆达·施宾格：《植物与帝国：大西洋世界的殖民地生物勘探》，姜虹译，中国工人出版社，2020，第 225 页。

② Alfred W. Crosby, Jr., *The Columbian Exchange: Biological and Cultural Consequences of 1492*, New York: Greenwood Press, 1973.

和加勒比人相遇过程中不同知识的转移、混合、胜利和消失”,[①] 并未采用传统以国别为单元的帝国史叙述模式，而将作为“生物接触地带”的18世纪大西洋航线所圈定的北至詹姆斯敦、南至巴西的广大美洲东海岸地区和欧洲大陆的互动同时纳入大西洋网络中进行整体考察。相对于2017年出版的《奴隶的秘密疗法：18世纪大西洋世界的人、植物和医药》[②]一书，作者在该书的基础上进一步归纳，提出以大西洋为中心的非洲—美洲—欧洲知识流动模型，从知识史的层面阐释了18世纪大西洋世界的连接与互动。

第二，叙述中融入性别视角，阐述性别在知识塑造中的影响。该书积极融入女性主义视角，从史实出发，注重性别因素在植物知识传播中的作用与影响。这一研究取向不仅缘于作者自身的女性身份带来的学术旨趣，同时也是对20世纪末以来逐渐融入全球史和跨国史的性别史研究浪潮的回应。[③] 在金凤花的案例中，女性既是节育知识的发现者、传播者，也是这一知识最直接的受众。该书注重发掘女性在生物勘探与知识构建过程中的地位，大量采用女性人物案例。该书并未止步于传统性别视角，还进一步将话语延展到关于社会性别的探讨。例如，作者将生物勘探的过程解释为性别权力关系的延伸，分析了生物勘探的“性别气质”及其反映出的社会价值取向。作者认为，18世纪旅行文学中预设的性别观念突出了冒险者的男性英雄气概，这一性别观念与殖民主义理念相结合，加剧了女性在文学叙事和植物科学体系中的边缘化。近年来，性别史研究从强调女性整体性叙述转向关注女性群体的内部性差异。[④] 该书并未尝试定义一个有共同利益基础的女性群体，而是采用多学科交叉的研究方法，从大量史实出发，重新审视性别因素在植物知识传播中的作用，为相关研究提供了新的视野。

第三，在方法论层面，为了更深入地解释知识的传播链为何断掉，作者

① 〔美〕隆达·施宾格：《植物与帝国：大西洋世界的殖民地生物勘探》，姜虹译，中国工人出版社，2020，第15页。

② Londa Schiebinger, *Secret Cures of Slaves: People, Plants, and Medicine in the Eighteenth-Century Atlantic World*, Stanford: Stanford University Press, 2017, p. 14.

③ 曹鸿：《美国女性史、性别史与性存在史研究的全球及跨国转向》，《全球史评论》（第18辑），中国社会科学出版社，2020。

④ 原祖杰、武玉红：《从“姐妹情谊”到“女性差异”——美国女性史研究范式的转变》，《社会科学战线》2021年第7期。

运用了由斯坦福大学科技史学者罗伯特·N. 普罗克特（Robert N. Proctor）首次提出的“无知学”（Agnotology）[①] 概念，令人豁然开朗。通过对殖民地女性对生育权的长期斗争历史的细致分析，作者认为，欧洲人关于堕胎药的“无知学”，是指贸易公司、科研机构、政府等植物探险的参与方对知识的有意选择，大量殖民地植物引进欧洲的同时，堕胎知识随之消失，从而约束了欧洲女性的生育自由和职业自由。该书别出心裁地扬弃了知识传播与建构的叙述话语，转而从“无知”形成的社会情境与建构过程入手，以特定社会背景下欧洲重商主义国家的殖民扩张、殖民地奴隶的反抗、植物学规范的形成间的复杂关联为视角，展示了在作为知识互动场域的大西洋世界中的国家利益、宗教伦理背景下，生物勘探、堕胎行为与性别政治、观念文化的抗衡。作者认为，奉行重商主义的欧洲国家推行增加人口的政策，这意味着纳税人口增加、军队规模扩大、商品购买者增加等。与国家利益背道而驰的金凤花堕胎知识在行政干涉、职业道德、个人情感、性别政治等多重因素的合力作用下遭到压制并成为禁忌，最终在欧洲走向“无知”。该书独特的研究方法与问题关怀无疑为相关问题的研究拓宽了视野与思路。

《植物与帝国》展现了一部大西洋视角下精彩纷呈的植物知识史，但该书的研究似乎仍有一定的推进余地。该书在论述中提及金鸡纳知识由美洲殖民地传入欧洲的成功案例，并将其视作与金凤花知识传播受阻的对照组。然而相关研究提示，即使并不存在殖民政策、社会道德和性别政治的约束，金鸡纳知识发现、传播与被欧洲接受的过程也并非一帆风顺。[②] 作者在叙述中并未深究贯穿全书的金凤花的传播途径、名称演变和其植物学特性，也就无从对是否与堕胎药知识在欧洲失落间存在关联展开讨论，使得该书中金凤花知识在由美洲向欧洲传递的过程被政治文化阻断的结论略有单薄之感。

此外，受语言限制，该书所采用的案例集中于对牙买加、苏里南、圣多明各等法国殖民地与英国、法国、荷兰、德国等国互动的探讨，而对同样在

---

① Robert N. Proctor, “Agnotology: A Missing Term to Describe the Cultural Production of Ignorance (and Its Study),” in Robert N. Proctor and Londa Schiebinger, eds., *Agnotology: The Making and Unmaking of Ignorance*, Stanford: Stanford University Press, 2008, pp. 1-36.

② 张箭：《金鸡纳的发展传播研究》（上），《贵州社会科学》2016 年第 12 期；张箭：《金鸡纳的发展传播研究》（下），《贵州社会科学》2017 年第 1 期。

加勒比地区占有一席之地的西班牙及其殖民地重视不足，仅在第一章中论述克里奥尔科学的杂糅倾向时有所提及。[①] 对于该书意图勾勒的大西洋世界的知识嬗变而言，这一缺位不得不说是一个遗憾。

（执行编辑：王潞）

---

① 〔美〕隆达·施宾格：《植物与帝国：大西洋世界的殖民地生物勘探》，姜虹译，中国工人出版社，2020，第 15 页。

海洋史研究（第二十三辑）
2024年11月 第530~539页

超越丝绸之路：马尼拉大帆船、贸易网络、全球货物以及大西洋和太平洋市场一体化（1680—1840）

马 龙（Manuel Perez-Garcia）*

强调文化交流的复杂性，以及凸显此前被忽略的参与者的作用等，有助于学者探讨跨国别视角下近代早期中国、美洲与欧洲之间的贸易网络。《超越丝绸之路》（*Beyond the Silk Road*）特刊①收录了数篇基于数据归档方法

---

* 作者马龙（Manuel Perez-Garcia），意大利佛罗伦萨欧洲大学研究所博士，现任上海交通大学人文学院历史系副教授。译者何爱民，暨南大学文学院中外关系研究所博士研究生。
本文译自 Manuel Perez-Garcia, "Beyond the Silk Road: Manila Galleons, Trade Networks, Global Goods, and the Integration of Atlantic and Pacific Markets (1680 - 1840)," *Atlantic Studies*, 19, 3 (2022), pp. 373-383。

① Manuel Perez-Garcia, "Beyond the Silk Road: Manila Galleons, Trade Networks, Global Goods, and the Integration of Atlantic and Pacific Markets (1680 - 1840)," *Atlantic Studies*, 19, 3 (2022), pp. 373 - 383; Manuel Perez-Garcia and Jin Lei, "The Economic 'Micro-Cosmos' of Canton as a Global Entrepôt: Overseas Trade, Consumption and the Canton System from the Kangxi to Qianlong Eras (1683 - 1795)," *Atlantic Studies*, 19, 3 (2022), pp. 384 - 403; Nadia Fernάndez-de-Pinedo, "Compelled to Import: Cuban Consumption at the Dawn of the Nineteenth Century," *Atlantic Studies*, 19, 3 (2022), pp. 404 - 429; Antonio Ibarra, "Global Trafficking and Local Bankruptcies: Anglo-Spanish Slave Trade in the Rio de la Plata, 1786-1790," *Atlantic Studies*, 19, 3 (2022), pp. 430-447; Pedro Omar Svriz-Wucherer, "The Jesuit Global Networks of Exchange of Asian Goods: A 'Conflictive' Musk Load around the Middle of the Seventeenth Century," *Atlantic Studies*, 19, 3 (2022), pp. 448 - 461; Rocío Moreno Cabanillas, "Postal Networks and Global Letters in Cartagena de Indias: the Overseas Mail in the Spanish Empire in the Eighteenth Century," *Atlantic Studies*, 19, 3 (2022), pp. 462-480.

（Archival Strategy）并应用批判性视角的论文。这些文章系笔者所承担项目“中国与欧洲的全球性相遇：贸易网络、消费和文化交流”（GECEM）的最新成果。此项目以塞维利亚和上海为研究基地，成员来自欧洲、亚洲和美洲等。我们提出一种新的研究方法，即对有关地理战略位置的新实验证据进行聚类（Cluster），并在其基础上分析复杂的社会经济系统。该方法有别于目前诸多学术研究范式，后者将不精确的“国家边界”概念作为主要的地理和空间比较单位，因而得出的结论并不准确。① 具体而言，我们研究港口城市（特别是广州、澳门、马尼拉、布宜诺斯艾利斯、卡塔赫纳、哈瓦那），将其作为探讨太平洋和大西洋市场一体化的出发点。这些港口城市可谓当时复杂经济文化活动的关键地点，其中大部分位于西班牙南美洲殖民地。以往的学术研究普遍未对它们予以关注。

在近代早期的中国和南美洲地区，这些重要的转运港（entrepôt）属于一个复杂、大多不受监管且不受机构或国家控制的经济结构的一部分。它们是多中心贸易网络中的关键节点，促使亚洲、美洲和欧洲市场融为一体。为理解社会时代背景，我们需采用长时段视角——从 1685 年清朝康熙皇帝在中国港口设立海关和法国商人接管地中海市场开始，到 1840 年鸦片战争爆发为止。② 更大的背景包括一系列重要历史事件，如伴随法国波旁王朝的胜利而告终的西班牙王位继承战争。同样重要的是，塞维利亚失去其在大西洋市场的垄断地位，加的斯港的地位由此下降。在中国，乾隆皇帝的登基标志着一段严厉的经济干预主义时期的开始。清朝建立起广州体系（推行“一口通商”政策），规定广州是中国对外贸易的唯一港口。③

① Peer Vries, *State, Economy and the Great Divergence: Great Britain and China, 1680s - 1850s*, London: Bloomsbury Publishing, 2015; Ricardo Duchesne, *The Uniqueness of Western Civilization*, Leiden: Brill Academic Publishers, 2011; Jack Goldstone, *Why Europe: The Rise of the West in World History, 1500-1850*, New York: McGraw Hill Higher Education, 2008.

② Stephen W. Sawyer, "Time after Time: Narratives of the Longue Durée in the Anthropocene," *Transatlantica: Revue d'études Américaines*, 1 (2015), pp. 1-17; Giovanni Levi, "On Microhistory", in Peter Burke, ed., *New Perspectives on Historical Writing*, Pennsylvania: Pennsylvania State University Press, 1992, pp. 93-113; Peter Burke, ed., *New Perspectives on Historical Writing*, Pennsylvania: Pennsylvania State University Press, 1992.

③ Paul A. van Dyke, *Merchants of Canton and Macao: Politics and Strategies in Eighteenth-Century Chinese Trade*, Hong Kong: Hong Kong University Press, 2011; González de Arce and José Damián, *El Negocio Fiscal En La Sevilla Del Siglo XV. El Almojarifazgo Mayor y las Compañías De Arrendatarios*, Sevilla: Diputación Provincial de Sevilla, 2017.

以港口城市及其周边的贸易网络为重点的相关信息和新案例研究，使学者能够在比较中国和欧洲时，重新设想跨越时间的分类范畴。因此，本特刊集中探讨了这一历史框架内华南地区、美洲和欧洲的全球货物流通、贸易网络以及信息回路（即贸易信函、邮政部门），并关注其对经济增长和大分流的影响。具体而言，我们关注连接地中海、大西洋和华南市场的各种贸易路线。通过这些路线，丝绸、瓷器、茶叶等中国货物流入欧洲和美洲市场，钟表、葡萄酒和玻璃制品等欧洲货物流入华南地区。

有关中国的史料主要来自澳门档案馆和中国第一历史档案馆。这些史料包括贸易记录、商人书信和皇家法令等，用于分析在 1680—1840 年的国际贸易中，澳门、广东和福建等主要沿海地区的贸易网络和全球货物流通情况。至于欧洲和美洲的贸易信息，最具价值的档案分别来自西班牙塞维利亚的西印度群岛综合档案馆（Archivo General de Indias）、阿根廷国家综合档案馆（Archivo General de la Nación）和古巴国家档案馆（Archivo Nacional de Cuba）。美洲的关键贸易区与地中海西部相连，构成了 18 世纪欧洲和美洲的经济主轴和生命动脉，整合了东西方市场。[①]

与此前数十年的传统学术研究不同，我们的方法并非简单地再现统计数据。[②] 通过聚焦于港口城市及其周边的相关信息，而不仅仅关注国家边界所确定的地理位置，我们已能够梳理出此前未被发现的要素，以揭示当时贸易的复杂性。通过对港口城市的数据进行聚类分析，我们对港口贸易的形式和关键参与者提出新的疑问，并发现重要的网络。自下而上地研究这些贸易网络，即所谓“尺度的游戏”（Jeux d’échelles），将微观史学与全球历史融为一体。该研究视角验证了另一种观点——全球史不足以解释国家叙事之外的

① Antonio Ibarra，“El Mundo en una Nuez：de Calcuta y Cantón a Buenos Aires en una Época de Guerra. La Introducción de Efectos Asiáticos en los Mercados Suramericanos，1805-1807，” *Journal of Iberian and Latin American Economic History*，38，3（2020），pp. 485-518；Antonio Ibarra，Álvaro Alcántara and Fernando Jumar，eds.，*Actores Sociales*，*Redes de Negocios y Corporaciones en Hispanoamérica*，*Siglos XVII-XIX*，México：Bonilla Artigas，2018.

② Jams Z. Lee and Cameron D. Campbell，“China Multi-Generational Panel Dataset，Liaoning（CMGPD-LN），1749-1909：Version 10，” ICPSR-Interuniversity Consortium for Political and Social Research，2010；Stephen Broadberry，Bruce Campbell，Alexander Klein et al.，*British Economic Growth*，*1270-1870*，Cambridge：Cambridge University Press，2015；Jan Luiten van Zanden，Joerg Baten，Peter Foldvari et al.，“The Changing Shape of Global Inequality 1820-2000；Exploring a New Dataset，” *Review of Income and Wealth*，60，2（2014），pp. 279-297.

事件和体系。[①] 通过"尺度的游戏"，我们能创建新的史料群（Clusters of Historical Data），并对照中西方文献。这些史料群随后成为新案例研究的核心论据。社会网络分析则支持我们考察全球货物流通和长距离贸易伙伴关系的形成。其中最引人注目的是菲律宾的中国商人（sangley）网络、广州和澳门的商人、在澳门充当贸易商的耶稣会士以及在阿根廷、秘鲁或巴西的南美洲贸易集团。[②]

采用自下而上的研究方法进行可靠的比较，有必要将不同来源的信息进行聚类。这些信息包括商人姓名、货物类型、货物商业化的渠道、贸易网络运作的时空及其随时间推移而发生的转变。该方法通过跨学科框架（包括经济学、社会学、数字人文、国际关系等），以及将大数据应用于近代早期中国、欧洲与美洲之间的历史分析和比较研究，在全球（经济）历史研究领域取得突破性进展。[③] 通过中外文献对比研究，一种融合局部和宏观的视角、经由实验验证的新全球史由此形成。这也为从局部框架重新评估"大分流"争论提供可能性。

从根本上讲，这种方法阐明了在所谓早期全球化时期（1400—1800年），华南、大西洋地区以及地中海西部市场的多中心贸易网络和非正式机构等复杂系统的运作。[④] 具体而言，通过在局部范围内比较贸易、消费和财政记录以对数据进行聚类，有助于整合和理解中国、欧洲和美洲等各地历史档案馆的不同史料来源。正如《超越丝绸之路》特刊的作者们

① John Brewer, "Microhistory and the Histories of Everyday Life," *Cultural and Social History*, 7, 1 (2010), pp. 87-109; Maxine Berg, "Sea Otters and Iron: A Global Microhistory of Value and Exchange at Nootka Sound, 1774-1792," *Past & Present*, 242, suppl 14 (2019), pp. 50-82.

② Jan de Vries, "Playing with Scales: The Global and the Micro, the Macro and the Nano," *Past & Present*, 242, suppl 14 (2019), pp. 23-36; Jacques Revel, *Jeux D'échelles. La Micro-Analyse à L'expérience*, Paris: Gallimard et Le Seuil, coll. Hautes Études, 1996; Benedict Anderson, "Cacique Democracy and the Philippines: Origins and Dreams," *New Left Review*, 169 (1988), pp. 3-31.

③ Ruth Mostern, "Historical Gazetteers: An Experiential Perspective, with Examples from Chinese History," *Historical Methods: A Journal of Quantitative and Interdisciplinary History*, 41, 1 (2008), pp. 39-46; Patrick Manning, *Big Data in History*, London: Palgrave Macmillan, 2013.

④ Dennis O. Flynn, "Big History, Geological Accumulations, Physical Economics, and Wealth," *Asian Review of World Histories*, 7, 1-2 (2019), pp. 80-106; André Gunder Frank, *Re-Orient: Global Economy in the Asian Age*, Berkeley: University of California Press, 1998.

所称，我们必须重新审视传统意义上认为的市场一体化和早期全球化始于1820年的分析框架。① 相应的，他们的研究质疑了使用宏观经济指标和统计数据（如人均国内生产总值）的定量方法，并指出其存在争议且不可靠。② 新的数据比较和相互参照使我们能够再整理和分析中国和欧洲档案馆中所包含的历史大数据。③ 通过适当的量化和分析，相互比对不同性质和来源的史料，我们纠正了存在偏差的历史数据。④

这一过程催生出我们的研究假设，即从17世纪末到18世纪，华南地区

① Patrick O'Brien, "Was the First Industrial Revolution A Conjuncture in the History of the World Economy," *LSE Economic History Working Papers*, 259 (2017), pp. 1-53; Kenneth Pomeranz, *The Great Divergence: China, Europe, and the Making of the Modern World Economy*, Princeton: Princeton University Press, 2000; Debin Ma and Jared Rubin, "The Paradox of Power: Principal-Agent Problems and Administrative Capacity in Imperial China (and Other Absolutist Regimes)," *Journal of Comparative Economics*, 47, 2 (2019), pp. 277-294; Gary W. Cox, "Political Institutions, Economic Liberty, and the Great Divergence," *The Journal of Economic History*, 77, 3 (2017), pp. 724-755; Stephen Broadberry, Hanhui Guan and David Daokui Li, "China, Europe, and the Great Divergence: A Study in Historical National Accounting, 980-1850," *The Journal of Economic History*, 78, 4 (2018), pp. 955-1000; Kevi H. O'Rourke and Jeffery G. Williamson, "Once More: When Did Globalisation Begin?" *European Review of Economic History*, 8, 1 (2004), pp. 109-117.

② Robert C. Allen, Jean-Pascal Bassino, Debin Ma et al., "Wages, Prices, and Living Standards in China, 1738-1925: In Comparison with Europe, Japan, and India," *The Economic History Review*, 64, 1 (2011), pp. 8-38; Angus Maddison, *Chinese Economic Performance in the Long Run*, Pairs: Oecd Publishing, 1998; Jutta Bolt, Robert Inklaar, Herman de Jong et al., "Rebasing 'Maddison': New Income Comparisons and the Shape of Long-Run Economic Development," *GGDC Research Memorandum*, GD-174 (2018), pp. 1-70.

③ Vitit Kantabutra, J. B. Owens, Daniel Ames et al., "Using the Newly-Created ILE DBMS to Better Represent Temporal and Historical GIS Data: Using ILE DBMS for Historical and Temporal GIS," *Transactions in GIS*, 14, suppl 1 (2010), pp. 39-58; Edgar F. Codd, "A Relational Model of Data for Large Shared Data Banks," *Communications of the ACM*, 13, 6 (1970), pp. 377-387; Vitit Kantabutra, J. B. Owens and Ana Crespo Solana, "Intentionally-Linked Entities: A Better Database System for Representing Social Dynamic Networks, Narrative Geographic Information and General Abstractions of Reality," in Ana Crespo Solana, ed., *Spatio-Temporal Narratives: Historical GIS and the Study of Global Trading Networks (1500-1800)*, Cambridge: Cambridge Publishing Scholars, 2014, pp. 57-78; Ana Crespo Solana, ed., *Spatio-Temporal Narratives: Historical GIS and the Study of Global Trading Networks (1500-1800)*, Cambridge: Cambridge Publishing Scholars, 2014.

④ Patrick O'Brien and Kent Deng, "Quantifying the Quantifiable: A Reply to Jan-Luiten van Zanden and Debin Ma," *World Economics*, 18, 3 (2017), pp. 215-223.

和欧洲的经济增长在根本上源于全球货物流通和贸易网络。① 相较于经济史学家传统使用的国内生产总值，有关商品流通和消费的信息是更有效的经济指标。从档案中收集的实验证据构建成史料群，本特刊的每篇文章则各自集中征引史料群中的数据，以进行特定的案例研究。它们共同验证了这种研究方法具有实用性，可以更准确地分析近代早期中国、欧洲和美洲非线性市场的特征，如自我调节机制、社会网络、全球货物和信息流通以及走私活动等。这些案例研究显示出新的数据比较和数据分析的优势，因为它凸出了贸易和消费信息与 18 世纪财政史料、贸易记录和遗嘱认证清单之间的比较。

笔者和金蕾（Jin Lei）的论文对一口通商时期华南地区的海外贸易和消费进行了分析。这种方法重新评估了在高度干预时期（如乾隆年间），朝廷意图控制贸易和走私行动。② 由中国第一历史档案馆所藏贸易记录、皇家法令和规章制度构成的聚类数据与中国地方志表明，绕过官方监督的“非国家”代理人和商人实际上破坏了国家权威。③ 他们对需求方的关注是衡量经济增长、财富分配和繁荣的重要指标，因为其确定了集中于中低社会群体的新消费模式。④

纳迪亚·费尔南德斯-德-皮内多（Nadia Fernández-de-Pinedo）通过关注哈瓦那贸易平衡中的进口商品，对 18 世纪古巴的消费者购买和选择进行个案研究，从而探讨了需求方和贸易平衡。着眼于贸易统计数据，她的论文

---

① Manuel Perez-Garcia, “Consumption of Chinese Goods in Southwestern Europe: A Multi-Relational Database and the Vicarious Consumption Theory as Alternative Model to the Industrious Revolution (Eighteenth Century),” *Historical Methods: A Journal of Quantitative and Interdisciplinary History*, 52, 1 (2019), pp. 15-36.

② Manuel Perez-Garcia, *Vicarious Consumers: Trans-National Meetings between the West and East in the Mediterranean World (1730 - 1808)*, London: Routledge, 2013; Manuel Perez-Garcia, *Global History with Chinese Characteristics Autocratic States along the Silk Road in the Decline of the Spanish and Qing Empires 1680-1796*, Singapore: Palgrave Macmillan, 2021.

③ Ruth Mostern, *Dividing the Realm in Order to Govern: The Spatial Organization of the Song State (960 - 1276 CE)*, Cambridge: Harvard University Press, 2011; Roy Bin Wong, *China Transformed: Historical Change and The Limits of European Experience*, New York: Cornell University Press, 1997.

④ Neil McKendrick, “The Consumer Revolution of Eighteenth-Century England,” in Neil McKendrick, John Brewer and J. H. Plumb, eds., *The Birth of a Consumer Society: The Commercialization of Eighteenth-Century England*, Bloomington: Indiana University Press, 1982, pp. 9 - 33; Neil McKendrick, John Brewer, and J. H. Plumb, eds., *The Birth of a Consumer Society: The Commercialization of Eighteenth-Century England*, Bloomington: Indiana University Press, 1982.

探讨了加勒比市场在总体上（尤其是古巴），对外部市场和引进中国商品的依赖程度，[①] 考察西班牙帝国的大都市与边缘地区之间的供应方和贸易依赖关系。古巴在加勒比地区的地缘战略地位，使得该殖民地成为西班牙帝国重新分配货物、形成贸易网络和非正式机构的关键转口港，亦是财政收入的重要来源。作为整合大西洋和太平洋市场的贸易和经济枢纽，古巴使加勒比地区成为政治争端和国际冲突的十字路口。19 世纪初，西班牙帝国的势弱使西班牙人难以控制贸易路线和市场，由此导致走私等非法活动猖獗。西班牙早于 18 世纪下半叶颁布的自由贸易法令同样无法规范此类活动。这种贸易路线的交织以及亚洲、美洲与欧洲的货物流通，促使加勒比地区（尤其是古巴）形成一种混合的文化和社会，受到全球商品流通和效仿多样化消费模式的影响。

安东尼奥·伊瓦拉（Antonio Ibarra）使用来自西印度群岛综合档案馆和阿根廷国家综合档案馆的贸易和船舶记录，通过研究 18 世纪后期非洲与西班牙美洲之间在拉普拉塔河（Rio de la Plata）奴隶市场上的奴隶交易，分析了菲律宾皇家公司对全球贸易的影响。[②] 伊瓦拉认为西班牙帝国无法控制和规范殖民地贸易，也无力消除走私活动和与外国势力的竞争。奴隶和各种商品是利马和其他秘鲁地区的宝贵交易媒介，西班牙亦试图通过皇家公司控制这些地区。然而，在欧洲货物、非洲奴隶、美洲白银和东亚（中国）货物的贸易中，走私行为持续存在，贸易竞争愈演愈烈。最终，西班牙在南美洲殖民地的行政管理效率低下、与英国的激烈竞争、当地精英和商人日益提升的经济实力，使西班牙帝国四分五裂，继而难以控制奴隶和货物的全球贩运。

奥马尔·斯维里兹-乌切勒（Omar Svriz-Wucherer）则关注 17 世纪末至 18 世纪的清代中国和西班牙帝国，并以耶稣会士群体为切入点，研究其作为主要代理人，使麝香等商品经广州—澳门—马尼拉贸易航线，最终在太平

---

① Nadia Fernández-de-Pinedo, "Tax Collection in Spain in the 18th Century: The Case of the 'Décima'," in José Ignacio Andrés Ucendo and Michael Limberger, eds., *Taxation and Debt in the Early Modern City*, London: Pickering and Chatto, 2012, pp. 101-110.

② Zacarias Moutoukias, "Instituciones, Comercio y Globalización Arcaica: una Reflexión Sobre las Redes Sociales Como Objeto y Como Herramienta a Partir del Caso Rioplatense (Siglo XVIII)," in Antonio Ibarra, Álvaro Alcántara, and Fernando Juma, eds., *Actores Sociales, Redes de Negocios y Corporaciones en Hispanoamérica, Siglos XVII-XIX*, México: Bonilla Artigas, 2018, pp. 141-182.

洋市场流通。[①] 其个案研究立足于考察清代中国的贸易节点（如澳门—广州）、耶稣会士作为“非国家”代理人参与这一全球贸易的角色以及其与马尼拉大帆船的联系。[②] 可以说，有关这些“非国家”代理人和马尼拉复杂贸易网络的数据，为微观分析这种不受管制的贸易体系以及伴随而来的西班牙帝国对帝国边缘地区控制能力的削弱提供关键信息。这展示了耶稣会士等“非国家”代理人如何在西班牙和清代中国的边缘地区建立起一个强大的多中心网络。该网络控制着贸易，并使得丝绸、瓷器、茶叶、麝香和琥珀等中国货物在全球流通。[③]

由于全球（经济）史研究在很大程度上忽视美洲贸易的发展，华南市场与南美洲之间的对比成为独特的案例研究。[④] 罗西奥·莫雷诺·卡巴尼利亚斯（Rocío Moreno Cabanillas）的论文讨论了卡塔赫纳的邮政部门是连接太平洋、加勒比海和大西洋市场的节点，揭示出机构和权力集团如何有效地管理信息和规范市场。她讨论了波旁王朝入主西班牙后推出的一系列邮政改革，旨在加强大都市与边缘地区之间经常因距离和缺乏定期可靠通信而中断的联系。然而，控制并垄断着信息流通的强大地方精英阻碍了卡塔赫纳中央邮政系统的建立。马德里宫廷的中央权力与殖民地的地方精英之间的谈判至关重要。线人、官员和通讯员等中介和代理人行使权力、控制信息并动态传播信息，成为中央与地方精英之间进行统治、宣示主权和谈判的手段。

---

① Bartolomé Yun-Casalilla, *Iberian World Empires and the Globalization of Europe, 1415 - 1668*, Singapore: Palgrave Macmillan, 2019; Omar Svriz-Wucherer, *Resistencia y Negociación. Milicias Guaraníes, Jesuitas y Cambios Socioeconómicos en la Frontera del Imperio Global Hispánico: ss. XVII-XVIII*, Rosario: Prohistoria Ediciones, 2019.

② Pierre Chaunu, *Les Philippines et le Pacifique des Ibériques*, 2 vols., Paris: Sevpen, 1960.

③ Lucio de Sousa, *The Portuguese Slave Trade in Early Modern Japan: Merchants, Jesuits and Japanese, Chinese, and Korean Slaves*, Leiden: Brill, 2018; Leonor Díaz de Seabra, *A Misericórdia de Macau (Séculos XVI a XIX): Irmandade, Poder e Caridade na Idade do Comercio*, Macau: Universidade de Macau, 2011; Lucio de Sousa, "The Jewish Presence in China and Japan in the Early Modern Period: A Social Representation," in Manuel Perez-Garcia and Lucio de Sousa, eds., *Global History and New Polycentric Approaches*, Singapore: Palgrave Macmillan, 2018, pp. 183-218.

④ Jams Belich, John Darwin, Margret Frenz et al., eds., *The Prospect of Global History*, Oxford: Oxford University Press, 2016; Giorgio Riello and Tirthankar Roy, eds., *Global Economic History*, London: Bloomsbury, 2018; Giorgio Riello and Tirthankar Roy, "Introduction: Global Economic History, 1500-2000," in Giorgio Riello and Tirthankar Roy, eds., *Global Economic History*, London: Bloomsbury, 2018, pp. 1-15.

“中国与欧洲的全球性相遇：贸易网络、消费和文化交流”项目解构了中国学界关于新丝绸之路倡议的民族叙事。该项目将聚类数据作为一种准确处理大量信息和分散数据来源的比较策略，从而挑战了传统的档案诠释过程。通过这一比较，以及挖掘新数据和关注新案例，全球货物流通和贸易网络可在新全球史的基础上被更好定位。

通过预先确认和决定我们需要从史料来源中获取什么类型的数据以及用于什么目的，我们能够揭示出非官方贸易路线、商人网络和代理商以及促进美洲白银在华南地方精英手中积累的商品（主要产自中国）类型。这表明清代中国和西班牙帝国的贸易规范策略是低效的。正如《超越丝绸之路》特刊所做的那样，新中西文献的征引和新研究方法的施行对历史研究提出挑战，因为许多全球历史研究在比较中方史料与欧洲、美洲等西方文献时存在疏忽。在中外史料中，并非所有数据都可用于解决历史学家的问题。我们已确定何种数据与研究相关，以及如何分析这些数据。这种跨学科的研究方法符合基于新资料、方法论和个案研究的新全球史方向。

这种方法使我们能通过关注南京、苏州、杭州、徽州和广州等城市，对清代中国的地方区域进行准确分析，并调查华南当地市场与西班牙帝国在菲律宾和美洲的边缘地区市场之间的联系。作为西方市场需求很大的重要中国商品，丝绸提供了一个重要的范例。我们的研究推翻了传统观点，即更多丝绸是在西方市场本土生产的、所谓的进口替代品，而非来自中国当地市场的原产丝绸。从分布于华南各省的乡村和城镇，不同类型的低质量丝绸被生产并出口至西方市场。西印度群岛综合档案馆保存着丰富的马尼拉大帆船和桅帆船货物的历史记录，其中诸如䌷布（saya）、南京布（lanquine）、大象布（elefante）、由蚕丝制成的罗绢（cedazo）、丝裙（sayasa pequine）、斜纹布（segríe）、绢（tafetane）、由蚕丝与羊毛混制而成的丝绸（gorgorane）、大马士革绸缎（damasco）、黄埔丝绸（wampu silk）等类型的低质量丝绸，被销往美洲和欧洲各地，如利马—卡亚俄、韦拉克鲁斯、哈瓦那、布宜诺斯艾利斯、加的斯、塞维利亚、卡塔赫纳和马赛等。这些丝绸在贸易记录和遗嘱认证清单中被确认为原产自中国。

通过整合和比较这些数据，能够确定这些中国原产丝绸通过美洲和欧洲网络进行交易，并最终流入加的斯、塞维利亚、里斯本或马赛等市场。18世纪，这些市场对此类中国产品的需求有所上升。这项研究进一步证明了清代中国和西班牙都无力通过广州体系和菲律宾皇家公司来规范贸易。此研究还发现了由此而颁发的皇家法令。就西班牙而言，这些法令旨在禁止进口中国商品以促进国内丝绸生产；就清代中国而言，这些法令旨在控制海外贸易和地方精英。

（执行编辑：吴婉惠）

后　记

本辑为海域史研究系列之一种，作为“印度洋史”“太平洋史”等专辑的姊妹篇，终于和读者见面了。

第二次世界大战以后，大西洋史研究成为国际海洋史学最有活力、建树较多的领域之一。受后殖民史学影响，以南大西洋为主的葡属大西洋世界、巴西在南大西洋的影响、非洲殖民与奴隶贸易以及非裔巴西人等研究，大大扩充了传统的以北大西洋与欧洲国家海洋扩张历史的大西洋史研究领域和学术体系。本辑以“在大西洋内部发现大西洋史”观念为取向，收入专题论文 15 篇、学术述评 7 篇，介绍了二战以来国际学界在大西洋史研究中的相关重要概念、理论建构、研究方法和发展态势，展示了以“黑色大西洋”“红色大西洋”为代表的大西洋史研究成果与突出建树，兼顾海洋环境史、生态史、动植物史、新文化史等新学新知。这些论文扎根于大西洋世界地方社会，挖掘利用大量珍贵的档案史料，从微观与细部、“从下往上书写历史”，反映了 15—19 世纪初大西洋沿岸的欧洲、拉丁美洲和非洲不同国家和民族以海洋为纽带，进行异常复杂的历史互动，体现了当代大西洋史学从欧洲本位的经典大西洋史研究到质疑欧洲中心论、从北大西洋-欧洲中心视角到南大西洋-后殖民多元视角的重要转变，这也是数字时代多学科交叉视野下全球史、大区域史/大海域史、跨国史等研究的重要趋势和发展要求。

本辑文章具体组稿由布朗大学历史系青年学人张烨凯负责，得到大卫·阿米蒂奇、路易斯·菲利普·德阿伦卡斯特罗、安娜·露西娅·阿劳若教授等著名大西洋史专家，以及《美国历史评论》（*American Historical Review*）

等学刊的鼎力支持，获得一批当下大西洋史理论探索或实证研究的代表性前沿成果，内容丰富，思维精深，见解精到，令人耳目一新。海洋史研究中心同人同心协力，在编辑校译工作上认真负责，精益求精。这一专辑的问世，将使海域史研究系列初显规模，相信对增进中外海洋史学交流与互鉴，推动中国海洋史学发展以及全球史、区域（海域）国别史等相关领域研究，起到积极的借鉴与启示作用。

李庆新

2024 年 1 月 20 日

致 谢

本辑作为国内首部集中展示大西洋史研究新成果的专辑，得益于国内外不同机构的学人的帮助。大卫·阿米蒂奇教授向笔者推荐了路易斯·菲利普·德阿伦卡斯特罗教授及安娜·露西娅·阿劳若教授的重要研究，为拓展本专辑的视野起到至关重要的作用。阿劳若教授与美国史学会执行理事詹姆斯·格罗斯曼（James Grossman）教授对帮助豁免《美国历史评论》（*American Historical Review*）原刊稿件版权费用厥功至伟。

承蒙各期刊出版单位与出版社慷慨授权，下列专题论文才能以译文方式在本专辑呈现。

安娜·露西娅·阿劳若：《达荷美统治者与葡萄牙—巴西奴隶贸易》，原刊于 *Slavery and Abolition*，3，1（2012），pp. 1-19，并获得作者与期刊出版单位授权。

安娜·露西娅·阿劳若：《弗朗西斯科·费利什·德索萨的遗产：一个贝宁湾的巴西奴隶商人》，原刊于 Ana Lucia Araujo，*Public Memory of Slavery: Victims and Perpetrators in the South Atlantic*，Amherst：Cambria Press，2010，pp. 279-347，并获得作者与出版社授权。

大卫·阿米蒂奇：《大西洋史的三个概念》，原刊于 David Armitage，Michael J. Braddick，eds.，*The British Atlantic World, 1500-1800*，Basingstoke：Palgrave Macmillan，2009，pp. 13-29，并获得作者与出版社授权。

大卫·阿米蒂奇：《全球语境下的大西洋史》，原刊于 David Armitage，Alison Bashford and Sujit Sivasundaram，eds.，*Oceanic Histories*，Cambridge：

Cambridge University Press，2018，pp. 85-110，并获得作者与出版社授权。

弗吉尼亚·德约翰·安德森：《菲利普国王的牧群：早期新英格兰的印第安人、殖民者与畜牧问题》，原刊于 *The William and Mary Quarterly*，Third Series，51，4（1994），pp. 601-624，并获得作者与期刊出版单位授权。

路易斯·菲利普·德阿伦卡斯特罗：《埃塞俄比亚洋——历史与史学，1600—1975 年》，原刊于 *Portugues Literary & Cultural Studies*，27（2017），pp. 1-79，并获得作者与期刊出版单位授权。

马克·G. 汉纳：《“循规蹈矩”的海盗鲜少载入史册——对英国海盗黄金时代的再审视》，原刊于 Peter C. Mancall and Carole Shammas，eds.，*Governing the Sea in the Early Modern Era: Essays in Honor of Roberty C. Ricthie*，San Marino：The Huntington Library，Art Collections，and Botanical Gardens，pp. 129-168，并获得作者授权。

威姆·克娄斯特：《大西洋上的尼德兰水手》部分内容，原刊于 *Tijdschrift voor Zeegeschiedenis*，33，2（2014），pp. 41-56，并获得作者与期刊出版单位授权。

欧文·斯坦伍德：《在伊甸园与帝国之间：胡格诺派难民与新世界的应许》，原刊于 *The American Historical Review*，118，5（2013），pp. 1319-1344，并获得作者、期刊出版单位与牛津大学出版社授权。

詹姆斯·H. 斯威特：《错误的身份？奥拉达·艾奎亚诺、多明戈斯·阿尔瓦雷斯和海外非裔研究的方法论挑战》，原刊于 *The American Historical Review*，114，2（2009），pp. 279-306，并获得作者、期刊出版单位与牛津大学出版社授权。

感谢艾伦·弗雷斯特、威廉·奥莱利、埃丝特·迈尔斯、林福德·D. 菲舍尔、胡佳竹为本专辑提供了原创稿件。

各位作者的耐心等候为本专辑的反复编校提供了宝贵空间，特此致谢。

本专辑编修历时数年，凝聚了译者、编辑的辛苦付出。没有各篇文章译者的不辞辛苦，这项复杂的翻译工程便不能完成。特别感谢清华大学梅雪芹教授与张茜博士为其中将近半数专题论文组织译者团队，感谢北京大学闫波桥博士对阿伦卡斯特罗德论文进行大规模、细致的重译与审校工作。《海洋史研究》编辑部对本专辑的精心编校与往复返稿讨论对尽可能高质量地呈现译文起到了重要作用，特此致谢。感谢王潞博士的组织协调，令编者远在异国求学之时仍能与编辑部就专辑的编修保持顺畅沟通。最后，特别感谢集刊主编李庆新博士对笔者这样的无名后生给予的信任、耐心，没有他最初的提议与长久以来的支持，就不会有这部专辑的构思与问世。

张烨凯

2024 年 9 月 25 日于普罗维登斯

Acknowledgement

As the first major collection on Atlantic history in the Chinese academia, this special issue has benefited from the help of scholars from various institutions in the US, the UK and China. Professor David Armitage recommended the important research of Professor Luis Filipe de Alencastro and Professor Ana Lucia Araujo, which played a crucial role in expanding the vision of this issue. Much appreciation to Professor Araujo and Professor James Grossman, Executive Director of the American Historical Association, who helping to waive the copyright fees for original articles from the *American Historical Review*.

Thanks to the generous authorization of various journals and publishers, the following special papers are presented in translation in this issue:

Ana Lucia Araujo, "Dahomean Rulers and the Luso-Brazilian Slave Trade," originally published in *Slavery and Abolition*, Vol. 3, No. 1 (2012), pp. 1-19, with permission from the author and journal.

Ana Lucia Araujo, "The Legacy of Francisco Felix de Sousa: A Brazilian Slave Trader in the Bight of Benin," originally published in *Public Memory of Slavery: Victims and Perpetrators in the South Atlantic* (Amherst: Cambria Press, 2010), pp. 279-347, with permission from the author and publisher.

David Armitage, "Three Concepts of Atlantic History," originally published in David Armitage and Michael Braddick, eds., *The British Atlantic World*, 1500-1800, Second Edition (Basingstoke: Palgrave Macmillan, 2009), pp. 13-29, with permission from the author and publisher.

David Armitage, "Atlantic History in a Global Context," originally published in Oceanic Histories (Cambridge: Cambridge University Press, 2018), pp. 85-110, with permission from the author and publisher.

Virginia DeJohn Anderson, "King Philip's Herds: Indians, Colonists, and the Problem of Livestock in Early New England," originally published in *The William and Mary Quarterly*, Third Series, Vol. 51, No. 4 (1994), pp. 601-624, with permission from the author and journal.

Luis Filipe de Alencastro, "The Ethiopian Ocean—History and Historiography, 1600-1975," originally published in *Portugues Literary & Cultural Studies*, Vol. 27 (2017), pp. 1-79, with permission from the author and journal.

Mark G. Hanna, "Well-Behaved Pirates Seldom Make History: A Reevaluation of the Golden Age of English Piracy," originally published in Peter Mancall and Carole Shammas, eds., *Governing the Sea in the Early Modern Era: Essays in Honor of Roberty C. Ritchie* (San Marino: The Huntington Library, Art Collections, and Botanical Gardens), pp. 129-168, with permission from the author.

Wim Klooster, "The Sailors of the Dutch Atlantic," is the expanded version of an article originally published in *Tijdschrift voor Zeegeschiedenis*, Vol. 33, No. 2 (2014), pp. 41-56, with permission from the author and journal.

Owen Stanwood, "Between Eden and Empire, Huguenot Refugees and the Promise of New Worlds," originally published in *The American Historical Review*, Vol. 118, No. 5 (2013), pp. 1319-1344, with permission from the author, journal, and Oxford University Press.

James H. Sweet, "Mistaken Identities? Olaudah Equiano, Domingos Álvares, and the Methodological Challenges of Studying the African Diaspora," originally published in *The American Historical Review*, Vol. 114, No. 2 (2009), pp. 279-306, with permission from the author, journal, and Oxford University Press.

Much appreciation to Allen Forrest, William O'Reilly, Esther Meyers, Linford D. Fisher, and Hu Jiazu for their original contributions to this issue.

The patience of all authors allowed for the extensive editing and revising process, which is greatly appreciated.

This special issue has taken years to compile, embodying the hard work of translators and editors. Without the tireless efforts of the translators, this challenging project would not have been completed. Special thanks to Professor Mei Xueqin and Dr. Zhang Xi from Tsinghua University for organizing translation teams for nearly half of the special papers, and to Mr. Yan Boqiao from Peking University for the detailed perusing of the tranlation of Professor De Alencastro's article. The meticulous editing and back-and-forth discussions by the editorial board of *Studies of Maritime History* were crucial in achieving high-quality translations. Special thanks to Dr. Wang Lu for her coordination, ensuring smooth communication with the editorial board while I am studying in the United States. Finally, I want to express my heartfelt thanks to Dr. Li Qingxin, the chief editor of the collection, for his trust and patience. Without his initial proposal and longstanding support, this special issue would not have been conceived and published.

Zhang Yekai

Providence, September 25, 2024

征稿启事

《海洋史研究》（*Studies of Maritime History*）是广东省社会科学院海洋史研究中心主办的学术辑刊，主编为李庆新研究员。每年出版两辑，由社会科学文献出版社（北京）公开出版，为中国历史研究院资助学术集刊、中国社会科学研究评价中心“中文社会科学引文索引”（CSSCI）来源集刊、中国社会科学评价研究院“中国人文社会科学期刊 AMI 综合评价”核心集刊、社会科学文献出版社 CNI 名录集刊。

广东省社会科学院海洋史研究中心成立于 2009 年 6 月，以广东省社会科学院历史研究所为依托，聘请海内外著名学者担任学术顾问和客座研究员，开展与国内外科研机构、高等院校的学术交流与合作，致力于建构一个国际性海洋史研究基地与学术交流平台，推动中国海洋史研究。本中心注重海洋史理论探索与学科建设，以华南区域与南中国海海域为重心，注重海洋社会经济史、海上丝绸之路史、东西方文化交流史，海洋信仰与宗教传播，海洋考古与海洋文化遗产等重大问题研究，建构具有区域特色的海洋史研究体系。同时，立足历史，关注现实，为政府决策提供理论参考与资讯服务。为此，本集刊努力发表国内外海洋史研究的最近成果，反映前沿动态和学术趋向，诚挚欢迎国内外同行赐稿。

凡向本集刊投寄的稿件必须为首次发表的论文，请勿一稿两投。请直接通过电子邮件方式投寄，并务必提供作者姓名、机构、职称和详细通信地址。编辑部将在接获来稿三个月内向作者发出稿件处理通知，其间欢迎作者向编辑部查询。

来稿统一由本集刊学术委员会审定，不拘语种，正文注释统一采用页下脚注，优秀稿件不限字数。

本集刊刊载论文已经进入“知网”、发行进入全国邮局发行系统、征稿加入中国社会科学院全国采编平台，相关文章版权、征订、投稿事宜按通行规则执行。

来稿一经采用刊用，即付稿酬，并赠送该辑 2 册。

本刊编辑部联络方式：

中国广州市天河北路 618 号广东社会科学中心 B 座 13 楼
邮政编码：510635
广东省社会科学院 海洋史研究中心
电子信箱：hysyj2009@ 163. com
联系电话：86-20-38803162

Call for Papers

Studies of Maritime History is a peer-reviewed journal run by the Center for Maritime History Studies at Guangdong Academy of Social Sciences. Launched in 2010, the journal has been published mainly in Chinese by Social Science Academic Press (China), with Prof. Li Qingxin (李庆新) serving as its editor-in-chief. This journal was partly funded by the Chinese Academy of History (CAH) . It is indexed as one of the core journals in CSSCI (Chinese Social Sciences Citation Index) , and AMI (Attraction, Management and Impact) Index .

Studies of Maritime History has been actively expanding its coverage of the maritime history of different regions across the globe. Initially it focused on East Asian maritime history, especially Chinese maritime history, with occasional coverage on the Indian Ocean, the Arabian Sea, and the Red Sea. In recent times, the journal has significantly diversified its offerings, publishing articles on the maritime histories of Vietnam, the United Kingdom, as well as special issues on the Indian Ocean, the Atlantic Ocean, and the Pacific Ocean.

Studies of Maritime History welcomes contributions of research articles, historiographical commentaries, and book reviews. It aims to provide a platform for academic exchanges among Chinese scholars and colleagues from various countries and regions worldwide. Although the journal primarily publishes original papers in Chinese, it also warmly welcomes articles in other languages.

Manuscripts submitted to the journal should be sent by e-mail to our editorial board. The manuscript should include the following details: the author's English and Chinese names, affiliated institution, position, address, and an English or Chinese abstract of the article. If the article is accepted, the authors will receive 2 copies of the issue where it is published. Please note that declined manuscripts will not be returned, so authors should keep their own copies of their manuscripts.

All articles in *Studies of Maritime History* will be accessible online via the CNKI database and the contributions have been incorporated into the National Collecting and Editing Platform of the Chinese Academy of Social Sciences. The copyright of each article and every issue of the journal conforms to the law of the People's Republic of China.

Manuscripts should be addressed as follows:

Editorial Board, *Studies of Maritime History*
Center for Maritime History Studies
Guangdong Academy of Social Sciences
No. 618, Tianhe Bei Road, Guangzhou, 510635, P. R. China
E-mail: hysyj2009@163.com
Tel: +86-20-38803162

图书在版编目(CIP)数据

海洋史研究．第二十三辑 / 李庆新，张烨凯主编．
北京：社会科学文献出版社，2024.11.--ISBN 978-7
-5228-4458-9

Ⅰ．P7-091

中国国家版本馆 CIP 数据核字第 2024485LV7 号

海洋史研究（第二十三辑）（大西洋史专辑）

本辑主编 / 李庆新　张烨凯

出 版 人 / 冀祥德
组稿编辑 / 宋月华
责任编辑 / 李建廷
文稿编辑 / 顾　萌
责任印制 / 王京美

出　　版 / 社会科学文献出版社·人文分社（010）59367215
　　　　　地址：北京市北三环中路甲 29 号院华龙大厦　邮编：100029
　　　　　网址：www.ssap.com.cn
发　　行 / 社会科学文献出版社（010）59367028
印　　装 / 三河市东方印刷有限公司

规　　格 / 开　本：787mm×1092mm　1/16
　　　　　印　张：36　字　数：625 千字
版　　次 / 2024 年 11 月第 1 版　2024 年 11 月第 1 次印刷
书　　号 / ISBN 978-7-5228-4458-9
定　　价 / 438.00 元

读者服务电话：4008918866